This book includes contributions from many experts in the field of optical remote sensing. We hope it can be of inspiration for new diverse generations of students and scientists committing to the use of Earth Observation for climate investigations. Maintaining scientific principles and open collaborations is at the heart of a successful outcome. We wish you great success in your quest to seek scientific truth.

本书包含了来自光学遥感领域许多专家的贡献。我们希望它对投身于利用地球观测进行气候研究的新一代多元化的读者是一个启发。成功的核心是保持科学原则和开放合作。我们希望读者在追求科学真理的过程中取得成功！

G Zibordi

Albert Parr

物理科学中的实验方法

第 47 卷

海洋气候测量的光学辐射学

OPTICAL RADIOMETRY FOR OCEAN CLIMATE MEASUREMENTS

（意）朱塞佩·齐博德（GIUSEPPE ZIBORDI）

（荷）克雷格·多伦（CRAIG J. DONLON）

（美）阿尔伯特·帕尔（ALBERT C. PARR）　著

陈树果　管磊　译著

中国海洋大学出版社

·青岛·

图书在版编目（CIP）数据

海洋气候测量的光学辐射学／（意）朱塞佩·齐博德，
（荷）克雷格·多伦，（美）阿尔伯特·帕尔著；陈树果，
管磊译著. -- 青岛：中国海洋大学出版社，2023. 12
书名原文：OPTICAL RADIOMETRY FOR OCEAN CLIMATE
MEASUREMENTS
ISBN 978-7-5670-3535-5

Ⅰ. ①海… Ⅱ. ①朱… ②克… ③阿… ④陈… ⑤管
… Ⅲ. ①光学遥感－应用－海洋气候－测量 Ⅳ.
① P732. 5

中国国家版本馆 CIP 数据核字（2023）第 112280 号

著作权合同登记号　图字：15-2023-115 号

出版发行	中国海洋大学出版社		
社　　址	青岛市香港东路 23 号	邮政编码	266071
出版人	刘文菁	网　　址	http://pub.ouc.edu.cn
电子信箱	zwz_qingdao@sina.com	责任编辑	邹伟真
电　　话	0532-85902533	装帧设计	青岛汇英栋梁文化传媒有限公司
印　　制	青岛海蓝印刷有限责任公司	版　　次	2023 年 12 月第 1 版
印　　次	2023 年 12 月第 1 次印刷	成品尺寸	151 mm × 228 mm
印　　张	47.25	字　　数	677 千
印　　数	1—1000	定　　价	300. 00 元
订购电话	0532-82032573（传真）	审图号	GS 鲁（2023）0404 号

发现印装质量问题，请致电 0532-88786633，由印刷厂负责调换。

———— 产品责任 ————

译者序

海洋水色参数和海表温度作为基本气候变量用以表征气候的变化，相较于其他方面的应用要求，将基本气候变量的测量转化为气候数据记录对海洋水色辐射测量和热红外辐射测量提出了严格的要求，以确保用于气候数据记录的卫星观测的准确性、一致性、连续性。

Optical Radiometry in Ocean Climate Measurements 由 Giuseppe Zibordi、Craig J. Donlon、Albert C. Parr 共同完成，该书针对可见光和热红外卫星遥感，基于对卫星观测数据要求最为严格的气候数据记录需求，围绕卫星载荷设计和特性分析、发射前定标、发射后定标、所需的高精度可溯源现场测量系统、模拟仿真和卫星产品评价等进行了系统而深入的阐述，相应章节分别邀请了具体研究领域的专家撰写，具有较高的参考价值。

针对满足气候数据记录需求的可见光和热红外卫星海洋遥感系统深入的中文书籍尚属空白。鉴于此，译者将该书翻译为中文，可见光遥感的海洋水色辐射测量部分由陈树果完成翻译，海表温度遥感的热红外辐射测量部分由管磊完成翻译，具体所译章节分工如下：陈树果翻译前言，每章起始部分，第 1.1、1.2、2.1、2.2、3.1、4.1、4.2、5.1、6.1 章节；管磊翻译第 2.3、2.4、3.2、4.3、5.2、6.2 章节。本书是一本非常经典的科研和教学参考书，因译者水平有限，译文难免有不当或错误之处，恳请读者批评指正。

译　者

2023 年 11 月

物理科学中的实验方法
第 47 卷

海洋气候测量的光学辐射学

Giuseppe Zibordi

环境与可持续发展研究所

联合研究中心

伊斯普拉,意大利

Craig J. Donlon

欧洲航天局 / 欧洲空间研究与技术中心

诺德韦克,荷兰

Albert C. Parr

空间动力学实验室　犹他州立大学

洛根,犹他州,美国

阿姆斯特丹•波士顿•海德堡•伦敦
纽约•牛津•巴黎•圣地亚哥
旧金山•新加坡•悉尼•东京

美国学术出版社是爱思唯尔的出版商

注意事项

这个领域的知识和最佳实践在不断变化。随着新的研究和经验拓宽了
我们的认知，研究方法、专业实践或医疗方法必须相应随之而改变。

在评估和使用本文所述的任何信息、方法、化合物或实验时，从业者和
研究人员必须始终依靠他们自己的经验和知识。在使用此类信息或方法
时，他们应注意自身和他人的安全，包括他们对其负有专业责任的各方的
安全。

在法律允许的最大范围内，对于因产品责任、疏忽或其他原因，或因使
用或操作本文材料中包含的任何方法、产品、说明或想法而造成的任何人
身伤害和／或财产损失，出版商、作者、撰稿人或编辑均不承担任何责任。

ISBN: 978-0-12-417011-7
ISSN: 1079-4042

关于美国学术出版社出版物的具体信息请登录我们的网址
（http://store.elsevier.com/）进行查看

  共同努力发展发展中国家
的图书馆

www.elsevier.com • www.bookaid.org

目 录

贡献者名单   XI

丛书   XIII

前言   XVII

序言   XIX

第1章 光学辐射测量与天基海洋气候测量介绍   1
James A. Yoder, B. Carol Johnson

第1.1章 海洋气候和卫星光学辐射测量   3
James A. Yoder, Kenneth S. Casey, Mark D. Dowell

1. 引言   3
    1.1　气候观测系统的特性   5
2. 针对基本气候变量和气候数据记录的全球气候观测系统
    要求   6
    2.1　海洋水色辐射测量   7
    2.2　海表温度   9
3. 从基本气候变量到气候数据记录   11
4. 结论   13
    参考文献   13

第1.2章 光学辐射测量与测量不确定度原理   15
B. Carol Johnson, Howard Yoon, Joseph P. Rice, Albert C. Parr

1. 辐射测量基础   15
    1.1　引言   15
    1.2　辐亮度   19
    1.3　辐照度   23
    1.4　反射率   25
    1.5　辐射测量中的距离和孔径面积   30
2. 辐射测量标准和度量实现   32
    2.1　源   33
    2.2　辐射计   41

I

3. 测量方程　　　　　　　　　　　　　　45
　3.1　背景和概念回顾　　　　　　　　45
　3.2　测量方程示例　　　　　　　　　49
　3.3　海洋水色测量不确定度　　　　　61
4. 总结　　　　　　　　　　　　　　　65
　致谢　　　　　　　　　　　　　　　66
　参考文献　　　　　　　　　　　　　66

第 2 章　卫星辐射测量　　　　　　　　75
Charles R. McClain , Peter Minnett

第 2.1 章　卫星海洋水色传感器设计概念和性能要求　　79
Charles R. McClain , Gerhard Meister , Bryan Monosmith

1. 引言　　　　　　　　　　　　　　　　80
2. 海洋水色测量基本原理及相关科学目标　　81
3. 科学目标与传感器需求的发展　　　　　86
4. 性能参数和技术指标　　　　　　　　　89
　4.1　谱段和动态范围　　　　　　　　90
　4.2　覆盖范围和空间分辨率　　　　　92
　4.3　辐射测量不确定度　　　　　　　93
　4.4　信噪比和量化　　　　　　　　　95
　4.5　偏振　　　　　　　　　　　　　96
　4.6　其他特性需求　　　　　　　　　97
　4.7　星上定标系统　　　　　　　　　98
5. 传感器工程　　　　　　　　　　　　100
　5.1　基本传感器设计：摆扫式和推扫式　　100
　5.2　设计原理和辐射测量方程　　　　103
　5.3　性能考虑　　　　　　　　　　　105
　5.4　传感器实现　　　　　　　　　　111
6. 总结　　　　　　　　　　　　　　　114
　术语　　　　　　　　　　　　　　　115
　符号和量纲　　　　　　　　　　　　116
7. 附录——历史传感器　　　　　　　　117
　7.1　CZCS 和 OCTS　　　　　　　　117
　7.2　SeaWiFS　　　　　　　　　　　119
　7.3　MODIS　　　　　　　　　　　　121

7.4　MERIS　　123

参考文献　　125

第 2.2 章　海洋水色太阳反射波段的在轨定标　　131

Robert E. Eplee，Jr，Sean W. Bailey

1. 引言　　131
2. 太阳定标　　135
　　2.1　太阳漫反射板衰退　　135
　　2.2　太阳漫反射板的辐射响应趋势　　136
　　2.3　在轨信噪比　　139
　　2.4　太阳定标数据的不确定度　　139
3. 月亮定标　　139
　　3.1　月亮的 ROLO 光度模型　　140
　　3.2　月亮辐射响应趋势　　141
　　3.3　月亮定标的不确定度　　142
　　3.4　月亮定标对比　　144
4. 光栅仪器的光谱定标　　146
5. 系统替代定标　　148
　　5.1　近红外 / 短波红外波段定标　　150
　　5.2　可见光波段定标　　151
　　5.3　替代方法　　153
6. 在轨定标不确定度　　154
　　6.1　准确度　　154
　　6.2　大气层顶辐亮度的长期稳定性　　155
　　6.3　大气层顶辐亮度的精度　　156
　　6.4　联合不确定度评价　　157
7. 仪器间不确定度比较　　157
8. 在轨定标总结　　160
参考文献　　161

第 2.3 章　热红外卫星辐射计：设计和发射前特性分析　　167

David L. Smith

1. 引言　　168
2. 辐射计设计原理　　170
　　2.1　性能模型　　173
　　2.2　信噪比　　174

3. 遥感系统　　175
　3.1　沿轨扫描辐射计（ATSR）　175
　3.2　海陆表面温度辐射计（SLSTR）　178
　3.3　高级甚高分辨率辐射计（AVHRR）　180
　3.4　中分辨率成像光谱仪（MODIS）　181
　3.5　可见光红外成像辐射仪（VIIRS）　183
　3.6　旋转增强型可见光红外成像仪（SEVIRI）　185
4. 定标模型　　187
　4.1　辐射噪声　188
　4.2　非线性　189
　4.3　偏移量变化　191
5. 星上定标　　191
　5.1　定标源　193
6. 发射前特性和定标　　197
　6.1　黑体定标　197
　6.2　仪器辐射定标　200
7. 结论　　211
　参考文献　212

第2.4章　发射后定标和稳定性：热红外卫星辐射计　　215

Peter J. Minnett，David L. Smith

1. 引言　　215
2. 星上定标　　217
　2.1　（A）ATSR 辐射定标　217
　2.2　AVHRR 定标　223
　2.3　MODIS 和 VIIRS 辐射定标　226
　2.4　用于在轨稳定性的 MODIS 光谱辐射定标装置　228
　2.5　MODIS 镜面响应与扫描角的关系　228
3. 与参考卫星传感器的比较　　230
　3.1　空间上的比较　230
　3.2　时间上的比较　230
　3.3　同步星下点过境　233
　3.4　同一卫星上的仪器　235
4. 地球物理反演验证　　237
　4.1　云筛除　240
　4.2　大气校正算法　241

4.3 地球物理验证 243
4.4 船载辐射计 248
5. 讨论 248
6. 结论 250
参考文献 251

第 3 章 原位光学辐射测量 259
Craig J. Donlon , Giuseppe Zibordi

第 3.1 章 可见光和近红外现场光学辐射测量 261
Giuseppe Zibordi , Kenneth J. Voss

1. 引言和历史 262
2. 现场辐射计系统 263
2.1 一般分类:多光谱和高光谱 263
2.2 辐照度传感器 264
2.3 基本辐亮度传感器 266
3. 系统定标 268
3.1 线性响应 269
3.2 温度响应 269
3.3 偏振灵敏度 270
3.4 杂散光扰动 271
3.5 光谱响应 271
3.6 辐照度传感器角度响应 272
3.7 成像系统的滚降 274
3.8 浸没效应 274
3.9 绝对响应 277
4. 测量方法 278
4.1 水面之下系统 279
4.2 水面之上系统 281
4.3 辐射测量数据产品 282
5. 误差和不确定度估算 287
5.1 定标中不确定度具体来源 288
5.2 仪器不确定度具体来源 290
5.3 方法和现场不确定度具体来源 291
5.4 辐射测量产品的不确定度估算示例 297
6. 应用 299

6.1　天空和海洋辐亮度分布 　　　　　　　　　　300

6.2　水下光场偏振 　　　　　　　　　　　　　　302

6.3　生物光学模型 　　　　　　　　　　　　　　305

6.4　卫星辐射测量产品验证 　　　　　　　　　　306

6.5　现场数据和系统替代定标 　　　　　　　　　308

7. 总结与展望 　　　　　　　　　　　　　　　　310

参考文献 　　　　　　　　　　　　　　　　　　311

第 3.2 章　船载热红外辐射计系统　　　　　　　325

Craig J. Donlon, *Peter J. Minnett*, *Andrew Jessup*, *Ian Barton*,
William Emery, *Simon Hook*, *Werenfrid Wimmer*, *Timothy J.*
Nightingale, *Christopher Zappa*

1. 引言和背景 　　　　　　　　　　　　　　　　326

2. 热红外测量理论 　　　　　　　　　　　　　　331

2.1　总则 　　　　　　　　　　　　　　　　　　331

2.2　SST_{skin} 船载辐射计测量挑战 　　　　　　　338

2.3　船载辐射计对 SST_{skin} 的实用测量 　　　　　340

3. 热红外现场辐射计设计 　　　　　　　　　　　342

3.1　热红外探测器 　　　　　　　　　　　　　　348

3.2　TIR 辐射计光谱定义 　　　　　　　　　　　356

3.3　光束整形和转向 　　　　　　　　　　　　　361

3.4　热控系统 　　　　　　　　　　　　　　　　370

3.5　保护和热稳定辐射计的环境系统 　　　　　　371

3.6　仪器控制和数据采集 　　　　　　　　　　　373

3.7　定标系统 　　　　　　　　　　　　　　　　374

3.8　总结 　　　　　　　　　　　　　　　　　　381

3.9　附加评论 　　　　　　　　　　　　　　　　383

4. 基准参考测量船载热红外辐射计的设计和部署实例 　383

4.1　DAR-011 滤光片辐射计 　　　　　　　　　　383

4.2　SISTeR 滤光片辐射计 　　　　　　　　　　384

4.3　NASA JPL NNR 　　　　　　　　　　　　　388

4.4　定标的红外现场测量系统 　　　　　　　　　391

4.5　ISAR——准业务化海洋现场辐射计 　　　　　395

4.6　无人机 BESST 辐射计 　　　　　　　　　　400

4.7　光谱辐射计 　　　　　　　　　　　　　　　402

4.8　基于光谱辐射计的温度反演 　　　　　　　　408

　　　4.9　热红外相机　　　　　　　　　　　　　　　408

　　5. 未来方向　　　　　　　　　　　　　　　　　414

　　6. 结论　　　　　　　　　　　　　　　　　　　415

　　　致谢　　　　　　　　　　　　　　　　　　　415

　　　参考文献　　　　　　　　　　　　　　　　　415

第 4 章　理论研究　　　　　　　　　　　　　　　**431**

Barbara Bulgarelli, Menghua Wang, Christopher J. Merchant

第 4.1 章　现场可见光辐射测量模拟　　　　　　　433

Barbara Bulgarelli, Davide D'Alimonte

　　1. 概述　　　　　　　　　　　　　　　　　　　433

　　2. 辐射传输方程（RTE）及其求解方法　　　　　434

　　　2.1　辐射传输方程（RTE）　　　　　　　　　434

　　　2.2　辐射传输方程（RTE）的确定解　　　　　436

　　　2.3　辐射传输方程（RTE）的蒙特卡洛解　　　436

　　3. 现场辐射测量扰动模拟　　　　　　　　　　　439

　　　3.1　周围结构扰动　　　　　　　　　　　　　440

　　　3.2　海面波浪引起的扰动　　　　　　　　　　456

　　4. 总结和评论　　　　　　　　　　　　　　　　467

　　　参考文献　　　　　　　　　　　　　　　　　468

第 4.2 章　卫星可见光、近红外和短波红外测量模拟　　**479**

Menghua Wang

　　1. 引言　　　　　　　　　　　　　　　　　　　479

　　2. 海洋－大气系统　　　　　　　　　　　　　　483

　　3. 模拟　　　　　　　　　　　　　　　　　　　485

　　　3.1　海洋辐亮度贡献　　　　　　　　　　　　485

　　　3.2　大气层顶大气路径辐亮度度贡献　　　　　493

　　　3.3　大气漫射透过率　　　　　　　　　　　　500

　　　3.4　模拟和卫星测量的大气层顶辐亮度　　　　501

　　4. 总结　　　　　　　　　　　　　　　　　　　509

　　　免责声明　　　　　　　　　　　　　　　　　510

　　　参考文献　　　　　　　　　　　　　　　　　511

第 4.3 章　卫星热红外测量模拟和反演　　　　　　**525**

Christopher J. Merchant, Owen Embury

1. 引言 525

2. 热遥感辐射传输模拟 526

3. 晴空热辐射传输 529

4. 与气溶胶和云的相互作用模拟 536

5. 海面发射和反射模拟 539

6. 热图像分类（云检测）中模拟的使用 542

7. 地球物理反演中模拟的使用 545

8. 不确定度估算中模拟的使用 552

9. 结论 558

   参考文献 559

第 5 章　现场测量策略 565

Giuseppe Zibordi，Craig J. Donlon

第 5.1 章　支持海洋水色卫星的现场辐射测量要求和策略 569

Giuseppe Zibordi，Kenneth J. Voss

1. 引言 570

2. 现场辐射测量的相关活动概述 571

  2.1　现场测量 571

  2.2　相互比对 576

  2.3　数据存储 580

3. 未来海洋水色卫星任务的要求和策略 581

  3.1　用于系统替代定标的现场测量 582

  3.2　用于卫星数据产品验证的现场测量 584

  3.3　用于生物光学建模的现场测量 585

  3.4　规范修订和整合 585

  3.5　现场辐射计的定标和特性 586

  3.6　数据处理、质量控制和（再）处理 586

  3.7　满足应用的精度 587

  3.8　存档和分发 587

  3.9　确保准确度和最佳实践的相互比对 588

  3.10　标准化和网络化 589

  3.11　开发与实施 589

4. 总结和展望 590

   参考文献 590

第 5.2 章　支持卫星海表温度气候数据记录的船载基准参考热红外辐射计的实验室和现场部署策略 597

Craig J. Donlon，Peter J. Minnett，Nigel Fox，Werenfrid Wimmer

1. 引言 598
2. SST CDRs 的基准参考测量和不确定度估算 599
　2.1　FRM TIR 船载辐射计网 602
　2.2　不确定度估算的重要性 603
3. FRM 船载辐射计实验室交叉定标实验 626
4. 船载辐射计现场交叉比对实验 631
5. 维持用于卫星 SST 验证的 FRM 船载 TIR 辐射计的 SI 可溯源性的规范 636
　5.1　测量方法定义 636
　5.2　实验室定标、检定方法和程序的定义 636
　5.3　部署前定标检定 637
　5.4　部署后定标检定 637
　5.5　不确定度估算 637
　5.6　提高定标和检定测量的可溯源性 637
　5.7　文档的可获取性 638
　5.8　数据的归档 638
　5.9　定标和检定流程的定期整合和更新 638
6. 总结和展望 639
　致谢 639
　参考文献 639

第 6 章　面向气候应用的卫星产品评价 647

Frédéric Mélin，Gary K. Corlett

第 6.1 章　卫星海洋水色辐射测量和反演的地球物理产品的评价 651

Frédéric Mélin，Bryan A. Franz

1. 引言 651
2. 卫星产品检验 652
　2.1　检验规范 652
　2.2　检验指标 655
　2.3　检验结果分析 657
　2.4　不确定度分析和误差传递的模型基方法 660

3. 交叉任务数据产品的比较 663

   3.1 波段偏移校正 665

   3.2 逐点比较 667

   3.3 时间序列分析 669

   3.4 气候信号分析 671

4. 结论 674

   致谢 676

   参考文献 676

第 6.2 章　长期卫星反演海表温度记录评价 685

*Gary K. Corlett , Christopher J. Merchant , Peter J. Minnett ,
Craig J. Donlon*

1. 引言 685

2. 背景 686

   2.1 大气层顶亮温评价 688

   2.2 验证不确定度估算 689

   2.3 参考数据源 695

3. 长期 SST 数据集评价 697

   3.1 示例 1：长期 SST 数据记录评价 698

   3.2 示例 2：长期分量评价 701

   3.3 定量指标 704

   3.4 示范 SI 可溯源性 706

   3.5 稳定性 709

   3.6 不确定度验证 716

4. 总结和建议 720

   参考文献 721

贡献者名单

Sean W. Bailey, NASA 戈达德太空飞行中心海洋生物学处理组,美国 马里兰州 绿带城;未来科技公司,美国 马里兰州 绿带城

Ian Barton, 澳大利亚联邦科学与工业研究组织海洋与大气研究所,澳大利亚 塔斯马尼亚 霍巴特

Barbara Bulgarelli, 欧盟委员会联合研究中心,意大利 瓦雷泽 伊斯普拉

Kenneth S. Casey, NOAA 海洋资料中心,美国 马里兰州 银泉

Gary K. Corlett, 莱斯特大学物理和天文系,英国 莱斯特

Davide D'Alimonte, 阿尔加维大学海洋与环境研究中心,葡萄牙 法鲁

Craig J. Donlon, 欧洲航天局 / 欧洲空间研究与技术中心,荷兰 诺德韦克

Mark D. Dowell, 欧盟委员会联合研究中心,意大利 瓦雷泽 伊斯普拉

Owen Embury, 雷丁大学气象系,英国 雷丁

William Emery, 科罗拉多大学航天航空工程系所,美国 科罗拉多州 博尔德

Robert E. Eplee, Jr, NASA 戈达德太空飞行中心海洋生物学处理组,美国 马里兰州 绿带城;科学应用国际公司,美国 马里兰州 贝尔茨维尔

Nigel Fox, 国家物理实验室,英国 密德萨斯 特丁顿

Bryan A. Franz, NASA 戈达德太空飞行中心,美国 马里兰州 绿带城

Simon Hook, 加州理工学院 NASA 喷气推进实验室,美国 加利福尼亚州 帕萨迪纳

Andrew Jessup, 华盛顿大学应用物理实验室,美国 华盛顿州 西雅图

B. Carol Johnson, 国家标准与技术研究院传感器科学部,美国 马里兰州 盖瑟斯堡

Charles R. McClain, NASA 戈达德太空飞行中心,美国 马里兰州 绿带城

Gerhard Meister, NASA 戈达德太空飞行中心,美国 马里兰州 绿带城

Frédéric Mélin, 欧盟委员会联合研究中心,意大利 瓦雷泽 伊斯普拉

Christopher J. Merchant, 雷丁大学气象系,英国 雷丁

Peter J. Minnett, 迈阿密大学罗森斯蒂尔海洋与大气科学学院气象学和物理海洋学,美国 佛罗里达州 迈阿密

Bryan Monosmith, NASA 戈达德太空飞行中心,美国 马里兰州 绿带城

Timothy J. Nightingale, 英国科学与技术设施委员会卢瑟福阿普尔顿实验室,英国 迪德科特 牛津 哈维尔

Albert C. Parr, 国家标准与技术研究院传感器科学部,美国 马里兰州 盖瑟斯堡;犹他州立大学空间动力学实验室,美国 犹他州 洛根

Joseph P. Rice, 国家标准与技术研究院传感器科学部,美国 马里兰州 盖瑟斯堡

David L. Smith, 科学和技术设备委员会卢瑟福阿普尔顿实验室,英国 牛津 哈维尔

Kenneth J. Voss, 迈阿密大学物理系,美国 佛罗里达州 科勒尔盖布尔斯

Menghua Wang, 帕克分校 NOAA 卫星应用研究中心,美国 马里兰州

Werenfrid Wimmer, 南安普顿大学海洋与地球科学,英国 南安普敦 欧洲路

James A. Yoder, 伍兹霍尔海洋研究所,美国 马萨诸塞州 伍兹霍尔

Howard Yoon, 国家标准与技术研究院传感器科学部,美国 马里兰州 盖瑟斯堡

Christopher Zappa, 哥伦比亚大学拉蒙特－多尔蒂地球观测站海洋和气候物理系,美国 纽约 帕利塞兹

Giuseppe Zibordi, 欧盟委员会联合研究中心,意大利 瓦雷泽 伊斯普拉

丛 书

物理科学中的实验方法（原名实验物理方法）

第 1 卷. 经典方法
lmmanuel Estermann（著）

第 2 卷. 电子方法，第二版（分两部分）
E. Bleuler 和 R. O. Haxby（著）

第 3 卷. 分子物理学，第二版（分两部分）
Dudley Williams（著）

第 4 卷. 原子和电子物理 – A 部分：原子源和探测器；B 部分：自由原子
Vernon W. Hughes 和 Howard L. Schultz（著）

第 5 卷. 核物理学（分两部分）
Luke C. L. Yuan 和 Chien-Shiung Wu（著）

第 6 卷. 固体物理 – A 部分：制备、结构、机械和热性质；B 部分：电、磁性和光学性质
K. Lark-Horovitz 和 Vivian A. Johnson（著）

第 7 卷. 原子和电子物理学 – 原子相互作用（分两部分）
Benjamin Bederson 和 Wade L. Fite（著）

第 8 卷. 学生面临的问题和解决方案
L. Marton 和 W. F. Hornyak（著）

第 9 卷. 等离子体物理学（分两部分）
Hans R. Griem 和 Ralph H. Lovberg（著）

第 10 卷. 远红外辐射的物理原理
L. C. Robinson（著）

第 11 卷. 固体物理
R. V. Coleman（著）

第 12 卷. 天体物理学 – A 部分: 光学和红外天文学

by N. Carleton（著）

B 部分: 射电望远镜; C 部分: 射电观测

M. L. Meeks（著）

第 13 卷. 光谱学（分为两部分）

Dudley Williams（著）

第 14 卷. 真空物理与技术

G. L. Weissler 和 R. W. Carlson（著）

第 15 卷. 量子电子学（分两部分）

C. L. Tang（著）

第 16 卷. 聚合物 – A 部分: 分子结构和动力学; B 部分: 晶体结构和形态学;

C 部分: 物理性质

R. A. Fava（著）

第 17 卷. 原子物理学加速器

P. Richard（著）

第 18 卷. 流体动力学（分两部分）

R. J. Emrich（著）

第 19 卷. 超声波

Peter D. Edmonds（著）

第 20 卷. 生物物理学

Gerald Ehrenstein 和 Harold Lecar（著）

第 21 卷. 固体物理学: 核物理学方法

J. N. Mundy, S. J. Rothman, M. J. Fluss 和 L. C. Smedskjaer（著）

第 22 卷. 固态物理: 表面

Robert L. Park 和 Max G. Lagally（著）

第 23 卷. 中子散射（分三部分）

K. Skold 和 D. L. Price（著）

第 24 卷. 地球物理 – A 部分: 实验室测量; B 部分: 现场测量

C. G. Sammis 和 T. L. Henyey（著）

第 25 卷. 几何和仪器光学
Daniel Malacara（著）

第 26 卷. 物理光学和光的测量
Daniel Malacara（著）

第 27 卷. 扫描隧道显微镜
Joseph Stroscio 和 William Kaiser（著）

第 28 卷. 物理科学的统计方法
John L. Stanford 和 Stephen B. Vardaman（著）

第 29 卷. 原子、分子和光学物理 – A 部分：带电粒子；B 部分：原子和分子；
C 部分：电磁辐射
F. B. Dunning 和 Randall G. Hulet（著）

第 30 卷. 激光烧蚀和解吸
John C. Miller 和 Richard F. Haglund，Jr.（著）

第 31 卷. 真空紫外光谱学 I
J. A. R. Samson 和 D. L. Ederer（著）

第 32 卷. 真空紫外光谱学 II
J. A. R. Samson 和 D. L. Ederer（著）

第 33 卷. 总作者索引和目录，第 1-32 卷
第 34 卷. 总主题索引
第 35 卷. 多孔介质的物理学方法
Po-zen Wong（著）

第 36 卷. 磁性成像及其在材料中的应用
Marc De Graef 和 Yimei Zhu（著）

第 37 卷. 非晶态和结晶粗糙表面的表征：原理与应用
Yi Ping Zhao，Gwo-Ching Wang 和 Toh-Ming Lu（著）

第 38 卷. 表面科学的进展
Hari Singh Nalwa（著）

第 39 卷. 机械性能测量的现代声学技术
Moises Levy，Henry E. Bass 和 Richard Stern（著）

第 40 卷. 腔增强光谱学
Roger D. van Zee 和 J. Patrick Looney（著）

第 41 卷. 光学辐射测量
A. C. Parr，R. U. Datla 和 J. L. Gardner（著）

第 42 卷. 辐射温度测量. Ⅰ. 基本原理
Z. M. Zhang，B. K. Tsai 和 G. Machin（著）

第 43 卷. 辐射温度测量. Ⅱ. 应用
Z. M. Zhang，B. K. Tsai 和 G. Machin（著）

第 44 卷. 中子散射 - 基础知识
Felix Fernandez-Alonso 和 David L. Price（著）

第 45 卷. 单光子的产生与检测
Alan Migdall, Sergey Polyakov, Jingyun Fan 和 Joshua Bienfang（著）

第 46 卷. 分光光度法：材料光学性能的精确测量
Thomas A. Germer, Joanne C. Zwinkels 和 Benjamin K. Tsai（著）

第 47 卷. 海洋气候测量的光学辐射学
Giuseppe Zibordi，Craig J. Donlon 和 Albert C. Par（著）

前　言

　　从太空俯瞰地球已经成为人类这个时代的一个标志。宇航员阿波罗所拍摄的壮观照片向人类展示了这个原本在我们的祖先看来无边无际的地球，其在浩瀚的太空中是一个多么渺小且脆弱的生命绿洲。如果说太空时代没有带来好处，那么单是这些照片就能证明人类为离开地球所做的努力是值得的，因为它们彻底改变了人类对地球的认知。

　　这些照片仅仅是从太空俯瞰地球获得认知的开端。只有从地球上空轨道上的有利位置，我们才能得到整张照片，既能看到足够远的地方进而提供一个真正的全球视野，也有足够的细节以获得局部区域的认知。自从早期的卫星时代以来，遥感测量的数量和复杂性已经大大增加，所以我们现在几乎可以从太空连续观测地球，在区域、时间和波长上都有高度的分辨率。如今数千兆字节的数据从卫星上传输下来，以前所未有的细节记录了从太空中观测到的地球。只要我们解析所有数据，它们就能提供一个前所未有的机会让我们了解地球家园，让我们看到每个地方是如何融入整体的。特别是对海洋来说，因为大部分海域人类难以利用仪器进行原位观测，而卫星遥感测量则提供了革命性的视角。我们对季节性和长期变化预测的大部分不确定性都是缘于对海洋的未知，而海洋是气候系统中热量的主要储存地，也是世界一半生物生产力的所在地。

　　本书介绍了卫星可见光和红外辐射测量的最新知识和技术。电磁波谱的上述光谱波段可用于提供有关海洋几个方面的重要信息：红外测量可用于测量海表温度，这是气候和天气预测研究所需的一个基本变量之一。可见光测量用于表征海洋水色特性，我们可以从中得出叶绿素和其他色素的估算值，从而能够描述浮游生物群落的特性。浮游生物是海洋食物链的基础，在地球的碳循环中发挥着重要的作用。无论是在今天由于人类活动而发生的快速变化——气候变化和海洋酸化，还是为了维持一个宜居星球的长期发展,都是如此。

正如本书所述,解析来自卫星的大量数据并不是一件简单的事:它需要对细节进行认真处理。必须不断定标传感器并验证数据,以便从仪器中构建长期记录,从而避免漂移。这对气候变化的研究至关重要,因为温度的任何长期变化都必须与仪器的影响区分开来。要达到这种可靠性,需要所有参与人员之间持续而广泛的自由交流与合作,包括制造传感器的设计师和工程师、解译数据的人员以及提供地面真值的现场观测的研究人员。然而,这种努力为我们整个人类文明带来了丰富的回报,因为我们可以从中以前所未有的方式了解我们的地球家园。

Andrew Watson

埃克塞特大学 2014 年 7 月 27 日

序 言

气候变化科学依赖于模型和测量的联合使用，以促进对气候波动和趋势的了解，并最终形成预测。针对气候变化研究所进行的测量需要具有良好特性的观测系统和策略实施以探测远小于每日或年际尺度发生的年代际变化。这一指标要求采集不间断的、可追溯到公认的、国际标准的、高度精确的测量数据，这些数据共同构成了气候研究的证据基线。

卫星系统提供了使用在地球表面上运行的多种仪器测量的气候数据的准同步全球采样维数。与任何致力于生成气候质量数据记录的观测系统一样，支持气候变化调查的天基仪器需要提供具有明确不确定度的连续高精度测量。这就要求对端到端观测系统的每个部分和反演数据产品实施生命周期定标和验证过程。

在过去的几十年里，已有几项太空任务，通过测量物理、生物和化学变量来支持海洋气候研究。在各种遥感技术中，利用可见光、近红外和热红外光谱的光学传感器非常适合测量海表温度和离水辐亮度等变量，时间尺度从几小时到几天不等，地理尺度从几十米到几千米不等。虽然海表温度与大气和海洋之间的热量、气体和动量耦合有关，但重建与动力过程相关的模式，如表层流、涡旋和上升流以及可见光谱的离水辐亮度是对在地球碳循环中发挥重要作用的海水光学活性成分（包括浮游植物生物量）进行量化的基础。

用于生成气候质量数据记录的光学遥感技术同样需要对卫星辐射计进行完整的发射前特性分析和绝对定标。然后，需对辐射计在任务生命周期的稳定性进行发射后监测，并对数据产品质量进行持续评估，最后结合对误差来源的分析，对所有数据进行连续的再分析和再处理。发射后行为在很大程度上依赖于现场参考测量，从而制定和评估每个气候变量的算法和方法，并相继用于反演卫星产品的持续验证。此外，还需要参考测量，以统一从多个或连续的卫星传感器获得的气候数据记录。正因为如此，遥感光学技术的进步同时需要现场参考仪器、测量方法和现场策略的进步。这些进步包括越来越精确和稳定的现场光学辐射计的研制、实验室特性分析和绝对定标技术的改进、测量方法和现场比对策略的评估，以及数据存储库创建和处理的进展。

本书通过多位作者的大量贡献，介绍了光学遥感的技术现状，并展示了如何将其用于生成海洋气候质量的数据产品。本书所有章节可归类为六个主题，每个主题都有一个简要的概述。具体如下：① 从卫星海洋测量中生成气候数据记录的要求，以及涉及的术语、标准、测量方程和不确定度的基本辐射测量原则；② 卫星可见光和热红外辐射测量，包括仪器设计、特性、发射前和发射后定标；③ 现场可见光和热红外参考辐射测量，包括概述基本原则、技术和测量方法，以支持专门用于气候变化研究的卫星任务；④ 计算机模型模拟，作为支持解释和分析现场与卫星辐射测量的基本工具；⑤ 现场参考辐射测量策略，以满足生成气候数据记录的任务要求；⑥ 卫星数据产品评估方法。

作者希望本书将成为一个工作工具，既可以作为参考文本，也可以作为讨论的背景文献，供有志于海洋气候研究和卫星辐射测量的学生和科学家使用。

Giuseppe Zibordi

Craig J. Donlon

Albert C. P

第1章

光学辐射测量与天基海洋气候测量介绍

James A. Yoder, [1, *] **B. Carol Johnson**[2]

[1] 伍兹霍尔海洋研究所,美国 马萨诸塞州;[2] 国家标准与技术研究院传感器科学部,美国 马里兰州 盖瑟斯堡

★ 通讯作者:邮箱:jyoder@whoi.edu

　　《海洋气候测量的光学辐射学》第一部分旨在向读者进行辐射测量的背景介绍,为进一步理解更大的气候问题奠定测量的背景基础。

　　第1.1章介绍了海洋辐射测量的术语和要求,包括为确立一系列上层海洋生物地球化学成分的光谱测量以及确立海表温度的方法学。作者对政府间气候变化委员会(Intergovernmental Panel on Climate Change,IPCC)的建议和全球气候观测系统(the Global Climate Observing System,GCOS)所确立的需求进行了回顾。部分要求列在章节 1.1 的表 2,该表给出了确定精度达到 0.1 K 的海表温度(百千米以上空间尺度、稳定度为 0.03 K)所要求的数据质量。这些严格的要求以及对离水辐亮度(Water-leaving Radiance)5％精度和 0.5％稳定度的要求,需要测量的仪器设备必须进行严格的定标和具备高度的可靠性。此外,交叉比对和使用来自不同系统和不同国家努力下的数据的需求,也需要建立统一的标准和定标规范。

　　章节 1.2 对遥感界利用光学辐射测量确立海洋水体性质的有关辐射测量术语、方法和规范进行了介绍;不仅给出了辐亮度和辐

物理科学中的实验方法,第 47 卷. http://dx.doi.org/10.1016/B978-0-12-417011-7.00001-5

照度的含义,并就这些辐射量的测量方法进行了详细的阐述,主要包括基本仪器的回顾及其特性和定标的需求;针对不同的辐射计系统,讨论了其定标所需要的适合参考标准的使用和开发;并以海洋遥感界常用的滤光片辐射计为例,揭示了辐射测量应用的仪器特性和定标过程中的不确定度问题;从集成它们的性能到仪器不确定度表达的角度讨论了常见实验室定标源(如黑体和定标灯)的使用。

本章重点强调测量方程的概念,其为整个辐射计系统不确定度传输表达的载体。以法国国际计量局为首的国际计量界所采用的《测量不确定度表示指南》中明确指出,测量方程的使用构成了不确定报告的国际标准基础(参见章节 1.2 的第 85 篇参考文献)。

第 1.1 章

海洋气候和卫星光学辐射测量

James A. Yoder,[1,]* **Kenneth S. Casey,**[2] **Mark D. Dowell**[3]

[1] 伍兹霍尔海洋研究所,美国 马萨诸塞州;[2]NOAA 海洋资料中心,美国 马里兰州 银泉市;[3] 欧盟委员会联合研究中心,意大利 瓦雷泽 伊斯普拉

★ 通讯作者:邮箱:jyoder@whoi.edu

章节目录

1. 引言　　　　　　　　　　　3
　1.1　气候观测系统的特性　　5
2. 针对基本气候变量和气候数据记录的全球气候观测系统要求　6
　2.1　海洋水色辐射测量　　　7
2.2　海表温度　　　　　　　9
3. 从基本气候变量到气候数据记录11
4. 结论　　　　　　　　　　13
参考文献　　　　　　　　　13

1. 引言

下面两段话来自政府间气候变化委员会(IPCC)的总结报告[1]。

"气候系统变暖已经是个显著的事实,自 20 世纪 50 年代以来,相较于过去几十年甚至上千年,许多观测到的变化是史无前例的。大气和海洋变暖,大量的雪和冰消融,海平面升高,以及温室气体的浓度增加。

海洋变暖主导气候系统中储存的能量增加,占 1971 年至 2010 年累积能量的 90% 已上(高置信度)。事实上,可确定的是上层海洋(0～700 m)从 1971 年到 2010 年变暖,很有可能上层海洋在 19 世纪 70 年代到 1971 年已经开始变暖。"

物理科学中的实验方法,Vol. 47. http://dx.doi.org/10.1016/B978-0-12-417011-7.00002-7

这些来自政府间气候变化委员会（IPCC）近来的声明主要围绕确立气候系统变化率和造成这些变化的影响（包括海洋生态系统）。无论是确立气候系统变化率和还是确立造成这些变化的影响均需要全球观测系统，其中天基的辐射计是其中重要的组成要素。

在可见光和红外光谱范围进行测量的地球观测卫星能为许多用以确立海洋在全球气候系统所起到的角色和确立气候变化对海洋影响的测量提供全球视角。本书主要聚焦于海表温度（Sea Surface Temperature, SST）测量和海洋水色辐射测量（Ocean Color Radiometry, OCR）。海表温度（SST）通常与海洋变暖和海洋在水循环中的作用直接相关。海洋水色辐射测量（OCR）则提供上层海洋生物地球化学成分的测量，包括浮游植物色素（如叶绿素 a）、有色有机物质、颗粒碳以及浮游植物粒级和种群结构的估测等。这些成分的变化或趋势与海洋生产力变化及初级生产力造成的有机物种群结构的变化有关。这些变化也影响着更高营养级的生物，如鱼类。卫星测量能提供从区域到全球的视角，这对于受限于空间和时间覆盖的现场和机载测量是完全不可能的。然而，通过现场观测来对比卫星测量的结果，能非常有效地确立用作基本气候变量（Essential Climate Variables, ECVs）进而使其成为气候数据记录（Climate Data Records, CDRs）的卫星数据的可信度（具体定义见表 1）。

表 1　涉及气候的数据记录的基本术语

理解讨论气候相关数据记录所使用的术语非常重要。因此本表格详细列述了关于一般数据记录，特别是卫星数据记录的既定定义。

基本气候变量（ECVs）是指与气候变化和改变以及气候变化对地球影响相关的地球物理变量。全球气候观测系统（GCOS）已经针对三个圈层（包括大气圈层、陆地圈层和海洋圈层 [2]）定义了一系列基本气候变量（ECVs）。

气候数据记录（CDRs）是指一系列长时间测量的，且确信与气候变化和改变相联系的观测。这些变化比起用于天气预报的短期变化可能非常小并且发生在很长时间周期内（季节、年际、数十年甚至上百年时间尺度上）。因此，气候数据记录（CDRs）是一个能有效说明测量的系统误差和噪声的气候变量时间序列 [3]。

稳定性 [4] 可被认为是精度上随时间保持恒定的程度。在气候相关的时间周期内，总不确定度的相关构成期望是由整个测量平均周期内的系统分量构成。因此，稳定性通过计算十年尺度内在相似条件下一个变量的真值与短期平均测量值的最大偏离而获得。最大偏离越小，数据集的稳定性越高。

续表

基本气候数据记录(Fundamental Climate Data Records, FCDFs)表示一个特征清晰的长期
数据记录。通常涉及一系列仪器,具有可能存在变化的测量方法但相互重叠且其定标足
以支撑生成在时间和空间上均准确和稳定地支持气候应用的产品[3]。基本气候数据记
录(CDRs)包括典型定标的辐亮度、主动仪器的后向散射、无线电掩星弯曲角。基本气候
数据记录(CDRs)也包括用于定标上述量的辅助数据。基本气候数据记录(CDRs)已经
被全球气候观测系统(GCOS)所采用并且被认为是国际共识的定义。

专题气候数据记录(Thematic Climate Data Record, TCDR)表示 FCDR 在地球物理空间中
的对应部分[3]。它与 ECVs 紧密相连,但仅严格限制到一个地球物理变量上,而 ECV 则
包含多个变量。例如,ECV 云性质包括至少五个不同的地球物理变量,其中每一个都构
成一个 TCDR。TCDR 已经被许多航天机构采用,可被认为是约定俗成的标准。

GCOS,全球气候观测系统(Global Climate Observing System)。

1.1 气候观测系统的特性

本书关于利用卫星可见和红外辐射测量研究海洋气候的讨论
主要是围绕气候观测系统开发的大背景下应被系统性采用的确定
的需求进行。为了刻画气候和气候变化特征,要求所观测的数据必
须在长时间尺度上足够精确和分布均匀。用于气候变化探测的相
关信号很容易被变化的观测系统的噪声所淹没,这迫使观测系统必
须保持连续性,同时要求所进行的观测能与一个不变的参考点相关
联(即可溯源)。这样的一个系统至少需要维护数十年,最好是无限
期的维护。

为了增加用于确立成功的气候监测方法对特定的观测和程序
需求的认知,针对气候数据记录(CDRs)创建所需要的气候监测原
则、需求和指导已经被明确列出。针对气候监测的任务在这方面有
着超越原计划研究使命的特定需求。例如,对于气候监测的观测系
统设计,包括卫星和现场测量系统,应考虑所有所需求的观测和仪
器继承性,从而保证测量上的有效连续性。至少提供合适的传递标
准确保稳定地将观测与一个不变的国际单位制(International System
of Units, SI)参考系统保持在一个适当的精度水平上。对于这样的
一个观测系统,为保证其连续性的需求,需要一个由不同国家相关
机构能够同意共同联合完成的全球策略。这看似简单,但对于一个
机构或者一个单独国家来说是个很庞大的任务,难以有效实施。虽

然大部分航天机构都接受气候监测原则,但当前围绕采集气候观测数据方面的长期的承诺仍然仅存在有限的合作。

定标好的并且稳定的卫星测量能被用于气候监测、变化和趋势及气候影响研究、气候模型的验证。以下各节专门介绍海洋水色辐射测量(OCR)和海表温度(SST)基本气候变量(ECVs)的基本需求并总结创建气候数据记录(CDRs)的持续工作。

2. 针对基本气候变量和气候数据记录的全球气候观测系统要求

对于天基观测,全球气候观测系统(GCOS)在"针对气候的卫星产品系统观测需求"[5](作为对"全球气候观测系统(GCOS)执行计划"[6]的补充)中对相关和全面的特定用户需求进行了完整的介绍,给出了针对这些具有卫星测量可行性的基本气候变量(ECVs)的要求。这些要求是基于专家意见制定的,每五年或六年进行更新。天基观测作为基本气候变量(ECVs)的子集旨在反映监测完整气候系统所需要的最重要的气候变量。

全球气候观测系统(GCOS)已经建立了一系列气候监测原则作为达到所要求质量下观测的一般性指导[7]。监测原则解决关键的卫星特有的业务化问题。这包括支撑卫星传感器定标检验的高质量现场测量数据的可用性。许多国际联合倡议以及单个机构计划已通过其卫星发射任务计划和数据产品针对这些需求提供了具体响应。在有些情况下,这些响应是在国际范围内以协作的方式作出的。例如,作为第一个全球气候观测系统(GCOS)执行计划响应者的地球观测卫星委员会(Committee on Earth Observstion Satallites, CEOS)。

广泛的全球气候观测系统(GCOS)需求对可见辐射和辐射测量有特定的影响,无论是在这些观测的特定领域的要求中,还是在处理必要系统的协调和实施的初步活动中。表2总结了全球气候观测系统(GCOS)对海表温度(SST)和海洋水色辐射测量(OCR)基本气候变量(ECVs)的要求。

表 2 全球气候观测系统(GCOS)对海表温度(SST)和海洋水色辐射测量(OCR)基本气候变量(ECVs)的要求

变量 / 参数	水平分辨率 /km	时间分辨率	精度	稳定度
海表温度(SST)	10	天	100 km 尺度上 0.1 K	100 km 尺度上 小于 0.03 K
离水辐亮度 [a]	4	天	5%	0.5%
叶绿素 a 浓度	30	周平均	30%	3%

表 1 中定义的术语:海表温度(SST);海洋水色辐射测量(OCR);全球气候观测系统(GCOS)。

a 对蓝色和绿色波长波段的要求为 5%,参考文献 [5]

对海表温度(SST)的基本原理部分基于对年际和更长期的温度变化的确定。假设全球表面温度变化信号为 0.1 K/10 年,全球平均温度时间序列应稳定到远优于 0.1 K/10 年,以便将信号与时间序列上的不稳定性区分开来。为了探测如此缓慢而小且重要的变化,目标稳定度至少为 0.03 K/10 年,理想情况下为 0.01 K/10 年。叶绿素浓度范围为 $0.01 \sim 10$ mg/m^3 的水体,其生物光学性质由叶绿素 a 所主导水体(即一类水体),要求叶绿素 a 的误差小于 30%。此外,在全球尺度上,需要 4 千米的水平空间分辨率和每日的观测周期。在叶绿素 a 位于 $0.01 \sim 10$ mg/m^3 的浓度范围的大洋水体,离水辐亮度(蓝绿波段处)的精度可达 5% $\sim$ 15%,叶绿素 a 的精度可达 30% $\sim$ 70%,而沿海水体的误差则要高得多。

以下小节简要介绍了海洋水色辐射测量(OCR)和海表温度(SST)基本气候变量(ECVs)所需的测量值,更为详细的介绍请见本书的以下章节。

2.1 海洋水色辐射测量

对于卫星海洋水色辐射计(Satellite Ocean Color Radiometers,SOCRs)测量和计算基本气候变量(ECVs),需要测量和模型系统。简而言之,测量包括当卫星传感器在海洋上空时的可见光和近红外

（VNIR）波长的窄波段（10～20 nm）大气层顶（TOA）光谱辐亮度。此外，为定标传感器和检验反演的产品，需要相应的现场光谱辐亮度和其他测量。用于处理图像的模型包括计算大气吸收和散射特性影响的辐射传输方程。这是一个关键的步骤，因为到达大气层顶的辐亮度主要由大气特性决定，而不是由用于计算生物地球化学产品的关键波长处的离水辐亮度（L_w）决定。生物光学模型（算法）是通过 L_w 计算与海洋生物地球化学相关的水体成分，如浮游植物叶绿素 a（Chla）、颗粒有机碳以及其他成分。从测量和模型系统中得到满足全球气候观测系统（GCOS）要求的基本气候变量（ECVs）产品是一个重大挑战。在全球气候观测系统（GCOS）所规定的精度要求（表 2）下，多个卫星传感器维持经定标且一致的时间序列产品，即使是基本的测量量 L_w，也更具挑战。

SeaWiFS 通过最小化三个主要独立源，实现了大气层顶（TOA）辐射测量的定标系数总体不确定度水平为 0.3%，这三个主要独立源分别为：随时间的定标趋势、主要现场定标源（MOBY 浮标[8]）的不确定度以及通过系统替代定标[9]估算传感器增益校正的不确定度。对于寡营养和中营养水体，位于蓝绿光谱波段，总体不确定度小于 0.5%，已成为大气层顶辐亮度的实际目标。该目标的实现需要关键的传感器设计具有高稳定性特征，并且有能力避免亮目标传感器饱和（相较于陆地和云，在可见近红外波段处，海洋非常暗），同时偏振灵敏度最小。此外，传感器发射前的一些特征必须精确地量化，如温度效应、杂散光、波段间空间配准、信噪比、相对光谱和带外响应等[10]。传感器在轨运行期间还必须通过倾斜避开太阳或将受太阳耀斑重要影响的像素进行掩码，应对来自海面的镜面反射（太阳耀斑）影响。确保稳定性或有能力量化传感器漂移的变化是必要的。伴随卫星传感器发射以及在太空中恶劣环境下随时间所发生的增益变化必须是已知的在任何一个卫星传感器任务中必须进行监测（详见后续章节）。

迄今为止，从卫星海洋水色辐射计（SOCRs）任务中获得的一个重要收获就是，在任务期间结合增益系数的变化以及新型大气、生物光学模型的发展进行周期性再处理的重要性。事实上，如果卫星任务运行期间不进行再处理,卫星传感器如何测量基本气候变量是无法想象的。这主要由于 L_w 和所反演产品之间的关系部分依赖于海洋浮游植物的种群结构和粒径构成,以及用于处理全球卫星海洋水色辐射计(SOCRs)测量的算法需要在全球海洋不同类型水体中进行验证。仅依靠一个空间机构是无法完成的。国际海洋水色协作小组(International Ocean Color Coordinating Group, IOCCG)和最近成立的地球观测卫星委员会(CEOS)的海洋水色辐射测量虚拟星座(Ocean Color Radiometry Virtual Constellation, OCR-VC)都鼓励通过国际合作进行定标/检验测量,以克服用于检验的全球现场数据采集的困难。遵循研究人员已定义和使用的标准测量规范所采集的数据是最有用的,同时如果这些数据已归档且易于访问,则也是最有用的。SeaBASS(http://seabass.gsfc.nasa.gov/seabam/)就是共享的现场海洋和大气测量数据库,该数据库由 NASA 海洋生物处理小组(Ocean Biology Processing Group, OBPG)维护。

2.2 海表温度

对于海表温度,一个主要的科学挑战是不同天基和现场测量仪器所测"海表温度"之间的实质性差异。当融合或比较来自不同平台的测量数据时,必须考虑这些差异。即使是一系列几乎相同的仪器,在不进行时间序列偏差校正的情况下,使用其测量的数据进行一致性分析仍然存在挑战。计算、记录和理解任何给定数据集的不确定度仍然是一项巨大的科学挑战,如果能将不同数据集之间的不确定度进行有意义的比较,将是一个更大的挑战。

与海表温度产品相关的科学挑战正在通过像高分辨率海表温度组(Group For High Resolution Sea Surface Temperature, GHRSST)这样的国际科学协作团队进行解决。高分辨率海表温度组(GHRSST)汇聚了全球海表温度领域的学者,交流知识,分享最新进展,并解决当前的科学问题。例如,高分辨率海表温度组(GHRSST)最早解决的科学问题之一是明确定义不同类型的"海表温度(SST)",并在海表温度(SST)的数据生产者和数据标准组织中传播这些定义的使用。融合这些不同类型的海表温度(SST)以及量化其不确定度的技术和方法也在高分辨率海表温度组（GHRSST）科学团队成员中共享，并形成文档供更广泛的群体使用。

实用的计算和数据带宽挑战也正在得到解决，所面临的大量困难正在通过云计算试点项目得到解决。支持大量数量集的云端访问以及将计算周期与云环境中的数据集相关联的活动开始取得成功。在某些情况下，这些成功归因于采取了基于团体的云部署形式，个人和机构组织将算法植入共享数据环境中，而不是将数百 TB（terabytes）数据下载到本地计算平台。欧洲航天局（Europe Space Agency, ESA）的 Felyx 项目就是这样一个例子，它提供了一个免费的、开源的软件平台，可以分析大量的环境数据。相关组织还通过一系列努力解决数据的再生产和引用问题。例如，NOAA 的气候数据记录计划（Climate Data Record program, CDRP）已经建立了归档要求、成熟度矩阵、工作流程图要求以及软件文档和部署的标准，进而确保能够一致地再生产气候数据记录（CDRs）。此外，通过使用数字对象标识符（DOIs），还实现了数据引用。与同期刊文章被授权一个可引用的 DOI 一样，英国自然环境研究委员会（Natural Environment Research Council）、美国 NOAA、以及其他机构正在为已发表的数据集编制 DOIs。这些 DOIs 在科学出版物和其他应用中使用时，提供了长期、稳定的数据指针，并可用于为研究人员发布数据提供适当的信用。

经过努力，对严格定标、准确测量的现场数据的需求越来越得到重视，现场测量网中的一些缺陷也逐渐被发现。例如，高分辨率海表温度组（GHRSST）与海洋学和海洋气象学联合技术委员会数据浮标合作小组合作改进海面漂流浮标网，其在海表温度（SST）测量方面往往缺乏海表温度（SST）和位置精度。类似地，Argo 剖面浮标网中非泵水方式近海面采样的呼吁也被采纳。针对现场辐射计须以黑体为参考进行定标的要求也被高分辨率海表温度组（GHRSST）所明确并形成相应文档。为了支持随着时间基于卫星的气候记录的准确性和稳定性的持续一致性评价，抢救历史现场数据的努力比以往任何时候都更加重要。其中一个成功的例子就是，目前由美国国家海洋大气管理局（NOAA）的国家气候数据中心（National

Climatic Data Center）管理的国际综合海洋大气数据集（International Comprehensive Ocean Atmosphere Data Set），该数据集主要针对海表海洋和大气的观测。另一个例子是世界海洋数据库（World Ocean Database）[11]，这是一套由 NOAA 国家海洋数据中心（National Oceanographic Data Center）所建立的经质控的具有一致性的现场海表及不同深度处的测量数据。

3. 从基本气候变量到气候数据记录

海洋水色辐射测量（OCR）和海表温度（SST）界（包括科学和空间机构）为解决上述气候观测系统对其特定领域的广泛要求已经采取了重要的措施。气候数据记录（CDRs）正开始满足气候变化研究和海洋气候信息社会应用的需求，其主要制约因素是卫星数据记录与海洋气候现象相比相对较短。这些活动既包括设置一些竞争性项目计划，也包括面向任务的机构对长期开发、生产和分发天基和相关现场测量气候数据记录（CDRs）的业务化贡献。成功的竞争项目的例子包括 ESA 气候变化倡议和 NOAA CDRP。NASA 的贡献在于通过 OBPG 长期对海洋水色及海表温度产品的业务化再处理，NOAA 通过国家海洋数据中心（National Oceanographic Data Center）[12, 13] 和 NOAA CDRP 一直在维护 AVHRR Pathfinder 海表温度（SST）项目（可追溯到 1990 年 NOAA-NASA 合作协议），欧洲气象卫星组织（EUMETSAT）持续支持海洋和海冰卫星应用设施，以上只是为提供海表温度（SST）和海洋水色辐射测量（OCR）的气候数据记录（CDRs）做出重大贡献的几个例子。合作努力如国际上对国际海洋水色协作小组（IOCCG）、高分辨率海表温度组（GHRSST）[14]、用于海表温度（SST）和海洋水色辐射测量的地球观测卫星委员会（CEOS）对虚拟星座（分别为 SST-VC 和 OCR-VC）的贡献，为全球协作开发和生产气候数据记录（CDRs）提供了途径。虚拟星座专注于数据共享和提供适合用途的产品，补充了更科学的科学团队。虚拟星座的参与者通过全球共享的数据管理和搜索系统、优化的在轨星座和面向应用的项目来讨论、协调和分发相关产品集，从而减少数据访问和使用的障碍。

对于一个组织而言,数据共享则面临着特殊的挑战,尤其对于星上数据集,数据共享需要高层次的国家政策的支持。然而,数据共享对于产生海表温度(SST)和海洋水色辐射测量(OCR)的全球基本气候变量(ECVs)至关重要。必须解决来自程序上和实际方面的挑战。对于所有与气候有关的数据集来说,可再生生产是一个关键挑战,因为基础数据集和辅助信息通常要经过许多处理步骤,并且往往是不同的机构进行处理的。鼓励研究者个人采取数据引用的方式克服数据共享和文档化的问题是一项正在进行的工作,一旦取得成功,将为创建高质量气候数据记录(CDRs)所需知识和数据的免费与开放交换提供额外的促进作用。即使政策支持数据集的再处理和交换,对于现代的传感器来说,由于通道更多、时空分辨率更加精细、所记录的时间周期更长,使得计算和网络带宽面临着巨大的挑战。

将基本气候变量(ECVs)的测量转化为气候数据记录(CDRs)是最终要解决的挑战。由于厄尔尼诺-南方涛动(ENSO)、太平洋年代际振荡、北大西洋振荡以及其他现象,海洋在年际和年代际时间尺度上表现出相当大的变化。因此,从区域到全球范围的气候数据记录(CDRs)需要十年和更长的时间序列,这意味着由大气层顶(TOA)辐亮度所导出的基本气候变量(ECVs)必须由多个空间机构所发射的多传感器的相互配合才能实现。一般来说,任何两个传感器都不会具有相同的特性,这给生成气候数据记录(CDRs)增加了相当大的复杂性。

本书接下来的章节涵盖了引言中所提到的问题,并为专业读者提供一定的技术详解。本书中所讨论的卫星数据和现场数据处理以及在二者之间比对进行定标和检验的技术花了数十年的时间才达到生产基本气候变量(ECVs)的可能程度。虽然读者通过对接下来章节的阅读会认识到相关技术所取得的巨大进步,但挑战仍然存在。这一进展归功于整个国际可见近红外(VNIR)和红外(IR)辐射测量界科学家们的努力工作和奉献,其中许多人是本书各章节的作者。

4. 结论

通过卫星辐射测量所获取的基本气候变量(ECVs)正被用于气候数据记录(CDRs)。而气候数据记录(CDRs)对确立全球上层海洋温度的变化以及重要的生物地球化学参数的变化至关重要。经过不断的研究,已经克服了在生产气候数据记录(CDRs)过程中的许多挑战,可以满足全球气候观测系统(GCOS)针对海表温度(SST)的要求,但离水辐亮度尚不能完全满足 GCOS 的要求。地球观测卫星委员会(CEOS)、高分辨率海表温度组(GHRSST)和国际海洋水色协作小组(IOCCG)正在促进国际合作,以共享卫星和现场数据以及相应的技术。为维持长时间序列且定标的卫星辐射计所生产的气候数据记录(CDRs)的舞台已经搭建好。

参考文献

[1] Climate Change. The physical science basis. Summary for policymakers. Working Group I Contribution to the Fifth Assessment Report of the Intergovernmental Panel on Climate Change (IPCC) (2013).

[2] GCOS-82, The Second Report on the Adequacy of the Global Observing Systems for Climate in Support of the UNFCCC, World Metrological Organization, Intergovernmental Oceanographic Commission, April 2003. GCOS-82, WMO/TD 1143.

[3] National Research Council, Climate Data Records from Environmental Satellites: Interim Report, National Academies Press, Washington, D. C, 2004, ISBN 0-309-09168-3, 150 pp.

[4] G. Ohring, B. Wielicki, R. Spencer, B. Emery, R. Datla (Eds.), Satellite Instrument Calibration for Measuring Global Climate Change, National Institute of Standards and Technology, 2004. NISTIR-7047, March 2004. Available at: http://www. nist. gov/pml/div685/pub/upload/nistir7047. pdf.

[5] GCOS-154, Systematic Observation Requirements for Satellite-based Products for Climate, 2011 Update, World Meteorological Organization, GenevaPublisher, December 2011, 139 pp.

[6] GCOS-138, Implementation Plan for the Global Observing System for Climate in Support of the UNFCCC, World Meteorological Organization, GenevaPublisher, August 2010 (2010 Update), GCOS-138 (GOOS-176, GTOS-84, WMO/TD-No. 1523), http://www. wmo. int/pages/prog/

GCOS/Publications/GCOS-138. pdf('IP-10').

[7] GCOS-143, Guideline for the generation of datasets and products meeting GCOS requirements, in: An Update of the "Guideline for the Generation of Satellite-based Datasets and Products Meeting GCOS Requirements" GCOS-128, WMO/TD-no. 1488), Including In Situ Datasets and Amendments, World Meteorological Organization, GenevaPublisher, May 2010, p. 12. Available at: http://www. wmo. int/pages/prog/GCOS/Publications/GCOS-143. pdf.

[8] D. K. Clark, M. Feinholz, M. B. Yarbrough, B. C. Johnson, S. W. Brown, Y. S. Kim, R. A. Barnes, Overview of the radiometric calibration of MOBY, Proc. SPIE 4483 (2002) 64-76.

[9] IOCCG, Mission requirements for future ocean-colour sensors, in: C. R. McClain, G. Meister (Eds.), Reports of the International Ocean-colour Coordinating Group, No. 13, IOCCG, Dartmouth, Canada, 2012.

[10] National Research Council, Assessing Requirements for Sustained Ocean Color Research and Operations, National Academies Press, Washington, D. C, 2011, ISBN 978-0-309-21044-7, 126 pp.

[11] T. P. Boyer, J. I. Antonov, O. K. Baranova, C. Coleman, H. E. Garcia, A. Grodsky, D. R. Johnson, R. A. Locarnini, A. V. Mishonov, T. D. O'Brien, C. R. Paver, J. R. Reagan, D. Seidov, I. V. Smolyar, M. M. Zweng, in: S. Levitus (Ed.), A. Mishonov, (Technical Ed.), World Ocean Database 2013. NOAA Atlas NESDIS 72, National Oceanic and Atmospheric Administration, Washington, D. C, 2013, p. 209.

[12] K. S. Casey, T. B. Brandon, P. Cornillon, R. Evans, The past, present and future of the AVHRR pathfifinder SST program, in: V. Barale, J. F. R. Gower, L. Alberotanza (Eds.), Oceanography from Space: Revisited, Springer, 2010. http://dx. doi. org/10. 1007/978-90- 481-8681-5_16.

[13] Kenneth S. Casey, Robert H. Evans, Warner Baringer, Katherine A. Kilpatrick, Guillermo P. Podesta, Susan Walsh, Elizabeth Williams, Tess B. Brandon, Deirdre A. Byrne, Gregg Foti, Yuanjie Li, Sheri A. Phillips, Dexin Zhang, Yongsheng Zhang, AVHRR Path-finder Version 5. 2 Level 3 Collated (L3C) Global 4km Sea Surface Temperature, National Oceanographic Data Center, NOAA. Dataset, 2011. http://dx. doi. org/10. 7289/V5WD3XHB (accessed on 18. 12. 13).

[14] C. J. Donlon, K. S. Casey, I. S. Robinson, C. L. Gentemann, R. W. Reynolds, I. Barton, O. Arino, J. Stark, N. Rayner, P. Le Borgne, D. Poulter, J. Vazquez-Cuervo, E. Armstrong, H. Beggs, D. Llewelly-Jones, P. J. Minnett, C. J. Merchant, R. Evans, The GODAE high resolution sea surface temperature pilot project, Oceanography 22 (3) (2009) 34-45.

第 1.2 章

光学辐射测量与测量不确定度原理

B. Carol Johnson,[1,*] **Howard Yoon**,[1] **Joseph P. Rice**,[1] **Albert C. Parr**[1,2]

[1] 国家标准与技术研究院传感器科学部，美国 马里兰州 盖瑟斯堡；[2] 犹他州立大学空间动力学实验室，美国 犹他州 洛根

★ 通讯作者：邮箱：carol.johnson@nist.gov

章节目录

1. 辐射测量基础	15
1.1 引言	15
1.2 辐亮度	19
1.3 辐照度	23
1.4 反射率	25
1.5 辐射测量中的距离和孔径面积	30
2. 辐射测量标准和度量实现	32
2.1 源	33
2.1.1 黑体	33
2.1.2 灯源	34
2.1.3 积分球	37
2.1.4 漫反射标准	38
2.2 辐射计	41
2.2.1 电替代辐射计	42
2.2.2 辐亮度和辐照度响应度	44
3. 测量方程	45
3.1 背景和概念回顾	45
3.2 测量方程示例	49
3.2.1 用于光谱辐亮度验证或测量的滤光片辐射计	49
3.2.2 实现光谱辐照度的滤光片辐射计和 HTBB	53
3.3 海洋水色测量不确定度	61
3.3.1 相关关系	61
3.3.2 比较和再现性	64
4. 总结	65
致谢	66
参考文献	66

1. 辐射测量基础

1.1 引言

海洋特性遥感涉及适于所关心性质相关波长区域或波长带宽

物理科学中的实验方法, Vol. 47. http://dx.doi.org/10.1016/B978-0-12-417011-7.00003-9

范围内的海洋反射或发射的电磁辐射的测量。太阳是反射辐射的来源，也是海洋加热的主要驱动者。遥感通常是通过地球轨道卫星系统进行的，但在某些情况下，也使用飞机和气球[1,2]。本书的重点是从紫外（ultraviolet, UV）到热红外（thermal infrared, TIR）的光谱区域。在这个区域，光和物质的相互作用涉及外层电子和分子的振动或旋转，通常被称为光学区域；该区域常用命名方式见表1。在短于UV-C的波长范围内，有深紫外、软X射线，以及更多包括伽马射线在内的高能区。在光谱的另一端，在波长超过 1 mm 的区域，是电磁频谱的微波和射频区域。这些区域的电磁辐射有着不同的测量方法和目的，超出了本书的重点所在。

表1　国际照明词汇表所规定的光学辐射波段范围 [3]

区域	波长间隔
UV-C	100～280 nm
UV-B	280～315 nm
UV-A	315～400 nm
Visible	380～780 nm
IR-A	780～1400 nm
IR-B	1.4～3.0 μm
IR-C	3.0 μm～1.0 mm

　　测量光学辐射的设备被称为辐射计，如果该设备同时具有光谱分辨能力，则被称为光谱辐射计。本章中的辐射测量术语符合国际照明委员会和国际标准化组织[3,4]所规定的定义。表2总结了一些常用的辐射量。如果表2中的量具有光谱依赖性，那么应采用相应的符号通过变量函数关系或下角标的方式进行标识。例如，光谱辐亮度被表示为 $L(\lambda)$ 或 L_λ。通常，这些物理量依赖于其他变量，包括几何和空间变量，如入射角或位置，以及温度或其他环境量。光谱辐射量单位的分母上也会有波长单位，通常以纳米为单位进行表示。

表 2　辐射量及常用标识符号

辐射量	符号	单位
辐射能	Q	J
辐射通量（功率）	Φ	W
辐照度	E	W m^{-2}
辐亮度	L	W m^{-2} sr^{-1}
辐射强度	I	W sr^{-1}
双向反射率分布函数，BRDF	fr	sr^{-1}
反射率	ρ	None
反射系数	R	None

　　表 2 中所列的前几个辐射量可以由图 1（a）（摘自文献［5］）进行示意。定义表面积为 dA_1 的辐射源作用于表面积为 dA_2 的接收面。为便于讨论，我们假设 dA_1 在所有方向上均匀地发射，并且这两个表面都位于其中心线上并垂直于中心线。从任何角度上观测均具有相同的辐亮度，那么该辐射源则被称为朗伯发射体。辐射强度定义为从表面上的一个点发射到源于 dA_1 且相交于 dA_2 的光锥所示的立体角内的功率（或通量）。这定义了辐射强度是单位立体角的功率。更简明地说，辐射强度是通过所给定立体角表面的单位立体角的功率总和。光学中的"强度"一词经常以不同的方式使用，这可能会造成一定的混淆［6-8］。

　　辐射源的面积 dA_1 的辐亮度对遥感具有重要意义。从图 1（a）中可以看出，辐亮度定义为由 dA_1 所发射的以 dA_1 中心为顶点的圆锥所限定的角度范围内的光功率之和。辐亮度是指单位立体角单位面积的光功率。辐亮度对方向具有依赖性，因此其也取决于传输方向。

　　假设通过表面 dA_2 的总的光功率均匀地分布在面积 dA_2 上，则辐照度定义为表面的辐射通量除以面积 dA_2。如果 A_2 上的光功率分布不均匀，那么就需要对表面上的功率进行相应的积分来确定总辐照度。辐照度是空间范围内单位面积的辐射通量，也是遥感研究中的一个基本量。光学探测器所探测总功率是在接收面上来自所有方向辐照度的积分。一般意义上,辐照度是用来描述探测器的一个物理量,而辐亮度是用来描述源辐射特性的物理量。

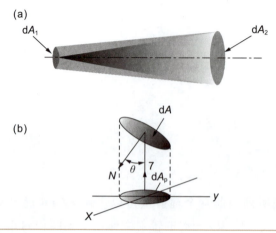

图 1 （a）照射到接收面 dA_2 的 dA_1 处辐射源示意图。（b）倾斜角度为 θ 的面积 dA 的投影面积 dA_p 几何示意图。根据参考文献 [5] 中图 1.2 重新绘制。

表 2 中还列出了与表面相关的物理量。反射率定义为入射通量与反射通量的比值,而双向反射率分布函数（Bidirectional Reflectance Distribution Function, BRDF）是表面的固有性质,以球面度分之一为单位。反射系数是由基于从理想表面反射的通量来考虑确定的。

$dA\cos\theta$ 经常出现在辐射测量中,为投影面积 dA_p,这个概念如图 1 （b）所示的几何关系得到阐释。对于面积 dA,其法向量 $\overline{N}$ 相对于由坐标 x 和 y 定义的平面的法线方向角度为 θ。由于该倾角在 x–y 平面上产生的投影面积为 $dA_p = dA\cos\theta$,即从 x–y 平面上所看到的 dA 的面积。该概念对于揭示外部辐射源通过一个平面的总辐射通量非常有用,如发射面 dA。几何上,该投影面积是由于观测角度差异所观测到的辐射源或探测器探测到的有效面积。

表 2 中列出的辐射量可以是波长 λ 或频率 v,亦或波数 σ 的函数。这些符号是波长、频率和波数这些量的常用符号,但读者需要明白每个作者所使用的符号表示可能会不一样,因为在符号的使用上并不能形成普遍共识。波长、频率和波数之间相互关联,可由式（1）来表达:

$$\lambda = \frac{c}{nv} = \frac{1}{\sigma} \qquad (1)$$

式中，c 是光速，n 是折射率，而折射率是介质、波长和温度、压强等环境因素的函数。

辐亮度、辐照度和反射率是遥感中常用的物理量，将在以下部分详细讨论。本材料除节选自之前的一些书籍[5, 9]，同时也有许多其他来源的材料，如《NIST 光学辐射测量自学手册》[10] 或 Mobley[11] 对水体辐射传输描述等文本，或那些天基海洋研究中涵盖太阳反射（SR）、热红外（TIR）以及更长波长的相关书籍[2]。也将讨论关于光学孔径面积和间距的问题。还有一些从这些基本概念发展而来的其他量，将在本书后面根据需要介绍。

1.2 辐亮度

辐射测量的探测器用来测量光功率，当集成到辐射计中，通过辐射参考标准，其输出可以溯源至相应的国际单位制。光功率、辐亮度和辐照度之间的关系可以通过由图 2（摘自文献[5]）来表达。在图 2 中，x_1 和 y_1 描述了一个以辐射源为中心的坐标系，该辐射源从位于面积为 A_1 的辐射源上的面积为 dA_1 微分面元发出辐射。该辐射源通过辐亮度来表示其特征。为了使这些量看起来更直观，定义入射到位于 x_2 和 y_2 所确立的坐标系为中心的更大面积 A_2 的微分面元 dA_2 上，来自 dA_1 的一束辐射是有效的。例如，假设面积 A_2 是一个辐射计系统的入射瞳孔。图 2 中连接两个表面 dA_1 和 dA_2 的线表示可能通过两个面之间的一些光线。

入射到 A_2 上的辐射可以用辐亮度来表征，但辐亮度通常是表征入射到一个表面上的辐射的更有用的量。在图 2 中，A_1 和 A_2 为了方便示意和讨论表示成圆形，但事实上它们可以是用任何形状来表达辐射源和辐射传输所通过的表面。在辐射测量的典型示例中，A_2 是探测系统的入射瞳孔，A_1 是提供辐射源的孔径。在图 2 中，R 是一条线，其长度是两个微分面元原点之间的距离，$\overline{N_1}$ 和 $\overline{N_2}$ 是相对于 R 的两个表面角度分别为 θ_1 和 θ_2 的法向量，为了方便，坐标系以孔径为中心。

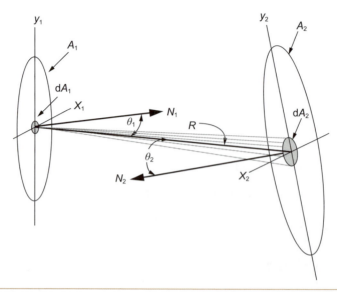

如果 L_1 是 $\mathrm{d}A_1$ 处的辐射源的辐亮度,则离开面积 $\mathrm{d}A_1$ 并通过面积 $\mathrm{d}A_2$ 的光束中的总辐射通量 $\mathrm{d}^2\Phi_1$ 的量为

$$\mathrm{d}^2\Phi_1 = \frac{L_1 \mathrm{d}A_1 \cos\theta_1 \mathrm{d}A_2 \cos\theta_2}{R^2} \tag{2}$$

该方程定义了辐亮度,并强调了它在描述光辐射通量传输的基本性质。角度项准确地描述了相互交叠孔径的有效或投影面积。方程(2)将通过某一空间区域的光功率与辐射源的特性联系了起来,即辐亮度 L 及其几何位置。一般来说,辐亮度是定义 $\mathrm{d}A_1$ 的坐标以及离开表面 $\mathrm{d}A_1$ 的传输方向的角度的函数,因此很难在实际情况下计算方程(2)。在大部分情况下,可以通过假设进行。然而,为了理解在实际辐射测量中计算辐射通量所采用近似结构的含义,必须从辐亮度复杂的定义开始。方程(2)右边的式子可以分组,并且可以用不同的表达式来表达。假如采用以下定义:

$$\mathrm{d}\omega_{12} = \frac{\mathrm{d}A_2 \cos\theta_2}{R^2} \tag{3}$$

其中, $\mathrm{d}\omega_{12}$ 是在 $\mathrm{d}A_1$ 处相对于 $\mathrm{d}A_2$ 的立体角,我们可以重新整理方程

（2）得到

$$L_1 = \frac{\mathrm{d}^2\Phi_1}{\mathrm{d}\omega_{12}\mathrm{d}A_1\cos\theta_1} \tag{4}$$

该方程根据光辐射通量、光源的几何位置和包含辐射光通量的立体角来定义辐亮度。我们从表 2 中可以看到，辐亮度的单位为 $Wm^{-2}\ sr^{-1}$，从方程（4）中可以看出，辐亮度是一个空间区域中被导向到某一立体角内的单位面积光源的辐射通量。

在 A_1 和 A_2 之间的空间中假设没有任何损失，在所示的立体角内离开 $\mathrm{d}A_1$ 的光束中的辐射通量等于通过 $\mathrm{d}A_2$ 的辐射通量。我们可以建立一个方程类似于方程（2）来描述 $\mathrm{d}A_2$ 处的辐亮度和辐射通量之间的关系，这表明辐亮度是光束中的一个守恒量 [10, 12, 13]。这可以通过如下证实：假设辐亮度 L_2 代表 $\mathrm{d}A_2$ 的辐亮度，方程（2）可以通过变化变量下标 1 ←→ 2 表示到达 $\mathrm{d}A_2$ 的辐射通量 $\mathrm{d}^2\Phi^2$，由于变量的对称性可生成相同的方程（2）。假设辐亮度在 $\mathrm{d}A_1$ 和 $\mathrm{d}A_2$ 上没有变化，可以推出方程（5），这表明在折射率为 1 的非损失介质中光束中传输的辐亮度是守恒的：

$$L_1 = L_2 = \mathrm{constant} \tag{5}$$

这一基本关系强调了辐射测量中辐亮度这一概念的重要性。如果光辐射所传输的介质折射率不等于 1，该关系式须进行适当的修改。在辐亮度的定义中，将 Snell 定律应用于定义角度量的角度上，将得到归一化辐亮度的 n_2 因子。用 n_1 和 n_2 分别表示介质在 $\mathrm{d}A_1$ 和 $\mathrm{d}A_2$ 表面上的折射率，我们得到公式（6），该公示定义了在折射率不等于 1 情况下的守恒量 [14]：

$$\frac{L_1}{n_1^2} = \frac{L_2}{n_2^2} = \mathrm{constant} \tag{6}$$

量 L/n^2 有时被称为减少的辐亮度（reduced radiance），在折射率变化的介质存在的情况下，该量被称为广义守恒量。这种关系取决于光束中辐射通量的守恒。由于指数变化或其他因素而引起的散射或吸收因素没有被考虑在内，必须进行适当的处理。

公式（6）中的辐亮度不变性适用于总辐亮度或者以频率或波数

为单位的光谱辐亮度,因为这些量对介质的折射率没有依赖性。如果光谱辐亮度是以波长为单位,则方程(6)必须进行修改,因为波长与介质的折射率有关。单位波长的光谱辐亮度与辐亮度的关系可由公式(7)来表达。

$$L_{\lambda_1} = \frac{\mathrm{d}L_1(\lambda_1)}{\mathrm{d}\lambda_1} \tag{7}$$

其中,波长依赖于介质的折射率,可由公式(8)来表达:

$$\lambda_1 = \frac{\lambda_0}{n_1} \tag{8}$$

其中,λ_1 是折射率为 n_1 的介质中的波长,λ_0 是真空中的波长。基本光谱区间也可由公式(9)来表达:

$$\mathrm{d}\lambda_1 = \frac{\mathrm{d}\lambda_0}{n_1} \tag{9}$$

从公式(6)中可以看出,辐亮度的微分形式也是恒定不变的,如公式(10)所示:

$$\frac{\mathrm{d}L_1}{n_1^2} = \frac{\mathrm{d}L_2}{n_2^2} \tag{10}$$

将公式(7)和(9)代到公式(10)中,可以得到如下公式:

$$\frac{L(\lambda_1)}{n_1^3} = \frac{L(\lambda_2)}{n_2^3} \tag{11}$$

关于上述问题的讨论可以在 NIST Self Study Manual[10] 中找到。

根据投影面积的定义,$\mathrm{d}A_{1p} = \cos\theta_1 \mathrm{d}A_1$,公式(4)可以表达为

$$L_1 = \frac{\mathrm{d}^2\Phi_1}{\mathrm{d}\omega_{12}\mathrm{d}A_{1p}} \tag{12}$$

读者需要参考关于数学上极限过程的相关文献才能得到数学上正确的辐亮度的微分形式[10, 14, 15]。投射微分立体角 $\mathrm{d}\Omega_{12} = \cos\theta_1 \mathrm{d}\omega_{12}$ 不仅是投影面积所发展的一个替代变量,而且在某些时候是一个非常有用的变量。在用投射微分立体角进行表达时,公式(12)可写成公式(13)所示的形式:

$$L_1 = \frac{\mathrm{d}^2\Phi_1}{\mathrm{d}\Omega_{12}\mathrm{d}A_1} \tag{13}$$

投影立体角 Ω_{12} 可表达为

$$\Omega_{12} = \int_\omega \mathrm{d}\Omega_{12} = \int_\omega \cos\theta_1 \mathrm{d}\omega_{12} \qquad (14)$$

1.3 辐照度

方程(2)可用来计算来自辐射发射面 A_1 通过表面 A_2 的辐射通量 Φ_1。该辐射通量可以通过发射面 A_1 和接收面 A_2 上的积分关系来表示。即

$$\Phi_1 = \iint_{A_1\,A_2} \frac{L_1 \mathrm{d}A_1 \cos\theta_1 \mathrm{d}A_2 \cos\theta_2}{R^2} \qquad (15)$$

在公式(15)中，Φ_1 和 L_1 分别表示对波长积分后的总辐射通量和总辐亮度，这些量一般是波长和发射面空间坐标的函数。因此，公式(15)可以表达为描述离开表面的光谱辐射通量，实质上是将 $\Phi_1(\lambda)$ 和 $L_1(\lambda)$ 代替 Φ_1 和 L_1 后表面光谱辐亮度的积分结果。一般来说，公式(15)中的积分很难实现。此外，如果图 2 中的孔径较大，角度 θ_1、θ_2 以及两个微分面元间距离 R 相对于孔径均具有复杂的关系表达，这使得求解公式(15)很困难。由公式(15)所表示的光辐射通量的传输涉及如热传递等的其他物理领域问题，和一些用于计算辐射通量传输的技术手段[16,17]。

虽然公式(15)一般很难精确求解，但在许多情况下，辐射源可被认为是均匀的并且具有朗伯特性。在该情况下，公式(15)可写成

$$\Phi_1 = L_1 \iint_{A_1\,A_2} \frac{\mathrm{d}A_1 \cos\theta_1 \mathrm{d}A_2 \cos\theta_2}{R^2} \equiv L_1 \int_{A_1} \mathrm{d}A_1 \int_{F_{12}} \pi \mathrm{d}F_{12}$$
$$= L_1 A_1 \pi F_{12} = L_1 T_{12} \qquad (16)$$

其中，F_{12} 仅依赖于几何结构，被称为结构因子，详见参考文献[10]第 4 章的附录 3。针对结构因子还有其他术语，如视角因数、形态因子或交换因子。对于均匀且具有朗伯特性的辐射源，该几何项可以在文献[16,17]中查找到或者使用数值技术进行估算。量 $T_{12} = A_1 \pi F_{12}$ 被称为特定光学装置的通量。该量的单位为面积时间球面度。在没有损失的情况下，辐亮度的不变性意味着系统通量的不变性。根据上述论点，我们可以很容易地理解辐射测量系统的相

互关系，$A_1F_{12} = A_2F_{21}$ 或 $T_{12} = T_{21}$ 揭示了光束传输的可逆性。如果辐亮度和辐射通量与波长有关，则在公式（16）中需要加入光谱项。

假设辐射源均匀且具有朗伯特性，公式（13）（或在公式（15）中代入公式（3）和（14））可以简化得到

$$\Phi_1 \cong L_1 \int_{A_1} dA_1 \int_{\Omega_{12}} d\Omega_{12} = L_1 A_1 \Omega_{12} \qquad (17)$$

其中，约等号是指虽然 dA_1 和 dA_2 之间的间距很大，实际上通过两个有限面积区域的数值相同。换句话说，光束的投影立体角并不强烈依赖于 dA_1 在 A_1 上的位置或 dA_2 在 A_2 上的位置。注意，我们没有对孔径面积的倾斜或形状进行限制，只是说辐射源是均匀且具有朗伯特性。当 R 较大近似有效时，则 $\Phi_{12} \cong A_2 / R^2$ 且

$$\Phi_2 = \Phi_1 \cong L_1 \frac{A_1 A_2}{R^2}, \quad E_2 = \frac{\Phi_2}{A_2} = \frac{L_1 A_1}{R^2} = L_1 \Omega_{21} \qquad (18)$$

表面 A_2 处的辐照度 E_2 可简单地表示为 L_1 与投影立体角 $\Phi_{12} \cong A_2 / R^2$ 的乘积。这是一种基本关系，有时被称为辐射通量传输方程。公式（18）也清楚地表明，对探测器进行定标，须已知孔径面积才能计算出辐照度。公式（18）所揭示的第三个重要结论是 $1/R^2$ 定律。假设距离辐亮度为 L_1 的表面 A_1 处的两个距离 R_a 和 R_b 的辐照度，由公式（18）可得到 $E_{2b} / E_{2a} \cong (R_b / R_a)^2$，即辐照度随间距平方的倒数衰减。

接下来，我们将这种处理方法应用于对两个孔径的大小或间距没有限制的情况，只针对特定的孔径配置。这里，孔是圆形的，中心位于一条共同的中心线上，孔朝向于垂直于中心线的孔径平面。在图2中，这对应于沿 R 的 $\overline{N_1}$ 和 $\overline{N_2}$。设 r_1 为 A_1 的半径，r_2 为 A_2 的半径，由方程（16）中的积分所确立的结构因子变成公式（19）[17, 18]：

$$F_{12} = \frac{1}{2} \left[\left(\frac{r_1^2 + R^2 + r_2^2}{r_1^2} \right) - \left[\left(\frac{r_1^2 + R^2 + r_2^2}{r_1^2} \right)^2 - 4 \frac{r_2^2}{r_1^2} \right]^{1/2} \right] \qquad (19)$$

假设辐亮度是均匀的且具有朗伯特性，依据公式（16）并将 A_1 用 $A_1 = \pi r_1^2$ 来代替，我们可以将由 A_1 的所产生的辐亮度在第二个孔径处的光功率，精确地表达为

$$\Phi_1 = L_1 \frac{\pi^2}{2}\left[\left(r_1^2 + r_2^2 + R^2\right) - \left[\left(r_1^2 + r_2^2 + R^2\right) - 4r_1^2 r_2^2\right]^{\frac{1}{2}}\right] \quad (20)$$

大部分情况下，R 远大于任何一个孔径的半径，并且该表达式可以通过泰勒级数展开来简化。进而

$$\Phi_1 = \frac{L_1 \pi r_1^2 \pi r_2^2}{\left(r_1^2 + r_2^2 + R^2\right)}\left(1 + \frac{r_1^2 r_2^2}{\left(r_1^2 + r_2^2 + R^2\right)^2} + \text{higher terms}\right)$$

$$= \frac{L_1 A_1 A_2}{D^2}\left[1 + \delta + 2\delta^2 + 5\delta^3 + \dots\right]$$

其中，有 $D^2 = r_1^2 + r_2^2 + R^2$

$$和 \quad \delta = \frac{r_1^2 r_2^2}{D^4} \quad (21)$$

该结果对公式（18）中所采取的近似关系在针对中心位于共同的中心线上且垂直于中心线的两个圆形孔径的情况进行了校正。该校正相较于简化的公式考虑了乘性偏差和加性偏差，并且在给定目标不确定度构成的情况下，在对于圆形准直孔径的两种形式的辐射传输方程进行选择更为直接。如同公式（18）和公式（21）建立了辐射通量、辐亮度和辐照度的联系。值得注意的是，辐照度对 $1/R^2$ 的依赖关系仍然成立。

对于计算不同特殊光学配置（包括带有透镜以及其他光束形成和转向装置）通量的结构因子的近似解，读者应查阅大量关于光学系统的文献[10, 12, 13, 19, 20]。假如光源不具有朗伯特性且不均匀，需要进行广泛的必要测量，来认识光源辐射通量、辐亮度或辐照度的关系。

1.4 反射率

光与物质的相互作用是复杂的，并取决于介质的光学性质。吸收、发射、弹性和非弹性散射、荧光和与折射率变化相关的界面的菲涅尔反射都是辐射测量和海洋光学中所涉及的过程。在本节中，我们将讨论反射率，其定义为反射与入射通量之比。它对太阳反射（SR）和热红外（TIR）光谱区域都很重要。一般来说，反射率必须用光谱、方向、几何、空间、时间和偏振变量来描述。为了精确表达各种不同的实际依赖关系，在定义相应术语和概念时应格外仔细，因

为不同学科之间其所使用的标注可能会不一样,请见参考文献[9,12]。此外,作者有时不能充分描述有争议的物理量,如数学表达式的量纲分析不像辐亮度或者辐照度不会提供必要的解释,反而容易增加混淆。我们参考 Nicodemus 等[9]首先介绍了相应术语,然后针对将其应用于海洋光学中的太阳反射(SR)区域进行了简要的说明。

反射的结果是入射辐亮度分布、真实表面(或假想表面,如水中辐射计)的反射属性、入射或观测方向以及相关立体角的函数。在接下来的内容中,我们将对入射的辐亮度分布和表面的散射特性的假设进行简化,主要说明特定几何结构下的结果。在第 1.2 和 1.3 节中,我们将区分微分几何和有限几何。对于一个具有平坦反射面的不透明材料,其在任一微元面 dA 上具有空间上均匀和方位上各向同性的散射特性。假设与入射通量和表面没有非线性的相互作用。有一个包含在微分立体角 dω_i 中来自特定方向的入射光束(下标"i"代表入射),在该立体角内,我们假设辐亮度是恒定的,与方向无关。注意,我们并未限制所有入射方向的辐亮度相同。所反射的辐亮度(reflected radiance)从不同的方向进行观测。可以看出,对于面元 dA,有一个不变的量,即双向反射分布函数(BRDF),来描述反射性质。BRDF,或 $f_r(\theta_i, \varphi_i; \theta_r, \varphi_r)$(下标"$r$"代表反射),可表达为

$$\text{BRDF} = f_r(\theta_i, \varphi_i; \theta_r, \varphi_r) = \frac{\mathrm{d}L_r(\theta_i, \varphi_i; \theta_r, \varphi_r; E_i)}{\mathrm{d}E_i(\theta_i, \varphi_i)} \tag{22}$$

其中,极角 θ 是从表面的法线测量的,方位角 φ 是从表面的某个参考平面测量的[22]。为方便起见,在公式(22)和下文中,我们忽略了这些物理量的光谱依赖性。BRDF 是微分反射辐亮度 $\mathrm{d}L_r(\theta_i, \varphi_i; \theta_r, \varphi_r; E_i)$ 与微分入射辐亮度 $\mathrm{d}E_i(\theta_i, \varphi_i) = L_i(\theta_i, \varphi_i)\cos\theta_i\mathrm{d}\omega_i$ 的比值,其单位为球面度的倒数。如果表面不会使入射光通量发生偏振,并且没有磁场存在,那么亥姆霍兹(Helmholtz)互易性成立,即

$$f_r(\theta_1, \varphi_1; \theta_2, \varphi_2) = f_r(\theta_2, \varphi_2; \theta_1, \varphi_1) \tag{23}$$

反射率 ρ 定义为反射与入射通量的比值为

$$\mathrm{d}\rho = \frac{\mathrm{d}\Phi_r}{\mathrm{d}\Phi_i} \qquad (24)$$

并且可表达为不同几何位置下表面的双向反射分布函数（BRDF）[9, 22]。反射率是一个无量纲的量。对于上述情况，同时也是微分量的双向反射率，可表达为

$$\mathrm{d}\rho(\theta_i,\varphi_i;\theta_r,\varphi_r) = f_r(\theta_i,\varphi_i;\theta_r,\varphi_r)\mathrm{d}\Omega_r \qquad (25)$$

其中，$\mathrm{d}\Omega_r = \cos\theta_r\mathrm{d}\omega_r$ 是反射光束的投影立体角。为了推导出 ρ 和特定几何位置的表达式，我们必须对立体角进行积分，这里我们引入了三种情况：对 $\mathrm{d}\Omega_r$，对 $\mathrm{d}\Omega_i$，或对 $\mathrm{d}\Omega_r$ 和 $\mathrm{d}\Omega_i$ 都进行积分。Nicodemus 等人[9]引入了锥形一词来表示这种平均，因此我们有方向－锥形（directional-conical）、锥形－方向（conical-directional）和双锥形（biconical）三种情况。显然，方向－锥形情况与入射辐亮度分布无关，因为我们已经限制了辐亮度在这个非常小的入射角范围内是各向同性的。这种方向－锥形反射率可直接由公式（25）积分得到

$$\rho(\theta_i,\varphi_i;\omega_r) = \int_{\omega_r} f_r(\theta_i,\varphi_i;\theta_r,\varphi_r)\mathrm{d}\Omega_r \qquad (26)$$

也很明显，在另外两种情况下，反射率将取决于入射辐亮度的分布。锥形－方向反射率的一般结果可表达为

$$\mathrm{d}\rho(\omega_i;\theta_r,\varphi_r) = \frac{\mathrm{d}\Omega_r \int_{\omega_i} L_i(\theta_i,\varphi_i) f_r(\theta_i,\varphi_i;\theta_r,\varphi_r)\mathrm{d}\Omega_i}{\int_{\omega_i} L_i(\theta_i,\varphi_i)\mathrm{d}\Omega_i} \qquad (27)$$

锥形－方向的反射率仍然是一个微分量，因为我们并未对其进行视角内积分。通常情况下，ω_r 或 ω_i 包含整个半球，该情况下，其积分极限对应于示例上方的半球，公式（26）是方向－半球反射率（directional-hemispherical reflectance），公式（27）是半球－方向反射率（hemispherical-directional reflectance）。对于特殊情况，当位于 ω_i 内的所有入射方向的辐亮度是一个常数时，即 $L_i(\theta_i,\varphi_i) = L_i$，那么公式（27）中入射辐亮度可以抵消掉，进而锥形－方向反射率可表达为

$$\mathrm{d}\rho(\omega_i;\theta_r,\varphi_r) = \frac{\mathrm{d}\Omega_r}{\Omega_i} \int_{\omega_i} f_r(\theta_i,\varphi_i;\theta_r,\varphi_r)\mathrm{d}\Omega_i \qquad (28)$$

双锥形反射率一般可表达为

$$\rho(\omega_i;\omega_r) = \frac{\int_{\omega_i}\int_{\omega_r}L_i(\theta_i,\varphi_i)f_r(\theta_i,\varphi_i;\theta_r,\varphi_r)\mathrm{d}\Omega_r\mathrm{d}\Omega_i}{\int_{\omega_i}L_i(\theta_i,\varphi_i)\mathrm{d}\Omega_i} \quad (29)$$

且在 ω_i 内所有方向上有 $L_i(\theta_i,\varphi_i) = L_i$，则双锥形反射率为

$$\rho(\omega_i;\omega_r) = \frac{1}{\Omega_i}\int_{\omega_i}\int_{\omega_r}f_r(\theta_i,\varphi_i;\theta_r,\varphi_r)\mathrm{d}\Omega_r\mathrm{d}\Omega_i \quad (30)$$

假设一个理想的表面，并且入射辐亮度分布也是理想的。如果该表面反射的辐亮度在所有的观测角度都是一样的，而与入射角度无关，则被称为完全漫射。反射辐亮度的这一特性使其成为朗伯源，漫反射和朗伯面这两个术语可以互换使用。如果这个表面的双向反射分布函数（BRDF）与位置无关，那么这个源就是均匀的。一般来说，我们假设双向反射分布函数（BRDF）不依赖于偏振，而且表面没有荧光或非弹性散射。如果没有吸收，那么这个表面就被称为理想的，同时也是漫射和均匀的。如果一个表面是完全漫射的，但可能具有吸收特性，相当于说漫射 BRDF，$f_{r,d}$，是一个常数。否则，从公式（22）来看，反射辐亮度将依赖入射角和观测角。根据公式（22），$f_{r,d}$ 等于反射辐亮度除以入射辐照度：

$$f_{r,d} = \frac{L_r}{E_i} \quad (31)$$

如果表面是完全漫射的，那么通过公式（26），方向 - 半球反射率可表达为

$$\rho_d(\theta_i,\varphi_i;2\pi) = f_{r,d}\int_{2\pi}\mathrm{d}\Omega_r = \pi f_{r,d} \quad (32)$$

漫射方向 - 半球反射率 $\rho_d(\theta_i,\varphi_i;2\pi)$ 是入射光通量中被平均反射到表面上方半球内所有角度的部分。结合公式（31）和（32），可得到

$$L_r = E_i\frac{\rho_d(\theta_i,\varphi_i;2\pi)}{\pi} \quad (33)$$

注意公式（18）和（33）之间的联系：在两种情况下，辐照度都与辐亮度乘以一个立体角成正比。对于一个理想（无损失）表面，我们有 $\rho_d = 1$，$f_{r,d} = 1/\pi$ 和 $L_r = (E_i/\pi)$。

从公式（26）和（32）来看，漫射方向半球反射率与入射辐亮度分

布无关,对任何 ω_i 值都成立,即 $\rho_d(\omega_i;2\pi)=\rho_d(d\omega_i;2\pi)$;$2\pi=\rho_d(2\pi;2\pi)$。然而,拥有一个完全漫射和均匀的表面还有其他意义。对于一个任意的入射辐亮度分布,公式(27)和(29)给出了锥形–方向和双锥方向的反射率。在任何一种情况下,当双向反射分布函数(BRDF)是一个常数时,涉及入射辐亮度分布的因素都会被抵消,我们会发现漫反射的锥形–方向、漫反射的方向–锥形和漫反射的双锥形反射率是等价的:

$$\rho_d(\theta_i,\varphi_i;\omega_r)=\rho_d(\omega_i;\theta_r,\varphi_r)=\rho_d(\omega_i;\omega_r)=f_{r,d}\Omega_r \qquad (34)$$

注意,当样品不透明时,漫反射方向–半球反射率 $\rho_d(\theta_i,\varphi_i;2\pi)=f_{r,d}\pi$ 与样品吸收有关,因为吸收等于 $1-\rho_d(\theta_i,\varphi_i;2\pi)$。

最后一个概念,反射率因子(reflectance factor)在文献中也会遇到。反射率因子被定义为实际反射光通量与被完全漫射、均匀、理想(不吸收)的样品所反射的光通量的比值。一般来说,符号 R 被用来表示反射率因子,这个量是无量纲的。例如,双向反射率因子可表达为

$$R(\theta_i,\varphi_i;\theta_r,\varphi_r)=\pi f_r(\theta_i,\varphi_i;\theta_r,\varphi_r) \qquad (35)$$

以及双锥形反射率因子可表达为

$$R(\omega_i;\omega_r)=\frac{\pi\int_{\omega_i}\int_{\omega_r}L_i(\theta_i,\varphi_i)f_r(\theta_i,\varphi_i;\theta_r,\varphi_r)\mathrm{d}\Omega_r\mathrm{d}\Omega_i}{\int_{\omega_i}\int_{\omega_i}L_i(\theta_i,\varphi_i)\mathrm{d}\Omega_r\mathrm{d}\Omega_i} \qquad (36)$$

假如在入射角 ω_i 的全立体角内的入射辐亮度是各向同性的,上式可简化为

$$R(\omega_i;\omega_r)=\frac{\pi}{\Omega_r\Omega_i}\int_{\omega_i}\int_{\omega_r}f_r(\theta_i,\varphi_i;\theta_r,\varphi_r)\mathrm{d}\Omega_r\mathrm{d}\Omega_i \qquad (37)$$

注意反射率因子不是简单地用 π 乘以相应的反射率,例如,方向–半球形反射率和方向–半球形反射率因子是相同的。其他的例子可见参考文献[9]。

在本节的最后,我们对海洋水色遥感特有的反射率术语进行简述。通过卫星在位于太阳反射(SR)光谱范围内对地球海洋进行遥感时,在 (θ_v,φ_v) 方向离开表面的光谱辐亮度是由于海水的后向散射造成的,表示为离水光谱辐亮度,或 $L_w(\theta_v,\varphi_v;\lambda)$。它是一个基本量。

当被表面的入射（下行）光谱辐照度 $E_s(\lambda)$ 归一化时，其结果被称为遥感反射率，$R_{rs}(\theta_v, \varphi_v; \lambda)$：

$$R_{rs}(\theta_v, \varphi_v; \lambda) = \frac{L_w(\theta_v, \varphi_v; \lambda)}{E_s(\lambda)} \tag{38}$$

遥感反射率的单位为球面度的倒数[11]。这里我们用下标"v"来表示观测角度，以强调在 $R_{rs}(\theta_v, \varphi_v; \lambda)$ 的定义中是不包含水面的菲涅尔反射的。下行光谱辐照度包括直接（太阳）和漫反射（天空、云）的贡献。遥感反射率很重要，因为它是海水光学性质的函数，即后向散射系数与吸收系数的比值，主导了将光通量与海水成分联系起来的生物光学算法。它也可以被指定为水体内的一个假想表面。注意 $R_{rs}(\theta_v, \varphi_v; \lambda)$ 的形式与双向反射分布函数（BRDF）相同，但它不是双向反射分布函数（BRDF），对于公式（22），入射的辐照度是具有方向性的，而在公式（38）中，辐照度对应的是整个半球。

另一个海洋光学中重要的物理量被称为光谱辐照度反射率，它可在水体的某个深度 z 处测量得到，可表达为

$$R_{Irr}(z; \lambda) = \frac{E_u(z; \lambda)}{E_d(z; \lambda)} \tag{39}$$

其中，$E_{u,d}(z; \lambda)$ 是上行和下行的平面辐照度[11]。同 $R_{rs}(\theta_v, \varphi_v; \lambda)$，辐照度反射率是水体光学性质的函数。最后，必须测量海水的双向反射分布函数（BRDF），其中一个应用是当将离水光谱辐亮度的现场值与卫星观测值相匹配时，以校正照明和观测几何的差异，见参考文献[23]。

1.5　辐射测量中的距离和孔径面积

实现绝对光谱辐亮度和辐照度测量需要了解光学孔径面积以及确定它们之间的距离。绝对双向反射分布函数（BRDF）也依赖于这些量。距离可以直接测量，测量方法包括数字内径千分尺和数字线性尺，其数值可追溯到波长标准。在通量传递方法中，如公式（21），$1/R^2$ 的依赖性给出了 2 倍的灵敏度，$u(\Phi)/\Phi = 2u(R)/R$（见第 3.1 节），因此在 50 cm 处，250 μm 的不确定度将对通量的产生

0.1％的不确定度影响。例如,对于一个经定标的千分尺,其内部在 50 cm 处的扩展不确定度($k=2$)是 18 μm,与 0.1％的目标相称。在一些应用中,孔径或辐射测量参考平面的物理位置是未知的,如漫射传递辐照度采集器。那么在不同距离处的测量和 $1/R^2$ 定律被用来确定辐射测量间距。如在 50 cm 以外的距离处使用 FEL 灯,见下文第 2.2.2 节;再如使用线性编码器确定两个孔径之间的距离[24]。只要细心,使用商业化的电子尺虽然会导致数十微米的距离不确定度,但这足以满足有关距离上的通量(或辐照度)的不确定度要求。

实现辐射测量孔径的光学区域所需的不确定度目标,促进了专门用于这一应用的定制工具的发展。在最简单的辐照度测量中,对于经定标用于光谱通量响应的非滤光片探测器,其辐照度响应等于通量限制孔径的面积乘以通量响应,具体示例见第 2.2.2 和 3.2.2 节。整个太阳反射(SR)区域内地球大气层顶部的太阳辐照度的测量,称为总太阳辐照度(TSI),提供了遥感的示例。这些飞行仪器的精度足以辨别总太阳辐照度(TSI)在 11 年太阳周期中的 0.12％的变化,但建立绝对总太阳辐照度(TSI)小于 0.01％的不确定度仍然是追求的目标[25]。总太阳辐照度(TSI)不确定度计算中的一个组成部分是由孔径面积造成的。

确定光学孔径面积的传统方法是在圆周的几个位置将球头指示笔从一个边缘移到另一个边缘,进而确定直径和面积。这种机械方法需要孔径的内径上有一个平整的参考表面,其术语为过孔盘。尽管设计很薄,如沿光轴方向仅 0.1 mm,但因平坦的表面起到反射和散射光的作用,因此,最终的光学面积取决于入射光束中的入射角范围和辐射计的采集几何。过孔盘在测量期间也会因机械压力而变形,这取决于孔径的材料和设计。对于具有更锐利边缘且边缘仅几十纳米的刀刃孔径,可以由金刚石车工制造,但在不破坏边缘的情况下无法对其进行机械测量。这促进了利用光学方法进行边缘检测的非接触式孔径面积测定方法的发展。

NIST 的非接触方法是通过干涉测量控制的 x–y 平台来实现,该平台能够在装配有 CCD 相机的显微镜下平移孔径[26, 27]。孔径从下方被照亮,相机的 z 位置自动相对于孔径移动,以确定圆周上各处的最佳焦点。边缘检测算法定位边缘相对于平台位置的 x、y 坐标。结果被拟合为一个圆,并根据材料的线性膨胀系数校正到 20 ℃ 的参考温度。基于蒙特卡洛 Monte Carlo 的数据重采样被用来估算圆的平均半径和中心坐标的不确定度。对于一个直径为 5.26 mm 的经金刚石车削的优质刀刃孔径,其面积的相对标准不确定度为 0.002 5 % [27]。对总太阳辐照度(TSI)仪器上的孔径所进行的比较表明,孔径面积的不确定度是边缘质量、孔径平整度以及将其安装在带有移动平台的平面的能力的函数 [28]。关于孔径最后需要提及的是,无论它们是通量限制、视场限制,还是非限制性挡板,其边缘都是倾斜的,即内径上连接孔径结构的主体和光学边缘的倾斜表面。Breault 对这个问题进行了很好的讨论 [29],如果忽略了这个问题,将会在光学系统中引入不需要的散射光。

2. 辐射测量标准和度量实现

本节我们给出辐射源和探测器标准的例子,并描述如何实现相关的辐射度量。度量实现方式与实验室能力有关,通常是国家测量研究所(National Measurement Institute,NMI)能够将光谱辐亮度(或辐照度)、光谱辐亮度(或辐照度)响应性、光谱 BRDF(和相关的反射量)或孔径面积的值赋予特定制品。然后,这些制品可以在不同的实验室中使用,包括野外工作,以实现针对用户需求的相关辐射度量,从而通过给他们的源、辐射计、反射标准或孔径赋值来传递度量。该方式下,用户结果在计量上的可溯源性得以确立。计量上的可溯源性的正式定义是:一个测量结果的属性,该结果可以通过一个有据可查的不间断的定标链与参考相联系,定标链上的每个环节都会对测量不确定度产生影响 [4]。

计量上的可溯源性对气候变化研究至关重要,其实质是确立定标体系的概念,其中包括对测量不确定度的估算。气候变化研究所需的绝对变化测量,在计量上可溯源为 SI 的测量单位时是最适合的。

2.1 源

2.1.1 黑体

黑体用于海表温度辐射计的光谱辐亮度定标,也会被间接用于其他海洋辐射测量应用,如海洋水色,通过红外光谱范围建立可见光的光谱辐射度量。一个典型的黑体由一个黑色涂层的金属腔体和一种测量腔体温度的方式组成。给定腔的光谱发射率和温度,所发射的光谱辐亮度可根据普朗克辐射公式计算得到[30, 31]

$$L\left(\lambda; T_{BB}\right) = \varepsilon \frac{c_{1L}}{n^2 \lambda^5} \frac{1}{\exp(c_2 / (n\lambda T_{BB})) - 1} \tag{40}$$

其中,T_{BB} 是黑体的热力学温度,c_{1L} 是光谱辐亮度的第一辐射常数,c_2 是第二辐射常数。c_{1L} 和 c_2 的具体值见文献[32]。对于空气中的情况,n 接近于 1,但正确的评估见 Ciddor 的工作[33]。黑体的发射率 ε 是其非理想的校正因子,通常也与波长有关,是黑体腔的几何形状、内壁的反射率和腔壁的温度梯度的函数[30]。在公式(40)中,表示的是单位波长的光谱辐射度。

黑体设计取决于温度范围、涂层材料和环境条件。在热红外(TIR)发射光谱范围内,与海表温度测量有关,黑体温度在室温的几十度内就足够了。在太阳反射(SR)光谱范围内,需要更高的黑体温度,以充分代表反射太阳辐射的相对光谱分布。用于热红外(TIR)的孔径通常比较大,在几厘米的范围内,为被定标的辐射计提供一个扩展的区域。然而,在太阳反射(SR)范围内,小孔径(几毫米)是很常见的,有利于保持更高的温度(700 ~ 3 000 K)。黑体通常在有外部空气的环境中使用,而在真空环境中使用的是用于定标卫星传感器的黑体。

对于海表辐射计和其他热红外分光辐射计的辐射定标,15 ℃ ~ 50 ℃ 的温度范围是很常见的[34]。NIST 使用一个水浴黑体(WBBB)来涵盖该温度范围[35]。直径为 10.8 cm 的圆柱锥形腔体,内部涂有黑色镜面漆以提供 0.999 7 的发射率。该腔体浸泡在一个搅拌的水浴中,使其外表面被水包围。一些海表温度辐射测量小组使用与 NIST 的水浴黑体设计非常相似的定标源,只是用防冻剂或其他液体代替水以获得稍低的温度[34]。其他海表温度测量小组已经开发了成本较低、不确定度较高的变种，即把腔体和温度计的背面浸入含有冰水的隔热冷却器中[36]。根据黑体腔的形状，也可以使用漫反射黑色涂层。

对于 SR 光谱范围内的辐射定标，达到模拟太阳光谱所需的实验室黑体的运行温度接近 6 000 K，其温度太高而不实用。实际上，高温黑体（HTBB）是指在接近 3 000 K 的温度下运行的黑体，当在 3 200 K 的温度下运行时会影响其寿命[37]。温度测量是高温黑体的主要问题之一，通常使用的是定点黑体，其腔体的整个外表面浸入在液固临界温度下运行的纯金属或金属碳共熔混合物中，而内表面是辐射面。由于所使用的纯金属的临界温度由 ITS-90 定义，如果材料没有被杂质污染和其他实验条件满足，黑体辐射温度是已知的。例如，NIST 使用一个温度为 1 337.33 K 的金子熔点黑体来定义辐亮度度量[38]。一种新的、独立的确定黑体温度的方法（详见文献[39]），是利用滤光片辐射计（该辐射计事先根据探测器的响应度进行定标）直接测量已知带宽内的辐亮度，并通过普朗克方程推导出温度[40, 41]。该方法用于黑体温度的测定，详见下文第 3.2.2 节所述。

2.1.2　灯源

钨丝灯或管状灯在辐射测量标准界是重要的源，可以作为定点黑体的有效替代。它们也可以被定标作为光谱辐亮度标准或辐射温度标准[15, 38, 42, 43]，灯壳可被抽成真空或填充惰性气体。作为 655 nm 的光谱辐亮度标准的真空管状灯，具有显著的长期稳定性。利用钨丝管状灯实现辐亮度度量并不常见。这种灯很难获取到，而且小灯丝需要面积为 0.6 mm×0.8 mm 的区域来成像。偏振和准直问题也必须考虑。尽管如此，虽然存在这些问题，它们确实提供了一种手段来验证用户设备中的光谱辐亮度度量实现[44]。

与管状灯相反，1 000 W 类型的 FEL 辐照度标准灯在日常使用中很常见。在过去，NIST 利用金子熔点黑体作为主要标准来为这些 FEL 辐照度标准灯确立光谱辐照度值。最近，这些数值可由基于探测器的光谱响应度量得出,后面将进行讨论[39, 45]。FEL 灯适合作为光谱辐照度源。钨丝的双线圈性质使得灯的腔体较小,从而增强裸露钨丝的发射率。这种灯可以非常稳定,而且携带方便,结构紧凑。NIST 在距离灯柱前方 50 cm 处,面积为 1 cm² 的区域对 FEL 灯的光谱辐照度进行标定。如果它们被用于辐射计的辐照度定标,其距离和接收孔径与 NIST 标定完全相同,则不需要考虑辐照度分布。如果辐照度辐射计的接收面积大于此值,那么源的不均匀性将会产生不确定度。将 FEL 灯视为一个点光源,我们希望平面上的辐照度以 $\cos^3\theta$ 的形式下降,因此,为了对于大的接收面积实现均匀性,必须增加距离。FEL 灯的灯丝在垂直方向上比水平方向上大,导致对倾斜的敏感性不对称。由 NIST 颁发的 FEL 灯已经过筛选,在任何方向旋转 ±1.0° 时,光谱辐照度的变化不超过 1%[46]。为了在与 NIST 条件不完全相同的操作中获得最佳结果,必须对辐照度的均匀性进行测定。三盏灯的比较结果表明,辐照度均匀性的几何中心和辐射中心并不匹配[47],这是由于灯丝可以相对于机械参考坐标系统倾斜。

确定 50 cm 以外距离处的辐照度,需要利用点光源辐照度的 $1/R^2$ 定律。然而,对于 FEL 灯来说,辐射中心并不知道,50 cm 的间距是从灯柱这个机械基准上测量的。一个偏移量 χ,必须从不同距离处的测量根据 $1/R^2$ 模型进行确立。如果不知道偏移量,一个近似值是灯丝在灯柱的中心,在这种情况下,$\chi = 3.175$ mm。Yoon 和他的同事通过对三盏灯的研究表明,使用近似值会导致大约 1 mm 的距离不确定度[47]。

如第 2.1.1 节所述,在太阳反射(SR)光谱范围内,钨丝管状灯、FEL 灯或 HTBB 的相对光谱分布与自然光源不匹配。图 3 则说明了这种效果。在图 3(a)中,左坐标轴绘制了 $R = 50$ cm 的 FEL 灯和 2 950 K 的 HTBB 的光谱辐照度,右坐标轴绘制了假设地球为漫反射体,$\rho_d(\theta_i, \varphi_i; 2\pi) = 0.8$,太阳照射下地球的光谱辐亮度。大气层顶太阳辐照度定义为 $F_0(\lambda)$。这个范围内的反射率值对应为云层或明亮的区域,如沙漠。在图 3(b)中,两个标准的绘制与图 3(a)一样,但在右坐标轴上绘制了当 $\rho_d(\theta_i, \varphi_i; 2\pi) = 0.05$ 时太阳照射下地球的

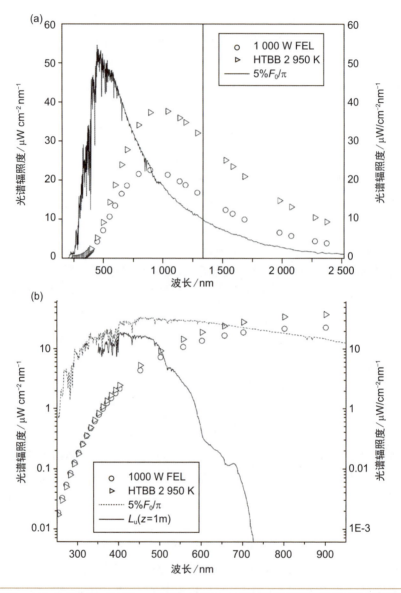

图 3 （a）左坐标轴：R=50 cm 处的 1 000 W FEL 灯的光谱辐照度（空心圆圈）和 R=43.4 cm 处 10 mm 直径孔径的 2 950 K 的 HTBB（空心右三角）；右坐标轴：假设地球是反射率为 80% 的漫反射体，在太阳照射下地球的光谱辐亮度（实线）。（b）左坐标轴：与图 3（a）相同；右坐标轴：假设地球为反射率为 5% 的漫反射体时的地球光谱辐亮度（虚线）和 MOBY 站点 1 m 深度处的上行光谱辐亮度（实线）[48]。

光谱辐亮度和 1 m 深度处大洋低叶绿素浓度水体的上行光谱辐亮度（upwelling spectral radiance），L_u（z=1 m）。对于任何一个自然目标所采用的光源标准，其光谱分布的蓝红波段比值都远远小于待测量的光谱分布需求下的数值。然而，2 950 K 的 HTBB 和 FEL 灯的相对光谱分布吻合较好；这将在下面第 3.2.2 节中讨论。图 3 说明，在所述条件下比较两种标准光源时，光谱杂散光的系统效应并不是最关键的，但当仪器用贫蓝、富红的标准光源定标时，然后测量富蓝、贫红的自然目标，光谱杂散光就会显得极其重要。光谱杂散光是指仪器被设定为在某个波长进行测量，但由于滤光片中有限的带外透射率或光栅仪器中的散射，其他波长的光通量被感应到，因此被当作所设定的波长进行了测量。为了提高定标源和未知源之间的光谱匹配，对白炽灯替代品的研究和开发也在进行。一些可作为替代光源的典型光源包括氙灯、金属卤素灯、发光二极管、可产生热等离子体的新型激光源，以及光谱可编程的宽带光源。

2.1.3　积分球

灯照射的积分球是宽带光谱辐射率的来源，用于太阳反射（SR）光谱范围内辐射计的绝对响应性校准。例如，NIST 便携式辐亮度源被用于海洋水色的验证[49]，或者更大的球体被用于定标卫星传感器，具体示例见文献[50]。由于内壁漫反射特性，出口孔径处的辐射是无偏振的，并具有良好的空间均匀性。均匀性依赖于具体的配置，随着开孔面积与整个球壁面积之比的增加而变差[51]。一般来说，使用钨丝石英卤素灯用于内部或外部照明。与 FEL 灯一样，辐亮度取决于灯的电流。其光谱辐亮度受环境污染会随时间变化。在操作过程中，应记录光谱辐亮度的短期和长期稳定性。示例设备包括安装在球壁上的监控探测器，与灯串联的分流电阻，以及为提供灯上压降灯的接线插座。除了对球体输出的这种综合监视外，常规用于定标海洋水色辐射计的积分球光源的光谱辐亮度也要用专门设计的外部辐射计进行验证[50, 52-54]。

激光照明的积分球也被用作辐射计定标和定性的辐射光源。一个辐射通量稳定的激光器通过一个小的端口或通过光纤耦合来照亮积分球。另一个更大一些的出口孔则作为辐亮度源。最终产生空间上均匀、具有漫射特性的、单色的、有较宽辐射通量动态范围的辐亮度源。在 NIST，光谱辐照度和辐亮度响应定标设施（Spectral Irradiation and Radiance responsivity Calibrations using Uniform Sources，SIRCUS）结合了各种可调谐激光器、Spectralon®[55] 以及漫反射金球来覆盖太阳反射（SR）和部分热红外（TIR）光谱区域[24]。在某些情况下，激光器可以在计算机控制下自动覆盖选定的光谱区域。要注意减少激光光斑的影响，球壁上的监视探测器作为实现出口孔径处辐亮度或者距离出口孔径处一定距离的辐照度的辐射通量传递的传输标准。波长是用一个基于干涉的波长测量仪测量的。辐射通量传递方法利用定标的宽带辐射计进行探测器的通量响应度量，将在下文第 2.2.2 节讨论，关于在 NIST 孔径设施上测量的孔径已经在上文第 1.5 节进行了讨论。

对于任一类型的积分球，包括那些作为辐射计输入光学器件的一部分，以及对于漫反射标准（见下文第 2.1.4 节），其目标是要采用均匀、完全漫反射和理想的反射体。当然，没有一种真实的材料是完全漫射、均匀和非吸收的，但有些材料足以作为漫反射标准。对于太阳反射（SR）区域，在被压制成粉末形式的聚四氟乙烯（PTFE）[56-59] 或商业购买的固体形式，如 Labsphere 公司的 Spectralon®[60]，可以作为漫反射标准。白色漫反射乳白玻璃、漫反射白色涂料、硫酸钡涂层和喷砂铝型材是其他可作为漫反射表面的例子。在热红外（TIR）光谱范围内，积分球则采用漫反射金涂层[61]。

2.1.4　漫反射标准

第 1.4 节中介绍的反射率概念的一个直接应用是在太阳反射（SR）光谱范围内利用漫反射和均匀性较好的反射标准，在与光谱辐照度标准 FEL 灯联合时，实现光谱辐亮度度量。光谱辐亮度值可追溯到光谱辐照度和漫反射标准的双向反射分布函数（BRDF）、反射率或反射系数。该方法的典型示例包括海洋水色卫星传感器的发射前定标，如中分辨率成像光谱仪（MODIS）[50] 以及用于现场验证的现场辐射计的实验室定标[62]。这种实现光谱辐亮度的"灯／板"

方法的典型测量几何是垂直入射的照明以及与垂直入射方向成 45°夹角的测量视角。假设对方位角没有依赖性,入射光束是准直的,Ω_r 大到足以产生可测量的信号,但为符合双向几何的要求又足够小,我们可以表达测量方程使其包含光谱依赖性,并用 BRDF 或双向反射率来表示:

$$L_r\left(0°;45°;\lambda\right) = f_r\left(0°;45°;\lambda\right) E_i\left(0°;\lambda\right) = \frac{R\left(0°;45°;\lambda\right)}{\pi} E_i\left(0°;\lambda\right) \quad (41)$$

为了使板的整个区域有均匀的辐照度,灯与板的距离有时会大于 50 cm。在垂直入射下,板表面的辐照度由以下公式给出:

$$E\left(0°;\lambda;d\right) = E\left(0°;\lambda;d = 50\ \text{cm}\right)\frac{(50+\chi)^2}{(d+\chi)^2} \quad (42)$$

其中,d 和 c 以厘米为单位。组合上述方程,可得

$$L_r\left(0°;45°;\lambda\right) = E\left(0°;\lambda;d = 50\ \text{cm}\right)\frac{R\left(0°;45°;\lambda\right)}{\pi}\frac{(50+\chi)^2}{(d+\chi)^2} \quad (43)$$

其中,$R\left(0°;45°;\lambda\right)$ 为 0°/45° 几何下的双向反射率。

如果作为标准的样品是完全漫射和均匀的,将公式(32)和(33)与公式(41)相比较可预测出漫射方向-半球反射率,$\rho_d\left(\theta_i;\varphi_i;2\pi\right)$ 应该与 $R\left(0°;45°;\lambda\right)$ 反射系数相同。为了降低光源辐亮度,使之与太阳反射(SR)自然光场数值相匹配,应使 $\rho_d\left(\theta_i;\varphi_i;2\pi\right)$ 小于 1,并尽可能使光谱平坦;一种方法是在样品或涂料中加入碳。灰色烧结的聚四氟乙烯(PTFE)可通过商业购买得到。

样品的双向反射分布函数(BRDF)可以用入射的单色辐射和一个宽带探测器来确定。在 NIST 光谱三功能自动参考反射仪(Spectral Tri-function Automated Reference Reflectometer, STARR)设施中,样品被安装在角度计中,同一探测器通过围绕样品旋转,测量入射和反射的辐射通量[22]。或者利用一个宽带辐照度源和一个光谱仪采用类似 STARR 设施的方式,但采用相反的配置进行测量[63]。第三种方法是利用定标后的光谱辐亮度和光谱辐照度标准[64]。方向-半球反射率的绝对测量是可通过耦合探测器的积分球完成的,具体是将样品安装在球壁上,然后旋转球体接收器,进而测量入射和反射的辐射通量[58, 61]。如果方向半球形反射率是通过垂直入射而确立

的,那么对于反射率,任一镜面反射分量都不会被测量到,因为反射的辐射通量会从积分球接收器的入口孔径处离开。大多数测量要求对应包含镜面反射分量,因此,采用接近但不等于垂直入射角度的入射角。

漫反射标准可以用来建立光谱反射率度量,其利用光谱仪可以作为反射仪使用。在用户设施中,该项技术可用于由标准实验室定标的漫反射标准来建立样品的光谱反射率度量,具体示例见文献[65]。在太阳反射(SR)遥感中,太阳是光源。从轨道上进行测量,可利用在轨漫反射标准确定地球的光谱辐亮度或反射率,具体示例见文献[66, 67]。同样,自然目标的反射率,例如沙漠盐湖或海洋,也可以参照漫反射标准[68-70]来确定。

在第 1.4 节中,我们讨论了极端情况下的反射标准,即完全任意或完全漫射的入射辐射分布或散射表面。实际的漫反射标准不是完全漫反射、均匀且不吸收的,而且它们对偏振的依赖性很弱。首先,BRDF(或者双向反射率系数)不是公式(31)中所说的常数。作为美国航空航天局(National Aeronautics and Space Administration, NASA)地球观测系统(Earth Observing System, EOS)赞助的闭环实验的一部分,四个实验室分别在四个入射角($0°, 30°, 45°$ 和 $60°$)测量了一系列反射角度和波长下的压制聚四氟乙烯(PTFE)、烧结聚四氟乙烯(PTFE)、Spectralon® 和真空储存的铝[71]。研究发现,在海洋水色区域,双向反射分布函数(BRDF)的光谱依赖性很弱,但是在给定的 θ_i 下,双向反射分布函数(BRDF)对 θ_r 的依赖性很强,可达 20% 或以上。这些样品的双向反射分布函数(BRDF)在 $\theta_i = 0°$ 时,关于 θ_r 相当对称,但在其他三个入射角则关于 θ_r 不对称。在 $\theta_i = 45$ 和 $60°$ 时,所有样品的双向反射分布函数(BRDF)在镜面方向增加。这些测量是在平面上进行的,所以没有获得关于方位上各向同性度信息。角度依赖性的其他调查包括 SeaWiFS 相互定标闭环实验(Intercalibration Round-Robin Experiments, SIRREXs)表明,在 400 nm 和 632.8 nm 处,对于变化时,发现 Spectralon® 的 $R(0°; \theta_r)$ 会产生 4% 的变化[72]。以太阳作为光源,Jackson、Clarke 和 Moran 发现在 θ_r 高达 $80°$ 的情况下,Spectralon® 的 $R(0°; \theta_r)$ 变化超过 20%[73]。Butler

和 Georgiev 发现灰色 Spectralon® 的双向反射分布函数（BRDF）存在复杂的表现，并在文献［74］报告了一组灰色样品的详细结果。美国航空航天局（NASA）的 Goddard Space Flight Center 设施具有进行平面外测量的能力[75]。

其次，漫反射方向－半球反射率 $\rho_d(\theta_i;\varphi_i;2\pi)$ 不是一个常数，见公式（32）；它取决于入射角和波长。见参考文献［58］关于压制聚四氟乙烯（PTFE）的结果，在 250 nm 和 75° 入射角处观察到的双向反射率的差异可达 2%。第三，对于完全漫射的表面，我们从公式（26）、（32）和（35）可推导出 $R(\theta_i,\varphi_i;\theta_r,\varphi_r) = \rho_d(\theta'_i,\varphi'_i;2\pi)$，例如，如果板是完全漫射的，对于灯／板辐亮度度量则为 $R(0°;45°) = \rho(6°;2\pi)$。如果定标实验室只向客户报告方向－半球反射率（NIST 为 6°，Labsphere 公司为 8°），然后客户用该等式计算双向反射率进而进行度量实现或稳定性监视，则结果会有一定的偏差。压制聚四氟乙烯（PTFE）的 $R(0°;45°)$ 和 $\rho(6°;2\pi)$ 的测量值比较表明，在 400 ～ 1 600 nm 的光谱范围内，$R(0°;45°)/\rho(6°;2\pi)$ 值在 1.02 和 1.025 之间[57, 64]。SIRREX-4 研究发现，在 400 nm 和 632.8 nm 波长处，对于单一 Spectralon® 板，其 $R(0°;45°)/\rho(8°;2\pi) = 1.028$ [72]。

一般来说，海洋光学标准实验室和自然环境之间，照明和观测条件差别较大。一个关键因素是入射辐射的时间变化，这在实验室里是可以控制或监测的，但在自然环境中是不断变化的。在所有的波长上对所涉及的全部物理量进行同步测量，将会减少测量不确定度，但往往是不可能的，必须进行某种形式的标准化以减少这种影响。海洋的入射辐射分布和散射性质，与一些规范中所使用的用于传递反射率度量的漫反射标准有很大的不同[69]。为了获得最好的结果，漫反射标准必须针对所应用的几何结构进行定标，并充分考虑入射辐照度分布的均匀性和光谱辐射计的视场。

2.2 辐射计

辐射计作为传感器，根据探测器和相关电子设备的特点，将辐射通量转换为电输出。在固态设备中，硅或其他半导体对光子的吸收导致了电流的产生，这可以被定标为与光功率成正比。在依赖热效应的辐射计中,光功率是由探测器中的热效应物理学知识决定的 [14, 40, 76, 77]。这些参考文献中的作者对适用于光学遥感界所关注的波长范围的各种类型的光学探测器进行了完整的讨论。遥感中特定应用的辐射计将根据需要在本卷的其他章节中进行讨论。本节中我们描述了基于探测器的辐射测量以及这些量值是如何传递的。

2.2.1 电替代辐射计

电替代辐射计(electrical substitution radiometer,ESR)用于传递辐射计定标的、基于探测器的光谱响应度量的起点,如海洋辐射测量所使用的滤光片辐射计和光谱仪。电替代辐射计(ESRs)主要用于国家标准实验室,如 NIST 和英国国家物理实验室(NPL,英国),通过电气标准可溯源到瓦特的辐射通量响应度量 [78]。电替代辐射计(ESRs)的工作原理是,电功率和辐射功率对腔体有相同的加热效果。图 4 显示了与散热器热连接的接收锥组成电替代辐射计(ESRs)的示意图。当遮光板打开时,待测的辐射通量进入接收锥并被吸收。接收锥的内表面有一种吸收材料,其设计是为了最大程度地提高吸收率。辐射通量将锥体加热到温度 T,该温度取决于接收锥体和散热器之间热连的传导率 G。散热器被控制在温度 T_0。通常情况下,接收锥的温度也由外部伺服回路控制,该回路向电阻为 R 的加热器提供电源。当遮光板关闭时,为维持锥体的温度 T,伺服回路将通过加热器增加一定量的电流 i_h。除了下面讨论的一些小的影响外,辐射通量 Φ 等于电功率 $i_h^2 R$,因此,辐射通量可以通过测量 i_h 和 R 得到。

利用 ESR,辐射通量的测量可以追溯到电流(或电压)和电阻的电气标准。也就是说,与黑体相比,利用 ESR 测量的辐射功率追溯到 SI 单位是不依赖于温度标准的。(请注意,尽管在遮光板打开和关闭时都会对温度进行监测,但不需要绝对温度度量)。因此,ESR 提供了一种独立的确立辐射标准的方法,这一特点可用于验证基于温度的黑体标度。另外,如果表面的吸收率是不依赖于光谱的,那么 ESR 在太阳反射(SR)光谱范围内的效果和在热红外的效果一样好。

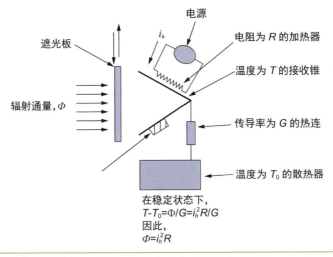

图 4 电替代辐射计的示意图。改编自参考文献 [5] 中的图 1.1。

在利用 ESRs 时,要对一些小的影响进行校正。最显著的是接收锥的吸收率。与黑体腔的发射率一样,接收锥的吸收率可以通过反射率的测量进行确定。典型腔体反射率数值在为 $5 \times 10^{-6} \sim 5 \times 10^{-4}$。反射率可以通过涂层反射率测量和锥体的几何形状来建模。它通常是由入射光线遇到的第一个表面的漫反射所主导。作为对模型的验证,涂层腔体的反射率也可以使用积分球接收的反射激光来测量 [78, 79]。

其他几个小的影响则通过在真空和低温下(通常为 1.4 K ~ 9 K)操作 ESR 将影响降低到最低。真空消除了接收锥和其周围环境之间的对流热耦合,否则会导致热漂移。另外,由于与周围环境的辐射耦合影响以 T^4 的方式减少,在低温下操作几乎消除了由这种耦合引起的热漂移。超导加热器引线的使用,这样就不会出现引线的焦耳热,否则会产生系统误差。在低温条件下,铜的热扩散率很高,因此铜接收锥的温度空间均匀性可以保持,为辐射功率和电功率之间提供更好的加热空间剖面对等,剩余的不对等则被建模和校正。另外,与环境温度相比,在低温下铜的比热较低,从而在给定的灵敏度水平下,可以实现更快的测量。通常情况下,偏振激光束通过一个以 Brewster 特角为方向的窗口进入低温箱,在这种情况下,窗口的透射率接近 1。对于给定的窗口,准确的值可被测量并进行校正。低温 ESR 的不确定度估算包括所有这些小的影响校正的不确定度。辐射功率测量的总的联合不确定度通常约为 0.01%($k=1$)[80]。

2.2.2 辐亮度和辐照度响应度

在标准实验室使用通量稳定的激光器由低温 ESRs 所确立的辐射通量度量被及时地传递到稳定的探测器上。在可见光到近红外光谱范围内,通常采用硅光电二极管。使用的"陷阱"型光电二极管,通常由光学上串联排列且其光电流累加的三个或更多的硅光电二极管构成。为了确定每个激光波长下的绝对辐射通量响应度,每个激光波长下的光电流响应测量值要除以 ESR 测量的相应激光功率。

正如第 2.1.3 节所介绍的,为了形成基于探测器的辐亮度响应度量,使用陷阱型探测器测量来自激光照明的积分球的辐照度,该探测器使用 ESR 对光谱辐射通量响应进行定标,并装有已知孔径面积的精密孔径。如果来自球体的光通过填充孔径均匀地照亮辐照度陷阱型探测器,如果由孔径定义的光束不足以填充陷阱中的各个探测器,那么光束的辐照度就可以根据公式(18)中的辐射通量测量与孔径面积的比值来确定。为了替代 ESR,精确地应用从直接激光测量所确立的辐射通量光谱响应值,陷阱中的各个探测器必须有足够的空间均匀性。如果球体的孔径面积和球体孔径与陷阱型探测器孔径之间的距离也是已知的,则辐射通量传递方法就可以给出球体的辐亮度值。这些辐照度或辐亮度度量可以及时地应用于其他任何辐射计,如用于海洋辐射测量的滤光片辐射计或光谱辐射计,这些辐射计以辐亮度或辐照度方式观测激光照明的积分球辐射源。滤光片辐射计或光谱辐射计的绝对辐亮度或辐照度响应可以通过重复这一过程来测量,因为激光的波长在整个光谱范围内是可调的[24,81,82]。也可以进行相对辐亮度或辐照度的响应特性分析,从而获得必要的数据来校正光谱辐射计的光谱杂散光,具体请见文献[83,84]。

实际上,如上所述在大范围内调谐激光器将会非常耗时。一种替代方法是利用扫描单色仪来过滤宽谱段光源的输出,然后照射被测设备(滤光片辐射计或光谱辐射计)。一个宽谱段的、经过定标的探测器也能测量输出,因此可以确立被测仪器的相对光谱响应。然后利用激光照明的积分球方法在数量有限的约束点波长下确定光谱响应的绝对度量。另一种确定绝对度量的方法是利用从扫描单色仪和宽谱段探测器确定的相对光谱响应,并测量定标的光谱辐亮度光源,即黑体或灯照明的积分球,见 3.2.1 节。无论光源是扫描单色仪的输出还是激光或灯照明的积分球的输出,它都应该覆盖滤光片辐射计或光谱辐射计的入瞳,目的是保证其定标的方式与实际现场使用的方式一致。在这方面,激光照明的积分球方法比单色仪方法更有优势,因为单色仪的直接输出通常不够大,也不够具有朗伯特性进行覆盖瞳孔,而用积分球或板将其进行漫射扩散通常会导致信噪比受限。

辐射计是光学遥感的重要工具,本文关于辐射计使用的简要介绍不足以阐释仪器的构造或定标。为此我们鼓励读者查阅具体文献,以详细了解辐射计的构造和定标。Parr、Datla 和 Gardner 所著《光学辐射测量》(*Optical Radiometry*)一书包含了对大多数类型的辐射计及其定标的讨论[40]。Hengstberger 所著《绝对辐射测量》(*Absolute Radiometry*)讨论了 ESRs 的构造和使用以及定标方法[77]。Boyd、Budde 和 Rieke 所著的书中讨论了不同波长范围的各种类型的固态探测器,并讨论了它们与对应的测量电子器件的集成[14, 85, 86]。

3. 测量方程

3.1 背景和概念回顾

国际公认的报告测量不确定度的方法在《测量不确定度表示指南》(*Guide to the Expression of Uncertainty in Measurement*,GUM)中进行了概述[87]。《测量不确定度表示指南》(GUM)规定了构建不确定度声明的框架,并概述了相应的统计技术,以得出测量量的不确定度估算。关于应用于辐射测量的 GUM 的出色总结见文献[88]。在 GUM 中,要被确立或测量的量称为被测变量,用 Y 表示。被测变量与一组输入量 $X_1, X_2, ..., X_N$ 存在函数关系:

$$Y = f(X_1, X_2, \ldots, X_N) \tag{44}$$

其中,函数 f 定义为测量的物理学问题,该方程涉及与目标被测变量相关的输入量的测量方程。

一般来说,实际测量并不能确定被测变量,但它是通过测量方程利用输入量 X_i 的最佳估算进行被测变量估算的一种方法。GUM 使用小写变量来区分这些最佳估算量和公式(44)中表示的物理量。因此,$x_1, x_2, \ldots, x_N$ 分别对应 $X_1, X_2, \ldots, X_N$ 的最佳估算变量,y 是 Y 的最佳估算变量。进而我们可获得实验测量方程:

$$y = f(x_1, x_2, \ldots, x_N) \tag{45}$$

变量 $x_1, x_2, \ldots, x_N$ 是通过实验确立的,并将有与之相关的不确定度,这些不确定度引起对被测变量 y 估算的不确定度。变量 $x_1, x_2, \ldots, x_N$ 本身可能有代表单独测定的测量方程。我们将在后面的实际测量问题中详细探讨这个问题。

GUM 的撰写者有着特定的意图,旨在概述通用、内部一致且可传递的不确定度估算流程。在 GUM 中,由随机效应产生的不确定度成分和由已知偏差的校正(或校正因子)产生的不确定度成分(也称为系统效应)之间没有区别。重点是对不确定度进行实际确立,而不是简单地进行保守估算。其结果是,GUM 是用特定的语言来表述的,可能与读者的经验不一致或不熟悉,所以在这里我们进行简要的概述。

GUM 对可以实现的量与只能理想化的量进行了区分,并建议避免引用理想化的概念。对不确定度的估算是可以实现的,然而误差、真值和准确度的概念则永远是理想化的,因为它们涉及对真值的认知,尽管与测量相关的努力一直在进行,但真值仍然是未知的。之前,误差是减去真值的测量结果,而准确度是测量值和真值之间一致性的接近程度。注意,准确度是一个定性的概念。精度有时会与准确度混淆,但它们并不相关——精度只是对特定条件下重复测量一致性接近程度的衡量[4]。

鉴于误差会导致测量结果与真实值不一致,GUM 明确两种误差来源:随机误差和系统误差。一些影响量的不可预测的、非确定性的变化导致随机效应,而确定的变化导致系统效应。随机效应可通过增加测量次数,同时保持类似的测量条件来减小;系统效应可通过进行定性实验来减小,这些实验会产生修正,如偏移量,或修正系数,如乘积因子。测量方程和相应的不确定度估算可以与系统校正或校正因子相关。

重复性和再现性的概念为精度以及随机和系统效应的概念增加了深度。测量的重复性条件是一个

> 出于一组条件,包括相同的测量流程、相同的操作人员、相同的测量系统、相同的操作条件和相同的地点,在短时间内对相同或相似的目标进行重复测量而构成的测量条件 [4]。

所以,测量精度或重复性的实用定义是实现测量的重复性条件的结果。在实验室中,辐射测量精度通常是由光源和辐射计的稳定性决定的,只要小心谨慎,它将是不确定度估算中可以忽略的部分。在自然环境中,相同条件下所拖延的时间尺度将最有可能限制可实现的测量精度。与重复性相比,测量的再现性条件是一个

> 出于一组条件,包括不同的地点、操作人员、测量系统,能够对相同或相似目标的重复测量而构成的测量条件 [4]。

在辐射测量中,很容易察觉不到系统效应。在这种情况下,所报告的不确定度将不足以作为测量结果代表真实值可能性的衡量。相互比对和验证行为是实施测量的重复性条件的典型示例。强烈建议采用这种做法,因为它可能会发现未识别但可以从系统效应方面来理解的差异。

如果不确定度值是由统计方法确立的,它们被称为 A 类不确定度。由所有其他方法确立的不确定度值被称为 B 类不确定度。A 类不确定度的特点是依据所估算的方差,即不确定度是方差的正平方根或标准差;B 类不确定度被认为是这些标准差的近似值。该术语不会与随机效应和系统效应相混淆;对于任何一种效应,不确定度都可以是 A 类或 B 类。A 类和 B 类不确定度联合起来作为等效量形成联合的标准不确定度,在 GUM 中用小写 u 表示,见公式(47)。我们所追求的结果是将量 Y 表示为

$$Y = y \pm U, \quad \text{或者} \quad y - U \leqslant Y \leqslant y + U \tag{46}$$

其中,在 GUM 中,大写的 U 代表 Y 的扩展不确定度,这使得完整的区间包括了可以合理归为 Y 的很大一部分数值(见文献 [87] 中的第六章)。公式(46)中表达的区间与特定覆盖概率或置信水平(称为 p)相关。扩展不确定度 U 只是包含因子 k 乘以标准不确定度,$U = ku$。包含因子 $k = 1$ 则给出了标准不确定度,置信水平 $p = 68.27\%$。对于正式的定标报告、设定仪器技术指标,或作为比较(验证)工作的输入,置信水平应该更高,因此,典型的扩展不确定度应在 $k = 2$($p = 95.45\%$)或 $k = 3$($p = 99.73\%$)时确立。不确定度估算应说明每个构成的评价方法(A 类或 B 类)以及包含因子。NIST 建议 $k = 2$ 用于扩展不确定度的确立。

对于公式(45),y 的联合标准不确定度 $u_c(y)$ 可以用泰勒级数表示。在第 5.2 节中,GUM 给出了联合标准不确定度,

$$u_c^2(y) = \sum_{i=1}^{N} \left(\frac{\partial f}{\partial x_i} \right)^2 u^2(x_i) + 2 \sum_{i=1}^{N-1} \sum_{j=i+1}^{N} \frac{\partial f}{\partial x_i} \frac{\partial f}{\partial x_j} u(x_i, x_j) \tag{47}$$

$u(x_i)$ 是对应的用于计算 y 的各个变量 x_i 的不确定度。偏微分被称为敏感系数,因为它们关系到 y 相对于变量 x_i 的变化率。敏感系数的数值也可以根据经验确立,见 GUM 的第 5.1 节。公式(47)中的第二项是泰勒展开的二阶项,如果随机变量 x_i 和 x_j 之间存在相关性,则需要考虑。$u(x_i, x_j)$ 项是估算的与变量 x_i 和 x_j 相关的协方差,通常根据所估算的相关系数 $r(x_i, x_j)$ 来表达,其中,

$$r(x_i, x_j) = \frac{u(x_i, x_j)}{u(x_i)u(x_j)} \tag{48}$$

GUM 在第五章中给出了一种估算相关系数的建议方法,可以用以下方式来写,

$$r(x_i, x_j) = \frac{1}{(N-1)} \frac{1}{s(x_i)s(x_j)} \sum_{k=1}^{N} (x_{i,k} - \overline{x_i})(x_{j,k} - \overline{x_j}) \tag{49}$$

其中,$s(x_i)$ 和 $s(x_j)$ 是实验标准偏差,见下文公式(50)。

尽管相关性问题很重要,但我们首先集中讨论获得适当的测量方程,并利用它来确立公式(47)中一阶项的估算,从而建立被测变

量 y 的联合标准不确定度的估算。实验者需要查看所有变量及其关系，以决定它们是否相关，以及是否需要额外的表达项，我们将在下文第 3.3.1 节提供示例。

如果被测变量 X_i 由一系列变化较为随机的测量值 x_i 进行确立，那么被测变量的最佳估算值是 x_i 的平均值，其不确定度可以根据测量值的标准偏差 $s(x_i)$ 来估算。对于变量 x_i 的一系列 N 个测量值，所估算的平均值 $\overline{x_i}$ 和实验估算的方差 $s_2(x_i)$ 由以下公式给出：

$$\overline{x_i} = \frac{1}{N} \sum_{k=1}^{N} x_{i,k}, s^2\left(x_i\right) = \frac{1}{N-1} \sum_{k=1}^{N} \left(x_{i,k} - \overline{x_i}\right)^2 \tag{50}$$

平均值的实验方差为 $s^2\left(\overline{x_i}\right) = s^2\left(x_i\right)/N$。GUM 建议将平均值的实验方差的平方根作为这些统计学上所确立量的不确定度的最佳估算。关于这个问题的讨论，见 GUM 的第 4.2 节。在公式（47）给出的总不确定度的扩展中，会有一些与统计技术不相关的不确定度。举个例子，比如测量中使用的仪器的生产商所给出的测量不确定度。B 类不确定度的其他示例将会通过遍及本节的例子进行展示。NIST 统计工程部已经建立了许多资源来帮助测量不确定度领域的研究人员。NIST 的"不确定度机器"是一个在线提供的软件应用，见参考文献［89］。

3.2　测量方程示例

为了让读者了解构建和使用测量方程的一些细节，我们将推导出光谱辐亮度的滤光片辐射计的测量方程，下面是一个使用黑体源实现光谱辐照度度量的例子。

3.2.1　用于光谱辐亮度验证或测量的滤光片辐射计

遥感中常用的辐射计系统如图 5 所示。该系统由标记为"D"探测器、标记为"F"的波长滤光片、面积为 A_D 的探测器器孔径，以及一个待测的光辐射源组成。在图 5 中，辐射源是照亮面积为 A_S 的辐射源孔径的扩展辐射源。为简单起见，辐射源和探测器的孔径假设为半径分别为 r_S 和 r_D 的圆形。辐射源孔径和探测器孔径间距为 d，并且是共线的。当辐射源和探测器的孔径与滤光片和探测器机械性地集合成一个系统时,该系统便是一个用于辐亮度测量的滤光片辐射计。孔径对构成了一种称为 Gershun 管的前置光学类型。探测器的输出信号用 S 表示。S 可以是以数字方式记录的电流或电压。输出信号 S 通过由公式(51)定义的光谱通量响应率 $R_\varphi(\lambda)$ 与探测器的入射光通量有关,

$$S(\lambda) = R_\varphi(\lambda)\Phi(\lambda) \tag{51}$$

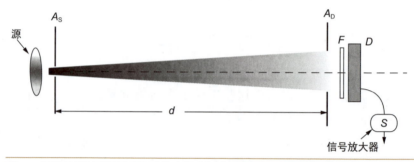

图 5 简单的滤光片探测器系统由辐射源与面积为 A_D 探测器平面孔径、间距为 d 的、所规定的面积为 A_S 的孔径组成。辐射通量由滤光片 F 进行波长选择并照亮探测器 D,探测器被放大并产生输出信号 S 的响应。改编自参考文献 [5] 中的图 1.4。

在图 5 所示的结构中,目标是生成一个以探测器输出为条件的源孔径的辐射度表达式。这可以通过利用公式(21)的结果来实现。以 $\tau(\lambda)$ 作为滤光片的光谱透射率,我们可以用式(52)来表达 Gershun 管辐射计的探测器信号:

$$S = \frac{A_S A_D(1+\delta)}{(r_S^2 + r_D^2 + d^2)} \int_\lambda L(\lambda)\tau(\lambda)R_\varphi(\lambda)\mathrm{d}\lambda = \int_\lambda L(\lambda)R_L(\lambda)\mathrm{d}\lambda$$

其中,
$$R_L(\lambda) = \frac{A_S A_D(1+\delta)}{(r_S^2 + r_D^2 + d^2)}\tau(\lambda)R_\varphi(\lambda) \tag{52}$$

辐亮度响应率 $R_L(\lambda)$ 的单位是每单位辐亮度的输出信号。图 6 给出了 NIST 为监视和定标各类辐射源而设计的可见光传递辐射计(Visible Transfer Radiometer,VXR)的一个通道处 $R_L(\lambda)$ 的示例[81]。VXR 的前置光学中使用了透镜和聚焦反射镜,而不是图 5 中所示的 Gershun 管,因此,$R_L(\lambda)$ 必须通过实验来确立。VXR 电子器件的输

出是电压,因此,其辐亮度响应率利用 NIST SIRCUS 设备进行测量,单位是每单位辐亮度的伏特数。

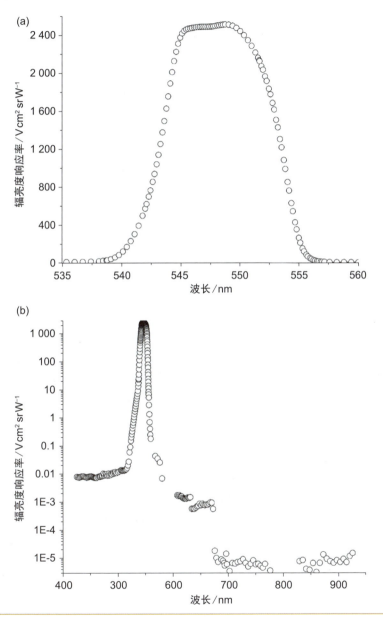

图 6　在 SIRCUS 设备上确立的 VXR 550 nm 通道的辐亮度响应率:(a) 线性纵坐标;(b) 对数纵坐标。

如果辐亮度响应率 $R_L(\lambda)$ 和光源光谱辐亮度 $L(\lambda)$ 从辅助定标测量中已知，那么公式（52）可以求解进而确立所研究光源的信号预测值。该预测值可与测量值相比，以验证光源或探测器的辐射测量系统。另外，如果 $R_L(\lambda)$ 是已知的，但仅提供 $L(\lambda)$ 的相对光谱形状，那么，在给定测量信号 S 的情况下，对公式（52）可以进行数值求解以获得绝对光源光谱辐亮度。对于 HTBB 情况，该概念将在下文进行讨论，根据公式（40）最终确立温度和光谱辐亮度。在其他情况下，光源可以是已知光谱输出分布但绝对辐照度或辐亮度数值是未知的标准灯。

Parr 和 Johnson 证实了在带外光谱范围内具有较低透过率的窄带滤光片情况下用于估算公式（52）的有用流程[90]。实际上，这要求图 6 中主峰外的响应率至少要下降 5 个数量级，这在 SIRCUS 的测量中得到了证实，见图 6（b）。评估性能的另一种方法是假设光源分布的形状（如黑体），针对带内和带外光谱范围的公式（52）的比值。带外贡献应远小于积分后数值的 1%，否则文献［90］中提出的近似将产生错误的结果。

该方法利用辐亮度响应率和光谱辐亮度的乘积作为分布来确定平均波长和有效带宽。当光谱辐亮度分布较为平坦时，利用公式（52）来确定光谱波段外辐射和可忽略的窄带滤光片辐射计的光谱辐亮度是自相一致的方法。平均波长 λ_m 定义为

$$\lambda_m \equiv \frac{\int \lambda L(\lambda) R_L(\lambda) \mathrm{d}\lambda}{\int L(\lambda) R_L(\lambda) \mathrm{d}\lambda} \tag{53}$$

接下来，我们将公式（52）中的积分近似为三项的乘积，即有效光谱宽度 $\Delta\lambda$、平均波长处估算的光谱辐亮度以及平均波长处估算的辐亮度响应率。有效光谱带宽可由公式（54）表达：

$$\Delta\lambda L(\lambda_m) R_L(\lambda_m) \equiv \int_\lambda L(\lambda) R_L(\lambda) \mathrm{d}\lambda$$

或
$$\Delta\lambda = \frac{\int L(\lambda) R_L(\lambda) \mathrm{d}\lambda}{L(\lambda_m) R_L(\lambda_m)} \tag{54}$$

平均波长和有效带宽取决于辐亮度响应率和光谱辐亮度的比值，因此，这些参数与它们的绝对值无关。进而，相对辐亮度响应率可以用

$R_L(\lambda)$代替,合理估算光谱辐亮度分布的光谱形状可以用 $L(\lambda)$代替。

我们进而可以把公式(52)中所示的信号写成

$$S = \Delta\lambda L(\lambda_m) R_L(\lambda_m) \qquad (55)$$

或者,对公式(55)求解光谱辐亮度可得公式(56),进而我们可以为滤光片辐射计的每个通道定义一个光谱辐亮度响应率 F:

$$L(\lambda_m) = \frac{S}{\Delta\lambda R_L(\lambda_m)} = \frac{S}{F}$$

其中,

$$F = \Delta\lambda R_L(\lambda_m) \qquad (56)$$

请注意,在这最后一步中,有两种方法可以得出 F:(1)通过定标的宽谱段光谱辐亮度标准的测量得出;(2)通过辐亮度响应率的绝对数值得出。换句话说,一种情况下,辐射响应率是相对的,但光谱辐亮度是绝对的,而另一种情况则相反。

除了根据公式(56)确立未知辐射源的光谱辐亮度外,如果具有这些特征的辐射计被用来测量具有相似光谱分布的辐射源,光谱辐亮度可以从定标的辐射源传递到未知的辐射源。最后,如果滤光片辐射计的长期稳定性得以确立,它可以被用来监视遥感定标中所使用的辐亮度源的输出[53]。

本节对几个测量方程进行了展示,并且所有的测量方程都可进行详细的不确定度分析。针对光谱辐亮度数值的验证,在通过计算或测量已知 $R_L(\lambda)$ 的情况下,利用公式(52)可得出对于同一辐射源与净测量信号可比较的预测信号数值。针对确立光谱辐亮度,公式(56)在上面讨论的近似情况下是有效的。无论哪种情况,测量方程均涉及积分。计算联合不确定度的一种方法是将积分近似为求和,然后应用公式(47);这种方法被用于 SeaWiFS 传输辐射计,即 VXR 的前身,见文献[91],也可以使用蒙特卡洛(Monte Carlo)方法。

3.2.2 实现光谱辐照度的滤光片辐射计和 HTBB

在 NMIs 中用于生成标准辐照度度量的技术是利用以辐照度的模式定标的滤光片辐射计和黑体。我们将遵循 Yoon 和 Gibson 在讨论 NIST 的辐照度度量实现时给出的处理方法[46]。在 NIST 的实验室里，三个滤光片辐射计和一个光谱辐射计被并排安装在探测器台子上。FEL 灯和黑体位于辐射源台子上，其在计算机控制下可水平移动，以便黑体或 FEL 灯可以对准滤光片辐射计或光谱辐射计。图 3 展示了典型 FEL 标准灯和 2 950 K HTBB 的光谱辐照度值。

在为客户定标灯的过程中，有四个主要步骤。首先，使用基于探测器的滤光片辐射计和辐射通量传递程序确立黑体的温度。对于已知温度的黑体，根据普朗克公式（公式（40）），其进一步被用作光谱辐照度源，根据公式（18）或公式（21）可计算辐射源面积和到达接收孔径的距离。接收孔径是光谱辐射计的入射瞳孔，其结果是确立光谱辐射计的光谱辐照度响应率。然后，光谱辐射计被用来定标检验标准（Check Standard，CS）和通用标准（Working Standard，WS）FEL 灯。通用标准灯被用于定标发给 NIST 客户的 FEL 测试灯（Lamps- Under-Test，LUTs）。利用通用标准灯来保持光谱辐照度度量，可以维持具有有限寿命的 HTBB。通用标准灯还提供了一种机制来监视光谱辐射计的辐照度响应率的时间稳定性。

3.2.2.1 辐照度测量

利用经定标的滤光片辐射计和辐射通量传递方法来确立光谱辐射度以及黑体温度的想法在第 1.3 节中进行了概述。实验配置类似于图 5，配备装有孔径的 HTBB 辐射源，以及由孔径、滤光片、探测器和电子器件组成滤光片辐射计。明确考虑到孔径的倾斜，根据公式（21）和（40）以及图 5，以瓦特/纳米为单位的光谱辐射通量为

$$\Phi(\lambda) = \frac{L(\lambda; T_{BB}) A_{FR} \cos(\alpha) A_{HTBB} \cos(\beta)}{D^2}(1+\delta) \qquad (57)$$

其中，HTBB 标准辐射源的孔径半径为 r_{BB}，面积为 A_{HTBB}，与半径为 r_{FR}、面积为 A_{FR} 的滤光片辐射计的孔径之间的距离为 d_{FR}。通过公式（21），$D^2 = d_{FR}^2 + r_{FR}^2 + r_{BB}^2$ 和 $\delta = r_{FR}^2 r_{BB}^2 / D^4$。利用准直激光器被最小化到几个毫弧度的角度 α 和 β，是由于孔径的旋转错位导致的。

公式（52）展示了针对已知光谱辐亮度的辐射源和经辐亮度响应率定标的辐射计，预期的信号可以通过数字积分确定。滤光片辐射计是在 NIST 光谱比较器设施中进行定标的[92, 93]，因此，我们可以获得滤光片探测器的光谱辐射通量响应率 $\tau(\lambda) R_{\varphi}(\lambda)$，其单位为

A/W。利用公式（52）并使用增益为 G 的转换阻抗放大器将其转换为电压，我们可以得到定标的滤光片辐射计的信号 S 为

$$S = G \frac{A_{FR}\cos(\alpha)A_{HTBB}\cos(\beta)}{D^2}(1+\delta)\int \tau(\lambda)R_\varphi(\lambda)L(\lambda;T_{BB})\mathrm{d}\lambda \quad （58）$$

公式（58）通过数值积分反复求解，最终得出一个与测量信号一致的温度值 T_{BB}。

随着 HTBB 温度的确立，其便可以作为光谱辐亮度源，或者通过公式（18），作为孔径面的光谱辐照度源。光谱辐照度可利用公式（59）计算得到：

$$E_{HTBB}(\lambda;T_{BB}) = \frac{A_{HTBB}}{D'^2}(1+\delta')L(\lambda;T_{BB}) \quad （59）$$

其中，我们假设错位角度为零。我们用 D' 和 δ' 来揭示黑体孔径和半径为 r_{ISR} 的积分球接收器（integrating sphere receiver, ISR）的精密孔径之间的间距 d_{ISR}。与公式（57）和（58）中的滤光片辐射计—HTBB 配置不同。ISR 是扫描双单色仪或被用作从 HTBB 到辐照度标准灯的传递辐射计的光谱辐射计的前置光学系统。

在 ISR 孔径平面黑体辐照度已知的情况下，剩下的三个步骤采取比值的形式。首先，光谱辐射计在每个波长设置下的辐照度响应率 $F(\lambda)$ 是通过观测 HTBB 时测得的信号 $S_{HTBB}(\lambda)$ 及已知的 ISR 孔径平面辐照度进行确立，见公式（59）：

$$F(\lambda) = \frac{S_{HTBB}(\lambda)}{G_{HTBB}E_{HTBB}(\lambda;T_{BB})} \quad （60）$$

增益系数 G_{HTBB} 将 $F(\lambda)$ 转换为每单位光谱辐照度的电流，或（$A\ cm^2$ nm）W^{-1}，以期放大器的增益对 HTBB 和 FEL 灯是不同的。接下来，测量一组通用标准 FEL 灯，在增益 G_{WS} 下给出 $S_{WS}(\lambda;t_0)$，其中，时间 t_0 是指使用 HTBB 实现辐照度度量的日期。对于通用标准灯，其被赋予的光谱辐照度为

$$E_{WS}(\lambda) = \frac{S_{WS}(\lambda;t_0)}{G_{WS}F(\lambda)} = \frac{S_{WS}(\lambda;t_0)}{S_{HTBB}(\lambda)}\frac{G_{HTBB}}{G_{WS}}E_{HTBB}(\lambda;T_{BB}) \quad （61）$$

最后，发生在时间 t 的 LUTs 常规定标通过利用光谱辐射计和通用标准灯的比较来明确。光谱辐照度 $E_{LUT}(\lambda)$ 为

$$
\begin{aligned}
E_{LUT}(\lambda) &= \frac{S_{LUT}(\lambda)}{S_{WS}(\lambda;t)}\frac{G_{WS}}{G_{LUT}}E_{HTBB}(\lambda;T_{BB}) \\
&= \frac{S_{LUT}(\lambda)}{S_{WS}(\lambda;t)}\frac{S_{WS}(\lambda;t_0)}{S_{HTBB}(\lambda)}\frac{G_{HTBB}}{G_{LUT}}E_{HTBB}(\lambda;T_{BB}) \quad (62)
\end{aligned}
$$

其中,我们假设在通用标准灯测量期间所采用的增益对于 t_0 和 t 是相同的。从公式(62)中,我们可以看出,LUT 的光谱辐照度可由放大器增益和测量信号的比值以及黑体温度和通过公式(59)得出的基本常数得到。增益比以及增益设置内的线性度必须根据仪器特性来确定。光谱辐射计的带通被假定为与 FEL 灯辐射通量所表现的光谱特征相比是狭窄的。因此,这些测量方程没有像第 3.2.1 节的滤光片辐射计示例和公式(58)那样存在波长上的积分。

3.3.2.2　不确定度估算

本节我们描述了用于估算赋予 LUT 灯的光谱辐照度值的不确定度估算流程,见表 3。该表的组织方式是,第一部分涉及通用标准灯的不确定度,包括 HTBB 及其温度测定。本部分的结果是通用标准灯的光谱辐照度的标准不确定度,以百分比形式表示,见公式(61)。表的其余部分涉及传递到 LUT 以及联合标准不确定度和 $k=2$ 的联合扩展不确定度的表达。

公式(62)是客户的 LUT 灯的测量方程,其形式由乘积和商构成。从公式(47)中的一阶项来看,对于该形式的测量方程,其联合标准不确定度最容易用相对不确定度 $u(x_i)/x_i$ 来表示(对于测量方程的加法形式,将产生涉及 $u(x_i)$ 的表达)。将公式(47)应用于公式(62)可以得到

$$
\begin{aligned}
\frac{u^2(E_{LUT})}{E_{LUT}^2} =\ & \frac{u^2(S_{LUT})}{S_{LUT}^2} + \frac{u^2(S_{WS}(t))}{S_{WS}^2(t)} + \frac{u^2(S_{WS}(t_0))}{S_{WS}^2(t_0)} + \frac{u^2(S_{HTBB})}{S_{HTBB}^2} \\
& + \frac{u^2(G_{HTBB})}{G_{HTBB}^2} + \frac{u^2(G_{LUT})}{G_{LUT}^2} + \frac{u^2(E_{HTBB})}{E_{HTBB}^2}
\end{aligned} \quad (63)
$$

在公式(63)中,为清晰起见,我们省略了变量中的光谱依赖性。

表3　针对 LUT 灯光谱照度辐度建立的 A 类或 B 类不确定度（以百分比形式表达），其中，在 2 950 K 时 $u(T_{BB})$ = 0.43K，时间稳定性为 0.5 K/h，光谱辐射计的波长不确定度为 0.05 nm

项	不确定度来源 /% 波长/nm	250	350	450	555	654.6	900	1600	2000	2300	2400
1	HTBB 温度（B）	0.28	0.20	0.16	0.13	0.11	0.08	0.05	0.04	0.03	0.03
2	HTBB 光谱发射率（B）	0.05	0.05	0.05	0.05	0.05	0.05	0.05	0.05	0.05	0.05
3	HTBB 空间均匀性（B）	0.05	0.05	0.05	0.05	0.05	0.05	0.05	0.05	0.05	0.05
4	HTBB 时间稳定性（B）	0.03	0.02	0.02	0.02	0.01	0.01	0.01	0.00	0.00	0.00
5	几何因素，辐射通量传递（B）	0.05	0.05	0.05	0.05	0.05	0.05	0.05	0.05	0.05	0.05
6	辐照度响应率的稳定性（B）	0.30	0.30	0.15	0.15	0.15	0.15	0.15	0.15	0.15	0.50
7	波长不确定度（B）	0.29	0.13	0.06	0.04	0.02	0.00	0.01	0.01	0.01	0.01
8	WS 灯到光谱辐射计的传递（B）	0.05	0.05	0.05	0.05	0.05	0.05	0.05	0.05	0.05	0.05
9	WS 灯的电流稳定性（B）	0.03	0.02	0.02	0.02	0.02	0.01	0.01	0.01	0.01	0.01
	联合标准不确定度，$u(E_{WS})/E_{WS}\, k=1$	0.52	0.40	0.25	0.23	0.21	0.20	0.19	0.18	0.18	0.51
10	WS 到 LUT 传递（A）	0.25	0.15	0.10	0.10	0.10	0.10	0.10	0.15	0.15	0.20
11	WS 灯的长期稳定性（B）	0.66	0.47	0.36	0.30	0.25	0.18	0.10	0.08	0.07	0.07
	联合标准不确定度，$u(E_{LUT})/E_{LUT}\, k=1$	0.87	0.63	0.45	0.39	0.34	0.29	0.24	0.25	0.25	0.55
	联合扩展不确定度，$u(E_{LUT})/E_{LUT}\, k=2$	1.74	1.26	0.91	0.77	0.69	0.57	0.47	0.50	0.50	1.11

HTBB，高温黑体，WS，通用标准；LUT，测试灯

由 HTBB 作为主要标准产生的光谱辐照度 $E_{HTBB}(\lambda; T_{BB})$ 的相对标准不确定度成分在表 3 中第 1～5 项被列出，Yoon 及其同事 [39, 46] 对此进行了详细讨论。对于 T_{BB}，其测量方程为公式 (40) 和 (58)，$E_{HTBB}(\lambda; T_{BB})$ 的测量方程为公式 (59)。从公式 (40) 和 (58) 可以看出，$u(T_{BB})$ 依赖于 S、$R_{\varphi}(\lambda)$、r_{BB}、r_{FR}、d_{FR}、G、α、β 和 HTBB 发射率 ε。由于辐射常数 c_{1L} 和 c_2 以及 $n(\lambda)$ 的不确定度引起的 $n(T_{BB})$ 值可以忽略。不确定度 $u(R_{\varphi}(\lambda))$ 主导着 $u(T_{BB})$ [39, 46]。滤光片辐射计的滤光片很宽泛，对于 $R_{\varphi}(\lambda)$，其数值是利用可见光到近红外光谱比较器确立的 [92]。HTBB 光谱辐亮度的相对不确定度与光谱辐射通量响应率的相对不确定度成正比。通过对公式 (40) 进行维恩近似，黑体温度已知的光谱辐亮度的相对敏感系数为 $c_2/(\lambda T_{BB})$，这对表 3 中第 1 项的光谱依赖性有贡献。与滤光片辐射计信号 S、放大器增益 G 以及公式 (58) 和 (59) 中的孔径面积和距离有关的每种成分，在表 3 第 1 项的 $E_{HTBB}(\lambda; T_{BB})$ 的相对标准不确定度中的贡献不超过 0.07%：见 [39] 中的表 1。与公式 (58) 和 (59) 相关的角度对齐不确定度成分包括在表 3 的第 5 项中。

表 3 的第 2 项 $u(\varepsilon)$ 的值，是通过比较利用滤光片辐射计所确立的 HTBB 的 $L(\lambda; T_{BB})$ 值和利用在一定波长范围内与可变温度黑体 (variable temperature blackbody, VTBB) 比较而确立的值而估算的。根据理论建模和实验定性，VTBB 的发射率被估算为 >0.999，其温度是参照金的凝固温度下的黑体所确立的 [38]。这种比较在光谱辐亮度方面的一致性在 0.5% 以内 [46]。该比较也支持对 HTBB 的空间均匀性进行评价，包括在表 3 中的第 3 项。HTBB 的时间稳定性，即表 3 中的第 4 项，利用三个滤光片辐射计监测 30 分钟内的辐射通量进行评估。

光谱辐射计的电子器件输出信号存在不确定度。这些成分被包含在表 3 的第 8 项和第 10 项中。第 8 项包括 $u(S_{WS}(t_0))$ 和 $u(S_{HTBB})$，第 10 项包括 $u(S_{WS}(t))$ 和 $u(S_{LUT})$。这些信号是一些单次随机测量的平均结果，公式 (50) 采用的就是这种做法。这便产生了 A 类不确定度，其部分可能是由于系统的短期不稳定性造成的。对第 8 项有贡献的 B 类不确定度与对准可重复性有关。

光谱辐射计电子器件中的放大器增益存在不确定度。该不确定度成分包含对系统响应的线性度的估算。实际上,同样的增益用于 WS 和 LUT 灯,因此,不确定度只影响流程的第二和第三步,见公式(61),它被纳入表 3 中的第 8 项。增益是用一个定标的电流源[94]来表征的。

表 3 中的第 6 项,即光谱辐射计的辐照度响应率的稳定性,因为并不经常对其进行确立,见公式(60),因此较为重要。$F(\lambda)$ 的短期稳定性是通过使用单独的 FEL 灯和评估三个独立定标的测量重复性来估算的。$F(\lambda)$ 的长期稳定性是通过 CS 和 WS 灯来保持的。表 3 中的第 7 项量化了光谱辐射计的波长定标误差对所赋予的光谱辐照度值的影响。虽然公式(40)进行了维恩近似,但光谱辐射计的波长不确定度的相对灵敏度系数为 $c_2/(\lambda T_{BB})-5$,从而导致所示的光谱依赖性。

第 9 项说明的是驱动 FEL 灯的电流不确定度和稳定性。FEL灯电流的偏差会影响光谱辐照度与波长的关系。这意味着灵敏度系数可以通过改变灯的电流并注意光谱辐照度的相对变化来进行经验性的估算。尽管如此,存在一些公开的表达式,Early 给出了

$$\frac{u(E)}{E} = \left(\frac{654.6}{\lambda}\right) 0.000\,6u(I) \tag{64}$$

其中,波长单位为纳米,电流的不确定度单位为毫安[95]。电流的不确定度是根据与 FEL 灯串联的经定标的分流电阻的测量电压来估算的。

第 11 项说明的是 WS 灯在实现和用于赋予光谱辐照度值给LUT 灯之间时间差所带来潜在漂移。所有在 NIST 定标的 FEL 灯均被评估了它们的时间稳定性;超过 24 小时间隔在 650 nm 处的漂移超过 0.5% 就会取消该灯用于定标的资格。通过这类表明时间漂移与波长成反比的数据,针对 WS 灯的长期稳定性的 B 类不确定性被估算出来。LUT 灯的光谱辐照度不确定度的这一成分对于短于 1 600 nm 的波长很重要。

对于 FEL 灯,其他没有被讨论过的潜在的不确定度来源包括光谱杂散光、空间杂散光和偏振灵敏度。当辐射测量参考标准和未知源具有不同的光谱分布时,正如我们之前看到的海洋水色辐射

测量的情况,光谱杂散光的存在会造成非常大的偏差。图 3 展示了 HTBB 和 WS 或 LUT 灯的光谱分布的相似性,再加上使用杂散光抑制率为 10^{-5} 的双单色仪,表明光谱杂散光并不是 $u(E_{LUT})$ 估算中的重要组成部分。空间杂散光指的是对辐射计成像的辐射源面积以外的辐射通量的敏感性。在对标准和未知辐射源进行辐亮度测量的过程中,通过保持相同的辐射源面积,可以减轻空间杂散光的影响。辐照度辐射计可能具有较差的余弦响应,原则上可以通过保持辐照度收集器针对定标和未知辐射源具有相同的视场来减弱偏差,但实际上,这种情况并不常见,因此,有必要对余弦响应进行全面定性。至于偏振,通常情况下,光栅光谱辐射计的响应取决于入射辐射通量的偏振,但在本文描述的示例中使用的是 ISR,这无疑消除了偏振敏感性。HTBB 是无偏振的,所以滤光片辐射计的任何偏振敏感性都不会影响测量结果。

表 3 中还有一些额外的未被明确说明的不确定度成分,其在测量方程中也不明显。对于整个测量系统关于反射的不确定度源进行识别,发现这种不确定度来源是很正常的;甚至可以把这些成分指定为"环境的",对于现场测量,这将是一个有帮助的概念。在不确定度估算中这是一个重要的问题,即分析人员为包括可能的系统误差来源必须对实验流程及其内在的局限性有很好的了解。

例如,针对信噪比和时间稳定性,应格外注意优化整个系统。针对特定波长范围,多个冷却且温度稳定的探测器均应被优化。单色仪配备了多个光栅和顺序分类过滤器,以及每正弦周期内 214 个脉冲的绝对编码器,并且仪器是温度稳定的。为保持长期的光谱辐照度响应率,单色仪、探测器腔和前置光学用汽化的氮气或干燥空气进行吹扫。FEL 灯的电流是主动控制的,具有 16 位的分辨率,使用温度系数为 $3 \times 10^{-6} / ℃$ 的经定标的分流电阻。四个独立的灯以及用于确立 TBB 的三个独立的滤光片辐射计,提供了测量的重复性条件。

为传递 NIST 光谱辐照度度量,经过定标的 LUT 与定标报告一起分发给客户。报告中包括对所进行的行为和光谱辐照度数值及其不确定度的描述,这些都记录在类似于表 3 的表格中。在表 3 中,对于 LUT,其联合扩展不确定度以百分比表示,$k=2$,范围从 250 nm 处的 1.74% 到 1 600~2 300 nm 处约为 0.5%,对于已分发的灯来说这些数值是典型的,见文献 [39, 45]。

需要强调的是,客户必须为他们特殊的应用建立不确定度估算。他们的参考标准的不确定度 $u(E_{LUT})$ 只是不确定度估算中的一个组成成分,它属于 B 类不确定度。用户设置中的关键因素包括灯的电流、灯的距离、仪器的波长定标和光学系统的准直。关于光谱辐照度的不确定度和 FEL 灯使用的详细讨论见参考文献 [95]。许多用户使用光谱辐射计将参考灯的光谱辐照度值传递到他们自己的灯上,这些灯进而作为二级标准。这保持了参考灯的寿命,以传递过程中不确定度的增加为代价充分利用了资源。

3.3 海洋水色测量不确定度

现场和卫星海洋水色测量的不确定度估算是一个持续的研究领域。全面的综述不在本章的范围内,但我们会引用一些具有代表性的示例,然后通过示例来解决相关关系问题。利用锚系系统(moored system)的水中辐射测量相关的不确定度已经针对 Bouéepour l'acquisition de Séries Optiques à Long Terme(BOUSSOLE)[96] 和海洋光学浮标(Marine Optical Buoy, MOBY)[97] 进行了阐述。作为现场比较工作的一部分,水中剖面仪的不确定度在文献 [98] 中进行了呈现。与使用修改的太阳光度计的空气中辐射测量有关的不确定度,AERONET-OC 网,在文献 [99, 100] 中进行了论述。卫星传感器 MODIS 的太阳反射(SR)波段反射率的测量不确定度在文献 [101] 中进行了介绍。这些结果适用于卫星测量,不包括与大气校正算法相关的不确定度。文献中有许多敏感性分析的示例,可以利用这些研究来进行不确定度估算。对于遥感,在许多情况下,蒙特卡洛(Monte Carlo)技术是合适的。例如,最近 Lenhard 利用 Monte Carlo 方法估算了成像光谱辐射计的测量不确定度 [102]。

3.3.1 相关关系

在海洋水色辐射测量中,光谱辐亮度和辐照度的测量通常是在较短的时间间隔内使用成对的仪器进行,例如,滤光片波长相同的独立的滤光片辐照度和辐亮度辐射计,或具有辐照度和辐亮度前置光学系统间自由切换的光谱辐射计。通常情况下,所需的产品是以辐亮度与辐照度之比的形式呈现,如遥感反射率 $R_{rs}(\theta_V, \varphi_V; \lambda)$,见公式(38),以及归一化离水光谱辐亮度 $L_{WN}(\theta_V, \varphi_V; \lambda)$:

$$L_{WN}(\theta_V, \varphi_V; \lambda) = R_{rs}(\theta_V, \varphi_V; \lambda) F_0(\lambda) \tag{65}$$

$Q(0^-; \theta, \varphi; \lambda)$ 因子:

$$Q(0^-; \theta, \varphi; \lambda) = \frac{E_{u;}(0^-; \lambda)}{L_u(0^-; \theta, \varphi; \lambda)} \tag{66}$$

(以上定义见文献[103]中第4章)。在公式(65)中,$F_0(\lambda)$ 是校正为标准地球-太阳距离下的大气层外的太阳辐照度。在公式(66)中,上行辐射通量恰在海气界面以下,用 0^+ 表示,而角度和波长指的是在海水介质中。

　　如果这些测量的辐照度传感器是用参考标准 FEL 灯定标的,而辐亮度传感器是用同一 FEL 灯和光谱反射率的漫反射标准来定标的,如果说用这些定标的辐射度计确立的 $R_{rs}(\lambda)$、$L_{WN}(\lambda)$ 或 $Q(\lambda)$ 的不确定度是不依赖于 FEL 灯的光谱辐照度值的不确定度的,这种说法会非常有吸引力,因为标准灯的光谱辐照度并未作为系数在这些量的最终表达中有所体现。事实并非如此。通过物理测量标准(FEL灯),也可能通过测量系统,如灯的电流或到接收孔径的距离,以及实现光谱辐亮度的漫反射标准来实现,GUM 认为这两个定标系数是相关的。GUM 在其 F.1.2 节中推荐了一种方法,我们在此进行简述。

　　光谱辐照度 $C_{FEL}(\lambda)$ 和辐亮度 $C_{L/P}(\lambda)$ 的定标系数为

$$C_{FEL}(\lambda) = \frac{E_{FEL}(\lambda)}{S_{FEL}(\lambda)} \frac{(50 + \chi)^2}{(d_E + \chi)^2}$$

以及

$$C_{L/P}(\lambda) = \frac{E_{FEL}(\lambda)}{S_{L/P}(\lambda)} \frac{R(0°; 45°; \lambda)}{\pi} \frac{(50 + \chi)^2}{(d_{L/P} + \chi)^2}, \tag{67}$$

其中,我们考虑到在两次测量中存在不同的距离 d_E 和 $d_{L/P}$,所有距离均以厘米为单位。对于有着各自参考辐射源的辐照度和辐亮度计,测量的净信号分别用 $S_{FEL}(\lambda)$ 和 $S_{L/P}(\lambda)$ 表示。定义这两个定标系数的方程中唯一共同的量是 $E_{FEL}(\lambda)$。因此,根据 GUM 中的公式 F.2,估算的协方差为

$$u(C_{FEL}, C_{L/P}) = \frac{\partial C_{FEL}}{\partial E_{FEL}} \frac{\partial C_{L/P}}{\partial E_{FEL}} u^2(E_{FEL}) = C_{FEL} C_{L/P} \frac{u^2(E_{FEL})}{E_{FEL}^2} \quad (68)$$

在现场,两台仪器测量由下行表面光谱辐照度 $S_S(\lambda)$ 和离水辐亮度 $S_W(\lambda)$ 引起的净信号,其通过定标系数转换为相应的物理量:

$$E_S(\lambda) = C_{FEL}(\lambda) S_S(\lambda) \quad (69)$$

以及

$$L_W(\lambda) = C_{L/P}(\lambda) S_W(\lambda) \xi(\lambda) \quad (70)$$

其中,$\xi(\lambda)$ 是根据空气中或水中确立 $L_W(\lambda)$ 的测量方法的各种系数的乘积。进而测量方程为

$$R_{RS}(\lambda) = \frac{L_W(\lambda)}{E_S(\lambda)} = \frac{C_{L/P}(\lambda) S_W(\lambda) \xi(\lambda)}{C_{FEL}(\lambda) S_S(\lambda)} \quad (71)$$

现在我们利用公式(47)来确立遥感反射率的不确定度。利用公式(71)和(68),结果可表达为

$$\frac{u^2(R_{RS})}{R_{RS}^2} = \frac{u^2\left(C_{\frac{L}{P}}\right)}{C_{\frac{L}{P}}^2} + \frac{u^2(S_W)}{S_W^2} + \frac{u^2(\xi)}{\xi^2} + \frac{u^2(C_{FEL})}{C_{FEL}^2} + \frac{u^2(S_S)}{S_S^2} - 2\frac{u^2(E_{FEL})}{E_{FEL}^2}$$

$$(72)$$

其中,最后一项是来自 CFEL 和 CL/P 之间的相关性。如果使用独立的测量标准,这个负项将被两个代表光谱辐照度和光谱辐亮度标准数值的相对标准不确定度正项取代。正如我们所期望的那样,我们发现使用相同的 FEL 灯可以减少总体不确定度。在估算公式(72)时,代表定标系数的 C_{FEL} 和 $C_{L/P}$,使用公式(47)中的第一项进行估算,见 GUM 中的公式 F.1。其他的相关性,如通过灯的电流,在对表达这种依赖性的定标系数测量方程进行适当修改后将以类似方式被处理。

相关系数可以直接从数据集中进行估算,见公式(49)。在对 AERONET-OC 不同站点结果的研究中,Gergely 和 Zibordi 遵循

GUM,在他们的不确定度分析中包括了测量方程中的相关关系[99]。结果显示,如应用于高水位海洋学塔站点(Acqua Alta Oceanographic Tower,一个 AERONET-OC 站点),所估算的 $L_{WN}(\lambda)$ 的不确定度下降了 1%～3%,如在 412 nm 处从 8.3% 下降到 6.2%。

3.3.2　比较和再现性

　　无论是辐射源还是辐射计,仪器定性是建立和定义能进行合理揭示所有可能遇到的测量结果(如系统效应偏差的消除)的测量方程(或数值模型)的过程。仪器的辐射定标是建立仪器输出与物理量之间关系的过程。结果的确认和验证是在测量的重复性条件下实施的流程。当新的流程或规范被引入一个特定的测量目标时,结果的确认就显得尤为重要。验证与确认类似,只是它是为了评估测量的长期性能而进行的。例如,如果没有连续使用同种类型的 FEL灯,而用一种新类型的灯来代替。可以想象,性能的确认涉及建立与基于 FEL 的度量进行强有力且深入的比较,几年后的验证可能涉及将一些用于传承且之前定标过的 WS FEL 灯随机替换到新的定标程序中。

　　问题是,如何解释确认或验证比较的结果?两种类型的再现比较是可能的:(1)利用稳定的辐射测量制品在不同的时间、地点等进行测量;(2)利用不同仪器对同一目标进行同步测量。非同步情况示例包括 EOS BRDF 闭合实验中漫反射标准的流通[71] 和 SIRREX-6的辐射计的流通[104]。同步情况示例很多,涉及现场和卫星海洋水色结果的所有可能组合,具体见参考文献 [96, 98, 105, 106]中介绍的工作。在同步比较中,成对的结果在海洋水色界被称为"匹配"。参照公式(46),每个比较参与者都会报告他们的结果和他们的综合扩展不确定度。鉴于所研究的对象是相同的,而且如果没有不明的偏差来源,如果所选择的置信水平是合理的,如 $k=2$ 或 $p=95.45\%$,以期公式(46)所定义的区间能够重叠。进而可以说,这些结果在其不确定度内是一致的。然而,我们不能同时得出以下结论:(1)任一或全部参与者,其不确定度估算是准确的,或者(2)结果的平均值或加权平均值是真实值;或者,依据 GUM,最异乎寻常的是(3)观察到的差异是对每个参与者的不确定度或流程总体不确定度的定量测量。在海洋水色文献中可以找到这三种类型比较结果误解的所有示例。必须认识到,只有当两个(或更多)测量结果来自相同的样本集才能进行统计处理,比较的平均结果才是有意义的;而这一点事先并不知道。如果独立测量的数量很大,那么标准差的比较可能是评估基础分布的相似性的一种方法。另外,独立样本相对于比较平均值的分布方式可能是一个需要解决的有用问题。

在测量的再现性条件下(或在现场工作中最接近的条件下)进行相互比较,可以学到很多东西。基于结果比值的统计指标、表达平均差异的各种方法、对匹配数据集的线性拟合,或对相关性的调查,都被海洋水色界所采用。异常值表明可能存在未识别的系统偏差,然后变得很明显,并指出需要进行进一步的特征分析工作。对不同海洋水色产品的匹配结果的调查,可以表明哪些特定流程表现不佳。为了减小由于基本的辐射度量不同而产生的偏差的影响,在可能的情况下,所有的相互比较工作都应包括"实验室"部分,即所有仪器都观测一个已经确定稳定的且不受自然环境中变化条件的影响的辐射源;在 Zibordi[106] 和 Voss[98] 的工作中可以看到这样的示例。海洋水色中匹配点的相互比较结果会受到许多环境因素的影响,因此,有必要对匹配数据集进行质量控制。典型质量控制因素包括太阳天顶角的现场数据、气溶胶光学厚度、风速、云量、结果的变化阈值、异常的仪器内部数据、仪器不稳定的证据、内部再现性、与模型结果的比较等。从更大的数据集中筛选数据的这些流程,需要更加谨慎,以避免在最终结果中引入偏差。

4. 总结

在本章中,我们概述了光学辐射测量的基本概念,并重点围绕实验室方面的辐射测量标准进行了论述;描述了辐亮度、辐照度、反射率和光学辐射测量的空间度量等物理量;介绍了海洋光学用户群体遇到的与辐射标准有关的辐射计和辐射源的示例;讨论了

NIST 用于实现和传递基本辐射测量量的一些方法。读者可以参考 Mobley[11] 的著作，了解与海洋水色有关的水中光场和相关的辐射传输的完整描述。Robinson 的著作涵盖了太阳反射（SR）和热红外（TIR）光谱范围的卫星海洋学内容，以及更长波长下的被动和主动技术[2]。

本章呈现了建立测量方程的基本概念，并辅以遥感界使用的示例。我们强烈鼓励读者通过参考有关该专题的文献，继续了解这一内容。GUM 是一个很好的起点，可在 BIPM 网站上下载[107]。BIPM 网站也有与各成员国 NMIs 的链接，因此，它可以帮助科学家认识仪器所需的标准灯和其他制品。有许多关于测量方程和不确定度分析的并且难易程度不同的好书。其中，John Mandel 在 1964 年出版的书是一本经典的书籍，该书以大多数科学家和工程师容易理解的方式介绍了该专题[108]。两本关于统计学和测量不确定度的现代书籍分别是 Stanford 和 Vardeman 的传统书籍[109] 和 Gregory 的介绍贝叶斯技术和思想的论著[110]。

致谢

Albert C. Parr 得到了犹他州洛根市空间动力学实验室关于光学传感器定标的 NIST/ 犹他州立大学联合项目的资助。

参考文献

［1］ A. P. Cracknell, L. W. B. Hayes, Introduction to Remote Sensing, Taylor & Francis, New York, 1991.

［2］ I. S. Robinson, Measuring the Ocean from Space: The Principles and Methods of Satellite Oceanography, Springer-Verlag, Berlin, Germany, 2004.

［3］ International Lighting Vocabulary, Commision Internationale de L'Eclairage（CIE）, Vienna, Austria, 1987.

［4］ International Vocabulary of Metrology – Basic and General Concepts and Associated Terms（VIM）, third ed., International Organization for Standardization, Geneva, Switzerland, 2012.

［5］ R. U. Datla, A. C. Parr, Introduction to optical radiometry, in: A. C. Parr, R. U. Datla, J. L. Gardner（Eds.）, Optical Radiometry, Elsevier, Amsterdam, The Netherlands, 2005, pp. 1-34.

［6］ S. F. Johnston, A History of Light and Colour Measurement, Institute of Physics, Philadelphia, Pennsylvania, 2001.

［7］ J. M. Palmer, Getting intense on intensity, Metrologia 30（1993）371-372.

［8］ S. Perkowitz, Empire of Light, first ed. , Joseph Henry Press, Washington, D. C. , 1996.

［9］ F. E. Nicodemus, J. C. Richmond, J. J. Hsia, I. W. Ginsberg, T. Limperis, Geometrical Considerations and Nomenclature for Reflectance, Washington, D. C. 20402, 1977.

［10］ F. E. Nicodemus, Self-study Manual on Optical Radiation Measurements, U. S. Government Printing Office, Washington, D. C. 20402e9325, 1976. Available at: http://www. nist. gov/pml/div685/pub/studymanual. cfm.

［11］ C. D. Mobley, Light and Water: Radiative Transfer in Natural Waters, Academic Press, San Diego, California, 1994.

［12］ F. Grum, R. Becherer, Radiometry, first ed. , Academic Press, San Diego, California, 1979.

［13］ C. L. Wyatt, Radiometric Calibration: Theory and Methods, Academic Press, Orlando, Florida, 1978.

［14］ R. W. Boyd, Radiometry and the Detection of Optical Radiation, John Wiley & Sons, New York, 1983.

［15］ H. J. Kostkowski, Reliable Spectroradiometry, fifirst ed. , Spectroradiometry Consulting Co, LaPlata, Maryland, 1997.

［16］ F. P. Incropera, D. P. DeWitt, Fundamentals of Heat and Mass Transfer, fourth ed. , John Wiley & Sons, New York, 1996.

［17］ R. Siegel, J. R. Howell, Thermal Radiation Heat Transfer, Hemisphere Publishing Corporation, Washington, D. C, 1992.

［18］ A. C. Parr, A National Measurement System for Radiometry, Photometry, and Pyrometry Based upon Absolute Detectors, U. S. Government Printing Office, Washington, D. C. 20402-9325, 1996.

［19］ W. R. McCluney, Introduction to Radiometry and Photometry, Artech House, Boston, Massachusetts, 1994.

［20］ C. L. Wyatt, Radiometric System Design, Macmillian Publishing Co. , New York, 1987.

［21］ C. D. Mobley, C. Mazel, Informal Notes on Reflectance, Sequoia Scientific, Inc. , Redmond, Washington, 2000（unpublished report）.

［22］ P. Y. Barnes, E. A. Early, A. C. Parr, Spectral Reflectance, U. S. Government Printing Office, Washington, D. C. 1998.

［23］ A. C. R. Gleason, K. J. Voss, H. R. Gordon, M. Twardowski, J. Sullivan, C. Trees, A. Weidemann, J. -F. Berthon, D. K. Clark, Z. -P. Lee, Detailed validation of the bidirectional effect in various case I and case II waters, Opt. Express 20 (2012) 7630-7645.

［24］ S. W. Brown, G. P. Eppeldauer, K. R. Lykke, Facility for spectral irradiance and radiance responsivity calibrations using uniform sources, Appl. Opt. 45 (2006) 8218-8237.

［25］ G. Kopp, J. L. Lean, A new, lower value of total solar irradiance: evidence and climate significance, Geophys. Res. Lett. 38 (2011) L01706.

［26］ J. B. Fowler, R. S. Durvasula, A. C. Parr, High-accuracy aperture-area measurement facilities at the National Institute of Standards and Technology, Metrologia 35 (1998) 497-500.

［27］ J. B. Fowler, M. Litorja, Geometric area measurements of circular apertures for radiometry at NIST, Metrologia 40 (2003) S9-S12.

［28］ B. C. Johnson, M. Litorja, J. B. Fowler, E. L. Shirley, R. A. Barnes, J. J. Butler, Results of aperture area comparisons for exo-atmospheric total solar irradiance measurements, Appl. Opt. 52 (2013) 7963-7980.

［29］ R. P. Breault, Control of stray light, in: M. Bass (Ed.), Handbook of Optics Volume I Fundamentals, Techniques, and Design, McGraw Hill, Inc. , New York, 1995 pp. 38. 31-38. 35.

［30］ D. P. DeWitt, G. D. Nutter, Theory and Practice of Radiation Thermometry, John Wiley & Sons, New York, 1988.

［31］ M. Planck, The Theory of Heat Radiation, Tomash/American Institute of Physics, New York, 1989.

［32］ Fundamental Constants Data Center. 2014. http: //www. nist. gov/pml/ div684/fcdc/.

［33］ P. E. Ciddor, Refractive index of air: new equations for the visible and near infrared, Appl. Opt. 35 (1996) 1566-1573.

［34］ J. P. Rice, J. J. Butler, B. C. Johnson, P. J. Minnett, K. A. Maillet, T. Nightingale, S. J. Hook, A. Abtahi, C. J. Donlon, I. J. Barton, The Miami2001 infrared radiometer calibration and intercomparison. Part I: laboratory characterization of blackbody targets, J. Atmos. Oceanic Technol. 21 (2004) 258-267.

［35］ J. B. Fowler, A third generation water bath based blackbody source, J. Res. NIST 100 (1995) 591-599.

［36］ C. J. Donlon, T. Nightingale, L. Fiedler, G. Fisher, D. Baldwin, S. Robinson,

The calibration and intercalibration of sea-going infrared radiometer systems using a low cost blackbody cavity, J. Atmos. Oceanic Technol. 16（1999）1183-1197.

[37] V. I. Sapritsky, Black-body radiometry, Metrologia 32（1995）411-417.

[38] J. H. Walker, R. D. Saunders, A. T. Hattenburg, Spectral Radiance Calibrations, U. S. Government Printing Office, Washington, D. C. 1987.

[39] H. W. Yoon, C. E. Gibson, P. Y. Barnes, Realization of the National Institute of Standards and Technology detector-based spectral irradiance scale, Appl. Opt. 41（2002）5879-5890.

[40] A. C. Parr, R. U. Datla, J. L. Gardner, Optical Radiometry, Elsevier, Amsterdam, The Netherlands, 2005.

[41] Z. M. Zhang, B. K. Tsai, G. Machin, Radiation Temperature Measurements I. Fundamentals, Academic Press（Elsevier）, Amsterdam, The Netherlands, 2010.

[42] J. C. De Vos, A new determination of the emissivity of tungsten ribbon, Physica 20（1954）690-714.

[43] C. E. Gibson, B. K. Tsai, A. C. Parr, Radiance Temperature Calibrations, U. S. Department of Commerce, Washington, D. C. 20402-9325, 1998.

[44] H. W. Yoon, B. C. Johnson, D. Kelch, S. F. Biggar, P. R. Spyak, A 400 nm to 2500 nm absolute spectral radiance comparison using filter radiometers, Metrologia 35（1998）563-568.

[45] H. W. Yoon, C. E. Gibson, P. Y. Barnes, The realization of the NIST detector-based spectral irradiance scale, Metrologia 40（2003）S172-S176.

[46] H. W. Yoon, C. E. Gibson, Spectral Irradiance Calibrations, U. S. Department of Commerce, Washington, D. C. 20402-9325, 2011.

[47] H. W. Yoon, G. D. Graham, R. D. Saunders, Y. Zong, E. L. Shirley, The distance dependences and spatial uniformities of spectral irradiance standard lamps, Proc. SPIE 8510（2012）85100D.

[48] S. J. Flora, 2014.（Personal communication）http: //moby. mlml. calstate. edu/.

[49] S. W. Brown, B. C. Johnson, Development of a portable integrating sphere source for the earth observing system's calibration validation program, Int. J. Remote Sens. 24（2003）215-224.

[50] J. J. Butler, S. W. Brown, R. D. Saunders, B. C. Johnson, S. F. Biggar, E. F. Zalewski, B. L. Markham, P. N. Gracey, J. B. Young, Radiometric measurement comparison on the integrating sphere source used to calibrate the

Moderate Resolution Imaging Spectroradiometer（MODIS）and the Landsat 7 Enhanced thematic Mapper Plus（ETMþ），J. Res. NIST 108（2003）199-228.

［51］ D. G. Goebel，Generalized integrating-sphere theory，Appl. Opt. 6（1967）125-128.

［52］ J. J. Butler，R. A. Barnes，The use of transfer radiometers in validating the visible to shortwave infrared calibrations of radiance sources used by instruments in NASA's earth observing system，Metrologia 40（2003）S70-S77.

［53］ D. K. Clark，M. E. Feinholz，M. A. Yarbrough，B. C. Johnson，S. W. Brown，Y. S. Kim，R. A. Barnes，Overview of the the radiometric calibration of MOBY，Proc. SPIE 4483（2002）64-76.

［54］ B. C. Johnson，F. Sakuma，J. J. Butler，S. F. Biggar，J. W. Cooper，J. Ishida，K. Suzuki，Radiometric measurement comparison using the Ocean Color Temperature Scanner（OCTS）visible and near infrared integrating sphere，J. Res. NIST 102（1997）627-646.

［55］ Certain commercial equipment，instruments，or materials are identified in this chapter to foster understanding. Such identification does not imply recommendation or endorsement by the National Institute of Standards and Technology（NIST），nor does it imply that the materials or equipment identified are necessarily the best available for the purpose.

［56］ P. Y. Barnes，J. J. Hsia，45/0 Reflectance Factors of Pressed Polytetrafluoroethylene（PTFE）Powder，U. S. Government Printing Office，Washington，D. C. 20402-9325，1995.

［57］ M. E. Nadal，P. Y. Barnes，Near infrared 45deg/0deg reflectance factor of pressed polytetrafluoroethylene（PTFE）powder，J. Res. NIST 104（1999）185-188.

［58］ V. R. Weidner，J. J. Hsia，Reflection properties of pressed polytetrafluoro thylene powder，J. Opt. Soc. Am. 71（1981）856-861.

［59］ V. R. Weidner，J. J. Hsia，B. Adams，Laboratory intercomparison study of pressed polytetrafluoroethylene powder reflectance standards，Appl. Opt. 24（1985）2225-2230.

［60］ G. T. Georgiev，J. J. Butler，Long-term calibration monitoring of Spectralon diffusers BRDF in the air-ultraviolet，Appl. Opt. 46（2007）7892-7899.

［61］ L. M. Hanssen，S. Kaplan，Infrared diffuse reflectance instrumentation and standards at NIST，Anal. Chim. ACTA 380（1999）289-302.

［62］ J. L. Mueller，B. C. Johnson，C. L. Cromer，S. B. Hooker，J. T. McLean，

S. F. Biggar, The Third SeaWiFS Intercalibration Round-robin Experiment (SIRREX-3), 19e30 September 1994, NASA Goddard Space Flight Center, Greenbelt, Maryland, 1996.

[63] D. Hunerhoff, U. Grusemann, A. Hope, New robot-based gonioreflectometer for measuring spectral diffuse reflection, Metrologia 43 (2006) S11-S16.

[64] H. W. Yoon, D. W. Allen, G. P. Eppeldauer, B. K. Tsai, The extension of the NIST BRDF scale from 1100 nm to 2500 nm, Proc. SPIE 7452 (2009) 745204.

[65] C. Wells, S. F. Pellicori, M. Pavlov, Polarimetry and scatterometry using a Wollaston polarimeter, Proc. SPIE 2265 (1994) 105-112.

[66] R. A. Barnes, E. F. Zalewski, Reflectance-based calibration of SeaWiFS. I. Calibration coefficients, Appl. Opt. 42 (2003) 16291647.

[67] C. J. Bruegge, A. E. Stiegman, R. A. Rainen, A. W. Springsteen, Use of Spectralon as a diffuse reflectance standard for in-flight calibration of earth-orbiting sensors, Opt. Eng. 32 (1993) 805-814.

[68] R. D. Jackson, M. S. Moran, P. N. Slater, S. F. Biggar, Field calibration of reference reflectance panels, Rem. Sens. Environ. 22 (1987) 145-158.

[69] C. D. Mobley, Estimation of the remote-sensing reflectance from above-surface measurements, Appl. Opt. 38 (1999) 7442-7455.

[70] K. J. Thome, K. Arai, S. Tsuchida, S. F. Biggar, Vicarious calibration of ASTER via the reflectance-based approach, IEEE Trans. Geo. Remote Sens. 46 (2008) 3285-3295.

[71] E. A. Early, P. Y. Barnes, B. C. Johnson, J. J. Butler, C. J. Bruegge, S. F. Biggar, P. R. Spyak, M. Pavlov, Bidirectional reflectance round-robin in support of the earth observing system program, J. Atmos. Oceanic Technol. 17 (2000) 1077-1091.

[72] B. C. Johnson, S. S. Bruce, E. A. Early, J. M. Houston, T. R. O'Brian, A. Thompson, S. B. Hooker, J. L. Mueller, The Fourth SeaWiFS Intercalibration RoundeRobin Experiment (SIRREX-4), May 1995, NASA Goddard Space Flight Center, Greenbelt, Maryland, 1996.

[73] J. D. Jackson, T. R. Clarke, M. S. Moran, Bidirectional calibration results for 11 Spectralon and 16 BaSO4 reference reflectance panels, Rem. Sens. Environ. 40 (1992) 231-239.

[74] G. T. Georgiev, J. J. Butler, BRDF study of gray-scale Spectralon, Proc. SPIE 7081 (2008) 708107.

[75] G. T. Georgiev, J. J. Butler, Laboratory-based bidirectional reflectance

distribution functions of radiometric tarps, Appl. Opt. 47（2008）3313-3323.

[76] E. L. Derniak, D. G. Crowe, Optical Radiation Detectors, first ed. , John Wiley & Sons, New York, 1984.

[77] F. Hengstberger, Absolute Radiometry, Academic Press, Boston, Massachusetts, 1989.

[78] N. P. Fox, J. P. Rice, Absolute radiometers, in: A. C. Parr, R. U. Datla, J. L. Gardner（Eds. ）, Optical Radiometry, Elsevier Academic Press, Amsterdam, The Netherlands, 2005, pp. 35-96.

[79] N. P. Fox, P. R. Haycocks, J. E. Martin, I. Ul-haq, A mechanically cooled portable cryogenic radiometer, Metrologia（1995）581-584.

[80] R. Goebel, M. Stock, R. Kohler, Report on the international comparison of cryogenic radiometers based on transfer detectors, in: Rapport BIPM-2000/9, September 2000, BIPM, Paris, France, 2000.

[81] B. C. Johnson, S. W. Brown, G. P. Eppeldauer, K. R. Lykke, System-level calibration of a transfer radiometer used to validate EOS radiance scales, Int. J. Remote Sens. 24（2003）339-356.

[82] J. McIntire, D. Moyer, J. K. McCarthy, S. W. Brown, K. R. Lykke, F. DeLuccia, X. Xiong, J. J. Butler, B. Guenther, Results from solar reflective band end-to-end testing for VIIRS F1 sensor using T-SIRCUS, Proc. SPIE 8153（2011）81530I.

[83] M. E. Feinholz, S. J. Flora, S. W. Brown, Y. Zong, K. R. Lykke, M. A. Yarbrough, B. C. Johnson, D. K. Clark, Stray light correction algorithm for multichannel hyperspectral spectrographs, Appl. Opt. 51（2012）3631-3641.

[84] M. E. Feinholz, S. J. Flora, M. A. Yarbrough, K. R. Lykke, S. W. Brown, B. C. Johnson, Stray light correction of the MOBY optical system, J. Atmos. Oceanic Technol. 26（2009）57-73.

[85] W. Budde, Optical Radiation Measurements: Physical Detectors of Optical Radiation, Academic Press, New York, 1983.

[86] G. H. Rieke, Detection of Light: From the Ultraviolet to the Submillimeter, Cambridge University Press, Cambridge, U. K, 1994.

[87] Evaluation of Measurement Data e Guide to the Expression of Uncertainty in Measurement, first ed. , International Organization for Standardization, Geneva, Switzerland, 2008.

[88] J. L. Gardner, Uncertainty estimates in radiometry, in: A. C. Parr, R. U. Datla, J. L. Gardner（Eds. ）, Optical Radiometry, Elsevier, Amsterdam, The

Netherlands, 2005, pp. 291-325.

[89] T. Lafarge, A. Possolo, Uncertainty Machine V. 1. 0, 2013. http://www. nist. gov/itl/sed/gsg/uncertainty. cfm.

[90] A. C. Parr, B. C. Johnson, The use of filtered radiometers for radiance measurements, J. Res. NIST 116 (2011) 751-760.

[91] B. C. Johnson, J. B. Fowler, C. L. Cromer, The SeaWiFS Transfer Radiometer (SXR), NASA Goddard Space Flight Center, Greenbelt, Maryland, 1998.

[92] T. C. Larason, S. S. Bruce, C. L. Cromer, The NIST high accuracy scale for absolute spectral response from 406 nm to 920 nm, J. Res. NIST 101 (1996) 133-140.

[93] T. C. Larason, S. S. Bruce, A. C. Parr, Spectroradiometric Detector Measurements: Part I - Ultraviolet Detectors and Part II - Visible to Near Infrared Detectors, U. S. Department of Commerce, Washington, D. C. 20402-9325, 1998.

[94] G. P. Eppeldauer, H. W. Yoon, D. G. Jarrett, T. C. Larason, Development of an in situ calibration method for current-to-voltage converters for high-accuracy SI-traceable low dc current measurements, Metrologia 50 (2013) 509-517.

[95] E. A. Early, A. Thompson, J. DeLuisi, P. Disterhoft, D. Wardle, E. Wu, W. Mou, Y. Sun, T. Lucas, T. Mestechkina, L. Harrison, J. Berndt, D. S. Hayes, The 1995 North American interagency intercomparison of ultraviolet monitoring spectroradiometers, J. Res. NIST 103 (1998) 15-62.

[96] D. Antoine, F. d'Ortenzio, S. B. Hooker, G. Becu, B. Gentili, D. Tailliez, A. J. Scott, Assessment of uncertainty in the ocean reflectance determined by three satellite ocean color sensors (MERIS, SeaWiFS, and MODIS-A) at an offshore site in the Mediterranean sea (BOUSSOLE project), J. Geophys. Res. 113 (2008) C07013.

[97] S. W. Brown, S. J. Flora, M. E. Feinholz, M. A. Yarbrough, T. Houlihan, D. Peters, Y. S. Kim, J. L. Mueller, B. C. Johnson, D. K. Clark, The Marine Optical Buoy (MOBY) radiometric calibration and uncertainty budget for ocean color satellite sensor vicarious calibration, Proc. SPIE 6744 (2007) 67441M.

[98] K. J. Voss, S. McLean, M. Lewis, B. C. Johnson, S. J. Flora, M. E. Feinholz, M. A. Yarbrough, C. Trees, M. Twardowski, D. K. Clark, An example crossover experiment for testing new vicarious calibration techniques for satellite ocean color radiometry, J. Atmos. Oceanic Technol. 27 (2010) 1747-1759.

[99] M. Gergely, G. Zibordi, Assessment of AERONET-OC Lwn uncertainties, Metrologia 51 (2014) 40-47.

[100] G. Zibordi, B. Holben, I. Slutsker, D. Giles, D. D'Alimonte, F. Melin, J. -F. Berthon, D. Vandemark, H. Feng, G. Schuster, B. E. Fabbri, S. Kaitala, J. Seppala, AERONET-OC: a network for the validation of ocean color primary products, J. Atmos. Oceanic Technol. 26 (2009) 1634-1651.

[101] J. A. Esposito, X. Xiong, A. Wu, J. Sun, W. L. Barnes, MODIS reflective solar bands uncertainty analysis, Proc. SPIE 5542 (2004) 448-458.

[102] K. Lenhard, Determination of combined measurement uncertainty via Monte Carlo analysis for the imaging spectrometer ROSIS, Appl. Opt. 51 (2012) 4065-4072.

[103] A. Morel, J. L. Mueller, Normalized water-leaving radiance and remote sensing reflectance: bidirectional reflectance and other factors, in: J. L. Mueller, G. S. Fargion, C. R. McClain (Eds.), Ocean Optics Protocols for Satellite Ocean Color Sensor Validation, Revision 4, Radiometric Measurements and Data Analysis Protocols, Volume III, NASA Goddard Space Flight Center, Greenbelt, Maryland, 2003, pp. 32-59.

[104] T. Riley, S. W. Bailey, The Sixth SeaWiFS/SIMBIOS Intercalibration Round-robin Experiment (SIRREX-6) August - December 1997, NASA Goddard Space Flight Center, Greenbelt, Maryland, 1998.

[105] G. Zibordi, F. Melin, J. -F. Berthon, Comparison of SeaWiFS, MODIS, and MERIS radiometric products at a coastal site, Geophys. Res. Lett. 33 (2006). L06617.

[106] G. Zibordi, K. Ruddick, I. Ansko, G. Moore, S. Kratzer, J. Icely, A. Reinart, In situ determination of the remote sensing reflectance: an inter-comparison, Ocean Sci. 8 (2012) 567-586.

[107] JCGM/WG1, Guide to Uncertainty in Measurement, 2008. http://www. bipm. org/en/publications/guides/gum. html.

[108] J. Mandel, The Statistical Analysis of Experimental Data, John Wiley & Sons, New York, 1964.

[109] J. L. Stanford, S. B. Vardeman, Statistical Methods for the Physical Sciences, Academic Press, New York, 1994.

[110] P. C. Gregory, Bayesian Logical Data Analysis for the Physical Sciences, Cambridge Univesity Press, Cambridge, U. K. , 2005.

第 2 章

卫星辐射测量

Charles R. McClain, [1,*] **Peter Minnett**[2]

[1]NASA 戈达德太空飞行中心,美国 马里兰州 绿带城;[2]迈阿密大学罗森斯蒂尔海洋与大气科学学院气象学和物理海洋学,美国 佛罗里达州 迈阿密

★ 通讯作者:邮箱:charles.r.mcclain@nasa.gov

    1978 年,第一颗专门用于定量测量的海洋水色(海岸带水色扫描仪,Nimbus-7 Coastal Zone Color Scanner,CZCS)和定量估算海表温度(SST)(高级甚高分辨率扫描辐射计 the TIROS-N Advanced Very High Resolution Radiometer,AVHRR)的卫星传感器发射升空,这为随后一系列的国际全球任务奠定了基础,现在这些数据不仅用于跟踪海洋的长期变化,也用于跟踪大气和陆地的长期变化。AVHRR 时间序列已纳入业务化的 NOAA 卫星系列和 EUMETSAT 的 MetOp 系列。新增的红外和微波波段卫星辐射计加强了 AVHRR 时间序列,通过不同光谱波段、测量几何或者对云的敏感度弱等方面提高或补充了海表温度(SST)的监测能力。直到 1997 年有了海洋宽视场扫描仪(Sea-viewing Wide Field-of-view Sensor,SeaWiFS)才开始提供不间断的海洋水色时间序列。ADEOS-1 海洋水色水温扫描仪(ADEOS-1 Oceans Color and Temperature Sensor,OCTS)于 1996 年发射,OCTS 和 SeaWiFS 时间序列之间有 3 个月的间隔。传感器、定标计量、地面系统和数据处理技术这些方面的进步都提高了数据的覆盖率、质量和可获取性——在卫星过境后数小时内就可以在线获得高质量的数据产品。叶绿素 a(浮游植物生物量的代表)和海表温度(SST)之间的科学协同作用已经得到了证实,因为

物理科学中的实验方法,Vol. 47. http://dx. doi. org/10. 1016/B978-0-12-417011-7. 00004-0 2014

海表温度（SST）通常可以表征上升流和营养富集区，一些传感器同时包括海洋水色和热红外波段，如 OCTS 和中分辨率成像光谱仪（Moderate Resolution Imaging Spectroradiometer, MODIS）。图 1 提供了来自 SeaWiFS 和 AVHRR 测得的 1997—1998 年厄尔尼诺／拉尼娜期间全球叶绿素和海表温度（SST）的数据示例。

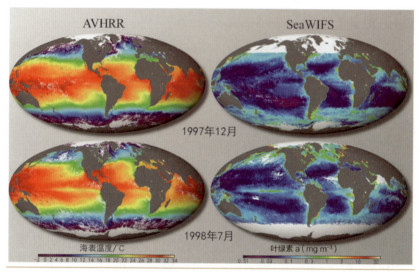

图 1　叶绿素 a（海洋宽视场扫描仪（SeaWiFS））和海表温度（SST）（高级甚高分辨率扫描辐射计（AVHRR））在 1997—1998 年厄尔尼诺／拉尼娜的变暖期（1997 年 12 月）和变冷期（1998 年 7 月）全球月度合成图。在冬季高纬度地区缺乏海洋水色数据的原因是低太阳高度，但不影响热红外波段海表温度（SST）反演

　　第 2 章涉及卫星传感器技术和工程、测量要求以及定标和检验方法（星上和现场）。第 2.1 章和第 2.2 章的"可见光卫星辐射计：设计和发射前特性分析"（McClain，Monosmith，和 Meister）和"可见光卫星辐射计发射后定标和稳定性检查"（Eplee and Bailey），主要针对海洋水色。McClain 等人讨论了基本的测量概念、科学需求的发展、传感器定标和特性指标及要求、工程考虑因素以及对"传统"海洋水色传感器设计和性能的回顾，即 CZCS、OCTS、SeaWiFS、MODIS 和 MERIS（the Medium Resolution Imaging Spectrometer）。关于科学

需求的发展，CZCS 海洋产品是色素浓度和漫射衰减这两个地球物理量。着眼于未来任务的产品集包括多样化的生物、化学和光学性质。因此，第 2.1 章讨论了传感器指标要求如谱段、信噪比（SNR）和偏振灵敏度等如何影响设计、制造在轨飞行仪器所涉及的不同工程学科和鉴定飞行仪器的过程。Eplee 和 Bailey 概述了在轨传感器灵敏度或稳定性监测，包括太阳漫射器、稳定性监测器和定期月球观测等方法，以及用于调整总传感器－大气系统定标的现场或替代方法。由于作者经验和韩国地球静止轨道水色成像仪（Korean Geostationary Ocean Color Imager, GOCI）任务是迄今为止发射的唯一专用地球静止海洋水色卫星，这些章节着重于低地球轨道（Low Earth Orbit, LEO）卫星。其他静止类卫星正处于设计阶段，其科学、技术和工程与低地球轨道传感器相似，但也存在重要差异，例如，如何达到采样和信噪比要求。

本章的第三节和第四节，"热红外卫星辐射计：设计和发射前特性分析"（Smith）和"热红外卫星辐射计：发射后定标和稳定性"（Minnett 和 Smith）讨论了确保航天器上红外辐射计辐射和温度测量精度的要求和程序。对气候研究和监测准确的海表温度（SST）提出了严格的精度要求：0.1 K 的精度和 0.04 K／10 年的稳定度。不仅达到这些准确度具有挑战性，要证明这些准确度是否已达标也具有挑战性。发射前定标和特性分析是能够确定卫星测量基本准确度的一个重要条件。发射前定标和特性分析可以在组件级别进行，在此确定辐射计的各个部件的性能，也可在系统级别进行，在此测试整个仪器，理想条件下在大型热真空室中模拟在轨条件。当然，一旦卫星进入轨道，则不能以与发射前定标相当的方式直接检查辐射计的性能，必须使用间接方法确认在轨定标流程的完整性。Minnett 和 Smith 描述了如何通过监测内务管理数据、调整仪器的运行参数和评估得出的海表温度（SST）的不确定度来实现这一点。

海洋水色和海表温度（SST）卫星传感器都用于各种应用，从数值天气、海洋预报和气候研究的全球观测到具有近实时延迟要求的海岸带管理应用，如有害藻华和溢油检测。对于全球飞行任务，在不考虑云层覆盖的情况下，以 1 千米的空间分辨率进行 1 天或 2 天的覆盖是满足需求的。探测器技术和设计的持续发展得以在不损失信噪比的情况下提高表面的空间分辨率。例如，2011 年 10 月 28 日发射的 Suomi 国家极轨卫星合作伙伴（Soumi National Polar-orbiting Partnership，S-NPP）上的可见光红外成像辐射仪（Visible Infrared Imaging Radiometer Suite，VIIRS）具有 750 米的原始空间分辨率和一种称为"像素聚合"的新方法，以减少仪器扫描中远离天底的视场增长的影响。尽管 S-NPP VIIRS 比 SeaWiFS、MODIS 和 MERIS 等传统传感器所包含的海洋水色光谱波段少，但 S-NPP VIIRS 是未来十年第一个在联合极轨卫星系统上飞行的一系列新的可见光和红外辐射计中的，这将确保一些关键的海洋时间序列延续。然而，对于近岸和河口研究，需要更频繁（每天几次）和更高空间分辨率（250米或更精细）的数据。根据 SNR 和其他要求，在单个仪器中同时实现高分辨率和宽幅图像存在可能性，但十分具有挑战性。当然，在低纬度地区，LEO 轨道不能提供每天超过一次的海洋水色观测或每颗卫星两次的海表温度（SST）观测（白天和夜晚）。

如果传感器要服务于多个科学团体以及采集反射和发射红外（IR）数据，其他挑战就会随之出现。这些综合需求会对设计加以限制，使得设计在性能上通常妥协于一个特定科学学科的需求。例如，海洋水色测量应避免太阳耀斑，需要传感器倾斜或偏离天底观测，而研究陆地的团体更喜欢天底观测。此外，海洋水色传感器应具有退偏器，以最大限度地减少传感器偏振灵敏度和大气校正的不确定度。退偏器具有光谱依赖性，并且可能干扰较长波长的热红外测量。传感器的设计归结为任务成本（多个传感器与单个传感器；航天器的影响，如尺寸和观测几何）和复杂性。

第 2.1 章

卫星海洋水色传感器设计概念和性能要求

Charles R. McClain, * **Gerhard Meister**, **Bryan Monosmith**

NASA 戈达德太空飞行中心，美国 马里兰州 格林贝尔特

★ *通讯作者：邮箱：charles.r.mcclain@nasa.gov*

章节目录

1. 引言	80	
2. 海洋水色测量基本原理及相关科学目标	81	
3. 科学目标与传感器需求的发展	86	
4. 性能参数和技术指标	89	
4.1 谱段和动态范围	90	
4.2 覆盖范围和空间分辨率	92	
4.3 辐射测量不确定度	93	
4.3.1 发射前绝对辐亮度基的辐射定标	93	
4.3.2 发射前绝对反射率基的辐射定标	94	
4.3.3 相对辐射定标	94	
4.4 信噪比和量化	95	
4.5 偏振	96	
4.6 其他特性需求	97	
4.7 星上定标系统	98	
5. 传感器工程	100	
5.1 基本传感器设计：摆扫式和推扫式	100	
5.2 设计原理和辐射测量方程	103	
5.3 性能考虑	105	
5.3.1 动态范围和灵敏度	105	
5.3.2 噪声	106	
5.3.3 寿命终止性能	110	
5.4 传感器实现	111	
5.4.1 设计控制和裕度	111	
5.4.2 电子零件选择	111	
5.4.3 材料选择和控制	112	
5.4.4 寿命测试和元件筛选	112	
5.4.5 过程控制	112	
5.4.6 环境测试和性能验证	113	
5.4.7 审查和计划	114	
6. 总结	114	
术语	115	
符号和量纲	116	
7. 附录——历史传感器	117	
7.1 CZCS 和 OCTS	117	

物理科学中的实验方法, Vol. 47. http://dx.doi.org/10.1016/B978-0-12-417011-7.00005-2

7.2 SeaWiFS 119　　7.4 MERIS 123

7.3 MODIS 121　　参考文献 125

1. 引言

1978 年年底，美国国家航空航天局（National Aeronautics and Space Administration，NASA）发射了带有海岸带水色扫描仪（Coastal Zone Color Scanner，CZCS）和其他几个传感器的 Nimbus-7 卫星，所有这些都为地球遥感提供了重大进展。CZCS 的灵感来自 Clarke 等人[1] 在 Science 杂志上发表了一篇文章，他们证明了大洋水体光谱反射率的巨大变化与叶绿素 a 浓度相关。叶绿素 a 是绿色植物（海洋和陆地）的主要光合色素，用于估算初级生产力，即在光合作用期间固定在有机物中碳的含量。因此，准确估算全球和区域初级生产量是研究地球碳循环的关键。由于研究人员使用了机载辐射计，他们能够证明大气辐射贡献随着高度的增加而增加，这将是天基测量的一个主要问题。

自 1978 年以来，卫星海洋水色遥感取得了巨大的进展，已在气候变化科学和常规业务环境监测中得到了广泛的应用。此外，通过一系列全球任务，如海洋水色水温扫描仪（Ocean Color and Temperature Sensor，OCTS）、海洋宽视场扫描仪（Sea-viewing Wide Field-of-view Sensor，SeaWiFS）、中分辨率成像光谱仪（Moderate Resolution Imaging Spectroradiometer，MODIS）、中等分辨率成像光谱仪（Medium Resolution Imaging Spectrometer，MERIS）以及全球成像仪（Global Imager，GLI），科学目标和相关方法也得到了扩充和发展。随着科学目标的不断进步，对传感器能力（如谱段）和性能（如信噪比）提出了新的更严格的要求。CZCS 有四条叶绿素和气溶胶校正带。为 NASA 前气溶胶、云和海洋生态系统（PACE）任务采用的海洋水色成像仪（Ocean Color Imager，OCI）包括 350～800 nm 的纳米高谱段范围，以及三个额外的离散近红外（NIR）和短波红外（SWIR）海洋气溶胶校正波段。另外，为了避免传感器灵敏度的漂移被认为是环境变化，气候变化研究需要严格监视传感器的稳定性。对于

SeaWiFS，每月的月亮成像以约 0.1％的准确度跟踪稳定性，这使得数据可以用于气候研究[2]。现在国际上普遍认为，未来的任务和传感器设计需要适应月亮定标。参考文献［3］和［4］分别介绍了海洋水色遥感的概况、进展和利用全球卫星海洋水色数据进行研究的各种应用。

本章的目的是讨论海洋水色卫星辐射计的设计方案、性能和测试标准以及必须集成到仪器总体的传感器装置（光学器件、探测器、电子器件等）。这些最终决定了可以作为任务成本交付的数据质量和数量。历史上，科学和传感器技术是以"跳跃式"的方式发展的，即在发射传感器之前很多年就确定了任务的传感器设计要求，到任务结束时，可能是 15～20 年后，科学应用和要求远远超越了传感器的能力。第 3 节总结了历史任务科学目标和传感器需求。只要传感器成本能够限制在可承受的范围内，并且仍然允许在不给任务成功带来意外风险的情况下采用新技术，这种进展预计将在未来继续。IOCCG[1] 第 13 号报告[5] 深入讨论了未来海洋生物学任务 1 级要求。

2. 海洋水色测量基本原理及相关科学目标

海洋水色遥感的基础主要在于浮游植物和其他生物物质如有色可溶性有机物（CDOM）中关键色素的选择性吸收，也包括一些物种如球石藻和颗粒物的散射特性。一般来说，随着色素浓度的增加，海洋反射光谱斜率由负转正，即由蓝转红，因为吸收抑制蓝光，散射提高红光（更多的色素与更多的颗粒有关）。水在蓝色波段中具有很强的透射性，但在红色波段中具有很强的吸收性，因此，随着波长的增加，海洋离水辐亮度由较浅的深度贡献较大。根据 Pope 和 Fry[6] 的研究，最大透射率是在 400 nm 和 450 nm 之间，最大值位于 418 nm。需要注意的一点是，叶绿素 a 和叶绿素 b 在水体内的吸收峰（分别为 440 nm 和 470 nm[7]）与 450 nm 左右的地外太阳光谱峰以及水的最大透射率相一致。鉴于叶绿素 a 浓度范围为 0.02 mg l^{-1}

---

1 国际海洋水色协作小组（IOCCG）的目的和现任成员在 www.ioccg.org 上提供

至 200 mg l^{-1} 以上（超过 4 个数量级），下行辐照度的动态范围以及离水辐亮度在蓝色波段中最大，这是用于叶绿素遥感的最佳波段选择。另外，近红外和短波红外的高吸收性意味着海洋反射率很小，因此，可以估算大气层顶（TOA）气溶胶辐亮度，在估算较短波长的海洋反射率时必须减去大气分子散射（瑞利辐亮度）[8-10]。在 Wang[9] 和随后的文章中，1 260 nm、1 640 nm 和 2 130 nm 的 MODIS 的短波红外（SWIR）波段被用于具有有限近红外海洋反射率的浑浊水域进行气溶胶校正，尽管这些波段的信噪比明显低于所需的信噪比，即这些波段不是为此目的而设计的。为此，欧洲航天局的海洋和陆地颜色成像仪（Ocean and Land Colour Instrument，OLCI）将在 1 020 nm 处设置一个波段。

当然，也有一些复杂的情况。其一是 CDOM 在可见光和紫外（UV）中的吸收呈指数增长。在 440 nm 处，叶绿素 a 和 CDOM 都具有很强的吸收能力。为了分离这两种成分，需要在较短的波长，如 360 nm 进行测量。从历史上看，在海洋水色卫星传感器中包括 410 nm 以下的紫外波段是一个极具挑战的任务，原因有很多。SeaWiFS、MODIS、MERIS 和其他传感器包括了 410 nm 左右的波段，但对此成功的应用有限。迄今为止，只有一个传感器，即高级地球观测卫星 -2（Advanced Earth Observing Satellite-2，ADEOS-2）上的 GLI，包括 410 nm 以下的海洋水色波段，即 380 nm 波段（后续的传感器，第二代全球成像仪（Second Generation Global Imager，SGLI），也有一个 380 nm 波段）。这些问题包括：传感器的光通量和限制信噪比的紫外线中太阳辐照度的迅速下降，以及相对较大的瑞利散射大气贡献。

除了叶绿素 a 和 CDOM 外，其他具有不同吸收光谱的色素可能有助于识别主要的浮游植物类群或功能群的存在 [11, 12]。相比于如 SeaWiFS、MODIS 和 MERIS 等多光谱历史传感器，这些色素的识别需要额外的光谱波段。例如，建议分别用 495 nm、545 nm 和 625 nm 的波段来识别束毛藻，用 655 nm 来识别叶绿素 b，用 470 nm 来识别类胡萝卜素，用 620 nm 来识别藻蓝蛋白 [5]。在文献 [12] 中应用的方法是基于导数分析，这种分析要求在紫外 - 可见光范围内的连续光谱进行,即高光谱数据。另外,研究界正朝着利用光谱反演算法来估算反演产品 [13],其准确度随着输入波长的数量和范围的增加而提高。多光谱和高光谱之间的区别主要是,多光谱意味着特定波长的离散波段,而高光谱意味着指定分辨率的连续光谱,如 5 nm。

历史上,多光谱海洋水色传感器将波段放置在大气"窗口"内,这些窗口在主要气体(特别是 O_2、O_3、NO_2 和水汽)吸收波段之外。然而,像 O_3 和 NO_2 这样的气体在海洋水色临界可见光中的吸收带太宽,无法避免,需要依赖其他辅助数据源对这些气体浓度的全球分布进行明确的校正。NO_2 在光谱的紫外和蓝光部分有吸收,因此在 340～490 nm 波段进行校正是必要的,特别是在污染严重、水体离水辐亮度小的沿海地区 [14]。O_3 在光谱的绿光波段有显著的吸收,特别是在 555 nm 左右(如 SeaWiFS),由于生物光学波段比值算法的灵敏度在分母中使用 555 nm,因此必须进行准确度校正。然而,O_3 在 340～400 nm 波段的吸收几乎为零,但在 340 nm 以下的波长吸收迅速增加。O_2 在 758～770 nm 波段处有一个强吸收带,即 A 带。SeaWiFS 的 765 nm 波段横跨 A 带,需要进行校正 [15, 16]。虽然在他们的研究中,这种应用要求气溶胶光学深度大于 0.3,这超过了有效的海洋水色反演通常允许的值,但有理由进行 A 带测量的原因是这可能有利于海洋水色的大气校正,如估算气溶胶悬浮高度 [17]。最后,水汽分别在 820 nm、940 nm、1 125 nm、1 375 nm 和 1 875 nm 附近有很强的吸收带,并随波长的增加而变宽。水汽在 720 nm 附近也有一个较小的吸收带。也有人建议使用 1 380 nm 波段作为薄卷云的标识或校正 [18, 19],但校正的必要性并不一致 [20, 21]。对于横跨紫外 - 近红外的连续高光谱数据,正如 NASA PACE 任务所建议的那样,对所有这些吸收性气体的校正将是必要的。高光谱数据可能允许反演技术用于同时估算气体浓度,但这仍有待证明。

虽然 340 nm 以下有生物光学信号,但大气中的臭氧有效地阻挡了任何上行海洋辐亮度,至少在卫星传感器可探测的水平上如此。紫外线的其他主要问题是太阳光谱的迅速下降和大气瑞利散射的增加(瑞利辐亮度与 λ^{-4} 成正比),使得紫外线大气辐亮度与相对较小的海洋信号相比特别大。作为比较,350 nm 的瑞利辐亮度大约是 700 nm 的 16 倍。另一个考虑因素是瑞利辐亮度是高度偏振的,偏振度(DOP)由太阳几何位置相对于观测几何位置决定(图 1)。在可见光区域,对于清洁海洋水体,海洋上行辐亮度不超过大气层顶(TOA)辐亮度的 15%,其余 85% 主要是瑞利辐亮度。因此,如果一个传感器对偏振有 5% 的灵敏度,但没有被描述或校正,并且场景或像素的瑞利辐亮度等于总辐亮度的 85%,而偏振度(DOP)为 70%,则估算的不确定度或误差为 0.05×0.85×0.70,或约为大气层顶(TOA)辐亮度的 3%,这在离水辐亮度估算值中转化为 30% 或更大的误差。因此,海洋水色传感器的设计需要将偏振灵敏度最小化,以便使在轨定标和大气校正的不确定度最小化。由于生物光学算法对叶绿素 a 等量的灵敏度,要求精确去除大气辐亮度(瑞利和气溶胶)和高信噪比。另外,在紫外中进行测量的另一个原因是有可能识别和校正低光学厚度(如蓝光小于 0.3)的吸收性气溶胶,这是历史海洋水色传感器尚未解决的问题。

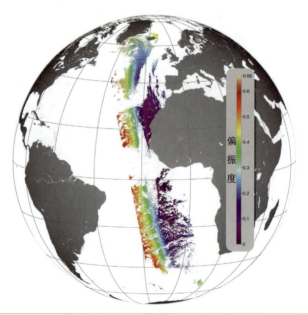

图 1　2003 年 3 月 22 日,计算了在 MODIS Aqua 轨道上 412 nm 处的偏振度(DOP)。$DOP = (I_P - I_S)/(I_P + I_S)$,其中,$I_P$ 和 I_S 分别是偏振光的平行分量和垂直分量的强度。图中的数值范围是 0 ～ 0.662。

最后,在传感器设计中考虑的一个关键因素是所需的轨道和时间覆盖范围。在过去,海洋水色任务一直在低地球太阳同步轨道上,这意味着卫星基本在一个固定的平面上绕地球运行,地球在其下方旋转,因此卫星在每个轨道上以大约相同的当地时间越过头顶。为了优化太阳照度,海洋水色任务的过境时间一直在上午 10 点至下午 2 点。低的太阳天顶角(高的太阳高度)会增加太阳耀斑,所以像 CZCS 和 SeaWiFS 这样的传感器具有倾斜能力,以最大限度地减少耀斑污染。低地球轨道(Low Earth Orbits, LEO)的轨道高度从 SeaWiFS 和 MODIS 的 705 km 到 CZCS 的 955 km 不等。高度影响轨道周期、给定传感器观测或扫描角度范围的刈幅宽度,以及指定地面分辨率的传感器瞬时视场(IFOV)。轨道速度和周期可以计算为

$$v = \left(Gm_e / r\right)^{1/2} \tag{1}$$

$$T = 2\pi r^{3/2} \left(Gm_e\right)^{-1/2} \tag{2}$$

其中,G 是万有引力常数($6.67 \times 10^{-11} \cdot m^3 \cdot kg^{-1} \cdot s^{-2}$),$m_e$ 是地球的质量(5.98×10^{24} kg),r 是地球的半径(6.37×10^6 m)与轨道高度之和。对于一个 650 km 的轨道,$v \approx 7.5$ km·s^{-1}, $T \approx 97$ min。轨道速度决定了设计的许多方面,如 SeaWiFS 和 MODIS 等传感器的扫描速率。在 SeaWiFS 设计中,为了在最低点达到所需的 1.1 km 地面分辨率(有些重叠),望远镜约以 6 Hz 旋转。在该旋转速率下,实现了使用四个探测器的时间延迟积分(Time-Delay-Integration, TDI)方案,以满足信噪比要求。例如,由于单个探测器不会在每个地面像素的样本积分或驻留时间上积累足够数量的光子来实现所需的信噪比,因此每个检测器在稍微不同的时间观测地面像素然后进行信号累加。低轨太阳同步轨道的好处是,在云覆盖的情况下,可以对整个全球海洋进行常规观测。全球覆盖的频率取决于传感器刈幅宽度和轨道高度。例如,一个在 650 km 高度上具有 ±60° 视场(FOV)和 20° 倾斜度的传感器,每天都可以观测地球,即使在赤道上也是如此。

除了低地球轨道(LEO)外,还有地球静止轨道,航天器随地球旋转,因此观测到的表面积保持不变。地球静止轨道高度约为

36 000 km,航天器位置通常位于赤道。地球静止轨道的变化允许航天器能够以周期性的方式运动,如季节性地在赤道南北移动。地球静止轨道的优点是每天频繁观测,这取决于传感器采集据的速度、要采样的区域以及航天器传输和地面站接收数据的速率。另一个优点是,该传感器可以"盯着"一个场景比低轨长得多,从而通过抵消从地面像素接收光子的"距离平方"减少来提高信噪比。长期观测可能需要抖动控制,以避免地面分辨率下降,并增加传感器的复杂性和成本。迄今为止,唯一的地球静止海洋生物任务载荷是韩国地球同步水色成像仪(Korean Geostationary Ocean Color Imager, GOCI),尽管后续飞行任务已获批准。国际海洋水色协作小组(IOCCG)第 12 号报告 [22] 详细描述了地球同步海洋水色任务载荷的科学和传感器设计考虑因素。

3. 科学目标与传感器需求的发展

传感器的设计和性能要求必然与科学目标相联系。为此定义了科学可溯源矩阵(Science Traceability Matrix,STM),它提供需要解决的科学问题,使用卫星传感器数据、补充现场据、建模等解决问题的方法,卫星地球物理数据产品,以及为确保任务成功而必须支持的其他任务要求和活动。在概述这些时,传感器的测量要求(如光谱波段信噪比 [23])也必须具体说明。在文献[5]中概述了未来海洋水色任务的科学可溯源矩阵(STM)。从历史的角度来看,科学目标由 CZCS 的任务发展而来。表 1 简要地总结了任务科学目标如何随着时间的推移而扩展,以及对传感器设计和复杂性的相应影响。总体而言,目标已经从简单地证明可以从太空估算一种有用的色素产品发展到测量各种浮游植物色素、溶解物和颗粒成分、浮游植物功能群和生理特性等。

不仅研究产品的数量增加了,每一个产品都有谱段需求,而且随着时间的推移,算法纳入了更多的光谱信息,所有这些都扩大了谱段要求。CZCS 波段比值算法 [25] 将 443/550 和 490/550 的比值

表 1　海洋水色研究任务的年代顺序，说明科学应用的发展和传感器的复杂性（如光谱波段的数目）

传感器	主要海洋科学目标	初级生物光学数据产品（发射前）	生物光学光谱波段 /nm	说明
CZCS (1978)	从太空测量叶绿素-a（Chl-a）的可行性	总色素（Chl-a+脱镁叶绿素），K（490）	3 个波段：443、490、550	670 nm 波段用于气溶胶校正；8 位数字量化；在 443 nm 处的噪声等效辐射（$NE\Delta L$）：$0.21\ \mathrm{Wm^{-2}\ sr^{-1}\ \mu m^{-1}}$
OCTS (1996) SeaWiFS (1997)	全球净初级生产力（NPP）；全球 Chl-a 时间序列	Chl-a, K (490)	6 个波段：412、443、490、510/520、555、670	765 和 865 nm 的诸带用于气溶胶校正；增加了用于在轨稳定监测的太阳漫反射板；SeaWiFS 每月用月亮监测稳定机动；10 位数字量化；在 443 nm $NE\Delta L$ 分别为 $0.11\ \mathrm{Wm^{-2}\ sr^{-1}\ \mu m^{-1}}$ 和 $0.077\ \mathrm{Wm^{-2}\ sr^{-1}\ \mu m^{-1}}$；NPP, CDOM, IOPs, 方解石、颗粒有机碳（POC），光合有效辐射（PAR）发射后添加；412 nm 波段不足以准确分离 Chl-a 和 CDOM，限制了基于 Chl-a 的 PP 估算的精度
MODIS (2000 & 2002)	全球 NPP；全球 Chl-a 时间序列；荧光线高度（FLH）的应用	Chl-a, K (490)，CDOM, FLH, 方解石, IOPs	7 个波段：412、443、488、531、547、668、678	12 位数字量化；443 nm 处的 $NE\Delta L$：$0.032\ \mathrm{Wm^{-2}\ sr^{-1}\ \mu m^{-1}}$；FLH 发现了铁限制的有指示剂，但对 Chl-a 的作用有限；月亮定标后航天器滚转机动获得批准；明亮区域上红色和近红外波段的饱和度对月定标有影响

续表

传感器	主要海洋科学目标	初级生物光学数据产品(发射前)	生物光学光谱波段/nm	说明
MERIS (2002)	全球NPP; 全球Chl-a时间序列; 沿海地区水质评价(如浊度、赤潮)	Chl-a、K(490)、CDOM、FLH、悬浮物总量(TSM)	9个波段:412、443、490、510、560、620、665、681、709	高分辨率(300 m),适合沿海应用; 443 nm处的 $NE\Delta L$:0.025 $Wm^{-2}\ sr^{-1}\ \mu m^{-1}$; 悬浮沉积物和赤潮的附加波段
GLI (2002)	全球NPP; 全球Chl-a时间序列; 水质(如浊度、赤潮)	Chl-a、K(490)、CDOM、FLH、TSM	13个波段:380、400、412、443、460、490、520、545、565、625、666、680、710	为了改善Chl-a和CDOM的分离,分别添加了380 nm和400 nm; 443 nm处的 $NE\Delta L$:0.054 $Wm^{-2}\ sr^{-1}\ \mu m^{-1}$
OCI(如IOCCG, 2012中讨论;详见下文第4节的表2)	全球NPP; 全球Chl-a时间序列; 海水质、海洋碳收支; 生态系统结构(如浮游植物的功能群); 颗粒特性(如尺寸分布、C:Chl比值、浮游植物的生理特性)	Chl-a、K(490)、方解石、CDOM、FLH、IOPs、NPP、POC、PAR、TSM、浮游植物功能群、粒径分布、C:Chl比值、荧光产量	19个波段:350、360、385、412、425、443、460、475、490、510、532、555、583、617、640、655、665、678、710	NASA PACE科学定义小组推荐了从350~800 nm的高光谱覆盖,两个SWIR(1 260 nm和1 640 nm)波段用于高度浑浊水体上的海洋水色气溶胶校正,一个900 nm波段用于水汽校正,任何波段的传感器在云上没有饱和度(高 L_{max}),每月进行满月月亮校正和14位数字量化处理

"主要海洋科学目标"并非包罗万象,在某种程度上是从各种任务文件中所述的内容中转述的。同样"初级生物光学数据产品"也被重新定义或标准化。在这两种情况下,其目的都是显示任务之间的共同性,并反映国际社会为汇集共同产品所作的努力。此外,在大多数情况下,随着新算法的开发和数据集的共享和重新处理,产品集在发布后得到了扩展。可见红外成像辐射仪(VIIRS)、SGLI 和 OLCI 不包括在空间上,但这三个都比 GLI(13)有更少的生物光学波段(分别为5、6 和11),并提供类似于以前传感器的产品,具有相当的能力。OLCI 将是第一个具有1 024 nm 波段的海洋水色传感器,用于浑浊水体的气溶胶校正。CZCS $NE\Delta L$ 在 443 nm 的值取自国际海洋水色协作小组(IOCCG)第1号报告[24]。

与色素浓度（叶绿素 a 和褐藻素）相关联，当 443 nm 离水辐亮度降至阈值以下时，切换到后者。O'Reilly 等人[26] 使用三个波段比值之和来避免离散算法切换，这通常会在色素分布中产生不连续性。产品开发的一个方面是算法制定和发布后产品验证之间的显著滞后。产品验证需要大量的现场样品，以便与卫星估算值进行匹配比较。通常，由于存在如云覆盖等影响，只有 10%～ 15% 的可能匹配样本通过质量控制标准[27]。文献［28］中讨论的半解析模型反演海洋反射光谱，以估算固有光学性质（IOPS；吸收和散射系数），并提供叶绿素 a 的估算值，其反演置信度随光谱反射波长的数目而增加。因此，随着研究界转向基于半分析模型的更复杂和更精确的算法，光谱要求和海洋反射率光谱精度都在增加，因为这些模型波段比值法对误差更敏感，即进一步依赖传感器性能和定标精度。

总的来说，这一进步是研究界在发射后不断超越每个传感器和任务的原始科学目标的结果，从而为下一个任务奠定了基础。表 1 的第 5 栏包括在飞行任务发射后阶段开发的一些额外产品，其中大部分被纳入随后其他飞行任务的产品集中。

4. 性能参数和技术指标

本章规定的性能参数和技术指标遵循了参考文献［5］中提出的建议，这些建议是由下列空间机构（按字母顺序排列）的代表商定的共识：国家空间研究中心（Center national d'etudes spatiales，CNES）、欧洲航天局（欧空局，European Space Agency，ESA）、日本宇宙航空研究开发机构（Japan Aerospace Exploration Agency，JAXA）、韩国航空航天研究所（Korean Aerospace Research Institute，KARI）、美国航空航天局（NASA）、美国国家海洋和大气管理局（National Oceanic and Atmospheric Administration，NOAA）。该报告还得到了国际海洋水色协作小组（IOCCG）的审核，该组织基本上代表来自对海洋水色研究有积极兴趣的所有空间机构。其技术指标也类似于美国宇航局戈达德太空飞行中心海洋生态实验室开发的先进海洋水色辐射计的传感器要求[23]。本节包括验证要求的具体建议。

4.1 谱段和动态范围

表 2 概述了解决文献[5]中讨论的海洋水色科学问题的所需波长。通常,不需要与表 2 的精确波长匹配。然而,对于所有波段,中心波长应在 0.1 nm 以内,因为处理算法是根据波段中心和相对光谱响应(RSR)函数进行调节的。NASA PACE 科学定义小组对 OCI 的要求在文献[29]中进行了概述。

表 2 还提供了典型辐亮度(L_{typ})、标称带宽(用于计算信噪比的带宽)以及所需的最小信噪比。L_{typ} 通常被指定为大洋水体上空常见的晴空辐亮度。SeaWiFS 和 MODIS 传感器共同波长处的 L_{typ} 是从在轨数据中得出的(MODIS 数值被调整到 SeaWiFS 数值)。利用 Thuillier 太阳辐照度(F_0)值[30]和 SeaWiFS/MODIS 波段的 L_{typ}/F_0 比值的插值或外推计算其余波段的 L_{typ}。表 2 还提供了最大辐亮度 L_{max},以帮助定义动态范围。它是用 1.1 的反照率和 0° 的入射角计算的,以模拟赤道过境时间为中午左右的轨道上白云的最亮情况。表 2 中的信噪比与 SeaWiFS 的信噪比相当。像 MODIS 这样的传感器有更高的信噪比(在所列的 L_{typ} 中系数为 2 或更多,这应该是未来传感器的目标)。

需要为每个波段和每个传感器元件(如反射镜、相机和探测器)测量相对光谱响应(RSR)。带外(OOB)响应应小于总响应的 1%(其中,OOB 区域定义为 RSR<0.01 的波长;带内区域为 RSR ≥ 0.01 的波长)。该特性通常是通过将明确定义的波长和窄带宽(如 <1 nm)的光照射到传感器中来实现的。光谱采样分辨率与响应相关:响应越大,采样越精细。光谱采样范围需要足够宽,以捕捉所有显著的能量贡献。例如,在硅基探测器的情况下,这可能是 340 ～ 1 000 nm。对于 OOB 测量,由于预期响应较低,光强度增加。对于带内测量,减小光强以避免饱和。中心波长 λ_c 可由 RSR 测量值和半高宽值计算,且精度小于 0.5 nm。

表 2　多光谱波段中心、带宽、典型的 TOA 晴空海洋辐亮度（L_{typ}）、饱和辐亮度（L_{max}）以及 L_{typ} 处的最小信噪比

λ	$\Delta\lambda$	L_{typ}	L_{max}	L_{min}	L_{high}	SNR/min
350	15	74.6	356			300
360	15	72.2	376			1 000
385	15	61.1	381			1 000
412	15	78.6	602	50	125	1 000
425	15	69.5	585			1 000
443	15	70.2	664	42	101	1 000
460	15	68.3	724			1 000
475	15	61.9	722			1 000
490	15	53.1	686	32	78	1 000
510	15	45.8	663	28	66	1 000
532	15	39.2	651			1 000
555	15	33.9	643	19	52	1 000
583	15	28.1	624			1 000
617	15	21.9	582			1 000
640	10	19.0	564			1 000
655	15	16.7	535			1 000
665	10	16.0	536	10	38	1 000
678	10	14.5	519			1 400
710	15	11.9	489			1 000
748	10	9.3	447			600
765	40	8.3	430	3.8	19	600
820	15	5.9	393			600
865	40	4.5	333	2.2	16	600
1 245	20	0.88	158	0.2	5	250
1 640	40	0.29	82	0.08	2	180
2 135	50	0.08	22	0.02	0.8	100

辐亮度的单位为 W/m^2 μm sr。信噪比是在 L_{typ} 处测量的。L_{min} 和 L_{high} 是从 SeaWiFS 全球单日数据集中扣除 0.5% 最高辐亮度和 0.5% 最低辐亮度后得出的有效水色反演的 TOA 辐亮度范围。这些数值需要在将来为其余的波段推导出。对于具有不同太阳和观测几何位置的传感器，可能需要进行调整。此表摘自国际海洋水色协作小组（IOCCG）第 13 号报告 [5]。

RSR 应该为每个传感器元件或至少为一个代表性子集进行特性分析。对于不同的传感器元件,中心波长的变化应小于 0.5 nm。对于穿轨扫描传感器,通常只需在一个视角(如最低点)表征 RSR 就足够了,特别是如果仪器模型表明 RSR 对扫描角度的依赖关系可以忽略不计的话。相对光谱响应(RSR)的特性应该尽可能地包括完整的光路。

根据仪器的设计,可能需要采用在轨光谱定标方法。人们普遍认为,对于 SeaWiFS 和 MODIS 等基于滤光片的仪器,不需要采用这种方法。对于 MODIS,使用星上光谱定标装置证明在轨光谱变化可以忽略不计[31]。然而,对于 MERIS 等仪器,需要采用在轨光谱定标方法,因为光栅的色散对可能发生的对准变化非常敏感,如在发射期间。MERIS 使用一个虚拟的太阳漫反射板以及吸收线(太阳和大气)来确定其波长定标[32]。

4.2 覆盖范围和空间分辨率

在较大的传感器和太阳天顶角下,大气贡献的辐亮度相对于离水辐亮度变得非常大,这限制了海洋水色产品的可用太阳和传感器天顶角范围[33]。对于 SeaWiFS 和 MODIS,60° 是用于三级(L3,空间和/或时间平均或网格化)数据的最大传感器天顶角。对于 SeaWiFS,对应使用的最大扫描角度约为 45°(因为 SeaWiFS 的倾斜)。由于 MODIS 不倾斜,其用于 L3 数据网格化的最大扫描角约为 50°(由于地球曲率小于 60°)。另一个缺点是宽幅和低地球轨道是太阳和传感器天顶角的范围,这需要一个准确的海洋双向反射率分布函数(BRDF)校正。SeaWiFS、MODIS 和 MERIS 的经验表明,对于太阳天顶角 ≤ 70° ~ 75° 和传感器天顶角 ≤ 60°[5],可以得出相当准确的海洋水色产品。对于全球海洋水色应用,天底 1 km 的空间分辨率已经证明是足够的。对于沿海和河口水域,较高的空间分辨率为 50 ~ 300 m 是可取的。通过传感器倾斜来最大限度地减少太阳耀斑,使全球覆盖得到改善。根据 Gregg 和 Patt[34] 的研究可知,在正午轨道上,倾斜的传感器比不倾斜传感器可以多获得 20% 的覆盖范围。任何海洋水色传感器都应该考虑这样的机制。

对于大多数科学问题来说,仅仅在某一时间点进行测量是不够的,而是需要在一定时间内进行测量(如研究海洋水色产品的季节变化)。云覆盖大大减少了有效反演的数量,因此,在世界许多地区(如赤道地区),每隔一天进行一次重新访问,有些地点甚至在一周内都没有有效的海洋观测数据。其他例子是北极和南极地区,由于低地球轨道(LEO)轨道在两极的会聚,重访时间甚至更高[35]。

4.3 辐射测量不确定度

国际海洋水色协作小组(IOCCG)第 10 号报告[33] 指出,443 nm处大气层顶(TOA)辐亮度的准确度要求为 0.5%,以达到 5% 的离水辐亮度准确度(在 443 nm 处)和大约 30% 的叶绿素产品的准确度(另见 [36])。理想情况下,每个科学问题都应该定义所需的不确定度。海洋水色界已经接受了替代定标方法[37]。实际上,这意味着发射前的初始定标是通过替代定标来调整的,定标工作的重点转移到辐射增益的趋势追踪和光谱响应变化、偏振等的特性分析上。

对于大气层顶(TOA)信号来说,0.5% 左右的准确度目标是非常具有挑战性的。假设误差源是不相关的,总误差是通过取所有单个不确定度分量(如偏振度、线性度、杂散光等)的平方和的平方根来估算的。这要求每个单独分量的不确定度远小于 0.5%,最好小于 0.2%。

辐射计特性分析有两个独立的阶段:发射前和在轨。发射前特性分析非常广泛,包括尽可能多的仪器方面,而在轨特性分析通常限于测量辐射增益和信噪比,以及可能的光谱响应率和偏振趋势。特别是在发射前特性分析阶段开始之前,测试规范和流程应该成熟,并与科学界进行审查。

4.3.1 发射前绝对辐亮度基的辐射定标

该仪器的绝对辐射定标是通过让传感器测量一个已定标的光源来实现的。光源的辐亮度应是可溯源至美国国家标准与技术研究所等国家计量机构的标准的国际单位制(International System of Units,SI)。球形积分球(Spherical Integrating Spheres,SIS)是一种很受欢迎的光源,因为它的光谱输出可以很容易地溯源至标准,并且在出射孔径处可以实现高水平的空间均匀性。请注意,对于非扫描仪器,如 MERIS,传感器的完整视场(FOV)的定标只能使用球形积分球(SIS)通过在球形积分球(SIS)孔径上扫描传感器的视场(FOV)来覆盖,这大大增加了不确定度。球体通常由钨丝灯的光照明,大量的灯(放置在球体的不同位置)与球体内部的散射(在球体内部涂有漫射的高反射材料)相结合,确保了光输出的高度空间均匀性。为了减小误差,需要对输出孔径和球面背面的实际不均匀性进行特性分析(包括传感器的几何结构、光瞳位置和视场)。球体内部的多次散射导致球形积分球(SIS)的辐亮度偏振度(DOP)很低,目标偏振度(DOP)应小于 0.2%。在对球形积分球(SIS)的光输出进行定标后,需要对其进行监测(如通过球体内部的传感器),以确保球形积分球(SIS)的辐亮度从球体定标到辐射计定标期间不发生变化。

因为 MODIS 或 MERIS 等传感器的海洋水色产品不使用发射前增益,则这些传感器的发射前辐亮度不确定度指标似乎没有必要指定。然而,许多发射前特性测试(如杂散光、饱和度等)需要仪器增益来计算辐亮度,因此这种要求是合理的。对 5% 的 SeaWiFS 和 MODIS 的要求相对较高,现代技术可以实现更高的精度。

4.3.2 发射前绝对反射率基的辐射定标

仪器的反射率定标适用于以太阳漫反射板为主要在轨定标源的仪器,且太阳漫反射板的双向反射分布函数(BRDF)需要确定。正如 Nicodemus 等人[38] 所定义的,双向反射分布函数(BRDF)描述了表面的绝对反射率,以及反射率与入射角和视角的关系。进行这些测量时,必须将在轨预期的所有角度组合都包含进来,角度分辨率优于 5°。反射率测量的绝对不确定度应优于 1%,不同角度的相对不确定度应约为 0.2%。如果使用像太阳漫射屏这样的设备来避免传感器饱和(如 MODIS),则应该在屏幕到位的情况下进行表征测量,以确定组合效果。对 MODIS 在轨定标测量结果的分析表明,在发射前没有测量到的渐晕(亮度降低)函数[39] 对探测器有很大的依赖性。

4.3.3 相对辐射定标

前两节描述了绝对定标的不确定度目标。不同传感器元件之间的定标要求(如 SeaWiFS 的半角镜面,MERIS 的探测器或像机)需要更加严格。原因是相邻传感器元件较低的相对定标误差在海洋水色产品的图像中很容易识别为条带,这降低了用户群体对整体产品质量的信心,并且不利于在 Level-2(L2,反演产品,如海洋反射率和叶绿素 a)数据中探测空间特征。球形积分球(SIS)可以提供可用于相对定标测量的空间均匀光场。探测器元件的增益应以相对于彼此的不确定度约 0.2% 进行定标。

4.4 信噪比和量化

最小信噪比要求见表 2。它们是 PACE SDT 通过气溶胶、云、生态系统(Aerosol,Cloud,Ecosystems,ACE;一份制定中的 NASA 十年调查任务)任务研究的结果。对于 360~710 nm 波段,信噪比要求是通过使用半解析海洋水色模型[40]模拟得出,该模型可转换海洋遥感光谱反射率并评估对生物地球化学变量的影响。350 nm 波段主要用于吸收性气溶胶检测,因此信噪比(SNR)要求(300)低于其他波段。678 nm 波段处 1 400 值由 MODIS 反演的荧光线高度分析得出,这是一个非常小的信号。近红外(NIR)和短波红外(SWIR)值通过研究大气校正算法中反射率反演生物光学模型对噪声的灵敏度得到的[8, 9]。

即使在动态范围内包含明亮的云的辐亮度水平,14 位分辨率也足以满足大多数海洋水色应用。量化的要求在很大程度上取决于辐亮度水平和海洋反射率对特定海洋成分的灵敏度:在海洋场景的典型辐亮度中需要非常高的量化程度,但在较高的辐亮度水平(如云上和陆地上),量化程度可以略微降低。这是在具有双线性增益的 SeaWiFS 仪器中实现的(参见附录中的 SeaWiFS 描述)。通常,海洋水色传感器有多种增益模式,其中增益通过命令(如 CZCS)或使用自动增益切换(如可见光红外成像辐射仪 VIIRS)来设置。然而,不同的增益模式给传感器的设计、特性和在轨定标增加了较大的复杂性,现在已有 14 位飞行合格的模数转换器(ADC)可供使用,因此通常不建议采用不同的增益模式。主要原因是许多在轨定标或验证方法(如月亮测量或深对流云分析)的辐亮度水平高于典型的晴空海洋辐亮度。对于双线性增益或不同的增益模式,从这些方法得到的结果需要额外的分析才能应用于较低的辐亮度水平,增加了总的不确定度。

该仪器的信噪比是利用单个探测器元件在观测恒定光源时的噪声来计算的。必须在 L_{typ} 处确定每个波段的信噪比(表 2)。具有空间均匀输出的球形积分球(SIS)常用于此测试。很明显,球形积分球(SIS)在短期时间内输出的光稳定性非常好(且特性良好),其对这项测试是至关重要的。此外,应在动态范围内的各种光强下确定信噪比。这通常与动态范围测试一起进行,并且减少与传感器特性相关的进程和成本。

4.5　偏振

大气层顶(TOA)信号的圆偏振非常低[41],因此在传感器特性分析期间不需要考虑。海洋上空大气层顶(TOA)信号的线偏振度可达 70%(图 1)。对于没有偏振灵敏度的传感器来说,这不是一个问题。另一方面,像 MODIS/Aqua 这样偏振灵敏度高达 5.4% 的传感器,如果大气层顶(TOA)信号的偏振度为 50%,则可能产生高达 2.7% 的辐亮度误差。像 MERIS 和 SeaWIFS 这样的传感器使用扰偏器将仪器偏振灵敏度降低到低水平(SeaWIFS:约 0.3% 或更低,MERIS:在蓝光中小于 0.1%,在近红外中小于 0.2%),并在不修改测量辐亮度的情况下将剩余偏振灵敏度作为不确定度进行携带。像 MODIS 这样具有显著偏振灵敏度的传感器需要使用传感器发射前偏振特性数据和辐射传输模型[41]对大气层顶(TOA)测量的辐亮度进行校正。不正确的偏振校正会导致较大的区域和季节偏差[42]。因此,准确地对仪器的偏振灵敏度进行特性分析是非常重要的。

一种行之有效的偏振特性分析方法是使用具有低偏振度(DOP)的球形积分球(SIS),并在球形积分球(SIS)和传感器之间放置线偏振片(具有良好表征的偏振特性)。此方法已用于 VIIRS 偏振灵敏度特性分析。偏振片必须旋转 180°(或优选 360°,以确认 0～180° 与 180°～360° 的结果一致),用传感器以大约每隔 15° 的间隔进行测量。这些测量必须覆盖所有扫描角度(或所需的视场角）。在许多情况下，这需要用传感器相对于球形积分球（SIS）的不同方位重复测量序列。总体目标应该是传感器偏振灵敏度的不确定度约为 0.2％[29]。

4.6 其他特性需求

杂散光是指传感器内部的光学过程，如重影和光学散射，应尽可能减少。因此，杂散光必须在设计过程的早期考虑，因为它会严重降低数据质量，并且在测试过程中很难隔离杂散光源。然而，杂散光是任何光学传感器的一部分，可以使用挡板、特殊黑色油漆、光学上的减反射涂层等将其降至最低。在强辐亮度梯度附近，杂散光效应往往超过 0.5％ 的准确度目标。杂散光在与相对较暗的海洋区域相邻的明亮物体，如云的附近特别突出，并会严重减少全球海洋的覆盖。例如，在 MODIS Aqua 的情况下，由于来自云的杂散光导致像素被掩蔽，导致给定一天[43]的所有 L2 海洋像素的数据损失约50％。如果在发射前进行适当的特性分析，可以进行杂散光校正（如SeaWiFS[44]），以恢复某些数据。

由于篇幅所限，以上仅讨论了与海洋水色产品最相关的传感器要求。至于大多数地球遥感传感器，也需要对下列项目进行特性分析：

1. 计数对辐亮度换算的线性度；
2. 温度依赖性；
3. 暗电流（偏移）特性；
4. 光谱配准（或波段共配准，即不同波段的足印重叠）；
5. 指向准确度和知识（用于地理定位目的）；
6. 调制传输函数；
7. 瞬时视场（IFOV）。

此外，每个传感器都需要综合的仪器模型，例如，用于信噪比估算的处理模型和用于装置技术指标、杂散光遮蔽和准直的射线跟踪模型。如反射镜、透镜、分色镜、光栅、探测器和退偏器等元件特性需要测试和验证。这种模型对于设计阶段的性能预测、特性分析阶段的系统性能评估以及在轨诊断问题都是必不可少的。

4.7　星上定标系统

对于天基海洋水色遥感,历史上使用了四种不同的定标方法:

1. 灯(如 CZCS、MODIS);
2. 月亮观测(如 SeaWiFS、MODIS);
3. 太阳漫反射板(如 MERIS、MODIS);
4. 地球观测(如 MODIS)。

因为月亮辐照度具有高度可预测性,所以月亮是一个极好的定标源。月亮的主要限制是相对于仪器视场的小尺寸。月亮定标在单独的一节(2.2)中描述。

过去,用灯进行在轨定标只取得了一定程度的成功,因为一盏灯的亮度随时间的变化往往大于海洋水色的辐射稳定性要求。用光电二极管监控灯输出是必要的,但其增加了复杂性。灯源只能用于特定的定标子任务(如光谱定标、线性、短期监测),而不是用于绝对定标或长期趋势[36]。

太阳漫反射板是在轨定标的一种成熟方法,最常见的类型是反射式太阳漫反射板(如 MERIS、MODIS)。透射式太阳漫反射板(如 GOCI)已经被应用,但使用频率要低得多。对于某些仪器,它们覆盖了整个视场(FOV)(如 MERIS)。最常用的材料是太空级 Spectralon 材料。关于太阳漫反射板的主要挑战是确定在轨反射率的变化。克服这一挑战的方法主要有以下两种。

使用两个太阳漫反射板,其中一个很少经常暴露在阳光下(如每 3 个月一次),以限制其反射率退化。另一个漫反射板用于更频繁的定标测量。两个太阳漫反射板的海洋水色传感器测量值的比值被用来确定更频繁使用的太阳漫反射板的反射率退化。此外,通过计算作为曝光时间函数的退化对于较频繁使用的太阳漫反射板,可以计算不频繁使用的太阳漫反射板的预期退化。然后可以在校正算法中使用这种退化。注意,对于 MERIS,较少使用的太阳能漫反射板的退化是可以忽略的(在最初的 7 年不到 0.2%[45])。

太阳漫反射板稳定性监测器(SDSM)的使用。MODIS 上的 SDSM 是一个连续观察太阳漫反射板和太阳的比率辐射计。在

SDSM 探测器和太阳之间的光路中需要一个屏幕,因为太阳比从太阳漫反射板反射的光要亮得多。对 MODIS 仪器[46] 来说,表征这种屏幕的光晕功能一直是一个挑战。另外的潜在问题是,SDSM 必须以不同于 MODIS 仪器的角度观察太阳漫反射板,因此无法捕捉太阳漫反射板的相对双向反射分布函数(BRDF)的任何变化。这对于太阳漫反射器的微小变化只是一个小问题,但由 SDSM 测量的 MODIS/Terra 太阳漫反射器的反射率下降了约 50%。Suomi 国家极轨伙伴关系项目(美国)任务中用于 VIIRS 的太阳漫反射板预计也会出现类似的退化。限制太阳漫反射板的太阳曝光量可以减少其反射率的下降,因此,这应该是一个设计目标。MODIS 通过使用一扇门(不幸的是,这扇门已经停止对 MODIS/TERRA 正常工作)来实现这一目标,而 MERIS 将太阳漫反射板移动到一个保护区。VIIRS 上的太阳漫反射板只有屏幕保护,而不是门,因此它每绕一圈都接受太阳辐射。此外,漫反射板面对速度矢量,这增加了它的退化。因此,它的太阳漫反射率比 MODIS 或 MERIS[47] 下降快得多。

MODIS 海洋波段的动态范围有限。因此,为了提高 MODIS 海洋波段的定标,有必要降低太阳漫反射板的光照。这是通过一个屏幕来实现的,它透射了大约 8% 的来自太阳的入射光(通过针孔)。这种屏幕的光晕功能的表征没有准确地捕捉到在轨所看到的 MODIS 探测器与探测器间的差异[39]。如果可能的话,应该通过为传感器选择一个不需要太阳漫射屏的动态范围来消除这种辐射测量不确定度的来源。

使用地球观测数据(如海洋观测数据)海洋水色传感器通过每个光谱波段的一个常数因子来调整传感器的绝对定标的常用方法("替代定标"[37])。就 MODIS/Terra 而言,即使在替代定标之后,标准的定标方法也无法产生合理的海洋水色产品。由于 MODIS/Terra 反射镜严重退化(如反射率和偏振属性),所以利用全球海洋产品的 SeaWiFS 时间序列,通过修改辐射增益和偏振灵敏度的扫描角度依赖关系表[48],对 MODIS/Terra 标准定标进行时间依赖性校正。虽然这种方法相当有效,但它依赖于另一个全球传感器提供的可靠的同步海洋水色产品。因此,对于声称获得独立气候数据记录的传感器不应考虑该方法。

5. 传感器工程

卫星传感器和确定任务范围(费用、设施等)的通常方法是制定科学可溯源矩阵(STM),如第 4 节所述。在本节中,介绍了传感器工程需要考虑的一些因素。海洋水色传感器的设计和制造需要广泛的工程学科专业知识,包括光学、机械、机电、电气、探测器系统、热学、污染、质量保证、定标和特性计量学、系统集成和测试以及软件开发。此外,对太空环境中所有材料的运转状态和兼容性的了解也是至关重要的,如漏气和焊点。由于各种设计需求和约束的相互依赖性,所有学科必须协同工作。例如,光学、机械和机电设计团队需要共同确保所有光学元件(反射镜、透镜、分色镜、光谱仪、探测器、滤光片、退偏器、挡板、支架等)能够安装到位,而不会干扰从传感器入口孔到探测器的光路,并允许仪器内有空间插入和精确准直装置。另一个例子是提供探测器和设计的电气系统之间的接口(如探测器接口和格式、读出集成电路、模数转换器(ADC))。一个重要的考虑是避免紧密封装的电路之间的电气串扰。总体而言,设计团队的目标是在达到科学性能要求的同时,最小化传感器的尺寸、重量和功率要求。本章篇幅有限,无法对传感器设计的各个方面进行详细或全面的描述,因此,重点介绍了一些设计基本原理和一个特别重要的性能参数即信噪比(SNR)的概述。

5.1　基本传感器设计:摆扫式和推扫式

有多种传感器设计已经升空(见附录中的一些例子)或为未来任务正在论证。一般来说,它们分为两类,摆扫式和推扫式,它们各有优缺点。图 2 给出了每一类的表示。摆扫式传感器使用扫描机制,以与卫星速度匹配的速率垂直于轨道旋转反射镜(如 CZCS、MODIS 或望远镜装置(如 SeaWiFS、VIIRS),以便扫描之间没有间隙。扫描方向上的采样率由传感器的瞬时视场(IFOV)决定,瞬时视场(IFOV)又由高度和位于天底或倾斜传感器沿地面轨道的子卫星

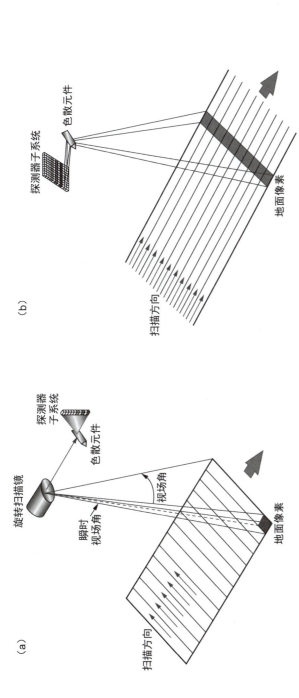

图 2 （a）摆扫式设计概念图和（b）推扫式设计概念图。两图右侧粗箭头指向航天器地面轨迹的运动方向。在图（a）和（b）中，"色散元件"可以是一个由分束色光束分离器和带通滤波器组成的系统，就像迄今为止大多数多光谱仪器，如 SeaWiFS 和 MODIS，或棱镜与光栅（如 MERIS）。摆扫式设计包括 SeaWiFS 和 MODIS。对于 SeaWiFS，望远镜的每一次旋转都在穿轨方向上产生一条单独的地面"刈幅"。由于 MODIS 在每个海洋水色波段焦平面上有沿轨方向排列的 10 个探测器，反射镜的单次旋转在穿轨方向上产生 10 个地面刈幅。在图（b）中，由于没有机械扫描，二维探测器系统具有一维空间采样，对应于在"扫描方向"上地面像素的沿轨线。"扫描方向"实际上是卫星轨道方向。另一个探测器子系统维度是关于光谱的。对于推扫式设计，可以通过增加相机或在空间维度上增加探测器的数量来增加刈幅宽度。

点所规定的地面像素尺寸决定。扫描机构通常旋转360°,导致大部分扫描位于所需的地面刈幅之外,例如,大约70%的MODIS扫描没有使用。这对信噪比有影响,因为损失的采样时间(或每个地面像素的积分时间 τ)限制了为每个瞬时视场(IFOV)采集的光子数,其中积分时间计算公式为 $\tau=IFOV/2\pi\times$ 旋转数 / 秒。例如,在705 km高度和天底1.1 km地面分辨率的SeaWiFS的瞬时视场(IFOV)约为0.09,在0.167 s内扫描360次(望远镜旋转速率为6 Hz),因此,每个瞬时视场(IFOV)的时间约为 4.2×10^{-5} s(这里并未考虑使用四个探测器进行最终信号增加的SeaWiFS时间延迟积分(TDI)方案)。对于具有高空间分辨率的窄刈幅传感器,如Landsat Thematic Mapper,已经实现了在刈幅或视场上来回扫描的扫描机制,以避免上述问题。推扫式设计使用沿穿轨方向排列的探测器阵列,从而避免了扫描机制。采样率由瞬时视场(IFOV)和卫星速度决定,以实现沿轨方向的连续数据获取。然而,尽管采样时间比摆扫式设计大幅增加,但其他系统参数,如探测器"井深"(探测器所能容纳的最大光电子数)和饱和度,限制了光子计数,并对其他设计参数如孔径大小进行了约束。推扫式设计的缺陷在于子系统的数量,必须通过多个子系统进行合并以实现指定空间分辨率的所需的刈幅,例如,MERIS使用五个光学子系统(相机)和探测器阵列,但其地面刈幅是MODIS的一半(1 150 km对2 330 km)。其他缺点包括必须被定标的探测器的数量较多,以及在月亮定标期间探测器阵列只能获得部分照明。推扫式设计的优点是空间分辨率不随扫描角度而降低,例如,除了由于地球曲率而增加外,没有余弦效应。

最后,关于为特定科学应用的优化设计,如海洋水色,或者适应多重科学需求。SeaWiFS是专门为海洋水色设计的,包括去偏器、倾斜机制和有限的光谱波段。MODIS、MERIS和GLI是需要额外光谱波段的多学科传感器,它们没有去偏器(与热红外波段不兼容)或保障海洋数据质量(尤其是MODIS/Terra)和覆盖范围的倾斜机制。迄今为止,SeaWiFS提供了最高质量的时间序列,被证明是一个出色的设计,尽管它也因为某些性能指标过于宽松而有缺陷,如带外(OOB)光谱响应。

5.2 设计原理和辐射测量方程

从系统分析的角度来看,轨道传感器的光学系统可以用一个简单的透镜和探测器元件来表示,如图 3 所示。探测器像素和地面像素与有效焦距(EFL)和高度的比值相同。从图 4 和图 5 可以看出,瞬时视场(IFOV)是从卫星高度包含地面像素的角度,它是通过给定所需的沿轨分辨率(d)、倾角(θ)和高度(h)计算出来的。

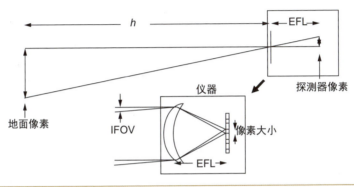

图 3 通过透镜孔径和有效焦距(EFL)所表示的简化仪器光学系统。由探测器尺寸和 EFL 定义的角度与由高度和地面像素定义的角度在几何上相似,该角度的值为瞬时视场(IFOV)。

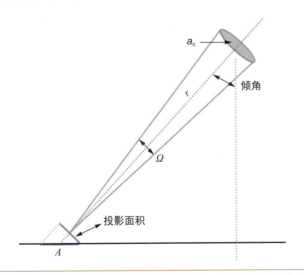

图 4 用于计算所探测功率的孔径面积几何结构。A_c 是仪器的"透明"孔径,是光线进入或被传感器采集的圆形区域的直径。

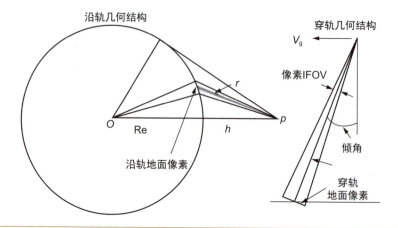

图 5 文中所使用的轨道几何术语。为了便于查看,穿轨地面像素已经旋转了 90°。

$$\text{IFOV} = \sin^{-1}\left[\frac{d \cdot \sin\left(\cos^{-1}\left(\frac{(R_e + h)\sin\theta}{R_e}\right)\right)}{r}\right] \quad (3)$$

或 IFOV$=2 \cdot \tan^{-1}(ac/2r)$。注意,对于典型的 20° 倾角,由于地球的曲率,倾矩(r)比 $h \cdot \tan^{-1}\theta$ 大一些(为简单起见,图 4 和图 5 中没有显示)。相应的穿轨分辨率简化为 $r \cdot$IFOV。沿轨和穿轨的分辨率都是针对轨道下的地面像素。

为了理解信噪比如何影响光学设计,必须解释测量的几何结构(图 4 和图 5)。距离为 r 处的孔径的立体角是孔径面积与半径为 r 的半球体面积之比,乘以半球体的立体角,即 2π[49]。进行:

$$\Omega = \frac{\pi}{4}\left(\frac{a_c}{r}\right)^2 \quad (4)$$

因此,所观测的功率是

$$P = LA\beta\Omega \quad (5)$$

式中,L 是在传感器处观测到的大气层顶(TOA)辐亮度,单位是 W/m²·μm·sr,β 是带宽,单位为 μm。最后,实际到达探测器表面的功率(P_d)可简化为 $P \cdot E$,其中 E 是仪器的光学效率。

探测器输出的电信号与入射光子吸收产生的光电子数成正比。

入射的功率乘以施加功率的时间,或光电子从探测器转移出去之前的时间,就是沉积的能量。产生的最大光电子数是沉积的能量除以每个光子的能量。最后,以类似于光学效率的方式,探测器产生光电子的效率被称为量子效率(QE)。考虑到这些因素,产生电子信号的光电子数的最终表达式为

$$\varepsilon = P_d \tau \mathrm{QE} \left(\frac{\lambda}{hc} \right) \tag{6}$$

式中,h 是普朗克常数,c 是光速,τ 是驻留或积分时间,即瞬时视场(IFOV)内光子被采集的时间。探测器输出的信号与 ε 直接成正比,所以 ε 是估算信噪比的关键。

5.3 性能考虑

传感器的数据质量取决于第四节讨论的众多设计因素。本文的讨论集中于所有设计所关注的系统固有属性,即动态范围和灵敏度、噪声以及由于元件衰退而导致的传感器退化。

5.3.1 动态范围和灵敏度

如前所述,来自海洋的辐亮度是卫星传感器测量的大气层顶(TOA)辐亮度的一小部分。表 2 中的 L_{max}/L_{typ} 范围为 4.75(350 nm)~ 275(2 135 nm)。这种进入传感器的巨大范围的光给工程团队带来了动态范围的负担。动态范围的问题是与传感器的灵敏度相联系的。

有许多策略来处理大的动态范围。常见的是忽略强信号,为晴空海洋辐亮度而设计,当云处在瞬时视场(IFOV)中时,简单地让传感器饱和,就像一些 MODIS 海洋波段的情况一样。当云的辐亮度超过传感器动态范围时,探测器或模拟前端电子设备都允许饱和。这不是一个令人满意的解决方案,因为两者的饱和通常会导致系统具有不可接受的较长的恢复时间,就像 CZCS[50] 的情况一样。这种"亮目标恢复"问题(它有许多名称)往往会导致饱和条件下输出的时间衰减出现无法校正的失真。当电荷耦合器件(CCD)元件或像素饱和时,电荷泄漏到相邻元件,这被称为"过度曝光",并且是不可

挽回的。处理大动态范围的一个策略是通过探测器中的某种大信号溢出来防止传感器饱和。这种结构可以设计成探测器,但通常在性能上要付出很大的代价。对性能的影响取决于探测器,但效率低和信号响应非线性是常见的问题。

还有另一个更好的策略,是确保探测器和电子设备都不饱和。在光谱的红光部分中适应特别大的动态范围要求,例如,L_{max}/L_{typ}=74(865 nm),对于 12 位或更少的模数转换器(ADC)来说,可能对灵敏度产生有害影响,并且适应大的动态范围可能导致每个模数转换器(ADC)计数的信号增量大于所需的灵敏度,即噪声等效辐亮度($NE\Delta L=L_{typ}/SNR$)大于用于精确估算像叶绿素 a 这样的海洋特性的生物光学算法所要求的离水辐亮度分辨率。在总系统噪声由数字化噪声主导的传感器系统(尤其是像 CZCS 这样的早期传感器)中,位分辨率可能是灵敏度的最终限制。在数字化阶段总的子系统噪声分量进一步限制了灵敏度,因为每个数字计数的大部分信号增量将来自数字转换器本身的附加噪声。许多目前的轨道传感器都有 12 位模数转换器(ADC),如附录所述。近年来,一系列 14 位模数转换器(ADC)已可用于空间飞行。模数转换器(ADC)位数的这种增加预示着新一代传感器的出现,在这种传感器中,遍及整个光谱的总系统噪声由光子计数的固有噪声而不是模数转换器(ADC)的噪声主导,这是传感器设计者所希望的状态。

如果由于有限的数字化范围和噪声贡献,设计选择导致红光区域的灵敏度损失,则现有传感器采用的解决方案是采用双线性增益(如 SeaWiFS)或自动电子切换增益(如 VIIRS),从而有效地提高低信号增益,降低强信号增益。这在增益较低的云的强辐射下有效地提供了较低的灵敏度,而在增益较高的晴空海洋辐亮度下提供了较高的灵敏度。

5.3.2 噪声

系统设计者必须考虑多种类型的噪声。有些噪声,如电路中热效应引起的约翰逊噪声,在低信号模拟电路中无处不在,与器件或施加的电压无关。其他噪声,如量化噪声和散粒噪声(与光的粒子性质有关),是特定类型的电子元件所特有的。量化噪声是模数转换器(ADC)固有的,而散粒噪声是计数噪声,是泊松分布统计的结果。泊松分布描述了光子计数的概率性质。

对于信噪比(SNR)估算,噪声贡献来自三个主要概念性子系统:探测器、模拟前置放大器和模数转换器(ADC)。事实上,在定标过程中存在辐射测量的不确定度,这对发射前测试中估算的总信噪比(SNR)有影响。在轨不确定度的估算也涉及其他来源[51, 52],但此处不考虑这些来源。假设这三个噪声源不相关,则这三个噪声源的总系统噪声贡献为单个贡献的均方根(RMS)。电子噪声及其物理来源更彻底的处理可以在本文的参考文献[53]中找到。定义任务科学要求的权衡之一是空间分辨率与信噪比。地面像素的聚合增加了信噪比(SNR),近似为平均样本数量的平方根。例如,聚合 16 个 250 m 像素仅使 1 km 聚集样本信噪比(SNR)增加 4,或者换句话说,1 km 像素将具有 4 倍的聚合 16 个聚 250 m 像素的信噪比(SNR)。单个噪声贡献的测量或模型使系统设计者能够在可能的情况下专注于降低系统和的平方根(Root Sum Square, RSS)噪声的主要贡献,从而显著提高传感器性能。

5.3.2.1 探测器噪声

有许多不同类型的探测器适用于卫星海洋水色传感器,最常见的是用于紫外 – 近红外(UV-NIR)的硅二极管和阵列(如电荷耦合器件(CCD))以及用于短波红外(SWIR)的 HgCdTe 和 InGaAs[54]。一些探测器和探测器阵列具有内置到器件中的集成放大器(通常是硅),或者在非硅检测器阵列的情况下,这些放大器驻留在读出集成电路(Readout Integrated Circuit, ROIC)上,并且该读出集成电路(ROIC)与探测器接触或凸起结合。接触材料通常是铟,因为它既具有一定的物理兼容,又具有导电性。

在讨论探测器噪声时,考虑了探测器的固有噪声以及探测器中的辐射噪声。后者包括由离散光子和黑体背景辐射组成的光所产生的散粒噪声,这可能成为光谱热区域的一个严重问题。在紫外 – 近红外(UV-NIR)光谱范围内,探测器通常以两种模式之一工作,即光伏模式或光导模式。光电导探测器在概念上可以被视为可变电阻器件,其中电阻是能量大于材料带隙的入射辐射的函数。光电导检测器本质上是一个 P-N 结二极管。能量超过材料带隙的入射辐射产生电子 – 空穴对,增加载流子数。通常,器件在反向(电压)偏压下工作,导致探测器吸收入射辐射时反向电流显著增加。

探测器的总噪声取决于探测器的类型(光电导或光伏)以及偏置电压、材料和许多其他因素。有关探测器噪声的全面讨论,请参见文献 [54]。在某些情况下,可以对噪声进行建模或预测,就像许多散粒噪声受限的 P-N 设备一样,但在一般情况下,需要进行测量。

5.3.2.2 读取或前置放大器噪声

读取噪声是探测器前后端模拟电子设备中产生的电噪声,尽管如前所述,它可能与实际探测器产生在同一物理设备上。在最初的放大阶段,信号处于最低水平,由放大阶段本身产生的任何噪声都会随着信号的增加而增加。因此,模拟前端的噪声通常由第一个高增益放大器或一组放大器的噪声控制。正是由于这个原因,工程师们有时将处于第一级放大的设备称为低噪声放大器,因为在这里,当与具有低信号电平输出的探测器配合时,高增益是低噪声行为的次要因素。在放大的早期阶段,叠加在信号数据上的电子噪声是有害的,因为噪声和信号都被进一步通过增益放大。

5.3.2.3 数字化噪声

用于卫星海洋水色传感器的模数转换器(ADC)通常是逐次逼近数字转换器,具有尽可能多的位,以最大化动态范围并保持灵敏度,尽管存在其他类型的数字转换器。理想化的模数转换器(ADC)(噪声仅取决于位数)并不存在,因为所有模数转换器(ADC)实际上都是混合设备,具有模拟前端,然后是提供输出数字的数字化阶段。这个模拟前端会产生数字化仪输出噪声,就像下面的数字化阶段一样。

模数转换器(ADC)的噪声性能总结在制造商的技术指标表中,该技术指标表还将规定测试条件和电路配置。不幸的是,大多数商业模数转换器(ADC)应用与模拟信号采样和重建有关,技术指标表中的测试参数反映了这一事实。与交流信号重构相比,传感器设计者更感兴趣的是直流性能。无论设计细节如何,卫星传感器都会在积分时间内积累地面像素信号,并将该基本直流信号数字化。在转换过程中,信号通常是稳定的,或接近稳定的。在这些条件下,数字化仪的性能可能优于技术指标表所示。

对候选模数转换器(ADC)的更实际的测试将是在所需频率下采样稳定的 DC 信号,并检查输出计数值的直方图。计数值分布的均方根(RMS)被称为输入参考噪声或代码转换噪声[55],并且是模数转换器(ADC)将如何在传感器中执行的一个很好的度量,假设测试设置和布局反映了转换器将使用的条件。在设备的技术指标表上很少(如果有的话)发现代码转换噪声,并且应始终在实际条件(如温度范围)下进行测量。

5.3.2.4 系统总降噪

测量与相关传感器配置中每个装置子系统相关的噪声最为有利,因为它突出显示了主导整个系统噪声的一个或多个装置。由于单个噪声项被平方后相加,因此显著大于其他项的项将支配均方根(RMS)的和。这向系统设计者展示了如何集中精力对影响性能因素进行改进。即使在早期阶段做出良好的估算,也会带来巨大的回报。

正如上文在地面像素聚合的背景下所讨论的,平均化可以对降低系统噪声和提高信噪比(SNR)产生显著影响,但与拥有更大的地面像素相比,它确实是有代价的。但是,根据具体的设计和装置功能,信号平均可以在信号链的其他地方完成。一种常见的技术是在数字化阶段过采样。在积分周期内进行两次数字化并对得到的数字计数进行平均,可以将噪声贡献减少 2 的平方根倍。

5.3.2.5 信噪比和噪声等效辐亮度

信噪比(SNR)和噪声等效辐亮度 NEΔL 是由基础辐亮度(如 L_{typ})和总的系统噪声(即所有不相关的传感器噪声源的平方根(RSS)总和)决定的。对于早期的传感器,如具有 8 位数字量化的 CZCS,数字化噪声占主导地位,参考数字化粒度($L_{max}/2^n$,其中 n 是位数)来考虑传感器的敏感度是有效的。对于 12 位或更大的数字化传感器来说是不正确的。这些传感器主要是信号有限,也就是说泊松或散粒有限。

5.3.3 寿命终止性能

在早期系统设计阶段有时会被忽视,缺乏对使用寿命终止(End-Of-Life, EOL)性能的关注可能会导致早期性能出色的传感器在后期性能严重下降。对于那些定期建造飞行传感器的组织来说,影响使用寿命终止(EOL)的大多数问题都是已知的,但使用寿命终止(EOL)缓解措施的全面性不可避免地是一个预算问题。

大多数光学传感器退化的原因分为两类:污染和辐射损伤。辐射包括 α 和 β 粒子以及伽马射线。通过材料控制和设计阶段早期的材料测试程序来减轻这些问题是最大限度地减少潜在的长期传感器退化的最佳方法,也是污染和辐射损害专家的责任。污染通过颗粒物和挥发性有机物影响光学系统的效率。对于超过 3 000 nm 波长的热红外(TIR)系统,颗粒物通常是一个关注点,而挥发性有机控制通常在波长小于 500 nm 的情况下更重要,这取决于污染物的厚度。然而,所有卫星仪器都是在洁净室中制造的。洁净室有许多分类。其中一个比较常用的方案是 ISO 14, 644 E1,根据颗粒物大小和数量/单位体积分为 9 类。第 4 类通常用于航天器和传感器。挥发性碳基有机物对紫外辐射很敏感,紫外辐射的能量足以破坏有机键。确切的化学机制是多种多样的,并与污染物有关,但最终结果是光谱蓝光区域的透射率或反射率损失。

许多透射光学材料和探测器材料都容易受到辐射损伤。其机制是材料种存在能量产生缺陷,并且可以发生在晶体和非晶材料中。固体物理学家实际上把这些损伤部位称为"颜色中心",因为如果这些损伤中心足够多,材料可以在视觉上呈现出一种色彩。透镜和光纤材料必须仔细选择或筛选,以避免具有损伤敏感性的材料。探测器设备经常受到高能辐射产生的损伤中心的不利影响。确切的机制各不相同,反映了用作探测器的材料的数量,而且主题很复杂。可以通过具有成本和设计意义的冷却和屏蔽来减轻探测器损坏。可以说,缺陷的产生通常会改变材料的电学特性,而探测器既是电学器件,也是光学器件。在用于空间传感器之前,必须评估任何飞行探测器的辐射损伤效应。辐射环境由海拔高度决定。南大西洋异常是内范艾伦带(inner Van Allen belt)最接近地球的位置,允许更高的高能粒子通量。例如,Poivey 等人[56]讨论了 Orbview-2(SeaWiFS)固态记录器的"单事件扰动"的频率和轨道分布。

5.4 传感器实现

太空飞行任务包括许多要素,包括地面通信、任务操作、发射(包括适当大小的运载火箭)、数据处理、空间部分(如传感器和航天器或总线)和任务科学。科学传感器只是空间部分的一个元素,总任务成本上限以及其他元素的技术资源限制可能会使设计妥协,从而限制传感器性能。这是很重要的一点,因为很容易想象,例如,传感器的数据速率与航天器和地面站之间的数据链路容量不相称。这里的信息是,必须在任务背景下考虑科学要求,而不仅仅是在传感器的背景下。建造必须在轨道上存活并按技术指标运行多年且无需维护的太空飞行传感器和航天器是一项具有挑战性的工作,而在整个建造过程中质量保证的重要性是太空飞行的一个显著特性。就传感器而言,质量保证是为确保科学任务成功而付出的全部努力,包括以下要素。

5.4.1 设计控制和裕度

设计过程受专业特定规则的约束。这些规则的目的是防止故障或性能下降。这些规则规定了所需的裕度,如机械强度、电流和电压容量、软件处理和存储以及元件温度灵敏度等。在大多数情况下,工程组织在配置管理文档中维护这些规则。

5.4.2 电子零件选择

零件工程是航天领域的一门专业学科。设计工程师必须跟上他们所在领域不断变化的技术,包括设计工具和装置技术。了解哪些特定电子元件适合太空飞行超出了他们的专业领域。飞行部件工程师的工作是监控部件供应商流程和飞行部件筛选,及时发布有关部件限制和警告的公告,并了解部件的总体性能,以便在电子工程师的设计中提出替换建议,例如,当工程师的首选零件不作为飞行筛选或合格版本存在时。

5.4.3　材料选择和控制

材料工程师对使用的所有材料有监督和批准的权力。尽管材料的脆性、毒性和其他方面的问题是令人担忧的,但主要是两方面的问题,即污染和腐蚀。随着时间的推移,许多不同的金属会在金属连接处发生化学腐蚀,导致零件失效。这包括焊点。许多材料,特别是油、脂、塑料和其他有机物,会在空间真空中排出气体,在光学和热控制表面上沉积薄膜。出气润滑脂可能会使机械装置没有适当的润滑剂,导致磨损增加和可能的部件失效,如轴承。

5.4.4　寿命测试和元件筛选

对于易退化或失效的机械、光学和电子部件,并且对于这些几乎没有或没有飞行继承或筛选数据的部件,必须验证其是否适用于任务。对于电子部件,这可能涉及辐射测试和热循环,然后对部件施加超过设计极限的电压、电流或时钟速度。该筛选仅适用于记录工艺和材料并保持不变的生产运行期间生产的批次。用于飞行的零件必须来自与测试零件相同的批次。机构(如扫描电机和动量补偿器)或机构的单个部件(如轴承)必须放置在相关的热和真空环境中,使用经批准的润滑剂,并进行寿命测试。在某些情况下,使用比任务所需的旋转率或更高的占空比可能允许进行加速寿命试验。在其他情况下,润滑剂的摩擦特性将随着较高的转速而改变,从而排除了这种形式的加速试验。

5.4.5　过程控制

焊接和静电放电(Electrostatic Discharge, ESD)是需要特殊培训的两个过程。焊接和静电放电(ESD)处理由严格的文件化程序管理,从事这项工作的技术人员经过培训和认证,他们的工作和工作场所受到定期质量保证监控。

电镀和涂层工艺,无论是出于光学、热学或其他表面性能原因,都必须遵守严格记录的工艺和程序。见证样品通常与加工的飞行部件一起生产,以通过测试确保表面改性符合均匀性、表面粘附性和耐腐蚀性的标准。

印刷电路板(Printed Circuit Boards,PCBs)是电子子系统的潜在故障点,质量永远不能想当然。具有密集、精细特性和大量板层的印刷电路板(PCBs)必须在发射振动环境中生产,而不会产生机械薄弱、易发生故障的痕迹。轨道上运行和生存温度变化引起的热应力也可能导致机械故障。印刷电路板(PCBs)制造是一个复杂的过程,使用了许多步骤,涉及许多化学品的使用。由于工艺中使用了许多材料和化学品,因此存在工艺引起腐蚀的可能性。通过印刷电路板(PCBs)试片测试验证印刷电路板(PCBs)质量。测试包括环境应力和随后的破坏性切片以及受力板的微观分析。

5.4.6 环境测试和性能验证

对单个传感器和完全配置的航天器进行环境测试。传感器级别的环境测试基本上是一组质量或工艺测试。特定测试旨在揭示传感器或其子系统制造中的缺陷,通常需要特殊设施,如大型热真空室,其大小足以用于大型多仪器平台,如 Aqua(美国)、Envisat(欧空局)和 ADEOS(日本)。环境测试不是性能测试,尽管在某些环境测试之间或期间执行了完整性能测试的各种级别或子集。在传感器未供电的情况下进行的环境试验包括模拟发射振动环境,有时还包括对结构的载荷试验。模拟发射条件的声学和冲击试验也在某种程度上进行,要么是在子系统一级,要么是在传感器集成到航天器的空间段一级。可能还需要进行电磁干扰测试。

其他测试是在传感器通电和运行的情况下进行的。热平衡测试是传感器在选定的真空温度下运行的情况下完成的,旨在验证传感器热模型的准确性。电磁辐射和敏感性测试旨在确保传感器既不会向其他元件(如其他仪器)发出干扰辐射,也不会受到其他元件的规定允许发射水平的影响。热循环测试表征传感器在各种温度下的行为,并对装置施加热应力。极端温度还包括当卫星进入"避风港"状态时的传感器非工作生存温度。某些性能测试子集通常在热循环期间执行。

各种性能测试和定标可以在真空中进行,也可以不在真空中进行,视情况而定。通常的方法是在环境测试之前进行全面的性能测试,并在环境测试之后再次进行,在环境测试期间或之间进行有限的一组性能测试。为了揭示异常行为并确定在测试过程中何时发生异常行为要仔细选择这些有限的性能测试。

5.4.7　审查和计划

典型的卫星传感器建造和测试计划约为 5 年。这假设在概念上(如建模)已开发出符合传感器性能和技术指标的特定设计。在传感器开发的某些里程碑上进行了许多正式审查,可能会提出一些问题。在继续仪器开发之前,每个问题都必须由审查小组详细解决和澄清。传感器开发审查是一系列任务审查的一部分,涵盖了任务的各个方面,如传感器、航天器、运载火箭和地面系统(包括数据处理系统)。在美国航空航天局(NASA),审查的标题有任务确认审查、系统定义审查、初步设计审查、关键设计审查和发射准备审查。

6. 总结

自 20 世纪 70 年代以来,CZCS 被认为是一个概念验证实验,以确定是否可以从空间估算基本的生物学和光学性质,即近表面色素浓度和漫射衰减,随着 PACE 等任务的规划的进行和文献 [5] 中所述,科学目标已经取得了很大进展。除了高光谱传感器之外,还可以设想更先进的概念,如包括 Loisel 等人 [57] 使用地球反射 (POLDER)传感器的偏振和方向性所证明的偏振波段。SGLI 也有偏振波段,但地球反射(POLDER)和 SGLI 的偏振波段都不是专门为海洋生物地球化学应用而设计的。随着科学目标的发展,在参数或反演产品的数量以及要量化的数值的准确性和范围方面变得更加精确,传感器技术和设计工程概念不断受到挑战,以满足相关的性能要求。因此,科学和工程必须携手前进,科学家与设计工程师密切合作,以确保工程师全面记录和简明理解需求。这两个群体可能有不同的观点和方法。必须在飞行项目之前确定满足未来测量要求所需的技术进步,如探测器系统、光学和电子元件,并为其提供资金,以确保在确定任务预算和进度之前,该技术得到验证并符合飞行要求。否则,任务可能面临成本超支和发射延迟甚至取消的风险。最后,一些海洋水色飞行任务是为了技术开发的目的,与向研究和业务用户提供气候研究质量数据的飞行任务(如 MODIS)相比,可以接受更多的风险。此外,这些气候研究任务需要一个全面的定标和检验计划,以及一个强大而灵活的处理系统,旨在以较短的延迟时间向操作用户提供数据,同时适应频繁的数据质量和算法测试以及任务再处理。

术语

ADC 模数转换器

CCD 电荷耦合器件

CDOM 有色可溶有机物

Chl 叶绿素

CZCS 海岸带水色扫描仪

DOP 偏振度

FLH 荧光线高度

FOV 视场角

FWHM 半高宽值

GLI 全球成像仪

GOCI 地球同步水色成像仪

HICO 沿海海洋高光谱成像仪

IFOV 瞬时视场

IOCCG 国际海洋水色协作小组

IOP 固有光学特性

K(490)490 nm 处的漫射衰减系数

MERIS 中分辨率成像光谱仪

MODIS 中分辨率成像光谱仪

NEΔL 噪声等效辐亮度

NIR 近红外辐射

NPP 净初级生产力

OCI 海洋水色成像仪

OCTS 海洋水色水温扫描仪

OLCI 海洋和陆地颜色成像仪

OOB 带外

PAR 光合有效辐射

POC 颗粒有机碳

POLDER 地球反射率的偏振性和方向性

RSR 相对光谱响应

SeaWiFS 海洋宽视场扫描仪

SGLI 第二代全球成像仪

SNR 信噪比

STM 科学可溯源矩阵

SWIR 短波红外辐射

TDI 时间－延迟－积分

TOA 大气层顶

TSM 总悬浮物含量

VIIRS 可见光红外成像辐射仪

符号和量纲

a_c 孔径（净）直径（毫米（mm），厘米（cm），米（m））

Ω 孔径立体角（立体度（sr））

A 地面面积（平方千米（km^2））

β 带宽（纳米（nm））

m_e 地球质量（千克（kg））

R_e 地球半径（千米（km））

v_g 地面速度（$km\,s^{-1}$）

τ 积分时间（秒（s））

E 光通量（无量纲）

h 轨道高度（km）

T 轨道周期（分钟（min））

ε 光电子（无量纲）

P 功率（瓦（W））

P_d 功率（探测器）（W）

QE 量子效率（无量纲）

L 辐亮度（$Wm^{-2}\ \mu m^{-1}\ sr^{-1}$）

r 斜距（km）

V 航天器速度（km/s）

θ 倾角（度）

7. 附录——历史传感器

以下章节讨论了 CZCS（美国，1978—1986）、OCTS（日本，1996—1997）、SeaWiFS（美国，1997—2010）、MODIS（美国，2000 至今）和 MERIS（欧空局，2002—2012）的设计。这套仪器包括具有各种独特功能的摆扫式设计（CZCS、OCTS、SeaWiFS、MODIS）和推扫式设计（MERIS）。VIIRS 是一种摆扫式设计，它包含了像 SeaWiFS 一样的扫描望远镜和类似于 MODIS 的焦平面，所以这里不讨论它，尽管它也有一些如聚集区和电子增益切换独特的功能。

7.1 CZCS 和 OCTS

CZCS 是光栅光谱仪设计。前光学系统包括一个旋转镜，可以倾斜 2° 增量，最多可达 ±10°（10° 倾斜导致 20° 视角），以避免太阳耀斑。CZCS 还有另一个创新元素，偏振扰频器。插入该分量是因为瑞利分子散射和表面菲涅耳反射是高度偏振的，因此如果不加入去偏振，则需要完整的 Stokes 参数和传感器 Mueller 矩阵来进行大气校正。该传感器有 6 个波段，分别位于 443 nm（叶绿素 a 吸收峰）、520 nm（靠近对叶绿素 a 最不敏感的光谱位置，即"铰链点"）、550 nm（随着颗粒浓度和后向散射的增加，测量离水辐亮度增加）、670 nm（叶绿素 a 次级吸收峰）、750 nm（云探测）和 11.5 μm（海面温度）。4 个可见带的标称带宽约为 20 nm。Nimbus-7 轨道在当地正午和下降时与太阳同步（高度为 955 km）。在扫描角 ±39.36° 之间采集地球数据,其空间分辨率在天底约为 800 m,刈幅为 1 566 km。

该传感器有四个可控的增益设置(仅可见光波段),以补偿预期照明条件的范围,并随着时间的推移而降低灵敏度。为了保持所需的量化,8 位数字量化是所必需的。对于典型的大洋晴空大气层顶(TOA)辐亮度,信噪比为 400(520 nm)~ 140(670 nm)。

该传感器还有用于在轨定标稳定性跟踪的内部灯,但事实证明这些灯太不稳定而无法使用。最终的任务后定标是基于使用"清水"辐射设置"替代"增益因子的时间序列的整体分析。事实上,在传感器的整个生命周期内,443 nm 波段的灵敏度下降了大约 40%[58]。这种下降可能是由扫描镜的污染导致的。

作为一项概念验证任务,该系统的一些组成部分运行良好,而另一些则不然。在 750 nm 波段的增益很粗,所以它只用于云探测。因此,670 nm 波段被用于气溶胶校正,其中假设 670 nm 的离水辐亮度为零[25]。这使得 CZCS 在混浊的沿海水域中的测量最不可靠。

采用双楔消偏器和折叠镜补偿扫描镜偏振的方法降低了系统的偏振灵敏度。所有的反射镜(扫描镜、两个望远镜、三倍镜和准直镜)都有保护性的银涂层。位于扫描后的分色镜和两个望远镜镜将可见光和红外光分开,退偏器位于第一折叠镜和准直镜之后的光学系统的更低处。发射前的测试显示,在 443 nm 处 10° 倾斜时最大偏振灵敏度约为 3%(大多数数据是在 10° 镜面倾斜时采集的)。

将去偏振器置于后光学系统中会增加偏振不确定度。假设偏振度(DOP)为 60%,瑞利成分占总辐亮度的 80%,则影响约为 1.4%。如果系统分量的偏振特性保持不变,则没有问题,即 Mueller 矩阵是已知的。如果分量反射和透射在轨道上发生变化,并且对偏振敏感,那么在光路尾端附近有退偏楔意味着系统的实际偏振灵敏度是未知的,即 Mueller 矩阵发生了变化。

探测器上的 CZCS 前置放大器往往会"绕过"亮目标。这种电子过冲通常持续数十个下扫描像素[50],并且取决于上扫描像素的亮度。还没有开发出完全令人满意的用于掩蔽污染像素的算法。

CZCS 和海洋水色水色扫描仪(OCTS)都使用了 45° "滚桶"反射镜。在这种配置中,传感器尾部光学器件位于反射镜装置的前方或后方(沿航天器速度方向),入射光沿该轴从地球观察方向反射。倾斜机构旋转仪器内的镜子装置。这具有改变像素间距和总扫描宽度的效果,作为倾斜角的函数。例如,在 OCTS(±40° 扫描)上,每个像素的扫描角度在 −20°(船尾)时为 0.83 mrad,在 0° 时为 0.72 mrad,在 +20° 时为 0.58 mrad。由于数据主要是在 ±20° 倾斜时收集的,这导致倾斜变化(太阳下的点)的南北空间分辨率和覆盖范围存在很大差异。

在 OCTS 上,45° 反射镜与 MODIS 类似的焦平面设计(一个大型的二维探测器阵列)相结合,当反射镜从一边扫描到另一边时,还可以旋转地面上的有效焦平面足迹。因此,单个波段只在天底附近共同表示。随着扫描角度从天底增加,观察区域的旋转导致各个带在沿轨迹方向上分离。在最大的扫描角度下,地球上的一个给定位置需要连续五次扫描才能被所有的波段所观测到。这需要对波段进行大量的重采样以实现近似的共配准,并且该过程增加了重采样数据中的噪声电平。

CZCS 和 OCTS 都包含了内部定标灯,而且 OCTS 还包含了太阳定标能力。OCTS 的数字量化是 10 位。与 CZCS 不同,OCTS 没有退偏器。ADEOS-1 轨道在当地上午 10:30 与太阳同步,并下降(高度为 800 km),而 OCTS 条带为 1 400 km。

7.2 SeaWiFS

SeaWiFS 是美国宇航局 NASA 从轨道科学公司购买的数据,该公司将传感器分包给休斯 - 圣巴巴拉研究中心(Santa Barbara Research Center,SBRC)。SBRC 传感器的设计与 CZCS 有很大的不同。使用的不是扫描镜,而是带半角镜的旋转望远镜。半角镜以望远镜一半的速度以相同的方向旋转,从而保持进入包含 4 个焦平面的后光学子系统的恒定光路。因此,在交替扫描时,半角反射镜的两侧都在光路中,图像中存在反射镜反射率的细微差异,但通过在轨定标程序可以准确消除这种影响。这种设计有助于最小化偏振,并保护前光学元件免受污染。VIIRS 也使用旋转望远镜,但(据推测)由于空间分辨率更高,需要更长的焦距,因此需要两个额外的望远折叠镜。

对于相同的辐亮度，SeaWiFS 的信噪比（SNR）值在蓝光和绿光波段比 CZCS 高 2～3 倍，在 670 nm 处比 CZCS 高约 6 倍。为了实现这一点，每个光谱波段具有 4 个探测器，来自这些探测器的信号在时间延迟积分（TDI）方案中被求和，即每个探测器在稍微不同的时间看到地面像素。这需要扫描机构和探测器读出电子设备同步。此功能还消除在其他设计（如 MODIS 和 VIIRS）中存在的条带化问题。

SeaWiFS 探测器阵列或焦平面设计的另一个优势是双线性增益，它可以防止亮像素使任何波段饱和。实施该设计以允许杂散光校正。最初版的 SeaWiFS 未能满足杂散光的技术指标，并进行了大量设计调整以改善该问题，例如，在退偏器的前表面上设置楔角，以消除这些反射进入到镜面涂层背面的主反射上[44]。没有电子开关的双线性增益是通过将 4 个探测器中的一个的饱和设置在高的最大辐亮度来实现的，当其他 3 个探测器在较低的值饱和时，在总响应中产生"拐点"。由于成本和进度限制而没有实施的其他措施包括更高质量的镜面和探测器之间增加"间隔"，这将进一步减少杂散光。

SeaWiFS 传感器在可见光（412 nm、443 nm、490 nm、510 nm、555 nm 和 670 nm）和近红外（765 nm 和 876 nm）有 8 个波段。增加了 412 nm 波段，提高了叶绿素 a 和 CDOM 的分离。在 443 nm 离水辐亮度较小的近岸海域，增加了 490 nm 波段，为叶绿素 a 的估算提供了更好的灵敏度。两个近红外波段用于大洋水体的气溶胶校正。可见光带宽约为 20 nm，近红外带宽约为 40 nm。765 nm 波段跨越 O_2 的 A 带吸收特性，需要对此效应进行校正[15, 16]。此外，SeaWiFS 有明显的带外（OOB）污染，特别是在 555 nm、765 nm 和 865 nm 处，这是由于规定的过滤器要求不明确[59]需要额外的校正[60]。在处理杂散光问题时，应该引入改进的过滤器，以减少外带（OOB）响应。SeaWiFS 外带（OOB）确实使处理变得复杂，并使与其他传感器的比较变得更加困难（包括用于现场验证的传感器）。带外（OOB）明显高于 MODIS。

与 CZCS 一样，SeaWiFS 也集成了 4 个可控制的电子增益和一个偏振扰频器。偏振扰频器位于主镜（第二光学元件）后，估算传感器的偏振灵敏度约为 0.25％。对于在轨定标，并未采用内部灯，而是带有相同材料的太阳漫反射板覆盖器的太阳漫反射器板。更重要的是,该任务允许每月航天器俯仰机动,以恒定相位角(大约 7°)扫描月亮。太阳漫反射板覆盖器从未被激活以暴露太阳漫反射板。漫反射覆盖器时间序列为估算 SeaWiFS 信噪比的变化提供了记录[51],但不用于校正传感器定标随时间的变化。随着每日太阳的变化,每个波段的电子增益都用定标脉冲进行了检查。月亮定标以非常高的精度建立了传感器的长期稳定性[2]。

　　SeaWiFS 的轨道最初是在正午时分与太阳同步,但在随后 12 年中,该节点漂移到下午 2 点以后。SeaWiFS 局部区域覆盖(LAC)在天底的空间分辨率为 1.1 km,幅宽约为 2800 km(±58.3° 扫描)。SeaWiFS 全球区域覆盖(GAC)对数据进行两次采样(每隔 4 行和 4 个像素,数据量减少 16),并将扫描截断为 ±45° 个扫描角度,形成 1 500 km 的扫描刈幅(SeaSTAR 高度为 705 km)。局部区域覆盖(LAC)数据是实时传输的,全球区域覆盖(GAC)则被存储在机上并下传到特定的地面站。尽管 0° 位置只用于太阳和月亮定标,传感器的倾斜位置包括 ±20° 和 0°。与 CZCS 不同,整个传感器是倾斜的。

　　SeaWiFS 的二次采样使得小的云在全球区域覆盖(GAC)处理中逃脱探测,在这种情况下,杂散光未被校正(杂散光是仪器内的散射光,会污染了相邻像素的测量结果),从而提高了总辐亮度值。发射前的表征数据为推导杂散光校正算法提供了足够的信息。这种校正方法在局部区域覆盖(LAC)数据处理和全球区域覆盖(GAC)中的大型亮目标校正中起到了很好的效果。

　　SeaWiFS 数据在数据记录器上被从 12 位截断到 10 位,导致数字量化更粗糙,尤其是在信噪比相对较低的近红外波段。噪声会引起气溶胶模型选择的抖动,通过气溶胶校正放大可见离水辐亮度值的变异性。全球区域覆盖(GAC)数据中未探测到的云、数字量化截断和低近红外波段信噪比值被认为是 SeaWiFS 反演产品中斑点的主要原因[61]。

7.3　MODIS

MODIS 的设计目标是为许多研究团体服务,因此,它有更宽泛的设计要求,导致它的传感器比 CZCS 和 SeaWiFS 复杂得多。它包含了 36 个波段,波长在 412 nm 到 12 μm,包括不同空间分辨率(1 000 m、500 m 和 250 m)的波段。与 SeaWiFS 一样,它也是在休斯－圣巴巴拉研究中心(Santa Barbara Research Center,SBRC)建造的,但这两个传感器唯一的共同点是它们都是滤光片辐射计,即探测器上的滤光片用于光谱分离,而不是光栅或棱镜等色散光学器件。此外,MODIS 数据以 12 位记录,提供全球 1 km 海洋水色数据(不进行二次采样)。MODIS 扫描大约在天底 ±55° 处,导致 Aqua(下午 1:30,上升)和 Terra(上午 10:30,下降)的轨道高度为 705 km,刈幅宽度为 2330 km。

　　MODIS 设计使用了一个类似于 CZCS 和 OCT 的大型旋转镜,但没有倾斜。与 CZCS 和 OCT 不同,反射镜相对于天底角度不倾斜,即在观测天底时,反射镜平行于局部地球切面。这是因为接收光学元件位于扫描镜的一侧(穿轨扫描方向),与轨道轨迹(与扫描正交)一致。因为 MODIS 不倾斜,所以即使 MODIS 的轨道是上午 10:30 和下午 1:30(轨道一直保持在这些时间)而不是中午,太阳光污染也比 CZCS 和 SeaWiFS 更严重。暴露扫描镜确实会受到污染,但这是使用太阳漫反射板和太阳漫反射板稳定性监测器进行跟踪的,它提供比 SeaWiFS 漫反射板更强大的定标,但对 MODIS 来说是一个昂贵的补充。迄今为止,MODIS(Terra 和 Aqua)在轨道上运行 12 年和 10 年后,海洋水色波段分别经历了高达 50%(412 nm)的退化。MODIS/Terra 的两个镜像面的退化显著不同(使用扫描镜像的两个面采集数据)。

　　MODIS 可以以高相位角观测月亮,每月执行航天器滚转机动,以提供大约 56° 相位角(部分月亮)的时间序列。MODIS 月亮定标的一个问题是近红外焦平面上的海洋色带(667～869 nm)饱和。此外,所有海洋水色波段都在云上饱和,490～869 nm 的波段在沙漠等其他亮目标上饱和。随着科学目标的要求越来越高,在保持高信噪比和低 $NE\Delta L$ 的同时避免亮目标上的饱和是传感器工程面临的主要挑战之一。

4 个 MODIS 焦平面（可见光、近红外、短 / 中波红外（SWIR/MWIR）和长波红外（LWIR））有 7 ～ 10 个波段，每个波段有 10 ～ 40 个探测器。MODIS 海洋水色波段为 412 nm、443 nm、531 nm、547 nm、667 nm、678 nm、748 nm 和 869 nm。678 nm 波段用于叶绿素 a 荧光测量，而 CZCS 和 SeaWiFS 没有。这 10 个探测器沿轨采集 10 个相邻像素，允许更慢的扫描速度（更长的驻留时间），提供更高的信噪比（比 SeaWiFS 高出 1.5 ～ 3 倍；平均约 2.1 倍）。这是一种与 SeaWiFS 时间延迟积分（TDI）方案非常不同的实现信噪比（SNR）的策略。缺点是每个波段中 10 个探测器的准确定标问题。细微的差异会导致图像中出现条纹。

MODIS 没有偏振扰频器，发射前在 412 nm 处的偏振灵敏度高达 5.4%，已经制定了在大气校正中对此进行校正的方法 [41, 42]，但是在特性和轨道变化中的不确定度仍然存在问题，特别是当其他误差源，如相对扫描响应不确定度（RVS）被卷积在一起时。事实上，对于 MODIS/Terra 来说，相对扫描响应不确定度（RVS）和偏振灵敏度随着时间的推移发生了巨大的变化，这种变化无法使用星上定标能力如太阳漫反射板进行准确估算。已经证明了一种利用并行 SeaWiFS 观测来校正这些缺陷的方法 [48]。

虽然 MODIS 1 240 nm、1 640 nm 和 2 130 nm 的短波红外（SWIR）波段（500 m）不是为海洋水色应用而设计的，但可应用于近红外（NIR）表面反射率不为零的浑浊水体上的气溶胶校正。短波红外（SWIR）波段的水体吸收要高几个数量级。这些波段的信噪比（SNR）值较低 [62]，但可以在一定程度上成功使用 [63]，特别是在较高的太阳天顶角下（较亮的照明）。

7.4 MERIS

MERIS 是欧空局 ENVISAT 卫星上的一个地球观测光谱仪（高度为 800 km，上午 10：00 下降）。值得注意的是，MERIS 在其 10 年的在轨运行期间没有出现明显的性能下降。

MERIS 的主要目标是海洋水色应用，但陆地和大气产品也是 MERIS 产品套件的重要组成部分。MERIS 测量了中心波长从

412～900 nm、带宽从 3.75～20 nm 的 15 个离散波段的大气层顶（TOA）辐亮度（12 位数字量化）。MERIS 通过由在穿轨方向上指向 5 个不同角度的 5 个不同相机组成的推扫式扫描仪进行成像，刈幅宽度为 1 150 km（视场（FOV）为 68°）。这导致每 3 天可以覆盖全球一次。每台相机都有自己的电荷耦合器件（CCD），每台电荷耦合器件（CCD）的光谱成像面积为 520 行，空间（穿轨）成像面积为 740 列。光栅用于光谱色散。所有 MERIS 波段都可以在 300 m 的空间分辨率下测量（仅限于选定的采集），但在标准模式下，对 4×4 个像素进行平均，以获得 1.2 km 像素大小的图像（全球数据集）。

　　MERIS 的定标基于三个太阳漫反射板：一个频繁观测的白色漫反射板（漫反射板 -1，每 15 天观测一次），另一个很少观察的白色漫反射板（漫反射板 -2，每 3 个月观测一次），以及一个掺铒漫反射板。掺铒漫反射板被用于光谱定标（每 3 个月），另外两个漫反射板用于监测（和校正）仪器的辐射灵敏度下降。漫反射板 -2 的衰减通过使其暴露于太阳辐射的程度最小而保持在最低限度。基于对漫反射板 -1 测量的退化和两个太阳漫反射板的不同太阳暴露时间，对不常使用进行定标的漫反射板 -2 定标期间由于太阳暴露而导致的不可避免的、小的衰减进行建模。

　　MERIS 仪器没有倾斜能力，这导致了由于耀斑污染造成的相对较大的覆盖损失（MERIS 穿越赤道的时间是上午 10：00，因此耀斑发生在扫描的东部），因为 MERIS 的刈幅与 MODIS 相比较窄。MERIS 后续传感器 OLCI 的刈幅将向西移动，以减少耀斑污染（这是通过将相机视场倾斜到天底的西侧来实现的）。这将增加 OLCI 扫描西部的最大扫描角度。由于推扫式设计，相对于 MODIS 和 SeaWiFS，高扫描角度的像素增长最小。

　　每个相机都是一个独立的光学系统，每个相机都有自己的偏振扰频器、光栅、滤光片（逆滤光片以提高近红外性能并避免可见光饱和，二阶滤光片以消除二阶光栅反射）和电荷耦合器件（CCD）（变薄/背面照明以提高量子效率）。从一个相机到下一个相机的图像中的过渡区域一直是定标一致性的一个挑战，在许多情况下，垂直线出现在相机边界的海洋水色产品中。对于典型的海洋辐亮度（300 m

分辨率[5]），信噪比（SNR）在 575～1 060 nm 光谱波段中会不同。MERIS 动态范围包含典型的云辐亮度，而未使用不同的增益。

参考文献

[1] G. L. Clarke, G. C. Ewing, C. J. Lorenzen, Spectra of backscattered light from sea obtained from aircraft as a measure of chlorophyll concentration, Science 16 （1970）1119-1121.

[2] R. E. Eplee Jr., G. Meister, F. S. Patt, B. A. Franz, S. W. Bailey, C. R. McClain, The on-orbit calibration of SeaWiFS, Appl. Opt. 51（36） （2013a）8702-8730.

[3] C. R. McClain, Satellite remote sensing: ocean color, in: Encyclopedia of Ocean Sciences, Elsevier Ltd., London, 2009a, pp. 4403-4416.

[4] C. R. McClain, A decade of satellite ocean color observations, Annu. Rev. Marine Sci. 1（2009b）19-42.

[5] IOCCG, Mission requirements for future ocean-colour sensors, in: C. R. McClain, G. Meister（Eds.）, Reports of the International Ocean-Colour Coordinating Group, Number 13, IOCCG, Dartmouth, Canada, 2012, 98 pp.

[6] R. M. Pope, E. S. Fry, Absorption spectrum（380-700 nm）of pure water. II. Integrating cavity measurements, Appl. Opt. 36（33）（1997）8710-8723.

[7] R. Bidigare, M. E. Ondrusek, J. H. Morrow, D. A. Kiefer, In vivo absorption properties of algal pigments, Proc. SPIE, Ocean Opt. X 1302（1990）290e302, http://dx. doi. org/10. 1117/12. 21451.

[8] H. R. Gordon, M. Wang, Retrieval of water-leaving radiance and aerosol optical thickness over the oceans with SeaWiFS: a preliminary algorithm, Appl. Opt. 33 （3）（1994）443-452.

[9] M. Wang, Remote sensing of the ocean contributions from ultraviolet to near-infrared using the shortwave infrared bands: simulations, Appl. Opt. 46（2007） 1535-1547.

[10] S. W. Bailey, B. A. Franz, P. J. Werdell, Estimation of near-infrared water-leaving reflectance for satellite ocean color data processing, Opt. Express 18（7） （2010）7521-7527.

[11] S. Alvain, C. Moulin, Y. Dandonneau, F. M. Bréon, Remote sensing of phytoplankton groups in case 1 waters from global SeaWiFS imagery, Deep-sea Res. 52（2005）1989-2004.

[12] Z. -P. Lee, K. Carder, R. Arnone, M. -X. He, Determination of primary spectral bands for remote sensing of aquatic environments, Sensors 7（2007）

3428-3441.

[13] P. J. Werdell, et al. , Generalized ocean color inversion model for retrieving Marine inherent optical properties, Appl. Opt. 52 (10) (2013) 2019-2037.

[14] Z. Ahmad, C. R. McClain, J. R. Herman, B. A. Franz, E. J. Kwaitkowska, W. D. Robinson, E. J. Bucsela, M. Tzortziou, Atmospheric correction of NO2 absorption in retrieving waterleaving reflectances from the SeaWiFS and MODIS measurements, Appl. Opt. 46 (26) (2007) 6504-6512.

[15] K. Ding, H. R. Gordon, Analysis of the influence of O2 A-band absorption on atmospheric correction of ocean-color imagery, Appl. Opt. 34 (12) (1995) 2068-2080.

[16] M. Wang, Validation study of the SeaWiFS oxygen a-band absorption correction: comparing the retrieved cloud optical thicknesses from SeaWiFS measurements, Appl. Opt. 38 (6) (1999) 937-944.

[17] P. Dubuisson, R. Frouin, D. Dessailly, L. Duforêt, J. -F. Léon, K. Voss, D. Antoine, Estimating the altitude of aerosol plumes over the ocean from reflectance ratio measurements in the O2 A-band, Remote Sens. Environ. 113 (2009) 1899-1911.

[18] B. -C. Gao, Y. J. Kaufman, W. Han, W. J. Wiscombe, Correction of thin cirrus path radiances in the 0. 4e1. 0 mm Spectral range using the sensitive 1. 375 mm Cirrus detecting channel, J. Geophys. Res. 103 (D24) (1998) 32, 169-32, 176.

[19] B. -C. Gao, P. Yang, W. Han, R. -R. Li, W. J. Wiscombe, An algorithm using visible and 1. 38- mm channels to retrieve cirrus cloud reflflectances from aircraft and satellite data, IEEE Trans. Geosci. Remote Sens. 40 (8) (2002) 1659-1668.

[20] H. R. Gordon, T. Zhang, F. He, K. Ding, Effects of stratospheric aerosols and thin cirrus clouds on the atmospheric correction of ocean color imagery: simulations, Appl. Opt. 36 (3) (1997a) 682-697.

[21] G. Meister, B. A. Franz, C. R. McClain, Influence of Thin Cirrus Clouds on Ocean Color Products, in: Ocean Remote Sensing: Methods and Applications, vol. 7459, SPIE, San Diego, 2009, 12 pp. http://dx. doi. org/10. 1117/12. 827272.

[22] IOCCG, Ocean-colour observations from a geostationary orbit, in: D. Antoine (Ed.), Reports of the International Ocean-colour Coordinating Group, Number 12, IOCCG, Dartmouth, Canada, 2012b, 103 pp.

[23] G. Meister, C. McClain, Z. Ahmad, S. W. Bailey, R. A. Barnes, S. Brown,

G. E. Eplee, B. Franz, A. Holmes, W. B. Monosmith, F. S. Patt, R. P. Stumpf, K. R. Turpie, P. J. Werdell, Requirements for an Advanced Ocean Radiometer, NASA T/M-2011-215883, NASA Goddard Space Flight Center, Greenbelt, Maryland, 2011, 37 pp.

[24] IOCCG, Minimum requirements for an operational ocean-Colour sensor for the open ocean, in: A. Morel (Ed.), Reports of the International Ocean-colour Coordinating Group, Number 1, IOCCG, Dartmouth, Canada, 1998, 46 pp.

[25] H. R. Gordon, D. K. Clark, J. W. Brown, O. B. Brown, R. H. Evans, W. W. Broenkow, Phytoplankton pigment concentrations in the Middle Atlantic Bight: comparison of ship determinations and CZCS estimates, Appl. Opt. 22 (1) (1983) 20-36.

[26] J. E. O'Reilly, S. Maritorena, B. G. Mitchell, D. A. Siegel, K. L. Carder, S. A. Garver, M. Kahru, C. McClain, Ocean color chlorophyll algorithms for SeaWiFS, J. Geophys. Res. 103 (C11) (1998) 24937-24953.

[27] S. W. Bailey, P. J. Werdell, A multi-sensor approach for the on-orbit validation of ocean color satellite data products, Remote Sens. Environ. 106 (2006) 12-23.

[28] IOCCG, Remote sensing of inherent optical properties: fundamentals, tests of algorithms and applications, in: Z. P. Lee (Ed.), Reports of the International Ocean-colour Coordinating Group, Number 6, IOCCG, Dartmouth, Canada, 2006, 126 pp.

[29] PACE, Pre-aerosol, Clouds, and Ocean Ecosystem, 2012 (PACE) Mission Science Definition Team Report, 274 pp. http://decadal. gsfc. nasa. gov/ PACE. html

[30] G. Thuiller, M. Herse, D. Labs, T. Foujols, W. Peetermans, D. Gillotay, P. C. Simon, H. Mandel, The solar spectral irradiance from 200 to 2400 nm as measured by the SOLSPE and EURECA Missions, Solar Phys. 214 (2003) 1-22.

[31] X. Xiaoxiong, N. Che, W. L. Barnes, Terra MODIS on-orbit spectral characterization and performance, IEEE Trans. Geosci. Remote Sens. 44 (8) (2006) 2198-2206.

[32] S. Delwart, R. Preusker, L. Bourg, R. Santer, D. Ramon, J. Fischer, MERIS in-flight spectral calibration, Int. J. Remote Sens. 28 (3-4) (2007) 479-496.

[33] IOCCG, Atmospheric correction for remotely-sensed ocean-colour products, in: M. Wang (Ed.), Reports of International Ocean-color Coordinating Group, Number 10, IOCCG, Dartmouth, Canada, 2010, 78 pp.

[34] W. W. Gregg, F. P. Patt, Assessment of tilt capability for spaceborne global ocean color sensors, IEEE Trans. Geosci. Remote Sens. 32 (4) (1994) 866-877.

[35] E. J. Kwiatkowska, C. R. McClain, Capabilities for extracting phytoplankton diurnal variability using ocean color data from SeaWiFS, MODIS-Terra, and MODIS-Aqua, Int. J. Remote Sens 30 (24) (2009) 6441-6459.

[36] IOCCG, In-flight calibration of ocean-colour sensors, in: R. Frouin, (Ed.), Reports of International Ocean-Color Coordinating Group, Number 15, Dartmouth, Canada, 106 pp. , 2013.

[37] B. A. Franz, S. W. Bailey, P. J. Werdell, C. R. McClain, Sensor-independent approach to the vicarious calibration of satellite ocean color radiometry, Appl. Opt. 46 (22) (2007) 5068-5082.

[38] F. E. Nicodemus, J. C. Richmonds, J. J. Hsia, I. W. Ginsberg, T. Lamperis, Geometric Considerations and Nomenclature for Reflectance, vol. 160, US Department of Commerce, National Bureau of Standards, Monogram, 1977, 67 pp.

[39] G. Meister, J. Sun, R. Eplee, F. Patt, X. Xiong, C. McClain, Sun beta angle residuals in solar diffuser measurements of the MODIS ocean bands, Earth Observing Systems XIII, SPIE, Vol. 7081 (2008) 12. http://dx. doi. org/10. 1117/12. 796291.

[40] S. Maritorena, D. A. Siegel, A. Peterson, Optimization of a semi-analytical ocean color model for global scale applications, Appl. Opt. 41 (15) (2002) 2705-2714.

[41] H. R. Gordon, T. Du, T. Zhang, Atmospheric correction of ocean color sensors: analysis of the effects of residual instrument polarization sensitivity, Appl. Opt. 36 (1997b) 6938-6948.

[42] G. Meister, E. J. Kwiatkowska, B. A. Franz, F. S. Patt, G. C. Feldmam, C. R. McClain, Moderate-resolution imaging spectroradiometer ocean color polarization correction, Appl. Opt. 44 (26) (2005) 5524-5535.

[43] G. Meister, C. R. McClain, Point-spread function of the ocean color bands of the moderate resolution imaging spectrometer on aqua, Appl. Opt. 49 (32) (2010) 6276-6285.

[44] R. A. Barnes, A. W. Holmes, W. E. Esaias, in: S. B. Hooker, E. R. Firestone, J. G. Acker (Eds.), Stray: Light in the SeaWiFS Radiometer, NASA Tech. Memo. 104566, vol. 31, NASA Goddard Space Flight Center, Greenbelt, Maryland, 1995, 76 pp.

[45] S. Delwart, L. Bourg, Radiometric calibration of MERIS, Proc. SPIE. 7474 (2009) 12. http://dx. doi. org/10. 1117/12. 567989.

[46] J. Sun, X. Xiong, W. L. Barnes, MODIS solar diffuser stability monitor sun view modeling, IEEE Trans. Geosci. Remote Sens. 43 (8) (2005) 1845-1854.

[47] R. E. Eplee, K. R. Turpie, G. Meister, F. S. Patt, G. F. Fireman, B. A. Franz, C. R. McClain Jr. , A Synthesis of VIIRS Solar and Lunar Calibrations, in: Observing Systems XVIII, vol. 8866, Proc. SPIE, San Diego, 2013b, 21 pp. http: //dx. doi. org/10. 1117/12. 2024069.

[48] E. J. Kwiatkowska, B. A. Franz, G. Meister, C. R. McClain, X. Xiong, Cross-calibration of ocean color bands from moderate resolution imaging spectroradiometer on terra platform, Appl. Opt. 47 (36) (2008) 6796-6810.

[49] J. Wertz, W. Larson, Space Mission Design and Analysis, Kluwer Academic Publishers, Dordrecht, Netherlands, 1991, 811 pp.

[50] J. L. Mueller, Nimbus-7 CZCS: electronic overshoot due to cloud reflflectance, Appl. Opt. 27 (3) (1988) 438-440.

[51] R. E. Eplee, F. S. Patt, R. A. Barnes, C. R. McClain, SeaWiFS long-term solar diffuser reflectance and sensor signal-to-noise analyses, Appl. Opt. 46 (5) (2007) 762-773.

[52] C. Hu, L. Feng, Z. Lee, C. Davis, A. Mannino, C. McClain, B. Franz, Dynamic range and sensitivity requirements of satellite ocean color sensors: learning from the past, Appl. Opt. 51 (25) (2012) 6045-6062.

[53] G. Vasilescu, Electronic Noise and Interfering Signals, Springer-Verlag, Berlin, 2005, 709 pp.

[54] A. Rogalski, Infrared Detectors, second ed. , CRC Press, Boca Raton, Florida, 2011, 876 pp.

[55] W. Kester, ADC noise: the good, the bad and the ugly. Is no noise good noise? Analog Dialog 40 (2) (2006) 1e5.

[56] C. Poivey, J. L. Barth, K. A. LaBel, G. Gee, H. Safren, In-flight observations of long-term single-event effect (SEE) performance on Orbview-2 solid state recorders (SSR), in: Radiation Effects Data Workshop 2003, IEEE, vol. 102 (107), 2003, pp. 21e25. http://dx. doi. org/10. 1109/REDW, 1281357, 2003.

[57] H. Loisel, L. Duforet, D. Dessailly, M. Chami, P. Dubuisson, Investigation of the variations in water leaving polarized reflectance from the POLDER satellite data over two biogeochemical contrasted oceanic areas, Opt. Exp. 16 (17) (2008) 12905-12918.

[58] R. H. Evans, H. R. Gordon, CZCS "System calibration": a retrospective examination, J. Geophys. Res. 99 (C4) (1994) 7293-7307.

[59] R. A. Barnes, A. W. Holmes, W. L. Barnes, W. E. Esaias, C. R. McClain, in: S. B. Hooker, E. R. Firestone, J. G. Acker (Eds.), SeaWiFS Prelaunch Radiometric Calibration and Spectral Characterization, NASA Tech. Memo. 104566, vol. 23, NASA Goddard Space Flight Center, Greenbelt, Maryland, 1994, 55 pp.

[60] H. R. Gordon, Remote sensing of ocean color: a methodology of dealing with broad spectral bands and signifificant out-of-band response, Appl. Opt. 34 (1995) 8363-8374.

[61] C. Hu, K. L. Carder, F. E. Muller-Karger, How precise are SeaWiFS ocean color estimates? implications of digitization-noise errors, Remote Sens. Environ. 76 (2) (2001) 239-249.

[62] P. J. Werdell, B. A. Franz, S. W. Bailey, Evaluation of shortwave infrared atmospheric correction for ocean color remote sensing in Chesapeake Bay, Remote Sens. Environ. 114 (2010) 2238-2247.

[63] M. Wang, W. Shi, Estimation of ocean contribution at MODIS near-infrared wavelengths along the East Coast of the U. S. : two case studies, Geophys. Res. Lett. 32 (2005) L13606. http://dx. doi. org/10. 1029/2005GL022917, 5 pp.

第 2.2 章

海洋水色太阳反射波段的在轨定标

Robert E. Eplee, Jr [1, 2, *] **Sean W. Bailey** [1, 3]

[1]NASA 戈达德太空飞行中心海洋生物学处理组,美国 马里兰州 格林贝尔特;[2] 科学应用国际公司,美国 马里兰州 贝尔茨维尔;[3] 未来科技公司,美国 马里兰州 格林贝尔特

★ 通讯作者:邮箱:robert.e.eplee@nasa.gov

章节目录

1. 引言	131	5.1 近红外 / 短波红外波段定标	
2. 太阳定标	135		150
2.1 太阳漫反射板衰退	135	5.2 可见光波段定标	151
2.2 太阳漫反射板的辐射响应		5.3 替代方法	153
趋势	136	6. 在轨定标不确定度	154
2.3 在轨信噪比	139	6.1 准确度	154
2.4 太阳定标数据的不确定度	139	6.2 大气层顶辐亮度的长期稳	
3. 月亮定标	139	定性	155
3.1 月亮的 ROLO 光度模型	140	6.3 大气层顶辐亮度的精度	156
3.2 月亮辐射响应趋势	141	6.4 联合不确定度评价	157
3.3 月亮定标的不确定度	142	7. 仪器间不确定度比较	157
3.4 月亮定标对比	144	8. 在轨定标总结	160
4. 光栅仪器的光谱定标	146	参考文献	161
5. 系统替代定标	148		

1. 引言

　　气候变化研究的目标之一是识别地球物理过程中微小的长期趋势,这些趋势具有相对较大的日、季、年或更长尺度的周期信号。

物理科学中的实验方法, Vol. 47. http://dx.doi.org/10.1016/B978-0-12-417011-7.00006-4

因此,海洋水色数据的气候数据记录(CDR)被定义为:具有足够长度、一致性和连续性的测量数据的时间序列,能够确定气候多变性和气候变化[1]。这项工作要求从具有长期辐射稳定性的卫星仪器采集遥感数据,这些卫星仪器的辐射不确定度小于可能的气候变化信号的幅度。对于海洋水色数据,离水辐亮度的辐射测量要求是5%的绝对不确定度和1%的相对不确定度(随时间变化的不确定度)[2]。由于海洋表面反射率低,海洋水色卫星仪器观测到的大气层顶信号约90%来自大气中气体和气溶胶对太阳光的散射。海洋水色大气校正算法必须去除大气信号才能得到离水辐亮度。由于大气校正对传感器定标误差的放大,离水辐亮度上随时间1%的不确定度需求相当于大气层顶(TOA)辐亮度0.1%的长期稳定性需求[3]。这一稳定性目标假定考虑了短期轨道和季节响应变化的辐射校正。传感器定标和大气校正算法的不确定度要求对传感器/大气校正算法系统进行系统替代定标,以满足大气层顶(TOA)辐亮度的精度要求[4]。

海洋水色传感器的长期辐射稳定性需求,要求对这些仪器的太阳反射波段实施稳定的在轨定标。这些定标程序的主要组成部分是太阳定标(通过观测太阳漫反射板(Solar Diffusers,SDs)反射的太阳光)和月亮定标。太阳漫反射板(SD)观测可提供频繁的定标机会(每个轨道一次到每天一次或较少频繁的观测),而月亮观测则仅提供每月的定标机会。中分辨率成像光谱仪(MERIS)等也要求在轨进行光谱定标,通过观测太阳或大气吸收谱线或来自掺杂漫反射板的吸收谱线进行光谱定标。为其开发了稳定的在轨定标计划的海洋水色仪器有海洋观测宽视场传感器(SeaWiFS)(1997—2010)、Terra 中分辨率成像光谱仪(MODIS)(1999—至今)、Aqua/MODIS(2002—至今)、MERIS(2002—2012)和 Suomi 国家极轨卫星合作伙伴(National Polar-orbiting Partnership,NPP)可见光红外成像辐射仪(VIIRS)(2011—至今)。SeaWiFS、MODIS、MERIS 和 VIIRS 的太阳反射波段如表1所示。太阳、月亮和替代定标计划将在下面进行概述。

表 1　SeaWiFS、MODIS、MERIS、VIIRS 的太阳反射波段

SeaWiFS	λ/nm	MODIS	λ/nm	MERIS	λ/nm	VIIRS	λ/nm
波段 1	412	波段 8	412	波段 1	412.5	M1	412
波段 2	443	波段 9	443	波段 2	442.5	M2	445
		波段 3	469				
波段 3	490	波段 10	488	波段 3	490	M3	488
波段 4	510	波段 11	531	波段 4	510		
波段 5	555	波段 12	551	波段 5	560	M4	555
		波段 4	555				
		波段 1	645	波段 6	620	I1	640
波段 6	670	波段 13	667	波段 7	665	M5	672
		波段 14	678	波段 8	681.25		
				波段 9	705		
				波段 10	753.75		
波段 7	765	波段 15	748	波段 11	760	M6	746
波段 8	865	波段 2	858	波段 13	865	M7	865
		波段 16	869			I2	865
				波段 14	885		
				波段 15	900		

　　太阳定标是在轨监测太阳反射波段辐射性能的第一种方法。海洋水色仪器的辐射灵敏度随时间的变化是从太阳漫反射板（SD）观测时间序列计算出来的，并通过太阳漫反射板稳定性监测器（SDSM）的观测对漫反射板双向反射分布函数（双向反射分布函数（BRDF））的变化进行了校正。该方法在每个波段、每个探测器和每个镜面的基础上产生了仪器的定标。SeaWiFS 太阳漫反射板（SD）是一个涂有 YB-71 油漆的铝板 [5]，而 MODIS[5-7] 和 VIIRS[8] 的太阳漫反射板（SD）是放置在衰减屏后面的 Spectralon 面板。MODIS 和 VIIRS 的太阳漫反射板稳定性监测器（SDSM）分别是 9 通道和 8 通道辐射计，其波长对应于 RSB 波段，参考通道为 935 nm。

月亮定标是监测在轨太阳反射波段辐射响应的第二种方法。航天器每月一次要么以 7°（SeaWiFS）[5] 的相位角俯仰月亮，要么以 55°（MODIS）[9] 或 51°（VIIRS）[10] 的标称相位角翻转通过空间视角（Space View）观测月亮。得到的月亮图像被处理成圆盘积分的月亮辐照度，然后将其与美国地质勘探局（United Sates Geological Surver，USGS）机器人月球观测站（Robotic Lunar Observation，ROLO）的月亮光度模型进行比较[11]，以产生仪器测量与模型预测比值的时间序列，该比值代表仪器随时间的辐射响应。这种方法产生了仪器在每个波段、每个镜面基础上的定标。月亮观测几何形状在一年中的变化限制了航天器翻转（MODIS 或 VIIRS）每年可获得的月亮观测次数为 8～9 次。使用 ROLO 模型，可以比较不同海洋水色仪器的在轨定标，而不必同时进行观测或同时执行任务。

光栅仪器的光谱定标是通过观测来自地球或仪器目标[12a, 12b] 的吸收谱线来完成的。760 nm 的大气吸氧线为天空晴朗的明亮沙漠场景提供了光谱参考。在 393 nm、485 nm、588 nm、655 nm、855 nm 和 867 nm 处的太阳夫琅和费谱线为太阳漫反射板（SD）的观测提供了光谱参考。LabSphere 提供了掺有稀土元素的光谱漫射器，用于 378～381 nm、521～523 nm 和 1 009～1 013 nm（氧化铒）和 447～449 nm 和 453～456 nm（氧化钕）的光谱参考[13]。光谱定标要求建立仪器光谱模型，将光谱观测结果转换为仪器的波长定标。

与 SeaWiFS 和 MODIS 不同，VIIRS 在反射镜上以相同的入射角观测太阳漫反射板（SD）和月亮[10]。这种设计允许直接比较 VIIRS 太阳和月亮的辐射响应。因此，太阳和月亮定标时间序列提供了两个独立的 VIIRS 太阳反射波段定标。

一旦为海洋水色仪器建立了稳定的大气层顶（TOA）仪器辐射测量性能，生成海洋水色气候数据记录（CDR）需要对大气层顶（TOA）辐亮度进行系统替代定标，以产生准确的离水辐亮度或遥感反射率。系统替代定标降低了仪器定标、现场辐射计定标和大气校正算法中的偏差。第 5 节讨论了系统替代定标海洋水色仪器的发展策略。

从海洋水色数据中生成气候数据记录(CDR)的一个要求是对经定标的大气层顶(TOA)辐亮度中的不确定度进行量化。离水辐亮度或遥感反射的误差估算始于大气层顶(TOA)辐亮度中的不确定度。这些不确定度可以从在轨定标数据中得到确定,包括太阳定标、月亮定标、光谱定标和系统替代定标。大气层顶(TOA)辐亮度中的不确定度可以从准确性(测量中的偏差)、稳定性(测量随时间的可重复性)和精度(测量中的离散)等方面来解决。

2. 太阳定标

当航天器经过地球极点时,从阴影区进入阳照区的卫星仪器会观测太阳漫反射板(SD)反射的太阳光。太阳漫反射板(SD)观测值为仪器的辐射响应提供监测,而太阳漫反射板稳定性监测器(SDSM)反射板观测值与太阳漫反射板稳定性监测器(SDSM)太阳观测值的比值为漫反射板双向反射分布函数(BRDF)提供监测。太阳漫反射板(SD)观测还为在轨仪器提供了信噪比(SNR)的测量,尽管信噪比是在漫反射板辐亮度而不是在典型的辐亮度下计算的。尽管对 MODIS 仪器进行了一组类似的观测和分析,但 VIIRS 太阳定标[10]将作为典型例子被研究。

应用于太阳定标数据的几何校正包括仪器 – 太阳距离、太阳漫反射板(SD)和太阳漫反射板稳定性监测器(SDSM)衰减屏的传输函数以及漫射器双向反射分布函数(BRDF)。在有限的观测范围内进行了衰减屏透过率函数和漫反射板双向反射分布函数(BRDF)的发射前的特性确立。这些功能已经在轨道上通过航天器偏航机动进行了评估,并对联合衰减屏透过率函数和漫反射板双向反射分布函数(BRDF)进行了更新。这些函数的不确定度仍然是太阳观测不确定度的一个主要因素。

2.1 太阳漫反射板衰退

太阳漫反射板稳定性监测器(SDSM)时间序列被用来监测漫反射板双向反射分布函数(BRDF)的变化。太阳漫反射板稳定性监测器（SDSM）H 因子是太阳漫反射板（SD）测量值与太阳实测值的比值[10]：

$$h(\lambda,t) = \frac{\mathrm{d}n_{sol}(\lambda,t)}{\mathrm{d}n_{sun}(\lambda,t)} \frac{\cos(\varphi(t))\tau_{sdsm}(\lambda)}{\tau_{sds}(\lambda)BRDF(\lambda,t_0)\Omega_{sdsm}} \tag{1}$$

其中，

λ = 波长；

t = 时间；

φ = 太阳在漫反射板上的入射角；

$\mathrm{d}n_{sol}$ = 漫反射板观测中扣除暗计数的值；

$\mathrm{d}n_{sun}$ = 太阳观测值扣除暗计数的值；

τ_{sdsm} = 太阳漫反射板稳定性监测器（SDSM）衰减屏透过率函数；

τ_{sds} = 太阳漫反射板稳定性监测器（SDSM）衰减屏透过率函数；

双向反射分布函数（BRDF）= 太阳漫反射板（SD）的双向反射分布函数（BRDF）；

Ω_{sdsm} = 太阳漫反射板（SD）的太阳漫反射板稳定性监测器（SDSM）视场的锥角。

随时间变化的双向反射分布函数（BRDF）校正为

$$H(\lambda,t) = \frac{h(\lambda,t)}{h(\lambda,t_0)} \tag{2}$$

随着时间的推移，太阳漫反射板稳定性监测器（SDSM）的趋势受到测量噪声和仪器缺陷的影响。假设漫反射板双向反射分布函数（BRDF）在 935 nm 处随时间不变，因此使用 935 nm 处的太阳漫反射板稳定性监测器（SDSM）参考通道来归一化太阳漫反射板稳定性监测器（SDSM）趋势以校正这些缺陷。

2.2　太阳漫反射板的辐射响应趋势

随时间变化的辐射增益（F 因子）是漫反射板上预测的太阳辐亮度（L_{pred}）与由漫反射板反射所观测的太阳辐亮度（L_{obs}）的比值[10]：

$$F(\lambda,t) = RVS(\theta_{sd},\lambda)\cos(\varphi(t))\frac{L_{pred}(\lambda,t)}{L_{obs}(\lambda,t)} \tag{3}$$

其中,

θ_{sd} = 太阳在半角镜上的入射角;

RVS = 扫描角度响应函数。

预测的太阳辐亮度为

$$L_{\text{pred}}(\lambda,t) = \frac{E_{\text{sun}}(\lambda)}{R_{\text{se}}^2(t)} \tau_{\text{sds}}(\lambda) BRDF(\lambda,t_0) H(\lambda,t) \tag{4}$$

其中,

E_{sun} = 太阳辐照度;

R_{se} = 日地距离。

观测到的太阳辐亮度为

$$L_{\text{obs}}(\lambda,t) = c_0(\lambda,t) + c_1(\lambda,t) \text{d}n_{\text{sd}}(\lambda,t) + c_2(\lambda,t) \text{d}n_{\text{sd}}^2(\lambda,t) \tag{5}$$

其中:

c_i = 计数到辐亮度的转换系数;

$\text{d}n_{\text{sd}}$ = 漫射器观测后扣除暗计数的值。

在仪器测量方面,F 因子变为

$$F(\lambda,t) = \frac{E_{\text{sun}}(\lambda)}{R_{\text{sd}}^2(t)} \frac{RVS(\theta_{\text{sds}},t)\cos(\varphi(t))\tau_{\text{sds}}(\lambda)BRDF(\lambda,t_0)}{c_0(\lambda,t) + c_1(\lambda,t)\text{d}n_{sd}(\lambda,t) + c_2(\lambda,t)\text{d}n_{sd}^2(\lambda,t)} H(\lambda,t) \tag{6}$$

F 因子倒数的时间序列是随时间变化的辐射响应。图 1 显示了 VIIRS 的太阳漫反射板稳定性监测器(SDSM)导出的 H 因子时间序列和 F 因子倒数(辐射响应)时间序列。

有几种方法可以结合 F 因子时间序列进行地球数据的定标。测量的 F 因子可以直接用于以每轨为基础的数据定标。可以采用平滑 F 因子的方法,如美国国家海洋大气管理局(NOAA)在处理 VIIRS 数据时采用的自动定标方法。美国航空航天局(NASA)的 MODIS 特性支撑团队(MCST)使用太阳定标作为 MODIS 数据处理的主要辐射校正。NASA 海洋生物处理小组(OBPG)为 VIIRS 通过拟合 F 因子时间序列构建了查找表,并在查找表的时间范围内计算每天的 F 因子。这些 F 因子的拟合为 OBPG VIIRS 数据处理提供了辐射校正。这些拟合通常采用时间的指数加线性函数或时间的同时指数函数[10]:

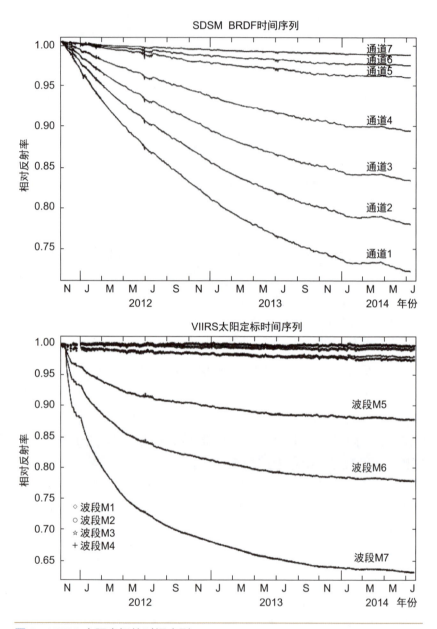

图 1 VIIRS 太阳定标的时间序列。

$$f(\lambda,t) = A_0(\lambda) - A_1(\lambda)[1 - e^{-A_2(\lambda)(t-t_0)}] - A_3(\lambda)(t-t_0) \tag{7}$$

$$f(\lambda,t) = A_0(\lambda) - A_1(\lambda)[1 - e^{-A_2(\lambda)(t-t_0)}] - A_3(\lambda)[1 - e^{-A_4(\lambda)(t-t_0)}] \tag{8}$$

其中,A_i 是拟合系数。各种 F 因子实现的目标是提供一种地球数据的定标方法,可以用最小的工作量来维护和更新。

2.3 在轨信噪比

太阳定标数据提供了一个稳定的辐亮度源,可以计算出仪器在轨信噪比[5, 14]:

$$SNR(\lambda,t) = \frac{\langle L_{obs}(\lambda,t) \rangle}{\sigma(\langle L_{obs}(\lambda,t) \rangle)} \tag{9}$$

评估这些在轨信噪比的困难在于在轨信噪比是按漫反射板辐亮度计算所得,而发射前的信噪比是按典型辐亮度计算所得。

2.4 太阳定标数据的不确定度

太阳定标数据中的不确定度既包括仪器发射前特性的不确定度,也包括在轨定标中的不确定度。主要的发射前不确定度来源于漫反射板双向反射分布函数(BRDF)特性、太阳漫反射板(SD)衰减屏透过率和太阳漫反射板稳定性监测器(SDSM)衰减屏透过率。主要的在轨不确定度来源于漫反射板双向反射分布函数(BRDF)/太阳漫反射板(SD)透过率函数和太阳漫反射板稳定性监测器(SDSM)衰减屏透过率联合特性。在轨数据中的其他不确定度包括几何校正中的周期性残差和漫反射板双向反射分布函数(BRDF)中的任何不均匀退化。随着太阳定标时间序列的长度增加到数年,可以识别和校正时间序列中的周期残差,从而减少数据中的不确定度。

3. 月亮定标

已经为海洋水色仪器的在轨定标开发了几种月亮定标方法,每一种方法都采用以月为周期的观测。对于 SeaWiFS,航天器面向月亮倾斜,以大约 7° 的相位角通过地球视角观测月亮,从而最大程度地观测被照亮的月亮圆盘以避免相反的效果[5]。SeaWiFS 每个波段在沿轨方向上都有一个探测器,可以产生过采样的月亮图像。观测需要过采样校正,该校正是根据月亮图像的表观尺寸与实际尺寸之比得出的。

对于 MODIS[9] 和 VIIRS[10],将航天器旋转,以通过目标相位角的空间场观测月亮(Terra MODIS 为 +55°, Aqua MODIS 为 −55°, VIIRS 为 −51°)。但当航天器/月亮的几何结构重合时,尽管相位角大于目标相位角,但是月亮仍会在空间视场中移动。MODIS 和 VIIRS 在沿轨方向上有多个探测器,在没有过采样的情况下,从多个探测器获得月亮完整的圆盘图像。对于单增益波段,在沿扫描方向上的 VIIRS 在轨像素聚合需要过采样校正以消除聚合的影响。

3.1 月亮的 ROLO 光度模型

ROLO 模型用于对观测几何变化的月亮定标时间序列进行归一化:仪器/月亮距离、太阳/月亮距离、相位和振动角[11, 15, 16]。ROLO 模型根据观测的相位角和振动角预测月亮反射率,根据太阳参考辐照度讲将月亮反射率转换为辐照度,利用仪器的相对光谱响应(RSR)将月亮辐照度转换为仪器波段下的辐照度,然后利用观测时间和航天器位置将月亮辐照度归一化为仪器观测值。

ROLO 模型需要圆盘积分的月亮辐照度作为输入:

$$L_T(\lambda,t) = K_{os}(\lambda) \sum_{pixels} K_c(\lambda) dn_{moon}(\lambda,t) \tag{10}$$

其中,

K_{os} = 过采样校正(如有需要);

K_c = 数码值 – 辐亮度转换系数;

dn_{moon} = 扣除暗计数的月亮像素的数码值。

由月亮辐亮度和仪器的瞬时视场(IFOV)计算得到圆盘积分的月亮辐照度,即

$$E_{inst}(\lambda,t) = IFOV_{along-scan} \, IFOV_{along-track} \, L_T(\lambda,t) \tag{11}$$

ROLO 模型的辐射输出是仪器测量的辐照度与模型预测的辐照度的比值(Erolo):

$$P(\lambda,t) = \frac{E_{inst}(\lambda,t)}{E_{rolo}(\lambda)} - 1 \tag{12}$$

ROLO 模型根据观测的相位和振动角计算月亮的有效反照率。该模型利用太阳辐照度将反照率转换为辐照度，然后利用 Apollo 土壤参考光谱和仪器相对光谱响应函数将辐照度转换为仪器波段下的辐照度。最后，该模型使用太阳－月亮（$R_{\text{sun-moon}}$）和仪器－月亮（$R_{\text{inst-moon}}$）的距离将辐照度归一化到观测的几何结构。因此，月亮辐照度模型为[5]

$$E_{\text{rolo}}(\lambda,r,t) = \frac{E_{\text{sun}}(\lambda)A_{\text{moon}}(\lambda,r,t)}{\Omega_{\text{moon}}(r)K_r(r)} \tag{13}$$

$$K_r(r) = \left(\frac{R_{\text{sun-moon}}(r)}{AU}\right)^2 \left(\frac{R_{\text{inst-moon}}(r)}{MLD}\right)^2 \tag{14}$$

其中，

$AU=$ 天文单位；

$MLD=$ 平均月亮距离（地－月距离）。

3.2　月亮辐射响应趋势

用于监测仪器辐射性能随时间变化的月亮定标时间序列形式如下：

$$\frac{E_{\text{inst}}(\lambda,t)}{E_{\text{rolo}}(\lambda,t)} = P(\lambda,r,t)+1 \tag{15}$$

对这些月亮时间序列的拟合用于在轨仪器定标。这些拟合通常是时间的指数加线性函数或时间的同时指数函数，与太阳定标分析中使用的拟合相同[5]：

$$f(\lambda,t) = A_0(\lambda) - A_1(\lambda)[1-\mathrm{e}^{-A_2(\lambda)(t-t_0)}] - A_3(\lambda)(t-t_0) \tag{16}$$

$$f(\lambda,t) = A_0(\lambda) - A_1(\lambda)[1-\mathrm{e}^{-A_2(\lambda)(t-t_0)}] - A_3(\lambda)[1-\mathrm{e}^{-A_4(\lambda)(t-t_0)}] \tag{17}$$

有几种方法可以将月亮定标时间序列的拟合纳入地球数据的定标。NASA 海洋生物处理小组（OBPG）利用对月亮数据的拟合作为 SeaWiFS 数据处理的辐射校正。SeaWiFS 月亮定标时间序列如图 2 所示。MCST 使用月亮定标来跟踪 MODIS RVS 的趋势。NASA 海洋生物处理小组（OBPG）使用对月亮定标时间序列的拟合来验证来自太阳定标导出的 F 因子的辐射校正。

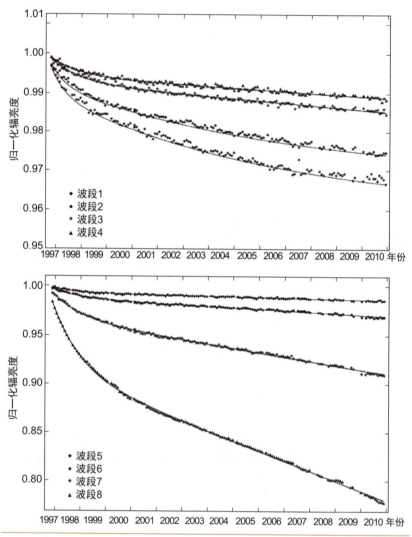

图2　SeaWiFS 月亮定标时间序列。

3.3　月亮定标的不确定度

　　由于月亮观测是按月获得的,通常需要几年时间的月亮观测才能获得足够的月亮观测数据以辨别月亮数据中的长期辐射趋势。然而,月亮观测中的离散代表了月亮定标中不确定度的首次显现。月亮观测中离散的幅度(ROLO 模型的输出)与 SeaWiFS、MODIS 和 VIIRS 相当。残差分析允许进一步研究月亮数据中的不确定度。如上所述,拟合月亮定标数据的时间序列应用于构建仪器的辐射性能模型。

SeaWiFS 的残差在波段间高度相关,其主要来源是月亮图像的过采样校正误差[5]。由于残差具有较高的相关性,本文对 SeaWiFS 月亮定标时间序列进行了相干噪声校正,可以将 0.5% 的相干噪声降低到 0.1% 的校正噪声。

而 MODIS 的残差与 SeaWiFS 的残差有所不同[17]。噪声源可能是系统观测误差,其 0.5% 的相干噪声可以减少到 0.2% 的校正噪声。

VIIRS 的残差是周期性的,随波长的增加而增加,其与航天器下的振动效应有关[10]。ROLO 模型导出了太阳下和航天器下点的月亮表面振动校正。太阳下振动校正与波长有关,而航天器下校正与波长无关。为了评估月亮定标时间序列中可能存在的残余振动相关性,NASA 海洋生物处理小组(OBPG)用时间的指数加线性或双指数拟合加上航天器下点的经度和纬度的附加月亮函数来拟合月亮定标时间序列。拟合形式为:

$$f(\lambda,t) = A_0(\lambda) - A_1(\lambda)[1 - e^{-A_2(\lambda)(t-t_0)}] - A_3(\lambda)(t-t_0) + A_4(\lambda)\theta + A_5(\lambda)\varphi \tag{18}$$

$$f(\lambda,t) = A_0(\lambda) - A_1(\lambda)[1 - e^{-A_2(\lambda)(t-t_0)}] - A_3(\lambda)[1 - e^{-A_4(\lambda)(t-t_0)}] + A_5(\lambda)\theta + A_6(\lambda)\varphi \tag{19}$$

其中,

$\theta =$ 航天器下振动经度;

$\varphi =$ 航天器下振动纬度。

尽管 ROLO 模型为月亮定标时间序列提供了主要的且与波长无关的航天器下点振动校正,但与波长有关的振动效应需要这种二阶经验校正。残余振动效应的大小随波长而变化,从 412 nm 的 0.7% 到 555 nm 的 0.5% 再到 865 nm 的 0.2%。图 3 显示了 VIIRS 针对 M1-M4 和 M5-M7 波段的月亮定标的时间序列,并附以辐射加振动拟合。

两个 MODIS 仪器以与 VIIRS 相当的相位角观测月亮。然而,由于 MODIS 月亮定标数据中的观测噪声比 VIIRS 月亮定标数据中的观测噪声要大,因此,这些残余的振动效应在 MODIS 月亮定标数据中是可以分辨出来的。SeaWiFS 月亮定标在 7° 相位角所获

得的圆盘积分辐照度明显高于 MODIS 和 VIIRS 观测值，因此，在
SeaWiFS 月亮定标中没有明显的残余震动效应。

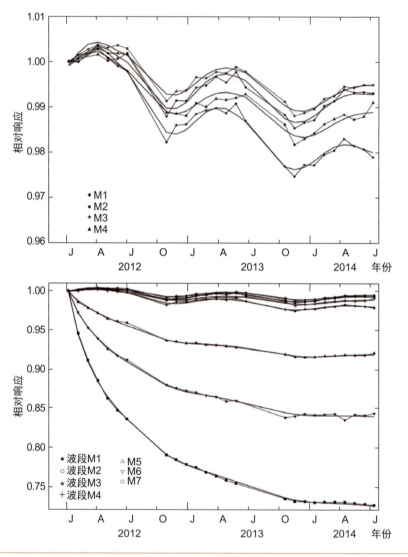

图 3　VIIRS 月亮定标时间序列。

3.4　月亮定标对比

对月观测提供了一种独特的方法来相互比较轨道上两个或更

多海洋水色仪的辐射性能[17]。将月亮定标应用于在轨辐射校正,从而允许与稳定的月亮辐照度进行比较。使用 ROLO 模型进行比对,消除了对同时期仪器使用寿命的要求,有助于从这些仪器中产生一致的定标数据集。这种比对技术已应用于 SeaWiFS、Terra MODIS、Aqua MODIS 和 NPP VIIRS 观测。相互比较包括所有 8 个 SeaWiFS 波段,在月亮上不饱和的 MODIS 可见光和近红外波段,以及 VIIRS 波段 M1-M7[5, 17]。

使用 ROLO 模型在波长上的相互比较可以确定仪器之间的在轨定标偏差。用于该分析的数据集是每个仪器的主要月亮定标数据集的 ROLO 残差的任务期间平均值:

1. SeaWiFS 在 -7° 和 +7° 相位角的每月观测值;

2. Terra MODIS 在 +55° 相位角的计划观测值;

3. Aqua MODIS 在 -55° 相位角的计划观测值;

4. VIIRS 在 -51° 相位角的计划观测值。

图 4 显示了相互比较的结果,表 2 给出了仪器之间的相对偏差。在对残余振动效应进行校正后,VIIRS 月亮定标时间序列中的不确定度可与相干噪声校正后的 SeaWiFS 相比。

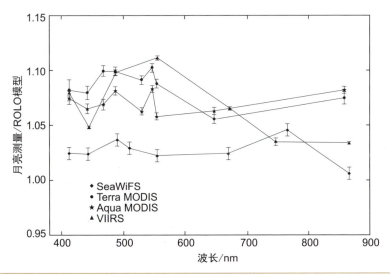

图 4　SeaWiFS-MODIS-VIIRS 月亮交叉定标比较

表 2　仪器的相对定标偏差

仪器比较	定标偏差/%	不确定度/%
SeaWiFS/Terra MODIS	3～8	1.4
SeaWiFS/Aqua MODIS	3～8	1.3
Terra MODIS/Aqua MODIS	1～3	1.3
SeaWiFS/VIIRS	1～9	1.3
Terra MODIS/VIIRS	1～4	1.3
Aqua MODIS/VIIRS	1～6	1.2

SeaWiFS、MODIS 和 VIIRS 月亮观测的全月亮数据集包括主要观测加上 SeaWiFS 高相位角观测以及 MODIS 和 VIIRS 计划外观测。通过对全部数据集的比较,可以在 −85° 到 +85° 相位角范围内比较数据集中的观测离散。412 nm 处的相互比较结果如图 5 所示。不同的数据集在图中用不同颜色的点表示。图中的第二个曲线图显示了许多相位角范围的平均残差,这允许检查作为相位角函数变化的重要性。在月亮残差中观测到的离散幅度对所有四个仪器都是一致的。

4. 光栅仪器的光谱定标

在轨光谱定标是光栅仪器所必需的。光栅色散可以随温度变化,也可以随时间变化。针对 MERIS[12a, 12b] 已经提出了两种光谱定标方法。第一种利用谱线吸收特性,即 760 nm 地球大气中的 O_2-A 特性,以及 393 nm、485 nm、588 nm、655 nm、855 nm 和 867 nm 太阳 Fraunhofer 谱线。第二种是用掺有稀土元素(铒和钬)的光谱漫反射板作为 380 nm、448 nm、454 nm、522 nm 和 1 010 nm 的光谱参考。

对于 O_2-A 谱线,分析了高沙漠等明亮目标上空的晴空地球场景,确定了谱线的表观波长。对于太阳光谱线,分析标准 Spectralon 太阳漫反射板(SD)的观测结果,确定光谱线的表观波长。对于掺杂元素的光谱漫反射板,用其代替标准漫反射板进行太阳定标。对这些校正的太阳观测结果进行了分析,以确定光谱线的表观波长。对于每种光谱定标方法,特定的仪器光谱模型都提供了光谱线的表观波长。这些定标不确定度的主要来源是在仪器数据中确定谱线形状的精度。

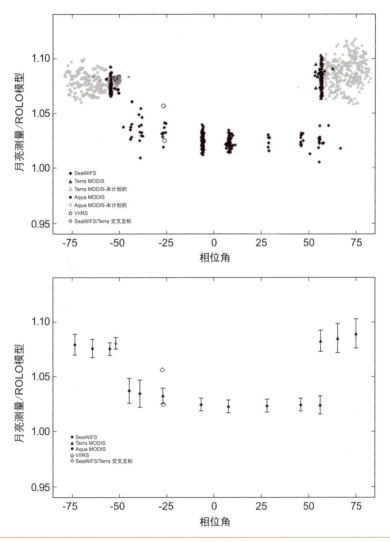

图 5 月亮定标残留误差与相位角的关系。对于每种仪器,每个数据集的不同颜色显示在图底部的行中。计划的观测是名义上的月亮定标。未计划的观测是指月亮在空间视角中可见。交叉定标的观测是用 SeaWiFS 和 Terra MODIS 同时对月亮进行的观测。

5. 系统替代定标

在以卫星为基础的海洋水色测量[18, 19]的早期,人们认识到,用发射前仪器定标无法实现获取精确的离水反射率所需的测量大气层顶(TOA)反射率的不确定度。在最好的情况下,现代海洋水色传感器目前的仪器定标不确定度为2%~3%。由于大气对大气层顶(TOA)信号贡献为80%~99%[18],大气层顶2%的不确定度转化为离水反射率10%~20%的不确定度。若要使得叶绿素的不确定度小于30%,则在寡营养和中营养水体蓝色光谱区的离水反射率不确定度最大为5%的情况下,显然有必要采取一种降低仪器不确定度的方法。已经采用了几种方法来解决这一难题,包括使用星上定标光源和太阳漫反射板(SD),虽然这些方法在监测在轨空间传感器稳定性的整个定标中占有一席之地,但最有效的方法是所谓的系统替代定标。

为此,替代这个词被定义为"通过别的方式进行或完成"。发射后推导定标调整因子的过程被称为"替代"定标,因为在轨定标不像发射前那样直接通过国家计量研究所(NMI,如美国国家标准和技术研究院)可溯源。这个源通常是现场辐射计,理想情况下本身可溯源至NMI标准,但情况并不总是这样(如近红外(NIR)的替代定标)。替代定标除了使用二级(甚至三级)源外,还考虑了大气校正算法,因此是一种"系统级"定标[18, 20]。这是系统替代定标过程的一个关键组成部分,因为要准确地反演表面反射率,就需要从大气层顶(TOA)信号中去除大气路径辐亮度。大气校正算法的复杂性本身会引入偏差,并将不确定度增加到可接受的范围之外。通过在定标过程中引入大气校正算法,在整个定标过程中减少了大气校正的不确定度。

替代定标方法最早用于卫星辐射计的一种方法是用于欧洲静止卫星Meteosat-1的可见/近红外(VIS/NIR)通道[21]。Koepke方法是在已知观测几何、太阳外太空光谱辐照度以及大气和地球表面的光学特性的基础上,通过求解辐射传输方程可以准确地计算卫星传感器测量的大气层顶(TOA)辐亮度。在没有太阳耀斑和忽略多

次散射的情况下,基础的大气层顶(TOA)反射率方程可以近似为

$$\rho_{\text{TOA}}(\lambda) = \rho_r(\lambda) + \rho_a(\lambda) + t\rho_f(\lambda) + t\rho_W(\lambda) \tag{20}$$

$\rho_r(\lambda)$、$\rho_a(\lambda)$ 和 $\rho_f(\lambda)$ 分别代表瑞利散射、气溶胶(包括分子与气溶胶相互作用)和表面泡沫的贡献(其中,t 代表从表面到大气层顶(TOA)的漫射透过率)。剩下的项 $\rho_W(\lambda)$,代表离水反射率。每个波长的替代定标系数只是预测的 $\rho_{\text{TOA}}(\lambda)$ 与传感器处测量值的比值:

$$g(\lambda) = \frac{\rho'_{\text{TOA}}(\lambda)}{\rho_{\text{TOA}}(\lambda)} \tag{21}$$

海洋水色传感器系统替代定标的几种最早提出的方法[18, 19, 22–24]实现了 Koepke 概述的基本方法,即求解辐射传输方程所需的分量是独立推导的。这种方法的优点是,如果辐射传输方程是完整的,就可以建立传感器测量辐亮度与实际接收辐亮度之间的直接关系。然而,大气层顶(TOA)反射率在海洋水色观测中的实际应用中,大气校正算法是必要的。这种大气校正算法从本质上颠倒了辐射传输方程,它不是从表面和大气路径辐亮度导出大气层顶(TOA)辐亮度,而是去掉路径辐亮度来反演表面辐亮度。为了有效做到这一点,大气校正算法使用了许多查找表,这些查找表本身是使用辐射传输模型创建的。大气校正所需的几种大气成分(如瑞利反射率、非吸收气溶胶和气体吸收)可以高精度地被估算出来。然而,一些必要的组成部分(如气象信息、吸收气体的浓度)是从分辨率相对较低的模拟或数据同化产品中获得的,还有一些则需要大量的模拟工作(如气溶胶反射率)。这些分量的误差会降低传感器定标的大气层顶(TOA)反射率的绝对精度,但它们对反演的表面反射率值的影响在很大程度上被反演过程中使用相同的大气校正算法所抵消[24]。

系统替代定标方法相对于使用星上定标源(如内部灯、太阳漫反射板(SD))的另一个优点是,系统替代定标包括仪器的整个光路和电路[21]。星上定标源对于理解和解释仪器绝对定标中的时间漂移是至关重要的,但它们不足以解决仪器测量系统中的所有偏差。系统替代方法因使用相同的算法用于反演表面反射率也可以解释算法本身引入的误差,因而是一个更稳定的方法。

目前的大气校正算法大多遵循 Gordon 和 Wang 提出的方法（GW94）[25]。该方法采用了一个基本假设，即清洁的大洋水体在近／短波红外（NIR/SWIR）波段的表面反射率对这些波段的大气层顶（TOA）反射率是一个可以忽略的分量。该算法利用近／短波红外（NIR/SWIR）中的两个波段，通过查找表来估算气溶胶反射率。通过反向应用这种大气校正算法进行定标需要两步方法。第一步是定标近／短波红外（NIR/SWIR）波段的相对光谱响应，以确保气溶胶成分的准确反演。第二步利用标定后的近红外／短波红外波段反演可见光波段的气溶胶反射率。

5.1 近红外／短波红外波段定标

水对近、短波红外波长有很强的吸收作用[26, 27]。在没有悬浮颗粒物的情况下，这些波段的水体反射率可以忽略不计，对大气层顶（TOA）反射率没有显著贡献。在此假设下，并假定瑞利（Rayleigh）反射率可以精确计算[28-30]，剩余信号可以完全归因于气溶胶反射率。GW94 算法在确定大气层顶（TOA）信号的气溶胶成分时，使用近红外（或者交替使用短波红外（SWIR）[31, 32]）中的两个波段。利用近／短波红外（NIR/SWIR）两个波段的气溶胶反射率之间的光谱关系，从预先计算的气溶胶模型中选择一个候选气溶胶类型。两个波长中较长波长的总信号被用来导出基线气溶胶反射率，然后结合反演的气溶胶模型将该气溶胶信号外推至可见光波长。已证明这种方法对于非吸收或弱吸收气溶胶是有效的。

当替代定标近红外／短波红外波段时，需要另外两个假设。首先，假定最长波长的定标足够精确，因此该波段的系统替代定标系数设为 1。Wang 和 Gordon[33] 确定，如果已知该波段的绝对定标在 5％ 以内，对于海洋水色，GW94 算法可以反演足够精确的表面反射率值。

此外，假设定标目标上空的气溶胶类型是已知的。在此假设下，相应的气溶胶模型可以与反演的最长波长的气溶胶反射率结合起来预测较短的近红外／近波红外波长的气溶胶反射率[4]。该预测的反射率允许预测大气层顶（TOA）辐亮度，将其与测量的辐亮度进行比较,以导出增益系数。

为了满足这两个必要的假设,近红外波段的系统替代定标是在主要气溶胶来自海洋来源的海洋区域进行的,而表层海洋水体中的颗粒物浓度足够低,以至于表面反射率可以忽略不计(即寡营养水域)。因此,通常选择偏远、清洁的大洋水体,如在南太平洋环流区。

如果卫星仪器有两个以上的近红外波段(如 MERIS),则可以通过对近红外反射率使用单次散射近似来克服假设的气溶胶模型的局限性。这种方法已用于 MERIS 的定标[34]。由于该方法采用了一个以上的参考波长,它为所有近红外波段提供定标的额外好处。

5.2 可见光波段定标

在确定了近红外 / 短波红外波段的定标后,可以进行可见光波段的系统替代定标。应用 GW94 算法进行气溶胶的确立,可以计算出期望的大气层顶(TOA)辐亮度。然而,与近红外 / 短波红外定标不同,可见光定标不能利用表面反射率可以忽略的假设。因此,必须将表面反射率值输入到反向过程中,才能获得期望的大气层顶(TOA)反射率。为了最大限度地减少表面反射率测量对最终定标的不确定度,表面反射率最好是在晴朗的大气条件下,在空间均匀的光学条件下,在寡营养水域中使用经过良好定标的、最好是国家计量研究所(NMI)可溯源的高光谱仪器来测量[28, 35]。然而,Bailey 等人[20]证明严格遵守理想并不像早期研究所建议的那样重要,如果实际需要,系统替代定标在某些非理想条件下可以相当准确。之所以如此,是因为大部分大气层顶(TOA)信号来自大气贡献,即瑞利和气溶胶反射率。由于替代定标过程最重要的组成部分是对大气贡献的估算[36],因此,无论离水反射率测量的来源如何,这些贡献都将保持不变。

系统替代定标的一个主要考虑是减少测量的不确定度,坚持理想的测量条件是优先考虑的。这些条件中的每一项都应得到解决。

使用高光谱仪器可以使遥感器的光谱响应函数与现场反射率测量相匹配。这确保了在系统替代定标过程中可以捕获任何由光谱波段外引起的测量不确定度。还有一个实际的好处,就是让一个仪器为任何遥感器提供一个替代的定标目标数据。

国家计量研究所（NMI）可溯源仪器的使用为最终定标提供了所需的可信度测量。当定标数据用于气候变化研究时，这一点尤其重要。

卫星遥感器的足印明显大于现场仪器测量的面积。为确保现场测量能够代表遥感器测量的信号，周围的水域在空间上应该是均匀的。虽然可以在遥感器的单个像素级别执行系统替代定标过程，但它通常使用现场位置周围多个像素的平均值来执行。如果没有空间均匀性的要求，这只会在过程中增加不必要的噪声。

由于对大气层顶（TOA）信号的最大贡献来自大气，因此对替代定标过程来说，对这一分量的高精度估算是至关重要的。这在晴朗的大气条件下和低气溶胶含量下是最容易实现的。需要选择使云、太阳耀斑和白帽反射率影响最小的场景。

专用的系统替代定标方法需要专用的系统替代定标设施和专用的项目，这样才可以对仪器进行严格的定标和定性。自 1990 年代中期以来，海洋水色团体有幸拥有几个这样的设施。美国 NOAA 在夏威夷拉奈岛周边海域布防的海洋光学浮标（MOBY）[37]，其设计和定位是为了满足系统替代定标的测量和环境要求。自 1996 年以来，MOBY 几乎连续运行，为许多国际任务提供了表面反射率，包括海洋水色水温扫描仪（OCTS）、SeaWiFS、MODIS、MERIS 和 VIIRS。从 2002 年开始，利古里亚海的 BOUSSOLE 浮标[38] 提供了类似的定标质量数据，用于 MERIS 任务的官方系统替代定标。原先打算为海洋水色飞行任务提供验证数据来源的几个固定平台站点（如 AERONET OC）也对其作为系统替代定标数据来源的潜力进行了评估[39]。虽然总的来说，这些站点不能满足系统替代定标的理想要求，但它们确实提供了在短时间内获取足够数量的目标数据的可能性。这对于新发射仪器的初始定标相当有用。

如果需要，可以放宽由现场仪器测量表面反射率源的要求。Werdell 等人[40] 成功展示了使用海洋反射率模型进行系统替代定标。如果在寡营养水体中使用，反射率模型可以很好地再现与测量结果相似的离水反射率。

　　实际中,增益是在整个任务寿命周期内为卫星影像的若干像素计算的。空间和时间平均增益是使用半内四分位间距平均值(25～75百分位数内数据的简单平均值)来计算的,以最小化统计异常值的影响[4]。环境变化会在增益计算中引入随机噪声,因此,需要足够数量的增益测量来减少由该随机误差引起的不确定度。Franz 等人[4]表明使用 MOBY 数据的 SeaWiFS 需要 30～40 次测量。

　　这里所展示的方法已被用于推导系统替代定标系数,用于若干海洋水色任务的业务化数据处理,这些任务包括但不限于海岸带水色扫描仪(CZCS)、OCTS、地球反射率偏振和方向测量仪(POLDER)、SeaWiFS、MODIS、MERIS 和 VIIRS。使用美国航空航天局(NASA)基于 GW94 算法的多传感器处理代码,计算了其中几个传感器的增益。图 6 对这些进行了比较。明显的差异性表明,与仪器缺陷相比,任何系统的大气校正偏差都很小。虽然系统替代定标技术的准确度受到表面测量和大气校正[41]中实施的大气辐射传输模型的准确度的限制,但这些影响在总的不确定度估算中是足够小的。

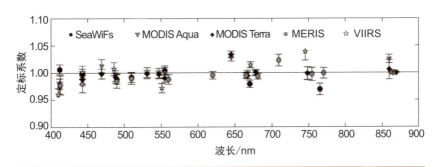

图 6　SeaWiFS (●)、Aqua MODIS (▼)、MERIS (⬠)和 VIIRS (☆)的系统替代定标系数。

5.3　替代方法

　　已经提出了各种可供选择的方法来推导传感器增益系数,包括简单的瑞利散射法[42,43]和使用朗伯目标,即云顶[44,45]、太阳耀斑[46]、和沙漠[47]。这些方法已被用于评估波段间定标(即光谱一致性)和多传感器交叉定标,并取得了一定的成功。然而,这些方法都有不足之处,使得它们不太适合于海洋水色传感器。

6. 在轨定标不确定度

在解决了太阳、月亮和系统替代定标中的不确定度之后,我们现在将展示如何融合各种不确定度估算来发展定标大气层顶(TOA)辐亮度的总体不确定度。我们将从准确度(测量中的偏差)、稳定性(精度随时间的变化)和精确度(测量中的离散)等方面来解决这些不确定度。由于已经对 SeaWiFS 进行了广泛的分析,所以将使用 SeaWiFS 不确定度作为典型代表进行研究[5]。本章最后将比较各种仪器的不确定度。

6.1 准确度

任务平均的平均太阳定标残差或平均月亮定标残差提供了给定仪器定标内部的大气层顶(TOA)辐亮度偏差的最佳在轨估算。测量准确度定义为

$$\text{Accuracy}(\lambda) = < \frac{\text{Instrument}(\lambda)}{\text{Reference}(\lambda)} - 1 > \qquad (22)$$

在月亮观测中,参考是 ROLO 模型,准确度是仪器与 ROLO 模型之间的平均偏差。对于太阳观测来说,因为太阳漫反射板(SD)随时间变化稳定的基准并不容易定义。对于系统替代定标来说,基准变成了现场辐射计,因此 SeaWiFS 系统替代定标是相对于 MOBY 的。如图 4 所示,SeaWiFS 的大气层顶(TOA)辐亮度的准确度相对于 ROLO 模型为 2%～3%。SeaWiFS 与 Terra MODIS 或 Aqua MODIS 之间的定标偏差为 3%～8%,而与 VIIRS 之间的偏差为 1%～10%。SeaWiFS 的系统替代定标的偏差为 1%～2%。

在准确度或偏差确定中仍未回答的关键问题是与哪个外部参照相比较有偏差?具体的科学问题决定了定标偏差的外部参照。外部参照可以是一个漫反射板(如 MODIS、MERIS 和 VIIRS,尽管漫反射板在轨道上的反射会降低)、月亮 ROLO 光度模型(如 SeaWiFS,尽管 ROLO 模型的绝对不确定度为 10%)、地面真实站点

（尽管大气校正会带来不确定度或轨道上的其他仪器）。

6.2 大气层顶辐亮度的长期稳定性

　　大气层顶（TOA）辐亮度的长期稳定性是对仪器数据进行辐射校正有效性的验证。长期稳定性中的不确定度来自大气层顶（TOA）辐亮度中的滞留时间依赖性或在轨定标数据中的滞留周期信号。因此，完全定标的在轨定标数据集中的滞留时间漂移极限提供了对大气层顶（TOA）辐亮度长期稳定性的最佳估算。SeaWiFS 完整月亮定标的时间序列如图 7 所示。每个波段的平均月亮定标时间序列的均值（或均方根误差）的标准差定义了该波段滞留时间漂移的上限，因此实际的定标稳定性可能优于均方根误差。SeaWiFS 在月亮数据中的均方根误差为每波段 0.033％～0.13％，因此 0.13％的长期稳定性是对所有波段仪器性能的合理估算 [5]。

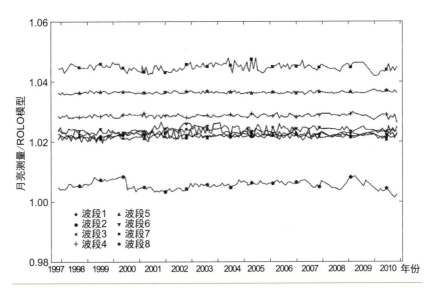

图 7　SeaWiFS 完整月亮定标的时间序列。

　　系统替代定标的 SeaWiFS 的大气层顶（TOA）辐亮度的长期稳定性综合了月亮辐射校正的不确定度、系统替代增益（或大气校正）的不确定度和 MOBY 测量的离水辐亮度（或遥感反射率）的不确定度，然后传输至大气层顶，如表 3 所示 [5]。

表3　SeaWiFS 系统替代定标稳定性估算

波段	辐射校正/%	系统替代增益/%	MOBY 大气层顶（TOA）辐亮度/%	联合 RMS 偏差/%
1	0.124	0.07	0.24	0.28
2	0.077 8	0.07	0.21	0.24
3	0.033 4	0.07	0.24	0.26
4	0.045 6	0.07	0.23	0.25
5	0.057 8	0.07	0.24	0.26
6	0.095 8	0.06	0.33	0.35
7	0.116	0.11		0.16
8	0.129			

TOA，大气层顶；MOBY，海洋光学浮标

6.3　大气层顶辐亮度的精度

　　仪器在轨测量中的离散决定了大气层顶（TOA）辐亮度的精度。由太阳漫反射板（SD）测量确定的信噪比和月亮残差中的离散是在轨测量精度的两个估算。系统替代增益中的离散给出了系统替代定标的精度。表4提供了 SeaWiFS 在轨精度测量结果[5]。

表4　SeaWiFS 在轨精度估算

波段	太阳定标信噪比	太阳定标精度/%	月亮定标精度/%	系统替代增益精度/%
1	646	0.155	0.124	0.07
2	794	0.126	0.078	0.07
3	976	0.102	0.033 4	0.07
4	1013	0.098 7	0.045 6	0.07
5	953	0.105	0.057 8	0.07
6	833	0.120	0.095 8	0.06
7	857	0.117	0.116	0.11
8	767	0.130	0.129	

SNR，信噪比

6.4 联合不确定度评价

我们研究了 SeaWiFS 大气层顶（TOA）辐亮度在准确度、稳定性和精确度方面的不确定度。表 5 中列出了每个波段的联合不确定度估算值 [5]。每种海洋水色仪器都需要进行类似的不确定度评价。如本节引言所述，这些不确定度估算不包括系统替代定标的影响。

表 5 SeaWiFS 大气层顶（TOA）不确定度评价。总体不确定度是所有波段的不确定度，单位是百分比

不确定度	B1	B2	B3	B4	B5	B6	B7	B8	总体
准确度（ROLO）	2.35	2.25	3.68	2.90	2.22	2.43	4.52	0.60	2-3
准确度（MOBY）	-0.656	0.170	1.09	0.766	-0.468	2.05	3.09		1-2
稳定性（TOA）	0.124	0.077 8	0.033 4	0.045 6	0.057 8	0.095 8	0.116	0.129	0.13
稳定性（VC TOA）	0.28	0.24	0.26	0.25	0.26	0.35	0.16		0.30
太阳定标精度	0.155	0.126	0.102	0.098 7	0.105	0.120	0.117	0.130	0.16
月亮定标精度	0.124	0.078	0.033 4	0.045 6	0.057 8	0.095 8	0.116	0.129	0.13
系统替代定标精度	0.070	0.070	0.070	0.070	0.070	0.060	0.11		0.10

TOA，大气层顶；ROLO，机器人月球观测站

7. 仪器间不确定度比较

正如在导言中所讨论的，VIIRS 在反射镜上以相同的入射角观测太阳漫反射板（SD）和月亮，从而可以直接比较 VIIRS 的太阳和月亮辐射响应。OBPG 利用了这一设计特点，通过对两个数据集的残差分析，利用月亮导出的辐射趋势直接验证太阳导出的趋势。作为这种分析的一个例子，图 8 和图 9 分别显示了 M1（412 nm）~ M4（555 nm）波段和 M5（672 nm）~ M7（865 nm）波段对太阳和月亮定标时间序列拟合的残差。对太阳定标时间序列的拟合表明，每个波段的平均残差为 0.067% ~ 0.17%。与月亮定标时间序列的拟合显示，每个波段的平均残差为 0.069% ~ 0.20%。图 10 显示了所有 7 个可见光和近红外波段的太阳和月亮定标时间序列的差异。太阳和月亮定标时间序列的平均差值为每波段 0.097% ~ 0.22%。VIIRS

太阳和月亮定标中的不确定度与 SeaWiFS 月亮定标中确定的任务
长期不确定度为 0.033％～0.13％、Terra MODIS 月亮观测中确定的
不确定度为 0.38％～0.94％、Aqua MODIS 月亮观测中确定的不确
定度为 0.30％～0.58％。表 6 总结了这些比较[10]。

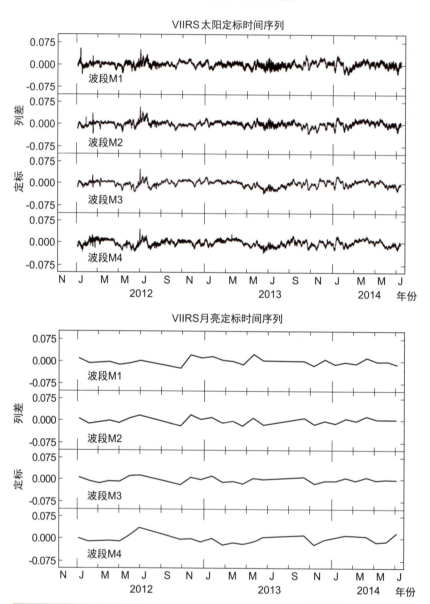

图 8　VIIRS 太阳和月亮定标差异。

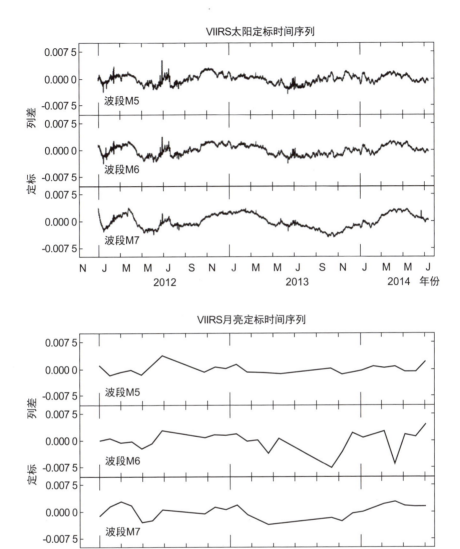

图 9 VIIRS 太阳和月亮定标差异。

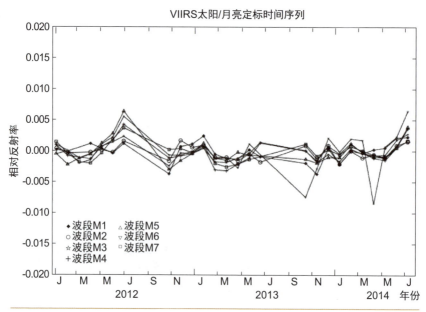

图 10　VIIRS 太阳 / 月亮定标差异。

表 6　在轨定标比较

仪器定标	平均残差（每波段）/%
VIIRS 太阳定标	0.067～0.17
VIIRS 月亮定标	0.069～0.20
SeaWiFS 月亮定标	0.033～0.13
Terra MODIS 月亮定标	0.38～0.94
Aqua MODIS 月亮定标	0.30～0.58

8. 在轨定标总结

　　传统仪器的经验表明,为了满足从海洋水色数据中产生气候数据记录(CDR)所需的长期辐射稳定性,需要对每一个仪器实施一个长期的在轨定标验证方案。随着时间的推移,海洋水色团体在轨仪器定标方面的经验也在增加。SeaWiFS 是第一个充分利用月亮作为在轨辐射性能监测器的遥感卫星仪器。为每一项新的海洋水色仪器实施的在轨定标策略都借鉴了传统经验。SeaWiFS、Terra MODIS 和 Aqua MODIS 已经证明了 ROLO 月亮光度模型对在轨月亮定标数据分析的必要性。然而，VIIRS 的经验表明需要继续维护和发展 ROLO 模型。随着现场数据来源的多样化，系统替代定标的方法变得更加稳定。

　　鉴于卫星任务的持续时间相对于气候变化的时间尺度相对较短，海洋水色气候数据记录（CDR）的制作需要在多个任务中有一致的海洋水色时间序列。这是一个重要的经验，因为海洋水色数据产品的制作要从研究型仪器和规划（如 SeaWiFS 和 MODIS）过渡到业务型仪器和方案（如 VIIRS）[48]。

参考文献

[1] National Research Council, Climate Data Records from Environmental Satellites: Interim Report, The National Academies Press, Washington, D. C, 2004.

[2] C. R. McClain, W. E. Esaias, W. Barnes, B. Guenther, D. Endres, S. B. Hooker, G. Mitchell, R. Barnes, NASA Tech. Memo. 104566, in: S. B. Hooker, E. R. Firestone (Eds.), SeaWiFS Calibration and Validation Plan, vol. 3, NASA Goddard Space Flight Center, Greenbelt, Maryland, 1992.

[3] H. R. Gordon, Atmospheric correction of ocean color imagery in the earth observing system era, J. Geophys. Res. 102 (1997) 17081-17106.

[4] B. A. Franz, S. W. Bailey, P. J. Werdell, C. R. McClain, Sensor-independent approach to the vicarious calibration of satellite ocean color radiometry, Appl. Opt. 46 (2007) 5068-5082.

[5] R. E. Eplee Jr, G. Mesiter, F. S. Patt, R. A. Barnes, S. W. Bailey, B. A. Franz, C. R. McClain, On-orbit calibration of SeaWiFS, Appl. Opt. 51 (2012) 8702-8730.

[6] X. Xiong, J. Sun, W. Barnes, V. Salomonson, J. Esposito, H. Erives, B. Guenther, Multiyear on-orbit calibration and performance of Terra MODIS reflective solar bands, IEEE Trans. Geosci. Remote Sci. 45 (2007) 879-889.

[7] X. Xiong, J. Sun, X. Xie, W. L. Barnes, V. V. Salomonson, On-orbit calibration and performance of Aqua MODIS reflective solar bands, IEEE Trans. Geosci. Remote Sens. 48 (2010) 535-546.

[8] C. Cao, F. J. DeLuccia, X. Xiong, R. Wolfe, F. Weng, Early on-orbit performance of the visible infrared imaging radiometer suite onboard the Suomi

national PolarOrbiting Partnership（S-NPP）satellite, IEEE Trans. Geosci. Remote Sens. 52（2014）1142-1156.

[9] J. Sun, X. Xiong, W. L. Barnes, B. Guenther, MODIS reflective solar band on-orbit lunar calibration, IEEE Trans. Geosci. Remote Sens. 45（2007）2383-2393.

[10] R. E. Eplee Jr, K. R. Turpie, G. Meister, F. S. Patt, G. Fireman, B. A. Franz, C. R. McClain, A synthesis of VIIRS solar and lunar calibrations, in: J. J. Butler, X. Xiong, X. Gu（Eds. ）, Earth Observing Systems XVIII, Proc. SPIE 8866, vol. 88661L, 2013.

[11] H. H. Kieffer, T. C. Stone, The spectral irradiance of the Moon, Astron. J. 129 （2005）2887-2901.

[12] [a] S. Delwart, R. Preusker, L. Bourg, R. Santer, D. Ramon, J. Fischer, MERIS in-flight spectral calibration, Int. J. Remote Sens. 28（2007）479-496;
[b] S. Delwart, L. Bourg, MERIS calibration: 10 years, in: J. J. Butler, X. Xiong, X. Gu（Eds. ）, Earth Observing Systems XVIII, Proc. SPIE 8866, vol. 88660Y, 2013.

[13] Labsphere, Spectralon Wavelength calibration standards（wavelength standards product sheet）, Labsphere, Inc. , North Sutton, N. H.

[14] X. Xiong, R. E. Eplee Jr, J. Sun, F. S. Patt, A. Angal, C. R. McClain, Characterization of MODIS and SeaWiFS solar diffuser on-orbit degradation, in: J. J. Butler, X. Xiong, X. Gu（Eds. ）, Earth Observing Systems XIV, Proc. SPIE 7452, vol. 74520Y, 2009.

[15] T. C. Stone, H. H. Kieffer, Use of the Moon to support on-orbit sensor calibration for climate change measurements, in: J. J. Butler, J. Xiong（Eds. ）, Earth Observing Systems XI, Proc. SPIE 6296, vol. 62960Y, 2006.

[16] T. C. Stone, Radiometric calibration stability and intercalibration of solar-based instruments in orbit using the Moon, in: J. J. Butler, J. Xiong（Eds. ）, Earth Observing Systems XIII, Proc. SPIE 7081, vol. 70810X, 2008.

[17] R. E. Eplee Jr, J. -Q. Sun, G. Meister, F. S. Patt, X. Xiong, C. R. McClain, Cross calibration of SeaWiFS and MODIS using on-orbit observations of the Moon, Appl. Opt. 50（2011）120-133.

[18] H. R. Gordon, Calibration requirements and methodology for remote sensors viewing the ocean in the visible, Remote Sens. Environ. 22（1987）103-126.

[19] H. R. Gordon, In-orbit calibration strategy for ocean color sensors, Remote Sens. Environ. 63（1998）265-278.

[20] S. W. Bailey, S. B. Hooker, D. Antoine, B. A. Franz, P. J. Werdell,

Sources and assumptions for the vicarious calibration of ocean color satellite observations, Appl. Opt. 4 (2008) 2035-2045.

[21] P. Koepke, Vicarious satellite calibration in the solar spectral range by means of calculated radiances and its application to Meteosat, Appl. Opt. 21 (1982) 2845-2854.

[22] R. S. Fraser, Y. J. Kaufman, Calibration of satellite sensors after launch, Appl. Opt. 25 (1986) 1177-1185.

[23] K. L. Carder, P. Reinersman, R. F. Chen, F. Muller-Karger, AVIRIS calibration and application in coastal oceanic environments, Remote Sens. Environ. 44 (1993) 205-216.

[24] B. Fougnie, P. -Y. Deschanps, R. Frouin, Vicarious calibration of the POLDER ocean color spectral bands using in Situ measurements, IEEE Trans. Geo- Sci. Remote Sens. 3 (1999) 1567-1574.

[25] H. R. Gordon, M. Wang, Retrieval of water-leaving radiance and aerosol optical thickness over the oceans with SeaWiFS: a preliminary algorithm, Appl. Opt. 33 (1994) 443-452.

[26] R. M. Pope, E. S. Fry, Absorption spectrum (380e700 nm) of pure water. II. Integrating cavity measurements, Appl. Opt. 36 (1997) 8710-8723.

[27] L. Kou, D. Labrie, P. Chylek, Refractive indices of water and ice in the 0. 65- 2. 5 m spectral range, Appl. Opt. 32 (1993) 3531-3540.

[28] H. R. Gordon, J. W. Brown, R. H. Evans, Exact rayleigh scattering calculations for use with the Nimbus-7 coastal zone color scanner, Appl. Opt. 27 (1988) 862-871.

[29] M. Wang, The Rayleigh lookup tables for the SeaWiFS data processing: accounting for the effects of ocean surface roughness, Int. J. Remote Sens. 23 (2002) 2693-2702.

[30] M. Wang, A refinement for the Rayleigh radiance computation with variation of the atmospheric pressure, Int. J. Remote Sens. 26 (2005) 5651-5653.

[31] M. Wang, W. Shi, The NIR-SWIR combined atmospheric correction approach for MODIS ocean color data processing, Opt. Express 15 (2007) 15722-15733.

[32] M. Wang, J. Tang, W. Shi, MODIS-derived ocean color product along the China east coastal region, Geophys. Res. Lett. 34 (2007) . http://dx. doi. org/10. 1029/2006GL028599.

[33] M. Wang, H. R. Gordon, Calibration of ocean color scanners: how much error is acceptable in the near infrared? Remote Sens. Environ. 82 (2002) 497-504.

[34] C. Lerebourg, C. Mazeran, J. P. Huot, D. Antoine, Vicarious Adjustment of the MERIS Ocean Colour Radiometry, ATBD 2. 24, European Space Agency, 2011.

[35] D. K. Clark, H. R. Gordon, K. J. Voss, Y. Ge, W. W. Broenkow, C. Trees, Validation of atmospheric correction over the oceans, J. Geophys. Res. 102 (1997) 17209-17217.

[36] H. R. Gordon, T. Zhang, How well can radiance reflected from the ocean-atmosphere system be predicted from measurements at the sea surface, Appl. Opt. 35 (1996) 6527-6543.

[37] D. K. Clark, M. A. Yarbrough, M. E. Feinholz, S. Flora, W. Broenkow, Y. S. Kim, B. C. Johnson, S. W. Brown, M. Yuen, J. L. Mueller, MOBY, a radiometric buoy for performance monitoring and vicarious calibration of satellite ocean color sensors: measurement and data analysis protocols, in: J. L. Mueller, G. S. Fargion, C. R. McClain (Eds.), Ocean Optics Protocols for Satellite Ocean Color Sensor Validation, Revision 4, Volume VI: Special Topics in Ocean Optics Protocols and Appendices, NASA Goddard Space Flight Center, Greenbelt, MD, 2003, pp. 3-34. NASA/TM2003-211621/ Rev4-Vol. VI.

[38] D. Antoine, M. Chami, H. Claustre, F. D'Ortenzio, A. Morel, G. Bécu, B. Gentili, F. Louis, J. Ras, E. Roussier, A. J. Scott, D. Tailliez, S. B. Hooker, P. Guevel, J. -F. Desté, C. Dempsey, D. Adams, BOUSSOLE : A Joint CNRS-insu, ESA, CNES and NASA Ocean Color Calibration and Validation Activity, NASA Technical memorandum N2006e214147, NASA/GSFC, Greenbelt, MD, 2006, p. 61.

[39] F. Melin, G. Zibordi, Vicarious calibration of satellite ocean color sensors at two coastal sites, Appl. Opt. 49 (2010) 798-810.

[40] P. J. Werdell, S. W. Bailey, B. A. Franz, A. Morel, C. R. McClain, On-orbit vicarious calibration of ocean color sensors using an ocean surface reflflectance model, Appl. Opt. 46 (2007) 5649-5666.

[41] M. Dinguirard, P. N. Slater, Calibration of space-multispectral imaging sensors: a review, Remote Sens. Environ. 68 (1999) 194-205.

[42] E. Vermote, R. Santer, P. -Y. Deschamps, M. Herman, In-flight calibration of large field of view sensors at shorter wavelengths using Rayleigh scattering, Int. J. Remote Sens. 13 (1992) 3409-3429.

[43] O. Hagolle, P. Goloub, P. -Y. Deschamps, H. Cosnefroy, X. Briottet, T. Bailleul, J. M. Nicolas, F. Parol, B. Lafrance, M. Herman, Results of POLDER in-flight calibration, IEEE Trans. Geosci. Remote Sens. 37 (1999)

1550-1566.

[44] E. Vermote, Y. -J. Kaufman, Absolute calibration of AVHRR visible and near infrared channels using ocean and cloud views, Int. J. Remote Sens. 16 (1995) 2317-2340.

[45] B. Lafrance, O. Hagolle, B. Bonnel, Y. Fouquart, G. Brogniez, M. Herman, Interband calibration over clouds for POLDER space sensor, IEEE Trans. Geosci. Remote Sens. 40 (2002) 131-142.

[46] O. Hagolle, J. -M. Nicolas, B. Fougnie, F. Cabot, P. Henry, Absolute calibration of VEGETATION derived from an interband method based on the sun glint over ocean, IEEE Trans. Geosci. Remote Sens. 42 (2004) 1472-1481.

[47] F. Cabot, O. Hagolle, H. Cosnefroy, X. Briottet, Inter-calibration using desertic sites as a reference target, in: IGARSS' 98, 6-10 July, Geosci. Remote Sensing Symposium Proceedings, vol. 5, 1998, pp. 2713-2715.

[48] National Research Council, Assessing Requirements for Sustained Ocean Color Research and Operations, The National Academies Press, Washington, D. C, 2011.

第 2.3 章

热红外卫星辐射计：设计和发射前特性分析

David L. Smith

卢瑟福阿普尔顿实验室空间部，科学和技术设备委员会，英国 牛津 哈维

邮箱：dave.smith@stfc.ac.uk

章节目录

1. 引言 168

2. 辐射计设计原理 170

  2.1 性能模型 173

  2.2 信噪比 174

3. 遥感系统 175

  3.1 沿轨扫描辐射计（ATSR） 175

  3.2 海陆表面温度辐射计（SLSTR） 178

  3.3 高级甚高分辨率辐射计（AVHRR） 180

  3.4 中分辨率成像光谱仪（MODIS） 181

  3.5 可见光红外成像辐射仪（VIIRS） 183

  3.6 旋转增强型可见光红外成像仪（SEVIRI） 185

4. 定标模型 187

  4.1 辐射噪声 188

  4.2 非线性 189

  4.3 偏移量变化 191

5. 星上定标 191

  5.1 定标源 193

    5.1.1 深空观测 193

    5.1.2 面源黑体或结构化面源黑体 193

    5.1.3 腔式黑体 195

6. 发射前特性和定标 197

  6.1 黑体定标 197

    6.1.1 温度测量 198

    6.1.2 发射率 198

  6.2 仪器辐射定标 200

    6.2.1 定标设施 201

    6.2.2 黑体源 201

    6.2.3 定标测试程序 205

    6.2.4 数据分析 206

    6.2.5 测试结果 207

7. 结论 211

参考文献 212

物理科学中的实验方法，Vol. 47. http://dx.doi.org/10.1016/B978-0-12-417011-7.00007-6

1. 引言

直到 20 世纪,对地球环境的了解大多是通过地面的局部观测获得的。我们的视野仅限于地平线和可用的设备,即使海员也不得不在缓慢移动的船只甲板上进行所有的导航。获得全球测量意味着我们必须从陆地或海上(后来是空中)长途跋涉到往往是荒凉的环境。随着卫星技术和载人航天的出现,我们对地球的看法永远改变了,1968 年阿波罗 8 任务拍摄的标志性"地球升起"照片就是一个象征,历史上第一次,我们可以一次性看到整个地球。成像技术和计算的进步意味着现在可以在很短的时间内以前所未有的细节和精度测量整个地球环境。对于大多数人(乃至遥感科学家)来说,来自太空的图像是魅力的源泉,并帮助我们找到从一个地方到另一个地方的方向,而卫星观测也提供了了解地球气候系统的至关重要的观测数据。

来自太空的观测证实水覆盖了地球表面 70% 以上,由于水的热容量大,海洋作为一个巨大的热库,对地球气候有重大影响。另外,海洋中含有溶解的气体,这些气体对于支持水生生物至关重要,而水生生物又是旱地生命所必需的。因此,海表温度是海洋和地球气候状态的一个重要指征。对于气候监测和研究,必须测量全球海表温度(SST)达到不确定度 <0.3 K,稳定度优于每十年 0.1 K。

一个显而易见的问题是,如何从太空中测量海表温度(SST)?历史上海表温度(SST)的测量通常是从桶中收集海水,然后用温度计测量温度,虽然方法和仪器随着时间的推移而发展,但方法基本相同;为了测量温度,温度计必须与物体有物理接触。

遥感测量物体温度的能力是由于所有物理体都会发出电磁辐射的特性。普朗克辐射定律描述了发射的辐射强度与温度的关系,对于一个绝对温度为 T 的热平衡态黑体,在波长 λ 发出的单位面积、单位立体角、单位波长的光谱辐亮度 $L(\lambda, T)$ 为

$$L(\lambda,T) = 2hc^2/\lambda^5 \left(\exp\left(\frac{hc}{\lambda k_b T} \right) - 1 \right) \tag{1}$$

其中，

  h 是普朗克常数 $= 6.626\,075\,5 \times 10^{-34}$ J•s；

  c 是光速 $= 299,792,458$ m•s^{-1}；

  k_b 是玻尔兹曼常数 $= 1.380\,658 \times 10^{-23}$ J•K^{-1}。

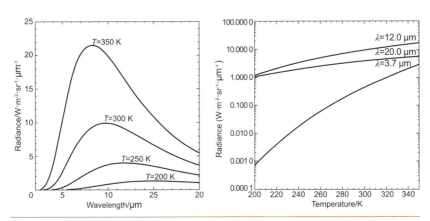

图1 温度分别为200 K、250 K、300 K、350 K普朗克函数随波长（左）的变化；波长分别为 3.7 μm、12 μm、20 μm 随温度（右）的变化数。

  普朗克函数意味着可以通过测量发射辐射的能量分布来确定物体的温度。例如，基于对在可见光波段达到峰值的太阳光谱的测量，计算太阳表面温度约为 6 000 K。在另一个极端，宇宙微波背景光谱对应于 2.7 K 的近乎完美的黑体。对于地球场景典型范围为 200 ～ 350 K 的温度，图 1 中我们看到分布的峰值位于 8 ～ 15 μm 的热红外（TIR）范围。此外，我们还看到辐亮度覆盖了一个很宽的动态范围，特别是在波长 <5 μm 时，因此在这些波长的观测特别适合于准确测量海表温度（SST）和 LST。

  在本节中，我们将介绍专为海表温度（SST）和 LST 观测而设计的工作于热红外的卫星辐射计的设计原理、对现有和未来卫星载荷的调研，以及发射前定标活动的概述。所提供的例子将特别借鉴专门为气候监测设计和制造的先进沿轨扫描辐射计（（A）ATSR）系列的经验，但适用于所有的红外载荷。

2. 辐射计设计原理

对于任何用于地球物理参数气候质量测量的载荷的基本要求是设计一个可以定标的系统,以便在发射前或在轨时可以获取已知精度的偏差测量。图 2 说明了从海表温度(SST)到传感器性能的要求流程。这里的仪器性能模型按照不确定度要求,将其分解为各个部件指标。传感器标定来自在各个部件层面进行的测量,直到在仪器层面进行的测试,以证明系统的端到端定标,然后必须在发射后通过持续的发射后定标和检验活动来维持定标。

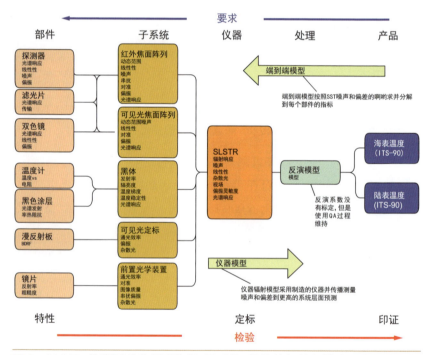

图 2　SLSTR 性能要求分解到仪器、子系统、最终的部件级精度要求的流程概念,以及其后的定标、特性测量,以提供一个完全定标的系统。

准确量化地球场景辐亮度所需的辐射计的基本组成部分是:
① 探测器 + 放大器;
② 滤光片用于选择所需的感兴趣波长;
③ 光路用于收集信号并聚焦到探测器上;

④ 杂散光控制用于减少不想要的信号；

⑤ 定标源用于提供可溯源的参考标准。

如图 3 所示，一个简单的辐射计包括一个带滤光片的探测器、一个遮光罩和出口光阑。从场景辐亮度 L_{scene} 入射到探测器元件的波长 λ 处峰值响应的辐射通量 ϕ 为

$$\phi_\lambda = A\left(\Omega L_{\lambda,\text{scene}} + \pi - \Omega L_{\lambda,\text{radiometer}}\right) \tag{2}$$

其中，A 是探测器的有效面积，Ω 是辐射计的立体角，在这个基本概念中，辐射计光通量 $A\Omega$ 由探测器的有效面积、探测器和光阑之间的距离以及光阑面积决定。值得注意的是，即使通过光学系统经过反射和折射，$A\Omega$ 自始至终是守恒的。

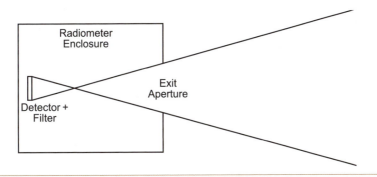

图 3 一个基础的辐射计。

对于一个仪器，光谱响应 $R_\lambda(\lambda)$ 是波长的函数，波段平均辐亮度为

$$L_\lambda(T) = \int R_\lambda R(\lambda) L(\lambda, T)\,\mathrm{d}\lambda \Big/ \int R_\lambda(\lambda)\,\mathrm{d}\lambda \tag{3}$$

探测器的选择取决于所关注的波长范围。对于本书所述的传感器，采用锑化铟（InSb）和碲镉汞（HgCdTe）探测器，因为它们的峰值灵敏度接近感兴趣的波长[1]。这些都是量子探测器，电子–空穴对由入射的辐射产生，并且是以下两种情况之一：产生电压的光伏或电导率变化的光电导，这不要与热探测器（辐射热测量计、高莱探测器）混淆，后者是探测器吸收入射辐射导致温度变化。为了达到最佳的噪声性能，探测器需要在接近 77 K 的罩中运行，罩也要冷却，以尽量减少背景光子通量。

对于红外仪器来说，强调公式中的第二项是很重要的。当波

长 <2.5 μm 时,我们可以忽略这项,因为对于一个暗箱来说,辐射信号与场景辐亮度相比应该是可以忽略的。在热红外波长,外壳有温度这一事实意味着它是一个辐射源,如果罩的温度与场景的温度相同,那么就不可能区分二者,这个问题有两种解决办法:第一种是将外壳冷却到低温,这样就可以忽略其辐射,或者使用一个斩波器,允许在场景和外壳之间进行交替观测,在后一种情况下,记录下来了热背景和场景辐亮度之间的差异,在实践中,这两种方法经常一起使用,因为并不是总能够冷却整个辐射计外罩。

尽管这一基本设计被用于许多从可见光到热红外波长的实验室应用,但它在地球观测中的应用却非常有限。在这里,我们首先需要引入一个望远镜来收集足够的光并聚焦到探测器上,在红外波长,一般使用反射式望远镜,以尽量减少每个表面的损耗并消除色差。最常见的方法包括卡塞格林、牛顿和三反消像散系统。对于(A)ATSR 传感器,使用单个的离轴抛物面镜(赫歇尔望远镜)在视场光阑处产生地球场景的中间图像,如图 4 所示,为了实现多光谱波段,信号由焦面组件的一系列双色分光镜分成不同的波长范围,然后,辐射通过带通滤光片由一个有源反射镜重新成像到探测器上。

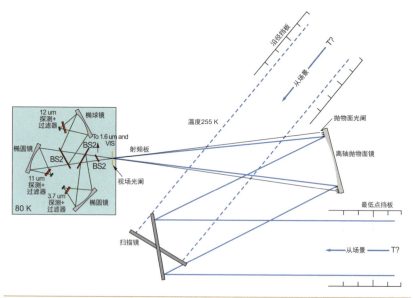

图 4　ATSR 热红外通道光学链路示意图。

扫描镜将来自地球场景的信号导向望远镜孔径,这也用于对星上定标目标进行观测。光学罩应该有足够的杂散光挡光板,以确保没有来自卫星的不需要的信号,更重要的是没有来自反射太阳光的信号,这可能会影响仪器的热稳定性。

2.1 性能模型

为了了解仪器的性能和对定标的影响,模拟端到端的响应很重要。为此,我们需要修改辐射测量模型,以考虑到链路中所有的光学成分,对每个表面来说,光通量是守恒的,更重要的是链路中的每个表面都发射红外辐射。

$$\phi_\lambda = A_\lambda \left(\begin{array}{l} (\pi - \Omega_\lambda)L_{\text{FPA},\lambda} + \\ \Omega_\lambda \left(\tau_{FPA,\tau} \left(\begin{array}{l} (1-\tau_{\text{FPA},\tau})L_{\text{FPA},\lambda} + \\ \xi_\lambda \left(\begin{array}{l} (1-\xi_\lambda)L_{\text{surr},\lambda} + \\ L_{\text{para},\lambda} \left(\begin{array}{l} (1-r_{\text{para},\lambda})L_{\text{para},\lambda} + \\ L_{\text{para},\lambda} \left(\begin{array}{l} (1-r_{\text{sara},\lambda})L_{\text{scan},\lambda} + \\ r_{\text{scan},\lambda}L_{\text{scene},\lambda} \end{array} \right) \end{array} \right) \end{array} \right) \end{array} \right) \right) \right) \tag{4}$$

其中,

$L_{\text{scene},\lambda}$ 是波段内积分的场景光谱辐亮度;

L_{scan}, L_{para}, L_{FPA}, L_{surr} 分别是来自扫描镜、望远镜、焦面组件(FPA)和望远镜周围(假定与 FPA 挡板的温度相同,并且发射率为 1.0)的辐亮度;

τ_{FPA} 是 FPA 在每个光谱通道峰值响应波长处的透过率;

$A\Omega$ 是探测器的总光通量,由探测器的视场确定;

ξ 是通过主孔径光阑观察到的测量信号的比率

r_{scan}、r_{para} 是仪器前置光学装置镜面涂层的反射率。

由于探测器和外罩被冷却到低温(约 80 K),我们可以假设冷的 FPA 和光学器件对总信号的贡献可以忽略不计。另外,如果仪器的设计可以假定望远镜和扫描镜具有大致相同的高反射率并且处于相同的温度,这样,

$$L_{\text{scan}} = L_{\text{para}} = L_{\text{surr}} = L_{\text{inst}}$$

其中，L_{inst} 是仪器前置光学装置的黑体辐亮度，则公式可简化为

$$\phi_\lambda = A_{i,\lambda} \Omega_{i,\lambda} \tau_{\text{FPA},\lambda} \left(\xi_\lambda r_\lambda^2 L_{\text{scene},\lambda} + \left(1 - \xi_\lambda r_\lambda^2\right) L_{\text{inst},\lambda} \right) \quad (5)$$
$$= \phi_{\text{scene},i,\lambda} + \phi_{\text{inst},i\lambda}$$

值得注意的是，为了使上述定标方案奏效，关键是没有可观测到的其他来源对测量辐射的贡献，特别是机构方面。

每个通道测量的信号转换为电压，然后数字化为量化值，DN。

$$DN_{\text{scene}} = F_{\text{ADC}} \left(V \left\{ \phi_{\text{scene},i,\lambda} + \phi_{\text{inst},i,\lambda} \right\} + V_{\text{off}} \right) \quad (6)$$

其中，

F_{ADC}=ADC 转换因子；

τ_{opt}=FPA 光学组件透过率／反射率；

τ_{ome}=OME 光学组件透过率／反射率 =ξr^2；

AΩ= 光链路的光通量；

V= 作为探测器上光子的函数的电压输出，这将是探测器＋放大器的函数，与光子通量可以是非线性关系，响应也可能对仪器的偏振敏感；

V_{off}= 偏移电压。

这就减为

$$DN_{\text{scene}} = g\left(L_{\text{scene}}\right) + \text{offset} \quad (7)$$

2.2　信噪比

辐射计品质的关键指标是信噪比，在红外波长，信噪比通常表示为噪声等效温差，由以下公式给出：

$$NE\Delta T = \frac{\Delta V_{\text{scene}}}{V_{\text{scene}}} \left(\frac{\partial V}{\partial T} \bigg|_T \right)^{-1} \quad (8)$$

总的信号噪声将是散粒、探测器、量化（数字化）和放大器噪声源的组合，因此：

$$\Delta V_{\text{tot}}^2 = \Delta V_{\text{shot}}^2 + \Delta V_{\text{det}}^2 + \Delta V_{\text{amp}}^2 + \Delta V_{\text{quant}}^2 \quad (9)$$

理想情况下，系统噪声应该是限于散粒噪声，它取决于到达探测器的光子所产生的电子空穴对的数量，因此有时称为光子噪声。

由于我们关注的是大量的光子,信噪比(SNR)是

$$SNR = \frac{V_{scene}}{\Delta V_{shot}} = \frac{N}{\sqrt{N}} = \sqrt{N} \qquad (10)$$

对于一个给定的光子通量 ϕ_{det},探测器产生的电子数量取决于设备的量子效率 η 和频率带宽 $f(Hz)$,这样:

$$N_{el} = \frac{\eta \phi_{det} (\lambda / hc)}{f} \qquad (11)$$

需要注意的是,散粒噪声取决于到达探测器的光子总数。如前所述,这包括来自辐射计的热发射。因此,任何辐射计设计中的一个基本因素是通过使用高反射率的光学面和控制光学器件的温度来减少热背景。

探测器固有噪声性能通常由 D- 星(D^*)给出,或称探测率,正式定义为当 1 W 的辐射功率以 1 Hz 的噪声等效带宽入射到 1 cm^2 的探测器上时,探测器的信噪比。

$$D^* = \frac{\sqrt{A_{det} f}}{NEP} \, cm \sqrt{Hz} \, W^{-1} \qquad (12)$$

由此我们可以推导出信噪比:

$$SNR = \frac{V_{scene}}{\Delta V} = \frac{\phi_{det}}{\sqrt{A_{det} f}} D^* \qquad (13)$$

需要注意的是,在对信噪比进行模拟时,D^* 值不应该包括散粒噪声,而应该指暗(即冷)信号噪声。

3. 遥感系统

3.1 沿轨扫描辐射计(ATSR)

沿轨扫描辐射计(ATSRs)形成了一系列专门优化用来提供准确的海表温度(SST)遥感测量的星上仪器。自 1991 年中期以来,欧洲空间局地球观测卫星上三个 ATSR 传感器提供了全球观测,即 ERS-1(欧洲遥感卫星)上的 ATSR-1,然后是 ERS-2 上的 ATSR-2 和 ENVISAT 上的 AATSR(高级 ATSR)。这些任务在连续的传感器

之间有很好的重叠性。所有三个航天器都是太阳同步轨道,重复周期接近3天,每天大约14个轨道。每个ATSR(图5)结合其日夜覆盖和500 km的扫描刈幅,每三天提供几乎完整的全球覆盖。

图5　沿轨扫描辐射计。

表1　ATSR光谱波段

中心波长 /μm	带宽 /μm	功能	ATSR-1	ATSR-2	AATSR	探测器 类型
0.555	0.020	叶绿素	N	Y	Y	Si
0.659	0.020	植被指数	N	Y	Y	Si
0.870	0.020	植被指数	N	Y	Y	Si
1.600	0.060	云,火	Y	Y	Y	InSb
3.7		夜间海表温度（SST）,火	Y	Y	Y	InSb
10.8		海表温度（SST）	Y	Y	Y	HgCdTe
12		海表温度（SST）	Y	Y	Y	HgCdTe

每个ATSR仪器都有与AVHRR(高级甚高分辨率辐射计)波段相对应的光谱通道,波长分别为1.6 μm,3.7 μm,10.8 μm,12 μm,

可以进行"分裂"窗海表温度反演。ATSR-2 和 AATSR 还配置了 0.555 μm、0.660 μm 和 0.870 μm 的可见光（VIS）和近红外（NIR）通道，用于白天的云、气溶胶、植被监测。标称瞬时视场为 1.3 mrad（与 AVHRR 一样），天底分辨率为 1 km（表 1）。

ATSR 主要的独特设计是采用圆锥形扫描几何结构，提供了地球的两个观测：一个天底观测和一个相应的 55° 天顶角倾斜"沿轨"观测，如图 6 所示。这种扫描几何结构提供了通过两个大气路径的海表观测，以提供额外的信息用于大气校正。双观测还具备改进云和气溶胶反演的能力。

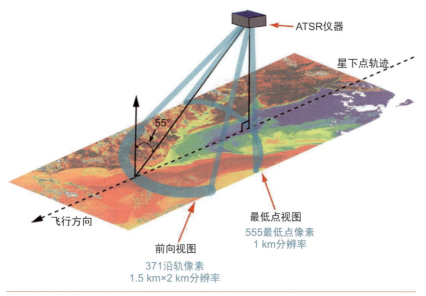

图 6 ATSR 扫描几何结构

图 4 显示了（A）ATSR 的光学配置。（A）ATSR 小瞬时视场（IFOV）是由一个直径为 110 mm，f5 离轴抛物面镜来确定的，它被送入主焦点处的一个单轴视场光阑。一个倾斜的扫描镜覆盖了望远镜略微发散的光束，它是以平行于此的恒定角速度矢量以 400 rpm 的速度旋转，在扫描镜处的入射角约为 11.7°，而四倍于此的全扫描锥角约为 47°。由于其最小化的光学表面，这种配置非常适合红外，扫描镜和抛物面镜只需要冷却到大约 -10 ℃，其发射的光子噪声就

可以符合噪声估算。低入射角和高镜面反射率意味着这些地球成像前置光学系统基本上是非偏振的。

中心波长为 1.6 μm、3.7 μm、10.8 μm 和 12 μm 的红外通道安装在由斯特林循环冷却器冷却到 80 K 的红外焦面组件,所有通道都在共同的视场光阑后进行光学对准,这个也冷却到 80 K。

锥形扫描几何结构允许对两个星上黑体定标目标进行观测,这将在 4.2.1 节中描述。

探测器信号的采样频率为～13 kHz,数字化分辨率为 12 bit。由于(A)ATSR 是为气候质量的海表温度(SST)测量而优化的,红外通道的动态范围通常为 210 K～315 K。不同载荷的 $NE\Delta T$ 值略有不同,但通常在场景亮温为 270 K 时,3.7 μm 为～0.05 K、10.8 μm 和 12 μm 为～0.03 K[1]。

3.2　海陆表面温度辐射计(SLSTR)

欧空局哨兵 -3 号任务搭载的海陆表面温度辐射计(SLSTR)是一个多通道扫描辐射计,将延续 ATSR 系列 21 年的数据集。顾名思义,SLSTR 的测量将用于反演全球海表温度(SST),其确定度小于 0.3 K,可溯源至国际标准(图 7)。

SLSTR 与 ATSR 传感器有许多共同的特点,包括使用斯特林循环冷却器冷却的热红外光谱波段,双观测角使得同一个地面场景可以通过两个大气路径观测,一个为天底观测、一个 55° 天顶角的沿轨观测,两个黑体源为红外通道提供连续定标,和一个基于漫反射板的 VISCAL 源用于太阳反射波段定标。该仪器的光学设计是对 ATSR 扫描概念的发展,提供 1 400 km 的天底观测和 750 km 的倾斜观测。表 2 中列出的 SLSTR 的光谱波段是基于 ATSR 系列的波段,但包括了额外的短波红外(SWIR)波段(S4, S6),用于改进白天的云检测,以及动态范围高达 500K 的热通道,用于火点检测(S7F, S8F)。Coppo 等人的论文对 SLSTR 及其预期性能进行了更详细的描述[2]。

图 7　准备热测试的海陆表面温度辐射计的结构热模型。

表 2　SLSTR 光谱波段

波段编号	中心波长 /μm	带宽 /μm	星下点空间 分辨率/km	功能
S1	0.555	0.020	0.5	叶绿素
S2	0.659	0.020	0.5	植被指数
S3	0.870	0.020	0.5	植被指数
S4	1.375	0.015	0.5	薄卷云检测
S5	1.610	0.060	0.5	云,火
S6	2.225	0.050	0.5	云,火
S7	3.700	0.380	1.0	夜间海表温度(SST),火
S8	10.850	0.900	1.0	海表温度(SST)/LST
S9	12.000	1.000	1.0	海表温度(SST)/LST
S7F	3.700	0.380	1.0	火
S8F	12.000	0.900	1.0	火

3.3 高级甚高分辨率辐射计(AVHRR)

高级甚高分辨率辐射计 AVHRR 是一个极轨扫描辐射计,自 20 世纪 70 年代以来一直运行,现在仍然是提供热红外和太阳反射观测的主要仪器(图 8)。AVHRR 最早是搭载"泰罗斯"-N 卫星(TIROS-N)上,于 1978 年发射,光谱通道在 0.60 μm、0.86 μm、3.7 μm、10.85 μm。此后有了一些发展(表 3),目前的版本 —— AVHRR/3 包括 6 个光谱通道,分别为 0.60 μm、0.86 μm、3.7 μm、10.85 μm、12 μm。2013 年,有 4 个 AVHRRs 在运行,两个在 NOAA 卫星上,两个在 METOP 卫星上,以满足每日全球覆盖的业务化要求。METOP 卫星在太阳同步轨道上,升交点(ANX)的当地时间为 21:31。NOAA 卫星在太阳同步轨道上,升交点(ANX)时间为 19:15 和 13:30,即所谓的上午和下午赤道交点时间。

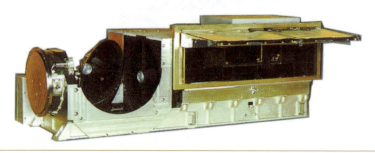

图 8　高级甚高分辨率辐射计,图片来源:NOAA。

表 3　AVHRR 光谱波段

波段编号	AVHRR/1 TIROS-N NOAA-6, 8, 10	AVHRR/2 NOAA-7, 9, 11, 12, 14	AVHRR/3 NOAA-15, 16, 17, 18, 19METOP-A, B, C	探测器类型
1	0.58～0.68 μm	0.58～0.68 μm	0.58～0.68 μm	硅
2	0.725～1.00 μm	0.725～1.00 μm	0.725～1.00 μm	硅
3A			1.58～1.68 μm	铟镓砷
3B	3.55～3.93 μm	3.55～3.93 μm	3.55～3.93 μm	锑化铟
4	10.40～11.30 μm	10.40～11.30 μm	10.40～11.30 μm	碲镉汞
5	波段 4-重复	11.50～12.50 μm	11.50～12.50 μm	碲镉汞

AVHRR 包括一个 20.3 cm 的主卡塞格伦望远镜，与可见光（VIS）探测器组件和红外（IR）探测器组件通用，红外探测器由一个两级冷却器辐射冷却到 105 K。安装在 20 cm 直径望远镜前方的旋转椭圆扫描镜提供了地球、冷空和内部定标目标（ICT）的交替观测，扫描机构以 360 rpm 持续旋转，以提供 2 048 像素的地球观测，天顶角范围为 ±55°，探测器的标称瞬时视场（IFOV）为 1.3 mrad，星下点空间分辨率为 ~1.1 km。探测器信号的采样频率为 40 kHz，以 10 bit 数字化传输。红外通道的动态范围为 180 ~ 335 K，NEdT ~ 0.12 K。

该扫描计还提供了内部定标目标（ICT）和冷空观测，以提供两点的星上定标。

3.4 中分辨率成像光谱仪（MODIS）

中分辨率成像光谱仪（MODIS）是一个宽幅（±55°）跨轨扫描辐射计，具有 20 个 0.41 ~ 2.2 μm 的太阳反射波段，16 个 3.7 ~ 14.4 μm 的热红外波段（图 9）。波段的选择是为了满足表 4 中所列的具体观测需求。在撰写本书时，有两个 MODIS 载荷正在运行，即 MODIS Terra（EOS AM），其降交点时间为 10:30；MODIS Aqua（EOS PM）的升交点时间为 13:30，如同 AVHRR 载荷，这两颗卫星在 1 ~ 2 天提供全球覆盖。

图 9　MODIS，图片来源：NASA。

表 4 MODIS 光谱波段

波段编号	中心波长 /μm	带宽 /μm	功能	星下点 IFOV /km	要求的 SNR/ NEdT
1	0.645	0.050	陆地 / 云层 / 气溶胶边界层	0.25	128
2	0.858	0.035		0.25	201
3	0.469	0.020	陆地 / 云层 / 气溶胶特性	0.50	243
4	0.555	0.020		0.50	228
5	1.240	0.020		0.50	74
6	1.640	0.024		0.50	275
7	2.130	0.050		0.50	110
8	0.412	0.015	水色 / 浮游植物 / 生物地球化学	1.00	880
9	0.443	0.010		1.00	838
10	0.488	0.010		1.00	802
11	0.531	0.010		1.00	754
12	0.551	0.010		1.00	750
13	0.667	0.010		1.00	910
14	0.678	0.010		1.00	1087
15	0.748	0.010		1.00	586
16	0.869	0.015		1.00	516
17	0.905	0.030	大气水汽	1.00	167
18	0.936	0.010		1.00	57
19	0.940	0.050		1.00	250
20	3.750	0.180	地表 / 云温度	1.00	0.05K
21	3.960	0.060		1.00	2.00K
22	3.960	0.060		1.00	0.07K
23	4.050	0.060		1.00	0.07K
24	4.466	0.065	大气温度	1.00	0.25K
25	4.516	0.067		1.00	0.25K

续表

波段编号	中心波长/μm	带宽/μm	功能	星下点 IFOV/km	要求的 SNR/NEdT
26	1.375	0.030		1.00	150（SNR）
27	6.715	0.360	卷云水汽	1.00	0.25K
28	7.325	0.300		1.00	0.25K
29	8.550	0.300	云特性	1.00	0.05K
30	9.730	0.300	臭氧	1.00	0.25K
31	11.03	0.500	地表 / 云温度	1.00	0.05K
32	12.02	0.500		1.00	0.05K
33	13.34	0.300		1.00	0.25K
34	13.64	0.300	云顶高度	1.00	0.25K
35	13.94	0.300		1.00	0.25K
36	14.24	0.300		1.00	0.35K

MODIS 网站

　　探测器安装在可见光（VIS）、近红外（NIR）、短波和中红外（SWIR/MWIR）以及热红外（TIR）4 个独立的焦面组件（FPA）上。MODIS 在星下沿轨观测为 10 km，这意味着 1 km 波段有 10 个探元，0.5 波段条带有 20 个探元，而 0.25 km 波段有 40 个探元。波段 13 和 14 分成两个 10 探元的阵列。红外通道被动冷却到 83 K。

　　来自地球的光通过一个以 20.3 rpm 旋转的双面扫描镜导入一个双镜面的聚焦望远镜。扫描镜还能观测星上定标源和太空。

3.5 可见光红外成像辐射仪（VIIRS）

　　可见光红外成像辐射仪（VIIRS）旨在作为 AVHRR 和 MODIS 的替代载荷（图 10）。第一个 VIIRS 仪器于 2011 年 10 月搭载在 Suomi National Polar-orbiting Partnership satellite（SNPP）上发射。Suomi 是 NOAA 的极轨业务化环境卫星和将取代它们的联合极轨卫星系统之间的一个填补者。

图 10　VIIRS,图片来源:NASA。

尽管 VIIRS 保留了 MODIS 和 AVHRR 反演海表温度(SST)所需的一些光谱波段(表 5),值得注意的是它在载荷体系结构方面有很大区别。

表 5　VIIRS 光谱波段

波段编号/增益	中心波长/μm	带宽/μm	功能	天底 IFOV 沿轨 × 跨轨 /km
M1 双	0.412	0.020	水色,气溶胶	0.742×0.259
M2 双	0.445	0.020	水色,气溶胶	0.742×0.259
M3 双	0.488	0.020	水色,气溶胶	0.742×0.259
M4 双通	0.555	0.020	水色,气溶胶	0.742×0.259
I1	0.640	0.080	成像,植被	0.371×0.387
M5 双路	0.672	0.020	水色,气溶胶	0.742×0.259
M6 单	0.746	0.015	大气层校正	0.742×0.259
I2 单	0.865	0.039	植被	0.371×0.387
M7 双	0.865	0.039	水色,气溶胶	0.742×0.259
DNB 多个	0.7	0.400	成像	0.742×0.742
M8 单	1.24	0.020	云颗粒大小	0.7420×0.776
M9 单	1.38	0.015	卷云覆盖	0.742×0.776

续表

波段编号 / 增益	中心波长 /μm	带宽 /μm	功能	天底 IFOV 沿轨 × 跨轨 /km
M10 单	1.61	0.060	雪覆盖率	0.742×0.776
I3 单	1.61	0.060	二值雪图	0.371×0.387
M11 单人	2.25	0.050	云	0.742×0.776
M12 单人	3.70	0.180	海表温度（SST）	0.742×0.776
I4 单	3.74	0.380	成像，云层	0.371×0.387
M13 双	4.05	0.155	海表温度（SST），火	0.742×0.259
M14 单	8.55	0.300	云顶特性	0.742×0.776
M15 单	10.76	1.000	海表温度（SST）	0.742×0.776
I5 单	11.45	1.900	云图像	0.371×0.387
M16 单	12.01	0.950	海表温度（SST）	0.742×0.776

首先，使用一个旋转的三反消像散望远镜来代替固定的望远镜和扫描镜。半角镜以一半望远镜速度旋转用于补偿图像旋转，旋转望远镜比起用于 MODIS 和 AVHRR 的单个扫描镜有一些优势，因为完整的望远镜可以观测地球场景和定标源而不需要额外的光学装置。

VIIRS 聚合来自几个探测器亚像素的信号以便在整个 ±55° 扫描刈幅内提供一个近乎恒定和方形（大约）的 1×1 km 像素分辨率，这是为了克服所有扫描辐射计常见的在大视角下像素足迹的不断增大和失真，由于聚合随观测角的变化而变化，所以仪器的有效 $A\Omega$ 不再是观测角的常量，必须在定标算法中加以考虑。

3.6 旋转增强型可见光红外成像仪（SEVIRI）

用于海表温度（SST）测量的静止卫星载荷的例子是旋转增强型可见光红外成像仪（SEVIRI），它是第二代气象卫星的主要光学载荷（图 11）。SEVIRI 包括 4 个从 0.4～1.6 μm 的可见光 / 近红外波段和 8 个 3.9～13.4 μm 的红外通道（表 6）。36 000 km 高的卫星星下点可见光 - 近红外通道分辨率为 1 km，红外通道为 3 km。

图 11 SEVIRI，图片来自参考文献 [3]。

表 6 SEVIRI 光谱波段

波段编号	中心波长 /μm	带宽 /μm	天底空间分辨率 /km	功能
HRV	0.75	0.30	1	成像
VIS 0.6	0.635	0.15	1	云、植被、成像
VIS 0.8	0.81	0.14	1	云、植被、成像
NIR 1.6	1.64	0.28	1	雪和冰云的辨别
IR6.2	6.25	0.88	3	水汽
IR3.9	3.92	1.80	3	海表温度（SST），LST，云，雾
IR7.3	7.35	1.00	3	水汽
IR8.7	8.70	0.80	3	海表温度（SST），LST，云
IR9.7	9.66	0.56	3	臭氧
IR10.8	10.80	2.00	3	海表温度（SST），LST，云
IR12.0	12.00	2.00	3	海表温度（SST），LST，云
IR13.4	13.40	2.00	3	卷云检测

一个直径为 50 cm 的扫描镜将场景辐亮度引导到主望远镜上，然后聚焦到探测器上。地球图像是利用卫星自旋来收集从东至西的图像行，并在南北方向移动扫描镜来产生 1 527 个扫描线[4]，每 12 min 获得一个完整的地球圆盘图像，一个"翻转"机构在每个图像采集结束时被激活，以将红外定标源定位到仪器的视场。整个周期需要 15 min 完成。

红外探、测器是辐射冷却的，由于冷却是被动的，探测器的温度在 85 ~ 95 K 有季节性的变化。提供从 0 ~ 1 023 的 10 bit 分辨率的信号。

4. 定标模型

热红外载荷的一级辐射测量数据通常表示为大气顶部的亮温，单位为开尔文，是将测量的场景辐亮度等同于温度为 T 的黑体。尽管这是一个方便使用的单位，因为它很容易理解，并给出了场景温度的一阶近似值，但在中波红外 - 热红外（MWIR-TIR）波长，辐亮度与温度仍不是线性关系，必须作为场景辐亮度的函数进行定标。

如前所述，每个通道测量的信号转换为电压，然后数字化。

我们对公式 7 求逆得到场景辐亮度作为 DN 的函数：

$$L_{\text{scene}} = g^{-1} \left(DN_{\text{scene}} - DN_{\text{offset}} \right) \qquad (14)$$

对于本章所述的大多数传感器，通常采用两点定标方案，使用已知辐亮度 L_1 和 L_2 的源产生平均信号 $\langle DN_1 \rangle$ 和 $\langle DN_2 \rangle$，因此假设响应与辐亮度呈线性关系（或至少进行了非线性修正），我们得到：

$$L_{\text{scene}} = XL_1 + \left(1 - X \right) L_2 + \Delta L_{\text{offset}} \qquad (15)$$

其中，

$$X = \frac{DX_{\text{scene}} \langle DN_2 \rangle}{\langle DN_1 \rangle - \langle DN_2 \rangle} = \frac{L_{\text{scene}} - L_2}{L_1 - L_2} \qquad (16)$$

辐射定标的综合不确定度可以解析地得出（假设不确定度的来源在一阶上是不相关的），采用

$$(ur)2 = \sum_{i=1} \left(\frac{\partial r}{\partial a_i} ua_i \right)^2 \qquad (17)$$

以亮温误差表示辐射测量误差可以用下式：

$$uT = uL \left(\frac{\partial L}{\partial T} \bigg|_T \right)^{-1} \qquad (18)$$

将此应用于定标公式，我们得到了表 7 中给出的不确定度的细分项。

表 7   红外定标不确定度估算的组成部分

参数	项	偏导数
高定标源辐亮度	uL_1	$\dfrac{\partial L}{\partial L_1} = X$
低定标源辐亮度	uL_2	$\dfrac{\partial L}{\partial L_1} = 1 - X$
数字值噪声（NEΔT）	uDN	$\dfrac{\partial L}{\partial DN} = \dfrac{L_1 - L_2}{\langle DN_1 \rangle - \langle DN_2 \rangle}$
高定标源噪声	$u\langle DN_1 \rangle$	$\dfrac{\partial L}{\partial \langle DN_1 \rangle} = X \dfrac{L_1 - L_2}{\langle DN_1 \rangle - \langle DN_2 \rangle}$
低定标源噪声	$u\langle DN_2 \rangle$	$\dfrac{\partial L}{\partial \langle DN_2 \rangle} = (X - 1) \dfrac{L_1 - L_2}{\langle DN_1 \rangle - \langle DN_2 \rangle}$
非线性	uNL	$\dfrac{\partial L}{\partial NL} = \dfrac{L_1 - L_2}{\langle DN_1 \rangle - \langle DN_2 \rangle}$
偏移量变化	ΔL_{offset}	$\dfrac{\partial L}{\partial \Delta L_{\text{offset}}} = 1$

尽管测量中的主要不确定度来源应该是定标源，这将在下面的章节中讨论，但我们必须仔细考虑其他来源，因为这些来源如果被忽视，可能影响很大。

4.1 辐射噪声

辐射噪声通常被认为是一种纯随机的白噪声信号，会随着多次采样而减少，因此来自定标源的噪声信号可以忽略不计。然而，这并不总是真实的，一些明显的"噪声"源有可检测的特性，可以在图像中产生"特性"。因此，当描述一个仪器的噪声性能时，重要的是考虑测量的时间序列，以量化任何影响，并确定对数据质量的影响。

如 ATSR-1，通过仔细检查均匀场景上的 ATSR 图像，观察到来自磁性冷却器驱动磁头的额外显著噪声，在黑体信号的傅里叶分析中很清楚（见图 12），由于冷却器工作频率，信号几乎是每次扫描半个周期的奇数，并且相对于扫描周期缓慢漂移。

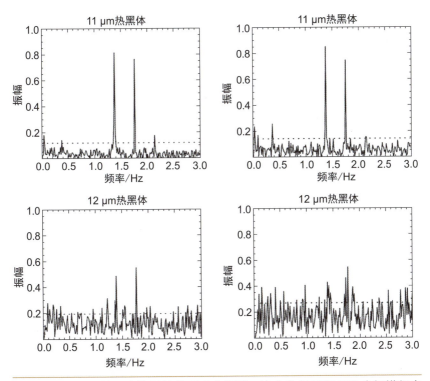

图 12 ATSR 黑体噪声信号的傅里叶变换谱。这个分析是在 512 个扫描行中进行的，并且在去除由于黑体温度变化引起的背景漂移之后。应该注意的是，由于冷却器的频率是 43 Hz，而扫描周期是 6.7 Hz，所以噪声信号有很强的混叠。

4.2 非线性

到目前为止，我们假设仪器响应与场景辐射是线性的。然而，对于用于热红外的光电导碲镉汞探测器来说，众所周知，探测器的响应随着光子通量的增加而"下降"[5,6]。本质上,电子－空穴重组率随着载流子(电子和空穴)数量而增加。非线性响应也可能是由于探测器的放大电路的设计和使用的元件造成的。

我们可以通过模拟非线性响应与场景温度的关系并通过定标公式来研究非线性对定标的影响。在图 13 所示的例子中,我们模拟了对两点定标的影响,分别是冷空观测和 285 K 黑体(如 AVHRR,MODIS)和两个星上 255 K 和 300 K 黑体(如 AATSR)。我们假设非线性度为～5%,在定标目标温度下,亮温误差接近于零,超出此范围,非线性会引起显著的误差。这是早期 AVHRR 传感器的一个问题,由于没有考虑非线性问题,测得的亮温误差高达 2 K[7],NOAA进行了后处理校正。

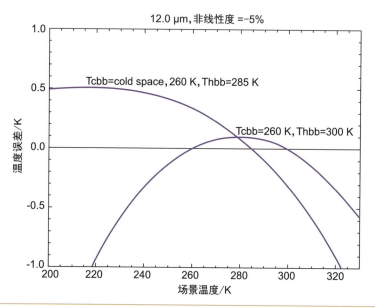

图 13　非线性误差对定标的影响。

(A) ATSR 为减少非线性影响而采用的方法是将两个定标源放在海表温度(SST)测量需要的温度范围的两端,即使有 5% 的非线性度,该范围内的亮温误差低于 0.1 K。然而,这并不能完全解决问题,在这个范围之上和之下,误差会迅速增加。

因此,地面定标活的一个关键是确定响应的非线性特性,以提供一个校正,如第 6.2.5 节所述。

4.3 偏移量变化

在仪器设计中必须考虑传感器在定标期间和定标观测之间的稳定性。在性能模型中,测量信号的相当一部分来自仪器的热背景。根据传感器的设计,背景信号可能占总信号的 10%～20%。因此,热背景的稳定性是定标方案的一个组成部分。为了减少这些变化的影响,仪器的热设计应确保主光学外罩在一个轨道上是稳定的。然而,由于卫星设计的限制,不可能完全消除温度变化,所以最好是尽可能频繁地观测定标源。

5. 星上定标

如前所述,各种仪器采用了不同的定标方案,尽管有明显的技术差异,但都是用黑体源,因此在讨论每一种方法的优点或否之前,我们将看看黑体源的基本物理特性,以了解不确定度的主要来源。

对于发射率为 $\varepsilon=1.0$ 的完美黑体,辐亮度可以通过普朗克函数根据其温度得出。在现实世界中,黑体并不完全是黑的,即 $\varepsilon<1.0$,所以实际的辐亮度会有一个小的反射部分,所以:

$$L_{\lambda,\mathrm{BB}} = \varepsilon_\lambda L_\lambda(T_{\mathrm{BB}}) + (1-\varepsilon_\lambda) L_{\lambda,\mathrm{back}} \qquad (19)$$

L_{back} 是来自仪器光学和结构对应于仪器温度 T_{back} 的背景辐亮度。假设仪器腔体足够黑,$\varepsilon>0.9$,就可以用温度 T_{inst} 的普朗克函数来近似背景辐亮度项。那么黑体辐亮度为

$$L_{\lambda,\mathrm{BB}} - \varepsilon_\lambda L_\lambda(T_{\mathrm{BB}}) + (1-\varepsilon_\lambda) L_\lambda(T_{\mathrm{back}}) \qquad (19)$$

为了使之有效,目标孔径必须完全填满仪器光束。

使用与定标公式相同的方法,我们得到如下黑体辐亮度的不确定度来源。

从表 8 中我们注意到,黑体辐亮度的不确定度取决于几个因素。对于非一发射率,不确定度将取决于黑体视场中的热背景(L_{back})以

及对其的了解程度(uL_{back})。如果支撑黑体的外罩是等温的,并且可以很好地测量,那么就有可能忽略发射率误差。然而,如果仪器的温度与黑体的温度不一样,那么非黑体引起的误差就会变得相当大,特别是当需要整体辐射误差 <0.1 K 时,见图 14,在这种情况下,至少要测量板观测视野中仪器温度,以便更好地估算黑体辐射度,这一点至关重要。但仅仅这样是不够的,因为我们还需要知道目标的发射率。

除了黑体温度计的绝对温度(uT_{cal})外,底板上的梯度(uT_{grad})和定标期间的稳定性(uT_{stab})也是关键因素。仅仅引用 ITS-90(或国际标准)的可溯源性是不够的,必须仔细考虑仪器的热设计,以确保其他误差源最小化。特别是,由于发射率很高,因此辐射耦合性很强,仪器外罩和黑体源的热设计必须一起考虑,而不是独立的单元。

表 8　黑体源不确定度估算的组成部分

参数	项	偏微分
发射率误差	$u\varepsilon$	$\dfrac{\partial L}{\partial \varepsilon} = L_{bb} - L_{back}$
由于黑体发射率 $\varepsilon<1.0$ 造成的背景辐亮度误差	uL_{back}	$\dfrac{\partial L}{\partial T_{back}} = \left(1-\varepsilon\right)\dfrac{\partial L}{\partial T}\bigg|_{Tback}$
黑体测温误差	uT_{cal}	$\dfrac{\partial L}{\partial T}\bigg|_{Tbb}$
黑体温度梯度	uT_{grad}	$\dfrac{\partial L}{\partial T}\bigg|_{Tbb}$
黑体温度稳定度	uT_{stab}	$\dfrac{\partial L}{\partial T}\bigg|_{Tbb}$
仪器光谱响应知识	$u\lambda$	$\dfrac{\partial L}{\partial \lambda}\bigg|_{Tbb}$

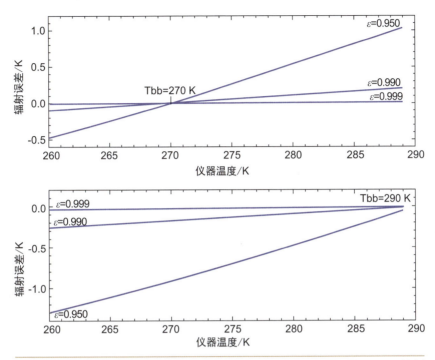

图 14　由于目标发射率的非黑性，在 11 μm 的辐射测量误差。这里显示的例子假设黑体温度在 270 K 和 290 K。

5.1　定标源

5.1.1　深空观测

AVHRR、MODIS 和 VIIRS 采用对深空的观测提供了一个辐射偏移值，因为可以假设场景辐亮度为零（或接近零），在许多方面，这是一个理想的源，因为不需要电子装置来供电或监测，而且质量为零。假如整个光路链和光阑都包含在视场中，那么这个源的不确定度应该是可以忽略的。这种方法的主要缺点是零辐亮度通常远远低于大多数地面场景的辐亮度，任何残留的非线性误差都会被放大。

5.1.2　面源黑体或结构化面源黑体

面源黑体类型定标源的主要优点是它易于容纳在仪器的结构

中,而不显著增加质量或体积。然而,由于黑体的热环境不均匀,不可能达到高发射率。在没有任何结构的情况下,面源黑漆的表面发射率为～0.95,有一些表面结构,发射率可以达到～0.99,但这是以黑体处于仪器环境相同温度为条件的。

AVHRR 的 ICT 是一个平板,带有黑色涂漆的碳蜂窝表面,标称发射率为 0.992[7]。温度由安装在板上的四个铂电阻温度计(PRTs)监测。铂电阻温度计(PRTs)与美国国家标准与技术研究所(NIST)可溯源的铂电阻温度计(PRTs)在覆盖工作范围的 278 K～298 K 内进行校准。黑体源的总体不确定度估算为 0.4 K,主要归因于温度梯度和测量误差。

MODIS 和 VIIRS 的黑体源包括一个 V 形槽面板,如图 15 和图 16 所示。每次扫描都观测黑体(BB),以提供近乎连续的定标。黑色涂层和 45° 沟槽的组合可提供～0.992 的有效发射率。黑体(BB)由可溯源到 NIST 标准的 12 个精密热敏电阻监测面板温度,其不确定度为 ±0.1 K。黑体(BB)通常工作在 290 K,但能够在 274 K～320 K 工作以便于额外的定标测量,特别是描述非线性特性。

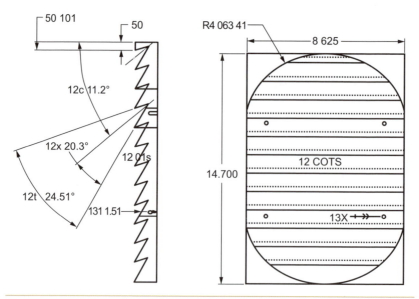

图 15　MODIS 星上定标黑体的示意图,来自参考文献 [8]。

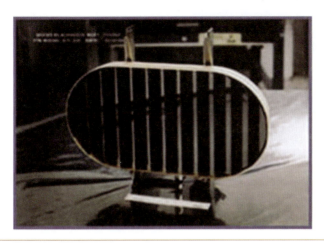

图 16 MODIS 星上定标黑体源，来自参考文献 [9]。

5.1.3 腔式黑体

如图 14 所示，最好使用具有非常高的发射率 $\varepsilon \sim 1$ 的黑体源，并且发射率不确定度非常低。传统的和最可靠的方法是使用一个具有凹入锥体几何形状的等温腔，如图 17 所示。

通过精心设计，黑体发射率对表面涂层特性不那么敏感，原则上随着时间的推移更加稳定。通常的设计规则是腔体长度需要比直径大得多，并且 $D>2H$[10]。对于地基的黑体来说，设计一个具有良好长度和半径比、$\varepsilon \sim 1$ 的腔体是相当简单的，尽管必须考虑温度梯度和稳定性。对于质量和体积都很重要的飞行黑体来说，并不总是能够实现最佳的几何形状，需要仔细的设计分析来获得最佳的权衡。（A）ATSR 黑体采用长度与半径比为 2.74 来提供 ～0.999 发射率。

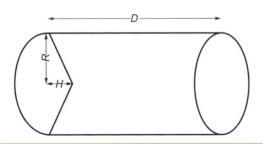

图 17 长度为 D、半径为 R、锥高为 H 的基本凹入锥体黑体腔，来自参考文献 [10]。

（A）ATSR 仪器使用两个腔式黑体源,所有光谱通道在每次扫描时轮流观测两个黑体,以提供冷和热参考辐亮度,如图 18 和图 19 所示,一个黑体温度"浮动"在仪器前置光学罩的优化温度下的冷温,而另一个则以恒定的功率加热,以提供一个热参考。黑体和光学系统的设计使仪器的全部光束可以不受阻碍地看到底板;不被任何孔径或黑体腔壁所遮挡。每个底板都被设计成能保持均匀的温度。腔体通过 Martin Marietta 黑色涂层和凹入锥体几何形状的组合,提供了非常高的有效发射率($\varepsilon > 0.999$),详细描述见参考文献［11］。

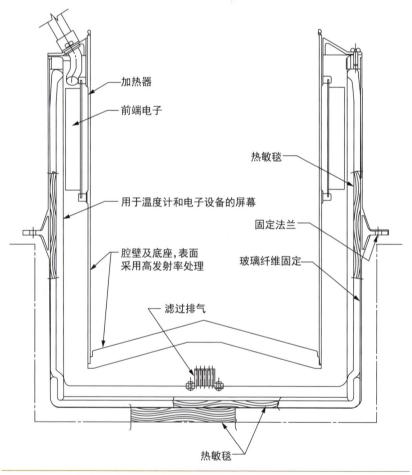

图 18　ATSR 机载黑体腔的示意图。来自 Mason 等人 [11]。

图 19 AATSR 黑体定标源。照片由 ABSL 提供。

黑体基底温度是用高精度精密铂电阻温度计（PRT）测量的，这些和其飞行电子装置一起与可溯源至 ITS-90 传递标准的精密铂电阻温度计（PRT）进行校准。

6. 发射前特性和定标

6.1 黑体定标

如果我们要提供气候质量的辐射测量，来自星上源的辐亮度需要溯源到国际标准达到所需的不确定度水平。就 AATSR 和最近的 SLSTR 而言，辐射测量不确定度需要低于 0.1 K。鉴于黑体（BB）腔的热环境是测量的辐亮度的一个关键组成部分，这是非常具有挑战性的。已经使用 NPL amber 辐射计[12] 和 NIST TXR 辐射计[13] 等仪器，进行了控制条件下的黑体源的实验室测量，在有限的温度范围内不确定度估算约为 50 mK。这些测量对验证黑体辐亮度模型很有用（第 5 节），但不能被视为定标，因为热环境不能真正代表飞行条件。出于实际目的，飞行中定标利用了辐亮度模型，为此我们需要了解腔体温度、热环境和发射率。

6.1.1 温度测量

对于本章所述的仪器,定标源温度通常由安装在底板上的铂电阻温度计(PRTs)测量,并且通常标称可溯源至国际标准。原则上,定标的可溯源性似乎很简单,但实践起来相当复杂,需要详细了解不确定度来源。

首先需要了解我们要测量的是什么。对于辐亮度,我们需要知道发射面的热力学温度,直接测量热力学温度是不可能的,而是参考 1990 国际温标(ITS-90),该温标是根据纯化学元素的热力学状态在不同的定义点上定义的,如水的三相点为 273.16 K。温标通过标准铂电阻温度计(SPRTs)传递。

理想的情况是飞行黑体直接使用标准铂电阻温度计(SPRTs),但标准铂电阻温度计(SPRTs)有限而且很脆弱,意味着它们根本不适合飞行使用。因此,我们使用标准铂电阻温度计(SPRTs)作为交叉定标飞行精密铂电阻温度计(PRTs)的参考,精密铂电阻温度计(PRTs)通常更加坚固。

一种方法是将飞行精密铂电阻温度计(PRTs)作为独立的项目进行标定,将温度计放在低温恒温箱中,与标准铂电阻温度计(SPRTs)进行交叉定标。由于精密铂电阻温度计(PRTs)没有安装在其实际的飞行配置中,我们需要考虑由于其安装在飞行装置中的不确定度。这可能是由于热接触不良、自热、机械应力、导线漏热、处理引起的传感器漂移。

另一种方法是将精密铂电阻温度计(PRTs)安装在等温罩中的黑体上进行标定,这是用于 AATSR 和 SLSTR 黑体的方法[11]。在这里,标准铂电阻温度计(SPRTs)被临时安装在腔体上,以提供 ITS-90 的可溯源。这种方法的好处是,任何系统误差,如自热、热接触、热泄漏都会在测量中被标定出来。

在这两种方法中,定标应使用飞行电子装置进行,并最小化电子响应函数引起的任何系统误差。

6.1.2 发射率

黑体空腔的发射率通常通过对黑色涂层材料样品的测量和考虑

到腔体的几何形状的建模得到。这通常认为比直接测量空腔发射率更可靠、更经济。黑色涂层反射率的测量是由 NPL 和 NIST 等标准实验室进行的标准测量服务，然后将测量的反射率放到一个黑体腔几何模型，并采用蒙特卡洛模型模拟来确定有效腔体发射率[14]。

对于 ATSR 黑体，在 MSSL 通过与发射率 >0.999 的参考黑体比较，验证了计算的发射率证[11]。测试在专门建造的真空室中进行，以提供受控的热环境，并消除由于水汽造成的影响。参考黑体保持在恒定的温度～ 20 ℃，隔热罩的温度要低得多，以减少黑体辐射的反射部分。用红外辐射计测量来两个自黑体的信号，当两个黑体的信号相同时（即为空信号），通过分析，测得的温差可用于推断波段的平均发射率。

表 9 中的 AATSR 飞行模型黑体的结果转载自测试报告，显示"测量"的温差在计算值的 2σ 之内，因此我们对计算值有信心。应该注意的是，黑体发射率的直接定标是一个非常困难的测量，需要充分了解背景源。与发射率所需的精度（35 mK）相比，测量误差较大（3.7 μm 为 60 mK）。此外，测量覆盖了比 3.7 μm 通道更宽的光谱波段（3 ～ 6.5 μm），是为了确认计算值，而不是绝对的测量。因此，计算值可能更好地代表真实的目标发射率。

表 9 AATSR 飞行模型黑体计算和测量的发射率

BBC 编号	波段 /μm	计算的 ΔT /mK	计算的加权发射率	测量的 ΔT /mK	计算的加权发射率	估算的 3σ 不确定度 /mK
FM01	12	50	0.998 92	29	0.999 37	30
	11	46	0.999 60	26	0.999 60	30
	3 ～ 6.5	71	0.997 45	84	0.996 97	60
FM02	12	50	0.998 92	54	0.998 83	30
	11	46	0.998 9	41	0.999 09	30
	3 ～ 6.5	71	0.997 45	107	0.996 14	60

6.2 仪器辐射定标

辐射定标测试是所有卫星计划的一个重要组成部分,因为它往往是发射前唯一的机会,在飞行代表性条件下,对照参考标准,将整个载荷仪器作为一个辐射计来工作。尽管本章所描述的仪器可以认为是"自"定标的,因为它们利用星上源,但在一系列测试条件下展示端到端的定标性能是至关重要的。这些测试的结果提供了地面处理所需的关键信息,并为评估在轨性能提供参考。即使是同一类型仪器的所谓重复制造,旨在改善性能的设计变化(如电子、机械、光学涂层)也会影响辐射测量数据质量。

进行严格的定标被公认为一项耗时而昂贵的活动。由于定标活动通常是在仪器研发阶段的末尾,对于需要满足发射进度和紧张预算的项目经理来说,放弃部分或全部定标测试的压力可能是一个有吸引力的提议,这是一个常见的问题。因此,在制定测试计划时,重要的是要考虑哪些信息只能通过仪器级的发射前测试获得,如果仪器级的测试不可能,如何获得这些信息。

考虑到这些因素,仪器级的测试活动应至少包括以下内容:

① 针对覆盖载荷预期动态范围的一系列场景温度验证"星上"辐射定标;

② 确定响应的非线性特性并推导出适当的校正;

③ 验证不同通道产生的结果是否自洽,即每个通道测量的亮温是一致的;

④ 测量辐射噪声与场景温度的关系($NE\Delta T$);

⑤ 确定并测量辐射性能与观测角有关的变化;

⑥ 验证星上黑体在不同温度下的标定;

⑦ 调查不同热条件下的辐射测量性能,包括模拟的轨道瞬时热条件;

⑧ 确定不同探测器温度下的辐射测量性能。

这份清单既不是完全规范的,也不是详尽的,最终取决于对仪器的要求。

6.2.1 定标设施

热红外波长的定标不是简单地在仪器前放置一个黑定标源,因为所有的东西,包括仪器本身,都是一个红外辐射源,需要控制和监测测试设置的热环境,另外,测试需要在真空下进行,以达到仪器和定标源的工作温度范围,并消除由于气体吸收(特别是 CO_2 和水汽)造成的误差。

对于(A)ATSR,测试是在一个真空舱中进行的,被测试的仪器周围有温度控制板,以使其在接近飞行条件下热模型的预期温度下运行。为了实现这一目标,控制 4 个测试设施中的主要热区,"照地"板(ESP),用来模拟来自地球的辐射;"有效载荷电子模块模拟器",模仿航天器的接口面板;"冷箱",提供在仪器周围均匀的太空空间温度环境;以及"鼓形挡板",保护仪器免受室壁杂散光干扰。"照地"板(ESP)用来支持外部定标目标,这些目标可以围绕仪器的扫描锥旋转,标称设定为槽的轴。

ATSR 和 ATSR-2 是在牛津大学大气海洋和行星物理系专门建造的设施中进行定标的[5]。虽然焦距和孔径光阑相同,但 AATSR 仪器比 ATSR 和 ATSR-2 更大,无法在牛津大学的测试设施内安装,因此,AATSR 的定标在卢瑟福-阿普尔顿实验室更大的太空测试舱中进行,保留了为牛津测试研发的原设计概念和理念以及部分测试设备,见图 20～23[15]。

6.2.2 黑体源

已用于(A)ATSR 发射前定标并将用于 SLSTR 的定标源是由英国气象厅设计和制造的。这些目标由 350 mm 高的铜圆柱体组成,其直径为 250 mm,结构铝合金底座和椭圆形的入口挡板(长轴 236 mm,短轴 160 mm)。挡板是逐渐变窄的,其底部直径为 252 mm,入口板直径为 240 mm,底板内表面加工成圆弧形的对称凹槽(10 mm 宽,15° 半角)。目标所有内表面都涂有 Nextel 101-C10 黑漆。目标温度通过制冷剂在结构化底板和挡板中循环来控制。沿轨目标在挡板周围有第二个流体回路,以便用液氮将其冷却到较低的温度。目标用 MLI 保温并由铝罐支撑。

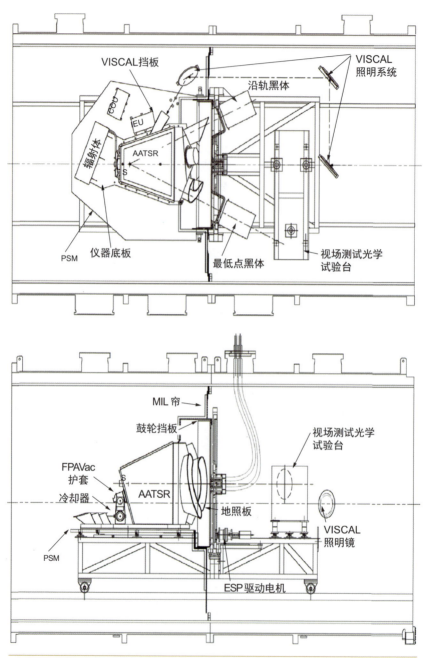

图 20　RAL 太空测试舱中 AATSR 定标设备布局。

图 21　在 RAL 太空测试舱作准备的 AATSR。

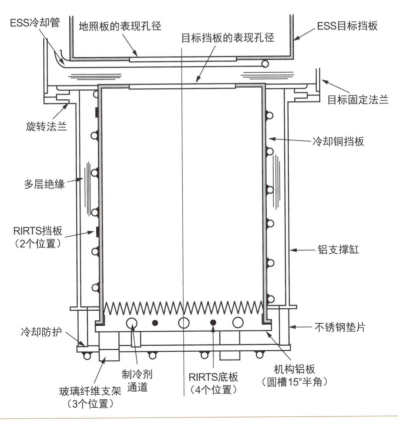

图 22　用于（A）ATSR 和 SLSTR 热红外通道的地面定标的黑体源图。

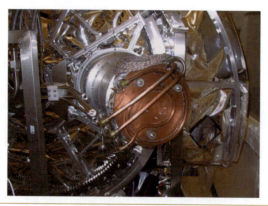

图 23　安装在 RAL 的 AATSR 定标设施中的黑体定标源。

　　每个目标的温度由 6 个精密电阻温度计测量,4 个安装在底板上,2 个安装在挡板上,底板上的传感器安装在探针中,以确保与黑体的良好热接触。最初使用的是精密铂电阻温度计(PRTs),但在 ATSR-1 定标中出现明显的自热,所以这些由 Oxford Instruments 提供的铑铁电阻温度计所取代。经过校准,这些传感器的精度达 ±0.01 K,可追溯源到 ITS-90,用交流电阻电桥测量其自热小于 0.001 K。

　　两台 Huber 封闭式循环水浴冰箱用来控制制冷剂温度。用于 AATSR 的设备单元是 CC-90 单元,在 200 K 温度下具有 600 W 的冷却功率和 ±0.1K 的稳定性和用于前向观测目标的 HS-80 单元在 200 K 温度下具有 250 W 的冷却功率和 ±0.05 K 的稳定性。

　　对于飞行黑体,测量的辐亮度以类似于飞行黑体的方式从普朗克函数中得到。对于 ATSR 系列,目标发射率是用目标的几何模型和涂漆的光谱发射率计算出来的。这些数值已经通过与 ATSR-2 和 AATSR 星上黑体比较进行了验证,如表 10 所示。

表 10　外部黑体的计算和测量的发射率

	发射率		
	计算	测量	差异
3.7 μm	0.998 99±0.000 35	0.999 11±0.000 55	0.000 12
11 μm	0.998 47±0.000 36	0.998 70±0.000 40	0.000 23
12 μm	0.998 71±0.000 37	0.998 71±0.000 32	0.000 00

6.2.3 定标测试程序

这里我们介绍进行红外定标测量的基本程序。测量的出发点是仪器和热环境的温度处于所需的设定点并保持稳定，而且仪器处于主要工作模式。对于（A）ATSR 来说，这意味着红外探测器控制在 80 K 的工作温度并打开开关，飞行黑体在它们的额定工作条件下工作，扫描镜正在扫描，并且正在持续获取科学数据（所有光谱段）。

应该注意的是，定标活动比其他仪器活动具有优先权，换句话说，在定标运行期间不应改变仪器配置（如软件数据库的改变），因为这可能会影响定标分析。如果配置在测量序列中改变，那么测试可能需要停止并重新启动。理想情况下，仪器在开始定标前应处于其最终的飞行配置，尽管这并不总是可能的。仪器配置的任何后续变化都需要跟踪，并且必须评估其对定标结果的影响。

一旦所需的仪器配置和环境条件得到满足，测试就可以进行。

程序的第一步是设置外部黑体温度。对于 AATSR 黑体，温度是由制冷剂通过结构化底板和挡板周围循环来控制的，最终达到的温度将取决于制冷剂温度和环境温度之间的差异，在大多数情况下，足以让目标在达到的任何温度下稳定下来。然而，如果需要一个特定的目标温度，例如，与飞行黑体温度相当，可能需要对设定点进行一些微调。设定点之间的过渡时间取决于温度间隔、所需的稳定性和黑体的大小。通常情况下，对于 ATSR 黑体需要大约 1 小时。

测量顺序是通过黑体在所需温度范围内以设定的间隔（通常 5 K～10 K）循环进行的。对于有两个地球观测角的（A）ATSR，其中一个黑体将保持在 280 K 的固定参考温度。另外，固定参考温度可以是一个冷（液氮）目标来模拟冷空观测。定标序列还应该包括外部目标设置在与星上黑体相同的温度下的测量，这样就可以将星上黑体与参考黑体进行直接比较，并消除由于非线性造成的不确定度。

在记录辐射定标测量之前，让黑体温度稳定下来是很重要的。为了达到（A）ATSR 的辐射精度要求，黑体温度在 5 分钟内的漂移不应超过 10 mK，确定稳态条件的时间最好用一个简单的软件测试来完成。通常情况下，当满足以下条件时，会设置一个状态标识来指示每个温度计的状态。

• 红色——5 分钟内温度漂移 >50 mK；
• 琥珀色——5 分钟内温度漂移 >10 mK 并 <50 mK；
• 绿色——已达到温度稳定度。

理想情况下，只有当所有底板传感器的漂移标准达到后，才可以进行测量。如果黑体要在仪器视场上进行扫描（如 AATSR），黑体源的温度稳定度应在移动到每个设定位置后恢复。

当满足温度稳定性标准后，可以获取数据并进行分析，以确认测量结果有效。理想情况下，在进行下一个温度步骤之前，应进行多次测量（至少三次）以确认结果，在每个设定点可能需要几分钟，应手动检查结果，以确认结果是可重复的！

对每个设定点的温度和 / 或黑体位置重复这一过程。

在测量的所有步骤中，必须仔细记录所有活动。

6.2.4　数据分析

定标分析工具是一个重要的元素，需要其通过仪器定标算法来处理测量数据。在测试活动中，仪器和测试设施将产生大量的数字数据（每天许多 GBytes）。这些数据需要减少以获得必要的信息，从而可以对结果进行解释。定标工具应在测量过程中运行，以便对测试结果进行"快速查看"。

基本数据处理如下：

① 读取相应时间窗口的仪器和测试设施源数据包，注意，我们假设仪器和测试设施的数据是时间同步的；

② 解压数据并处理为工程单位；

③ 检查数据错误——校验和错误、扫描抖动，数据超出范围等；

④ 如果检测到数据错误，则不使用数据，重复测量；

⑤ 检查稳定性标志；

⑥ 只处理那些仪器、环境和黑体源稳定的数据；

⑦ 对仪器数据应用飞行红外定标算法；

⑧ 也就是转换数字值→辐亮度→亮温；

⑨ 使用与飞行处理相同数量的样本；

⑩ 计算外部黑体目标的平均值 +NEdT。

所有的记录、原始源数据包和处理后数据都必须以容易恢复的格式保存！这听上去显而易见，但在 20 世纪 90 年代，数据存储和计算能力都很紧张，不可能以电子方式记录一切。而且许多似乎能保证长期解决方案的存储设备（如数字音频磁带）已经被取代，不再支持。即使随着计算能力和数据存储大大增加，这个原则仍然适用。

6.2.5 测试结果

图 24 展示了 1998 年进行的 AATSR 定标活动的一个典型结果，在图 24（1）中，我们看到每个光谱波段的测量亮温与从底板温度计读数得出的定标目标的实际亮温的比较。请记住，定标是辐亮度的函数，而不是目标的物理温度的函数。图 24（2）显示了每个光谱波段的测量和实际亮温之间的差异，$\Delta T = BT_{meas} - BT_{actual}$，并显示了信号通道的非线性响应的影响。

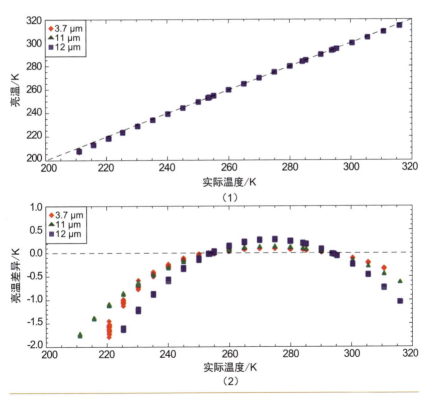

图 24　BOL 热平衡条件下，星下观测中心的辐射定标结果。（1）显示了 AATSR 测量的外部定标目标的亮温与由铑铁电阻温度计测量的实际目标温度比较。（2）显示亮温减去实际目标亮温。在这个阶段没有对非线性进行校正。

　　当外部黑体温度接近星上黑体的温度时,由于非线性造成的误差变得不显著,只剩下残差。因此,在每一次定标运行中,在外部黑体温度与星上目标温度相当的情况下进行测量,以研究这些残差,而不需要考虑探测器的非线性。图 25 中显示了在 BOL 热环境下进行的所有测试的亮温和实际目标温度差异。

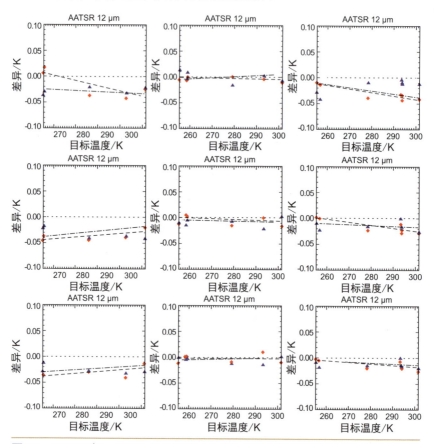

图 25　ATSR（左）、ATSR-2（中）和 AATSR（右）的外部黑体设置在与星上黑体相同的温度下的亮温差。+XBB 的数据显示为红色菱形,-XBB 显示为蓝色三角形。

　　建立了 ATSR 非线性效应的确定和校正方法[5],并用于其他两个载荷。首先,实际和测量的辐亮度被归一化为 320 K 的辐亮度。

$$X = \frac{L_\lambda(T)}{L_\lambda(320\ \text{K})} \quad \text{and} \quad Y = \frac{L_{\lambda,\text{meas}}(T)}{L_\lambda(320\ \text{K})} \qquad (21)$$

首先对数据进行多项式拟合,得到 Y 与 X 的函数关系,因此

$$Y = \sum_{i=0}^{n} a_{i,\lambda} X^i \qquad (22)$$

由此,我们推导出线性响应函数 $g(X) = a_1 X$ [16],然后计算出非线性度。

$$NL_{\lambda}(T) = (Y - a_0) / g(X) - 1.0$$

$$= \sum_{i=2}^{n} a_{i,\lambda} X^{i-1} \Big/ a_{1,\lambda} = \sum_{j=1}^{n} b_{j,\lambda} X^j \qquad (23)$$

通过考虑校正后的辐亮度 L'_{λ} 在定标算法中应用该衰减形状:

$$L'_{\lambda}(T) = (1 + NL_{\lambda}(T)) L_{\lambda}(T) \qquad (24)$$

严格来说,校正应该作为探测器输出电压的一个函数来应用,因为非线性是探测器光子通量的函数而不是场景辐亮度的函数,然而,在海表温度(SST)测量范围内,所使用的方法被认为足以用于(A)ATSR(图 26 和图 27)。

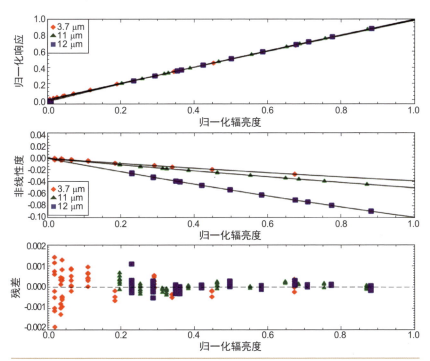

图 26 (上)测量的 AATSR 场景辐亮度(归一化)作为 320 K 预期辐亮度的函数,实线表示通过数据的多项式拟合;(中)探测器响应中的非线性比例与预期辐亮度的关系;(下)最小二乘法拟合过程的残差。

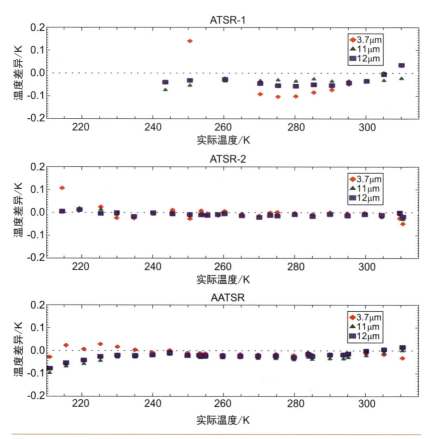

图 27　ATSR（上）、ATSR-2（中）和 AATSR（下）在 BOL 热平衡条件下，天底观测中心的辐射定标结果。每张图显示作为目标温度的函数，仪器测量的亮温和由电阻温度计测量的实际目标亮温之间的差异。

　　除了确定辐射测量偏差外，还测量了辐射测量噪声作为场景温度的函数 NEΔTs 是由黑体源上探测器数值的标准偏差得出的（假设该源是稳定的和等温的）。

$$\mathrm{NE}\,\Delta T = \frac{\langle \mathrm{DN}_1 \rangle - \langle \mathrm{DN}_2 \rangle}{L_1 - L_2} \sigma\, \mathrm{DN} \left(\frac{\partial L}{\partial T} \bigg|_T \right)^{-1} \qquad (25)$$

　　图 28 显示了每个 ATSR 仪器 NEΔT 作为在天底观测中心 BOL 定标的目标温度的函数，应该注意的是，随着目标温度的降低 NEΔT 的明显上升，只是与 ∂L/∂T 作为场景温度的函数有关。对于 11 μm 和 12 μm 通道，主要噪声源是探测器噪声，其在所有场景温度下几乎保

持不变。在 3.7 μm，低光子通量（T_{scene}<250 K）时，前置放大器噪声占主导地位，而在较高的光子通量时，噪声由统计光子信号噪声主导。

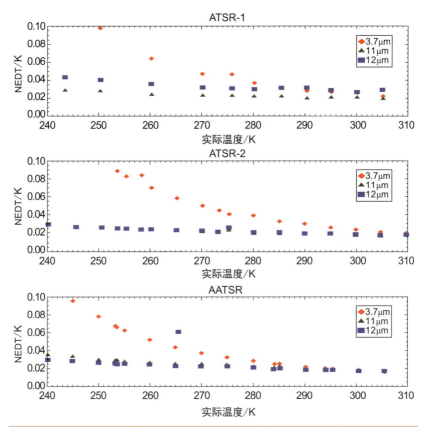

图 28 ATSR（上）、ATSR-（中）和 AATSR（下）在 BOL 热条件下，NEΔT 作为目标温度的函数。

7. 结论

本章我们研究了从空间测量海洋和陆地表面温度的红外辐射计所需的设计和定标原理。要实现气候监测所需的测量精度和稳定度，只能仔细注意许多影响测量的不确定度来源。这些包括：

① 冷却的探测器，以确保良好的信噪比；

② 高精度和稳定的两点定标系统，覆盖海表温度（SST）和 LST

观测的温度范围；

　　③ 频繁的星上定标测量；

　　④ 光学外罩的稳定在轨热环境，确保稳定的定标；

　　⑤ 对仪器端到端的性能进行彻底的发射前定标和定性；

　　⑥ 仪器性能的在轨监测。

　　有几个已经或正在使用的红外载荷用来提供海表温度（SST）测量，以支持短期天气预报气象服务的一般观测需求（即 AVHRR、MODIS、VIIRS、SEVIRI）。虽然这些仪器都有星上定标源，但在设计时主要考虑了广泛的应用，不可避免地在辐射性能上做出了一些妥协。

　　相比之下，（A）ATSR 仪器是专门为气候质量的海表温度（SST）和 LST 测量而设计和制造的。这些辐射计的重要突出特点是对地球场景的双视角观测，以实现可靠的大气校正。因此，（A）ATSR 系列提供了长达 21 年的稳定和准确的数据集，这在下面的章节中进行了探讨。尽管一些妥协使得（A）ATSR 不适合业务化气象应用，但海表温度（SST）数据的准确性已用于支持本章所述的其他传感器的测量。

　　许多这些设计特点已用于 Copernicus Sentinel-3 任务中搭载的 SLSTR 仪器，期待 AATSR 准确的海表温度（SST）记录将再延续 20 年。

参考文献

[1]　D. Smith，C. Mutlow，J. Delderfield，B. Watkins，G. Mason，ATSR infrared radiometric calibration and in-orbit performance，Remote Sens. Environ. 116（2012）4-16.

[2]　P. Coppo，B. Ricciarelli，F. Brandani，J. Delderfield，M. Ferlet，C. Mutlow, et al.，SLSTR：a high accuracy dual scan temperature radiometer for sea and land surface monitoring from space，J. Mod. Opt. 57（2010）1815-1830.

[3]　D. M. A. Aminou，MSG's SEVIRI Instrument，ESA Bull. 111（2002）15-17.

[4]　J. Schmid，The SEVIRI instrument，in：Assembly，2000，pp. 1-10.

[5]　G. Mason，ATSR Test and Calibration Report，Oxford，1991.

[6]　E. Theocharous，J. Ishii，N. P. Fox，Absolute linearity measurements on

HgCdTe detectors in the infrared region, Appl. Opt. 43 (2004) 4182-4188.

［7］ M. Weinreb, G. Hamilton, Nonlinearity corrections in calibration of Advanced Very High Resolution Radiometer infrared channels, J. Geophys. 95 (1990) 7381.

［8］ X. Xiong, N. Chen, S. Xiong, K. Chiang, W. Barnes, Performance of the terra MODIS on-board blackbody, in: J. J. Butler (Ed.), Opt. Photonics 2005, International Society for Optics and Photonics, 2005, pp. 58820U-58820U-10.

［9］ X. Xiong, B. N. Wenny, A. Wu, W. L. Barnes, MODIS onboard blackbody function and performance, IEEE Trans. Geosci. Remote Sens. 47 (2009) 4210-4222.

［10］ K. H. Berry, Emissivity of a cylindrical black-body cavity with a re-entrant cone and face, J. Phys. E 14 (1981) 629-632.

［11］ I. M. Mason, P. H. Sheather, J. a Bowles, G. Davies, Blackbody calibration sources of high accuracy for a spaceborne infrared instrument: the Along Track Scanning Radiometer, Appl. Opt. 35 (1996) 629-639.

［12］ T. Theocharous, N. Fox, CEOS Comparison of IR Brightness Temperature Measurements in Support of Satellite Validation. Part II: Laboratory Comparison of the Brightness Temperature of Blackbodies, 2010.

［13］ J. P. Rice, B. C. Johnson, The NIST EOS thermal-infrared transfer radiometer, Metrologia 35 (1998) 505-509.

［14］ A. Prokhorov, N. I. Prokhorova, Application of the three-component bidirectional reflectance distribution function model to Monte Carlo calculation of spectral effective emissivities of nonisothermal blackbody cavities, Appl. Opt. 51 (2012) 8003-8012.

［15］ D. L. Smith, J. Delderfield, D. Drummond, T. Edwards, C. T. Mutlow, P. D. Read, et al., Calibration of the AATSR instrument, Adv. Sp. Res. 28 (2001) 31-39.

［16］ S. Yang, I. Vayshenker, X. Li, T. Scott, Accurate measurement of optical detector nonlinearity, in: Natl. Conf. Stand. Lab. Work, 1994.

第 2.4 章

发射后定标和稳定性：热红外卫星辐射计

Peter J. Minnett, [1,*] **David L. Smith**[2]

[1] 迈阿密大学罗森斯蒂尔海洋与大气科学学院气象学和物理海洋学，美国佛罗里达州 迈阿密；[2] 卢瑟福阿普尔顿实验室，科学和技术设备委员会，英国 牛津哈维尔市

★ 通讯作者：邮箱：pminnett@rsmas.miami.edu

章节目录

1. 引言   215
2. 星上定标   217
    2.1（A）ATSR 辐射定标   217
    2.2 AVHRR 定标   223
    2.3 MODIS 和 VIIRS 辐射定标   226
    2.4 用于在轨稳定性的 MODIS 光谱辐射定标装置   228
    2.5 MODIS 镜面响应与扫描角的关系   228
3. 与参考卫星传感器的比较   230
    3.1 空间上的比较   230

3.2 时间上的比较   230
3.3 同步星下点过境   233
3.4 同一卫星上的仪器   235
4. 地球物理反演验证   237
    4.1 云筛除   240
    4.2 大气校正算法   241
    4.3 地球物理验证   243
    4.4 船载辐射计   248
5. 讨论   248
6. 结论   250
参考文献   251

1. 引言

    卫星反演数据的定量应用是以对测量不确定度的估算为指导的；当然，这对任何数据集都是如此。有噪声或不准确的测量不能

物理科学中的实验方法，Vol. 47. http://dx.doi.org/10.1016/B978-0-12-417011-7.00008-8

应用于需要高准确度、精确度、稳定度的问题。卫星辐射计要经过广泛而严格的发射前定标和特性表征(第2.3章),这是准备发射载荷的一个极其重要的方面,一旦在太空运行,就没有机会直接重新评估辐射定标的准确性或仪器的特性。因此,在整个任务期间,监测仪器的性能是通过结合直接的、在轨的测量如温度计测量仪器关键部件的温度,和间接方式通过监测图像外观来检测如扫描镜的轴承退化,以及通过评估获得的地球物理变量的长期不确定度特性。

这里我们重点讨论使用红外辐射计测量海表温度(SST),因为海表温度(SST)的要求是由卫星红外辐射计得出的许多地球物理变量中对绝对精度和稳定性要求最严格的,而其中最严格的是气候研究的要求。虽然没有讨论所需的时间和空间尺度,但是要求绝对精度为 ± 0.1 K,十年稳定度为 0.04 K[1] 或 0.03 K[2],这些是由气候变化信号的预期幅度预测的。因此,我们可以假定,这些要求归因于 $10^4 \sim 10^6$ km^2 的空间尺度和几周至几个月的时间尺度。这些雄心勃勃的精度目标,特别是稳定度,要求在卫星辐射计的整个使用期间不断评估其发射后性能,还要求有一个机制来生成多个任务卫星的长期测量序列。

从航天器上红外辐射计测量中确定海表温度,是通过在大气对辐射传递相对透明的光谱区间进行测量来完成的。这种光谱区间通常称为"大气传输窗口"或更简单地称为"大气窗口",海表温度(SST)是由两个窗口的测量结果得出的,一个在 $3.5 \sim 4.1$ μm 波长范围,另一个在 $10 \sim 13$ μm 波长范围。较短波长的窗口通常称为"中红外"窗口,而较长的波长区间则称为"热红外"窗口,因为它接近地面和海表温度下普朗克函数给出的电磁发射光谱峰值。对于本文,我们将两个波长区间都称为"热",因为感兴趣的信号是与海面温度密切相关的热辐射。

在本章的下一节中,我们将描述星上在轨定标程序,这将产生定标的辐亮度,随后转换为亮温。比较两颗卫星辐射计同时测量的辐亮度和亮温是监测它们的相对精度和稳定度的一种方法,将在第3节讨论。亮温是反演海表温度算法的输入,将在第4节简要介绍,以及介绍通过与独立的温度测量比较来确定其精度的方法。

2. 星上定标

第 2.3 章详细介绍了红外辐射计的定标方法和定标公式的推导以及用于反演海表温度（SST）的卫星辐射计。所有的辐射计都使用两点定标方法，扫描镜（有时称为场景镜）将辐射计的视场对准已知温度和发射率的目标，采用这些定标测量中探测器的输出与已知的温度来生成一个线性定标函数，用该函数将地球观测期间探测器输出转换为定标的辐亮度。应非常频繁地进行定标测量，通常包含在扫描镜的每次旋转中。碲镉汞探测器响应的轻微非线性在发射前确定，并在轨监测。

理想情况下，应该由稳定和特性清楚的黑体目标提供两个飞行中的定标点，黑体温度由嵌入式温度计精确地测量。另外，理想情况下，定标目标的温度范围应跨越地球视场测量的海表温度（SST）范围，即 -2 ℃ ～ 35 ℃，这就是沿轨扫描辐射计（ATSR）系列的定标配置，包括先进 ATSR（AATSR），它在天底和倾斜视口之间容纳了两个黑体腔。然而，对于目前和过去的宽幅成像仪来说，没有足够的物理空间在扫描镜旋转 360° 中安装两个黑体，其中的一段通常 110° 是用于地球视场的测量，其方法是使用冷空测量作为冷定标目标，假设目标温度为 2.7 K，辐亮度基本上是零。冷目标的测量是通过仪器远离太阳一侧的太空视口进行的，太空视口也用于标定太阳反射（可见光）波段，当通过视口可见月球时可测量月球的反射率（第 2.2 章）。有时需要进行航天器的滚转机动，以使月球进入太空视口；在月球测量期间，太空观测数据不适合用于红外波段定标。

在红外波段的定标过程中有几个不确定度来源（第 2.3 章），必须针对这些来源进行评估和监测，以确定红外测量的长期稳定性。

2.1 （A）ATSR 辐射定标

如第 2.3 章所述，ATSR 采用了两个腔式黑体源，在扫描镜的每一次旋转中进行观测。因为它们在扫描镜上的入射角与天底和前向地球观测入射角相同，所以不需要对镜面偏振或额外的光学组件进行校正。跟踪黑体辐射的定标是通过腔体发射率和安装在底板和腔壁上的精密铂电阻计（PRT）。每个黑体都有多个温度传感器，每个传感器在信号多路复用前都有自己的精密放大器，温度计安装在腔内并与飞行电子装置连接，参照可溯源至 ITS-90 的标准精密铂电阻计（PRT），进行定标（图 1）。

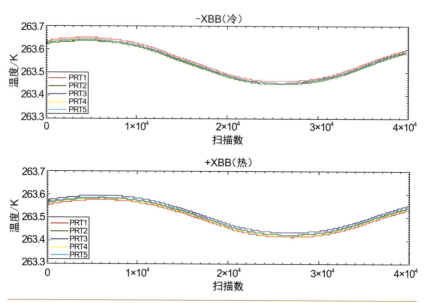

图 1 AATSR 黑体底板温度计典型轨道变化。

  飞行前定标活动确保了直到发射节点的辐射定标和性能的可溯源性[4]。发射后不久，必须密切监测黑体腔温度的稳定性和均匀性以及仪器的灵敏度，以建立寿命开端基线，在整个寿命周期内，任何性能的下降都可以参照这个基线。对于（A）ATSR，星上定标依赖于测温和黑体涂层的稳定性。对温度计定标的信心首先通过监测黑体读数的稳定性和一致性获得。表 1 显示了一组在轨读数与发射前定标期间测量结果的比较，尽管飞行中的读数要高出 10 K 左右，但各个传感器的读数与底板平均值之间的差异保持得很好。黑体底板典型轨道变化为～0.2 K 的峰值，显示了热设计的稳定性。良好的稳定性和均匀性确保了温度变化和梯度造成的不确定度降到最低。整个任务的趋势表明，黑体的温差和精密铂电阻计（PRT）的相对定标都没有明显变化，与发射前的温度基线有很好的关联

（图 2）。

表 1　2002 年 6 月 3 日 AATSR 典型黑体温度计读数和 2012 年 4 月 8 日的最后读数

	+XBB 温度/K				
	2002		2012 最后读数		
	读数	差	读数	差	发射前
底板平均值	301.522	–	301.650	–	293.527
PRT1	301.513	-0.009	301.640	-0.010	-0.009
PRT2	301.518	-0.004	301.651	0.001	-0.002
PRT3	301.526	0.004	301.658	0.008	0.002
PRT4	301.525	0.003	301.643	-0.007	0.001
PRT5	301.530	0.008	301.660	0.009	0.006
PRT6	301.905	0.383	302.049	0.399	0.391
	−XBB 温度/K				
	2002		2012 最后读数		
	读数	差	读数	差	发射前
底板平均值	262.897	–	262.509	–	252.773
PRT1	262.898	0.001	262.518	0.009	0.001
PRT2	262.899	0.002	262.502	-0.007	0.000
PRT3	262.897	0.000	262.505	-0.004	0.000
PRT4	262.892	-0.005	262.510	0.001	-0.001
PRT5	262.897	0.000	262.509	0.000	-0.002
PRT6	262.882	-0.015	262.517	0.008	-0.017

最上面一行显示的是底板 5 个传感器 PRT1-PRT5 的平均值。PRT6 是挡板温度，不用于平均值。差异栏显示单个传感器读数和平均温度之间的差异。最后一栏是 1998 年 12 月发射前定标的典型读数。

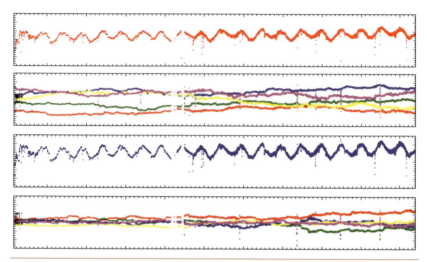

图 2　AATSR 任务中 +XBB 和 −XBB 底板平均温度的日均值趋势,以及各个传感器读数与平均值的差异。

监测辐射稳定性的一个有用技术是"黑体交叉测试"。这个测试是通过将加热黑体从 +XBB 切换到 −XBB(反之亦然),让温度交叉并稳定下来,其基本思想是比较两个黑体处于相同温度时热通道中的辐射信号。任何明显的差异都意味着黑体温度计定标的漂移或由黑色表面光洁度下降引起的目标发射率的变化。图 3 显示了一个典型的交叉测试中的黑体温度和辐射信号。

该试验在轨测试期间进行,此后大约每年进行一次。AATSR 的结果表明,相对于彼此而言,黑体的亮温误差在 11 μm 和 12 μm 通常低于 10 mK,在 3.7 μm 则低于 20 mK。与早先的测量结果(图 4)相比,可以看出 11 μm 和 12 μm 通道随着时间的推移是稳定的,而在任务期间,3.7 μm 通道似乎有一个非常缓慢的增长,大约 6 mK。即使是这个通道的趋势,即黑体发射率最低的通道,表观亮温差仍然比辐射噪声小得多。

应该注意的是,该测试是将一个黑体与另一个进行比较,并假定参考物是稳定的,因此并不提供黑体的绝对定标。当然,热红外通道的辐射定标与发射前的测试和仪器特性紧密关联,发射前必须以严格的方式进行,因为在发射后,没有直接的方法来验证星上黑体测温和发射率的绝对辐射定标。

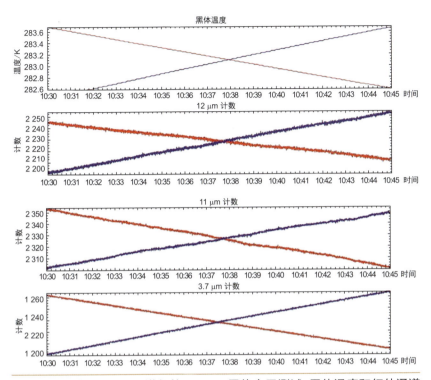

图 3　2009 年 4 月 21 日进行的 AATSR 黑体交叉测试，黑体温度和红外通道黑体信号。

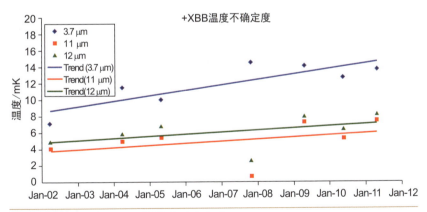

图 4　交叉测试中 +XBB 的温度不确定度。

对于热红外通道，信噪比（SNR）通常表示为噪声等效温差（NEΔT），定义为

$$\text{NE}\Delta T = \frac{L}{\text{SNR}} \left(\left. \frac{\text{d}L}{\text{d}R} \right|_T \right)^{-1} \qquad (1)$$

其中，L 是对应于场景亮温 T（Kelvin）的辐亮度。

使用两个星上黑体的信号（探测器计数值）—C_{hbb} 和 C_{cbb}—以及辐亮度—$L(T_{hbb})$ 和 $L(T_{cbb})$ —，我们可以从噪声测量中得出 $\text{NE}\Delta T$。对于 AATSR，我们使用来自星上定标源的信号通道计数值的标准偏差来获得热和冷黑体温度下的 $\text{NE}\Delta T$ 值。图 5 显示了热红外通道的 NEΔTs 在任务期间一直保持稳定。表 2 中给出的这段时间的平均值在要求范围内，并与发射前的定标测量值相当。

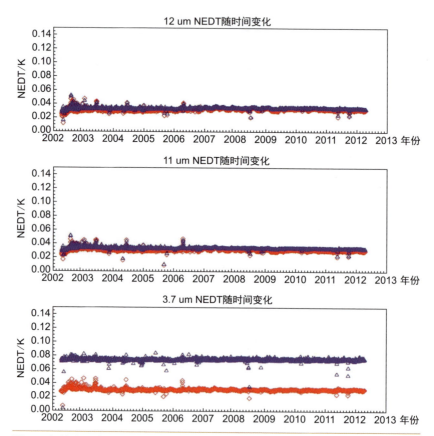

图 5　在整个任务期间 ENVISAT AATSR 热黑体（红色）和冷黑体（蓝色）分别在 12 μm、11 μm、3.7 μm 通道的噪声等效温差（NEDT））。

表2　飞行中噪声等效温差（NEΔT）值与要求和发射前测量值的比较

		3.7 μm /K	11 μm /K	12 μm /K
要求	T=270 K	0.080	0.050	0.050
在轨平均	T=CBB（251 K）	0.075	0.034	0.035
	T=HBB（301 K）	0.031	0.031	0.033
发射前	T=270 K	0.037	0.025	0.025
	T=CBB（251 K）	0.065	0.030	0.030
	T=HBB（301 K）	0.020	0.020	0.020

尽管噪声仍在规定的限度内，有几次噪声增大到了基线水平以上，可能是由于水—冰污染或热环境变暖。

2.2 AVHRR 定标

第一台高级甚高分辨率辐射计（AVHRR，见第 2.3 章和 Cracknell，1997）搭载在 1978 年发射的 TIROS-N 卫星上，并略作修改搭载在 NOAA-n 和 MetOp 系列极轨卫星[6]持续运行提供红外影像，从中得出海表温度（SST）。AVHRR 的设计（第 2.3 章中的图 4）可以很容易地容纳太空观测，但作为仪器底板一部分的"黑体"定标目标对来自太阳或地球或仪器的其他部分的辐射屏蔽很差，会带来不必要的温度变化。AVHRR 定标目标的温度由四个精密铂电阻计（PRT）监测，但不能由加热器或冷却器控制，因此漂在接近仪器底板的环境温度，对这些温度测量的分析显示了整个目标的梯度，以及随着轨道位置的变化而发生的显著变化[7]，如图 6 所示，这些空间梯度和时间变化的大小，对于一个良好定标的辐射计来说是不可取的，会导致在轨定标过程的不确定度远远大于反演海表温度（SST）要求的精度，图 6 中到大约 2 500 扫描行的温度下降是由于在轨道的日食部分（在地球的阴影下）仪器和卫星的冷却，后来的温度急剧上升是由于卫星出现在阳光直射下造成的，接下来的温度下降是由于仪器被卫星本身遮挡住了太阳的直接加热，随着对太阳的角度在一个轨道上的改变，航天器的阴影效应消除，阳光再次落在仪器和温度计上，在卫星进入日食状态后，温度再次下降。

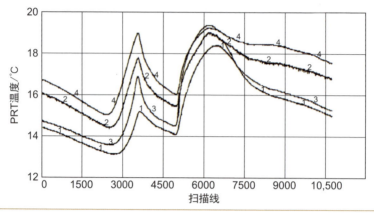

图 6 NOAA-7 高级甚高分辨率辐射计（AVHRR）的定标目标在一个轨道上的温度变化。温度计由数字 1～4 标识。[7]

目标的加热可能是太阳光直接落在其表面的结果，也可能是太阳光温暖了仪器的其他部分或航天器，而热量被传导至定标目标。测量误差的另一个来源是来自标称视场之外的辐射到了探测器上，称为"杂散光"，是从一个未知的、不一定是恒温的表面发射出来的。

图 6 中温度变化的大小并不能直接转化为同样大小的定标误差，因为原则上定标过程会对目标温度的变化进行补偿。这需要温度计测量的平均值，或许是加权值，以准确估算探测器扫描目标的视场时目标发射表面的温度。然而，不知道定标目标上的空间梯度，是否可以用温度计输出的平均值有效估算目标表面该部分平均温度；鉴于探测器在视场内的空间响应形状通常不是很清楚，不能有把握地确定温度梯度的影响。

限制由空间和时间温度变化引起的定标不确定度的最佳方法是有一个空间上均匀和时间上恒定的定标目标温度。这当然也是具有好的设计和性能的辐射计的一个要求（第 2.3 章）。

Trishchenko 等人[8]将 AVHRR 飞行中定标分析扩展到搭载在 NOAA 极轨卫星上后续型号，直到 NOAA-16。他们在直到 NOAA-14 卫星上的 AVHRR 黑体目标温度计中发现了类似的轨道信号（图 7），每颗卫星上的 AVHRR 型号存在差异，有些是由单个仪器的特性变化造成的，有些是由于卫星轨道的差异因而有太阳光照的差异造成的。由定标目标中温度计测得的温度跨度对于 NOAA-12 AVHRR

来说最差,大于 4 K,这可能是由整个黑体的空间温度梯度造成的。AVHRR 热状态变化可以带来定标亮温大于 0.5 K 的系统误差。Trishchenko 等人[8]显示 NOAA-15 和其后的 AVHRR 黑体温度在轨道上的稳定性有很显著提高,并且温度计之间也有更好的一致性。NOAA-15 携带的是第三种类型 AVHRR 称为 AVHRR/3 的第一版,与早期型号相比,它得益于一些改进,包括对于定标目标更好地屏蔽太阳辐射,以及目标对卫星温度变化的热绝缘。AVHRR/3 中定标目标温度计测量的温度变化振幅、时间变化率和空间梯度都已经减少。

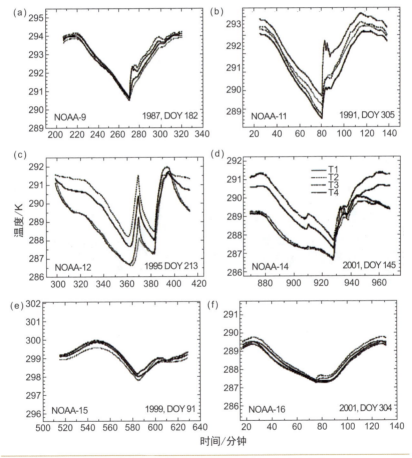

图 7 高级甚高分辨率辐射计(AVHRR)黑体温度计读数的变化:(a) NOAA-9,(b) NOAA-11,(c) NOAA-12,(d) NOAA-14,都是 AVHRR/2s,(e) NOAA-15,和(f) NOAA-16,是 AVHRR/3s。太阳污染导致了温度的快速变化。DOY 指一年中的第几天。来自参考文献[8]。

Mittaz 等人在对 AVHRR 发射前定标和特性[9]以及在轨性能[10]的全面再评估中,发现了用于 AVHRR 红外测量的定标公式的弱点。通过研发一种更符合发射前测量条件和在轨条件的定标算法,Mittaz 等人能够证明定标的亮温残余平均误差接近零,散度为～0.05 K,这比标准定标程序有显著的改进。

2.3　MODIS 和 VIIRS 辐射定标

尽管 MODIS(中分辨率成像光谱仪)和 VIIRS(可见光红外成像辐射计)的置前光学系统非常不同(第 2.3 章),但红外波段的在轨定标是一样的,都是依靠太空观测和开槽面源黑体目标(图 8[11])。在 MODIS 和 VIIRS 中,黑体都封闭在仪器内,因此,可以很好地防止由外部因素(主要是太阳光照)引起的轨道温度变化,温度控制在一个预定值,也就是发射前定标和定性使用的值;对于 Terra MODIS、Aqua MODIS、S-NPP VIIRS,分别为 290 K、285 K、292.5 K。黑体发射率设计为 >0.999 5,并且嵌入式热敏电阻在发射前定标到 SI 温标 0.05 K 以内[11]。

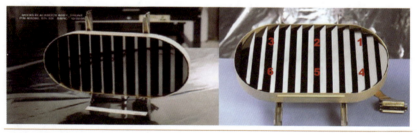

图 8　MODIS(左)和 VIIRS(右)的开槽面源黑体目标。VIIRS 目标上的数字指的是 6 个嵌入式温度计的位置。MODIS 目标有 12 个温度计,也分两行。来自参考文献 [11]。

与 Aqua MODIS 相比,Terra MODIS 的黑体显示出较大的温度变化,特别是开槽面板端点的热敏电阻,Aqua 变化通常 <0.02 K(图 9),对于 S-NPP VIIRS,黑体温度在轨道夜间弧线上甚至更加均匀,但在太阳照射的白天弧线上,位于一个板端的热敏电阻 3 和 6 存在～0.05 K 的变化。由于每个波段都有多个探测器(MODIS 为 10 个,VIIRS 为 16 个),黑体表面的空间梯度会导致定标变差,因为在定标

过程中每个探测器对黑体的不同区域进行采样。即便如此,VIIRS
黑体梯度对热红外波段辐射定标的影响预计 <0.1%[11]。

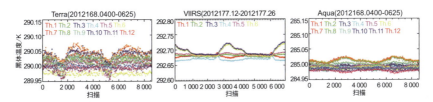

图 9 Terra MODIS(左)、Aqua MODIS(中)、S-NPP VIIRS(右)的黑体定
标目标温度计测量的温度。颜色表示单个温度计的测量值,显示了两个轨道的
温度变化。来自参考文献 [11]。

　　为了评估 MODIS 和 VIIRS 中碲镉汞探测器的非线性变化,
黑体温度可以通过一个编程的数值序列来改变。"升温和降温"
(WUCD)序列将温度从仪器环境工作值降到较低的温度,然后加热
到 315 K(图 10)。MODIS 和 VIIRS 每 3 个月进行一次这个程序。
在轨可以实现的黑体温度范围要比发射前在实验室中的温度范围
小得多,但这些操作对监测探测器非线性响应的稳定性非常有用。

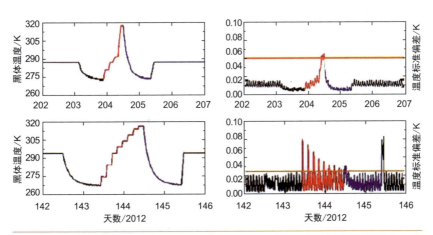

图 10 Aqua MODIS(左上)和 S-NPP VIIRS(左下)在升温和降温程序中内
部黑体的温度。注意这两台仪器的黑体定标目标的工作温度是不同的,Aqua
MODIS 为 285 K,S-NPP VIIRS 为 292.5 K。在右边,显示了多个温度计测
量的标准偏差。来自参考文献 [11]。

WUCD 程序还可以将探测器的 NEΔTs 作为目标温度的函数,目前用于海表温度(SST)反演的所有波段都远远低于指标值(图 11);注意 VIIRS 的指标没有 MODIS 的严格[11]。红外大气传输窗口波段中的一个例外是 Terra 和 Aqua MODIS 波段 20(λ=3.75 μm),其略高于当目标温度低于～ 282 K 的指标。

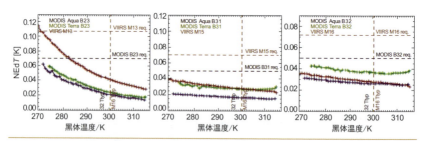

图 11　在"升温 – 降温"过程中,用于反演海表温度(SST)的三个 MODIS 和 VIIRS 光谱匹配波段测量的 NEΔTs 与黑体目标温度的关系。垂直虚线表示典型的海表温度,水平虚线为指定值。MODIS 波段 B23、B31、B32 的中心波长为 4.05 μm、11.03 μm、12.02 μm;VIIRS 波段 M13、M15、M16 的中心波长为 3.70 μm、0.76 μm、12.01 μm。来自参考文献 [11]。

2.4　用于在轨稳定性的 MODIS 光谱辐射定标装置

MODIS 内部的在轨定标设施之一是光谱辐射定标装置(SRCA)[12]。这是一个内置的定标仪器,有三个主要功能。首先是测量所有 MODIS 波段的波段间配准,并跟踪任何随时间的变化。第二个和第三个是针对反射太阳波段的,这些是为了测量中心波长偏移和跟踪辐射增益变化。Terra 光谱辐射定标装置(SRCA)显示冷焦平面阵列上的波段相对于波段 1(不在冷焦平面上)的相对波段间配准位移与发射前的定标值一致,在地球表面优于 50 m[13]。利用光谱辐射定标装置(SRCA)的长期监测表明 Terra MODIS 的波段间配准在发射后一直非常稳定[14],Aqua MODIS 也是如此,其位移在通道 31 和 32 之间小于 20 m[12]。

2.5　MODIS 镜面响应与扫描角的关系

与 AVHRR 和(A)ATSR 扫描镜上的辐射入射角是恒定不同的,

其在轨定标程序中补偿了红外不完善反射率的影响，而 MODIS 大的桨轮扫描镜（第 2.3 章）意味着镜面上的入射角在整个扫描刈幅内发生变化。扫描镜表面的多层涂层引入了反射率对入射角的波长依赖性，这在 λ>～7 μm 变得显著，这种效应称为"反射率与扫描角的关系"或 RVS。黑体定标测量发生在一个单一的扫描镜入射角，因此，在轨定标程序不能消除 RVS 的影响。由于反射率和发射率的总和是 1，反射率的变化会引起镜面发射率的变化，因此对 RVS 的校正需要了解扫描镜的温度；这是由安装在沿旋转轴的镜面腔中的非接触热敏电阻估算的。使用镜面测试样品的发射前测量来确定镜面反射率，并研发了校正方法，以扩大定标入射角范围，使之适用于整个地球刈幅内的入射角。然而发射后的数据揭示，在相邻刈幅重叠的地方，反演的海表温度（SST）有一致的阶跃，这是不完善 RVS 校正的结果。一个偶然的情况提供了改进校正所需的测量，在这种情况下，MODIS 进入安全保持模式，地球观测门关闭，但镜子继续旋转，测量继续进行，假设门内表面的温度是等温的，测量的温度的梯度是由镜面入射角的变化引起的，因此提供了一个改进 RVS 校正的机制（图 12）。然而仍然有残余的 RVS 影响，进一步改善校正所需的数据是通过 2003 年 3 月的"深空机动"得到的。深空机动包括在轨道的日食部分增加 Terra 卫星的俯仰旋转率，使所有正常指向地球的传感器包括 MODIS，都指向冷空，然后红外波段测量的辐亮度仅仅是来自镜面发射，这就获得了新的 RVS 校正（图 12），使得海表温度（SST）反演得到了很大的改善[15]。

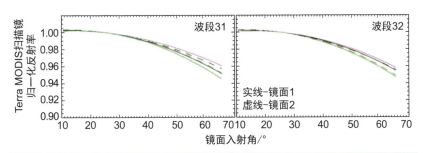

图 12 Terra MODIS 波段 31 和 32（λ=11.04 μm 和 λ=12.02 μm）的归一化镜面发射率与扫描镜面入射角的关系。红色曲线来自发射前的测试样本，黑色来自 Terra MODIS 闭门测量，绿色来自 2003 年 3 月的 Terra 深空机。

3. 与参考卫星传感器的比较

在可用于评估在轨定标程序性能和仪器稳定性的几种方法中，包括与测量相同或相关变量的其他卫星仪器进行比较。额外的比较还有与确定海表温度的其他类型的传感器的测量比较，这是下一节的重点，但首先我们考虑卫星间仪器的比较。

在射入轨道后，通常有几周的延迟，辐射计的红外通道才会冷却到工作温度。这种延迟是为了让气体，特别是水汽，扩散到太空，否则它们会在冷的光学表面和探测器上凝结，降低辐射计的灵敏度。

3.1 空间上的比较

将新传感器的全球海表温度（SST）与已有卫星仪器的海表温度（SST）进行比较，是对新传感器建立信心的有效和快速的方法。在全球范围内，每天的数据可以用来揭示反演的海表温度（SST）的空间差异。图 13 显示了 VIIRS 在一天夜间轨道上得出的海表温度（SST）与 WindSat 的微波测量得出的海表温度（SST）之间的差异[16]。根据 WindSat 刈幅的几何形状，需要 5 天的测量数据生成近乎完整的全球场[17]。红外和微波海表温度（SST）的不确定度来源大多是不相关的：在红外中，主要的误差来源是未被检测出来的云、气溶胶和水汽的异常垂直分布；而在微波中，误差主要是由雨云和射频干扰造成的。因此，图 13 所示的差异揭示了单个或者两个海表温度（SST）场的问题，例如，在西非和阿拉伯海附近地区有冷偏差，在这里预期 VIIRS 海表温度（SST）会受到气溶胶的污染。将 WindSat 海表温度（SST）减小了 0.17 K，即平均热表皮效应，以便可以与 VIIRS 海表皮温反演结果进行比较。

3.2 时间上的比较

使用 Hovmöller 图显示了两个海表温度（SST）场之差的时间依赖性，图 14 显示了在 VIIRS 红外任务的最初 17 个月中，VIIRS 夜间海表温度（SST）和 WindSat 5 天合成海表温度（SST）的逐日纬向平均差，虽然在 0.1 K 及以下的水平两个海表温度（SST）时间序列之间有很好的对应关系，但图 14 显示了沿赤道的季节性差异，VIIRS 海表温度（SST）比 WindSat 的要暖，而在高纬地区则比较冷。仅仅通过这种分析，很难确定这些是红外海表温度（SST）的误差还是微波海表温度（SST）的误差，或者两者都有误差。还有一些差异可能是由于时间采样不匹配红外和微波测量得出的海表温度（SST）之间的差异造成的。

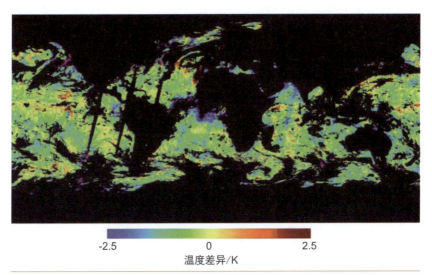

图 13　VIIRS 红外测量得出的海表温度（SST）与 WindSat 微波测量得出的海表温度（SST）之间的差异。黑色表示陆地和云，VIIRS 的海表温度（SST）是夜间的，WindSat 的海表温度（SST）是 5 天合成数据，负值表示 VIIRS 海表温度（SST）比 WindSat 的要冷。来自参考文献 [16]。

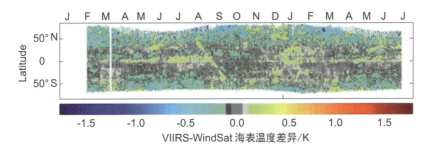

图 14　夜间 VIIRS 海表皮温与 WindSat 5 天合成海表温度（SST）纬向平均差 Hovmöller 图。横轴显示从 2012 年 1 月到 2013 年 6 月底的时间，中灰色表示 <0.05 K 的差异，其他灰色调表示 0.05 K 和 0.1 之间的差异，来自参考文献 [16]。

NOAA-NESDIS-STAR 采用海洋系统高级晴空处理器（Advanced Clear-Sky Processor for Oceans system）[18-20] 开发了一种比较不同红外辐射计的时间相对精度的方法。在 NOAA 业务化得出的刈幅亮温中识别晴空海洋像素,用 CRTM（Community Radiative Transfer Model）辐射传输模式[21,22] 来模拟大气层顶亮温,输入使用国家环境预测中心全球预测系统的温度和湿度大气廓线以"Reynolds"逐日第一猜测海表温度（SST）场。测量和模拟的亮温之差的全球中位数的时间序列是卫星仪器潜在问题的一个有用的诊断。图 15 的上图显示了多颗卫星上 AVHRRs 3.7 μm 光谱通道亮温的多年差,每个都以模拟值作为参考;时间序列是基于 7 天的全球夜间晴空测量,除了揭示 NOAA-16 AVHRR "不在一个家庭",该图显示许多模拟和观测的亮温差波动在多颗卫星辐射计之间是一致的,表明许多差异来源是共同的,并且暗示该来源是辐射传输模式。这种对时间序列的贡献可以通过选择一个卫星仪器作为相对参考并计算相对于参考传感器的模拟－观测差的模型－观测差来消除,这种方法被称为"双差",图 15 的下图显示了一个例子,为参考 MetOp-A AVHRR/3 的模拟－观测差值的时间序列。双差揭示了多个卫星辐射计的相对稳定性更为一致的比较,这种信息对于确保多个卫星任务中海表温度（SST）的稳定性和连续性至关重要[20],这也是气候数据记录的前提条件。一些双差的差异可能是由于卫星过境时间不同造成的,尽管在图 15 中给出的夜间例子日增温和降温的影响应该很小。差异偏移量可能是由于相对光谱响应函数的不同（见下文）。其他差异可能是由星上定标程序中的伪迹引起的,Liang 和 Ignatov[20] 提出了 NOAA-16 AVHRR 的异常表现。这个伪迹可能是在这里显示的当地赤道交点时间上午 4 点到上午 7 点期间轨道漂移的结果,突出了定标目标在晨昏轨道上被太阳辐射污染的影响。NOAA-16 在 2000 年 9 月发射到当地赤道交点时间为下午 2 点的轨道上,计划执行 2 年的任务,因此它在图 15 所示的比较时间之前已经在太空中待了很多年,这表明图 7 中显示的定标目标温度在发射后一年多的时间里相对一致的表现不能认为可适用于整个延长的任务,特别是如果没有保持轨道的话。

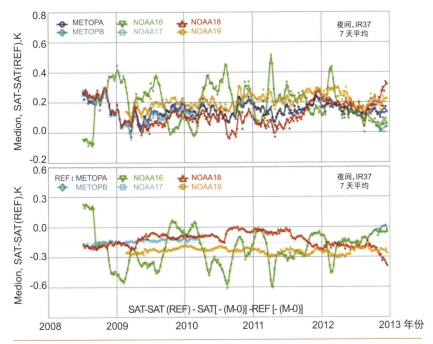

图 15　NOAA−16、−17、−18、−19 和 Metop−A AVHRRs λ=3.7 μm 通道全球夜间模拟 − 观测偏差时间序列（顶部），以及与 MetOp−A AVHRR/3 作为参考的双差（底部）。来自参考文献 [18]。

3.3　同步星下点过境

　　为了减少测量时间和几何差异的影响，用于数据比较的两台红外辐射计的测量在空间和时间上最好是匹配的，并通过相同的大气路径长度。当两颗卫星上的两台仪器的星下点测量在同一时间经过同一地点，或在可接受的时间和空间重合度以及天底扫描角度的范围内，就会出现这种机会；可接受的意思是，额外的不确定度不会对卫星测量的差异产生显著影响。这种重合被称为同步星下点过境（SNOs）。这种比较对于建立新传感器与已经在轨道上运行了足够时间其不确定度和误差已经表征清楚的传感器所测得的海表温度（SST）之间的对应关系是很有价值的。对于极轨卫星上的辐射计，这种同步星下点过境（SNOs）往往发生在高纬度地区。图 16 显示了在一个轨道来自 Suomi−NPP VIIRS、Terra MODIS、Aqua MODIS

测量之间的上的 SNOs[23]。Terra 的赤道交点时间是 10∶30，Suomi-NPP 是 13∶30，因此每个轨道上每半球只有几个同步星下点过境（SNOs）。Aqua 的赤道交点时间是也是 13∶30，尽管 Aqua 和 Suomi-NPP 处于不同的轨道上，但出现 SNO 的机会要多得多。大气层顶亮温之间比较必须考虑两个辐射计的相对光谱响应（RSR）函数的差异（图 17），因为如果相对光谱响应（RSR）函数不同，两个完美标定的辐射计观测同一场景将得到不同的亮温测量值。通过比较滤光片定义相对光谱响应（RSR）函数的辐射计的测量结果与光谱仪测量的光谱，可以减少这一误差来源，因相对光谱响应（RSR）函数可以与测量的光谱进行卷积，以模拟滤光片辐射计的测量。

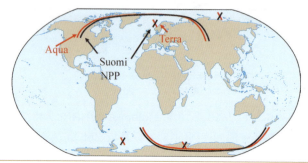

图 16　Suomi-NPP VIIRS、Terra MODIS、Aqua MODIS 之间的同步星下点过境。来自参考文献 [23]。

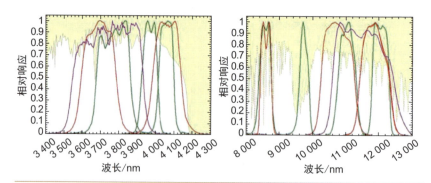

图 17　MODIS（绿色）和 VIIRS（红色）的红外大气传输窗口波段的相对光谱响应函数（RSR），相对峰值为 1 进行了归一化。紫色线条是 VIIRS 成像波段的宽波段相对光谱响应（RSR），它的天底地面分辨率为 0.375 km。背景的白色是在无云的标准大气中垂直传播的大气传输光谱。X 轴是单位为纳米的波长。来自参考文献 [24]。

3.4 同一卫星上的仪器

如果滤光片辐射计和光谱辐射计都在同一颗卫星上,如 Aqua 上的大气红外探测仪(AIRS)和 MODIS,以及 MetOp 卫星上的红外大气探测干涉仪(IASI)和 AVHRR/3,那么这种比较可以扩展到整个地球,而不限于高纬度地区。

AIRS 使用一套光栅光谱仪来测量波长范围为 3.7～15.4 μm 的红外光谱,有 2 378 个红外通道,它还有四个可见光和近红外通道,主要用于场景识别。扫描镜将视场引向 1650 km 的刈幅宽度,星下点空间分辨率为 13.5 km[25]。AIRS 光谱在辐射和光谱方面都得到了很好的标定[26]。尽管足印大小差异很大,Tobin 等人[27] 将 AIRS 每个视场内 MODIS 像素的亮温平均,并用 MODIS 的相对光谱响应(RSR)将 AIRS 光谱进行卷积,进行 MODIS 和 AIRS 的比较。图 18 中显示了用于白天和晚上海表温度(SST)反演的 MODIS 光谱波段 31 和 32 中测得的亮温,在大多数 MODIS 波段,AIRS 和 MODIS 之间的平均差 <0.1 K,最小的差异是在大气窗口通道。发现 AIRS-MODIS 亮温差与场景温度和扫描角度有关,但同样发现这些差对于大气传输窗口波段来说是最小的。

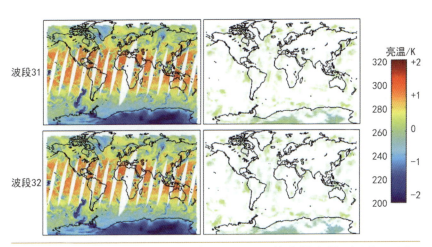

图 18 2002 年 9 月 6 日 MODIS 波段 31 和 32 的夜间亮温(左)和 AIRS-MODIS 亮温差(右)。色标左边的刻度适用于亮温,而右边的刻度则是为亮温差。来自参考文献 [27]。

针对 IASI 的光谱测量与 Metop-A AVHRR 的红外通道数据的比较进行了类似的分析[10, 28]。IASI 是欧洲气象极轨卫星 MetOp 系列科学载荷的一部分。IASI 是一个基于迈克尔逊干涉仪工作的傅立叶变换红外光谱计,产生 3.7～15.5 μm 波长范围内的光谱;它也有一个成像红外辐射计,有一个在 10.3～12.5 μm 光谱范围内的宽光谱通道[29]。干涉仪的星下点空间分辨率为 25 km,成像仪的 64×64 阵列每个星下点分辨率为 0.8 km,以光谱计的视场为中心,提供光谱计未能分辨的场景内容信息。IASI 刈幅度约为 2 400 千米。IASI 的辐射精度已经在现场工作中通过与高空飞机上定标良好、SI 可溯源的傅里叶变换光谱仪,如 NAST-I(国家极轨运行环境卫星系统(NPOESS)机载探测器试验台－干涉仪)比较在飞行期间的同时同地测量,进行了评估[30]。在长波大气传输窗区(λ=10.2-11.0 μm),发现飞机的测量值与 IASI 的测量值之间有 0.02±0.18 K 的差异,而在中红外窗区(λ=4.0-4.2 μm),有 0.09±0.48 K 的差异[30]。

基于对 AVHRRs 辐射特性的提升了解得到了更精确的定标程序[9],Mittaz 和 Harris 将 MetOp-A AVHRR 的在轨性能与同一卫星上的 IASI 测量的良好定标的光谱进行了比较[10]。该研究表明,标准的 AVHRR 定标可以在定标的亮温中引入约 0.5 K 的偏差,这与早期的分析结果相当,该分析显示 AVHRR 通道 4 和 5 的(IASI-AVHRR)差小于 0.4 K,标准偏差约为 0.3 K[31],但使用新的、基于物理的定标方案将与 IASI 测量的在星下点观测的差异小于 0.05 K。在大天顶角和冷场景温度(约 210 K)下,AVHRR 和 IASI 之间的差异仍高达 1.5 K。然而,在海表温度的特性范围,增加卫星天顶角引起的变化非常小,约 0.02 K。

通过与其他已经在轨道上运行了足够长的时间可以确定其特性和不确定性的卫星仪器进行比较,可以对新卫星辐射计的表现有很多的了解。在辐射计工作期间继续进行比较,可以提供关于相对稳定性和可能的性能下降的有用信息,但所有这些比较都是相对的,需要其他方法来确定某种绝对的精度。

4. 地球物理反演验证

在使用内部数据和通过与其他卫星仪器的比较诊断来确定辐射计的性能后，需要采取额外的方法来评估卫星反演的海表温度（SST）的绝对不确定度和稳定度，这是生成气候数据记录的要求，可以通过与独立的海表温度（SST）测量进行比较来实现。在一些方法中，使用根据 SI 温标重复定标的验证仪器具有严格测量不确定度和稳定度的额外优势。

一种介于卫星与卫星之间的比较和那些将从卫星测量得到的温度与在海表或接近海表的温度进行比较的方法是使用大气辐射传输模式来模拟卫星测量。由于辐射传输模式和卫星过境时的大气描述的不完善，特别是由于指定水汽分布中的误差，造成了模拟大气层顶辐亮度的不确定度，这种方法在应用于非常干燥、无云的大气条件时最为成功。美国西部的太浩湖就符合这样的条件。太浩湖是一个大的淡水湖，大小约为 32×16 km，因此大多数红外成像辐射计可以很好地分辨它，而且处于 2 km 以上的高度，意味着介于中间的大气水汽含量非常低。因此，辐射传输模拟不会因为湿度廓线的误差而受到严重影响。太浩湖经常有无云的天空。自 1999 年以来，在太浩湖使用四个系泊浮标表面浮子上的自动仪器进行了一系列连续的测量，以验证高级星上热发射和反射辐射计（ASTER）和 MODIS 的测量 [32]，现在也用于 VIIRS。安装在每个浮标上的自定标辐射计由喷气推进实验室研发（第 3.2 章），用于测量湖面的皮温。测量的皮温与从天气预测模式得到的大气廓线一起，作为辐射传输模式的输入，模拟卫星测量。湖面温度的范围为 5 ℃ ~ 25 ℃，为了扩大到更高的温度，在萨尔顿海建立了一个类似的监测站。图 19 显示了迄今为止，模拟和测量的 Aqua MODIS 波段 20、22、23 数据比较的时间序列，图中显示了年平均值，比较结果很好，表明没有重大的 MODIS 定标问题，但揭示了有趣的年际振荡，当作为 MODIS 扫描镜入射角的函数绘制时，发现了可探测的残余 RVS 信号，支持了该方法的有效性（S.Hook, 2014）。

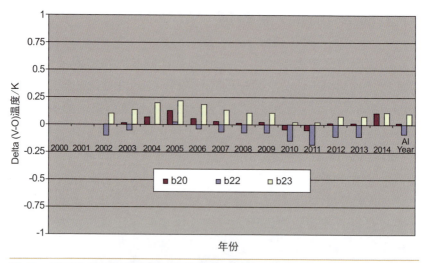

图 19　基于在塔霍湖和萨尔顿海的测量,模拟(V)和测量(O)的 Aqua MODIS 波段 20、22、23 亮温比较,用于 Aqua 任务,直到 2014 年 4 月。显示的是年平均值,最后一组条形图表示所有年份。这些结果是针对 MODIS 处理的 V5 版本。图由 JPL 的 S. Hook 博士提供。

对于任何用于从适当光谱波段定标的大气层顶亮温反演海表皮温的红外成像仪,需要采取两个不同的处理步骤:首先,识别那些不受大气气体成分以外的辐射源影响的像素,然后对大气气体的影响进行校正。第一步通常称为"云筛除",因为其主要目的是识别包含云辐亮度的像素,而第二步被称为"大气校正"。

这些算法都是基于不同光谱波段信息的组合,这不可避免地导致了从亮温到反演海表温度(SST)的变量中不确定度的增长,如图 20 所示[33]。图 20 的右栏显示了从 0 级数据(L0),即原始测量值,到重新地图投影、填补空白的海表温度(SST)场(L4)的进程,以及中间处理步骤。左边的方框内是不确定度的来源,其中许多是随时间变化的、仪器特有的,因此应该对每个传感器进行评估,以生成跨越多个任务和传感器的一致和准确的长期记录。

由于许多处理步骤涉及联合或比较不同探测器在同一时间和地点测量的像素值,波段之间的配准度非常重要,特别是如果它有可能随时间变化。目标相互配准是传感器指标之一,以 MODIS 为例,在沿轨和跨轨方向上,波段之间的配准都是 10%[34]。对于一个复杂的仪器,如 MODIS,有 36 个光谱波段,每个波段有多个探测器,在同一焦平面阵列上的探测器视场的配准可能比在不同焦平面阵列上的探测器波段要好[34,35]。在发射前的测试中,发现 Aqua MODIS 确实是这种情况,在环境温度下运行的可见光焦平面阵列上的波段与在低温下运行的热红外波段之间的配准较差(图 21)[12]。当一个地球物理变量是由不同光谱波段的像素值组合而得到,或者在像素的分类中,这种错位会引起不确定度的增加(如文献[36])。错位的后果与场景有关,因为在相关变量存在较大水平梯度的情况下,错位后果会更严重,而在梯度较小的情况下,错位就不那么重要。

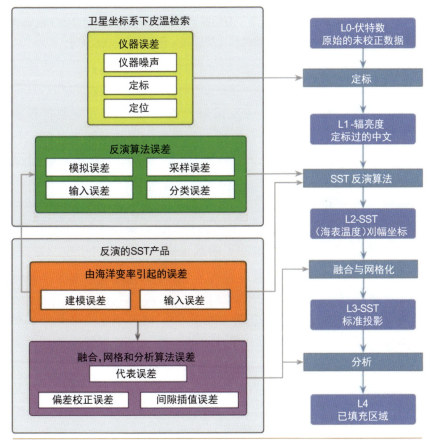

图 20 左边方框:获取海表皮温的不确定度来源,从卫星测量的辐亮度知道经过地图投影并填补空白后的海表温度(SST)场,右边从上到下。参考文献[33]。

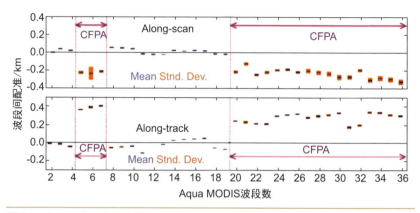

图 21 Aqua 上 MODIS 所有 36 个波段的波段间配准，以波段 1 为参照。显示了平均值和标准偏差。上图显示了沿扫描方向的错误配准，下图显示了沿轨的错误配准。CFPA 表示那些在冷焦面上的波段。根据参考文献 [35]。

4.1 云筛除

从红外卫星测量数据中反演海表皮温，一个非常重要的步骤是，在大气校正前，识别被云所污染的像素。一种经过考验的云筛除方法是采用"决策树"云识别算法，基于 AVHRR Pathfinder 计划研发的方法[37]，随后应用于 MODIS[15] 和 VIIRS[16]。该方案对单个像素或一组像素进行了一系列测试，以确定它们的值与阈值的关系，这些阈值是为了区分无云和云污染的像素而选择的。由于云的特性范围很广，单一的测试并不能满足所有情况。对于夜间数据，测试应用于红外测量，但对于白天数据，测试也应用于太阳反射波段的测量。图 22 显示了一个云筛除决策树的例子。

另一种方法是使用贝叶斯分类器[38]。这种概率方法是基于对晴空测量的辐射传输模拟，以给出两个红外通道亮温的联合概率密度函数，以及根据经验确定的有云的联合概率密度函数[39]，用数值天气预报模式的分析场作为先验信息，这种方法的一个重要好处是确定一个像素分类为云或无云的置信度。

所有的云筛除方法在特定条件下都有困难，比如在水平海表温度（SST）梯度大的区域，以及光学稀薄的云层；没有一种方法是完美的，未检测到的云效应在某种程度上是误差的来源。

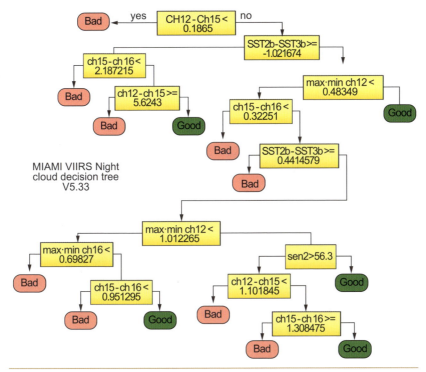

图 22 用于识别无云像素的决策树的例子。每个测试都是基于不同 VIIRS 波段的辐射测量和测量几何的物理预期而得到的。这是针对夜间测量的；一个单独的决策树（未显示）包括可见波段的像素反射率信息，用于白天测量。只有被划定为"好"的像素才会用于海表皮温反演。摘自参考文献 [16]。

4.2 大气校正算法

反射和散射的太阳辐射影响意味着中红外大气传输窗口的卫星辐射计测量不能用于轨道的白天部分。因此，在白天和夜间条件下使用的标准大气校正算法是基于 10^{-13} µm 大气传输窗口的测量，通常称为"分裂窗"。非线性海表温度（SST）的算法形式（NL 海表温度（SST）[40]）为

$$SST = a_0 + a_1 T_{11} + a_2 (T_{11} - T_{12}) T_{sfc} + a_3 (T_{11} - T_{12})(\sec(\theta) - 1) \quad （2）$$

其中，a_0，a_1，a_2，a_3 是系数；T_{11} 是中心波长接近 $\lambda=11$ µm 的波段测得的亮温；T_{12} 是中心波长接近 $\lambda=12$ µm 的波段测得的亮温；T_{sfc} 是第一猜测或气候学海表温度（SST），它的比例系数乘以 $T_{11} - T_{12}$ 亮温差以

考虑与海表温度(SST)相关的大气水汽不同分布的影响;θ 是传感器的天顶角,这第四项是为了补偿当扫描远离星下点时增加的路径长度。系数值与每个红外波段的光谱特性有关,因此对于每个卫星辐射计是不同的。

在夜间,由于没有太阳辐射的散射和海表反射,可以使用中红外窗口的测量。类似的光谱测量多通道组合包括~3.7 μm 数据用于 AVHRR、(A) ATSR 和 VIIRS。MODIS 在中红外窗口有三个光谱波段,两个光谱波段的组合(中心波长为 3.95 和 4.05 μm)可以提供最准确的海表温度(SST)[15]。

大气校正算法中获取系数的方法取决于发射后所经过的时间。发射时的系数是由大气辐射传输模式通过无线电探空仪测量[41]或者来自天气预报模式可代表大气变化性真实分布的大量大气廓线模拟光谱测量得到的。与现场验证数据的匹配如来自漂流或系泊浮标或船舶(见下文)可以在任务的早期开始,主要是为了对云筛除和大气校正算法的有效性进行初步评估,随着发射后时间的增加,匹配的数量也在增加,从匹配数据本身产生系数是可行的。这样做的好处是,任何将误差引入定标亮温的未知或表征不佳的仪器伪迹与大气效应无法区分,至少可以部分地由系数补偿。因此,如果仪器伪迹有一定的时间依赖性,那么通过产生随时间变化的系数,比如基于月的系数,辐射计性能的一些变化可以被系数所抵消,海表温度(SST)反演对小的仪器变化不那么敏感。这种在大气校正算法中使用随时间变化的系数的方法,将证明卫星反演是否满足稳定性要求的责任放在现场测量上。如果能够证明现场测量数据集在数年或数十年内是稳定的,达到一定的精度,并且卫星和现场海表温度差异统计也是稳定的,那么就可以推断出卫星数据在可证明的范围内是稳定的。

很明显,整个大气变化的影响不能由基于统计的两个或三个亮温组合来补偿。特别是大气水汽垂直分布的异常,如干燥层会导致得反演海表温度(SST)的误差比预期的要大[42, 43]。采用另外的数据了解水汽垂直分布,确实可以提高海表温度(SST)反演精度[44]。

更好地利用关于大气状态的外部信息，是采用最优估算方法进行大气校正的基础；这种方法正越来越受欢迎。在这种方法中，模拟的大气层顶亮温是通过辐射传输模拟数值天气预报模式给出的大气状态得出的。这种方法已证明对 MetOp-A AVHRR[45] 和 Meteosat 9 上的旋转增强型可见光光红外成像仪（SEVIRI；见第 2.3 章）反演有好处，结果表明现在由指定大气状态和辐射传输模拟不确定度产生的海表温度（SST）的不确定度与传统统计方法中固有的不确定度相当。

不同的云筛除和大气校正方法，对得出的海表温度（SST）的不确定度有各自的影响，而利用独立测量确定这些不确定度是评估卫星反演的海表温度（SST）是否适用于许多应用如生成气候数据记录（CDR）的关键步骤。

4.3 地球物理验证

跟踪卫星辐射计长期在轨稳定性的一个方法是通过与独立测量的比较，监测反演的海表温度的不确定度。不确定度的时间或区域变化可表明卫星辐射计的性能下降。

一个广泛使用的独立温度测量来源来自漂流浮标的测量，这些浮标部放在所有海洋区域，为天气预报提供数据。其空间和时间分布并不均匀，但由于数量众多（在撰写本报告时为 1 092 个），使得这些浮标成为宝贵的资源。温度计安装在漂流浮标的水线以下，在风平浪静的情况下，测量深度为 10～20 cm，在恶劣条件下可能平均更深，在低风速的情况下，由于太阳加热产生的垂直温度梯度而与海表皮温脱节[47-49]。此外，热表皮效应在水体中测量的温度和海表温度之间引入了进一步的差异[50-52]。浮标是消耗性的，在其部署结束时不会被回收以确认温度计的定标。因此，必须采用严格的质量控制程序，以确保单个浮标测量的定标变化或其他误差来源会被发现，避免导致卫星海表温度（SST）反演误差的错误估算[53]。尽管如此，它们仍是评估卫星辐射计稳定性的有用工具（图 23），但没有达到生成气候数据记录（CDR）所需的水平。

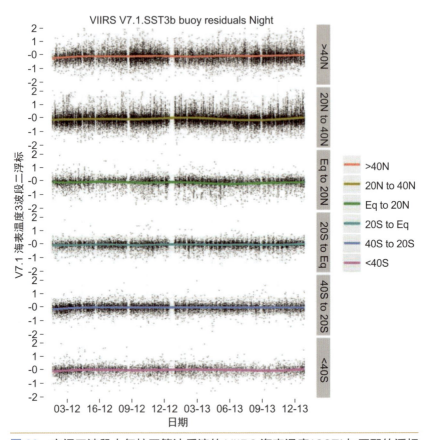

图 23　夜间三波段大气校正算法反演的 VIIRS 海表温度（SST）与匹配的浮标测量的差值时间序列，按纬度带划分。颜色表示每天的中位数误差，点表示单个比较。在高纬度地区散点的增加很明显。来自参考文献 [16]。

　　关于卫星反演与漂流浮标或系泊浮标的比较，或卫星反演的海表温度（SST）之间的对比，有一个缺点就是很难将不确定度的来源归结到某一个测量集。然而，假设每组数据的误差和不确定度与其他数据不相关，通过组合比较三组测量数据对可以估算出每组数据的不确定度[54]。O'Carroll 等人[54] 通过比较 2003 年来自 AATSR、地球观测系统高级微波扫描辐射计（EOS；AMSR-E）、浮标的测量值，发现空间平均的夜间 AATSR 双观测角三通道海表温度（SST）反演数据，经热表皮效应调整，误差标准偏差为 0.16 K，而浮标海表温度（SST）为 0.23 K，AMSR-E 海表温度（SST）为 0.42 K。

　　浮标测量的平均偏差，其后由其他人[55]证实，比之前假设的~0.1 K 不确定度要大得多，这使我们认识到漂流浮标对卫星与现场的温度差异有很大的贡献，而之前是归因于卫星海表温度（SST）反演。如果浮标温度计的精度能够提高到优于 0.1 K，那么漂流浮标在确定卫星海表温度（SST）反演的不确定度方面的作用将大大提高。

　　对卫星海表温度（SST）精度估算的另一个贡献来自海洋温度的非稳态性，因为海洋在白天吸收太阳辐射而变暖，夜间变冷，非同步的匹配数据会引入误差，如图 24 所示，图中显示了 AATSR 双观测角海表温度（SST）反演与漂流浮标现场测量相比的平均变化率作为卫星与浮标数据时间间隔的函数[56]。夜间的降温率在 -0.01 到 -0.02 K h^{-1}，而白天的升温率则高达 0.1 K h^{-1}。温度变化对卫星海表温度（SST）不确定度估算的贡献在很大程度上取决于一天中的时间以及可接受的卫星－浮标测量时间窗口。当三方比较涉及不同卫星上的载荷测量时，所有的测量对之间的时间差都有贡献。如果两个卫星辐射计在同一个卫星上，这些贡献可以减少，如 Aqua 上的 MODIS、AMSR-E、AIRS 和 MetOp 上的 AVHRR 和 IASI 就是如此。

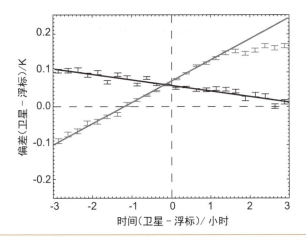

图 24　AATSR 反演偏差作为卫星－浮标时间差的函数，日间（灰色）和夜间（黑色）匹配数据。实线表示对数据的线性最佳拟合。白天匹配数据使用时间差异 <1.5 h。Envisat AATSR 的平均升交点时间为 10:00，来自参考文献 [56]。

MetOp-A AVHRR、IASI 数据得到的海表温度与漂流浮标测量的海表温度之间的三方比较表明，IASI 的误差标准偏差为 0.29 K，AVHRR 为 0.13 K，漂流浮标为 0.23 K[28]，在一个 IASI 足印内的 AVHRR 21×21 矩阵所有无云像素用来分析，图 25 显示了空间分布，其中上面一行显示了三个数据集每对的平均差异的空间分布，下面一行显示了每个数据集的误差标准差。正如预期的那样，每个数据源的误差都有区域性的变化，表明 IASI 海表温度（SST）在某些区域比 AVHRR 海表温度（SST）更准确，但在其他区域则不然。两种卫星仪器大的标准差和不确定度都在海表温度（SST）空间变化性高的区域，这意味着采样误差对 IASI 和 AVHRR 得到的平均海表温度（SST）有影响。

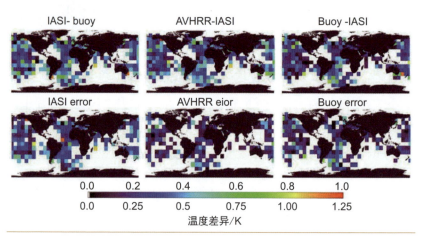

图 25　2010 年 10 月至 2011 年 7 月全球 5° 网格化的 IASI- 浮标、AVHRR-IASI、浮标 -AVHRR 温度差的标准偏差（上图），以及同期全球 10° 网格化的 IASI、AVHRR 和浮标海表温度（SST）观测误差的标准偏差（下图）。来自参考文献 [28]。

除了漂流浮标测得的近表面海洋温度，另一个来源是系泊浮标上的温度计，如横跨世界海洋赤道和热带的全球热带系泊浮标阵列（GTMBA）的温度计 [57, 58]，在大约 1 m 的深度，最浅的温度计比漂流浮标的温度计更深，但全球热带系泊浮标阵列（GTMBA）的温度计标定得更好，而且，非常重要的是，在部署之后可以回收，进行重新定和翻新 [59, 60]。在太平洋的 GTMBA 系泊浮标（通常称为热带海洋大气或 TAO 阵列）温度计的精度约为 0.03 K[57]，在部署期间的定标漂移通常为 0.003 K 或更少，通常保持一年左右[60]。在低风速条件下，有利于日增温梯度的增长和衰减，1 m 温度虽然是一个准确的测量值，但可能并不代表评估卫星反演海表温度（SST）精度所需的海表皮温。有证据表明，TAO 阵列早期部署的温度计对太阳直接加热很敏感[61]，但由于系泊浮体的遮挡，这种情况对 1 m 温度并不显著。

由于次表层温度测量持续时间长、精度高、稳定性好，已经成功地用于证明热带区域（A）ATSR 系列卫星辐射计得到的海表皮温的稳定性，尽管需要用模型将次表层温度测量用于估算海表皮温[56]，由于 GTMBA 系泊浮标包括一套气象传感器，因而有接近卫星过境时间驱动这些模型的测量数据。

第二组系泊浮标部署在沿海地区，主要在美国周边。原则上，这些浮标可以用来将 GTMBA 的结果扩展到中纬度地区，但已经证明[62] 近岸温度显示出较高的变化水平，与卫星反演的海表皮温比较相比 GTMA 噪声更大，这可能是卫星测量无法解决小尺度温度变化的结果。

Argo 计划自主剖面浮标上的温度计提供了一种机制，可以将高精度的现场测量扩展到比 GTMBA 覆盖的更高纬度。Argo 剖面浮标支持温度计作为安装在圆柱形浮筒顶部端盖上的 CTD 仪器的一部分，在约 2 000 m 至 5～10 m 的深度上测量温度剖面[63]。浮标保持在大约 1 000 m 的深度，并在这个深度随着海流移动；每 10 天，浮标下潜到 2 000 m，然后开始上升到海面，在这途中测量未受干扰的海水。标准剖面在 5～10 m 的深度终止以保持传感器的定标，如果它们在使用时，浮标突破水面情况可能会出现。在浮标再次下降到 1 000 m 驻留前将数据通过卫星传输到陆地。最近开发了第二代浮标，主要用于验证微波辐射计 Aquarius[64] 的海表盐度测量，它有第二套传感器，在水体的最上部几米处继续工作。第一批 Argo 剖面浮标是在 2000 年布放的，在 2007 年达到了 3 000 个浮标运行的目标。目前，大约部放了 3 500 个浮标，这意味着每天采集了 350 个温度剖面。随着 Argo 剖面浮标时间序列的延长，它将成为一个额外的测量源，有可能提供信息来评估几十年来卫星得到的海表温度（SST）

的稳定性[63],尽管浮标本身并没有采集可驱动模型将次表层测量扩展到海表皮温所需的匹配气象测量。

4.4 船载辐射计

使用安装在船上的红外辐射计来测量海表皮温,可以避免将次表层温度扩展到海表皮温处理的不确定度问题。这种仪器的优点是可以使用内部黑体定标目标,并且在每次部署之前和之后都可以对照实验室定标目标检查定标程序[65]。通过一系列国际研讨会,使用参考传递辐射计对实验室定标设施进行了表征来提供 SI 标准可溯源性[66]。船载辐射计的 SI 可溯源性为从卫星辐射计生成气候数据记录提供了一个机制[67]。船载辐射计包括由滤光片确定波长通带的仪器如红外海表温度(SST)自主辐射计(the Infrared SST Autonomous Radiometer)[68]和扫描红外海表温度辐射计(the Scanning Infrared Sea Surface Temperature Radiometer)(Barton 等人描述,[69]),或者是光谱辐射计如海洋大气发射辐射干涉仪(the Marine-Atmospheric Emitted Radiance Interferometers),它是傅里叶变换红外干涉仪,测量波长范围在 $3 \sim 18 \ \mu m$[70]。这些仪器和它们的部署将在第 3.2 章中描述和讨论。

5. 讨论

卫星辐射计在执行在轨任务后不会被回收进行重新定标,因此不可能直接检查其运行期间是否维持发射前的定标。要确定卫星辐射计在轨道上运行多年(有时超过十年)后,其星上定标程序在多大程度上维持了辐射测量的准确性,这并非易事。这需要在发射前对仪器进行仔细和全面的定标和特性表征,以便能够构建一个仪器模型,用于评估仪器发射后的性能。对卫星仪器的热特性进行充分的监测,需要将许多温度计(它们本身经过良好的定标)内置到仪器中,并将它们的测量结果和定标、地球观测数据一起传回到地面。

尽管在建立卫星反演的海表温度(SST)的准确性和稳定性方面存在困难,但近年来已经研发和应用了一些方法,表明生成气候数据记录（CDR）的高要求是可以达到的，而且一些传感器可能已经达到了。海表温度（SST）气候数据记录（CDR）的长度要求使用多个连续任务的时间序列数据，并且需要有新旧仪器的重叠来提供区域和全球范围的比较。这种比较可以用来证明海表温度（SST）时间序列的有用连续性（或其他），但其结果主要是确定一致性而不是准确性。

评估卫星辐射计的准确性需要与具有可溯源定标的独立测量进行比较。在具有 SI 标准定标的高光谱分辨率光谱辐射计出现之前[71-73]，准确度和稳定度的确定必须依靠与海表温度（SST）测量的比对，而这的确是生成海表温度（SST）气候数据记录（CDR）的基础。然而，引入了额外的不确定度来源，包括来自不完善的云筛除和大气校正。分清比对中各种不确定度来源并不简单，可能需要多年的测量才能将海表温度（SST）的趋势与仪器伪迹的影响区分开来。

多年来，来自卫星的温度测量值与来自现场温度计的测量值存在差异，后者通常安装在漂流浮标上，差异被解译为卫星海表温度（SST）反演的误差。但是，随着后续卫星仪器性能的提高、对其在轨性能的更好监测以及大气校正算法的改进，差异越来越小，显然用于验证的测量和比对方法的不准确对不确定度的贡献很显著，这意味着卫星海表温度（SST）精度比简单方法证明的结果更好，当发现漂流浮标上的温度计精度比以前想的要差很多，这就成为一个严重的问题。大量的浮标使它们成为验证卫星海表温度（SST）的重要资源，特别是预计未来将部署浮标为天气预报提供数据，因此不应该被丢弃。在撰写本报告时，正在努力提高浮标温度测量的精度，以提高其评估卫星海表温度（SST）的效用。

正在探索利用具有准确性、稳定性和长时间序列的验证测量的其他来源，如一些 GTMBA 系泊浮标，以及其他最近的开发如 Argo 剖面浮标。虽然这些传感器的精度明显高于漂流浮标上的温度计，但用它们来验证卫星得到的海表温度（SST），必须仔细评估对差异的所有贡献，以便正确评估卫星反演精度。当然，用漂流浮标数据做卫星验证时，也应如此。

所有次表层温度的测量都会因垂直温度梯度而与海表皮温在

一定程度上脱节,这主要是由于日增温、降温、热表皮效应造成的,当与卫星测量比对时,这些都会对总的差异有贡献。这些不确定度可以通过使用测量海表皮温的船载辐射计来消除,因而可以用来进行"同类"比对。使用船载辐射计的另一个好处是,它们有与卫星辐射计相当的内部定标程序,而且内部定标可以在部署到船上之前和之后在实验室中重复检查,与具有 SI 可溯源性的定标设施进行比较。这种可溯源性为满足生成温度气候数据记录(CDR)的要求提供了基础。

随着对卫星辐射计的在轨性能有了更多的了解,很重要的是利用这些知识,也许结合对发射前定标和特性的更好的解释,获得更好的处理算法以提供更准确的海表温度(SST)反演。只有对整个任务的测量进行再处理,生成新的卫星反演数据时间序列,才能实现这种改进。幸运的是,随着计算能力和在线数据存储的快速发展,这项任务不像几年前那样艰巨。

6. 结论

一些卫星辐射计已经运行了十年以上(如 1999 年 12 月发射的 Terra 和 2002 年 5 月发射的 Aqua MODIS),其他的在近十年(AATSR)没有出现严重限制测量精度和稳定性的显著退化,这要归功于仪器的设计和制造以及对性能的在轨监测,以校正和补偿不可避免的仪器退化。

如 AVHRR Pathfinder 海表温度(SST)[37] 所示,从同一类型的多个卫星辐射计中获得十年时间序列一致的海表温度(SST)反演是可行的。融合同一时间在不同卫星上飞行的不同类型的红外辐射计数据,给出了一种方法,可提供理想的在各个传感器的时间序列之间的重叠,但要有效地合并在不同的过境时间测量的数据,需要对日增温的影响进行补偿。为此,引入了基础温度的概念,即在任何给定的一天中在日增温影响之下深度的温度 [74]。然而,从单一卫星测量中得出基础温度,需要对该日直到卫星测量时间的日增温进行模拟，这就带来了挑战和不确定性。

利用可回收进行部署后定标的 GTMBA 阵列上温度计所测得的准确的次表层温度和船载辐射计所测得的海表皮温，可以提供一种机制支持卫星海表温度（SST）的稳定性并有助于评估其准确性，从而可以通过卫星测量生成海表温度（SST）气候数据记录（CDR）。但在日照方面没有单一方法是足够的，需要一套仪器和技术。

监测卫星仪器在整个任务期间的性能并评估海表温度（SST）反演不确定度的长期特性，需要资助机构以及业务化人员和研究组的持续投入，以确保延长目前正在研发的时间序列并提高精度，以促进我们对地球气候系统的理解，并为天气和海洋预报提供有用的信息。

参考文献

［1］ G. Ohring, B. Wielicki, R. Spencer, et al. , Satellite instrument calibration for measuring global climate change: report of a workshop, Bull. Am. Meteorol. Soc. 86（9）（2005）1303-1313.

［2］ GCOS, Systematic Observation Requirements for Satellite-based Data Products for Climate. Supplemental Details to the Satellite-based Component of the Implementation Plan for the Global Observing System for Climate in Support of the UNFCCCe2011 Update, World Meteorological Organization（WMO）, Geneva, Switzerland, 2011.

［3］ X. Xiong, A. Wu, B. Guenther, et al. , Applications and results of MODIS lunar observations, in: Sensors, Systems, and Next-generation Satellites XI, SPIE, Florence, Italy, 2007. http://dx. doi. org/10. 1117/12. 736787, 67441H-10.

［4］ D. Smith, C. Mutlow, J. Delderfield, et al. , ATSR infrared radiometric calibration and in-orbit performance, Remote Sens. Environ. 116（0）（2012） 4-16.

［5］ A. P. Cracknell, The Advanced Very High Resolution Radiometer, Taylor and Francis, London, UK, 1997, 534 pp.

［6］ D. K. Klaes, M. Cohen, Y. Buhler, et al. , An introduction to the EUMETSAT polar system, Bull. Am. Meteorol. Soc. 88（7）（2007）1085-1096.

［7］ O. B. Brown, J. W. Brown, R. H. Evans, Calibration of advanced very high resolution radiometer infrared observations, J. Geophys. Res. : Oceans 90（C6）（1985）11667-11677.

［8］ A. P. Trishchenko, G. Fedosejevs, Z. Li, et al. , Trends and uncertainties in thermal calibration of AVHRR radiometers onboard NOAA-9 to NOAA-16, J. Geophys. Res. : Atmos. 107（D24）（2002）4778.

[9] J. P. D. Mittaz, A. R. Harris, J. T. Sullivan, A physical method for the calibration of the AVHRR/3 thermal IR channels 1: the prelaunch calibration data, J. Atmos. Oceanic Technol. 26（5）（2009）996-1019.

[10] J. Mittaz, A. Harris, A physical method for the calibration of the AVHRR/3 thermal IR channels. Part II: an in-orbit comparison of the AVHRR longwave thermal IR channels on board MetOp-a with IASI, J. Atmos. Oceanic Technol. 28（9）（2011）1072-1087.

[11] X. Xiong, J. Butler, A. Wu, et al. , Comparison of MODIS and VIIRS onboard blackbody performance, in: R. Meynart, S. P. Neeck, H. Shimoda（Eds. ）, Proc. SPIE 8533, Sensors, Systems, and Next-generation Satellites XVI, 853318, November 19, 2012. http://dx. doi. org/10. 1117/12. 977560.

[12] X. Xiong, W. Barnes, X. Xie, et al. , On-orbit Performance of Aqua MODIS Onboard Calibrators. In Sensors, Systems, and Next-generation Satellites IX, SPIE, Brugge, Belgium, 2005, pp. 59780U-59789U. http://dx. doi. org/10. 1117/12. 627619.

[13] H. Montgomery, N. Che, J. Bowser, Determination of MODIS band-to-band co-registration on-orbit using the SRCA. in geoscience and remote sensing symposium, 2000, in: Proceedings. IGARSS 2000. IEEE 2000 International, vol. 5, 2000, pp. 2203-2205. http://dx. doi. org/10. 1109/IGARSS. 2000. 858356.

[14] X. Xiong, C. Nianzeng, W. Barnes, Terra MODIS on-orbit spatial characterization and performance, Geosci. Remote Sens. IEEE Trans. 43（2）（2005）355-365.

[15] K. A. Kilpatrick, G. Podestá, S. Walsh, et al. , A decade of sea surface temperature from MODIS: current status and future directions, Remote Sens. Environ. （2014）in review.

[16] P. J. Minnett, R. H. Evans, G. P. Podestá, et al. , Suomi-NPP VIIRS sea surface temperature retrievals; algorithm evolution and an assessment of uncertainties, Remote Sens. Environ. （2015）in preparation.

[17] P. W. Gaiser, K. M. St Germain, E. M. Twarog, et al. , The WindSat spaceborne polarimetric microwave radiometer: sensor description and early orbit performance, Geosci. Remote Sens. IEEE Trans. 42（11）（2004）2347-2361.

[18] X. -M. Liang, A. Ignatov, Y. Kihai, Implementation of the community

radiative transfer model in advanced Clear-Sky processor for oceans and validation against nighttime AVHRR radiances, J. Geophys. Res. 114（2009）.

［19］ B. Petrenko, A. Ignatov, Y. Kihai, et al. , Clear-Sky Mask for the advanced Clear-Sky processor for oceans, J. Atmos. Oceanic Technol. 27（10）（2010）1609-1623.

［20］ X. Liang, A. Ignatov, AVHRR, MODIS, and VIIRS radiometric stability and consistency in SST bands, J. Geophys. Res. : Oceans 118（6）（2013）3161-3171.

［21］ Y. Han, P. V. Delst, Q. Liu, et al. , JCSDA Community Radiative Transfer Model（CRTM）-version 1, NOAA Tech. Rep. NESDIS 122, NOAA, Camp Springs, MD, 2006, p. 40.

［22］ Y. Chen, Y. Han, F. Weng, Comparison of two transmittance algorithms in the community radiative transfer model: application to AVHRR, J. Geophys. Res. : Atmos. 117（D6）（2012）D06206.

［23］ A. Wu, X. Xiong, NPP VIIRS and Aqua MODIS RSB Comparison Using Observations from Simultaneous Nadir Overpasses（SNO）, 2012, pp. 85100P-85100P-85112P.

［24］ C. Moeller, J. McIntire, T. Schwarting, et al. , VIIRS F1 "best" relative spectral response characterization by the government team, in: J. J. Butler, X. Xiong, X. Gu（Eds. ）, SPIE 8153, Earth Observing Systems XVI, 81530K, San Diego, California, USA. September 13, 2011. http: //dx. doi. org/10. 1117/12. 894552.

［25］ H. H. Aumann, M. T. Chahine, C. Gautier, et al. , AIRS/AMSU/HSB on the Aqua Mission: design, science objectives, data products, and processing systems, IEEE Trans. Geosci. Remote Sens. 41（2）（2003）253-264.

［26］ D. C. Tobin, H. E. Revercomb, R. O. Knuteson, et al. , Radiometric and spectral validation of atmospheric infrared sounder observations with the aircraft-based scanning high-resolution interferometer sounder, J. Geophys. Res. : Atmos. 111（D9）（2006）D09S02.

［27］ D. C. Tobin, H. E. Revercomb, C. C. Moeller, et al. , Use of atmospheric infrared sounder highespectral resolution spectra to assess the calibration of moderate resolution imaging spectroradiometer on EOS Aqua, J. Geophys. Res. : Atmos. 111（D9）（2006）D09S05.

［28］ A. G. O'Carroll, T. August, P. Le Borgne, et al. , The accuracy of SST retrievals from MetOpA IASI and AVHRR using the EUMETSAT OSI-SAF matchup dataset, Remote Sens. Environ. 126（0）（2012）184-194.

[29] D. Blumstein, G. Chalon, T. Carlier, et al. , IASI Instrument: Technical Overview and Measured Performances, 2004, pp. 196–207, http://dx. doi. org/10. 1117/12. 560907.

[30] A. M. Larar, W. L. Smith, D. K. Zhou, et al. , IASI spectral radiance validation intercomparisons: case study assessment from the JAIVEx fifield campaign, Atmos. Chem. Phys. 10 (2) (2010) 411–430.

[31] L. Wang, C. Cao, On–orbit calibration assessment of AVHRR longwave channels on MetOpa using IASI, Geosci. Remote Sens. IEEE Trans. 46 (12) (2008) 4005–4013.

[32] S. J. Hook, R. G. Vaughan, H. Tonooka, et al. , Absolute radiometric in–flight validation of mid infrared and Thermal infrared data from ASTER and MODIS on the terra spacecraft using the Lake tahoe, CA/NV, USA, automated validation site, Geosci. Remote Sens. IEEE Trans. 45 (6) (2007) 1798–1807.

[33] ISSTST, Interim, Sea Surface Temperature Science Team. Sea Surface Temperature Error Budget: White Paper, NASA, 2010. http://www. sstscienceteam. org/white_paper. html.

[34] K. Yang, A. J. Fleig, R. E. Wolfe, et al. , MODIS band–to–band registration, in: T. I. Stein (Ed.), Proceedings of the International Geoscience and Remote Sensing Symposium, Honolulu, HI, 2000, pp. 887–889. http://dx. doi. org/10. 1109/IGARSS. 2000. 861735.

[35] X. Xiong, B. Wenny, J. Sun, et al. , Overview of Aqua MODIS 10–year on–orbit calibration and performance, in: S. P. N. Roland Meynart, Haruhisa Shimoda (Eds.), Proc. SPIE 8533, Sensors, Systems, and Next–generation Satellites XVI, 853316, November 19, 2012, pp. 853316–853316–9.

[36] L. Wang, X. Xiong, J. J. Qu, et al. , Impact assessment of Aqua MODIS band–to–band misregistration on snow index, J. Appl. Remote Sens. 1 (1) (2007) 013531–013531–11.

[37] K. A. Kilpatrick, G. P. Podestá, R. H. Evans, Overview of the NOAA/ NASA pathfinder algorithm for sea surface temperature and associated matchup database, J. Geophys. Res. 106 (2001) 9179–9198.

[38] M. J. Uddstrom, W. R. Gray, R. Murphy, et al. , A bayesian cloud mask for sea surface temperature retrieval, J. Atmos. Oceanic Technol. 16 (1) (1999) 117–132.

[39] C. J. Merchant, A. R. Harris, E. Maturi, et al. , Probabilistic physically based cloud screening of satellite infrared imagery for operational sea surface temperature retrieval, Quart. J. R. Meteorol. Soc. 131 (2005) 2735–2755.

[40] C. C. Walton, W. G. Pichel, J. F. Sapper, et al. , The development and operational application of nonlinear algorithms for the measurement of sea surface temperatures with the NOAA polar-orbiting environmental satellites, J. Geophys. Res. 103 (1998) 27999-28012.

[41] A. M. Závody, C. T. Mutlow, D. T. Llewellyn-Jones, A radiative transfer model for sea surface temperature retrieval for the along-track scanning radiometer, J. Geophys. Res. : Oceans 100 (C1) (1995) 937-952.

[42] P. J. Minnett, A numerical study of the effects of anomalous North Atlantic atmospheric conditions on the infrared measurement of sea-surface temperature from space, J. Geophys. Res. 91 (1986) 8509-8521.

[43] M. Szczodrak, P. J. Minnett, R. H. Evans, The effects of anomalous atmospheres on the accuracy of infrared sea-surface temperature retrievals: dry air layer intrusions over the tropical ocean, Remote Sens. Environ. 140 (0) (2014) 450-465.

[44] I. J. Barton, Improving satellite-derived sea surface temperature accuracies using water vapor profile data, J. Atmos. Oceanic Technol. 28 (1) (2010) 85-93.

[45] C. J. Merchant, P. Le Borgne, A. Marsouin, et al. , Optimal estimation of sea surface temperature from split-window observations, Remote Sens. Environ. 112 (5) (2008) 2469-2484.

[46] C. J. Merchant, P. Le Borgne, H. Roquet, et al. , Sea surface temperature from a geostationary satellite by optimal estimation, Remote Sens. Environ. 113 (2) (2009) 445-457.

[47] A. Soloviev, R. Lukas, Observation of large diurnal warming events in the near-surface layer of the western equatorial Pacific warm pool, Deep Sea Res. Part I 44 (6) (1997) 1055-1076.

[48] B. Ward, Near-surface ocean temperature, J. Geophys. Res. 111 (2006) C02005.

[49] C. L. Gentemann, P. J. Minnett, P. Le Borgne, et al. , Multi-satellite measurements of large diurnal warming events, Geophys. Res. Lett. 35 (2008) L22602.

[50] C. J. Donlon, P. J. Minnett, C. Gentemann, et al. , Toward improved validation of satellite sea surface skin temperature measurements for climate research, J. Clim. 15 (2002) 353-369.

[51] P. J. Minnett, Radiometric measurements of the sea-surface skin temperature - the competing roles of the diurnal thermocline and the cool skin, Int. J. Remote

Sens. 24 (24) (2003) 5033-5047.

[52] P. J. Minnett, M. Smith, B. Ward, Measurements of the oceanic thermal skin effect, Deep Sea Res. Part II 58 (6) (2011) 861-868.

[53] C. P. Atkinson, N. A. Rayner, J. Roberts-Jones, et al. , Assessing the quality of sea surface temperature observations from drifting buoys and ships on a platform-by-platform basis, J. Geophys. Res. : Oceans 118 (7) (2013) 3507-3529.

[54] A. G. O'Carroll, J. R. Eyre, R. W. Saunders, Three-way error analysis between AATSR, AMSR-e, and in situ sea surface temperature observations, J. Atmos. Oceanic Technol. 25 (7) (2008) 1197-1207.

[55] J. J. Kennedy, R. O. Smith, N. A. Rayner, Using AATSR data to assess the quality of in situ sea-surface temperature observations for climate studies, Remote Sens. Environ. 116 (0) (2012) 79-92.

[56] O. Embury, C. J. Merchant, G. K. Corlett, A reprocessing for climate of sea surface temperature from the along-track scanning radiometers: initial validation, accounting for skin and diurnal variability effects, Remote Sens. Environ. 116 (0) (2012) 62-78.

[57] M. J. McPhaden, A. J. Busalacchi, R. Cheney, et al. , The tropical ocean-global atmosphere observing system: a decade of progress, J. Geophys. Res. : Oceans 103 (C7) (1998) 14169-14240.

[58] J. J. Kennedy, A review of uncertainty in in situ measurements and data sets of sea surface temperature, Rev. Geophys. Vol 51 (2014), p. 2013RG000434.

[59] H. P. Freitag, Y. Feng, L. Mangum, et al. , Calibration procedures and instrumental accuracy estimates of Tao temperature, relative humidity and radiation measurements, in: NOAA Technical Memorandum, NOAA, 1994, p. 32.

[60] H. P. Freitag, M. E. McCarty, C. Nosse, et al. , COARE Seacat Data: Calibrations and Quality Control Procedures, NOAA Technical Memorandum, 1999, p. 89.

[61] P. N. A'Hearn, H. P. Freitag, M. J. McPhaden, ATLAS Module Temperature Bias Due to Solar Heating, NOAA Technical Memorandum, 2002, p. 24.

[62] S. L. Castro, G. A. Wick, W. J. Emery, Evaluation of the relative performance of sea surface temperature measurements from different types of drifting and moored buoys using satellitederived reference products, J. Geophys. Res. 117 (C2) (2012) C02029.

[63] D. Roemmich, G. Johnson, S. Riser, et al. , The Argo program: observing the

global ocean with profiling floats, Oceanography 22（2009）34-43.

［64］ G. Lagerloef, F. R. Colomb, D. L. Vine, et al. , The aquarius/SAC-D mission: designed to meet the salinity remote-sensing challenge, Oceanography 21（2008）68-81.

［65］ P. J. Minnett, The validation of sea surface temperature retrievals from spaceborne infrared radiometers, in: V. Barale, J. F. R. Gower, L. Alberotanza （Eds. ）, Oceanography from Space, Revisited, Springer ScienceþBusiness Media B. V, 2010, pp. 273-295.

［66］ J. P. Rice, J. J. Butler, B. C. Johnson, et al. , The Miami2001 infrared radiometer calibration and intercomparison: 1. Laboratory characterization of blackbody targets, J. Atmos. Oceanic Technol. 21（2004）258-267.

［67］ P. J. Minnett, G. K. Corlett, A pathway to generating climate data records of sea-surface temperature from satellite measurements, Deep Sea Res. Part II 77- 80（0）（2012）44-51.

［68］ C. Donlon, I. S. Robinson, M. Reynolds, et al. , An infrared sea surface temperature autonomous radiometer（ISAR）for deployment aboard volunteer observing ships（VOS）, J. Atmos. Oceanic Technol. 25（1）（2008）93-113.

［69］ I. J. Barton, P. J. Minnett, C. J. Donlon, et al. , The Miami2001 infrared radiometer calibration and inter-comparison: 2. Ship comparisons, J. Atmos. Oceanic Technol. 21（2004）268-283.

［70］ P. J. Minnett, R. O. Knuteson, F. A. Best, et al. , The marine-atmospheric emitted radiance interferometer（M-AERI）, a high-accuracy, sea-going infrared spectroradiometer, J. Atmos. Oceanic Technol. 18（6）（2001）994-1013.

［71］ J. A. Dykema, J. G. Anderson, A methodology for obtaining on-orbit SI- traceable spectral radiance measurements in the thermal infrared, Metrologia 43 （3）（2006）287.

［72］ F. A. Best, D. P. Adler, S. D. Ellington, et al. , On-orbit absolute calibration of temperature with application to the CLARREO mission, 2008. http: // dx. doi. org/10. 1117/12. 795457, pp. 708100-708100-10.

［73］ P. J. Gero, J. A. Dykema, J. G. Anderson, A blackbody design for SI-traceable radiometry for earth observation, J. Atmos. Oceanic Technol. 25（11）（2008） 2046-2054.

［74］ C. J. Donlon, K. S. Casey, I. S. Robinson, et al. , The GODAE high- resolution sea surface temperature pilot project, Oceanography 22（3）（2009） 34-45.

第 3 章

原位光学辐射测量

Craig J. Donlon，[1,][*] **Giuseppe Zibordi**[2]

[1] 欧洲航天局 / 欧洲空间研究与技术中心，荷兰 诺德韦克；[2] 联合研究中心环境与可持续发展研究院，意大利 瓦雷泽 伊斯普拉

★ 通讯作者：邮箱：craig.donlon@esa.int

　　用于创建气候数据记录的长期光学卫星数据是由多个空间仪器的测量结果组成的，这些仪器的设计和性能截然不同，它们运行在不同的轨道上，具有不同的光谱和地面采样特性以及不同的重访和覆盖范围。这些数据记录可能包含卫星测量能力显著下降或缺失的某些时段。此外，用于从大气层顶辐亮度推导海洋地球物理性质的反演算法也在不断发展，这使得将卫星数据产品合并为单一气候数据记录变得更加复杂。因此，在考虑到基于地基（即现场高质量）参考测量对于开发适用于生成卫星数据产品的地球物理反演算法及其后续评估的根本重要性时，基于卫星和基于地面的测量与国际单位制（International System of Units，SI）相一致尤为重要。

　　可溯源至国际单位制（SI）且具有完全量化的不确定度使其适合于支持卫星应用的最准确的地基参考测量来自现场部署的辐射计。在这方面，支持气候变化调查的海洋水色卫星和热红外卫星任务需要特定的地基参考测量（Ground-based Reference Measurements）（基准参考测量（Fiducial Reference Measurements，FRM）），这些测量来自具有特殊溯源性、准确性、长期稳定性和交叉性的光学辐射测量数据。以下两章主要介绍现场光学辐射计的设计、定标、测量不确定度和应用。

物理科学中的实验方法，Vol. 47. http://dx.doi.org/10.1016/B978-0-12-417011-7.00009-X

第一章回顾了现场可见光和近红外海洋水色辐射计,并综述了其特性、定标及其部署。此外,通过概述海洋现场光学辐射测量的最新技术和需要进一步努力的方向展现并讨论了数据处理的基本要素,并将重点放在不确定度上,需要将其作为测量的一个组成部分加以考虑。最后举例说明了基准参考测量(FRM)海洋水色数据在水中光场特性、从辐射测量数据产品中确定色素浓度的生物光学模型、卫星反演量的验证以及空间系统的系统替代定标等方面的典型应用。

关于热红外辐射测量(TIR)一章涉及用于产生基准参考测量(FRM)以验证卫星反演的海表温度的船载辐射计的实际实现。回顾了用于验证有助于气候数据记录的光学卫星测量的原位 TIR 辐射计的主要设计和部署选择,展示了现场辐射计设计的发展。讨论了使现代船载基准参考测量(FRM)能力满足气候应用要求的光学材料和定标概念。特别是,首先从气候数据记录的角度回顾了科学需求,并应用基本测量方程定义了基本的船载辐射计仪器设计。利用在现场成功部署的各种系统的实例进一步阐述了这些要素。最后,本章对未来几年的创新进行了展望。

第 3.1 章

可见光和近红外现场光学辐射测量

Giuseppe Zibordi, [1,*] **Kenneth J. Voss**[2]

[1] 欧盟委员会联合研究中心,意大利 伊斯普拉;[2] 迈阿密大学物理系,美国 佛罗里达州 科勒尔盖布尔斯

★ 通讯作者:邮箱:giuseppe.zibordi@jrc.ec.europa.eu

章节目录

1. 引言和历史	262
2. 现场辐射计系统	263
2.1 一般分类:多光谱和高光谱	263
2.2 辐照度传感器	264
2.3 基本辐亮度传感器	266
2.3.1 Gershun 管	266
2.3.2 辐亮度分布测量系统	267
2.3.3 辐亮度偏振测量系统	267
3. 系统定标	268
3.1 线性响应	269
3.2 温度响应	269
3.3 偏振灵敏度	270
3.4 杂散光扰动	271
3.5 光谱响应	271
3.6 辐照度传感器角度响应	272
3.7 成像系统的滚降	274
3.8 浸没效应	274
3.8.1 辐照度传感器	274
3.8.2 辐亮度传感器	276
3.9 绝对响应	277
4. 测量方法	278
4.1 水面之下系统	279
4.1.1 固定深度	279
4.1.2 剖面	280
4.1.3 辐亮度分布系统	280
4.2 水面之上系统	281
4.3 辐射测量数据产品	282
4.3.1 水面之下法测量的产品	282
4.3.2 水面之上法测量的产品	283
4.3.3 归一化离水辐亮度	285
5. 误差和不确定度估算	287
5.1 定标中不确定度具体来源	288
5.1.1 辐照度标准	288
5.1.2 辐亮度标准	289
5.2 仪器不确定度具体来源	290
5.2.1 余弦误差影响	291
5.2.2 浸没因子	291

物理科学中的实验方法,Vol. 47. http://dx.doi.org/10.1016/B978-0-12-417011-7.00010-6

5.3 方法和现场不确定度具体
　　来源　　　　　　　　291
　5.3.1 水面之下法　　　291
　5.3.2 水面之上法　　　296
5.4 辐射测量产品的不确定度
　　估算示例　　　　　　297
6. 应用　　　　　　　　　299

6.1 天空和海洋辐亮度分布　300
6.2 水下光场偏振　　　　302
6.3 生物光学模型　　　　305
6.4 卫星辐射测量产品验证　306
6.5 现场数据和系统替代定标 308
7. 总结与展望　　　　　　310
参考文献　　　　　　　　311

1. 引言和历史

早在 20 世纪初，人们就开始尝试测量海洋中的光[1-4]。然而，由于可用技术的限制，当时的测量通常是定性的。20 世纪 50 年代随着光学探测器技术的进步和绝对光谱定标标准的出现，海洋光学辐射的定量测量开始出现[5-8]。然而，位于这两个阶段之间的时期对于是海洋光学方法的建立至关重要并且促进了水体中光场模拟理论的发展[9, 10]。

海岸带水色扫描仪（Coastal Zone Color Scanner，CZCS）是第一颗海洋水色卫星传感器[11]，为海洋光学辐射测量学的发展提供了巨大的动力。特别是，现场辐射测量成为构建初级卫星数据产品（即离水辐亮度）与悬浮或溶解在水中的光学重要成分之间算法的一个关键要素[12-14]。在随后的卫星海洋水色任务中，由于对适用于生物光学建模、空间反演辐射测量产品的验证和卫星传感器替代定标（如海洋观测宽视场传感器（the Sea-viewing Wide Field-of-view Sensor，SeaWiFS）、中分辨率成像光谱仪（the Moderate Resolution Imaging Spectroradiometer，MODIS）、全球成像仪（the Global Imager，GLI）、中分辨率成像光谱仪（the Medium Resolution Imaging Spectrometer，MERIS）和可见光红外成像辐射计（Visible Infrared Imaging Radiometer，VIIRS），的现场数据的高准确度要求，现场光学辐射测量得到进一步发展。满足这些应用所要求的准确度需求促进了现场辐射计特性[15]、测量方法的建立与评价[16]以及现场辐射测量数据产品的不确定度量化[17]方面的进步。

本章概述了现场海洋光学辐射测量的最新技术，特别是其意义和应用。

2. 现场辐射计系统

光学辐射计提供了从紫外到红外光谱波段的辐射测量能力。辐射计主要由三部分组成:(1)通过孔径采集辐射能量、通过滤光片或光栅进行光谱分光以及将光聚焦在视场光阑上的光学系统;(2)将辐射能量转换为模拟电信号的探测器;(3)将探测器的模拟输出转换为数字信号的电子器件。

海洋水色辐射计的光谱范围一般局限于可见光和近红外波段,该光谱范围内光学重要水体成分(即浮游植物色素、碎屑颗粒和有色可溶有机物)显著影响光的光谱特性。

2.1 一般分类:多光谱和高光谱

辐亮度和辐照度传感器通常根据其光场的光谱分辨能力进行分类。具体来说,光学辐射计可以按照光谱分辨率下降的顺序分为高光谱、多光谱或宽波段辐射计。

高光谱辐射计的特点是有大量窄的光谱波段(通常超过 20 个),通常带宽小于 10 nm,连续分布于整个光谱中[15]。现代高光谱仪器使用色散光学元件(即衍射光栅或棱镜),通过一维或二维探测器阵列采集光谱离散部分的光,并将其转换为电信号。在表征这些仪器时,区分每个波段的光谱分辨率和测量光谱的采样间隔是很重要的。通常,采样间隔的分辨率远高于每个光谱波段的光谱分辨率。对于这些辐射计,必须对光学系统中由于散射或反射而产生的杂散光进行表征,这些杂散光会使来自一个光谱区域的光与来自另一个光谱区域的光发生干扰[18]。此外,由于色散元件通常对偏振敏感,而自然光场是偏振的,因此必须确定辐射计对偏振的灵敏度[19]。

与高光谱辐射计不同,多光谱辐射计测量一定数量(通常小于20 个)离散光谱波段的光场[20]。通常这些波段带宽为 10 nm,这通常适用于海洋水色应用,因为许多大气和海洋光谱信号没有显著的突变特征。在这些辐射计中,光谱选择通常使用干涉滤光片,但有时在较宽的波段使用吸收滤光片。与色散系统中的杂散光问题类似，多光谱辐射计的光谱响应必须仔细表征，以识别远离中心波段可能的光谱响应区（带外响应）。事实上，如果滤光片没有被充分屏蔽以减少带外响应[21]，它可能会在具有不同光谱特性的辐射测量中引入误差，如在红光显著的定标源和蓝光显著的清洁海洋之间。

最后一类辐射计以宽波段仪器为代表。通常，它们具有大于50 nm 的单一光谱波段，用于测量特定的物理 - 生物特性。光合有效辐射传感器就是一个典型的例子[22]，理想情况下，它应该返回一个在 400～700 nm 范围内具有恒定量子效率的信号[23]。另一个例子是用于长波长（UVA）和中波长（UVB）光的紫外（UV）测量的宽波段传感器[24]。这些辐射计很难准确定标，因为定标源的光谱特性通常与被测光场的光谱特性有很大不同。

2.2 辐照度传感器

辐照度是单位表面积光通量的度量。下行或上行辐照度是在现场测量的典型量，它是单位时间内通过给定面积平整水平面的下行或上行方向的光的能量。完美的辐照度传感器的例子是，它采集与入射角无关的进入 1 cm² 孔的所有光（如具有 1 cm² 入射孔径的积分球），或者采集效率与入射角无关的 1 cm² 平面探测器。实际上，在入射孔径前面没有光学窗口的情况下，现场操作积分球是不实际的。但是，一旦通过光学窗口或平面探测器前置光学镜，表面的菲涅耳反射等过程就产生了与角度相关的影响。因此，必须进行特殊的设计以实现 180° 视场（相当于 2π sr 立体角）的辐照度采集器，该辐照度采集器补偿因较大入射角导致的反射率增加所引起的损失。

对于几乎所有试图实现理想余弦响应的辐照度传感器，实际的解决方案是使用顶帽设计的漫射体（图 1）[25]。在这种情况下，当从法线向水平倾斜时，漫射体顶部在测量方向上的投影面积与入射角的余弦以一定比例缩减。漫射体的侧面提供了额外的投影面积，该投影面积随入射角增加，并补偿了由于漫射体表面较大菲涅耳反射率而降低的采集效率。位于漫射体一定距离的侧向遮挡（侧挡）限制了额外的投影面积，并确保在 90° 入射角下没有光被采集。为了优化采集器的角度响应,需要通过实验确定顶帽漫射体的直径 d 和高度 h 以及侧挡的直径 D。这些尺寸取决于漫射体材料及其相对于外部介质(即空气或水)的相对折射率,此外还取决于采集器后面的探测器设计。正因为如此,改变漫射体材料通常需要重新设计采集器。还应指出,由于漫射体的光学性质随波长的变化而变化,辐照度收集器的角度响应精度也随光谱的变化而变化。

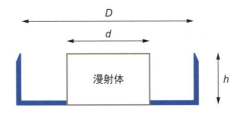

图 1 辐照度采集器示意图。中心部分由漫射材料制成。尺寸 D、d 和 h 根据漫散材料和外部介质(水或空气)而变化,以优化辐照度采集器的角度响应。

漫射体通常由吸收紫外光(UV)的塑料材料制成。正因为如此,针对紫外(UV)应用的漫射体会在透镜上方[26]或积分球前面[27]加上聚四氟乙烯薄层。

对于任何辐照度采集器,必须测量光谱角度响应以确定余弦响应中的误差。在辐亮度测量中,这种误差的影响取决于采集器的光谱角度响应和被测光场的辐亮度分布(见第 3.6 节)。

后续将详细介绍的一个重要特性是浸没因子,它将传感器响应度的变化量化为外部介质折射率的函数[7, 28, 29]。由于大多数仪器的绝对定标是在空气中进行的,所以浸没因子是它们在水中响应度差异的原因。对于具有上述详细设计的辐照度传感器,这种变化源于空气 – 漫射体相对于水 – 漫射体界面之间透过率的差异。由于水与漫射体之间的折射率梯度小于空气与漫射体之间的折射率梯度,因此水中的菲涅耳透过率系数比在空气中的大。虽然这意味着更多的光可以从水中进入漫射体,可能会增加探测器测量的信号,但这种影响被更容易离开漫射体进入水中而不是到达探测器的光所抵消。因此,这些类型的辐照度采集器的浸没因子必须考虑到在水中相对于在空气中的采集效率的降低问题(见第 3.8 节)。

2.3 基本辐亮度传感器

辐亮度是以给定方向为中心的指定立体角内单位面积接收的辐射通量。它通常是通过限制辐射计的视场角和假设辐亮度在投影立体角上空间不变或变化较小来测量的。在许多方向上(或者理想的是在所有方向上),对辐亮度的测量提供了确定辐亮度分布的能力。当在辐亮度分布中加入光谱分辨率和偏振度时,得到的光谱偏振辐亮度分布全面地描述了给定点的光场。以下小节简要介绍了最常见的辐亮度传感器。

2.3.1 Gershun 管

最简单的辐亮度传感器,通常称为 Gershun 管辐射计 [9],它是由辐照度采集器和限制其视场角的管结合而成的,如图 2 所示。值得注意的是,标准视场角(单位为度)是由 $\omega=2\tan^{-1}[D/2h]$ 定义的,其中,D 是光学器件的前孔径,h 是孔径与探测器之间的距离。相关的立体角视场(单位为 sr)由 $\Omega=2\pi(1-\cos(\omega/2))$,给出。

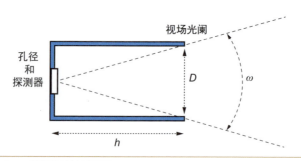

图 2　Gershun 管辐射计示意图。

图 2 中所示的辐射计的一个优点是,它只要求探测器在 ω 上具有均匀的响应,而不管它在什么介质中工作,它的立体角视场都是恒定的。因此,空气中和水中的定标差异必须仅考虑辐照度采集器在水中和空气中采集效率的差异,而不考虑 Ω 的变化。然而,一般情况下,在 Gershun 管将会装有一个光学窗口,因此测量的辐亮度受到浸没效应的影响,浸没效应取决于空气窗口和水窗口界面之间反射率的变化,以及由于折射而导致仪器接受视角的减小(见第 3.8

节）。

实现单方向辐亮度传感器的另一种方法是使用一种简单的设计，该设计依赖于在其焦平面处具有孔径的透镜。在这种情况下，孔径面积与透镜焦距共同决定了视场角（图 3）。这些系统始终在防水外壳中进行保护，因此它们需要确定浸没因子，以考虑仪器在水中使用时在窗口界面处发生的反射和折射变化。

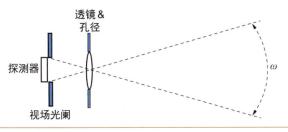

图 3 成像辐射计示意图。

2.3.2 辐亮度分布测量系统

如前所述，辐亮度分布是通过在多个方向上同时进行的测量来确定的。这可以通过使用辐亮度采集器并在不同的方向上快速扫描来近似[30-32]。Smith 等人[33] 开创的另一种方法是使用鱼眼镜头和照相机，采集来自半球方向的辐亮度数据。在最近的系统中，鱼眼镜头将辐亮度从半球折射到固态相机的二维阵列上[34, 35]。为了使广角镜头（如鱼眼镜头）可以在水中正常工作，需要一个半球形圆顶窗口。由于透镜孔径和窗口曲率的影响，相关的浸没效应只能通过实验室测量来表征[36]。

2.3.3 辐亮度偏振测量系统

水体和天空中的辐亮度在几乎所有观测方向上都是偏振的，因此偏振增加了全面描述光场所需的量。非相干光束的偏振可以完全用 Stokes 矢量的四个参量来描述[37]。第一个参量表示光的强度（即辐亮度），接下来的两个参量描述光场的线偏振，而最后一个参量描述其圆形分量。光的 Stokes 矢量可以通过线偏振传感器和圆偏振传感器组合测量至少四次来确定。实际上，天空和水体中的光场都有很低的圆偏振水平,所以假设圆偏振可以忽略不计,测量次数可以减少到三次。当考虑到晴空在几分钟内相对稳定时,偏振天空光的测量可以通过在探测器上按顺序移动偏振片并在每个位置采集数据来进行[38]。然而,由于波浪聚焦导致光场变化很快,因此必须同时测量水体中的偏振光。这需要四个(如果忽略圆偏振为三个)匹配的传感器,每个传感器探测光场的不同正交偏振状态[39]。

同样的约束也适用于偏振辐亮度分布的测量。连续的天空辐亮度测量可以通过基于扫描或鱼眼系统进行。在系统的光路中插入偏振器,并将连续数据结合起来,就可以得到天空辐亮度分布的完整偏振态。在水体中,必须同时测量不同的偏振状态。这些可以用多个辐射计或鱼眼系统来测量。在有多个辐射计的情况下,必须同时测量每个方向上所有偏振态的辐亮度[32,40]。当依赖鱼眼设计时,不同偏振状态的测量可以通过以下方式进行:(1)合并来自同时获取数据的多个鱼眼系统的数据[41],(2)在单个图像中组合来自多个鱼眼镜头的数据[42],或(3)使用在阵列本身上带有偏振滤光片的相机阵列[43]。最后一种方法尚未用于鱼眼光学系统,因为在大入射角下微阵列的偏振受到限制。

3. 系统定标

定标通过传感器响应将仪器输出与输入辐射量联系起来。定标应考虑到:对辐射源的绝对空气响应(辐亮度或辐照度);由于空气折射率与水折射率的差异,水中响应发生变化;此外,校正因子用于校正辐射计的非理想性能,如非线性、温度相关性、灵敏度随时间的衰减和对理想角度响应的偏离(主要用于结合阵列探测器和大视场角光学系统的辐亮度或辐照度传感器)。定标概念是通过应用测量方程[44]来实现的,该方程产生了给定源配置下的辐射计输出。具体来说,通过以下步骤执行波长 λ 处的辐射量 $\Im(\lambda)$($E(\lambda)$ 或 $L(\lambda)$)相对于物理单位的转换。

$$\Im(\lambda) = C_{\Im}(\lambda) I_f(\lambda) \aleph(\lambda) DN(\Im(\lambda)) \tag{1}$$

其中，$C_3(\lambda)$ 是空气中的绝对定标系数（即绝对响应），$I_f(\lambda)$ 是考虑到当传感器浸入水中时相对于空气的响应变化的浸没因子，$\aleph(\lambda)$ 是校正测量系统理想性能的任何偏差（为简单起见，仅用 λ 的函数表示）。具体来说，在理想的辐射计中 $\aleph(\lambda) = 1$，但一般

$$\aleph(\lambda) = \aleph_i\left(i(\lambda)\right)\aleph_j\left(j(\lambda)\right)...\aleph_k\left(k(\lambda)\right) \tag{2}$$

其中，$\aleph_i\left(i(\lambda)\right)$，$\aleph_j\left(j(\lambda)\right)$，...，和 $\aleph_k\left(k(\lambda)\right)$ 是对影响所考虑的辐射计非理想性能的有 $i, j, ..., k$ 等索引的不同因素的校正项。

最后，$DN\left(\Im(\lambda)\right)$ 表示校正后的暗信号，即实际数字输出 $DN\left(\Im(\lambda)\right)^*$，从中减去通过遮挡入口光学器件测量的暗信号 $D_0(\lambda)$。

在以下各节中，$DN\left(\Im(\lambda)\right)$ 也将用于实验室测量，以表征和定标可能因光源的不适当屏蔽和遮挡而受到环境光影响的辐射测量仪器。在这些情况下，

$$
\begin{aligned}
DN\left(\Im(\lambda)\right) &= \left[DN\left(\Im(\lambda)\right)^* - D_0\left(\Im(\lambda)\right)\right] - \left[DA\left(\Im(\lambda)\right) - D_0\left(\Im(\lambda)\right)\right], \\
&= DN\left(\Im(\lambda)\right)^* - DA\left(\Im(\lambda)\right)
\end{aligned}
$$

其中，$DA\left(\Im(\lambda)\right)$ 是通过处理直接辐射源测得的环境值[66]。在理想的测量条件下，$DA\left(\Im(\lambda)\right)$ 的值等于 $D_0(\lambda)$ 的值。此外，在用作辐照度工作标准的灯的定标中，环境光也被处理（见第 3.9 节）。因此，为了保持一致性，环境光的量化是进行绝对定标时的必要步骤。

3.1 线性响应

电子设备和探测器的响应可能会影响辐射计的线性响应。这可以通过在仪器的工作范围内改变入口光学器件的通量来量化。一个简单的非线性响应可以通过校正辐射计的输出来实现最小化：

$$\aleph_L\left(\Im(\lambda)\right) = l_1[DN\left(\Im(\lambda)\right)]^{l_2} \tag{3}$$

其中，l_1 和 l_2 是由辐射计输出的最小二乘法拟合确定的系数，是其表征过程中输入通量的函数。对于具有复杂且高度非线性响应的仪器[45]，可能需要对辐射计输出到输入通量的完整查找表映射。

3.2 温度响应

辐射计的光学、电子学和机械结构可能与温度有关。硅探测器

和干涉滤光片是两个对温度变化敏感并影响辐射计响应的典型光学元件。硅探测器在近红外波段表现出明显的温度相关性,而干涉滤光片则表现出随温度增加而中心波长降低以及带宽增加。

在传感器没有任何热稳定性的情况下,辐射计可能会呈现出暗信号和响应随温度变化的现象。虽然暗信号是一个附加项,可以通过在遮挡入口光学器件的情况下进行定期测量来量化和消除,但响应随温度的变化需要实验室表征。

通过在温控室内操作辐射计,同时观测稳定的辐射源,可以进行温度相关性测试。

与非线性响应类似,任何明显的温度相关性都可以通过用以下公式校正辐射计输出来最小化:

$$\aleph_T\big(\Im(\lambda),\Delta T\big) = c_1[DN\big(\Im(\lambda),\Delta T\big)]^{c_2} \tag{4}$$

其中,c_1 和 c_2 是通过辐射计输出的最小二乘法拟合确定的系数,是绝对定标和热表征期间内部辐射计温度之间温度差 ΔT 的函数。

3.3 偏振灵敏度

自然光的偏振程度随水体和天空条件(如云量和气溶胶)下光学重要成分的浓度而变化。即使测量目标不是偏振的,但构成辐射计的光学装置(如光学窗、透镜、色散元件)表面也可能对光场偏振状态产生敏感反应。因此,必须确定光学辐射仪的偏振灵敏度。考虑到大气和自然水体中的辐亮度分布几乎不存在圆偏振,而确定线偏振灵敏度的最简单的测试是将位于非偏振源 $\Im(\lambda)$ 和辐射计入口光学器件之间的线偏振器递增旋转。偏振灵敏度(百分比)可以表示为

$$P(\lambda) = \frac{100\big[DN\big(\Im_M(\lambda)\big) - DN\big(\Im_m(\lambda)\big)\big]}{\big[DN\big(\Im_M(\lambda)\big) + DN\big(\Im_m(\lambda)\big)\big]} \tag{5}$$

其中,$DN\big(\Im_m(\lambda)\big)$ 和 $DN\big(\Im_M(\lambda)\big)$ 分别表示在旋转偏振器时记录的最小值和最大值。

描述 Stokes 矢量在大气、海洋或光学仪器中如何变换的矩阵称为 Mueller 矩阵[46]。如果辐射计的 Mueller 矩阵是通过实验室表征确定的,则可以对偏振灵敏度进行校正[47]。然而,这种校正往往是

不切实际的,因为它需要知道光场的精确偏振状态。因此,实践表明应最大限度地降低偏振灵敏度。

3.4 杂散光扰动

杂散光是在辐射计内部被散射或反射并干扰测量的光。对于在单方向测量的辐射计,当来自所需采集立体角外的光仍然对探测到的辐亮度有贡献时就会出现杂散光,误差随着光场的不均匀性而增加(如在太阳日冕测量的情况下)。单角度辐射计不能提供测量方向周围有助于进行校正的辐亮度分布状况信息。因此,通过仪器设计最大限度地减少杂散光是极其重要的,如通过在辐亮度传感器的外部孔径和探测器之间插入挡板。

对于辐亮度分布成像系统来说,空间杂散光通常被称为仪器的点扩散函数(Point Spread Function,PSF)[48]。这些系统提供关于辐亮度分布状况信息,通过仪器的点扩散函数(PSF)对辐亮度测量值逆卷积,从而提供了校正杂散光扰动的能力[49]。

在高光谱仪器光谱测量中,杂散光可能造成很严重的干扰,导致来自其他光谱波段的光混合[50]。它的特性需要用一系列具有良好分辨光谱特性的光源对光学器件进行照射,最常见的是窄线宽激光器[51]。一旦对杂散光进行量化,就可以使用表征数据对测量值进行校正[52, 53]。

3.5 光谱响应

辐射计的光谱响应 $S_r(\lambda)$ 取决于系统各光学元件的性能。对于多光谱窄带辐射计,$S_r(\lambda)$ 主要由各光谱波段的干涉滤光片光谱响应决定,其次由探测器和前向光学镜的光谱响应决定。其他辐射计装置的设计(如视场)也可能对基于滤光片的辐射计光谱响应度产生影响。例如,增加光在干涉滤光片上的入射角会降低其透射波长。因此,在大视场内有来自显著偏离干涉滤光片轴的光贡献时,会导致光谱波段宽变宽和标准滤光片中心波长向较低波长偏移。因此,$S_r(\lambda)$ 应该通过使用在仪器的视场上延伸并覆盖其光谱范围的单色光源来表征整个系统。对于多光谱辐射计,需要确定的相关量为:

（1）半高宽，表示每个被考虑波段的峰值透过率 T_p 的 50% 处带宽；

（2）中心波长 λ_b，表示在 T_p 的 50% 处带宽的中心波长。附加量是考虑了总 $S_r(\lambda)$ 的精确中心波长 λ_c，通过

$$\lambda_c = \frac{\int_0^\infty \lambda S_r(\lambda)\,\mathrm{d}\lambda}{\int_0^\infty S_r(\lambda)\,\mathrm{d}\lambda} \tag{6}$$

其中，有效中心波长 λ_e，则同时考虑了 $S_r(\lambda)$ 和辐射源 $\Im(\lambda)$ 的光谱响应，即

$$\lambda_e = \frac{\int_0^\infty \lambda \Im(\lambda) S_r(\lambda)\,\mathrm{d}\lambda}{\int_0^\infty \Im(\lambda) S_r(\lambda)\,\mathrm{d}\lambda} \tag{7}$$

随着 $S_r(\lambda)$ 的光谱特性（如不对称性）的增加，λ_b 和 λ_c 的值表现出更大的差异，而 λ_c 和 λ_e 之间的差异取决于 $\Im(\lambda)$ 和 $S_r(\lambda)$ 的光谱特性。

如前所述，对于滤光片辐射计，将光谱特性扩展到仪器的标称光谱波段之外以捕获可能的带外响应非常重要。由于天空和水体中辐亮度随波长变化很大，并且通常表现出与定标源明显不同的光谱分布，因此当带外响应没有被限制在低于中心波长响应 $10^{-5} \sim 10^{-4}$ 的数量级时，可能会产生很大的误差。

高光谱辐射计光谱响应的表征需要通过考虑杂散光效应来确定每个探测器元件的光谱分辨率和中心波长。

传感器的光谱响应度可能随温度而变化，建议在不同温度下重复进行辐射计的光谱表征。

3.6　辐照度传感器角度响应

辐照度传感器总是表现出偏离理想余弦函数的角度响应（即对平行辐射通量的响应与采集器平面法线与通量方向之间的夹角余弦不成正比）。因此，如前所述，辐照度测量受到余弦误差的影响，余弦误差就是作为入射角函数偏差的测量。

这个误差可以通过用准直光源 $E(\theta, \varphi, \lambda)$ 在不同的入射角 θ 和方位角 φ 照射辐照度采集器，并将仪器的响应 $DN(E(\theta, \varphi, \lambda))$ 与当 $\theta = 0$ 时 $DN(E(0, 0, \lambda))$ 的值进行比较来量化。由此，余弦误差

$f_c(\theta,\varphi,\lambda)$ 被定义为

$$f_c(\theta,\varphi,\lambda) = 100\left[\frac{DN(E(\theta,\varphi,\lambda))}{DN(E(0,0,\lambda))\cos\theta} - 1\right] \tag{8}$$

其中，$DN(E(0,0,\lambda))\cos\theta$ 为理想采集器在入射角 θ 处的期望值。

余弦误差的辐射测量校正采用：

$$\aleph_c(\varepsilon_c(\theta_0,\lambda)) = 1 - \varepsilon_c(\theta_0,\lambda)/100 \tag{9}$$

其中，$\varepsilon_c(\theta_0,\lambda)$ 是由 $f_c(\theta,\varphi,\lambda)$ 确定的百分比校正系数。

通过忽略天空光（即仅有直射光），并假设余弦误差与方位无关（即 $f_c(\theta,\varphi,\lambda)\approx f_c(\theta_0,\lambda)$），则 $\varepsilon_c(\theta_0,\lambda)=f_c(\theta_0,\lambda)$。然而，天空光的各向异性随 λ 和 θ_0 的变化而显著变化对该近似提出了挑战。在第 5.2 节提出了一个考虑实际照射条件下确定 $\varepsilon_c(\theta_0,\lambda)$ 的实用方案。

如图 4 所示，应该注意的是，设计为在空气中工作的辐照度采集器，如果在水中使用可能会导致余弦响应的较大误差（反之亦然），因为外部介质是采集器设计的一个重要因素。

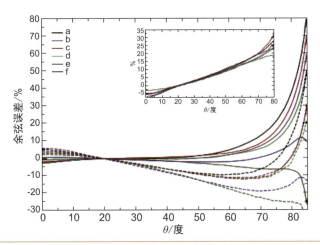

图 4　来自同一系列的许多高光谱辐射计 a–f 的空气中平均值（实线）与水中平均值（虚线）的 $f_c(\theta,\lambda)$ 值（数据在 $\theta=20°$ 处归一化）。内置图显示了各种辐射计的空气中和水中余弦误差的差异随 θ 的近似线性变化（根据 Mekaoui 和 Zibordi[54] 重新绘制而成）。

最后，余弦响应可能由于漫射器材料的老化而随时间发生光谱变化，并且也可能由于采集器之间的材料差异或用于其构造的漫射

器材料的光学性质改变而产生变化。这就需要对每个采集器进行单独的特性描述,并可能随着时间的推移进行连续检验。

3.7 成像系统的滚降

随着视场角的增加,透镜接收到的辐亮度可能快速衰减。这种效应通常被称为滚降(Rolloff),特别适用于大视场光学系统,如鱼眼透镜[36,55]。传统透镜呈现出随视角余弦幂次方的滚降衰减因子[8]。然而,通常由多个透镜组成的大视场光学系统需要对滚降衰减进行实验表征。这可以通过在旋转测量系统以不同角度观察辐亮度源的同时,对稳定且均匀的辐亮度源进行按顺序成像来实现[55]。

滚降效应可以通过下面的式子校正:

$$\aleph_R(\theta,\lambda) = 1 + r_1(\lambda)\theta + r_2(\lambda)\theta^2 + \ldots + r_n(\lambda)\theta^n \qquad (10)$$

其中,$r_1(\lambda), r_2(\lambda), \ldots r_n(\lambda)$ 是拟合角度滚降测量值的多项式函数的频谱系数,该测量值的归一化是视角 $\theta = 0$ 处的值。对于消色差透镜而言,多项式函数的系数与光谱无关。

3.8 浸没效应

辐射计通常在空气中定标。如前所述,当在另一种介质(水)中操作时,由于外部介质的折射率不同于空气的折射率,仪器响应会发生变化。在水中使用辐射计的情况下,辐照度传感器的响应度下降约 40%,辐亮度传感器的响应度下降约 70%。浸没因子 $I_f(\lambda)$ 是该效应的校正因子。不幸的是,$I_f(\lambda)$ 的值在不同系列的仪器中可能有所不同,并且通常在同一系列中,仪器之间也会表现出明显的差异。

3.8.1 辐照度传感器

从 20 世纪 30 年代开始,辐照度传感器的浸没效应成为研究的焦点,从而使得对表征光学器件浸没在水中的折射 – 反射过程有了严格的描述[28,56-58]。如前所述,由于漫射器的折射率相较于空气更接近于水的折射率,湿的辐照度传感器的响应随着逃逸回水体中的光增加而降低。

由于辐照度采集器通常具有复杂的几何结构,有时又由不同的漫射材料层组成,很难获得高精度的光学特性,因此无法对辐照度传感器的 $I_f(\lambda)$ 进行精确的理论计算。

Tyler 和 Smith[7] 以及 Aas[29] 详细介绍了测定水中辐照度传感器浸没因子的综合实验方法。在这两种情况下,辐射计垂直放置在水箱中,观测位于采集器上方固定距离处空气中并与其光轴对准的稳定光源。Tyler 和 Smith[7] 提出的方法依赖于准直光源,而 AAS[29] 提出的方法则使用点光源。后一种方法先后被 Petzold 和 Austin[59]、Mueller[60] 和 Zibordi 等人[61] 所应用,后来主要是为了增加测量的可重复性而进行了修正[62]。

在 Aas[29] 之后,从以下公式确定辐照度传感器的浸没因子 $I_f(\lambda)$:

$$I_f(\lambda) = \frac{DN(E(0^+, \lambda))}{DN(E(0^-, \lambda))} t_{wa}(\lambda) \tag{11}$$

其中,$DN(E(0^+, \lambda))$ 是与仪器在空气中测量的辐照度相对应的数值,$t_{wa}(\lambda)$ 是由垂直入射光束的菲涅耳反射率确定的空气 – 水界面的透射率,而 $DN(E(0^-, \lambda))$ 是与仪器在水中测量的辐照度相对应的数值。后一项不能直接测量,它是由对数变换的水中辐照度测量的最小二乘法拟合(作为传感器上方的水位 z_i 的函数)确定的,该测量是对由辐射光源和采集器之间的有限距离引起的几何扰动 $\ln[DN(E(z_i, \lambda))/G(z_i, \lambda)]$ 进行校正的。点光源所需的修正项 $G(z_i, \lambda)$ 使采集器处的辐射通量变化的影响最小化,它是采集器上方水位 z_i、辐射光源 – 采集器距离 d 和水的折射率 $n_w(\lambda)$ 的函数,并且这些可以由 Aas[29] 给出

$$G(z_i, \lambda) = \left[1 - \frac{z_i}{d} \left(1 - \frac{1}{n_w(\lambda)} \right) \right]^{-2} \tag{12}$$

不同实验室对同一系列辐射计的 $I_f(\lambda)$ 的独立测定表明,平均重现性值为 0.6%。然而,传感器之间几个百分比的差异[60, 61] 表明需要单独对传感器进行表征,而不是直接应用同系列校正因子。

3.8.2 辐亮度传感器

相对于空气而言,在水中使用的辐亮度传感器响应主要受立体视场角的减小以及在水中相对于空气时光学窗口透射率增加的影响。对于辐亮度传感器,理论上通常应用 Austin[63] 提出的基于菲涅耳透过率的一般方程来确定 $I_f(\lambda)$ 的值,这需要知道 $n_w(\lambda)$ 和光学窗口的折射率 $n_g(\lambda)$:

$$I_f(\lambda) = \frac{n_w(\lambda)[n_w(\lambda) + n_g(\lambda)]^2}{[1 + n_g(\lambda)]^2} \tag{13}$$

该方程严格基于 Gershun 管辐射计的设计,在管和外界介质之间有一个光学窗口。对于更复杂的光学设计和不同系列的光学辐射计 [64, 65],以及关于辐亮度分布相机 [36],已经努力通过实验表征 $I_f(\lambda)$,其中光与光学系统的各种部件的相互作用可能会对响应产生显著影响。

根据 Zibordi[64] 提出的方案,通过在空气中和水中连续进行的辐亮度测量,对辐亮度传感器的 $I_f(\lambda)$ 进行了实验表征,该测量采用恒定的传感器 – 辐射光源距离,传感器垂直观测几乎浸入水中的稳定、均匀和朗伯辐射光源。具体来说,$I_f(\lambda)$ 可下式确立:

$$I_f(\lambda) = \frac{DN\left(L\left(0^+, \lambda\right)\right)}{DN\left(L\left(0^-, \lambda\right)\right)} \frac{\Omega_a}{\Omega_w(\lambda)} \frac{1}{t_{wa}\left(\Omega_w, \lambda\right)} \tag{14}$$

其中, $DN\left(L\left(0^+, \lambda\right)\right)$ 为与水面辐亮度的有关数值。这一项是用不同水位 z_i 测量的空气中的光学窗口到水面的距离的函数的最小二乘法拟合的截距来计算的,并根据不同的空气 – 水光路进行校正。$DN\left(L\left(0^-, \lambda\right)\right)$ 是与仪器浸入水中测量的水中辐亮度的有关数值。Ω_a 和 $\Omega_w(\lambda)$ 分别是空气和水中立体视场角(不需要它们的确切值,因为它们的比值是已知的:$\frac{\Omega_a}{\Omega_w(\lambda)} = n_w^2(\lambda)$,而 $t_{wa}(\Omega_w, \lambda)$ 表示在立体角 $\Omega_w(\lambda)$ 上的平均水 – 气透过率。

与辐照度传感器相反,$I_f(\lambda)$ 对同一系列辐射计的实验表征没有显示出明显的传感器间离散 [64]。然而,对于复杂的光学设计,理论和实验测定显示出明显的差异 [65]。这些发现表明:(1) $I_f(\lambda)$ 的值可以应用于同类辐亮度传感器,(2)每类辐亮度传感器的 $I_f(\lambda)$ 的实验表征仍需要量化实际浸没因子与其理论确定值之间的可能差异。

通过使用纯水,可以提高实验测定的辐亮度和辐照度传感器的 $I_f(\lambda)$ 值的再现性。但是,在现场测量中应用推导值需要校正因子来消除纯水和天然水之间的折射率随盐度和温度的变化[61, 64]。在辐照度传感器的情况下,这只能通过对纯水里溶解不同盐的溶液 $I_f(\lambda)$ 的测定来获得不同盐度的情况。

3.9 绝对响应

辐照度传感器的空气中绝对定标通常使用可溯源到参考标准的光谱辐照度源 $E_0(\lambda)$ 来执行。常用的工作标准是被定标的 1 000 W 石英卤素钨丝灯(Filament Lamps,FEL)[66, 67]。它们的相对光谱分布相当于大约 3 000 K 的黑体,通常用作 250 ~ 2 500 nm 光谱范围内的辐射光源。

在假设(1)点辐射源(2)点探测器和(3)以波长 λ 为中心的窄带宽的情况下,利用方程(1),当 $I_f(\lambda)=1$ 时,由与输入辐照度 $E(\lambda)$ 有关的输出 $DN(E(\lambda))$ 求出辐照度传感器的定标系数 $C_E(\lambda)$。对于具有垂直于辐射光源采集器面的辐照度传感器:

$$E(\lambda) = E_0(\lambda)\frac{d_0^2}{d^2} \tag{15}$$

其中,d 是辐射光源和传感器之间的距离,d_0 是确定 $E_0(\lambda)$ 值的距离。

注意,公式(15)仅对点辐照度源和点探测器是精确的。对于像 FEL 灯这样的扩散光源,d 的测量点存在模糊性[68]。事实上,虽然在绝对辐射定标期间,距离 d_0 适用于从与灯接线柱近表面相切的平面,但在使用期间,当 $d \neq d_0$ 时,应考虑几毫米的偏移量,以说明灯柱后灯丝中心的实际位置。类似地,d 通常是从辐照度收集器的平面上测量的,但实际的辐照度采集器有一定的物理厚度。因此,当忽略平面与其后面实际参考面之间的偏移来识别接收孔径时,探测器信号与 $1/d^2$ 之间的关系是非线性的。这种非线性源通过在公式(15)中包含光谱相关偏移量来解决,该偏移是指灯丝的有效中心和采集器的参考平面的偏移量,通过实验确定[69, 70]。

在辐亮度传感器的情况下,使用已知的辐亮度源 $L(\lambda)$ 确定空气中绝对定标系数 $C_L(\lambda)$。这可以通过定标的积分球或由被辐照度标准(例如,定标的 1 000 W FEL 灯)照射的反射率标准(即,具有定标的方向－方向反射率的反射板)组成的系统来获得。由于使用相同辐照度标准确定的绝对定标系数的不确定度之间存在相关性,因此该解决方案能够降低由辐照度和辐亮度数据联合使用确定的某些数据产品中的不确定度(见第 5.4 节)。

以灯－板系统为中心,对于相关的输入辐亮度 $L(\lambda)$,用公式(1)从输出 $DN(E(\lambda))$ 中确定 $C_L(\lambda)$。在灯位于轴线上并垂直于反射板的情况下,假设辐亮度传感器具有(1)以波长 λ 为中心的窄带宽以及(2)窄视场,则传感器以相对于法线的角度 θ 观测反射板中心的辐亮度 $L(\lambda)$ 由下式给出:

$$L(\lambda) = E(\lambda)\rho_d(\lambda, 0, \theta)\pi^{-1} \qquad (16)$$

其中, $\rho_d(\lambda, 0, \theta)$ 是特定观测(通常为 $\theta = 45°$)下反射板的双向反射率, $E(\lambda)$ 由公式(15)给出,其中灯和反射板之间的距离为 d。与辐照度传感器的情况相同,如果为 $d \neq d_0$,则需要校正距离 d,以校正与近灯接线柱相切的平面与灯丝中心之间的偏移。

辐亮度光源均匀地充满辐亮度传感器的视场至关重要。因此,在明显偏离窄视场的基本假设的情况下,需要选择距离 d,以满足定标下传感器的强度和均匀性要求(即, d 的增加倾向于增加反射板上辐亮度的均匀性,但它也导致反射板上辐照度的降低)。

通常,反射板提供方向半球反射率 $\rho_h(\lambda, \theta)$,而不是方向－方向反射率 $\rho_d(\lambda, 0, \theta)$。这需要对 $\rho_h(\lambda, \theta)$ 应用一个转换系数 [71]。

4. 测量方法

支持卫星海洋水色的现场辐射测量方法主要集中在确定系统替代定标空间传感器所必需的量、验证主要辐射数据产品以及开发和评估生物光学算法。所需的测量由水上和水下光学辐射计测得。

水面之下系统具有以下优点：向上辐射量（例如上行辐亮度和上行辐照度）的波动扰动最小；能够确定水体中的多种表观光学性质；减弱温度漂移影响；以及直接在天底方向测量辐亮度。缺点主要包括仪器自阴影和长期部署过程中的生物附着。水面之上系统不会产生自阴影扰动，也不受生物附着的影响，但需要以非天底观测几何结构运行的由海－气界面反射在视场中的天空光进行准确校正，并需要部署在平台上，而平台作为其周围较大的结构会干扰附近光场。在以下小节中分别概述了水面之下和水面之上法的基本表征要素。

4.1 水面之下系统

随着早期的发展[72-74]，水下辐射计可以大致分为固定深度和剖面系统。两者都依赖于在不同深度的水体中进行的辐射测量，以及对水面之上下行辐照度的测量[75,76]。虽然水下数据允许将受波动影响而无法直接测量的辐射量外推到深度为 0 处（即恰在水面以下），但水面之上下行辐照度数据能处理测量期间光照变化对水中数据的影响。

除了用于测量辐照度和辐亮度光谱的辐射计外，水中成像系统还可以用来绘制上行和下行辐亮度光谱分布[34]。这些测量描述了水下辐亮度场随视角的变化，即其双向结构[77-80]。辐亮度分布剖面可以用来推导出固有光学性质（IOP），如吸收[81]和散射[82]。

4.1.1 固定深度

专门为支持卫星海洋水色应用而设计的生物光学浮标[83-87]，利用部署在不同固定深度的多个辐射计或光纤采集器的获取相关数据[15,72]。与水面之上下行辐照度 $E_d(0^+, \lambda)$ 相结合，固定深度系统提供了在两个或多个离散深度 z_i（通常设置为 $1 \sim 10$ m）处测量上行天底辐亮度 $L_u(z_i, \lambda)$、下行辐照度 $E_d(z_i, \lambda)$，以及上行辐照度 $E_d(z_i, \lambda)$（见图 5 中的样本数据）。

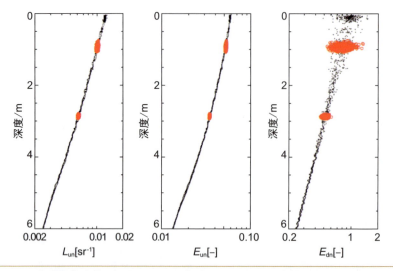

图 5　来自聚集在约 1 和 3 m 的固定深度（空心圆）和连续剖面（点）样本 $L_u(z, \lambda)$、$E_u(z, \lambda)$ 和 $E_d(z, \lambda)$ 在 $\lambda=555$ nm 处相对于 $E_d(0^+, \lambda)$ 进行归一化数据（即左、中、右图中的 L_{un}、E_{un} 和 E_{dn}）。剖面数据采集于 2005 年 9 月 9 日垂直非均匀海水条件下，且平均波高为 20 cm、490 nm 处漫射衰减系数 $K_d=0.31$ m^{-1}。

4.1.2　剖面

　　水中辐射剖面测量通常是通过绞车和自由落体系统进行的，该系统除了测量 $E_d(0^+, \lambda)$ 外，还可以测量 $L_u(z, \lambda)$、$E_d(z, \lambda)$ 和 $E_u(z, \lambda)$ 随深度 z 的变化（见图 5 中的样本数据）。虽然绞车系统已广泛使用多年[88]，而且偶尔还会在特定的部署平台上应用[89]，自 20 世纪 80 年代末以来，自由落体系统使用越来越多[90, 91]。事实上，它们提供了在离船较远的距离上进行连续剖面测量的能力，从而最大限度地减少了由于船舶阴影和船舶晃动引起的扰动。

　　利用剖面系统确定准确的水中数据产品需要：(1) 在近表面取样，特别是在沿海地区，由于海水光学性质可能存在垂直不均匀性；和 (2) 每单位深度获取大量测量值的能力，以最小化波浪幅聚幅散的影响[92, 93]。

4.1.3　辐亮度分布系统

　　光电相机通常用于确定下行和上行辐亮度场的角度变化[34, 36, 94]。

这些系统是配备鱼眼镜头和光感滤光片的水下相机的技术发展[33, 95]，相对于早期的基于单个视场辐射计的系统来说，是一个重大的计量进步，这些系统要求在不同方向上连续测量以绘制水中辐亮度分布图[30-32]。

最近，人们还开发了能够快速分析水中辐亮度分布的系统[96, 97]。

4.2　水面之上系统

从 20 世纪 80 年代开始，通过新的测量方法的定义和应用，建立了定量水面辐射测量法[98-101]。在这些早期的发展之后，对控制水面辐射测量的物理原理进行了理论研究[102, 103]，并促进了综合测量规范的发展。随后的实验工作[104-107]对实际实施、评估和改进操作测量规范至关重要。

基本上，水上辐射测量依赖于使用不受海雾影响的辐射计，在船舶或固定平台上手动或自动操作，以尽量减少周围建筑的干扰（如遮挡或干扰海面）。目标量是离水辐亮度 $L_w(\lambda)$，即离开海面的辐亮度并在海表以上量化的量。这是由海面上的总辐亮度 $L_T(\theta, \varphi, \lambda)$（包括 $L_w(\lambda)$、天空和太阳耀斑的贡献）、天空漫射辐亮度 $L_i(\theta', \varphi, \lambda)$（即天空辐亮度）和 $E_d(0^+, \lambda)$ 的测量确定的。辐亮度测量使用由方位角 φ 和视场角 θ 镜面反射到 θ' 定义的特定观测几何来进行[107-109]。确定 $L_w(\lambda)$ 所需的一个基本量是海面反射率 ρ，理论上可以量化为海况的函数[102]。在 $L_T(\theta, \varphi, \lambda)$ 中，由于天空和太阳耀斑引起的闪烁扰动的最小化是任何水面之上法的主要挑战。事实上，LT 测量的时间尺度（几十毫秒到秒）和空间范围（取决于视场和水面高度，通常从几平方厘米到几百平方厘米不等）降低了作为海况函数的海面反射率的任何统计建模的有效性[110]。此外，天空光包含来自各种天顶和方位角的天空辐亮度贡献，而不仅仅来自理想平坦海面的镜面反射[102]。在某些情况下，太阳耀斑和泡沫的贡献可能会增加天空光，这成为 ρ 显著光谱依赖性的来源[111]。然而，通过忽略 ρ 对 λ 的依赖关系，对 $L_T(\theta, \varphi, \lambda)$ 测量序列的滤波方案的应用[105, 106]已经证明在最小化天空光和太阳耀斑扰动方面是有效的。

人们注意到,目前的大多数方法,除了那些特别依赖于使用偏振器[103]的方法外,忽略了天空－辐亮度偏振,而这种偏振本身取决于气溶胶／分子比值和测量几何结构。这可能会明显影响实际海面反射率的确定(见第 5.3 节)。

4.3　辐射测量数据产品

水上和水下辐射测量的基本数据产品是 $L_w(\lambda)$ 和反演的辐射测量产品,如归一化离水辐亮度 $L_{wn}(\lambda)$ 或遥感反射率 $R_{rs}(\lambda)$。水下辐射测量可以产生附加的数据产品,如辐照度反射率、漫射衰减系数和 Q 因子(水中辐亮度非各向同性指数)。以下小节总结了用于水上和水下辐射测量的统一的数据处理方法。

4.3.1　水面之下法测量的产品

由于波动扰动,无法直接测量恰在水面以下的关键量的数值。使用 $\Im(z, \lambda, t)$ 表示波长 λ、深度 z、时间 t(即 $L_u(z, \lambda, t)$、$E_u(z, \lambda, t)$ 和 $E_d(z, \lambda, t)$)下的相同剖面和固定深度的辐射测量数据,数据处理的第一步是考虑数据采集过程中入射光场变化的影响。这是根据以下公式使用水上向下辐照度 $E_d(0^+, \lambda, t_0)$ 进行的:

$$\Im_0(z, \lambda, t_0) = \frac{\Im(z, \lambda, t)}{E_d(0^+, \lambda, t)} E_d(0^+, \lambda, t_0) \qquad (17)$$

式中, $\Im_0(z, \lambda, t_0)$ 为在 t_0 处归一化到入射光场的辐射量 $E_d(0^+, \lambda, t_0)$,其中 t_0 一般选择与采集序列的开始相一致。

忽略与时间的相关性,并假设测量满足 $\ln \Im_0(z, \lambda)$ 在由 $z_0 < z < z_1$ 确定的外推区间内深度的线性衰减要求,则水面以下的值 $\Im_0(0^-, \lambda)$(即 $L_u(0^-, \lambda)$、$E_d(0^-, \lambda)$ 和 $E_u(0^-, \lambda)$)被确定为 $\ln \Im_0(z, \lambda)$ 与 z 的最小二乘法线性回归的截距指数。回归拟合斜率的负值是所选外推区间的所谓的漫射衰减系数 $K_\Im(\lambda)$(即 $K_L(\lambda)$、$K_d(\lambda)$ 和 $K_u(\lambda)$)。

文中指出,可以由 $E_u(0^-, \lambda)$ 确定 $E_u(0^+, \lambda)$ 的值,但这些导出值通常受波动扰动的影响很大,应谨慎使用。

水表面附近的测量可能会受到表面效应的严重影响,因此,在非常接近的表面的情况下,需要对测量进行回归,或者相反,在固定深度测量的情况下,需要在比表面波动更长的时间尺度上进行平均。最佳实践还建议使用第一衰减长度(即水表面与 $1/K_d(\lambda)$ 之间)的测量值进行回归。在浅水区或者在光学重要成分具有垂直梯度的区域,回归结果可能会受到挑战。在任何情况下,传感器深度测量的准确度对于获得准确的水面之下的值至关重要。

应当指出,由于近水表面辐亮度分布因波浪扰动而发生变化[112],以及由于拉曼散射[113]和叶绿素荧光[114]等非弹性散射过程,对数变换辐射剖面的线性是近似的。这些联合效应在红光光谱区域更为重要。

遥感应用中感兴趣的反演量是深度 0⁻ 处的无量纲辐照度反射率 $R(0^-,\lambda)$,定义为 $\dfrac{E_u(0^-,\lambda)}{E_d(0^-,\lambda)}$,和天底处的 Q 因子 $Q_n(0^-,\lambda)$(以 sr 为单位),定义为 $\dfrac{E_u(0^-,\lambda)}{L_u(0^-,\lambda)}$。

离水辐亮度 $L_w(\lambda)$(以 W m⁻² nm⁻¹ sr⁻¹ 为单位)作为研究可获得的卫星海洋水色观测值的基本量,可以由下式得到:

$$L_w(\lambda) = 0.543 L_u(0^-,\lambda) \qquad (18)$$

其中,假设 n_w 与波长无关,计算出的因子值为 0.543[115],说明了气 – 海界面的反射和折射效应。

4.3.2 水面之上法测量的产品

水面之上辐射测量的基本数据产品是 $L_w(\lambda)$,由 $L_T(\theta,\varphi,\lambda)$ 和 $L_T(\theta',\varphi,\lambda)$ 的测量值确定,其观测几何结构由 θ、θ' 和 φ 定义(其中 θ 和 θ' 为相对于天顶的方向,φ 表示相对于太阳的相对方位角)。通常用最小化波浪扰动影响的测量几何结构由 $\theta=40°$、$\theta'=140°$ 和 $\varphi=\varphi_0\pm135°$ 或 $\varphi=\varphi_0\pm90°$ 来定义(φ_0 为给定太阳方位角)。具体来说,所考虑的观察几何的 $L_w(\theta,\varphi,\lambda)$ 是由下式计算得到:

$$L_w(\theta,\varphi,\lambda) = L_T(\theta,\varphi,\lambda) - \rho(\theta,\varphi,\theta_0,W) L_i(\theta',\varphi,\lambda) \qquad (19)$$

其中,$\rho(\theta,\varphi,\theta_0,W)$ 是海面反射率,表示为由 θ,φ,θ_0 确定的测量几何结构的函数,以及通过风速 W 方便表示的海况的函数。注意,方程（19）忽略了由波浪产生的面的几何效应，因此假设耀斑贡献仅取决于 θ' 和 φ 确定的方向上的天空辐亮度，并预计表示该方向周围的平均辐亮度。$L_T(\theta, \varphi, \lambda)$ 和 $L_T(\theta', \varphi, \lambda)$ 通常是由满足滤波标准的 n 个独立测量值的平均值确定的，该滤波标准旨在消除那些受显著的波浪、泡沫和云扰动影响的值[110]。此外，与水中数据一样，用于测定 $L_T(\theta, \varphi, \lambda)$ 和 $L_T(\theta', \varphi, \lambda)$ 的单独测量值应使用相应的 $E_d(0^+, \lambda)$ 值对光照变化进行校正。当 $E_d(0^+, \lambda)$ 测量不可用时[116]，假设在 $L_T(\theta, \varphi, \lambda)$ 和 $L_T(\theta', \varphi, \lambda)$ 测量的每个序列期间稳定照明，所描述的方法仍然有效。

一些已经被提出来解释残余耀斑的替代方法可以看作是公式（19）所提出的方法的发展。这些方法通过假定在近红外中可以忽略或可量化的 $L_w(\lambda)$，对海面反射率项提供了额外的校正[99, 117, 118]。

无论采用哪种水面之上方法，推导出的 $L_w(\theta, \varphi, \lambda)$ 都需要对观测角度的依赖性进行校正。这通过下述公式进行：

$$L_w(\lambda) = L_w(\theta, \varphi, \lambda) \frac{\mathfrak{R}_0}{\mathfrak{R}(\theta, W)} \frac{Q(\theta, \varphi, \theta_0, \lambda, \tau_a, IOP)}{Q_n(\theta_0, \lambda, \tau_a, IOP)} \qquad (20)$$

其中，$\mathfrak{R}_0$（即 $\theta=0$ 处的 $\mathfrak{R}(\theta, W)$）与 $\mathfrak{R}(\theta, W)$ 的比值说明了表面反射率和折射率的变化，而 $Q(\theta, \varphi, \theta_0, \lambda, \tau_a, IOP)$ 与 $Q_n(\theta_0, \lambda, \tau_a, IOP)$ 的比值，即观测角 θ 和最低点（即 $\theta=0$）处的 Q 因子，最小化了作为水体固有光学性质（IOPs）、由 $\theta, \varphi, \theta_0$ 定义的观测和光照几何结构以及通过气溶胶光学厚度 τ_a 定义的大气光学性质的函数的水中光场各向异性辐亮度分布的影响。

在叶绿素 a 主导的水体，通常称为一类水体[119]，IOPs 可以单独表示为叶绿素 a 浓度（Chla）的函数[79]。对于这种特殊情况，$\mathfrak{R}(\theta, W)$ 和 Q 因子可以从通过模拟确立的查找表数据中获得[79]。文中指出，虽然直接提供 $\mathfrak{R}(\theta, W)$ 的值，但 $\dfrac{Q(\theta, \varphi, \theta_0, \lambda, \tau_a, \text{Chla})}{Q_n(\theta_0, \lambda, \tau_a, \text{Chla})}$ 的比值需要通过 $\dfrac{f(\theta_0, \lambda, \tau_a, \text{Chla})}{Q(\theta, \varphi, \theta_0, \lambda, \tau_a, \text{Chla})}$ 和 $\dfrac{f(\theta_0, \lambda, \tau_a, \text{Chla})}{Q_n(\theta_0, \lambda, \tau_a, \text{Chla})}$ 的查找表数值确定。由于 $f(\theta_0, \lambda, \tau_a, \text{Chla})$ 通过后向散射与吸收系数之比 $\dfrac{b_b(\lambda)}{a(\lambda)}$ 将

辐照度反射率与 IOPs 联系起来, 因此它不依赖于 θ。因此, 作为 $\dfrac{Q(\theta, \varphi, \theta_0, \lambda, \tau_a, \text{Chla})}{Q_n(\theta_0, \lambda, \tau_a, \text{Chla})}$ 的替代而应用的 $\dfrac{f(\theta_0, \lambda, \tau_a, \text{Chla})}{Q(\theta, \varphi, \theta_0, \lambda, \tau_a, \text{Chla})}$ 和 $\dfrac{f(\theta_0, \lambda, \tau_a, \text{Chla})}{Q_n(\theta_0, \lambda, \tau_a, \text{Chla})}$ 的比值不影响公式(20)。最后指出, $Q(\theta, \varphi, \theta_0, \lambda, \tau_a, \text{Chla})$ 和 $f(\theta_0, \lambda, \tau_a, \text{Chla})$ 对 τ_a 的依赖性相对于其他量来说都很小。因此, $Q(\theta, \varphi, \theta_0, \lambda, \tau_a, \text{Chla})$ 和 $f(\theta_0, \lambda, \tau_a, \text{Chla})$ [79] 的查找表数值仅提供为假设 550 nm 处 $\tau_a = 0.2$ 的海洋上气溶胶。

4.3.3 归一化离水辐亮度

Gordon and Clark[120] 引入了归一化离水辐亮度 $L_{wn}(\lambda)$ 的概念, 一般以 $\text{Wm}^{-2}\,\text{nm}^{-1}\,\text{sr}^{-1}$ 为单位, 以表示在没有大气、太阳在天顶和平均日地距离的情况下离水辐亮度:

$$L_{wn}(\lambda) = \frac{L_w(\lambda)}{E_d(0^+, \lambda)} E_0(\lambda) \tag{21}$$

其中, $E_0(\lambda)$ 是以 $\text{Wm}^{-2}\,\text{nm}^{-1}$ 为单位的平均大气层外太阳辐照度[121], 而 $L_w(\lambda)/E_d(0^+, \lambda)$ 的比值通常称为以 sr^{-1} 为单位的遥感反射率 $R_{rs}(\lambda)$。

如果 $E_d(0^+, \lambda)$ 测量不可用, 或者受到较大不确定度的影响(例如, 较大的余弦误差或船舶晃动), 则 $E_0(\lambda)/E_d(0^+, \lambda)$ 的比值可以替换为 $[D^2 t_d(\lambda) \cos \theta_0]^{-1}$ [116], 其中 D^2 表示一年中某天的日地距离变化, $t_d(\lambda)$ 是根据 $R_{rs}(\lambda)$ 的测量值或估算值计算得出的大气漫射透过率[120]。

如前所述, $L_{wn}(\lambda)$ 和 $R_{rs}(\lambda)$ 都是考虑到光照影响的量, 如日地距离、大气透射率和在某种程度上太阳天顶角[122]。然而, 这个最初的定义是基于常数 Q 因子的假设, 它不允许对各向异性辐亮度分布的双向效应进行校正。

Morel 和 Gentili[78] 引入了通过模型参数确定的双向效应校正, 并引入了精确归一化离水辐亮度 $L_{wn}(\lambda)$ 的概念。通过将建议的校正方法应用于天底观测的 $L_{wn}(\lambda)$ 值, $L_{wn}(\lambda)$ 由下式得出:

$$L_{WN}(\lambda) = L_{wn}(\lambda) \frac{f(0,\lambda,\tau_a,IOP)}{Q_n(0,\lambda,\tau_a,IOP)} \left[\frac{f(\theta_0,\lambda,\tau_a,IOP)}{Q_n(\theta_0,\lambda,\tau_a,IOP)} \right]^{-1} \quad (22)$$

其中 $f(0,\lambda,\tau_a,IOP)/Q_n(0,\lambda,\tau_a,IOP)$ 和 $Q_n(\theta_0,\lambda,\tau_a,IOP)/f(\theta_0,\lambda,\tau_a,IOP)$ 的比值说明了主要由 $\theta0 \neq 0$ 引起的各向异性辐射分布的影响。

据回顾,对于叶绿素 a 主导的水体,$f(0,\lambda,\tau_a,\mathrm{Chla})/Q_n(0,\lambda,\tau_a,\mathrm{Chla})$ 和 $f(\theta_0,\lambda,\tau_a,\mathrm{Chla})/Q_n(\theta_0,\lambda,\tau_a,\mathrm{Chla})$ 的查找表数值由 Morel 等人计算给出[79]。

$L_{WN}(\lambda)$ 或等效的 $R_{RS}(\lambda)$ 是所有海洋水色应用中的基本量。此外,当归一化的离水反射率 $\rho_{WN}(\lambda)$ 被认为是一个更方便的量时,它可以从 $L_{WN}(\lambda)$ 进行确定

$$\rho_{WN}(\lambda) = \frac{\pi L_{WN}(\lambda)}{E_0(\lambda)} \quad (23)$$

图 6 显示了在不同的欧洲海域进行的水下测量所确定的 $L_{WN}(\lambda)$,以说明不同类型水的光谱差异。其中包括地中海东部深蓝水体,通常在 412～443 nm 处显示最大值,在 665 nm 处可以忽略不计(图 6a)。相反,有色可溶有机物主导的波罗的海水体水域在 555 nm 处显示最大值,在 412 nm 处显示最小值(图 6c)。黑海沿岸水体以悬浮沉积物和有色可溶有机物为主,在 490 nm 或 555 nm 出现最大值(图 6b)。

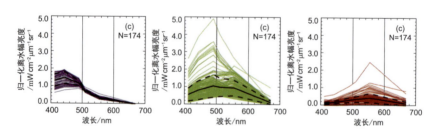

图 6　根据欧洲不同海域的水下辐射剖面测量的 $L_{WN}(\lambda)$ 光谱:(a)地中海东部;(b)黑海;和(c)波罗的海。黑色实线表示平均值,虚线表示 ±1 的标准差。N 是光谱数量。

图 7 给出了在中等沉积物主导的沿海水体晴空条件下进行的

水下和水上测量的辐射测量数据产品的全面相互比较,以说明测量方法的等效性。结果表明,在 412 ～ 670 nm 谱区,$L_{WN}(\lambda)$ 的偏差和分散的平均光谱值分别为 -1% 和 8%。对于 $L_{WN}(\lambda)$ 这些值基本上保持不变(即 0% 和 8%),并且位于由这些水上和水下数据产品独立确定的不确定度的联合数值内 [110]。测量和计算 $E_d(0^+, \lambda)$ 的光谱平均值之间的一致性也很显著,表现出 -1% 的偏差和 4% 的离散。

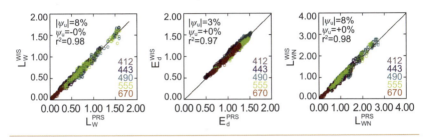

图 7 在 412、443、490、555 和 670 nm 的中心波长处,1390 个匹配的水下(WIS)与水上(PRS)数据产品的散点图。具体说明:$L_W(\lambda)$,单位为 W cm^{-2} μm^{-1} sr^{-1}(左图);根据 Zibordi 等人 [116] 的方法测量(E_d^{WIS})并计算(E_d^{PRS})的 $E_d(0^+, \lambda)$ 值,单位为 mW cm^{-2} μm^{-1} 10^{-2};和 $L_{WN}(\lambda)$ 单位为 mW cm^{-2} μm^{-1} sr^{-1}(右图)。量 ψ_u 为水下和水上值之间百分比差异的平均值,ψ_u 为无符号差,r^2 为决定系数。

5. 误差和不确定度估算

误差和不确定度表示不同。被测量值与被测量真实值之间的差异表示为误差。包括(1)指由于缺乏准确度引起的偏差的系统量,和(2)指由于缺乏精度引起的离散的随机量。偏差通常校正到最小化。

不确定度通过可用的信息来量化被测量的不完整信息。因此,任何类型的测量都是不完整的,除非附有与该测量相关的不确定度估算 [123]。

通过统计方法确定的不确定度一般定义为 A 类,通过统计方法以外的方法确定的不确定度定义为 B 类(如模型、公布的数据、定标证书,甚至经验)。A 类和 B 类不确定度还可以分为加法(即独立于测量值,如与暗信号有关的值)或乘法(即依赖于测量值,如与辐射计的绝对响应有关的值)。所有不确定度通过它们的联合贡献于总体测量不确定度。当各种不确定度相互独立时,联合不确定度可以确定为各贡献的正交和(即平方根和)。由包含因子 k 定义每个不确定度的置信水平应与不确定度估算一起提供。标准不确定度指的是由 $k=1$ 确定的 68% 的置信水平,而由 $k>1$ 定义的扩展不确定度指的是大约 95%($k \approx 2$)或 99%($k \approx 3$)的置信水平。

在可能的情况下,不确定度应以相对单位(即百分比)和实际单位给出。建议的不确定度的数值范围也应连同测量条件的细节一起提供。事实上,对于其他范围或不同的测量条件,为特定范围确定的不确定度可能不一定相同。

对现场测量的不确定度进行量化时,应综合考虑定标源及其传递的贡献、辐射计和用于数据处理的任何模型的性能、环境变异性的影响以及仪器外壳和部署平台的扰动。

为使现有生物光学算法在寡营养水体中测量的叶绿素 a 浓度的不确定度控制在 35% 以内,最初将蓝光光谱区域卫星测得的 $L_{WN}(\lambda)$ 的不确定度阈值定为 5%[120, 124]。然后将这 5% 的不确定度阈值设置为从 SeaWiFS[125] 和随后的海洋水色任务中确定的 $L_{WN}(\lambda)$ 的目标,无论波长如何,对绝对大气层顶辐亮度的不确定度要求为 5%[126]。$L_{WN}(\lambda)$ 的最大不确定度值需求迫使现场光学辐射测量数据的不确定度优于 5%[127]。

5.1 定标中不确定度具体来源

与现场辐射计定标过程密切相关的不确定度是与绝对辐射定标和仪器特性有关的不确定度。下面的分析仅限于影响绝对辐射定标的那些不确定度。这些是实验室认真遵循定标规范并努力在准确度和精度方面获得最高性能的最佳情况。事实上,如果在整个仪器定标和表征过程中疏忽,很容易在测量中引入偏差和离散。

5.1.1 辐照度标准

根据美国国家标准与技术研究院(NIST)的辐照度标度所确定

的 1000 W FEL 主要标准的辐照度扩展不确定度(k=2)在 350 nm 下为 1.1%,在 900 nm 下为 0.5%[128]。对于根据工作标准定标的 FEL 灯,这些不确定度通常至少增加 1%[129]。

假定实验室的机械定位和杂散光遮挡是精确的,则辐照度定标的不确定因素的额外来源是:(1)灯丝中心与灯柱近表面切线平面之间的偏移;和(2)在离散波长上提供的定标数值的插值。

如前所述,当定标距离 d 与灯的定标距离 d_0 不同时,灯丝中心与灯柱近表面切平面之间的偏移的校正是必要的。此偏移量是灯特定的,约为几毫米[70]。例如,在 d_0=50 cm 时忽略 0.3 cm 的偏移,将导致在距离 d=200 cm 处低估约 1% 的辐照度值。

定标灯的辐照度值通常具有较低的光谱分辨率。因此,它们的实际使用需要定标值的内插[130]。对于辐照度的 FEL 值,Walker 等人[66] 提出了以下拟合公式:

$$E(\lambda) = \left(a_0 + a_1\lambda + a_2\lambda^2 + a_3\lambda^3 + \ldots + a_n\lambda^n\right)\lambda^{-5}e^{\left(i_1+\frac{i_2}{\lambda}\right)} \quad (24)$$

其中,系数 i_1 和 i_2 是由以下的最小二乘法拟合确定

$$\ln(E(\lambda)\lambda^5) = i_1 + \frac{i_2}{\lambda} \quad (25)$$

并以 $E^{-2}(\lambda)$ 为加权值,通过最小二乘法回归依次确定系数 a_i。

这种拟合方法预期提供的插值数值的不确定度比 $E(\lambda)$ 的不确定度增加不超过 0.5%。当该方法分别应用于紫外和可见光谱范围时,可以获得更高的准确度。另外还提出了在紫外光谱区具有改进性能的替代解决方案[131]。

FEL 灯的一个缺点,也是积分球光源的一个常见缺点,是在可见光光谱区域相对于近红外光谱区的辐射通量较低。这通常是造成蓝光光谱区域辐射计绝对辐射定标中更高不确定度的原因。

5.1.2 辐亮度标准

双向反射率的反射目标(如板)常被用作反射率标准。通常使用的 Spectralon(Labsphere, North Sutton)反射板具有 99% 的定向半球反射率 $\rho_h(\lambda, 8°)$,在 400~1 800 nm 光谱区间几乎不变,其标准不

确定度为 0.005。根据辐亮度定标实验室应用对方向－方向反射率 $\rho_d(\lambda,0,45°)$ 的要求，确定了 800 nm 光谱的转换因子 $\rho_d(\lambda,0,45°)/\rho_h(\lambda,6°)\approx 1.025$（假定同样适用于 $\rho_h(\lambda,8°)$）[71]。当考虑到转换反射率因子的贡献时，光谱 99% 反射板的 $\rho_d(\lambda,0,45°)$ 的组合扩展不确定度（$k=2$）约为 1.1%。

实验室绝对定标的准确度还受辐射源的对准、待定标辐射计的定位、遮挡和减少杂散光以及光源的稳定性等因素的影响。以前的所有不确定源都是通过聚焦于一系列特定的多光谱辐射计来研究的[132]。结果表明，辐照度标定的典型最小不确定度为 1.1%，最大不确定度为 3.4%。辐亮度定标的相应数值分别为 1.5% 和 6.3%。

积分球是均匀辐亮度光源，是使用定标灯和反射板的一种替代方法。然而，积分球的一个困难是它们的绝对定标，这必须作为一个系统来完成，包括源、内部涂层的反射率特性、内表面和出口孔径的面积。准确表征积分球的不确定度约为 3%[133]，与 FEL 定标灯和反射板的不确定度数值相当。

5.2 仪器不确定度具体来源

仪器特定的不确定度来源可能包括非线性响应、响应度随温度的变化、杂散光和带外扰动。不确定度还应包括由于现场测量期间温度变化而导致的暗信号漂移，以及由于光学元件老化或前视器被颗粒或生物附着污染而导致的部署期间辐射响应的变化。严格地说，由于系统性能的不确定度的最小化只能通过广泛的实验室特性和应用适当的校正因子来实现（见第 3 节）。为了最大限度地减少与现场操作有关的仪器特定不确定度，可能需要额外的现场操作。例如，最佳实践建议在现场测量期间定期确定暗信号。同样，响应随时间的变化应在辐射计部署期间通过定期检查来追踪。至少，在数据处理期间应该执行和利用部署前和部署后的定标。

在以下小节中，关于仪器相关不确定度的讨论仅限于辐照度传感器的非余弦响应的影响和影响浸没因子的不确定度的量化，浸没因子作为现场光学辐射测量的代表。

5.2.1　余弦误差影响

应确定由于辐照度传感器的非余弦响应而引起的测量误差,以适当地量化测量的不确定度估算。校正项 $\varepsilon_c(\theta_0,\lambda)$ 和相关不确定度的确定在此仅限于 $E_d(0^+,\lambda)$,因为其与 $L_{WN}(\lambda)$ 的确定具有重大相关性。

在给定余弦误差 $f_c(\theta,\lambda)$ 的情况下,可以通过假设天空辐亮度的各向同性分布和已知的漫射与直射辐照度比值 $I_r(\theta,\lambda)$,在晴空条件下通过下式对其影响进行量化:

$$\varepsilon_c(\theta_0,\lambda)=f_c(\lambda)\frac{I_r(\theta_0,\lambda)}{I_r(\theta_0,\lambda)+1}+f_c(\theta_0,\lambda)\frac{1}{I_r(\theta_0,\lambda)+1} \qquad (26)$$

其中,

$$f_c(\lambda)=\int_0^{\pi/2}f_c(\theta_0,\lambda)\sin(2\theta)\mathrm{d}\theta \qquad (27)$$

通过准确的辐射传输模拟评估了这种校正方法[134]。对于考虑的辐照度传感器和低于 70° 的 θ_0 值,结果表明,用公式(26)计算的 $\varepsilon_c(\theta_0,\lambda)$ 值与用模拟确定的值之间的最大差异为 1%。

5.2.2　浸没因子

辐照度传感器 $I_f(\lambda)$ 的实验测量表明,可重复性优于 0.5%[61]。该值远低于同一类传感器间浸没因子的可变性,该可变性可能达到几个百分点。

在辐亮度传感器的情况下,在基于 Gershun 管设计的前光学辐射计的实验值和理论值之间观察到的差异低于 0.3%[64]。然而,对于具有更复杂光学器件的辐射计,观测到的差异高达百分之几[65]。

5.3　方法和现场不确定度具体来源

除了定标和辐射计特定的不确定度因素外,现场作业和数据处理也可能成为不确定度因素的来源。相关方法在水面之下法和水面之上法的小节中分别讨论。

5.3.1　水面之下法

从水下测量获得的辐射数据产品的准确度受到环境扰动(如波

浪效应)的影响,此外还受到与测量系统的具体特性有关的限制(如剖面辐射计的采集速率和下放速度)的影响。对水中辐射测量数据产品中可能的不确定度来源进行检查,目的是对其影响进行估算,并在可能的情况下提出将其最小化的建议。

5.3.1.1 波浪幅聚幅散

表面波是造成海洋上层光场扰动的原因。具体指,由表面波浪折射的太阳光的幅聚幅散产生较大的光的起伏,其振幅、频率和深度扩展已经从理论上[92, 135-139]和实验上得到了解释[140-143]。

鉴于光场扰动影响水面以下数值的确立,通过对随时间变化的数据进行平均,可以提高来自固定深度水下系统的辐射测量数据产品的精度[89]。如前所述,在剖面系统的情况下,通过增加近表面每单位深度的测量次数,可以获得更高的精度,这允许更稳定地外推水面以下的数值[92]。这可以通过提高采集频率和降低下放速度来实现[144, 145],或者通过联合采集时间接近的连续剖面(即,多次下放[93, 139])来实现。

最后指出,对水中对数转换后数据的外推应慎重对待。实际上,通过对数变换数据的拟合而产生的平均效应会在水面之下数值中引入偏差。对这个问题的评价表明,依靠对未变换数据的非线性拟合的技术可改进水面之下的数值[146]。具体指,基于各种剖面的专门分析表明,由对数变换数据的线性拟合和由未变换数据的非线性拟合确定的关键量 $L_u\left(0^-, \lambda\right)$ 值之间的差异为 $1\% \sim 2\%$ 量级[146]。由于 $E_d\left(0^-, \lambda\right)$ 对波浪扰动具有更高敏感性,对其进行的同样分析表明,差异很容易超过 5%。

5.3.1.2 自阴影

由于水中辐射计不可忽略的尺寸引起的光场扰动(通常称为自阴影),导致了测量上行辐亮度和上行辐照度的误差。由 Gordon 和 Ding[147] 首次从理论上量化,并由 Zibordi 和 Ferrari[148] 进行了实验评估,由给定半径的圆盘组成的理想仪器的自阴影误差,可能是辐射计尺寸、介质吸收系数和光照类型的函数,从几个百分比到几十个百分比不等(见图 8 中的晴空条件下的数据[148])。具体而言,在一定的辐射计和光照条件下,由于纯水的强烈吸收,近红外自阴影误差显著增加;在可见光中,随着吸收颗粒和有色可溶有机物浓度的增加,自阴影误差也会增加。

一些研究讨论了辐射计形状不对称的影响[149-152],突出了三维问题的复杂性,并提出了通过开发较小的水中辐射计系统将自阴影误差降至最低的根本需要[36, 153]。然而,无论仪器大小,自阴影引入的不确定度应始终包括在数据分析中。

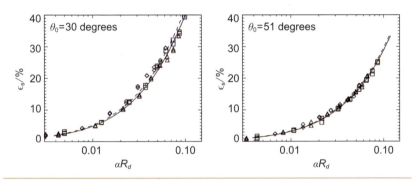

图 8 辐亮度数据中作为海水吸收系数 a 乘以不同太阳天顶角 θ_0 处的辐射计半径 R_d 的函数的自阴影误差 ε_S(单位是百分比)(参考 Zibordi 和 Ferrari[148] 重新绘制):30°(左图)和 51°(右图)。符号表示 550 nm(菱形)、600 nm(三角形)和 640 nm(正方形)的实验数据。实线表示实验数据的最佳拟合,虚线表示根据 Gordon 和 Ding[147] 计算的理论值。

5.3.1.3 倾斜效应

由于天空和水中辐亮度分布的不均匀性,仪器倾斜会影响辐亮度和辐照度的测量。虽然可以尝试倾斜校正,但应以最小的倾斜扰动进行测量。

除了在恶劣海况的条件下,目前的自由落体系统可以在倾斜度通常低于 2° 的情况下运行。通常在船舶甲板上测量的 $E_d(0^+, \lambda)$,也可能受船舶晃动的影响。这表明,无论是在水中和甲板上测量,均应配备 X-Y 倾斜传感器,以排除受大角度倾斜影响的数据。

5.3.1.4 周围结构扰动

当辐射计没有部署在离船足够远的地方,并且相对于太阳处于有利的几何结构时,船舶阴影扰动会影响水中辐亮度测量[154-159]。假设辐射计部署在船(或其他部署平台)的向阳面,Mueller 和 Austin[16]建议依据水体漫射衰减系数确定船与辐射计之间的最小距离。特别地,他们指出大于 3 $K_L(\lambda)$ 的距离同样适用于 $L_u(z,\lambda)$、$E_d(z,\lambda)$ 和 $E_u(z,\lambda)$ 的测量。

当从固定平台进行测量时,通常不可能避免结构部署的干扰。在这种情况下,应该对辐射数据产品进行校正。Doyle 和 Zibordi 为 Acqua Alta 海洋塔(Acqua Alta Oceanographic Tower,AAOT)提供了针对具体情况实施的业务校正方法的示例[160]。该方法使用校正因子查找表,这些校正因子是由扰动和非扰动辐射量的 Monte Carlo 模拟确定的,这些辐射量考虑了测量几何结构以及海洋和大气的光学性质。对于海洋光学浮标(Marine Optical Buoy,MOBY)站点也提出了其他类似的方法[161]。

对于在晴空条件下在 AAOT 测定的 $L_u(0^-,\lambda)$,$E_d(0^-,\lambda)$ 和 $E_u(0^-,\lambda)$ 的时间序列,使用建议的方法估算的校正在 665 nm 处显示出低于 +2% 的不确定度数值,但作为测量条件的函数在 443 nm 处显示出从 +2% 到约 +6% 的不确定度数值。

5.3.1.5 生物附着

暴露于海洋环境表面上生物膜的生长(即生物污损)分几个阶段进行,包括有机分子的形成和细菌的连续生长,随后是微藻类,最后是大型有机体[162]。这种增长会影响水中辐射计的长期部署。由于生物附着生长的不规则时间尺度,以及其在暴露表面的不规则分布,校正这些扰动效应是一项具有挑战性的工作。简单地使用在部署期间执行的辐射计响应测量的插值来最小化生物附着扰动变得不可取。

为了避免水中辐射计光学器件上的生物附着,人们研究了许多方法,但不幸的是,结果参差不齐(见 Manov 等人[163]和其中的参考文献)。目前,最有效的解决方案似乎是在光学表面附近使用裸露的铜和铜制作的挡板来使前置光学系统保持在黑暗中。

5.3.1.6 模型

$L_{WN}(\lambda)$ 和 $R_{RS}(\lambda)$ 等辐射测量产品的测定需要应用模型来校正海面和水体的双向效应。因此,推导的校正受到许多模型假设和近似的影响,导致常常难以量化的不确定度。例如,Morel 等人[79] 提出了一种校正方法,该方法严格适用于一类水体(即 Chla 主导的水体),该方法在不同的水体类型中的应用可能成为辐射数据产品中不可预测不确定度的来源。对于光学复杂的水体[164-166],人们提出了一些替代的校正方法,但这些方法需要多个输入量,其值并不总是已知的,任意的定义也可能导致不可预测的不确定度。在这些方法中,Lee 等人[165] 提出的方法是专门为在业务上支持减少可能在任何类型的水中采集的海洋水色辐射测量数据而开发的。这种方法的准确度依赖于对散射相函数的假设,它依赖于准分析算法(Quasi-Analytical Algorithm, QAA)来确定 $L_W(\theta,\varphi,\lambda)/E_d(\lambda)$ 的吸收系数和后向散射系数,并由此确定 $R_{RS}(\lambda)$ 所需的方向依赖性。对双向效应校正方法的实验评估表明[80],正如预期的那样,Morel 等人[79] 的方案在叶绿素 a 主导的水体更为准确,但 Lee 等人[165] 的方法在光学复杂的水体中似乎更合理。

5.3.1.7 非弹性散射

自然水体中的拉曼散射、叶绿素 a 的荧光和有色可溶有机物的荧光等非弹性散射影响了辐射测量数据产品的准确性。拉曼散射是非弹性光的最大来源。它相对于弹性散射的相对重要性在光谱的红光部分(暂定超过 500 nm[113])特别明显,并且在更大的波长和深度处它可以成为自然光场的更大部分[167, 168]。叶绿素 a 和有色可溶有机物的荧光效应分别随其浓度和吸收系数的变化而变化。叶绿素 a 效应仅限于 685 nm 附近的较窄光谱区(约 50 nm 宽)[114, 169],而有色可溶有机物对蓝光光谱区的影响较大,其相对贡献随波长的增加而减小[169]。

以往的观测表明,非弹性散射可能极大地挑战了对数变换辐射数据在水体中线性衰减的假设。因此,非弹性散射光谱影响了在蓝、红和近红外光谱区域的漫射衰减系数和水面之下数值的确定。对于波长低于大约 575 nm 的情况,在表面以下的最初几米中,这个问题通常不是特别明显。然而,为了消除辐射测量数据产品中的扰动效应,需要将水中的弹性和非弹性散射模拟成其固有光学性质(IOPs)的函数[86]。

5.3.2　水面之上法

与水面之下法类似,水面之上法受到许多潜在扰动源的干扰,其中波浪为主要因素。

5.3.2.1　**波浪扰动**

在水面辐射数据产品的测定中,由于波浪效应的影响,对 $L_T(\lambda)$ 中耀斑的去除提出了挑战,从而影响了 ρ 的准确测定。滤波技术的应用为最小化波浪效应提供了一种实用的解决方案,它消除了最有可能受到明显的耀斑扰动和白浪或泡沫影响的测量结果[105, 106]。然而,通过数据滤波最小化耀斑扰动的能力随着视场和积分时间的增加而降低。另外,该方案只是基于经验阈值,不具有普遍有效性。此外,使用最低辐亮度值的平均值而不是所有值的平均值,可能导致天空耀斑扰动的过校正。对于在中等沉积物主导的水体采集的数据,在广泛的测量条件下,$L_{WN}(\lambda)$ 在 412 nm 处低估约为 2%,551 nm 处约为 0.5%,667 nm 处增加到 2.5%[116]。

5.3.2.2　**天空光偏振**

最近的研究表明,忽略天空光偏振状态可能会导致海面反射率测定存在明显的不确定度。

对平静海面的天空光偏振效应和通常用于水面辐射测量的几何结构的分析结果表明,ρ 在 555 nm 处,作为太阳天顶角的函数,气溶胶光学厚度的函数,极端变化范围从 −20% 到 +50% 以上[170]。对于由 $\theta=40°$ 和 $\varphi=90°$ 定义的特定测量几何,Harmel 等人[170] 对天空辐亮度偏振的影响进行了校正和非校正的 $L_{WN}(\lambda)$ 数据相互比较。结果表明,$L_{WN}(\lambda)$ 在增加,从绿 − 红光谱区域的不足 1% 增加到 442 nm 处的 3%,在天空偏振效应较明显的地方 413 nm 处增加到 6%。

5.3.2.3 周围结构扰动

与水下辐射测量相似,部署平台的扰动最小化是水上辐射测量的另一个基本方面[171]。与平台阴影和反射有关的测量不确定度的全面量化应包括针对每个部署结构、辐射计和场地的三维辐射传输模拟。因此,为了避免这样一个复杂的任务,测量通常在平台扰动最小化的位置进行。

考虑到每个部署平台都是一个单独的情况,很难进行概括,在部署结构上放置水面之上辐射计的位置往往是由常识和有限数量的调查指导。一般来说,部署位置的选择是为了使水面上的传感器在未被平台产生的波浪干扰的区域(在船舶的情况下,该位置通常是船首)看到水面,并且距离不短于周围结构的高度[172, 173]。然而,这些简单规则的应用并不能保证扰动总是可以忽略不计或光谱无关。

5.3.2.4 模型

与水面之下法相当,海面反射率和水中光分布的各向异性影响所推导产品的准确度。事实上,水上辐射测量的一个建模问题是需要消除由于非天底观测而引起的观测角度依赖。这些校正中的不确定度可能是百分之几[109]的数量级,并取决于用于消除表面和水中的双向效应的模型的适用性,以及用于计算的输入量的准确性。

5.4 辐射测量产品的不确定度估算示例

测量的不确定度允许对应用测量后的结果进行定量评估。因此,不确定度估算的确定应该是任何实验行为持续努力的方向。

如前所述,辐射测量数据产品的不确定度估算应包括对定标源及其传递的不确定度的估算、辐射计的性能和用于数据处理的任何模型的性能、环境变异性的影响以及仪器外壳和部署平台的扰动。考虑到文献中提供的例子[116, 174-176],表 1 和表 2 中提出了根据水中辐射剖面和在中等沉积物主导的沿海水体进行的水面测量确定的 $L_{WN}(\lambda)$ 数据的一般不确定度估算,这些数据是用章节 4.3 中提出的方法确定的。

表 1　由水中剖面数据确定的 L_{WN} 的不确定度估算（以百分比为单位）

不确定度源	443	555	665
L_u 的绝对定标	2.7	2.7	2.7
浸没效应	0.4	0.4	0.4
自阴影校正	0.5	0.3	1.3
水上 E_d 的绝对定标	2.3	2.3	2.3
余弦响应校正	1.0	1.0	1.0
环境影响	2.1	2.2	3.2
平方根和	4.3	4.3	5.1

表 1 中考虑的对于用特定的多光谱水中光学剖面仪[93]测定的 $L_{WN}(\lambda)$ 的贡献是：（1）L_u 传感器的绝对空气中辐亮度定标的不确定度[132]；（2）浸没因子理论测定中的不确定度[64]；（3）对于直径为 5 cm 的辐射计，用 25% 的校正值计算去除自阴影扰动的校正系数的不确定度；（4）水上 E_d 传感器大气辐照度定标的不确定度[132]；（5）相关辐照度采集器非余弦响应校正的不确定度[134]；（6）在剖面测量过程中，由于波浪扰动和由于光照和海水光学性质变化引起的不确定度而导致的次表层值外推的不确定度累积量化为来自重复测量的 $L_{WN}(\lambda)$ 变化系数的平均值[89]。

假定每一项不确定度贡献独立于其他不确定度贡献，并忽略由于应用准确校正而预期不显著的源，估算值在选定的光谱区域内为 4%～5% 的范围内。值得注意的是，所提出的不确定度分析考虑了 E_d 和 L_u 传感器的完全独立定标（即用不同的灯和实验室装置获得的）。使用相同的定标灯和装置可以使 $L_{WN}(\lambda)$ 的光谱不确定度的平方根和减少约 1%，这是由 $E_d(\lambda)$ 和 $L_u(\lambda)$ 的绝对定标不确定度之间的相关性解释的。

表 2　由水上数据确定的 L_{WN} 的不确定度估算（以百分比为单位）

不确定度源	443	555	670
绝对定标	2.7	2.7	2.7
灵敏度变化	0.2	0.2	0.2

观测角度和双向效应	2.0	2.9	1.9
t_d	1.5	1.5	1.5
ρ	1.3	0.7	2.5
环境影响	2.1	2.1	6.4
平方根和	4.4	4.8	7.8

表 2 中对用特定水面之上辐射计[116]确定的 $L_{WN}(\lambda)$ 的贡献是：(1) 假设 L_T 和 L_i 的空气中绝对定标引起的不确定度相同[132]；(2) 长期部署期间的灵敏度变化对 L_T 和 L_i 也假设相同；(3) 用于消除观测角度相关性和双向效应的校正因子的不确定度为应用校正的 25%；(4) 在没有 $E_d(0^+, \lambda)$ 测量值的情况下，用于计算 $L_{WN}(\lambda)$ 的漫射大气透过率 $t_d(\lambda)$ 测定的不确定度（应用的光谱独立值是猜测的最小值，实际上 τ_a 的唯一不确定度为 0.02，导致 $(D^2 t_d(\lambda) cos\theta_0)^{-1}$ 的不确定度约为 0.4%，因此导致 $L_{WN}(\lambda)$ 中的不确定度）；(5) 由于风速、模型 ρ 和应用于 $L_T(\theta, \varphi, \lambda)$ 以最小化波浪影响的滤波的不确定度而导致的海面反射率 $\rho(\theta, \varphi, \theta_0, W)$ 的不确定度[110, 116]；(6) 在测量期间，波浪引起的扰动与海水光学性质和照明条件的变化相结合而导致的环境变异性，这些变化累积量化为重复测量的 $L_{WN}(\lambda)$ 变化系数的平均值[116]（后一扰动源隐含地假定包括确定 $L_i(\theta', \varphi, \lambda)$ 的不确定度，而忽略天空光的偏振效应）。

与水中数据相似，除 670 nm 处的不确定度达到 8% 外，水面之上测量的 $L_{WN}(\lambda)$ 的组合不确定度接近 5% 的目标值，这主要是由于波浪扰动的影响。

必须指出的是，表 1 和表 2 中提供的估算值是为某一特定地点和特定测量方法和系统确定的，因此，不应认为它们同样适用于任何地点和水上或水下辐射测量数据产品。

6. 应用

现场辐射测量数据对于许多应用是必不可少的，包括（但不限于）：（1）研究光与光学重要海水成分的相互作用；（2）生物光学算法的建立；（3）卫星反演主要产品的评价；（4）卫星传感器的系统替代定标。在以下小节中，将简要讨论现场光辐射测量的具体应用。

6.1 天空和海洋辐亮度分布

水中双向效应是准确分析不同光照和观测几何结构在不同水体中采集的卫星海洋水色数据的关键因素。因此，现场辐亮度分布测量对于研究双向效应和评价预测模型是必不可少的[177]。下面给出天空和水中上行辐亮度分布的例子。

图 9 显示了 Santa Barbara 海峡在 520 nm 处记录的两个不同太阳天顶角 θ_0 的天空辐亮度分布。这些分布是由鱼眼天空图像的等距投影得到的，天顶方向和地平线分别对应于圆心和边缘。与理论测定一致[178]，分布显示了由多次散射引起的地平线附近辐亮度的增强，在太阳天顶角较低时更为明显。毫不奇怪，产生全辐亮度分布的能力受到船的上层结构的限制，此外还受到遮光体阻挡来自太阳及日冕的光线限制。该图指出了在部署平台上正确放置水面之上辐照度传感器进行 $E_d(0^+, \lambda)$ 测量的困难和重要性。

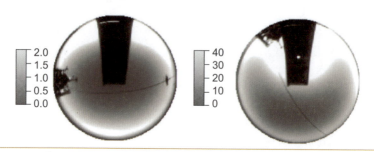

图 9　2008 年 9 月 22 日在 Santa Barbara 海峡测量的 520 nm 处大气辐亮度的角度分布。通过 $\theta_0=88°$（左图）和 $\theta_0=34°$（右图）以 µW cm⁻² sr⁻¹ nm⁻¹ 为单位采集数据。测量时，在 500 nm 处的气溶胶光学厚度为 0.16。

图 10 显示了在图 9 中显示的两种情况下，沿主平面的天空辐亮度分布的光谱变化。辐亮度图说明了瑞利散射的影响，最大的辐亮度值在蓝光波长，向红光波长减少。这两种情况在辐亮度分布的形状上只表现出轻微的光谱变化。

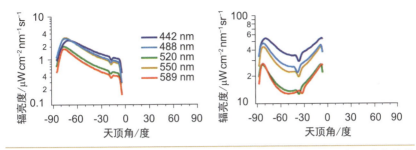

图 10 图 9 所示的大气辐亮度数据沿主平面的光谱角度变化。由于遮光体的存在,辐亮度只适用于与太阳相对的主平面的部分。

图 11 给出了上行水中辐亮度分布的例子。这两个情况指的是夏威夷附近的清澈水体和利古里亚海相对浑浊的水体。

清澈水体的辐亮度图像显示了表面波浪折射引起的光线,这些光线似乎来自对日点。这是在清澈的水体和晴朗的天空条件下常见的效果。在低风速条件下,光线也显得更加清晰,而在恶劣海况下,随着表面几何变得更加紊乱,光线往往会消失。右下角较亮的一面是太阳的方向。

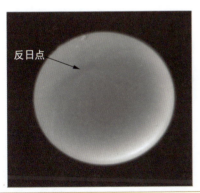

图 11 夏威夷海域采集的 θ_0=59°(左图)和从利古里亚海中采集的 θ_0=49°(右图)相对浑浊的海水在 436 nm 处的上行辐亮度分布。

辐亮度分布沿主平面的光谱变化如图 12 所示。正如预期的那样,在这些清澈的水体中,上行辐亮度在蓝光波长处较大,而在红光波长处减小。辐亮度分布的形状,以对数尺度显示,在波长为 411～486 nm 时是相当一致的。随着水体吸收的增加,辐亮度分布的形状发生变化，并且向边缘（地平线）变得更加突出。对于蓝光波长（即 411～486 nm），最大辐亮度与最小辐亮度之比小于 1.5。在较大的波长（例如，616 nm）下，该比值变得接近三倍或更多。该图还清楚地显示了仪器自阴影的效果。只在蓝光波长中略微明显，但在 616 nm 处变得明显，在背太阳区域出现大幅度下降。这些辐亮度分布所显示的另一个特性是在最低点一侧朝向太阳出现最小值（在没有自阴影的情况下）。这是水的瑞利散射相函数的影响，它在 90° 散射角处最小。

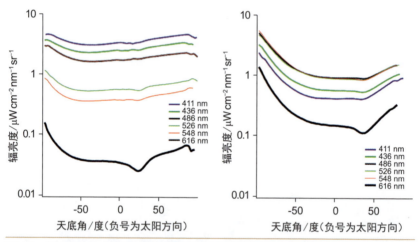

图 12　图 11 中的上行辐亮度数据沿主平面光谱随角度的变化。

6.2　水下光场偏振

自然光是一种偏振光[179]，这种偏振是全面描述天空和水下光场所需的另一个分量。因此，在本小节中给出了天空和水下上行偏振辐亮度分布的例子。

如前所述，偏振光场可以用四分量 Stokes 矢量来描述。它的第一项是辐亮度 I，接下来的两个分量 Q 和 U 描述光场沿两个彼此取向 45° 轴的线偏振，而最后一个分量 V 描述在自然光场中通常可以忽略的圆偏振[180]。

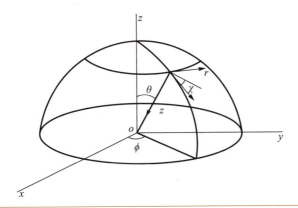

图 13 天空框架下坐标系示意图。光沿 $z=r×l$ 方向传播，χ 是从 l 到 r 测量的偏振平面的角度，使 r 和 l 分别垂直和平行于子午线平面（包含观测角度和天顶方向）。

参考图 13，由天顶方向和光传输方向的矢量所识别的子午线平面提供了一个描述极坐标下偏振辐亮度分布的共同参考系。光线的偏振可以分解为两个分量：平行于框架的方向（由 l 表示）和垂直于框架的方向（由 r 表示）。通过使用这个参考系，当光沿单位矢量 l 完全偏振时，Q/I 为 +1，当光沿单位矢量 r 完全偏振时，Q/I 为 -1。因此，当光在 r 方向上相对于 l 沿着轴 45° 时，U/I 为 +1，当光沿从 l 的方向 -45° 完全偏振时，U/I 为 -1。

使用这个参考系，图 14 显示了图 9 所示天空辐亮度分布的 Stokes 矢量分量 Q/I 和 U/I。在天空偏振分量中看到的大部分模式可以用简单的瑞利单独散射 Mueller 矩阵来解释[181]。这些分量的最大值随气溶胶含量而变化，通常会使光场略微退偏。

适用于总结水中和天空辐亮度的线性偏振度（degree of linear polarization，DoLP）定义为：$DoLP = \dfrac{(Q^2+U^2)^{1/2}}{I}$，其中 $I \geqslant (Q^2+U^2+V_2)^{1/2}$，$V$ 如前所述在天空和水中一般可以忽略不计。在图 15 显示了图 10 所示的辐亮度数据在线性偏振度（DoLP）中的天空光谱的变化。在这两种情况下，天空数据中的偏振度在光谱上是相当恒定的。一般来说，由于多次散射，最大线性偏振度（DoLP）向蓝光波长减小，并且由于气溶胶具有更大的影响，最大线性偏振度（DoLP）红光波长减小。

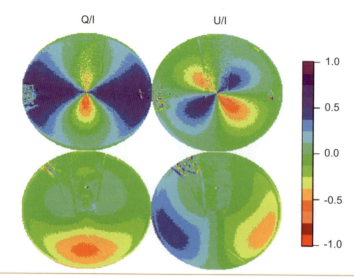

图 14　图 9 中天空数据的 Q/I 和 U/I 的角度分布，其中 θ_0=88°（上图）和 θ_0=34°（下图）。

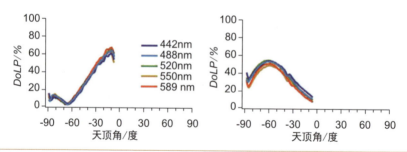

图 15　图 10 所示的天空数据的线性偏振度（DoLP）。

图 16 给出了夏威夷近海清澈水体上行光场偏振的一个代表性例子。Q/I 和 U/I 的模式可以用瑞利散射 Mueller 矩阵来解释，其遵循水和颗粒物的散射[182]。如图 16 的右图所示，在清澈水体中，光场可以高度偏振，线性偏振度（DoLP）达到 60%～70%。最大线性偏振度（DoLP）区域位于太阳折射方向的 90° 散射角处。在浑浊的水体中，分布模式相似，但最大线性偏振度（DoLP）较低。

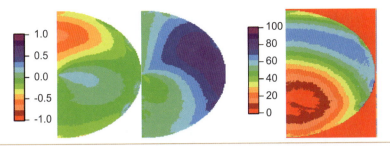

图 16 在 $\theta_0=53°$ 的情况下，在夏威夷海域 5 m 深处为上行辐亮度的偏振参数。从左到右，图像依次为 Q/I、U/I 和线性偏振度（DoLP）。这些分布是由 10 分钟间隔内拍摄的三张图像的平均值得出的。由于辐亮度分布相对于太阳平面的对称性，因此只显示了一半的图像。在这些分布中，对日点朝向底部（即在低线性偏振度（DoLP）的宽范围中）。

6.3 生物光学模型

生物光学模型通常分为分析模型和经验模型。分析模型通常用于从模拟或测量的水体成分固有光学性质（IOPs）预测辐射量，但也用于支持辐射数据的反演以确定固有光学性质（IOPs）。相比之下，经验模型通常来自现场测量的统计分析，用于描述水体的生物光学状态[183]。这些经验模型（通常称为算法）的典型示例是通过不同波长的遥感反射率作为光学重要成分浓度函数的比值给出（见图 17）。这些特定的算法在 $L_{WN}(\lambda)$ 的光谱变化作为水体成分浓度的函数中找到了它们的理论依据：可以由可能与光学重要成分浓度不同有关的水体样品光谱的不同形状证明（见图 6）。与预期具有更普遍适用性的分析模型不同，经验算法主要适用于进行测量的特定水体。

生物光学建模一般都是利用 L_{WN}、R、R_{RS}、Q_n、K_d 等辐射量和相同量的光谱比值。因此，它们的不确定度影响了模型的准确度，从而影响了将这些模型应用于卫星海洋水色辐射测量数据所得到的更高层次产品的准确度。为了研究这些影响，通过在 R_{RS} 比值中给定 5% 的偏差，对图 17 所示的叶绿素 a 算法进行了灵敏度分析。对 $0.1 \sim 20$ mg m^3 范围内的叶绿素 a 的分析结果表明，在考虑范围的每一端分别有 ±15% 和 ±20% 的变化。这些结果远低于在复杂水体中为所提出的算法确定的 51% 的标准不确定度，并表明准确度要求最终是由目标应用决定。特别是，R_{RS} 比值 5% 的偏差不会在很大程度上影响所考虑算法反演的叶绿素 a 的准确性。

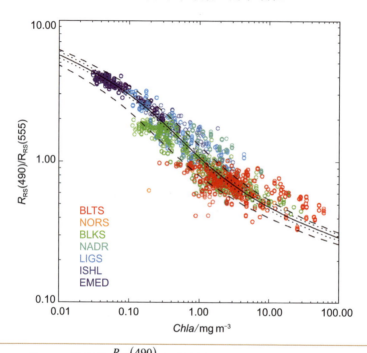

图 17　以 Chla 为函数 $\dfrac{R_{RS}(490)}{R_{RS}(555)}$ 光谱比值的经验算法，用实线表示（三阶多项式拟合）。圆圈表示来自不同欧洲海域（即地中海东部（Easter Mediterranean Sea, EMED）、伊比利亚大陆架（Iberian Shelf, ISHL）、利古里亚海（Ligurian Sea, LIGS）、北亚得里亚海（northern Adriatic Sea, NADR）、黑海（Black Sea, BLKS）、北海（North Sea, NORS）和布亚海（Blatic Sea, BLTS）的实验数据。虚线表示对 $\dfrac{R_{RS}(490)}{R_{RS}(555)}$ 施加 ±5% 偏差得到的多项式拟合，虚线表示相对于参考波段比值算法（band-ratio algorithm）的 Chla 数值的 ±51%。

6.4　卫星辐射测量产品验证

通过现场数据对卫星反演的 $L_{WN}(\lambda)$ 进行全面评估是任何海洋水色任务的基本要求（见第 6.1 章）。为了满足这样的要求，大多数海洋水色验证流程依赖于从许多不同和完全独立的来源结合测量而构造的数据集[184]。这种解决方案提供了处理大量可能代表各种海洋水体类型的现场数据的优势。另一方面,它创造了不同的现场辐射计、不同的采样方法、不同的定标源和规范以及不同的数据处理方案所进行的测量之间不一致的条件。表明验证行为将受益于在代表不同水体类型的地点运行的标准化仪器网络,依赖于一致和经评估的测量规范、定标来光源和处理代码。无疑将为全面评估不确定度和定期重新处理现场数据提供最佳条件,以说明数据分析方面的进展和更好的描述所部署的辐射计[116]。

对通用量 $\Im$ 的卫星数据与现场数据的评价,可以通过 N 个匹配的百分比差异的平均值 ψ 和无符号百分比差异的平均值 $|\psi|$ 来表示(即对同一地点的卫星和现场数据进行近距离采集,以减少海洋和大气的时间变化引起的扰动)。

具体来说, ψ 的值由下式计算:

$$\psi = \frac{1}{N} \sum_{i=1}^{N} \psi_i \tag{28}$$

其中, i 是匹配指数, ψ_i 是

$$\psi_i = 100 \frac{\Im^s(i) - \Im^R(i)}{\Im^R(i)} \tag{29}$$

上标 S 和 R 分别表示卫星数据和现场参考数据。 ψ_i 的绝对值 $|\psi_i|$ 用于确定无符号百分比差的平均值 $|\psi|$,即

$$|\psi| = \frac{1}{N} \sum_{i=1}^{N} |\psi_i| \tag{30}$$

统计指标 ψ 决定了偏差, $|\psi|$ 表示数据点在两个数据源之间的离散程度。差值的均方根 rmsd 和决定系数 r^2 都是附加的量,它们通常是对以前统计指标的补充。

图 18 说明了现场水面之上辐射测量数据在验证卫星海洋水色产品中的应用。具体来说,它显示了在亚得里亚海北部的 AAOT 的 MODIS 和现场 L_{WN} 匹配的散点图(见第 6.1 章关于匹配的详细信息)。现场数据来自气溶胶自动观测网络(Ocean Color component of the Aerosol Robotic Network,AERONET-OC)的海洋水色部分[116]。文中提到,在现场 $L_{WN}(\lambda)$ 中应用了波段偏移校正,以最小化由于数据产品之间中心波长差异而引起的不确定度[116, 185]。

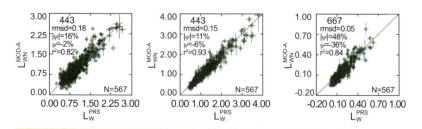

图 18　在 443、547、和 667 nm 中心波长处,亚得里亚海的 AAOT 的 MODIS (MOD)和现场(PRS)$L_{WN}(\lambda)$ 匹配的散点图(以 W cm^{-2} μm^{-1} sr^{-1} 为单位)。N 表示匹配数量,$L_{WN}(\lambda)$ 和 rmsd 以 mW cm^{-2} μm^{-1} sr^{-1} 为单位,ψ 为无符号百分比差的平均值,ψ 为百分比差的平均值,r^2 为决定系数。横坐标表示现场 L_{WN} 估算的不确定度,而纵坐标表示以现场测量点为中心的 3×3 数值的 ±1 标准差,用于计算平均 MODIS 的 L_{WN}。

图 18 中的散点图显示了卫星和现场数据之间光谱变化的偏差,红光波长的数值较高可能是由于特定沿海地区的大气校正过程引入了较大的不确定度。与欧洲沿海水体的波段比值算法的情况相反,该应用表明了最高准确度的现场辐射测量 $L_{WN}(\lambda)$ 对可靠评价卫星数据产品的重要性。

所建议交叉比较的一个关键假设是在差异较大的空间分辨率下确定的辐射测量产品的等效性。这种假设通常适用于大洋区域,但在可能受到高度空间和时间变异性影响的沿海地区,该假设往往受到质疑。一般来说,当分析得到能够活得水体光学性质随机变化影响的大量匹配数据支持时,交叉比较被认为仍然适用于空间不均匀的水体。然而,最佳实践建议努力估算卫星亚像素空间变异性,以确定其如何影响匹配分析[185]。

6.5　现场数据和系统替代定标

卫星海洋水色传感器的系统替代定标是通过模拟太空传感器的辐亮度来确定辐射定标系数,使用:(1)可追溯到国际单位制(SI)的高精度现场测量,选择作为现场辐射标准;(2)采用相同的模型和算法对卫星数据进行大气校正。这种定标方法(见第 2.2 章)被称为系统替代定标,因为它最大限度地减少了以下因素的综合影响:(1)太空传感器的绝对发射前辐射定标经灵敏度随时间变化校正后的不确定度;(2)用于大气校正过程的模型不准确。满足卫星辐射测量产品的不确定度要求(例如,L_W 的不确定度为 5%)的必要性记录了系统替代定标的基本需求。这可以通过依赖于简化测量方程的不确定度分析轻松证明(即通过忽略气体吸收、太阳耀斑和泡沫扰动),将太空传感器处的总辐亮度 L_T 与离水辐亮度 L_W 联系起来,即

$$L_T = L_R + L_A + L_W t_d \qquad (31)$$

其中,L_R 和 L_A 表示瑞利和气溶胶大气辐亮度贡献,t_d 表示大气漫射透过率。根据《测量不确定度表示指南》[186](详见第 1.2 章),并假定对于任何给定的观测条件和波长,项 L_R 和 L_A 是精确计算的,则 L_T 中的绝对不确定度 $u(L_T)$ 表示为 L_W 中的唯一不确定度 $u(L_W)$ 的函数,根据

$$u^2\left(L_T\right) = \left(\frac{\partial L_T}{\partial L_W}\right)^2 u^2\left(L_W\right) \qquad (32)$$

考虑公式(31)并求解其偏导数:

$$u^2\left(L_T\right) = t_d^2 u^2\left(L_W\right) \qquad (33)$$

然后,将公式(33)中各项的平方根除以乘积 $L_T L_W$ 并重新排列它们,L_W 的相对不确定度 $u(L_W)/L_W$ 由下式确定:

$$\frac{u\left(L_W\right)}{L_W} = \frac{u\left(L_T\right)}{L_T} \frac{L_T}{L_W} \frac{1}{t_d} \qquad (34)$$

公式(34)表明 $u(L_W)/L_W$ 不仅依赖于 $u(L_T)/L_T$,而且还依赖于比值 L_T/L_W 和 $1/t_d$。例如,作为假设 $t_d=1$ 的第一近似值,$u(L_T)/L_T$ 的相对不确定度低至 0.5% 将导致 $u(L_W)/L_W$ 的值约为 5%、10% 和 50%,而 L_W 分别等于 L_T 的 10%、5% 和 1%(暂时表示寡营养水体从蓝光到红光的光谱值)。这些结果表明,即使假设不确定度 $u(L_T)/L_T$(目前尚不可行),从 L_T 确定 L_W 的能力(不确定度小于 5%)在红光波段很可能是不可能的,并且在世界大多数海域的蓝绿光谱区域也非常具有挑战性。

公式(34)还表明,假设 L_W 的不确定度为 5% 且 $t_d=1$,当 L_W 分别等于 L_T 的 10%、5% 和 1% 时,$u(L_T)/L_T$ 的值分别为 0.5%、0.25% 和 0.05%。这表明:(1)发射前绝对辐射定标不确定度为 2%~3%,

在很大程度上达不到科学要求;(2) 系统替代定标,尽管不是真正进行太空传感器的绝对定标,也是从 L_T 确定 L_W 的唯一可行的解决方案,其观测条件所需的不确定度接近系统替代定标过程所考虑的不确定度。这也意味着用于系统替代定标的现场 L_W 数据必须至少具有与卫星反演 L_W 定义相同的要求。

7. 总结与展望

现场光学辐射测量是任何卫星海洋水色任务的重要组成部分。事实上,它是系统替代定标(即太空传感器和模型 / 算法的联合定标)的关键,是对卫星反演的 L_{WN} 进行评价并从中反演出更高级别的数据产品的关键,也是开发从卫星辐射数据中产生更高级别的数据产品的生物光学算法的关键。

海洋水色现场辐射测量最近的进展主要是由于需要支持专门用于气候变化调查的卫星任务,并满足从空间确定的 L_{WN}(或等效量)通常要求的 5% 的目标不确定度。然而,实际实现这种目标不确定度需要在现场辐射计的表征和定标、仪器的正确部署和数据的连续处理等方面做出重大努力。本章各节讨论了前面的每一项内容,目的是总结海洋光学辐射测量的最新技术,但也指出为确保进展需要进一步发展的领域。这些改进领域的例子是,需要通过尽量减少表面波浪的干扰影响的方法,提高从水中和水面以上辐射测量中确定的 L_{WN} 的准确度。就水下辐射测量而言,需要发展新的外推技术,以便从剖面数据中确定水面之下数值。就水上辐射测量而言,需要在确定海面反射率的光谱值方面取得进一步进展。

不确定度是测量的组成部分,只有通过对测量系统性能的深入了解、在现场的正确操作、真实理解和应用数据处理方法,才能将其完全量化并联合成不确定度估算。

本章包括了现场光辐射测量数据的典型应用,介绍了辐亮度分布、光场偏振、生物光学算法、卫星辐射测量数据产品的验证以及系统替代定标的要求等实例。这些基本的示例进一步证实了支持不确定度估算测量的重要性,以便为应用提供信心。

参考文献

［1］ M. Kundsen，On measurements of the penetration of light into the sea，Pub. de Circ. 76（1922）1-15（Cons Perm Internat Explor Mer）.

［2］ W. Shoulejkin，On the Color of the Sea，Phys. Rev. 23（1924）744-751.

［3］ H. Pettersson，S. Landberg，Submarine daylight，Medd. Oceanogr. Inst. Göteborg 6（1934）1-13.

［4］ N. G. Jerlov，G. Liljequist，On the angular distribution of submarine daylight and the total submarine illumination，Sven Hydrogr-Biol. Komm Skr，Ny Ser. Hydrogr 14（1938）1-15.

［5］ N. G. Jerlov，Optical studies of ocean water，Rep. Swedish Deep-sea Expedition 3（1951）.

［6］ N. E. Steeman，Conditions of light in the fjord，Medd Denmarks Fiskeri-og Havunders 5（1951）21-27.

［7］ J. E. Tyler，R. C. Smith，Measurements of Spectral Irradiance Underwater，Gordon and Breach Science Publishers，1970.

［8］ P. N. Slater，Remote Sensing: Optics and Optical Systems，Addison-Wesley Publishing Company，1980.

［9］ A. Gershun，The light field，J. Math. Psychol. 18（1939）51-151.

［10］ Y. Le Grand，La pénétration de la lumière dans la mer，Ann. Inst. Océanogr 19（1939）393-436.

［11］ W. A. Hovis，D. K. Clark，F. Anderson，R. W. Austin，W. H. Wilson，E. T. Baker，D. Ball，H. R. Gordon，J. L. Mueller，S. Z. El-Sayed，B. Sturm，R. C. Wrigley，C. S. Yentsch，Nimbus-7 coastal zone color scanner: system description and initial imagery，Science 210（1980）60-63.

［12］ J. T. O. Kirk，Light & Photosynthesis in Aquatic Ecosystems，Cambridge University Press，1983.

［13］ C. D. Mobley，Light and Water. Radiative Transfer in Natural Waters，Academic Press，1994.

［14］ R. W. Spinrad，K. L. Carder，M. J. Perry，Ocean Optics，Oxford University Press，1994.

［15］ D. K. Clark，M. E. Feinholz，M. A. Yarbrough，B. C. Johnson，S. W. Brown，Y. S. Kim，R. A. Barnes，Overview of the radiometric calibration of MOBY，in: Proc. Earth Observing Systems VI，vol. 4483，SPIE，2002.

［16］ J. L. Mueller，et al.，Ocean Optics Protocols for Satellite Ocean Color Sensor Validation，Revision 4，NASA Tech. Memo 211621，Goddard Space Flight Center，2003.

[17] G. Zibordi, K. J. Voss, Field radiometry and ocean color remote sensing, in: V. Barale, J. Gower, L. Alberotanza (Eds.), Oceanography from Space, Springer, New York, 2010.

[18] Y. Zong, S. W. Brown, B. C. Johnson, K. R. Lykke, Yoshi Ohno, Simple spectral stray light correction method for array spectroradiometers, Appl. Opt. 45 (2006) 1111-1119.

[19] H. J. Kostkowski, Reliable Spectroradiometry, Spectroradiometry Consulting, La Plata, MD, 1997.

[20] M. R. Abbott, K. H. Brink, C. R. Booth, D. Blasco, L. A. Codispoti, P. P. Niiler, S. R. Ramp, Observations of phytoplankton and nutrients from a Lagrangian drifter off northern California, J. Geophys. Res. 95 (C6) (1990) 9393-9409.

[21] W. R. McCluney, Introduction to Radiometry and Photometry, Artech House Publ, Boston, London, 1994.

[22] G. P. Harris, Photosynthesis, productivity and growth, the physiological ecology of phytoplankton, Arch. HydrobioL Beih. Ergebn. Limnol. 10 (1978) 1-171.

[23] P. Fielder, P. Comeau, Construction and testing of an inexpensive PAR sensor, Res. Br. Min. For. (2000) 32. Victoria, BC. Working Paper 53.

[24] D. Conde, L. Aubriot, R. Sommaruga, Changes in UV penetration associated with marine instrusions and freshwater discharge in a shallow coastal lagoon of the Southern Atlantic Ocean, Mar. Ecol. Prog. Ser. 207 (2000) 19-31.

[25] R. C. Smith, An underwater spectral irradiance collector, J. Mar. Res. 27 (1969) 341-351.

[26] R. C. Smith, R. L. Ensminger, R. W. Austin, J. D. Bailey, G. D. Edwards, Ultraviolet submersible spectroradiometer, in: Proc. Ocean Optics VI, SPIE 0208, 1980. http://dx. doi. org/10. 1117/12. 958268 JL.

[27] G. Bernard, C. R. Booth, J. C. Ehramjian, Comparison of UV irradiance measurements at Summit Greenland: Barrow, Alaska: and South Pole, Antarctica, Atmos. Chem. Phys. 8 (2008) 4799-4810.

[28] D. F. Westlake, Some problems in the measurement of radiation under water: a review, Photochem. Photobiol. 4 (1965) 849-868.

[29] E. Aas, On Submarine Irradiance Measurements, Technical Report 6, Institute of Physical Oceanography, University of Copenhagen, Copenhagen, Denmark, 1969.

[30] N. G. Jerlov, M. Fukuda, Radiance distribution in the upper layers of the sea, Tellus 12 (1960) 348-355.

[31] J. E. Tyler，Radiance distribution as a function of depth in an underwater environment，Bull. Scripps Inst. Oceanogr. 7（1960）363-412.

[32] E. Aas，N. K. Højerslev，Analysis of underwater radiance observations：apparent optical properties and analytic functions describing the angular radiance distribution，J. Geophys. Res. 104（1999）8015-8024.

[33] R. C. Smith，R. W. Austin，J. E. Tyler，An oceanographic radiance distribution camera system，Appl. Opt. 9（1970）2015-2022.

[34] K. J. Voss，Electro-optic camera system for measurement of the underwater radiance distribution，Opt. Eng. 28（1989a）241-247.

[35] J. Shields，M. E. Karr，R. W. Johnson，A. R. Burden，Day/night whole sky imagers for 24-h cloud and sky assessment：history and overview，Appl. Opt. 52（2013）1605-1616.

[36] K. J. Voss，A. L. Chapin，Upwelling radiance distribution camera system NURADS，Opt. Express 13（2005）4250-4262.

[37] G. C. Stokes，On the composition and resolution of streams of polarized light from different sources，Trans. Cambridge Philos. Soc. 9（1852）399-416.

[38] Z. Li，P. Goloub，O. Dubovik，L. Blarel，W. Zhang，T. Podvin，A. Sinyuk，M. Sorokin，H. Chen，B. Holben，D. Tanré，M. Canini，J-P. Buis，Improvements for ground-based remote sensing of atmospheric aerosol properties by additional polarimetric measurements，J. Quant. Spectrosc. Rad. Transfer 110（2009）1954-1961.

[39] B. Lundgren，On the Polarization of the Daylight in the Sea，Report N. 17，Institute of Physical Oceanography，University of Copenhagen，Copenhagen，Denmark，1971.

[40] A. Tonizzo，J. Zhou，A. Gilerson，M. Twardowski，D. Gray，R. Arnone，B. Gross，F. Moshary，S. Ahmed，Polarized light in coastal waters：hyperspectral and multiangular analysis，Opt. Express 17（2009）5666-5683.

[41] K. J. Voss，N. Souaidia，POLRADS：polarization radiance distribution measurement system，Opt. Express 18（2010）19672-19680.

[42] P. Bhandari，K. J. Voss，L. Logan，An instrument to measure the downwelling polarized radiance distribution in the ocean，Opt. Express 19（2011）17609-17620.

[43] V. Gruev，R. Perkins，T. York，CCD polarization imaging sensor with aluminum nanowire optical filters，Opt. Express 18（2010）19087-19094.

[44] C. L. Wyatt，Radiometric，Calibration：Theory and Methods，Academic Press，1978.

[45] J. Wei，R. Van Dommelen，M. R. Lewis，K. J. Voss，A new instrument for

measuring the high dynamic range radiance distribution in near-surface sea water, Opt. Express 20 (2012) 27024-27038.

[46] C. Brosseau, Fundamentals of Polarized Light: A Statistical Optics Approach, Wiley, New York, 1998.

[47] G. Meister, E. J. Kwiatkowska, B. A. Franz, F. S. Patt, G. C. Feldman, C. R. McClain, Moderate-resolution imaging spectroradiometer ocean color polarization correction, Appl. Opt. 44 (2005) 5524-5535.

[48] L. K. Huang, R. P. Cebula, E. Hilsenrath, New procedure for interpolating NIST FEL lamp irradiances, Metrologia 35 (1998) 381-386.

[49] H. Du, K. J. Voss, Effects of point-spread function on calibration and radiometric accuracy of CCD camera, Appl. Opt. 43 (2004) 665-670.

[50] G. Zonios, Noise and stray light characterization of a compact CCD spectrophotometer used in biomedical applications, Appl. Opt. 49 (2010) 163-169.

[51] K. R. Lykke, P. -S. Shaw, L. M. Hanssen, G. P. Epppeldauer, Development of mono-chromatic, uniform source facility for calibration of radiance and irradiance detectors from 0. 2um to 12um, Metrologia 35 (1998) 479-484.

[52] S. W. Brown, B. C. Johnson, M. E. Feinholz, M. A. Yarbrough, S. J. Flora, K. R. Lykke, D. K. Clark, Stray-light correction algorithm for spectrographs, Metrologia 40 (2003) S81.

[53] M. E. Feinholz, S. J. Flora, M. A. Yarbrough, K. R. Lykke, S. W. Brown, B. C. Johnson, Stray light correction of the Marine optical system, J. Atmos. Ocean. Technol. 26 (2009) 57-73.

[54] S. Mekaoui, G. Zibordi, Cosine error for a class of hyperspectral irradiance sensors, Metrologia 50 (2013) 187-199.

[55] K. J. Voss, G. Zibordi, Radiometric and geometric calibration of a spectral electro-optic "fisheye" camera radiance distribution system, J. Atmosph. Ocean. Tech. 6 (1989) 652-662.

[56] W. R. G. Atkins, H. H. Poole, The photo-electric measurement of the penetration of light of various wavelengths into the sea and the physiological bearing of results, T. Phil. Trans. Roy. Soc. London (B) 222 (1933) 129-164.

[57] F. Berger, Uber die ursache des "oberflächeneffekts" bei lichtmessungen unter wasser, Wetter U Leben 10 (1958) 164-170.

[58] F. Berger, Uber den "taucheffekt" bei der lichtmessung ber and unter wasser, Arch. Meteorol. Wien. (B) 11 (1961) 224-240.

[59] T. J. Petzold, R. W. Austin, "Chracterization of MER-1032, Tech. Memo. EN-001e88T, Visibility Laboratory of the Scripps Institution of Oceanography,

University of California, San Diego, 1988.

[60] J. L. Mueller, Comparison of irradiance immersion coefficients for several Marine environmental radiometers (MERs), in: Case Studies for SeaWiFS Calibration and Validation, vol. 27, NASA Goddard Space Flight Center, Greenbelt, 1995, p. 46. TM-1995-104566, part 3.

[61] G. Zibordi, S. B. Hooker, J. L. Mueller, S. McLean, G. Lazin, Characterization of the immersion factor for a series of in water optical radiometers, J. Atmos. Oceanic Technol. 21 (2004b) 501-514.

[62] S. B. Hooker, G. Zibordi, Advanced methods for characterizing the immersion factor of irradiance sensors, J. Atmos. Oceanic Technol. 22 (2005a) 757-770.

[63] R. W. Austin, Air-Water Radiance Calibration Factor, Technical Memorandum ML-76-004T, Scripps Institution of Oceanography, La Jolla, CA, 1976.

[64] G. Zibordi, Immersion factor of in-water radiance sensors: assessment for a class of radiometers, J. Atmos. Oceanic Technol. 23 (2006) 302-313.

[65] G. Zibordi, M. Darecki, Immersion factor for the RAMSES series of hyper-spectral underwater radiometers, J. Opt. a: Pure Appl. Opt. 8 (2006) 252-258.

[66] J. H. Walker, R. D. Saunders, J. K. Jackson, D. A. McSparron, NBS Measurement Services: Spectral Irradiance Calibrations, NBS SP 250-20, 1987, 102 pp.

[67] F. Grum, R. J. Becherer, Optical Radiation Measurements, Academic Press, 1979.

[68] H. W. Yoon, G. D. Graham, R. D. Saunders, Y. Zong, E. L. Shirley, The distance dependences and spatial uniformities of spectral irradiance standard lamps, in: Proc. Earth Observing Systems XVII, vol. 8510, SPIE, 2012, p. 13.

[69] P. Manninen, J. Hovila, L. Seppala, P. Kärhä, L. Ylianttila, E. Ikonen, Determination of distance offsets of diffusers for accurate radiometric measurements, Metrologia 43 (2006) S120-S124.

[70] P. Manninen, P. Kärhä, E. Ikonen, Determining the irradiance signal from an asymmetric source with directional detectors: application to calibrations of radiometers with diffusers, Appl. Opt. 47 (2008) 4714-4722.

[71] H. W. Yoon, D. W. Allen, G. P. Eppeldauer, B. K. Tsai, The Extension of the NIST BRDF scale from 1100 nm to 2500 nm, in: SPIE Optical Engineering+Applications, International Society for Optics and Photonics, 2009, p. 745204.

[72] J. Dera, W. Wensierski, J. Olszewski, A two-detector integrating system for optical measurements in the sea, Acta Gephysica Polonica 20 (1972) 3-159.

[73] N. G. Jerlov, Marine Optics, vol. 14 of Oceanography, Elsevier, 1976.

[74] J. E. Tyler, Light in the Sea, Dowden, Hutchinson and Ross, Inc. , 1977.

[75] R. C. Smith, K. S. Baker, The analysis of ocean optical data, in: Proc. Ocean Optics VII, vol. 478, SPIE, 1984, pp. 119-126.

[76] R. C. Smith, K. S. Baker, Analysis of ocean optical data II, in: Proc. Ocean Optics VIII, vol. 637, SPIE, 1986, pp. 95-107.

[77] A. Morel, B. Gentili, Diffuse reflectance of oceanic waters. II Bidirectional Aspects, Appl. Opt. 32 (1993) 6864-6879.

[78] A. Morel, B. Gentili, Diffuse reflectance of ocean waters III: Implication of bidirectionality for the remote-sensing problem, Appl. Opt. 35 (1996) 4850-4862.

[79] A. Morel, D. Antoine, B. Gentili, Bidirectional reflectance of oceanic waters: accounting for raman emission and varying particle scattering phase function, Appl. Opt. 41 (2002) 6289-6306.

[80] A. C. R. Gleason, K. J. Voss, H. R. Gordon, M. Twardowski, J. Sullivan, C. Trees, A. Weidemann, J. -F. Berthon, D. K. Clark, Z. P. Lee, A detailed validation of the bidirectional effect in various case I and case II waters, Opt. Express 20 (2012) 7630-7645.

[81] K. J. Voss, Use of the radiance distribution to measure the optical absorption coefficient in the ocean, Limn. Oceanogr. 34 (1989b) 1614-1622.

[82] J. R. V. Zaneveld, New developments of the theory of radiative transfer in the oceans, in: N. G. Jerlov, E. Steemen Nielsen (Eds.), Optical Aspects of Oceanography, Academic Press, New York, 1974, pp. 121-134.

[83] D. K. Clark, H. R. Gordon, K. J. Voss, Y. Ge, W. Broenkow, C. Trees, Validation of atmospheric correction over the oceans, J. Geophys. Res. 102 (1997) 17209-17217.

[84] M. Kishino, J. Ishizaka, S. Saitoh, J. Senga, M. Utashima, Verification plan for ocean color and temperature scanner atmospheric correction and phytoplankton pigment by moored optical buoy system, J. Geophys. Res. 102 (1997) 17197-17207.

[85] M. H. Pinkerton, J. Aiken, Calibration and validation of remotely-sensed observations of ocean colour from a moored data buoy, J. Atmos. Oceanic Technol. 16 (1999) 915-923.

[86] D. Antoine, P. Guevel, J. F. Desté, G. Bécu, F. Louis, A. J. Scott, P. Bardey, The "BOUS-SOLE" BuoydA new transparent-to-swell taut mooring dedicated to marine optics: design, tests, and performance at sea, J. Atmos. Oceanic Technol. 25 (2008a) 968-989.

[87] V. S. Kuwahara, G. Chang, X. Zheng, T. Dickey, S. Jiang, Optical moorings

of opportunity for validation of ocean color satellites, J. Oceanogr. 64 (2008) 691-703.

[88] R. C. Smith, C. R. Booth, J. L. Star, Oceanographic biooptical profiling system, Appl. Opt. 23 (1984) 2791-2797.

[89] G. Zibordi, J. -F. Berthon, D. D'Alimonte, An evaluation of radiometric products fixed-depth and continuous in-water profile data from a coastal site, J. Atmos. Oceanic Technol. 26 (2009) 91-186.

[90] M. R. Lewis, W. G. Harrison, N. S. Oakey, D. Herbert, T. Platt, Vertical nitrate fluxes in the oligotrophic ocean, Science 234 (1986) 870-873.

[91] K. J. Waters, R. C. Smith, M. R. Lewis, Avoiding shipeinduced light-field perturbation in the determination of oceanic optical properties, Oceanography (Novembere1990) 18-21.

[92] J. R. V. Zaneveld, E. Boss, A. Barnard, Influence of surface waves on measured and modeled irradiance profiles, Appl. Opt. 40 (2001) 442-1449.

[93] G. Zibordi, D. D'Alimonte, J. -F. Berthon, An evaluation of depth resolution requirements for optical profiling in coastal waters, J. Atmos. Oceanic Technol. 21 (2004) 1059-1073.

[94] K. J. Voss, A. Morel, Bidirectional reflectance function for oceanic waters with varying chlorophyll concentrations: measurements versus predictions, Limn. Oceanogr. 50 (2005) 698-705.

[95] R. C. Smith, Structure of solar radiation in the upper layers of the sea, in: Optical Aspects of Oceanography, Academic Press, 1974.

[96] J. Wei, R. Van Dommelen, M. R. Lewis, S. McLean, K. J. Voss, A new instrument for measuring the high dynamic range radiance distribution in near-surface sea water, Opt. Express 20 (2012) 27024-27038.

[97] D. Antoine, A. Morel, E. Leymarie, A. Houyou, B. Gentili, S. Victori, J. -P. Buis, S. Meunier, M. Canini, D. Crozel, B. Fougnie, P. Henry, Underwater radiance distributions measured with miniaturized multispectral radiance cameras, J. Atmos. Oceanic Technol. 30 (2013) 74-95.

[98] A. Morel, In-water and remote measurements of ocean color, Bound-Layer Meteorol. 18 (1980) 177-201.

[99] K. L. Carder, R. G. Steward, A remote sensing reflectance model of a red tide dinoflagellate off West Florida, Limnol. Oceanogr. 30 (1985) 286-298.

[100] J. Rhea, W. Davis, A comparison of the SeaWiFS chlorophyll and CZCS pigment algorithms using optical data from the 1992 JGOFS equatorial pacific time series, Deep Sea Res. Part Topical Stud. Oceanogr. 44 (1997) 1907-1925.

[101] M. Sydor, R. A. Arnone, R. W. Gould, G. E. Terrie, S. D. Ladner, C. G. Wood, Remotesensing technique for determination of the volume absorption coefficient of turbid water, Appl. Opt. 37 (1998) 4944-4950.

[102] C. D. Mobley, Estimation of the remote sensing reflectance from above-water methods, Appl. Opt. 38 (1999) 7442-7455.

[103] B. Fougnie, R. Frouin, P. Lecomte, P. Y. Deschamps, Reduction of skylight reflection effects in the above-water measurement of diffuse marine reflectance, Appl. Opt. 38 (1999) 3844-3856.

[104] D. A. Toole, D. A. Siegel, D. W. Menzies, M. J. Neumann, R. C. Smith, Remote-sensing reflectance determinations in the coastal ocean environment: impact of instrumental characteristics and environmental variability, Appl. Opt. 39 (2000) 456-469.

[105] S. B. Hooker, G. Lazin, G. Zibordi, S. McClean, An evaluation of above and in-water methods for determining water leaving radiances, J. Atmos. Oceanic Technol. 19 (2002) 486-515.

[106] G. Zibordi, S. B. Hooker, J. -F. Berthon, D. D'Alimonte, Autonomous above-water radiance measurement from an offshore platform: a field assessment experiment, J. Atmos. Oceanic Technol. 19 (2002) 808-819.

[107] P. Y. Deschamps, B. Fougnie, R. Frouin, P. Lecoomte, C. Verwaerde, SIMBAD: a field radiometer for satellite ocean-color validation, Appl. Opt. 43 (2004) 4055-4069.

[108] S. B. Hooker, G. Zibordi, J. F. Berthon, J. W. Brown, Above-water radiometry in shallow coastal waters, Appl. Opt. 21 (2004) 4254-4268.

[109] G. Zibordi, F. Mélin, S. B. Hooker, D. D'Alimonte, B. Holben, An autonomous Above-water system for the validation of ocean color radiance data, IEEE Trans. Geosci. Remote Sensing 42 (2004) 401-415.

[110] G. Zibordi, Comment on Long Island sound coastal Observatory: assessment of above-water radiometric measurement uncertainties using collocated multi and hyperspectral systems, Appl. Opt. 51 (2012) 3888-3892.

[111] Z. P. Lee, Y. -H. Ahn, C. Mobley, R. Arnone, Removal of surface-reflected light for the measurement of remote-sensing reflectance from an above-surface platform, Opt. Express 18 (2010) 26313-26324.

[112] M. R. Lewis, J. Wei, R. Van Dommelen, K. J. Voss, A quantitative estimation of the underwater radiance distribution, J. Geophys. Res. 116 (2011) C00H06. http://dx. doi. org/10. 1029/2011JC00727.

[113] R. H. Stavn, A. D. Weidemann, Optical modeling of clear ocean light fields: raman scattering effects, Appl. Opt. 27 (1988) 4002-4011.

[114] H. R. Gordon, Diffuse reflectance of the ocean: the theory of its augmentation by chlorophyll a fluorescence at 685 nm, Appl. Opt. 18 (1979) 1161-1166.

[115] R. W. Austin, The remote sensing of spectral radiance from below the ocean surface, in: Optical Aspects of Oceanography, Academic Press, 1974.

[116] G. Zibordi, B. Holben, I. Slutsker, D. Giles, D. D'Alimonte, F. Mélin, J. -F. Berthon, D. Vandemark, H. Feng, G. Schuster, B. Fabbri, S. Kaitala, J. Seppälä, AERONET-OC: a network for the validation of ocean color primary radiometric products, J. Atmos. Oceanic Technol. 26 (2009) 1634-651.

[117] R. W. Gould, R. A. Arnone, M. Sydor, Absorption, scattering and remote-sensing reflectance relationships in coastal waters: testing a new inversion algorithm, J. Coastal Res. 17 (2001) 328-341.

[118] K. G. Ruddick, V. De Cauwer, Y. J. Park, Seaborne measurements of near infrared water-leaving reflectance: the similarity spectrum for turbid waters, Limnol. Oceanogr. 51 (2006) 1167-1179.

[119] A. Morel, L. Prieur, Analysis of variations in ocean color, Limnol. Oceanogr. 22 (1977) 709-722.

[120] H. R. Gordon, D. K. Clark, Clear water radiances for atmospheric correction of coastal zone color scanner imagery, Appl. Opt. 20 (1981) 4175-4180.

[121] G. Thuillier, M. Herse, D. Labs, T. Foujols, W. Peetermans, D. Gillotay, P. C. Simon, H. Mandel, The solar spectral irradiance from 200 to 2400 nm as measured by the SOLSPEC spectrometer from the ATLAS and EURECA missions, Solar Phys. 214 (2003) 1-22.

[122] J. R. V. Zaneveld, A theoretical derivation of the dependence of the remotely sensed reflectance of the ocean on the inherent optical properties, J. Geophys. Res. 100 (1995) 13135-13142.

[123] J. M. Palmer, B. G. Grant, The Art of Radiometry, SPIE Pres, Bellingham, 2010.

[124] H. R. Gordon, D. K. Clark, J. W. Brown, O. B. Brown, R. H. Evans, W. W. Broenkow, Phytoplankton pigment concentrations in the Middle Atlantic Bight: comparison of ship determinations and CZCS estimates, Appl. Opt. 22 (1983) 20-36.

[125] Joint EOSAT/NASA SeaWiFS Working Group, System concept for wide-Field-of-View observations of ocean phenomena from space, Rep. Jt. EOSAT/NASA SeaWiFS Working Group, National Aeronautics and Space Administration, 1987, 92 pp.

[126] S. B. Hooker, W. E. Esaias, G. C. Feldman, W. W. Gregg, C. R. McClain,

An overview of SeaWiFS and ocean color, in: S. B. Hooker, E. R. Firestone (Eds.), NASA Tech. Memo, vol. 1, NASA Goddard Space Flight Center, Greenbelt, MD, 1992, p. 104566.

[127] J. L. Mueller and R. W. Austin, Ocean optics protocols for SeaWiFS validation, TM-1995-104566, vol. 5 Of SeaWiFS Technical Report series, NASA Goddard Space Flight Center, Greenbelt, 1995, 46pp.

[128] H. W. Yoon, C. E. Gibson, P. Y. Barnes, Realization of the National Institute of Standards and Technology detector based spectral irradiance scale, Appl. Opt. 41 (2002) 5879-5890.

[129] B. C. Johnson, G. D. Graham, R. D. Saunders, H. W. Yoon, E. L. Shirley, Validation of the dissemination of spectral irradiance values using FEL lamps, in: Proc. SPIE 8510, Earth Observing Systems XVII, 2012. International Society for Optical Engineering, http://dx.doi.org/10.1117/12.930801.

[130] H. W. Yoon, C. E. Gibson, NIST measurement services, spectral irradiance calibrations, NIST SP 250-89, 2011, 132 pp.

[131] L. K. Huang, R. P. Cebula, E. Hilsenrath, New procedure for interpolating NIST FEL lamp irradiances, Metrologia 35 (1998) 381-386.

[132] S. B. Hooker, S. McLean, J. Sherman, M. Small, G. Lazin, G. Zibordi, J. W. Brown, The Seventh SeaWiFS Intercalibration Round-robin Experiment (SIRREX-7), TM-2003-206892, vol. 17, NASA Goddard Space Flight Center, Greenbelt, 2002, p. 69.

[133] J. J. Butler, S. W. Brown, R. D. Saunders, B. C. Johnson, S. F. Biggar, E. F. Zalewski, B. L. Markham, P. N. Gracey, J. B. Young, R. A. Barnes, Radiometric measurement comparison on the integrating sphere source used to calibrate the moderate resolution imaging spectroradiometer (MODIS) and the Landsat 7 enhanced thematic m plus (ETM+), J. Res. -N. I. S. T. 108 (2003) 199-228.

[134] G. Zibordi, B. Bulgarelli, Effects of cosine error in irradiance measurements from field ocean color radiometers, Appl. Opt. 46 (2007) 5529-5538.

[135] H. Schenck, On the focusing of sunlight by ocean waves, J. Opt. Soc. Am. 47 (1957) 653-657.

[136] R. L. Snyder, J. Dera, Wave-induced light-field fluctuations in the sea, J. Opt. Soc. Am. 60 (1970) 1072-1079.

[137] D. Stramski, J. Dera, On the mechanism for producing flashing light under a wind disturbed water surface, Oceanologia 25 (1988) 5-21.

[138] R. E. Walker, Marine Light Field Statistics, John Wiley & Sons, Inc., 1994.

[139] D. D'Alimonte, G. Zibordi, T. Kajiyama, J. C. Cunha, Monte Carlo code for

high spatial resolution ocean color simulations, Appl. Opt. 49 (2010) 4936–4950.

[140] J. Dera, D. Stramski, Maximum effects of sunlight focusing under a wind-disturbed sea surface, Oceanologia 23 (1986) 15–42.

[141] A. Weidemann, R. Hollman, M. Wilcox, B. Linzell, Calculation of near surface attenuation coefficients: the influence of wave focusing, in: Proc. Ocean Optics X, vol. 1302, SPIE, 1990, pp. 492–504.

[142] J. Dera, S. Sagan, D. Stramski, Focusing of sunlight by the sea surface waves: new results from the Black sea, Oceanologia 34 (1993) 13–25.

[143] M. Darecki, D. Stramski, M. Sokólski, Measurements of high-frequency light fluctuations induced by sea surface waves with an Underwater Porcupine Radiometer System, J. Geophys. Res. 116 (2011) C00H09. http://dx.doi.org/10.1029/2011JC007338.

[144] J. H. Morrow, C. R. Booth, R. N. Lind, S. B. Hooker, The compact-optical profiling system (C-OPS), NASA Tech. Memo. 2010e215856, in: J. H. Morrow, S. B. Hooker, C. R. Booth, G. Bernhard, R. N. Lind, J. W. Brown (Eds.), Advances in Measuring the Apparent Optical Properties (AOPs) of Optically Complex Waters, NASA Goddard Space Flight Center, Greenbelt, Maryland, 2010, pp. 42–50.

[145] S. B. Hooker, J. H. Morrow, A. Matsuoka, Apparent optical properties of the Canadian Beaufort Sea e Part 2: the 1% and 1cm perspective in deriving and validating AOP data products, Biogeosciences 10 (2013) 4511–4527.

[146] D. D'Alimonte, E. B. Shybanov, G. Zibordi, T. Kajayama, Regression of in-water radiometric profile data, Opt. Express 21 (2013) 27707–27733.

[147] H. R. Gordon, K. Ding, Self-shading of in-water optical instruments, Limnol. Oceanogr. 37 (1992) 491–500.

[148] G. Zibordi, G. Ferrari, Instrument self-shading in underwater optical measurements: experimental data, Appl. Opt. 34 (1995) 2750–2754.

[149] J. P. Doyle, K. J. Voss, 3D instrument self-shading effects on in-water multiedirectional radiance measurements, in: Proc. Ocean Optics XV, Monte Carlo, Arlington, VA, 2000 available from the Office of Naval Research.

[150] J. Piskozub, A. R. Weeks, J. N. Schwarz, I. S. Robinson, Self-shading of upwelling irradiance for an instrument with sensors on a sidearm, Appl. Opt. 39 (2000) 1872–1878.

[151] R. A. Leathers, T. V. Downes, C. D. Mobley, Self-shading correction for upwelling sea-surface radiance measurements made with buoyed instruments, Opt. Express 8 (2001) 561–570.

[152] R. A. Leathers, T. V. Downes, C. D. Mobley, Self-shading correction for oceanographic upwelling radiometers, Opt. Express 12 (2004) 4709-4718.

[153] C. R. McClain, G. C. Feldman, S. B. Hooker, An overview of the SeaWiFS project and strategies for producing a climate research quality global ocean biooptical time-series, Deep-sea Res. 51 (2004) 5-42.

[154] H. R. Gordon, Ship perturbation of irradiance measurements at sea. Part 1: Monte Carlo simulations, Appl. Opt. 24 (1985) 4172-4182.

[155] K. J. Voss, J. W. Nolten, G. D. Edwards, Ship shadow effects on apparent optical properties, in: Proc. . Ocean Optics VIII, vol. 637, SPIE, 1986, pp. 186-190.

[156] W. S. Helliwell, G. N. Sullivan, B. Macdonald, K. J. Voss, Ship shadowing: model and data comparison, in: Proc. Ocean Optics X, vol. 1302, SPIE, 1990, pp. 55-71.

[157] Y. Saruya, T. Oishi, K. K. M. Kishino, Y. Jodai, A. Tanaka, Influence of ship shadow on underwater irradiance fields, in: Proc Ocean Optics XIII, vol. 2963, SPIE, 1996.

[158] C. T. Weir, D. A. Siegel, A. F. Michaels, D. W. Menzies, In situ evaluation of a ships shadow, in: Proc. . Ocean Optics XII, vol. 2258, SPIE, 1994, pp. 815-821.

[159] J. Piskozub, Effect of ship shadow on in-water irradiance measurements, Oceanologia 46 (2004) 103-112.

[160] J. P. Doyle, G. Zibordi, Optical propagation within a 3-dimensional shadowed atmosphereocean field: application to large deployment structures, Appl. Opt. 41 (2002) 4283-4306.

[161] J. L. Mueller, Self-shading corrections for MOBY upwelling radiance measurements. Final Rep. NOAA Grant NA04NESS4400007, 2007, 33 pp.

[162] A. Kerr, M. J. Cowling, C. M. Beveridge, M. J. Smith, A. C. S. Parr, R. M. Head, J. Davenport, T. Hodgkiess, The early stages of marine biofouling and its effect on two types of optical sensors, Environ. Int. 24 (1998) 331-343.

[163] D. V. Manov, G. C. Chang, T. D. Dickey, Methods for reducing biofouling of moored optical sensors, J. Atmos. Oceanic Technol. 21 (2004) 958-968.

[164] Y. J. Park, K. Ruddick, Model of remote-sensing reflectance including bidirectional effects for case 1 and case 2 waters, Appl. Opt. 44 (2005) 1236-1249.

[165] Z. Lee, K. Du, K. J. Voss, G. Zibordi, B. Lubac, R. Arnone, A. Weidemann, An IOP-centered approach to correct the angular effects in water-leaving

radiance, Appl. Opt. 50（2011）3155-3167.

[166] S. Hlaing, A. Gilerson, T. Harmel, A. Tonizzo, A. Weidemann, R. Arnone, S. Ahmed, Assessment of a bidirectional reflectance distribution correction of above-water and satellite water-leaving radiance in coastal waters, Appl. Opt. 51（2012）220-237.

[167] V. Haltrin, G. W. Kattawar, A. D. Weidemann, Modeling of elastic and inelastic scattering effects in oceanic optics, in: Proc. Ocean Optics XIII, International Society for Optics and Photonics, 1997, pp. 597-602.

[168] M. Schroeder, H. Barth, R. Reuter, Effect of inelastic scattering on underwater daylight in the ocean: model evaluation, validation, and first results, Appl. Opt. 42（2003）4244-4260.

[169] J. F. R. Gower, G. A. Borstad, The information content of different optical spectral ranges for remote chlorophyll fluorescence measurements, in: J. F. R. Gower（Ed.）, Oceanography from Space, Plenum, New York, 1981, pp. 329-338.

[170] T. Harmel, A. Gilerson, A. Tonizzo, J. Chowdhary, A. Weidemann, R. Arnone, S. Ahmed, Polarization impacts on the water-leaving radiance retrieval from above-water radiometric measurements, Appl. Opt. 51（2012）8324-8340.

[171] G. Zibordi, G. P. Doyle, S. B. Hooker, Offshore tower shading effects on in-water optical measurements, J. Atmos. Oceanic Technol. 16（1999）1767-1779.

[172] S. B. Hooker, A. Morel, Platform and environmental effects on above-water determinations of watereleaving radiances, J. Atmos. Oceanic Technol. 20（2003）187-205.

[173] S. B. Hooker, G. Zibordi, Platform perturbation in above-water radiometry, Appl. Opt. 44（2005）553-567.

[174] S. W. Brown, S. J. Flora, M. E. Feinholz, M. A. Yarbrough, T. Houlihan, D. Peters, Y. S. Kim, J. Mueller, B. C. Johnson, D. K. Clark, The Marine Optical BuoY（MOBY）radiometric calibration and uncertainty budget for ocean color satellite sensor vicarious calibration, in: Proc. SPIE Optics and Photonics: Sensors, Systems and Next Generation Satellites XI 6744, 2007. International Society for Optical Engineering, http://dx.doi.org/10. 1117/12. 737400.

[175] K. J. Voss, S. McLean, M. Lewis, C. Johnson, S. Flora, M. Feinholz, M. Yarbrough, C. Trees, M. Twardowski, D. Clark, An example crossover experiment for testing new vicarious calibration techniques for satellite ocean

color radiometry, J. Atmosph. Ocean. Tech. 27 (2010) 1747-1759.

[176] G. Zibordi, K. Ruddick, I. Ansko, G. Moore, S. Kratzer, J. Icely, A. Reinart, In situ determination of the remote sensing reflectance: an inter-comparison, Ocean Sci. 8 (2012) 567-586.

[177] K. J. Voss, A. Morel, D. Antoine, Detailed validation of the bidirectional effect in various Case 1 waters for application to ocean color imagery, Biogeosciences 4 (2007) 781-789.

[178] G. Zibordi, K. J. Voss, Geometric and spectral distribution of sky radiance: comparison between simulations and field measurements, Rem. Sens. Environ. 27 (1989) 343-358.

[179] T. H. Waterman, Polarization patterns in submarine illumination, Science 3127 (1954) 927-932.

[180] A. Ivanoff, T. H. Waterman, Elliptical polarization of submarine illumination, J. Mar. Res. 16 (1958) 255-282.

[181] K. L. Coulson, Polarization and Intensity of Light in the Atmosphere, A. Deepak Publishing, Hampton, VA, 1988.

[182] K. J. Voss, E. S. Fry, Measurement of the Mueller matrix for ocean water, Appl. Opt. 23 (1984) 4427-4439.

[183] J. E. O'Reilly, S. Maritorena, B. G. Mitchell, D. A. Siegel, K. L. Carder, S. A. Garver, M. Kahru, C. R. McClain, Ocean color chlorophyll algorithms for SeaWiFS, J. Geophys. Res. 103 (1998) 24937-24953.

[184] P. J. Werdell, S. Bailey, G. Fargion, C. Pietras, K. Knobelspiesse, G. Feldman, C. R. McClain, Unique data repository facilitates ocean color satellite validation, Eos Tran 84 (377) (2003) 387.

[185] G. Zibordi, F. Mélin, J. -F. Berthon, Comparison of SeaWiFS, MODIS, and MERIS radiometric products at a coastal site, Geophys. Res. Lett. (2006) L06617. http://dx. doi. org/10. 1029/2006GL025778.

[186] Joint Committee for Guides in Metrology (JCGM), Evaluation of measurement Datad Guide to the expression of uncertainty in measurement, JCGM 100 (2008) 2008.

第 3.2 章

船载热红外辐射计系统

Craig J. Donlon,[1,*] **Peter J. Minnett**,[2] **Andrew Jessup**,[3] **Ian Barton**,[4] **William Emery**,[5] **Simon Hook**,[6] **Werenfrid Wimmer**,[7] **Timothy J. Nightingale**,[8] **Christopher Zappa**[9]

[1] 欧洲航天局/欧洲空间研究与技术中心,荷兰 诺德韦克;[2] 迈阿密大学罗森斯蒂尔海洋与大气科学学院气象和物理海洋学,美国 佛罗里达州 迈阿密;[3] 华盛顿大学应用物理实验室,美国 华盛顿州 西雅图;[4] 澳大利亚联邦科学与工业研究组织海洋与大气研究所,澳大利亚 塔斯马尼亚 霍巴特;[5] 科罗拉多大学航天航空工程系所,美国 科罗拉多州 博尔德;[6] 加州理工学院 NASA 喷气推进实验室,美国 加利福尼亚州 帕萨迪纳;[7] 南安普顿大学海洋与地球科学,英国 南安普敦 欧洲路;[8] 英国科学与技术设施委员会卢瑟福阿普尔顿实验室,英国 迪德科特 牛津 哈维尔;[9] 哥伦比亚大学拉蒙特－多尔蒂地球观测站海洋和气候物理系,美国 纽约 帕利塞兹

★ 通讯作者:邮箱:craig.donlon@esa.int

章节目录

1. 引言和背景	326
2. 热红外测量理论	331
2.1 总则	331
2.2 SST$_{skin}$ 船载辐射计测量挑战	338
2.3 船载辐射计对 SST$_{skin}$ 的实用测量	340
3. 热红外现场辐射计设计	342
3.1 热红外探测器	348
3.1.1 量子探测器	349
3.1.2 热电堆探测器	352
3.1.3 热释电检测器	353
3.1.4 微测辐射热计	355
3.1.5 商用辐射计"头"探测器	355
3.2 TIR 辐射计光谱定义	356
3.3 光束整形和转向	361
3.3.1 光束整形	361
3.3.2 光束定位	365
3.4 热控系统	370
3.5 保护和热稳定辐射计的环境系统	371
3.6 仪器控制和数据采集	373
3.7 定标系统	374

物理科学中的实验方法,Vol. 47. http://dx.doi.org/10.1016/B978-0-12-417011-7.00011-8

3.7.1 外部搅拌水浴定标 375
3.7.2 使用板载参考辐射源的自定标辐射计 378
3.7.3 NNR 定标 381
3.8 总结 381
3.9 附加评论 383
4. 基准参考测量船载热红外辐射计的设计和部署实例 383
4.1 DAR-011 滤光片辐射计 383
4.2 SISTeR 滤光片辐射计 384
4.2.1 SISTeR 运行 386
4.2.2 海表皮温测量 386
4.2.3 SISTeR 安装和支持 386
4.3 NASA JPL NNR 388
4.3.1 JPL NNR 运行 389

4.3.2 JPL NNR 定标 390
4.4 定标的红外现场测量系统 391
4.5 ISAR—准业务化海洋现场辐射计 395
4.6 无人机 BESST 辐射计 400
4.7 光谱辐射计 402
4.7.1 使用光谱辐射计测定 SST_{skin} 402
4.8 基于光谱辐射计的温度反演 408
4.9 热红外相机 408
5. 未来方向 414
6. 结论 415
致谢 415
参考文献 415

1. 引言和背景

自从 1800 年威廉·赫歇尔爵士发现红外(IR)辐射以来,充分利用电磁(EM)光谱这一部分的技术已经逐步而系统地提高。最值得注意的是在近极轨和静止轨道上运行的地球观测卫星所携带的热红外(TIR)辐射计[1-8],它们使用~3.5~4.1 μm 和~10~12.5 μm 波段来测量地球大气层顶(TOA)的热辐射。30 多年来,多项任务以全球 1~2 天的重复覆盖运行。热红外卫星数据和反演的海表温度(SST)是气候监测[9]、数值海洋预报(NOP)[10]和数值天气预测(NWP)[11]应用的基础,正因为如此,许多国家在研发和运行热红外(TIR)卫星仪器方面有相当的投入。

海面上的热辐射与海表温度有关[8]。为了从卫星大气层顶(TOA)热红外(TIR)测量中反演海表温度(SST),需要一个算法[12]来补偿海面和卫星辐射计之间的大气影响[4, 13, 14]、海表发射率非一及其变化性影响[15]、卫星仪器的影响[16],这是一个复杂的过程,需要根据每个卫星仪器的特性来调整特定的算法。SST 反演算法通常使用中红外(MIR)(MIR:~3.0~5.0 μm)和热红外(TIR)

（～8.0～12.5 μm）多光谱测量的组合来补偿大气发射和离水信号的大气衰减，否则会带来误差（因为水汽对 TIR 辐射不透明）。需要在无云的条件，利用各种统计和概率技术，将可见光和近红外（NIR）波长结合起来，以确定和标记卫星热红外（TIR）测量的云污染[17-19]。自 1980 年以来，一些国际中心已经业务化制作卫星海表温度（SST）图，供 NOP 和 NWP 服务使用。

用于海表温度（SST）气候数据记录（CDR）的最严格的不确定度要求是源于循证气候监测的需要[20, 21]。从 1979 年到 2005 年的数据来看，全球平均地表变暖趋势（结合陆表气温和海表温度（SST））估算为每十年～0.165 K，但各半球的差异明显：北半球每十年～0.235 K，南半球每十年～0.09 K[22]。从 1901 年至 2005 年间计算的趋势是每十年 <0.1 K，各半球之间的差异不大。假设全球表面温度变化信号为每十年 0.1 K，为了将变暖信号与时间序列的不稳定性区分开来，全球平均温度时间序列的稳定性应远好于每十年 0.1 K。为了检测这种小的趋势，谨慎的做法是将 SST 时间序列的稳定性提高到至少每十年 0.03 K，如果资金和技术允许，最好是每十年 0.01 K。据了解目前的测量系统还不能达到这个水平，但这仍是目标[21]。除了全球平均值，还应该在～1 000 千米甚至更好的局部空间尺度寻求海表温度（SST）测量的稳定性[21]。全球气候观测系统（GCOS）[21]要求 SST 的绝对不确定度为 0.1 K 且稳定性度为每十年 0.03 K，两者的空间尺度均为～100～1 000 km。这对任何测量系统来说都是具有挑战性的目标。尽管如此，卫星 TIR 测量的海表温度（SST）已证明是最可靠的从空间获取的气候数据记录（CDR）之一[23-28]。

然而，卫星海表温度（SST）估算是否符合全球气候观测系统（GCOS）提出的这些挑战性目标？ 1995 年在第 20 届国际计量大会上[29]，提出了一个建议：

> 负责研究地球资源、环境、人类福祉和相关问题的人确保在他们的项目中所进行的测量是以特性良好的 SI 单位为基础，以便它们长期可靠，在世界范围具有可比性，并通过根据

《米制公约》建立和维护的世界测量系统与其他科学和技术领域相关联。

该建议是从任何海表温度(SST)测量生成 SST CDR 的可行性基础,因为通过参考可溯源的 SI 标准,可以将一段时间内不同来源的海表温度(SST)测量值以有意义的方式结合起来[30]。这个过程的关键因素是确保卫星热红外辐射计的发射前特性表征和定标是全面的并可完全追溯到 SI 标准(见 Smith,第 2.3 章)。发射后,星上定标系统是在整个任务期间保持每个卫星仪器定标的唯一途径(见 Minnett 和 Smith,第 2.4 章)。

一旦在轨,端到端卫星反演过程的不确定度特性只能通过独立的验证活动来确定。地球观测卫星委员会将验证定义为独立评估从系统输出的数据的不确定度的过程。如果没有验证,地球物理反演方法、算法和从卫星测量得出的 SST 测量值就不能放心使用,因为无法和反演测量值一起提供有意义的不确定度估算。显然验证是以气候为目标的卫星任务的核心部分(因此应该作为卫星任务的一部分进行相应的规划),验证必须从卫星仪器数据流开始时开始,直到任务结束。

将卫星海表温度(SST)测量与独立的、同地的、同期的地基 SST 基准参考测量(FRM)进行比较,是验证过程的实际实现。FRM 是一套基本且独立的地面测量,通过向用户提供任务期间数据产品所需的置信度,以准确、独立的验证结果和不确定度估算的形式,为卫星任务提供最大的投资回报。与卫星测量同地同时的地面 SST 测量是保持卫星 SST 测量信心的公认的 FRM,特别是气候数据记录(CDR)中必须同时使用几个卫星任务,每个任务都有特定的定标特性。第 5.2 章对船载辐射计的 FRM 和部署策略进行了更详细的讨论。

然而,海表温度(SST)是一个很难准确定义的参数,因为海洋上层(~ 10 m)的垂直温度结构复杂多变,与海洋湍流和海气热量通量、水汽通量、动量通量有关[31]。国际社会对"SST"的标准定义已达成一致[8],如图 1 示意,图中所示的夜间和白天低风速条件下假设的理想化温度垂直剖面,概括了主要的热传输过程以及与不同的垂直和水体区域相关的变化时间尺度(隐含假设了水平和时间变化)的影响。界面温度(SST_{int})是指精确的海—气界面处的理论温度,它代表了假设的海水最上层的温度,可以认为是水和空气分子均匀混合的温度。SST_{int}没有实际用途,因为目前的技术不能测量它。然而,需要注意的是,正是SST_{int}与大气相互作用。

海表皮温(SST_{skin})是由工作在$3.7 \sim 12 \ \mu m$典型波长范围内的红外辐射计测得的温度,它代表了在海气界面下$\sim 10 \sim 20 \ \mu m$深度(取决于用于测量SST_{skin}的光谱波长)的以传导扩散为主的层内温度[32]。SST_{skin}受到较大的潜在温度日变化影响,包括冷表皮层效应(特别是在夜间晴朗天空和低风速条件下[31])和白天的暖层效应[33],为了与大多数红外卫星和船载辐射计测量保持一致选择了这一定义。

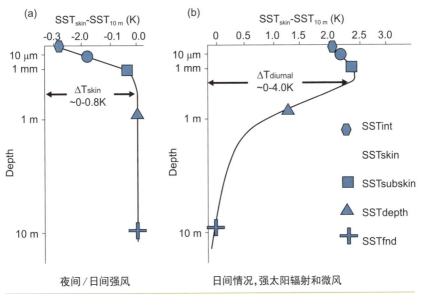

图1 海洋上层10米海表温度的定义。(a)夜间/清晨条件下理想化垂直温度剖面;(b)下午早期低风速强太阳辐射条件下的理想化垂直温度剖面。

海表次表皮温度($SST_{subskin}$)是指海表传导层流底层部的温度,即在海气界面下$1 \sim 1.5 \ mm$的深度。在实际应用中,这个量可以很好地近似$6 \sim 11 \ GHz$频率范围内工作的微波辐射计测量的海表温度[33]，但这种关系既不是直接的，也不是对变化的物理条件或微波测量的特定几何结构而不变的，在低风速、高太阳辐照度条件下，由于上层海洋的热层结，$SST_{subskin}$ 的测量也会受到较大的潜在日变化的影响。

所有对 $SST_{subskin}$ 以下水温的测量都称为深度温度（SST_{depth}），它是用各种平台和载荷测量的，如漂流浮标、垂直剖面浮标或深层温度链。这些温度测量与热红外或被动微波辐射计获得的温度测量值（分别为 SST_{skin} 和 $SST_{subskin}$）不同，必须用测量深度 z 来限定，z 单位为米（例如 SST_z, $SST_{5\,m}$）。最后，基础 SST，即 SST_{fnd}，定义为无温度日变化（白天变暖或夜间变冷）的水体温度。SST_{fnd} 提供了与"海表体温"历史概念的联系，该概念被认为代表了海洋混合层温度，并由上层海洋内 $1\sim20\,m$ 深度范围内的任何深度温度（SST_{depth}）测量来代表。

漂流浮标阵列[34]的深度温度（SST_{depth}）测量多年来一直业务化地用于验证卫星 SST 反演结果[35]。与其他现场源相比，漂流浮标 SST 匹配数量要大得多，这使得漂流浮标 SST 的固有分辨率和精度限制（分别为 0.1 K 和 0.2 K）在统计上可以提高精度（假设所有漂流浮标都在测量"统计上静止"的海洋）。然而，漂流浮标 SST_{depth} 从来就不是为卫星 SST 验证活动而设计的：它没有溯源到 SI 标准，目前不能满足气候要求[20, 21, 35]。此外，上层海洋的近海面温度梯度[33, 36]（图 1）使得与卫星 SST_{skin} 比较时次表层漂流浮标 SST_{depth}（常在 ~0.2 米深处测量）的解释更加复杂[31]。

根据上述讨论，最适合验证卫星 SST_{skin} 测量的 FRM 测量是热红外辐射计测量，它在源头上测量的是和经过大气效应补偿的太空测量的一样的 SST_{skin}[30]。鉴于海气界面热特性的快速变化（时间尺度 $<10\,s$[37]），SST 验证需要船载（或其他平台）SST_{skin} 测量与卫星观测在窄的空间和时间限制内匹配[38]。理想情况下，船载测量数据应以规律的短时间（10 分钟或更短）间隔作为块平均的方式获得，以便以类似于块体空气动力通量估算的方式对 SST 场的空间和时间变化进行适当采样[39]，还应该对 SST 反演算法预期可用的各种大气条件（包括水平和垂直结构）进行适当的采样。

对于卫星 SST 验证，GCOS 要求[21]："船载［TIR］辐射计，在每次部署前后按照可溯源的国家标准进行精确定标，必须保持为真正独立的参考数据集用于后续卫星任务的相互定标；在后续任务之间存在数据间断的情况下，这一点尤为重要；要求在不同大气状态下建立适度的～ 10 条重复线的全球阵列；现场辐射计采样策略必须考虑 SST_{skin} 动态变化性质。"

在过去的 40 年中，船载辐射计的设计稳步发展，现在的仪器能够以优于 0.1 K 的精度进行目标测量。为了成为 SST CDR 可接受的基准参考测量（FRM），热红外船载辐射计必须是自定标的（即包括板载自主定标子系统），以保持数据的质量，并可溯源到 SI 参考标准。

本章主要讨论做为对 SST CDR 作出贡献的卫星反演 SST_{skin} 测量的基准参考测量（FRM）的船载热红外辐射计的实际实现。另外章节回顾了部署热红外现场辐射计的策略（第 5.2 章）和卫星验证的过程（第 6.2 章）。在这里，首先简要介绍了针对船载热红外辐射测量的热红外测量理论，随后详细讨论了不同作者在研发海上使用的热红外现场辐射计系统时使用的最佳实践和工程选择，然后讨论了新型未来发展方向，并给出了结论。我们的目的是为读者提供一个详细和实用的回顾，介绍过去 20 年船载热红外辐射测量的主要"经验教训"，并协助团队考虑船载热红外基准参考测量（FRM）辐射计的部署和仪器发展。

2. 热红外测量理论

2.1 总则

红外辐射从所有温度高于 0 K（-273.15 ℃）的表面发射出来的，发射的辐射强度取决于表面温度（温度越高，辐射能量越大）。红外辐射具有与可见光相同的光学特性，能够反射、折射、形成干涉图样。四个总的红外光谱区可以区分为：

近红外（NIR），光谱区范围从 0.7 到 1.4 μm；

短波红外（SWIR），从 1.43 到 3 μm；

中红外（MIR），从 3 到 8 μm，大气在这个光谱区的部分区域包括许多吸收线（如二氧化碳和水汽），表现出很强的吸收；

长波红外（LWIR），范围从 8 到 15 μm，然后是远红外，其范围可达～ 100 μm。

所有量、符号和单位为红外辐射的测量提供了理论基础[40]，具体如下（如图 2 所示）：

辐射能量，Q，是指从一个点源向所有方向辐射的总能量，单位为焦耳（J）。

辐射通量，$\phi=dQ/dt$，是指从一个点源向所有方向辐射的所有能量通量，单位为瓦特（W）。

辐射出射度，$M=d\phi/dA$，是从一个表面区域 A 发出的单位面积的辐射通量密度，单位为 W m^{-2}。这是一个积分的通量（即与方向无关），因此会随着相对于非均匀源的方向而变化。

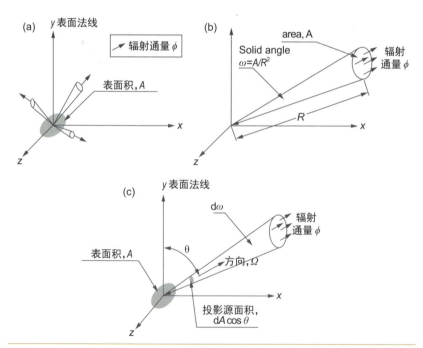

图 2　所有量定义的示意图：（a）辐射出射度，M，（b）辐射强度，I，和（c）辐亮度，L。参考文献 [41]。

辐射强度，$I=\mathrm{d}\phi/\mathrm{d}\omega$，是指点源单位立体角 ω 内（弧度，sr）的辐射通量，是一个方向性通量，单位为 $\mathrm{W\ sr^{-1}}$。

辐亮度，$L=\mathrm{d}I/\mathrm{d}A\cos\theta$，是一个扩展源在给定方向上单位立体角 θ、在相同 θ 投射的源的单位面积上的辐射强度，单位为 $\mathrm{W\ sr^{-1}\ m^{-2}}$。

将每个量限制在一个特定的光谱波段上，可以得到光谱量。

普朗克定律描述了单位为开尔文的温度 T 的完全发射表面（称为黑体）的辐射出射度 M。它是以波长 λ 为中心的单位带宽，在任何方向离开单位面积的表面的辐射通量（ϕ），单位为 $\mathrm{W\ m^{-2}\ m^{-1}}$：

$$M(\lambda, T) = \frac{2\pi hc^2}{\lambda^5 (\mathrm{e}^{ic/2kT} - 1)} \tag{1}$$

其中，$h=6.626\times10^{-34}\ \mathrm{Js^{-1}}$ 是普朗克常数，$c=2.998\times10^8\ \mathrm{ms^{-1}}$ 是光速，$k=1.381\times10^{-23}\ \mathrm{JK^{-1}}$ 是玻尔兹曼常数。图 3 显示了全球海洋 SST 范围（冰边缘～271.3 K，最高可能的 SST～305 K，如在具有极强局部热层结的封闭海域中，文献 [42]）计算的 $M(\lambda, T)$ 作为波长的函数。还包括低于 273 K 的温度，代表无云（晴空）的大气发射。图 3 是热红外辐射计在探测器动态范围、光谱范围和灵敏度需求方面的设计要求的基础。黑体发射的光谱依赖性表明，SST 的最大发射位于～ 10.0～12.5 μm 光谱区（维恩位移定律：$\lambda_{\max}T=2\ 897\ \mathrm{\mu m\ K}$），并随温度的变化而显著变化。与～ 10～12 μm 相比，～ 3.0～5.0 μm 的发射具有更高的灵敏度（随单位 T 增加的信号变化），但光谱辐亮度较小。这对测量 $\mathrm{SST_{skin}}$ 很有吸引力，但必须认识到，在～ 3.0～5.0 μm 光谱区，太阳辐射可以在海面上反射，在特定辐射计观测条件下，对于这个光谱波段宽的使用会很复杂。在任何情况下，都必须注意避免太阳直接反射到辐射计的视场（FOV）。

水在热红外波长下的高吸收率 [43,44] 导致在波长为 10～12 μm 时的有效光学厚度（大部分热红外发射来自此）非常小，为～ 10 μm，在波长为～3.5～4.1 μm 时，增加到～ 65 μm[32]。与光谱相关的热红外有效光学厚度是在实验室中用来"探测"水"表皮"的垂直温度结构的特性 [43,44]。然而，在现场，这种方法是有困难的，因为需要很长的积分时间来进行这种具有足够高信噪比特性的测量，并且几乎无处不在的风和波浪持续干扰水面。

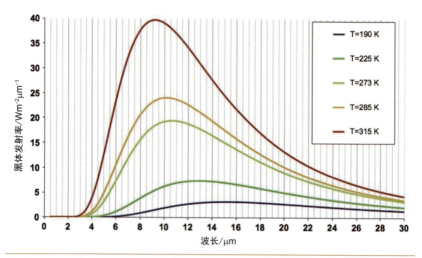

图 3 黑体的红外发射光谱,温度介于 190 K（光谱波段带通为 9～11 μm 辐射计观测晴朗天空）和 315 K（代表极极强局部热层结期间在封闭海域中的极端 SST）之间。

对于从太空测量 SST 的卫星热红外辐射计,由水汽、臭氧、二氧化碳和其他吸收线[45]引起的大气衰减是显著的。图 4 显示了 0～28 μm 光谱区域模拟[46]的归一化大气光谱透过率和 0～20 μm 归一化光谱大气透过率的重要分量,3.5～4.1 μm 和 10.0～12.5 μm 光谱区的透过率高（大气"窗口"[45]）,这是卫星仪器使用这些光谱区间进行 SST 测量的原因。

对于在所有方向上发射均匀辐亮度的朗伯源,光谱辐亮度 $L\lambda$ 与 $M\lambda$ 相关联:

$$L(\lambda) = \frac{M(\lambda)}{\pi} \tag{2}$$

方程(1)是针对理想的热力学原理而定义的,它代表了在实际温度 T、波长 λ 下的理想黑体发射物。如果海面表现为一个理想的辐射体,那么绝对温度可以简单地通过测量有限光谱波段宽的 $L(\lambda)$ 并对普朗克公式求逆来确定。但实际上,海面并不像黑体那样表现（它在红外略有反射）,因此需要考虑其光谱和几何特性。通过使用公式(2)测量 $L(\lambda)$ 并对公式 1 求逆,可以确定光谱亮温 $B(T, \lambda)$,而不是目标的实际温度。

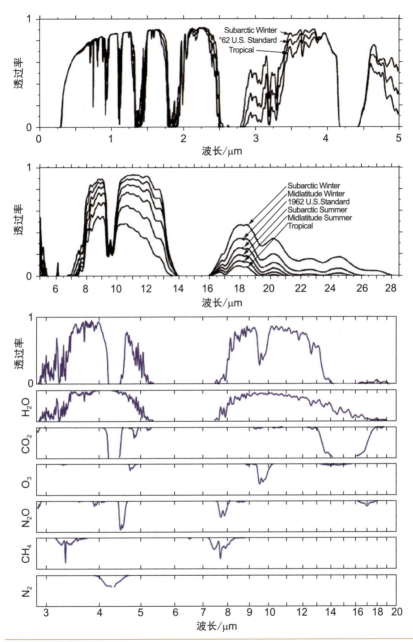

图 4 （顶部）从海平面到太空的垂直路径的大气透过率，6 种模式大气，能见度非常好，为 23 公里，包括分子和气溶胶散射的影响 [46]。（底部）从参考前向模式（RFM）得到的大气透过率分量（http://www.atm.ox.ac.uk/RFM/（经许可，O. Embury））。注意 X 轴上的不同刻度。

一个理想发射体在实际温度 T, 波长 λ, 视角 θ 下, 辐射出射度由以下公式给出:

$$M_{(T,\lambda,\theta)} = \frac{\pi L_{(T,\lambda,\theta)}}{\varepsilon(\lambda,\theta)} \tag{3}$$

其中, 光谱发射率 $\varepsilon(\lambda, \theta)$ 可以用以下方法计算:

$$\varepsilon(\lambda,\theta) = \frac{M_{(T,\lambda,\theta)}\,\text{measured}}{M_{(T,\lambda,\theta)}\,\text{blackbody}}$$

$\varepsilon(\lambda, \theta)$ 与波长和观测几何有很大的关系[47]。可以定义一个有效发射率 ε,

在特定的视角 θ 下, 对感兴趣的所有波长积分, 按照基尔霍夫定律:

$$1 = \int_{\lambda_i}^{\lambda_j} \rho(\theta) + \tau(\theta) + \varepsilon(\theta) \tag{5}$$

其中, ρ 是光谱反射率, τ 是光谱透射率, λ_i, λ_j 对感兴趣的光谱区间进行限定。对于入射到不透明表面的辐射(即 τ=0, 对于海面, 一阶近似的是正确的), ε 可以用下式计算:

$$\varepsilon(\theta) = 1 - \rho(\theta) \tag{6}$$

图 5 显示了用公式(6)计算的纯水发射率与辐射计从天底的视角 θ 和波长 λ 的关系。纯水发射率略微小于1, 与 θ 和 λ 有关。由于海面发射率在整个感兴趣的波长范围内接近于1, 海面薄皮层温度在很大程度上决定了离开海面的热红外辐射强度, 而这是由热红外辐射计测量的。

参考文献[49]研究了纯水和代表海水的人工盐溶液的反射特性之间的差异。在近垂直入射角的情况下, 对纯水和代表海水的人工盐溶液的反射特性的差异进行了研究。结果表明 $8 \sim 12\ \mu m$ 窗口受典型海水溶质[50]浓度的影响最大。事实上[50]甚至建议, 由于海水折射率在较大 θ 值时的特性和对温度的灵敏度较差, $8 \sim 12\ \mu m$ 的波段不应该用来测量 SST_{skin}。然而盐度对海面发射率的影响可以很好地模拟[51], 使用参考文献[52]中提出的标准折射率修正, 在 $11.5 \sim 13\ \mu m$ 区域有明显的温度依赖性(有趣的是, 没有像文献[50]所提出的那样在 $10.5\ \mu m$)。

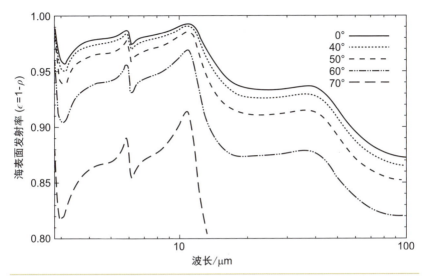

图 5 纯水的发射率与观测入射角的关系(没有表面粗糙度的情况下)。入射角的强烈影响 <40° 和 11 μm 处的发射率峰值清晰可见。

虽然光谱发射角特性在静止水面上 $\theta<40°$ 是已知的[48],但对于粗糙的海面,它们的量化得很差。当海面是粗糙的,来自天空的许多部分的辐射可以从适当方向的表面波镜面反射到辐射计的视场[53]。已开发了数值模型[47, 54-57]考虑 $\varepsilon(\lambda, \theta)$随海况和风速的变化产生的不确定度。当 $\theta>40°$,发射率显著下降[47, 54-57],尽管参考文献[50]有异议,他们认为风速为 $3 \sim 13$ ms^{-1} 时在 $\theta=40°$,发射率保持不变。

我们注意到, $\varepsilon(\lambda, \theta)$的 1% 变化对应于反演的 SST$_{skin}$ 的变化为 0.66 K(在 $\lambda=10$ μm)、0.73 K(在 $\lambda=12$ μm)或 0.24 K(在 $\lambda=3.5$ μm)[50]。为了达到气候研究所需的 SST$_{skin}$ 测量精度,每次测量必须知道 $\varepsilon(\lambda, \theta)$,要求其在 $8 \sim 12$ μm 波长区域不确定度优于 0.05%,而在 $3.5 \sim 4.5$ μm 窗口不确定度优于 1%[50]。鉴于我们目前对如何在海上实际确定 $\varepsilon(\lambda, \theta)$的认识,这是一个挑战。因此,很显然,需要做更多的工作来形成更好的海面发射率认识。针对这一问题的最新进展包括生成计算海水发射率的简化方案[58],可以考虑进一步研究偏振和大角度(>50)交叉偏振的影响[59, 60]。

从船载热红外辐射计的设计角度来看，上述讨论表明，在 3.5～4.1 μm 和 / 或 10.5～12.5 μm 光谱波段，以 θ 为 15～40° 观测平静海面（以减少发射率变化），将获得最优的 SST_{skin} FRM 测量。

2.2　SST_{skin} 船载辐射计测量挑战

由于海水的发射率略低于 1，一小部分来自大气的辐射在海面上被反射到辐射计的视场内，使简单的测量方法变得复杂。如果不考虑反射的天空辐射，得到的 SST_{skin} 将是错误的：如果使用非一的海水发射率，但不对晴空条件下反射的大气辐亮度进行修正，SST_{skin} 将太暖（除非在低阴云条件下，SST_{skin} 的温度的发射可能接近天空辐亮度）。如果完全不考虑发射率，那么 SST_{skin} 就会太冷（因为在海面上反射的一部分非常"冷"的天空辐亮度会被包含在测量中）。

前面的讨论表明，要从船上准确地测量 SST_{skin}，必须在适当的视角下获得海面和大气向下辐亮度的同时辐射测量值，并且必须准确知道海水发射率的值。

考虑一个安装在海面上高度为 h 的船或平台上的热红外辐射计（图 6），以视角 θ 观测温度为 T_s 的海面。当测量时 SST_{skin} 必须考虑的光谱辐亮度分量包括：

$L_{sea}(\lambda, \theta)$：来自海面的辐亮度（所需信号）；

$L_{refl}(\lambda, \theta)$：$L_{sky}(\lambda, \theta)$ 的一部分（大气发出的向下辐亮度）在海面上直接反射到辐射计 FOV；

$L_{scat}(\lambda, \theta)$：在辐射计以下大气层反射的天空辐亮度分量，该部分反射到海面观测但没有包括在天空观测测量；

$L_{atm}(\lambda, \theta)$：来自海面与辐射计高度 h 之间大气发射的辐亮度。

用辐射计测量 SST_{skin}，必须考虑其测量的在观测角 θ 上总的向上辐亮度 $L_{up}(\lambda, \theta)$，每个光谱辐射分量的贡献。

假设大气路径在大气厚度 h 上是均匀的，并且该路径的透过率 τ_h 接近于一，则入射到海面上的向下辐亮度 $L_{down}(\lambda, \theta)$ 由以下式给出：

$$L_{down}(\lambda, \theta) \approx \tau_h L_{sky}(\lambda, \theta) + (1 - \tau_{path})\overline{B(T_{air}, \lambda)} \tag{7}$$

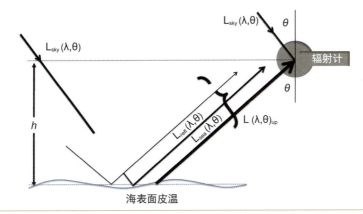

图 6 测量海表的辐射温度时必须考虑的辐射分量的几何排列。符号在文中解释。

其中 $B(T, \lambda)$ 是普朗克函数，提供黑体发射的光谱辐亮度，$\overline{B(T_{\text{air}}, \lambda)}$ 是在大气路径上平均的空气温度 T_{air} 下发射的光谱辐亮度，通常为了便于实际操作，忽略 $L_{\text{scat}}(\lambda, \theta)$，假定 $L_{\text{refl}}(\lambda, \theta)$ 代表所有反射天空辐亮度的平均值（即从平静海面反射的方向），许多作者证明这种方法是令人满意的[31, 38, 39, 61-74]。

来自海面的向上辐亮度 $L_{\text{up}}(\lambda, \theta)$ 由下公给出：

$$L_{\text{up}}(\lambda, \theta) = \varepsilon(\lambda, \theta) B(\text{SST}_{\text{skin}}, \lambda) + (1 - \varepsilon(\lambda, \theta)) L_{\text{down}}(\lambda, \theta) \tag{8}$$

然后从海面方向到达辐射计孔径的光谱辐亮度是：

$$L_{\text{scene}}(\lambda, \theta) \approx \tau_{\text{h}} L_{\text{up}}(\lambda, \theta) + (1 - \tau_{\text{path}}) \overline{B(T_{\text{air}}, \lambda)} \tag{9}$$

$$L_{\text{scene}}(\lambda, \theta) = \tau_{\text{path}} \varepsilon(\lambda, \theta) B(\text{SST}_{\text{skin}}, \lambda) + \tau_{\text{path}}^2 (1 - \varepsilon(\lambda, \theta)) L_{\text{sky}}(\lambda, \theta)$$
$$+ (1 + \tau_{\text{h}}) [(1 - \varepsilon(\lambda, \theta)) \tau_{\text{h}} + 1] \overline{B(T_{\text{air}}, \lambda)} \tag{10}$$

当 τ_{h} 接近于 1，$L_{\text{sea}}(\lambda, \theta)$ 由以下式给出：

$$L_{\text{scene}}(\lambda, \theta) = \varepsilon(\lambda, \theta) B(\text{SST}_{\text{skin}}, \lambda) + (1 - \varepsilon(\lambda, \theta)) L_{\text{sky}}(\lambda, \theta) \tag{11}$$

如果 $h < \sim 40$ m，认为是船舶和平台部署的上限[75]，并且相对湿度低于 95%，那么对于 $8 \sim 12$ μm 区域的红外测量，τ_{h} 非常接近于一。多波段辐射计或光谱辐射计可以使用多光谱差算法显式考虑 $L_{\text{atm}}(\lambda, \theta)$ 的影响（如 $a_0 + a_1 (11.0 \sim 12.0 \text{ μm}) (\sec \theta - 1)$），如果系统足够灵敏的话[76, 77]。该辐射计靠近（<15 m）海面时，公式（11）中假

设 $\tau_h=1$ 是有效的，但当辐射计的部署高度远高于此时，该假设会给 SST_{skin} 的反演带来误差，虽然这个误差很小，但当目标是 0.1 K 不确定度时，这个误差也不是微不足道的。

公式（11）要求准确知道特定光谱区间和观测几何下的发射率。上述方法假设海面是平坦的，$L_{refl}(\lambda,\theta)$ 来自角度 θ [50, 53]。讨论与风速、云量和海况影响有关的辐射计观测几何了解不良造成的发射率和 SST_{skin} 误差。如果辐射计 θ 是 55° 或更大（特别是在 8～12 μm 波长范围内），±3～4° 的角度偏移可导致 SST 误差达 0.6 K[50]，突出了大 θ 值时发射率的敏感性。在晴朗的天空或阴天的条件下，与对发射率的认识不足有关的误差由于假定来自大气的发射是均匀的受到限制，然而，即使在小 θ 下，如果存在散布的云，仍然可能出现高达 0.3 K 的显著误差，除非对海面和天空进行真正的同步测量，船舶／平台的移动很小并且这些测量之间的时间差非常小。即使如此，海面上反射的天空辐射信号的分布（将来自一个区域）也取决于决定大气源的海面粗糙度。需要进一步的工作来系统地减少 $\varepsilon(\lambda,\theta)$ 数值的不确定度，特别是当海面是粗糙的时候（几乎总是如此）。这仍然是船载辐射计确定 SST_{skin} 的最大不确定度来源（假设辐射计定标良好）。

由于这些原因，船载热红外辐射计通常（但不排除）在 $\theta=\sim15\sim55°$ 观测海面。在低 θ 下，船舶上层结构在海面上的直接反射和进入辐射计视场的可能很显著 [37]。此外，很难观测到海面上没有船头波和尾流的影响而未受干扰的区域。当 $\theta>55°$ 时，海面发射率会急剧下降（图 5），对热红外测量的解释关键取决于对 θ 和发射率的准确认识。

2.3 船载辐射计对 SST_{skin} 的实用测量

考虑由用于测量 SST_{skin} 的单通道热红外场辐射计探测器测量的信号，辐射计的光谱响应函数 $\zeta(\lambda)$ 是由探测器、通带滤波片和所有光学元件（如反射镜、保护窗、探测器带通等）共同定义的。探测器输出的信号是每单位辐亮度输出单位，当观测海面时，S_{sea} 为

$$S_{\text{sea}} = \int\limits_{\lambda_1}^{\lambda_2} \xi(\lambda)[\varepsilon(\lambda,\theta)B(\text{SSF}_{\text{skin}},\lambda) + (1-\varepsilon(\lambda,\theta))L_{\text{sky}}(\lambda)]\mathrm{d}x \quad (12)$$

其中,选择积分的上下限选择跨光谱波段宽 $\zeta(\lambda)$。观测天空时探测器的输出,S_{sky} 为

$$S_{\text{sky}} = \int\limits_{\lambda_1}^{\lambda_2} \xi(\lambda)L_{\text{sky}}(\lambda)\mathrm{d}\lambda \quad (13)$$

假设一个窄波段的辐射计(如 10.5~12.5 μm)以 <40° 角度观测海面,$\varepsilon(\lambda,\theta)$ 和 $B(T,\lambda)$ 只随波长缓慢变化,然后可以近似地将公式(12)写为 $\varepsilon(\theta)$,L_{sky},$B(T)$ 波段平均值组合:

$$S_{\text{sea}} = \xi_{\text{B}}\Big[\xi_{\text{B}}(\theta)B_{\text{B}}(\text{SST}_{\text{skin}}) + \big(1-\varepsilon_{\text{B}}(\theta)\big)L_{\text{B,sky}}\Big] \quad (14)$$

其中,

$$\xi_{\text{B}} = \int\limits_{\lambda_1}^{\lambda_2} \xi(\lambda)\mathrm{d}\lambda \quad (15a)$$

$$\xi_{\text{B}}\varepsilon_{\text{B}}(\theta) = \int\limits_{\lambda_1}^{\lambda_2} \xi(\lambda)\varepsilon(\lambda,\theta)\mathrm{d}R \quad (15b)$$

$$\xi_{\text{B}}\varepsilon_{\text{B}}(T) = \int\limits_{\lambda_1}^{\lambda_2} \xi(\lambda)L_{\text{sky}}(\lambda)\mathrm{d}R \quad (15c)$$

$$\xi_{\text{B}}B_{\text{B}}(T) = \int\limits_{\lambda_1}^{\lambda_2} \xi(\lambda)B(\lambda,T)\mathrm{d}\lambda \quad (15d)$$

公式 13 可写为

$$S_{\text{sky}} = \xi_{\text{B}}L_{\text{B,sky}} \quad (16)$$

因此,最终:

$$\zeta_{\text{B}}B_{\text{B}}(\text{SST}_{\text{skin}}) = \frac{S_{\text{sea}} - (1-\varepsilon_{\text{B}}(\theta))S_{\text{sky}}}{\varepsilon_{\text{B}}(\theta)} \quad (17)$$

在公式(17)中,确定 SST_{skin} 需要两个基本测量值,即一个或多个光谱波段的 S_{sea} 和 S_{sky}。两者必须在近乎同步的情况下,以入射角 θ 观测海面,以天顶角 θ 观测大气。如文献[53] 所讨论,S_{sea} 和 S_{sky} 测量之间的时间差必须小,以限制由于快速变化的大气辐射条件有关的误差(即不同种类和高度的云具不同的辐射温度,其在海面上反射到辐射计的视场)。

3. 热红外现场辐射计设计

本节使用贯穿不同时期的 SST 辐射计的例子,专门对热红外现场辐射计工程师采用的成功的"最佳实践"设计进行关键评估。我们的目的是向读者展示这些策略用于提供一个准确的、易于了解的仪器,该仪器可用于提供适用于生成 CDR 的标准的卫星验证活动的 FRM。

船载热红外辐射计可分类为:滤光片辐射计,在一个或多个光谱波段"通道"测量辐亮度;光谱辐射计,在大的波段上以精细的光谱分辨率测量辐亮度的光谱功率分布;热像仪 / 成像系统,在特定光谱区间生成海面二维热图像"地图"。在仪器的测量能力(例如,光谱辐射计提供的信息比滤光片辐射计多得多,成像仪提供的 SST_{skin} 二维场可以提供 SST_{skin} 动态变化的动画(例如,参考文献 [78]))、仪器的部署自主性(自主的仪器在部署时不需要工程师陪同)、仪器的物理尺寸(大型仪器不容易从某些船上部署,运输成本较高)和仪器的成本(获得、部署和维护)之间存在着权衡。

因此,海洋红外仪器工程师有各种选择,可以根据成本、能力、性能、现场耐用性和易用性来实施现场辐射计设计营运方案。例如,精确的光谱辐射计的研发带来了高性能、高能力的仪器设计,通常是复杂的(有相关的海上维护问题)和大尺寸的(因此在部署上会有挑战)。尽管现代光谱辐射计的设计是耐用的,但它们很昂贵。这种仪器的设计职责是用于研究测量,以支持海气相互作用研究和卫星 SST 评价。如果重点是研开发一个专门用于卫星 SST 验证活动的仪器,能够在海上进行长时间(3 ~ 6 个月)的自主部署,必须保持性能,但设计还必须对恶劣的海洋环境具有很强的适应性。仪器的能力可以减少(例如,只使用一个或两个光谱通道),尺寸通常可以小得多,因此这样一个仪器的成本就低到适中。需要特定局部测量的研究人员甚至可以选择使用"现成"解决方案,如手持式热红外辐射计 [62] 或热成像仪 [37],可以在条件有利时手动部署。

图 7 提供了几个船载热红外辐射计的设计,这些设计在过去 30 年中已经被开发并成功用于收集船载测量 SST_{skin}。

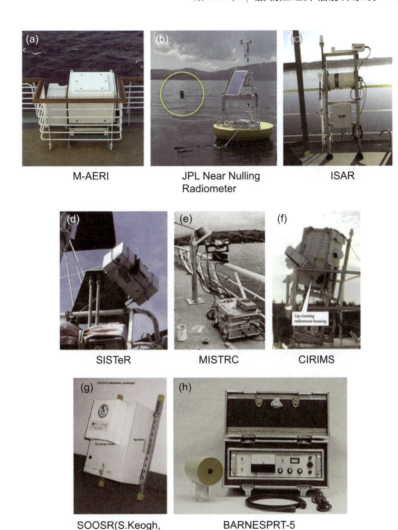

图 7 选取的用于 SST 验证活动的不同设计的热红外辐射计。(a)海洋大气发射辐亮度干涉仪(M-AERI[79]),(b)安装在系泊浮标上的 JPL 近零位辐射计[80-82],(c)红外海表温度自主辐射计(ISAR[62]),(d)安装在 RRS James Clark Ross 前桅上的扫描红外海表温度辐射计(SISTeR),(e) R/V Vickers 上的多通道红外海洋真实辐射计定标器(MISTRC)[74] 的实验装置,显示了由甲板支架支撑的辐射计头、位于船舶扶手上的定标桶子系统,甲板上主要电子单元,(f) 标定的红外现场测量系统(CIRIMS[63]),(g) SOOSTR 辐射计设计[62],(h) Barnes PRT-5 型辐射计[83,84] 显示辐射计头和电子单元。图片来自 Pyrometer Instrument Company,http://www.pyrometer.com,经许可。

最值得关注的船载热红外辐射计设计包括 DAR011 辐射计[85]、Rutherford Appleton 实验室（RAL）/ 卫星国际辐射计（SIL[65, 86]）。扫描红外海表温度辐射计（SISTeR[87]）、标定的红外现场测量系统（CIRIMS[63]）、NASA/JPL 近零位辐射计（NNR）[80-82]，红外海表温度自主辐射计（ISAR[38, 62]），多通道红外海洋多通道红外海洋真实辐射定标器（MISTRC[74]）、海洋大气发射辐射干涉仪（M-AERI[79]），顺路观测船海表温度辐射计（SOOSR[62, 88]）。

一个值得注意的设计是巴尔实验海表温度辐射计（BESST[89]），它是一个紧凑的轻型设计，可用于无人驾驶飞行器（UAV）无人机上，这将在第 4 节讨论。各项设计的主要特点总结在表 1。

（1）所有用于测量海洋环境中 SST_{skin} 的红外辐射计都有七个基本的子系统；

（2）测量光谱辐亮度的探测器；

（3）定义测量的光谱波长的手段（滤光片、光谱仪）；

（4）前置光学系统，用于塑造光束，将辐射计的 FOV 导向目标，并将辐射计测量的辐亮度聚焦到探测器上；

（5）电子系统，用于控制辐射计和记录测量结果；

（6）热控系统；

（7）安装和避免海洋环境影响的环境防护装置；

（8）定标系统来量化探测器的输出。

图 8 显示了这些子系统之间的总的关系，这些子系统相互之间"分层嵌入"。辐射计需要一个外壳，并保护其不受海洋环境的影响。仪器的热控系统（通常包括外壳设计）必须能够管理仪器的内部热环境，使其温度不会快速波动，以确保良好的仪器定标特性。定标系统，对于气候应用必须可溯源到 SI 标准，必须以端到端的方式标定仪器，这样所有的光学、光谱、探测器（全口径）和电子子系统都会影响到定标子系统的设计。

将在下面的单独章节中考虑每一个要素中，参考船载热红外辐射计所用的不同设计选择。作为讨论的基础，图 9 显示了一个常见的热红外滤光片辐射计设计示意图，抛物面聚焦镜用于将来自目标辐射的准直光束聚焦到一个由窗口和带通滤光片保护的斩波热释电探测器系统上。在这种情况下,抛物面镜充当由反射镜本身的物理极限确定的视场光阑。探测器有一个集成的孔径光阑。一个安装在旋转轴上的旋转面镜,与辐射计光束成 45° 角,用于选择海面、天空或两个标定黑体参考腔之一的目标视图。仪器使用一系列挡板来限制来自主光束以外的杂散光。

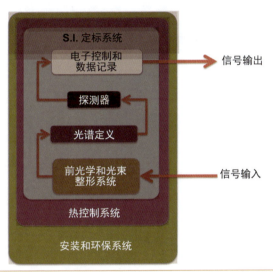

图 8 船载辐射计子系统之间的"嵌入式"关系示意图。

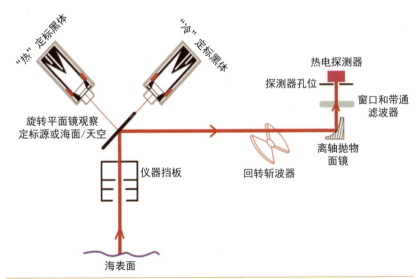

图 9 热红外滤光片辐射计设计的信号路径和装置的简化示意图。

表 1 用于卫星 SST 验证的船载热红外辐射计实例的基本设计特性

仪器名称和日期	光谱定义	通带/μm	探测器类型	光束成型	光束转向	定标系统	典型观测天底角 /s	评论
PRT–5[83, 84, 90] (1970)	滤光片	单通道 9.5~11.5	辐射热测量计	物镜	没有(手动指向)	搅拌式水浴	53°	需要外部定标。(通常是水浴)。
RAL/SIL[65, 86, 91] (1988)	滤光片	两个通道 10~12	热释电	格顺管和离轴抛物面镜	没有(手动指向)	三个内部黑体腔	机械设置(通常>15°和<40°)	没有天空观测,除非辐射计手动指向
DAR–011[85] (1992)	滤光片	单一通道 10.5~11.5	热释电	格顺管和离轴抛物面镜	没有(手动指向)	三个内部黑体腔	机械设置(通常45°,在部署中几乎只用这个角度平只观察船尾流以外。)	天空观测在与海面观测反向,即不在最理想的 θ 指向
SISTeR[87] (1995)	滤光片	最多五个通道 10.3~11.3	热释电	离轴椭圆镜	可编程面旋转镜	两个内部黑体腔	可编程	研究和自主部署
MISTRC[74] (1995)	滤光片:偏振滤光片可用于 3.7 和 4.02 通道	四个通道 3.728, 4.025, 10.75, 11.78	碲镉汞	物镜	没有(手动指向)	外部搅拌式海水浴	机械设置(通常>15°和<40°)	非常大的实验示范系统。水浴定标系统的部署具有挑战性。
SOOSR[62, 88] (1998)	滤光片	单通道 8.0~12.0	TASCO TH–500L 热电堆	Ge AR 透镜	没有(手动指向)	两个内部黑体腔	机械设置(通常>15°和<40°)	低成本的实验示范系统

续表

仪器名称和日期	光谱定义	通带 /μm	探测器类型	光束成型	光束转向	定标系统	典型观测天底角 /s	评论
M–AERI[79] (1996)	傅立叶变换干涉仪	3.0~18.0	冷却的 HgCdTe, InSb	可转向的面镜	可编程的面旋转转镜	两个内部黑体腔	可编程（通常 55°）	大型先进的研究用光谱辐射计
JPL–NNR[80] (2002)	滤光片	单通道 7.8~13.6	热电堆	Ge 透镜	没有（手动指向）	一个内部黑体腔	机械设置为 0~45°	没有天空观测，部署在系泊浮标上
ISAR[62] (2004)	滤光片	单通道 9.6~11.5	Heitronics KT15.85D	光学透镜焦到直径 6 毫米，焦距为 98 毫米	可编程的面旋转转镜	两个内部黑体腔	可编程（通常 >15° 和 <40°）	长达数月的自主业务化部署
CIRIMS[63] (2005)	滤光片	单通道 9.6~11.5	Heitronics KT11.85	光学透镜，两个独立的光学链	没有（手动指向）	一个内部黑体腔	机械设置（通常 >50° 和 <50°）	具有自主能力的大型业务化系统
BESST[89] (2013)	滤光片	三个通道 10.8, 12.0, 8.0~12.0	320 X 256 像素热成像微测仪	Ge 物镜	可编程的面旋转转镜	两个内部黑体腔	机械设置天底和方位角	适合在无人机上飞行的轻量级设计

3.1 热红外探测器

探测器系统产生的输出与入射到探测器上的目标辐亮成正比。热红外辐射计仪器工程师必须考虑红外探测器的比光谱响应率、光谱响应、线性度、长期稳定性、环境温度依赖关系（可能需要主动冷却）[92]、有效探测区域和形状、元素数量（即单元素或多维阵列）。目前使用的探测器主要有两种类型：对特定波长的光子通量响应的波长依赖性的量子探测器，具有出色的灵敏度和响应时间（但通常需要低温冷却）；对直接加热响应的热能探测器。由于热能探测器对温度变化作出响应，与量子探测器相比，它们的响应相对较慢，灵敏度较低（受探测器结构的热容量影响）。一般来说，热探测器的响应对波长的依赖性很弱，可以在环境温度下运行。

探测器的噪声等效功率，NEP（W/Hz1/2），描述了等于探测器内在噪声水平的入射辐射量：

$$NEP = \frac{PA}{\left(\dfrac{s}{N}\sqrt{\Delta f}\right)} \qquad (18)$$

其中，P 是入射能量（W cm^{-2}），A 是探测器的有效面积（cm^2），S 是信号，N 是噪声输出（V），Δf 是噪声带宽（Hz）。

探测率，D^*（cm Hz$^{1/2}$ W^{-1}），定义为探测器每单位有效面积的光敏度，通常用于比较不同的探测器，可以用下式计算：

$$D^* = \frac{\dfrac{S}{N}\sqrt{\Delta f}}{P\sqrt{A}} = \frac{\sqrt{A}}{NEP}$$

D^* 通常以辐射源的温度或波长、斩波频率和带宽来表示。较大的 D^* 值表示一个更好的探测器。图 10 显示了多种红外探测器的光谱特性与 D^* 的关系。

探测器的 NEΔT 表示温度变化，对于入射的辐射，使输出信号等于均方根噪声水平。探测器的 NEΔT 和系统的 NEΔT 是一样的，除了系统损耗。NEDT 定义为

$$NE\Delta T = v_n \frac{\Delta T}{\Delta V_S} \qquad (20)$$

其中，v_n 是均方根噪声，ΔV_S 是温度差 ΔT 的测量信号。

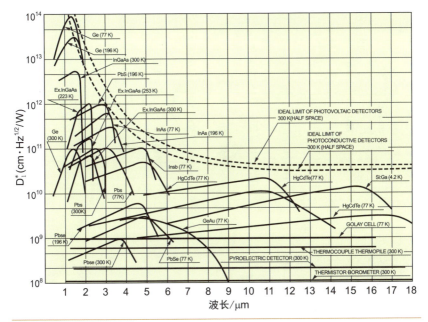

图 10 多种红外探测器的光谱响应特性。来自参考文献 [93]，经许可。

探测器输出的任何非线性必须在广泛的目标温度范围内得到充分表征。对于在～ 10 μm 光谱波段工作的船载 SST 辐射计来说，晴空温度 <150 K，最大 SST 为～ 315 K。由于现有板载定标系统的固有局限性，较低温度范围的线性度了解尤为重要，因为这些温度不易于标定。此外，探测器的光谱特性必须根据传输和光谱功率响应充分明确。

3.1.1 量子探测器

本征量子探测器是基于半导体材料，在半导体带隙上产生电子空穴对（从而产生电流）。光电导探测器通过光产生电荷载流子，造成与入射红外辐射成正比的电阻变化，而光伏器件则使用具有固有电场的内部势垒来分离光产生的电子空穴对。表 2 显示了用于海洋热红外辐射计的几种有用的量子探测器的特性。用于 2～6 μm 波段的锑化铟（InSb）光伏探测器具有快速响应、低噪声、出色的均匀性、线性度和稳定性，但需要低温冷却到～ 77 K 的工作温度。（通常使用液氮杜瓦瓶）。

表 2　海洋红外辐射计中使用的不同红外探测器的特点

类型		探测器	光谱响应 /μm	工作温度 /K	D^*/cm Hz$^{1/2}$ W^{-1}
本征量子	光导电	PbS	1.0～3.6	300	D^* (500, 600, 1) ～ 1 × 10^9
		PbSe	1.5～5.8	300	D^* (500, 600, 1) ～ 1 × 10^8
		InSb	2.0～6.0	213	D^* (500, 1 200, 1) ～ 2 × 10^9
		HgCdTe	2.0～16.0	77	D^* (500, 1 200, 1) ～ 2 × 10^{10}
	光伏	InSb	1.0～5.5	77	D^* (500, 1200, 1) ～ 2 × 10^{10}
		HgCdTe	2.0～16.0	77	D^* (500, 1 200, 1) ～ 1 × 10^{10}
热	热电堆	例如, SbBi 结点	由窗口决定	300	D^* (λ, 10, 1) ～ 1 × 10^8
	热释电	PZT	由窗口决定	300	D^* (λ, 10, 1) ～ 1 × 10^8
		LiTaO3	由窗口决定	300	D^* (λ10, 1) ～ 2 × 10^9
	微测仪	例如, VOx, a-Si	由窗口或设计决定	300	D^* (λ, 30, 1) ～ 1 × 10^9

D^* 以辐射源的温度或波长、斩波频率和带宽来表示

InSb 探测器存在一种不稳定性,称为 InS "闪烁",当短波辐射落在探测器上时,会发生这种现象,俘获电荷在探测器中积累,最终以短而大的信号输出放电。必须注意确保探测器得到适当的保护,除了有效的带通滤波器外,探测器本身最好还要有内部屏蔽,以防止短波辐射首先落到探测器上。碲镉汞(HgCdTe)光电导探测适用于 2～16 μm 波段,具有快速响应性、低噪声、出色的均匀性、线性度和稳定性。HgCdTe 遭受随机电报信号(RTS,有时称为爆米花噪声)的影响,表现为由于电荷载体的随机俘获和释放而导致输出信号的随机和突然跳动,使用电子屏蔽尽量减少这种影响。这些探测器的峰值响应波长取决于所使用的特定合金成分,探测器必须被冷却到～77 K 的工作温度,以显著改善噪声性能。当使用低温冷却的探测器时,需要注意确保冷却后探测器的位置在辐射计的设计中得到适当的控制:预计在冷却后探测器的位置会有～0.5 毫米的典型变化[94]。

液氮可用于达到所需的低温,但在海上处理这种液体有明显的危险,特别是由于液体蒸发需要定期补充。这种方法是要避免的。建议采用其他解决方案,包括热电系统,如珀尔帖冷却装置[95]或机械斯特林循环冷却器[96]。

珀尔帖装置没有活动部件,不需要使用氯氟烃,体积小,易于安装,具有良好的可靠性,而且几乎无需维护。它们通过简单的电流逆转进行加热和冷却的能力,对于需要加热和冷却的应用或需要精确温度控制的应用非常有用。然而,它们的主要缺点是可实现的冷却范围有限,当使用专门设计的风扇冷却散热器时,可以达到相对于环境温度低～50 K,该散热器可以解决低于～263 K 的温度。MISTRC[74]辐射计使用两个 HgCdTe 探测器,覆盖 3.0～5.0 μm 和 10.0～12.0 μm 波段,探测器被冷却以减少噪声,使用一个四级热电冷却器,可以提供低于环境温度 95 K 的冷却。基于可靠性的考虑,选择热电冷却器解决方案优于其他方法[97]。

斯特林循环冷却器是一种机械热机,它将工作气体(如 He)在闭合循环回路中移动,从而压缩发动机冷部分的气体(允许热量流出),并在发动机热部分膨胀以散热。热量是通过发动机壁来提供和移除的。斯特林循环冷却器提供了一种非常有效的方法,具有很大的冷却功率,可以实现非常低的(77 K)低温温度、长的连续运行时间和高可靠性。热像仪系统和一些船载辐射计的设计使用了斯特林循环冷却器(见第 4 节)。

在潮湿的海洋环境中,需要小心管理低温冷却系统。探测器的环境必须确保干燥的气氛,以防止冰在冷却的探测器装置上积累。此外,低温设计必须确保任何光学表面或接近辐射计光学元件的表面没有冷凝物(可能滴到光学表面):如果光学表面被水的冷凝物污染,辐射计的光通量将会很差或没有。

尽管低温冷却量子探测器是具有挑战性的任务,但其高性能、宽光谱能力和快速响应性意味着它们是光谱辐射计的首选。船载 MAERI[79] 是一个 FTIR 光谱辐射计,其工作范围为 ~ 3.3 ~ 18 μm 波段,测量的光谱分辨率为 ~ 0.5 cm⁻¹,它使用两个红外探测器来实现这一宽光谱范围:一个 InSb 探测器覆盖 3.3 ~ 5.5 μm,一个 HgCdTe 探测器,覆盖 5.5 ~ 18 μm 波段,通过斯特林循环冷却器冷却到 ~ 78 K,将 NEΔT 降低到远低于 0.1 K 的水平。

3.1.2 热电堆探测器

热电堆探测器由微型热电偶阵列构成。这种类型的探测器不需要冷却,可以在环境温度下工作。热电偶连接两个不同的导体,当加热时产生的电压与结点温度成比例(塞贝克效应[98])。热电偶材料包括锑(Sb)和铋(Bi)。当热红外辐射集中到热电偶探测器上时,其温度升高,并产生与温度成比例的输出电压。为了获得最佳灵敏度,热电偶阵列用作热电堆。热电堆探测器通常具有不变的光谱响应(由探测器窗口材料和在较小程度上由应用于探测器有效区域的涂层确定),具有固有的低噪声特性和类似于热释电探测器的探测率。与后者相比,热电堆探测器的优势是不需要光学斩波器,并且具有非常低的 $1/f$ 噪声。然而,热电堆探测器的灵敏度相对较低,需要较长的测量积分时间。此外,小信号的放大必须谨慎设计,以通过使用适当的放大电子元件来减少显著噪声的引入。所使用的元件必须是最高质量的并保护其免受环境影响。为了提高热电堆的灵敏度,热电偶结点必须进行热隔离。热结点确定了探测器的有效区域,通常悬挂在薄膜上,将它们与探测器封装的其他部分进行热隔离,它们通常涂有能量吸收材料以提高其性能。冷结点热连接到探测器封装。热电堆传感器通常是非线性的[80],传感器的输出是进入和离开传感器表面的辐射通量之差的函数,它取决于周围环境温度以及来自目标的通量。根据探测器的应用,光谱灵敏度由探测器封装中通常包含的光学带通滤波器的选择来定义。

NASA/JPL 的 NNR[80-82] 使用了热电堆探测器,该探测器使用近零位定标方法进行标定(见第 4.3 节)。NNR 使用局部线性逼近热电堆传感器的真实非线性响应,从而实现类似于那些只能通过使用要求更高和更昂贵的线性传感器才能实现的精度。热电堆传感器的简易性、低成本和稳健性是研发能够提供精确测量的低价非冷却现场仪器的主要优势。

3.1.3 热释电检测器

现代热释电探测器因其简单、坚固且性能良好而广泛应用于各种应用。热释电探测器(如钽酸锂($LiTaO_3$)、锆钛酸铅(PZT))形成为薄板电容偶极子元件,当暴露在热中时,改变电极上的电荷密度。必须注意尽量减少引起探测器压电响应的麦克风效应(振动)[40]。此外,$1/f$ 或“爆米花”噪声可能在热释电探测器中产生,由探测器工作温度的变化导致瞬时输出信号的快速变化。热释电探测器对温度的变化作出响应,这通常是通过使用光学斩波器对入射的 TIR 辐射进行调制来实现。斩波器是用音叉斩波器或旋转斩波器盘等设备快速、有规律地中断光束的过程。探测器之后的电子处理链只放大信号的交流成分(交流电信号明显更容易处理),其振幅由来自仪器观测和斩波器表面的辐射信号差决定。斩波器和探测器之间的装置自发射产生的直流分量被抑制[99]。最简单的实用方法是一个旋转叶片斩波器,它已广泛用于 SST 辐射计的设计中。如果斩波器叶片有足够的热稳定性(即叶片的温度在短期内是稳定的),那么斩波器本身就可以用作参考辐射源,而不需要额外的参考辐射定标黑体(见 3.7.2 节)。设计良好的斩波器系统会根据探测器特性优化斩波频率,以最大限度地提高探测器输出的质量。尽管约一半的可用目标光子通量被斩波器遮挡,信噪比性能通常会得到改善[99]。远离斩波频率的探测器噪声,包括低频 $1/f$ 噪声,可以用相位敏感检测来抑制。

　　在整个热红外光谱波段,热释电探测器具有不变的光谱响应,光谱辨别来自所使用的探测器窗口材料(窗口也是为了将探测器密封与外部环境隔开)。探测器封装和窗口确定了探测器的视场(辐射计系统的视场光阑和孔径光阑确定了辐射计的视场),应以最佳方式选择,以最大限度地提高目标辐亮度,同时尽量减少背景杂散辐亮度,这取决于仪器的光学设计。应避免高入射角,因为物理上的开关窄带窗口的光谱特性会向较短波长移动[100]。此外,应注意确保对与温度有关的光谱偏移进行补偿。与光子探测器相比,热释电探测器的响应速度慢得多,灵敏度也低,但仍有足够的性能用于滤光片辐射计。热释电探测器的主要优点是相对于性能而言成本较低,而且可以在室温下工作。由于这些原因,热释电探测器是海洋 SST 辐射计最受欢迎的选择,并用于许多设计包括 DAR-011、SISTeR、ISAR 和 SIL 设计。例如,SISTeR 辐射计使用热释电探测器和前置放大器,安装在包含同心 6 位滤光片轮和黑色旋转斩波器的装置上。通过将低噪声前置放大器置于探测器封装内,信号从低阻抗源以较高的电平传输,将电磁干扰降到最低。光束在 100 Hz 处被斩波,这是探测器最佳噪声性能和信号处理链中的快速滤波器响应之间的折衷。

　　现代热释电探测器封装提供集成到单个封装中的用户定义的多光谱功能[101]。最近的一项发展是与热释电探测器封装集成在一起的微型法布里-珀罗干涉仪[102, 103]。使用控制电压在光谱波段宽为 150 nm 的 3.0～5.0 μm 或 8.0～10.5 μm 的光谱范围内对此类器件进行光谱调节。如此狭窄的光谱波段宽对信噪比有明显的影响,在船载热红外辐射计的实用使用中,理想情况下应更宽。然而,这些技术如果得到适当的调整,将为船载多光谱热红外辐射计提供一个创新的解决方案,尽管到目前为止这些设备还没有被用于这一目的。

3.1.4 微测辐射热计

微测辐射热计测量入射辐射的功率,该辐射加热了具有随温度变化的电阻的材料[104]。吸收元件,如一金属薄层,通过热链接连接到热储存器(在恒定的温度下):落在吸收元件上的辐射与热储器的温度相比升高,与落在探测器活动区域上的辐射功率成比例。温度变化可以用温度计直接测量,也可以将吸收元件本身的电阻设计成温度计。探测器的热时间常数是吸收元件的热容量与吸收元件和热储存器之间的热传导的比率。

近年来,主要在军事成像的推动下,微测辐射计得到了快速发展。微型二维成像阵列现在很常见[105],其尺寸为 1 024×768 像素(间距为～ 17 μm),在 8 ～ 14 μm 波长,热时间常数 <10 ms。现在最常见的微测辐射热计是基于微电子机械(MEMs)技术。两个最常见的微测辐射热计探测器材料是非晶硅(A-Si)和氧化钒(VOx)[105]。与 VOx 相比,非晶硅微测辐射热计表现出更高的有效热绝缘性和更短的热时间常数(在 30 Hz,<10 ms)(尽管后者有更好的噪声特性)。非晶硅探测器阵列有多种封装,由于其高性能、高可靠性和低成本,非常适合于许多红外成像应用[105]。在 300 K 时时间常数为 10 ms,在 8 ～ 14 μm 波长内 30 Hz 的采样,典型的 $NE\Delta T$ 为 50 ～ 80 mK 是常见的。微测辐射热计不需要机械斩波器,可以提供快速的采样帧率。

微测辐射热计技术为船载 TIR 辐射测量提供了一种很有前途的探测器技术。BESST 辐射计[89]使用了一个二维非制冷氧化钒微测辐射热计阵列(324×256),像素大小为 38 μm。选择这种探测器技术是因为需要使用无人机飞越海面,以获得 SST 的大面积样本(作为图像),用于卫星验证[89]。因此,BESST 仪器需要一个轻便但精确的辐射计解决方案。所选择的微测辐射热计是 FLIR Photon 热成像机芯(www.flir.com),它非常小和轻(～ 6 cm³, 125 g)。

3.1.5 商用辐射计"头"探测器

一些船载辐射计设计选择使用商用"现成的"辐射计"头"作为"探测器"封装。许多设备提供了各种功能和复杂性,这使它们成为可靠、低成本解决方案的诱人选择。通常情况下,光谱定义、光束定义、探测器热和斩波管理、数据调节、配置、控制和数据记录都由"头"来确定,其中一些通常可以通过专用的通信接口进行配置。当使用这种类型的方法时,重要的是要确保"探测器"的输出配置为与辐亮度成正比,以便研发有效的端到端的定标策略来标定辐射计。就实用而言辐射计通常是围绕所选择头设备的限制/优势而设计。值得注意的是,在 SOSSR、ISAR 和 CIRIMS SST 辐射计设计中分别使用了 TASCO THI-500、Heitronics KT15 和 KT11 仪器头。MAERI 仪器使用的是 Bomen 傅里叶变换干涉仪(FTIR),BESST 辐射计使用的是 FLIR Photon 微测辐射热计机芯。JPL NNR 使用带有 JPL 定制的定标系统的 Apogee 红外辐射计头。

读者可以参考[40, 106]对热红外探测器进行的广泛而详细的讨论。

3.2 TIR 辐射计光谱定义

SST 辐射计的光谱定义取决于该仪器的基本设计和应用要求。对于滤光片辐射计来说,光谱定义是通过考虑光学链中所有部件的光谱特性来实现的,包括聚焦透镜、镜子、保护窗、带通滤光片(如果使用)和探测器窗口。对于光谱辐射计来说,光谱定义主要是通过使用干涉仪测量小的光谱间隔来实现的。然而,镜子、保护窗和探测器封装本身的特性仍然需要考虑在内。

图 11 显示了热红外辐射计中常用于透镜、窗口和带通滤光片的材料的归一化光谱透过率。几种材料具有单独的曲线,以突出晶圆厚度的影响。锗(Ge)在 2 ~ 16 μm 光谱波段具有适度的传输特性,高折射率,良好的色散特性和非吸湿性。它可以很容易地切割和抛光以形成透镜和窗口,但很脆。

由于高折射率,一部分辐射在每个光学表面都会被反射掉,Ge 光学元件需要一个抗反射(AR)镀膜[107]。如果多光学元件(如探测器窗口和滤光片窗口),由多次反射引起的双重成像和对比度的恶化也可能是个问题。抗反射镀膜是应用于光学元件表面的硬质耐火涂层,可在指定的波长范围内最小化表面反射。有许多不同的抗

反射镀膜,尽管通常使用四种常见的类型:

(1)单层,在中等到宽的带宽上提供低反射;

(2)窄带,在一个狭带宽上提供非常低的反射;

(3)宽带,在宽带宽上提供很低的反射;

(4)扩展宽带,在非常宽的带宽上提供低反射。

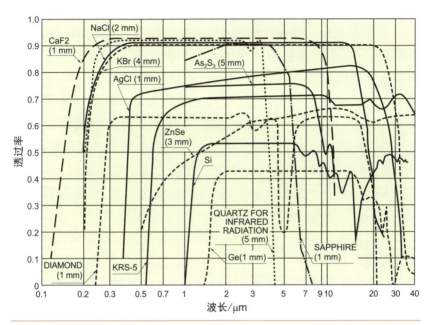

图 11　常用光学材料的光谱相关传输特性。图中标出了不同晶圆厚度的例子。来自参考文献 [93],经许可。

抗反射镀膜可以被设计成在法向角以外的入射角工作,或者为某个特定的波长区域进行优化。宽带抗反射(BBAR)镀膜经常用于 SST 辐射计部件,由在高折射率材料和低折射率材料之间交替的多层组成。这些层通常通过电子束沉积在基材上,优化层的厚度,以产生反射波之间的相消干涉和透射波之间的相长干涉,这导致光学器件在指定波长范围内具有增强的性能以及最小的内部反射(重影)。许多 BBAR 镀膜在一定入射角范围内提供良好的性能(高达 ～30°),其他镀膜提供使入射辐射信号偏振的窗口,如光学薄干涉镀膜和线栅衍射偏振器[74]。

厚度为 5 mm 的 AR 镀膜 Ge 晶圆的传输特性在 3.5～12 μm 的波段 >85％，但对温度高度敏感：吸收变得很大以至于 Ge 在 303 K 几乎是不透明的。这个例子提醒仪器工程师，必须始终验证滤光片传输特性的任何光谱温度依赖性。替代品包括硅(Si)，这是一种低成本的轻质材料，对海洋环境具有惰性，具有高导热性，它不吸水，比 Ge 更硬，脆性更小，在 1.0～6.5 μm 的光谱区有良好的透射。AR 涂层可以在 3.5～4.5 μm 光谱区将透射率提高到 >99％。然而，在更长的波长，透射率很差。硅在 250～350 K 范围内有一个小的光谱和透射温度依赖。硒化锌(ZnSe)与 Ge 或 Si 相比，在 0.5 μm 以上具有更好的透射特性，传输信号几乎没有失真。ZnSe 具有非吸湿性，很高的抗热震性，但容易被划伤，必须小心处理(它是一种危险材料)。在使用 ZnSe 时，还必须考虑到一个小的光谱温度依赖性，8～12 μm 的 AR 涂层通常会产生非常高的透射率～99％，使 ZnSe 成为 SST 辐射计的极好选择。硫化锌(ZnS)比 ZnSe 更硬，更耐化学腐蚀，但具有类似的透射特性。

带通滤光片用于 TIR 滤光片辐射计，通过同时提供所需光谱辐射的高透射和抑制不需要的光谱辐射来隔离 TIR 光谱的特定区域。带通滤光片由四个特性定义。

- 中心波长(CWL)，即通带中心的波长；
- 带宽(FWHM)，即最大透过率的 50％ 处的带宽；
- 峰值透过率(T)，即最大透过率；
- 截止范围，即滤光片不传输的光谱区域。

窄光谱波段通滤光片显然减少了到达探测器的信号，降低了辐射计信噪比。需要注意的是，必须认识到端到端的光谱响应函数 $\zeta(\lambda)$ 也必须包括探测器窗口的光谱特性(图 12)。减少探测器窗口直接反射的 AR 镀膜可能是有益的：探测器窗口本身会发出辐射，增加探测器背景噪声。在冷却探测器的情况下，窄带通滤光片应放在探测器封装内，使窗口本身被冷却到探测器的温度。

光学元件的光谱特性因批次而异，必须注意正确描述每个单独辐射计的光谱定义。图 13 (a)显示了用于 ISAR 船载辐射计的

KT15.85D 辐射计头之间的变化,显示了各头之间显著的光谱差异和 CWL(尽管 CWL、FWHM 和 T 都保持在制造商规定的公差内)。另一个问题是,在被认为是不传输的部分波段(截止范围)的光谱"泄漏"。图 12 给出了一个例子,在 19～26 μm 处带外光谱泄漏,如果不考虑,将导致在测量 SST 时出现显著误差。

　　光谱滤光片、窗口和透镜具有光谱特性,与探测器的特性一起,确定了辐射计的整体光谱特性。至关重要的是,仪器带通(以及所有相关的光学元件)的传输曲线,以及该曲线的温度依赖性,应在与仪器本身光束速度相当的光束中进行可溯源的测量。此外,任何光谱计的光谱定标,以及该定标的温度依赖性,都必须进行可溯源的测量[99]。再者,应注意在被认为是不透光的光谱区域正确地表征滤光片的透光性,以确定是否存在任何光谱泄漏。

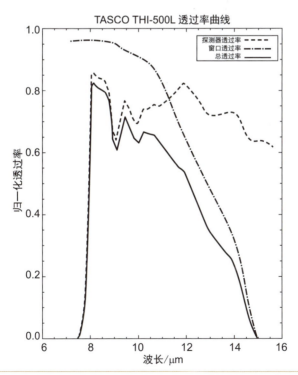

图 12　TASCO HI500 辐射计的光谱传输[62],显示了探测器窗口、聚焦窗口和总光谱的传输。

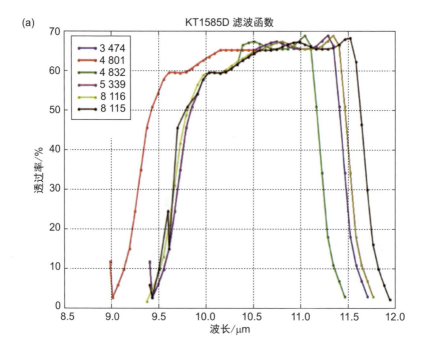

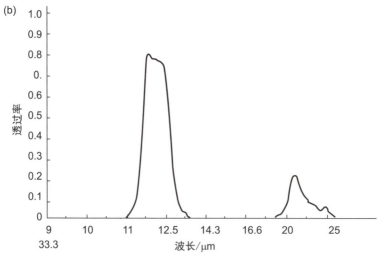

图 13 （a）ISAR 辐射计设计中使用的六个独立的 Heitronics KT15.85 辐射计的光谱传输（序列号显示在图上），显示了每个独立单元之间微小但重要的光谱差异。（b）SIL 辐射计的带通显示了 19 ~ 26 μm 间明显的光谱泄漏。

3.3 光束整形和转向

需要一个光学系统将辐射计 FOV 转向目标辐射源,并以聚焦目标辐射到探测器上的方式对光束进行整形。图 9 展示了滤波片辐射计的简化概述,总结了实现这些目标所需的光学系统的关键元件,这些将在下面讨论。

3.3.1 光束整形

辐射计的光束整形需要准确确定来自扩展源内目标区域的测量立体角。 这就要求对光路和几何形状进行很好的定义,以便能够适当衰减所观察仪器视场周围光源的辐射。产生一个明确定义的测量角度的最简单方法是使用格顺管[108]。这在管子的两端定义了两个孔径,相隔一个已知的固定距离,如果被扩展的辐射源(如海面)过度填满,则作为视场光阑。然后,这两个孔径决定了辐亮度测量的立体角。可以在孔径之间放置挡板,以尽量减少源自 FOV 之外的杂散辐射和任何撞击到探测器上的任何单次反射辐射。最好的方法是将内视场光阑放在探测器本身上,理想情况下在探测器窗口下面,以最小化探测器和孔径之间的任何间隙,以减少窗口和探测器之间由非准直光束和非正常光束引起的反射[92]。孔径边缘应该薄而尖锐,以尽量减少辐射散射,在正面有一个尖锐的斜面边缘,以尽量减少杂散光。图 14 显示了格顺管发散光束和由离轴抛物面镜定义的平行准直光束情况下,这种设计的简化概述。

假设挡板相对于探测器孔径 d 和仪器孔径 D 所确定的光束宽度略微偏大,那么设计的未晕染的 FOV,α,由文献 [108] 给出

$$\alpha = 2\tan^{-1}\frac{D-d}{2s} \tag{21}$$

全辐射测量角 β 为:

$$\beta = 2\tan^{-1}\frac{D+d}{2s} \tag{22}$$

在这样的设计下,未晕染的目标光斑直径(输出信号的高点)将是辐射计测量的全部光斑直径的 40%[108]。图 14 所示的辐射计设计提供了足够的空间来安装定标黑体辐射源、探测器斩波系统和电

子装置。对于挡板式格顺管情况,仪器孔径和探测器滤光片之间的直接路径是显而易见的,这为可能损坏探测器的海水提供

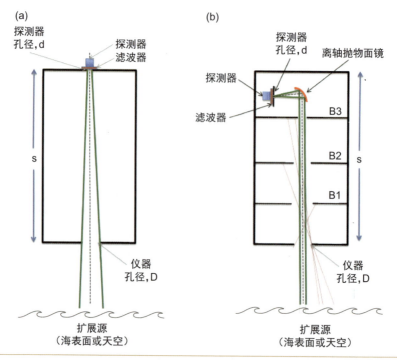

图 14 (a)格顺管辐射计,发散光束观测海面扩展源。D 定义了仪器孔径的大小,d 定义了相隔一段距离的探测器孔径的大小。滤光片直接放在探测器上。(b)使用离轴抛物面聚焦和折叠镜定义准直光束的遮挡亮度管。B1、B2 和 B3 是挡板。绿线显示的是未晕染的 FOV(α),红线是突出挡板的阻挡作用的光线。这两种情况下,大部分信号都来自辐射计的外壳,考虑到这一点,通常使用斩波器系统或将外壳低温冷却(以尽量减少杂散光贡献)(见 2.3 章)。为清楚起见,省略了斩波器、冷却器和窗。

　　了直接路径。发散光束的目标源光斑半径受制于特定船上的物理安装。对于船载辐射计,典型的全光束宽度为～ 6° 是很常见的。对于以 20° 角度(在船舶长度平面内)、15 m 高度观测海面的辐射计,海面上的目标光斑大小将是一个～ 1.5×1.7 m 的椭圆。对于 40° 观测角,目标椭圆将是～ 1.5×3.1 m,与海面高度成线性比例。

　　大多数探测器套件的有效面积为 2.0～6.0 mm²,为了获得最佳

性能,必须将目标辐射聚焦在该小面积上。由 Ge、Si、ZnSe 或 ZnS 制造的透镜可用于此目的,许多商业"辐射计头"(如 Heitronics KT15 系列[39, 109],Heitronics KT11 系列[63],TASCO TH500L[62, 88])遵循这种方法。需要良好的 AR 镀膜来增加透过率和限制杂散辐射。对于扩展目标源,如海面,可以使用一个物镜对目标进行成像,并使用第二个场镜将辐亮度聚焦到一个小的探测器有效区域,在探测器上辐射均匀[40]。例如,BESST 辐射计设计使用 Ge 透镜聚焦到微测辐射热计[110]阵列。然而,适合在 TIR 波段使用的光学材料容易损坏(见第 3.2 节),而且成本高。

对于海洋 SST 辐射计,一个流行的替代方案[65, 85, 87]是使用镜子对辐射计光束进行整形。金属反射镜是 TIR 波长的出色宽带反射镜,并且对偏振和入射角也不敏感。真空镀膜金属薄膜应用于高度抛光的玻璃基底上,如 Pyrex®(低膨胀硼硅酸盐玻璃,抗热冲击)、Zerodor®(一种独特的微晶玻璃材料,具有优良的热膨胀性,可实现超高稳定性)或 Al。金属镀膜相对较软,易于损坏,金属镀上的硬保护层显著提高了耐久性。反射镜的表面质量由其表面数字和不规则度来描述。在大多数情况下,$\lambda/4$ 的表面平整度和低表面质量划痕坑点规格(60～40)足以使散射最小化,适用于船载 TIR 辐射计。

用于 TIR 的良好金属反射镜包括铝(Al)、铑(Rh)、银(Ag)和金(Au)。抛光的铝在 1～20 μm 波段是一个很好的反射镜,但在海洋环境中容易氧化,在没有充分保护的情况下不应使用(这很难实现)。铑在 TIR 中也有很好的反射,并且非常坚硬和耐用(尽管由于铝的氧化作用,很难在铝基底上保持铑镀膜)。银在 TIR 区域有很好的反射,但如果不保护它不受海洋环境的影响就会失去光泽。受保护的银(如使用 MgF_2 或 SiO 电介质涂层)提供了另一种解决方案,在红外区域具有出色的反射率(99%),但这种镀膜不太适合潮湿的海洋环境。带有硬保护镀膜(如 SiO)的金(Au)反射镜在 1.5～30 μm 区域具有最高的反射率(～98%),并且非常耐腐蚀,使这些反射镜成为船载辐射计的首选。

抛物面镜将平行于镜轴的入射准直光束紧紧地聚焦在镜面焦点处,F1。离轴抛物面镜从全抛物面镜的一侧切割为圆形截面:如图

15（a）所示,焦点现在偏离反射镜的机械轴,允许充分利用反射器焦
点区域。然后可以将具有小有效面积的探测器放置在 F1 处。离轴
抛物面镜确实会为扩展光源引入显著的像差,从而在 F1 处产生畸变
光斑,而不是清晰的图像焦点。对于成像相机来说,这是一个问题,
但对于单元素探测器来说,这并不是一个主要问题。如图 14（b）所
示,这种安排使探测器和其他精密部件被放置在辐射计外壳的区域
内,与格申管的方法相比,能更好地保护免受海洋环境的影响。

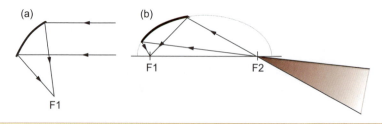

图 15 （a）抛物面反射镜将光从焦点处反射到准直光束,或将准直光束重新聚
焦在焦点处。离轴抛物面反射镜的焦点在机械轴之外。（b）椭圆镜将光从一个
焦点反射到第二个焦点,该焦点通常可以是外部得。离轴椭圆体反射镜的焦点
偏离机械轴。

使用离轴抛物面镜的一个缺点是,由于输入光束是准直的(非
发散的),只能获得与反射镜本身尺寸相当的非常小的目标光斑(几
厘米量级)。与发散光束不同,目标光斑的大小将不随安装在船上
的辐射计的安装高度变化。

另一种方法是使用离轴椭圆镜(或适当的光学透镜配置以达到
相同的效果),如图 15（b）所示。椭圆体反射镜有两个共轭焦点:通
过其中一个椭圆反射镜的焦点(F2)的光线将被反射并出现在另一
个焦点(F1),放在 F1 的探测器将看到 F2 的图像。对于正好位于椭
圆一个焦点的纯点源,几乎所有能量都转移到另一个焦点。然而,
如果目标源正好在椭圆的焦点上,它将被放大(通过每个反射光束
长度的比率)并在图像上离焦。由于这种影响,椭圆体在与小光源
和需要强辐射源的系统结合时最有用,而不需要考虑特别好的成像
(这对许多船载 SST 辐射计中使用的单元素探测器来说不是一个主
要问题)。使用离轴椭圆体的关键优势在于,发散光束可用于对大目

标区域进行采样,第二焦点可用于最小化仪器孔径从而大大保护其免受海洋环境的影响(当然,后者可以利用透镜实现,如 ISAR 辐射计的情况)。SISTeR 辐射计在其设计中使用了离轴椭圆镜,允许使用非常小的 7 mm 仪器孔径(在出口孔径探测器图像放大到 4 mm)。

　　光学系统的光学扩展量或"光抓取",AΩ,(其中 A 是探测器的有效面积,Ω 是辐射计的立体角)在整个光学系统中是守恒的,可以近似于视场光阑面积乘以到孔径光阑的立体角(见第 2.3 章)。AΩ U 可用于具有小出射孔径(椭圆)的发散光束或具有大出射孔径的准直光束(抛物面)之间的权衡。对于离探测器相同距离的相同面积的反射镜部分(假定它们定义了各自的孔径光阑),两个系统的噪声性能将是相同的。请注意,即使是抛物线光束也会有一点发散,因此 AΩ 守恒,尽管对于船载辐射计所考虑的距离来说,这可以有效地忽略:对于卫星仪器(如 Sentinel-3 SLSTR[111]),在仪器扫描镜上的 10 cm 准直光束在～ 815 km 以下的地球表面成为一个 1 km 的天底视场。

　　在辐射计的设计中,应注意促使所有光学元件光学对准。使用激光器和正向对准镖销、夹具和其他可调安装装置将大大有助于仪器的光学对准,并确保现场使用时对准保持正确。设计中需要有一定的坚固性:船上的工作环境与实验室的环境有很大的不同。所有光学元件都必须被明确地安装和固定,以应对船舶发动机的持续振动和在汹涌的大海中可能发生的机械冲击。在这方面,预对准的"即插即用"装置和子装置会很有用的,特别是在海上必须进行维修时。

3.3.2　光束定位

　　光束定位是指根据热红外辐射计中的光学装置来确定辐射计整形后光束的指向。最简单的光束定位方式是用手握住辐射计,手动指向海面,进行单一测量。为了进行更持久的测量活动,并确保一致的辐射计指向,应使用专用支架将辐射计固定在船舶上部结构上,一些例子见图 9 和图 16。

　　RAL/SIL 辐射计[86] 是一个船载辐射计,采用图 14(b)所示方法设计。该仪器被安装在船上(通常是在前桅杆上[31, 65, 112]),

15°<θ<40°。安装是在船舶停泊时进行的,并注意确保辐射计的光束不受整个船体上层结构影响,这是在夜间使用连接到辐射计的激光完成的。使用 SIL 辐射计时的一个重大挑战是,如果不把辐射计取下来并手动指向天空,它无法测量向下的天空辐亮度,这显然是不切实际的,相反,使用一个单独的低成本的 THI-500L 辐射计[112]指向适当的天顶角 θ,来估算向下天空温度,然后在后处理中将 THI-500L 与 SIL 辐射计的光谱响应函数进行光谱匹配。CIRIMS 辐射计也依靠一个物理仪器的安装来设置辐射计的海面指向角(见图9),以及一个单独的天空观测辐射计,该辐射计安装在一个外部壳体中,连接在主辐射计的一侧,指向适当的天顶角。SOOSR 辐射计使用两个 TASCO THI-500 辐射计头,指向适当的天顶角和天底角,装在一个带有外部挡板的大型保护箱内。JPL 的近零位辐射计使用了一种创新的方法,其中热电堆探测器本身在不同的目标观测之间移动。然而,所有这些设计在满足不同船舶安装的能力方面都是有限的,而且,在一些情况下,不能提供天空辐亮度的定标测量。

图 16 (a)在 RRS James Clark Ross 号调查船前桅上安装 SIL 辐射计。辐射计(左边的白管)使用了一个轭形支架装置。(b) RRS Charles Darwin 号调查船前桅上的 SISTeR 辐射计的特写(白色盒子安装在左起第二根手扶栏杆上)。

使用与主辐射计目标光束成 45° 角的旋转平面镜可使辐射计以电子方式(例如,使用步进电机或某些描述的位置编码器)将光束转向旋转镜圆弧周围的任意数量的目标观测。这种"扫描镜"方法(图 17)已被一些 SST 辐射计设计(包括 SISTeR、ISAR、MAERI、DAR-011 和 BESST)所采用,具有极大的优势。这种方法允许探测器通过同一光链观测多个外部目标(取决于辐射计的设计)和内部定标目标(第 3.7.2 节)。正如前面所讨论的,金属反射器在使用适当的 AR 和硬膜涂层时可提供最佳反射镜。重要的是,在恶劣天气下,可以将反射镜"停"在一个安全的位置,并将辐射计与环境隔离。如果辐射计的光束形状是以这样的方式设计的,即在离扫描镜很短的距离内,将光束聚焦到一个小的光斑上(例如,使用离轴椭圆镜),那么面镜可以被安置在一个具有非常小的孔径的保护性扫描鼓中,大大减少了污染。对于具有准直光束的仪器,需要一个较大的反射镜(如 MAERI 的情况),这可能难以保护其免受海洋环境的影响,而且不容易将其并入扫描鼓安排中。

图 17(a)显示了 SISTeR 和 ISAR 辐射计使用的波束转向安排,在(a)位置,扫描鼓旋转以观测天空,而在(b)位置,它旋转以观测海面。DAR-011 和 BESST 辐射计使用简化的扫描镜安排,只允许通过切入辐射计外壳的专用端口进行天底和天顶观测。这种方法虽然在制造上比较简单,但不允许辐射计以 SST_{skin} 测量所需的最合适的角度容易地观测天空。可以对仪器的安装及其观测口进行修改,以改善这方面的设计。这会由于天空观测的错误定向而引入误差,特别是在混合多云天空中[53]。出于这个原因,应该避免这种安排。

应该注意的是,即使使用小的扫描鼓孔径,腐蚀性的海洋环境仍然可能产生影响。虽然辐射计定标系统将解决一定量干的镜面污染(氯化钠具有良好的 TIR 传输特性),但 SNR 将降低。在研发船载辐射计的预防性维护方面也需要谨慎。例如,一些 ISAR 扫描镜在最初的部署中遭受了严重的退化:光学镀膜和金表面起泡并被大量腐蚀。在一个例子中,反射镜严重损坏,以至于 ISAR 数据无法使用。图 17(d)所示的金镜 裂是由于热应力的长期影响造成的。故障可追溯到制造过程中使用的玻璃清洁方案的变化。金镜涂层

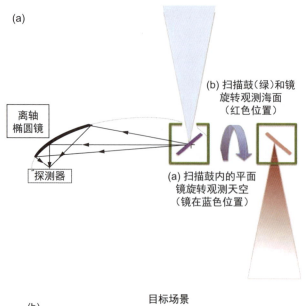

(a)

(b) 扫描鼓（绿）和镜旋转观测海面（红色位置）

离轴椭圆镜

探测器

(a) 扫描鼓内的平面镜旋转观测天空（镜在蓝色位置）

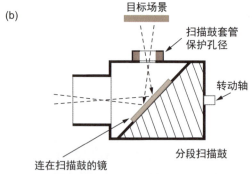

(b)

目标场景

扫描鼓套管保护孔径

转动轴

连在扫描鼓的镜

分段扫描鼓

图 17 （a）扫描鼓和扫描镜的安排（上），用离轴椭圆镜（下）使辐射计光束在扫描鼓孔径处聚焦到一个小光斑尺寸，探测器在另一个焦点处。（b）ISAR 辐射计扫描鼓照片，（顶部）显示了 10 mm 孔径和位于安装块内的反射镜（下部）。注意反射镜安装块的巨大尺寸（直径 38 mm，由不锈钢制成）以确保反射镜温度保持稳定。

没有与玻璃基底正确结合：现场部署期间太阳光照的变化以及随之而来的热膨胀和收缩最终使金镜碎裂。2006 年，ISAR 保护用的玻璃基板金扫描镜的商业供应商和制造过程发生了变化。经验教训是，在进行任何科学部署之前，应使用打算在系统中使用的特定反射镜进行广泛的测试，以确定其退化特性。

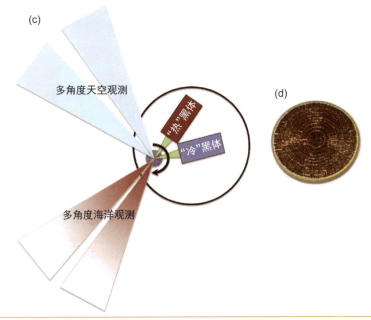

图 17 （c)扫描鼓 / 反射镜布置显示了如何使用多个光束在不同的海洋和天空位置进行测量，并在内部查看黑体定标目标。（d)在海洋环境中工作 3 个月后，在 ISAR 辐射计 [39] 扫描鼓中的开裂和腐蚀的主金镜。反射镜的退化是由于现场部署期间的热应力造成的。后来修改了反射镜的设计和金镀膜过程以解决这个问题。

最后，正如国际空间研究所用于 CDR 的 SST 辐射计研究组所指出的 [99]，对于 SST FRM 辐射计来说，至关重要的是 [99]：

• 扫描镜的旋转轴要与光链的光轴对齐，以便在所有观测中使用扫描镜表面的相同部分，在镜面上的入射角相同；

• 扫描镜在光谱的 TIR 部分具有高反射率（通常这是通过使用无涂层的金表面实现的）；

• 镜子的光学表面和基底都要能适应潮湿的盐水环境；

- 扫描镜可以选择观测任何黑体和所需的外部场景图;
- 应报告扫描镜的角度位置。

还建议[99]:

- 记录扫描镜或近处代替物的温度;
- 扫描镜有一个随其旋转的光学和环境挡板。这也可以作为一个防雨门,在不观测黑体时将其隔离;
- 光学系统有明确的视场光阑和孔径光阑,因此光束包络是明确的(以便于光学对准),并且很好理解;
- 尽可能多的光学系统包括探测器和光谱选择机构,应包含在一个密封的外壳内,该外壳装有一个合适的高透过率红外窗;
- 红外窗和任何反射镜的表面涂层和基底必须对潮湿的盐水环境具有良好的适应性;
- 在进行定期测量之前应进行大量的测试以确定光学元件的退化特性;
- 在滤光片辐射计中,窗口的透射特性清楚,并包括在仪器的综合光谱响应和任何带外透射;
- 光学系统应在适当的地方设置良好的挡板以控制杂散光。

3.4　热控系统

热稳定性是任何 TIR 设计的一个关键因素。如果没有热稳定性,就很难(如果不是不可能)将探测器信号的定标保持在适当的质量。由于内部定标通常针对板载参考黑体腔定期进行,因此目标是确保所有仪器温度变化很小,且发生的时间间隔比仪器定标周期长得多。

一般来说,船载辐射计保持在环境空气温度。主要的挑战是如何解决太阳照射带来的热冲击。在夜间,假设均匀空气气团下,船载辐射计一般会跟随大气的温度缓慢变化。在白天阴云密布情况下,太阳光照是通过漫射辐射来产生的,并且缓慢变化(假设云层厚度均匀),尽管预计会出现明显的温度漂移。然而,在混合云情况下,必须应对云层过去时通过直接和即时的太阳光照产生的太阳热冲击。使用反射性涂料和仪器遮阳是第一个方法。也可以使用具有良好绝缘性能的多壁外壳。另一种方法是将敏感部件(如探测器、定标黑体)安装在具有高热容的大型外壳内以吸收热冲击(如 ISAR 仪器的设计)。主动冷却增加了功率需求,并带来了冷凝水积聚和光学表面受潮的风险,导致辐射计的光通量为零。由于这些原因,大多数船载辐射计都避免了这种做法,如果需要热控制,则首选升高的温度控制[92]。主动温度控制在某些情况下不可避免(例如,当使用 InSb 或 MCT 冷却的探测器时),需要适当的设计以确保解决方案的实用性和功能性。重要的是,在 TIR 设计之初就考虑热控制,这通常在开发辐射计外壳时完成最好。

3.5 保护和热稳定辐射计的环境系统

对于任何打算在恶劣的海洋环境中使用的光学仪器,充分的环境保护是至关重要的。雨水、海水飞沫和高湿度会损坏定标系统,并迅速破坏所有保护不力的部件和光学前置器件[39]。船上的海洋环境特别是通向船头区域,其特点是高湿度和大量的海洋气溶胶(几乎完全由水和盐组成)。在恶劣的天气下,海水被船头抛起(图18),在一些地区,白天有强烈的太阳照射。

图 18 RRS James Clark Ross 调查船在航行,船上飞沫和水的量十分醒目,这些在开发船载 FRM 辐射计时必须考虑。SISTeR 辐射计安装在左边的前桅杆上。

　　这样的环境要求所有的电子电路都封闭在一个防水的外壳里。海上普遍存在的盐分沉积进一步要求仪器的光学元件和定标辐射源都要与外部环境有效隔离。这样做的另一个好处是,在恶劣天气期间,仪器受到充分保护,操作人员的关注最小化。后一种考虑不应低估,因为海上的天气变化非常快,通常的辐射计安装是在相对具有挑战性的位置(如船舶前桅杆),可能难以到达且危险。在某些海洋地区,要求仪器运行在可能发生的极端环境温度下。热带地区在晴朗的天空条件下会有大量的日照,会明显地加热仪器,在某些情况下会导致定标无效。在高纬度地区,冰冻和零度以下的温度可能需要使用主动加热以防止冰积聚。

　　辐射计内的任何光学表面都不能完全湿了,这是至关重要的;否则,光学系统将没有光通量。然而,期望部署在船上的仪器能清楚地看到海面,在某些时候不会被弄湿是不现实的。如果有一个对恶劣天气有敏锐洞察力的操作员,可以手动保护辐射计,尽管这种解决方案并非没有风险(对辐射计和操作员都是如此)。采用雨量传感器和自动系统在恶劣天气下密封辐射计的替代策略是更可取的。这就是 ISAR 和 SISTeR 辐射计所采取的方法。此外,光学设计必须允许在完全密封仪器所需的时间内有有限的的雨水或海上飞沫。海洋大气中因灰尘或盐分沉积在其表面而造成光学表面污染,是一个不可避免的问题。光学表面的气溶胶灰尘(例如,特别是撒哈拉的灰尘)或严重的盐污染仍然是一个挑战。然而,使用包括整个仪器光路和内部参考黑体的定标系统,确保可以容忍光学表面的适度干燥污染,因为这只会减少相对于系统噪声的信号,而不是引入显著定标偏差。

　　总之,当安装在船上时,SST 辐射计会暴露在各种天气下,有时还会暴露在具有挑战性的机械环境中。此外,它还需要经常运输、安装和拆卸。由于船载 SST 辐射计需要在不受船舶影响的情况下观测海面,典型的辐射计安装将以孔径指向船头观测海面。在恶劣天气下,大量的海水可能被抛起并进入辐射计,弄湿滤光片表面,使辐射计的光通量减少到零。以下至关重要 [99]:

　　•该仪器具有坚硬耐用的结构,以在运输和搬动期间保持其完整性、光学对准和定标；

• 整台仪器封装在一个坚固的外壳中，除了观测孔径外，是不透水的；

• 当有雨水或飞沫时，观测孔可以密封。

以下建议[99]：

• 仪器具有很大的热质量，以抑制环境温度的变化；

• 仪器具有白色的整体外部涂层，以减少太阳加热。

3.6 仪器控制和数据采集

运行船载热红外辐射计需要专门的仪器控制和数据采集系统。仪器控制计算机可以在仪器上，或通过远程计算机，或两者结合使用。RS-232 和 RS-485 串行通信协议是常见的。使用机载系统的好处是可以最大限度地减少在船上的安装，限制了与长电缆运行有关的潜在问题。海上典型的安装使用具有浪涌保护装置的定制调节不间断电源（UPS）。然而，这种装置不能补偿船上经常发生的低电流电压不足，这在许多情况下会产生不可预测的影响。此外，在典型船舶安装上发现的电磁噪声水平往往很高，噪声源包括大功率无线电发射器、雷达设备和船舶发动机和船上各种附件（如起重机、井架、泵等）产生的机械噪声，为了尽量减少这些影响，应始终使用重型屏蔽电缆，特别是在船舶安装中经常遇到的长电缆运行。出于同样的原因，强烈建议与仪器的数字连接。如果没有正确地接地，或者电缆太长以至于发生功率损耗，电缆会造成问题。在每次部署时，都必须谨慎考虑船舶有效接地的挑战以及船舶电源的非平稳性。

数据存储应设计为典型的部署时间并有足够的余量以备部署时间延长。如果一段时间内没有活动记录，一个电子看门狗定时器可以重新启动仪器。如果重启后的第一个操作是将仪器置于安全模式下，该功能提供了一个"自动自我保护"系统。在模数转换（ADC）方面，电子器件应具有最高的质量，并具有强健、准确的桥接电路，以确保所有温度传感器都能正确采样。需要足够的电源和信号调节来控制板上的步进电机、轴编码器、热敏电阻等。如果合适的话，也可以考虑将冗余系统用于业务话自主工作仪器。必须注意确保所有的时间戳都参照其他支持仪器都使用的适当的时间系统。以下至关重要[99]：

• 黑体温度计的激励和读数电子器件具有可追溯的性能，不会明显限制测温的准确性；

• 探测器前置放大器和信号处理电子器件不会给探测器信号增加显著的非线性或噪声；

• 定期记录完整的仪器状态，包括所有可用的内务数据；

• 所有数据必须有时间戳。

以下建议[99]：

• 来自读出电子装置的数字化数据不受量化限制；

• 所有的电子系统都要集成在仪器内；

• 谨慎管理功耗，以限制仪器自热；

• 为了安全起见，仪器应该由低压直流电源供电。

简单的"独立于机器"的数据格式是首选，以方便数据处理。一些系统使用美国国家海洋电子协会（NEMA）0183 类似 ASCII 文本字符串的方法进行数据格式化，这取决于数据速率。这提供了对数据的简单访问，并确保数据易于解释，无需额外处理。NEMA 形式的数据可以很容易地使用任意数量的程序进行压缩，以尽量减少数据量（如果有这个问题）。旋转硬盘驱动器在使用前应在船上进行测试，以确定船舶的连续移动是否会对驱动器的可靠性和性能产生任何影响。固态硬盘可能提供一个更好的解决方案。将辐射计使用的所有配置参数包含在每个写入的数据文件的头中是很有用的，以确保在后处理辐射计数据时使用正确的参数。

3.7 定标系统

红外线辐射计的探测器不仅会对目标源发出的辐射作出响应，而且还会对反射到辐射计视场的杂散辐射、从探测器和前置光学装置的反射以及探测器本身温度的变化作出响应（即杂散辐射既来自仪器本身，也来自海面的反射）。如果探测器和带通滤波器的温度没有被调节，就像很多现场仪器上的情况一样，它们的响应函数可能随着仪器温度的变化而变化，这导致了仪器定标的逐渐漂移。

定标系统的作用是根据入射到探测器上的测量的目标辐亮度来量化辐射计探测器的输出。为了纠正仪器的定标漂移,需要经常对已知的参考辐射源进行标定。对于 FRM TIR 辐射计来说,如果要用来验证 SST_{skin} CDR 中的卫星测量结果,则定标必须可溯源到 SI 标准[28]。适当的定标最好包括对信号的全动态范围(即天空辐射和海洋辐射)进行定标,考虑了以下主要误差来源。

- 探测器非线性;
- 前置光学装置(即镜子、透镜、窗)的补偿和它们的温度依赖性;
- 探测器增益和偏移中不可避免的漂移;
- 端到端系统的温度依赖性(杂散光);
- 光学机械和电子元件的长期退化。

总的来说,不同的 FRM SST 船载辐射计采用的定标分为两个不同的类别:

1. 外部定标的辐射计,定期观测外部黑体源以保持定标;

2. 那些使用内部参考黑体腔定期观测,因而是自定标。

3.7.1 外部搅拌水浴定标

1975 年研发了船载 SST 辐射计的外部定标系统[113, 114],用于补偿定标误差的主要来源。在这种称为"搅拌箱法"的定标方法中,辐射计定期观察搅拌良好的海水箱(间隔～2～5 分钟),与海面目标测量交替进行。海水具有非常高的发射率,实际上,搅拌箱就充当一个外部黑体源。水箱中的水温是准确确定的,假设由于桶水的剧烈搅拌所引起的湍流运动导致热表皮完全破裂,理论上,通过将测量的水浴温度与辐射计信号相关联,辐射计可以绝对定标。使用这种方法时,引述的精度为 ±0.05 K[84, 90, 113-115]。该方法声称[90]可以补偿(1)海面发射率非一的偏差,包括偏离天底指向的表面反射率的变化,(2)辐射计测量的晴空和有云时海面反射的辐亮度贡献,(3)海上飞沫对辐射计前置光学装置的污染,(4)辐射计和用于内部定标的任何参考黑体腔的温度漂移,以及(5)仪器内电子器件的漂移,其中(4)和(5)主要由太阳直接加热引起。

这个系统的一个主要缺点是,运行该系统,辐射计或搅拌箱需要定期进行物理移动。大多数使用这种方法的作者[84, 90, 113-115]选择了一个自动系统,其中搅拌罐而不是辐射计,被移动到辐射计的视场内。图7(e)显示了 OPHIR 多波段红外海上实测辐射定标器(MISTRC)系统在调查场船(R/V) Vickers 号上使用的定标系统[74, 115]。在这个系统中,使用了两个嵌套的水桶,其中海水通过小孔被泵送至内水桶底部,产生强大的垂直水射流,假设该射流会破坏海表皮层。然后水从内桶边溢出,通过外桶被带走。内桶的温度由一个 PRT 和一个精确的热敏电阻持续监测,整个装置安装在一个双轴万向架上,以保持由 MISTRC 观测的恒定天顶角。每分钟使用一个导轨道装置自动地将桶装置带到 MISTRC 的视角中。

假设水浴的表皮(因此与水中测量温度的热表皮温度偏差)被剧烈搅拌完全破坏,是这种方法的关键所在。实验室实验[112, 116]使用热红外相机收集了搅拌水箱的详细测量数据,并得出结论,要完全破坏表皮温度偏差,需要对水桶进行极其剧烈的搅拌。这在一定程度上是由于风对桶水面的作用(在船舶安装时桶水面通常完全暴露,由于船舶在移动,总是有相对风作用于桶水面),驱动准瞬时[112]蒸发通量,导致可变化的皮温度偏差。对这种定标方法的第二个批评是,假设在海面和桶水表面反射的向下天空辐射度被完全考虑在内。理论上,搅拌桶方法通过在相同的角度观察暴露的水箱和海面,隐含了对天空反射的考虑,其优点是不需要直接测量天空辐亮度。然而,如果不把误差引入到最终测量中,这关键假设了海面和定标桶测量周期都是均匀云层(阴天或晴天,这很少发生)[53]。这种定标方法的另一个缺点是,辐射计只有一个有效的单点定标,因为水箱温度通常比海面温度略高,当水通过船舶内部管道泵送时,水温会升高。这意味着局部测量的定标增益关系在很大程度上仍不确定,需要一系列数据通过数据后处理得出增益值。然后,这种方法假设定标随时间呈线性。最后,还必须认识到搅拌桶方法是一种"好天气"定标方法。随着风速的增加,飞沫从水浴表面吹到辐射计头上,往往会弄湿前部光学装置,其结果是辐射计测量的是湿的光学表面的温度,而不是实际观测海面(与文献[90]的说法相反)。

一个有趣的测量方法是利用布鲁斯特角。在海面上反射时，漫反射天空辐亮度是偏振的[117]，在布雷斯特角（在波长 11 μm，与天底方向成～53°），对于给定的波长，水平偏振（h-pol）辐亮度分量可以忽略（图 19）。因此，在布雷斯特角，只有垂直偏振（v-pol）分量仍然存在，如果辐射计的光谱响应对 v-pol 进行了优化，可忽略的反射天空辐亮度（h-pol）由辐射计测量。MISTRC 辐射计[74]实现了这种方法，使用水平栅格偏振滤光片作为短波光学链的一部分，对消除"太阳光"效应特别有效。在实践中，由于布鲁斯特角对特定部署的几何形状非常敏感（限制约为 ±2°），这种技术最适合于从固定平台上部署和／或在海面相对平静时部署。此外，使用偏振滤光片可以减少落在探测器上的信号，增加辐射计的信噪比（SNR）。

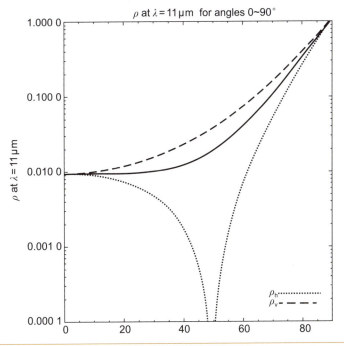

图 19　11 μm 反射天空辐射的偏振与观测角的关系。总偏振显示为一条实线。

这种定标方法所面临的挑战和值得商榷的假设[74]，以及在船上安装和维护搅拌桶系统的后勤安排，意味着该定标方法现在已经基本上被基于内部参考辐射腔的内部仪器定标和第二个测量向下天空辐亮度所取代[74]。

3.7.2　使用板载参考辐射源的自定标辐射计

自定标是用两个(或更多)已知的红外辐射源照亮辐射计完整光学链的过程[99]。从两个(或更多)这样的点,可以导出当前仪器状态的探测器信号和外部辐射之间的线性(或高阶)关系。有了这个关系,探测器的信号就可以转换为辐亮度度,用于随后对外部场景的观测。这个过程以足够快的速度重复,以捕捉和描述仪器的自发射和响应性的任何变化。通常情况下,定标和场景测量的周期在1到10分钟之间。

在大多数船载热红外辐射计的设计中,使用两个精确的温控参考定标黑体,在有限的温度范围内提供两点(即一个"热"和一个"冷")定标。这也可以通过单个动态地改变温度的黑体来实现。一个简单的方法是让一个黑体"漂"在环境仪器温度下,这个温度总是接近海面的温度,而另一个腔体被加热到环境温度以上(即比实际的 SST 更暖)。通过这种安排,在目标 SST_{skin} 的温度范围内,定标精度得到了优化,因为仅在很小的温度范围内假设线性,定标系统中任何非线性的影响都被最小化了。显然,在观测透明的干燥大气时,仪器定标在很低的亮温(<180 K)下会有所下降。由于 <2% 的天空辐射在海面上被反射,即使在 >5 K 的相当大误差下,外推造成的标定误差对 SST_{skin} 测定的总体精度影响也是很小的。目前还没有发现使用低温冷却参考辐射源对船载热红外辐射计进行机上定标的可行解决方案。

图 20(a)是一个典型的凹锥黑体参考辐射度腔设计的剖面图,与 ISAR、SISTeR、BEST、SOOSR 和 DAR-011 辐射计所使用的类似。图 20(b)显示了 MAERI 使用的另一种大孔径腔体设计(CIRIMS 和 JPL NNR 设计也使用类似的腔体轮廓)。

一个凹锥体和一个部分封闭的孔径设计,再加上高发射率的表面处理(如 Nextel 天鹅绒黑涂料)和关键的内部几何形状,确保黑体空腔在热红外波段的发射率 >0.999[118]。不同的辐射计设计要求不同的黑体孔径大小:如图 20(b)所示,MAERI 有一个直径为几厘米的大的准直光束,需要相对较大的黑体孔径(670 mm)。在辐射计的光学设计中必须注意,确保辐射计的光束未填满黑体的孔径,以避免定标错误。

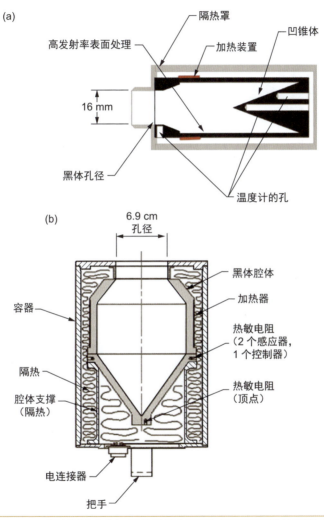

图 20 (a)ISAR 辐射计[39] 定标黑体腔的剖面图,显示了凹锥体设计、隔热罩和用于确定黑体辐射温度的热敏电阻位置。黑体的内表面涂有 NEXTEL® 绒面革 3103 涂料。该设计的腔体发射率为 0.999 3。(b)M–AERI 的黑体腔[79]。两个这样的腔体被用于干涉仪的常规定标;一个加热到 330 K,另一个漂在接近环境温度。为了验证定标时,在天顶视角的位置上有第三个空腔,其温度可编程为跨越 SST 范围的若干设定点。

　　具有 SI 可溯源定标的热敏电阻、RhFe 温度计或铂电阻温度计（PRT）用于监测每个黑体的温度。位于腔体底部的热敏电阻提供主要测量，另外沿腔体轴线安装的热敏电阻用于检测和监测在加热模式下运行的任何热梯度。辐射腔通常被安置在一个绝缘护罩中（例如，在外壁和护罩之间留下一个小的绝缘空气间隙，或使用绝缘材料），以抑制热损失并保持温度均匀性。在运行期间，一个黑体腔保持在环境温度，而另一个黑体腔的加热器可平衡到更高的温度。在图 20（a）的设计中，一个恒定功率的电阻加热元件包裹着辐射腔的外径，以提高腔体的温度。图 20（b）中使用的设计具有一个可调节的加热器电路，允许使用更大的温度范围。

　　定标黑体必须放置在辐射计光路的末端，以便任何光学部件的辐射影响对所有仪器的视角（即所有目标视角和所有黑体视角）都是相同的。由于黑体通常暴露在海洋大气中（尽管 CIRIMS 辐射计的设计是这种布置的一个明显例外，见第 4.4 节），不考虑对黑体空腔进行主动冷却，因为内表面可能发生冷凝，导致错误的定标数据（在黑体表面的冷凝物上会有皮温偏差，使黑体温度传感器与冷凝物的辐射表面无关）。此外，主动冷却将显著增加仪器的功耗，并需要仔细的热设计，以确保所有的热量被迅速有效地从辐射计中导出。在许多船载辐射计的设计中，黑体保持固定，使用旋转镜来选择适当的目标。对于 JPL NNL 和 CIRIMS，移动辐射计的探测器头以观测参考黑体或目标。RAL/SIL 和 SOOSR 辐射计采用了另一种方法，即使用步进电机和固定黑体的旋转臂将黑体定期移到辐射计的视场内。

　　考虑图 9 中描述的简单滤色片辐射计，一个典型的 SST_{skin} 测量周期包括旋转目标选择镜，在测量"扫描"序列中测量四个不同的辐亮度：（1）海面辐亮度 $L_{scene}(\lambda, \theta)$，（2）天空辐亮度 $L_{sky}(\lambda, \theta)$，（3）环境温度黑体的辐亮度 L_{bba}，以及，（4）加热黑体的辐亮度 L_{bbh}。探测器输出通过线性关系与辐射计频率通带上积分的入射辐亮度相关联。仪器的辐射定标包括确定探测器输出和积分入射辐亮度间的线性关系。

　　探测器在观测环境黑体（B_{Bamb}）时测得的信号由下式给出：

$$G_{amb} = G\xi_B B_B\left(T_{amb}\right) + O_o \tag{23}$$

其中，T_{amb} 是 B_{Bamb} 的测温温度，观测热黑体（B_{Bhot}）时的信号由以下式给出：

$$G_{hot} = G\xi_B B_B\left(T_{hot}\right) + O_o \tag{24}$$

其中，T_{hot} 是 B_{Bhot} 的测温温度。然后，系统的辐射增益 G，可以从公式（23）和（24）中导出，使用下式：

$$G = \frac{\left(C_{hot} - C_{amb}\right)}{\xi\left(B\left(T_{hot}\right) - B\left(T_{amb}\right)\right)} \tag{25}$$

其中，C 表示测量的探测器计数值，B 是普朗克函数，T 是环境或热黑体腔的辐射温度，ζ 是辐射计光谱响应函数。通过替换，可以用以下方法得到定标偏移量：

$$O_o = G_{amb} - G\xi_B B_B\left(T_{amb}\right) \tag{26}$$

这个方案假设黑体腔的发射率为 1.0，探测器的输出与辐亮度成正比。每个黑体腔的辐亮度是利用嵌入式热敏电阻测得的温度（确保对 SI 标准的完全可溯源性）和辐射计特定的辐亮度 – 温度和温度 – 辐亮度函数来计算的，该函数是基于辐射计光谱响应函数中的普朗克函数的光谱积分。这些都是针对每个辐射计的。

FRM 船载热红外辐射计的内部定标需要定期验证并可追溯到 SI 标准，因为这是 CDR 的基础。一些可溯源到 SI 标准的外部精密参考黑体辐射源[87, 119, 120] [121-123] 用于此目的，如同第 5.2 章中所讨论的那样。

3.7.3　NNR 定标

基于近零位辐射计定标[80]方法的另一种方法将在第 4.3 节中讨论。

3.8　总结

搅拌水浴定标技术的复杂部署组织工作和有问题的假设使作者得出结论，它不应该用于支持 CDR 的 SST 基准参考测量。在自定标的辐射计系统中，机载参考黑体辐射源是首选。

当为 FTM TIR SST_{skin} 辐射计使用黑体参考腔时，以下至关重

要[99]:

•辐射计的光学系统,包括探测器和光谱选择机构,应尽可能多地包含在一个密封的外壳内,并配有合适的红外窗口;

•整个光学链,包括窗、透镜、镜子等,必须对照仪器的参考辐射源进行端到端的定标;

•为了确定船载辐射计能够测量 SST_{skin} 不确定度,这些仪器必须在现场进行自标定。也就是说,它们必须有内部定标目标,可以与海洋测量结果进行比较。为了评估内部标定的不确定度和内部定标目标的稳定性,应定期使用实验室定标设施对整个辐射计系统进行外部定标;通常在每次现场部署之前和之后进行。为了满足BIPM 的要求,即"测量是以表征良好的 SI 单位进行的",实验室定标设施应具有与 SI 标准进行比较的完整链;

•定标黑体目标发射率必须很高,并得到充分了解。发射率的不确定度不应主导仪器的误差估算;

•定标黑体目标孔径应足够大,以完全包含仪器观测,包括任何衍射条纹。理想情况下,孔径不应明显过大,因为这将降低空腔的发射率;

•定标黑体目标必须与邻接周围环境进行热隔离;

•定标黑体目标必须尽可能地与外部环境隔离;

•定标黑体目标发射面的温度,特别是辐射计直接观测到的部分,要用一个或多个温度计准确测量;

•定标黑体目标温度计必须定期进行重新定标,并可溯源到 SI标准。

以下建议[99]:

•定标黑体目标应安装在远离直接观测表面的外部结构上。这将是靠近孔径的地方;

•一个定标黑体目标最好保持在低于(或接近)SST 亮度的温度下,以限制定标增益灵敏度。为了减少黑体表面凝结的风险,可以让它漂在环境温度下,第二个黑体可以在一个较高的温度下运行;

•热黑体空腔在安装点附近加热,以减少沿空腔壁的温度梯度。

3.9　附加评论

在 FRM 船载辐射计的设计中,经常包括支持主要 SST_{skin} 测量的额外传感器。一个低成本的全球定位系统(GPS)单元为辐射计提供实时位置、航线、速度、航向和 UTC 时间。油阻尼倾角仪提供了船舶横摇和纵摇的测量:此类测量对于选择最合适的海水发射率率值至关重要。

4. 基准参考测量船载热红外辐射计的设计和部署实例

4.1　DAR-011 滤光片辐射计

DAR-011 滤光片辐射计[85] 是一个单通道、自定标的红外辐射计,由澳大利亚联邦科学与工业研究组织大气研究部研发。该辐射计有着悠久的历史,可以追溯到许多年前,是带来可靠、精确的仪器的发展高潮。参考文献[85] 提供了该仪器的全部细节。

一个旋转的 45° 平面镜依次观测海洋、热黑体定标目标、天空,最后是环境温度黑体定标目标。准确监测两个定标黑体的温度,提供了良好的绝对辐射精度。十分钟的工作周期包括七分钟观察海面,各一分钟观测热黑体定标目标、天空和环境温度黑体目标各 1 分钟。在所有情况下,每 0.4 秒读数一次,海面观测数据平均到 1 分钟的数值。天空辐亮度随时间插值,以提供一个用于海面测量的天空校正值。

入射辐射针对第二个环境温度黑体进行物理截断,截断的辐射通过 45° 抛物面前表面镜聚焦到热释电探测器上。在到达探测器之前,辐射通过一个干涉滤光片,该滤光片可以通过波长在 10.5～11.5 μm 之间的辐射。辐射计工作的固定光谱宽度为 1 μm,以 11.0 μm 为中心,没有其他波长的测量。150 毫米长的圆管连接两个仪器孔径上(观测海和观测天),以帮助保护内部光学器件和定标黑体免受海上飞沫和其他污染物的影响。虽然两个定标黑体对周围环境开放,但它们位于辐射计系统内部。

这种设计的优点包括:

• 在海洋和天空观测孔径、黑体定标目标和位于热释电探测器前面的干涉滤光片之间没有使用窗口,因此不需要对窗口的透过率和相关光学表面的反射率进行校正;

• 来自两个定标黑体、海洋、天空的辐射都通过旋转面镜上的45° 度反射采用相同的光路;

• 探测器的输出通过一个放大器,该放大器与物理斩波器相位锁定;

• 用于平滑来自热释电探测器的斩波信号的积分时间可以在0.1到 10 秒之间变化,大多数部署使用 1 秒的积分时间;

该设计受限于以下选择:

• 采样 / 定标周期提供 7 分钟的海面观测数据,然后是 3 分钟的定标时段,期间没有 SST 数据;

• 光学系统和黑体对环境是开放的,需要注意确保污染最小。因此,辐射计在部署之间需要仔细标定,以确保黑体定标系统的完整性;

• 大多数污染发生在 45° 平面镜上。然而,即使有明显可见的污染,黑体定标系统和锁相环确保在这些情况下仍能产生良好的测量结果。有备用镜可用于更换那些被海上飞沫中的盐分损坏的镜子;

• 由于辐射计的光学系统对环境开放,并且没有自动覆盖的方法,因此,只要有可能下雨或有大量海上飞沫的极端海况,就必须用塑料外壳手动覆盖系统,并将盖子连接到两个开口孔径上。因此,该系统需要持续关注,除非有专门的操作人员,否则不适合部署在顺路观测船上;

• 由于辐射计的物理结构,天空观测孔径与海洋观测孔径相反,导致天空校正的方向不正确。必须注意辐射计的安装,以确保没有任何船舶上层结构遮挡住(向后)天空观测。

4.2 SISTeR 滤光片辐射计

扫描红外海表温度辐射计(SISTeR)是一个紧凑而坚固的斩波

自定标滤光片辐射计(图21)。SISTeR设计目的是能够在海洋环境中长期生存并保持其定标。它的尺寸约为$20 \times 20 \times 40$ cm,重约20 kg。该仪器分为三个隔舱:一个包含前置光学装置,中央隔舱包含扫描镜和参考黑体,第三个隔舱包含一台带信号处理和控制电子装置的小型PC。前置光学和电子装置隔舱是防水的,扫描镜和黑体用交错挡板仔细保护。

前置光学装置包含一个氘化L-丙氨酸掺杂的硫酸三甘氨酸(DLATGS)热释电探测器和前置放大器,安装在包含一个同心的6位滤光片轮和一个黑色旋转斩波器的装置上。滤光片轮目前包含三个窄带滤光片,中心波长为3.7, 10.8, 12.0 μm,与卫星沿轨扫描辐射计(ATSR)仪器相匹配。光束以100 Hz斩波,这是探测器最佳噪声性能和信号处理链中快速滤波器响应之间的折衷。主要的光学元件是一个椭圆镜,通过它,探测器可以从一个抗反射涂层的ZnSe窗口观测一个45°扫描镜。

图21 SISTeR辐射计和支持设备。

扫描镜可以将探测器的观测引向两个内部黑体中的任何一个,或引向从天底到天顶跨度180°弧线上的任何一点的外部场景。两个同心的挡板围绕着扫描镜。一个场平面在外挡板的出口孔径中心,因此可以使孔径尽可能小,以确保最大的内部保护。仪器FOV的全锥角约13°

SISTeR的自我定标设计在本质上是可以容忍其光学元件的污染。整个光学系统是以两个高精度的参考黑体为参照。一个漂在环境温度附近,另一个在高于环境温度约 15 K。每个黑体中都嵌入了一个 27 Ω 的 RhFe 温度计。整个黑体腔可以安装在牛津大学维护的一个特制的定标块中,温度计的定标相对于 ITS-90 的绝对精度优于 4 mK。由于船上的环境温度通常与 SST 非常接近,较冷的黑体温度总是跟踪海面的温度。

4.2.1   SISTeR 运行

SISTeR 仪器的所有方面,从扫描镜的位置到探测器的信号都可以通过 C 语言库中定义的变量来访问。可以编写任意复杂的控制程序,但通常只需要几行代码就能定义一个扫描序列。当控制程序运行时,每次测量后,完整的仪器状态会通过串行链路传输到笔记本电脑地面站。所有的 SISTeR 测量序列都包含对其内部两个黑体的重复测量。此外,为了计算表皮 SST,SISTeR 被编程测量海面的向上辐亮度和补充的向下天辐亮度。SISTeR 的长波通道,在典型的 SST 下,1 秒采样测量噪声温度小于 30 mK。在通常的一个月的验证活动之前、期间和之后对外部 CASOTS-I 黑体[87] 的测量表明,即使扫描镜光洁度在同一时期明显恶化,SISTeR 定标仍然可以重复到优于 20 mK。

4.2.2   海表皮温测量

通常,SISTeR 的辐亮度度 $L_{scene}(\lambda, \theta)$ 和 $L_{sky}(\lambda, \theta)$,是每隔 0.8 秒用 10.8 μm 的滤镜 进行采样。皮层 SST 的计算是按照第 2 节 3.7.2 所述的方法从上涌海洋辐射度样本中进行的。

4.2.3   SISTeR 安装和支持

SISTeR 通常安装在船上上尽可能靠前、尽可能高处,这样它就能避开"甲板上浪"和飞沫,并且可以看到船首波前方未被扰动的水。在可能的情况下,海面观测角度保持在离天底方向 15 ~ 40° 范围内[56]。该仪器还要求在离天顶的余角上有清晰的天空观测。

SISTeR 配备了一个快速释放支架,并配有一个小转台,与之配套的是一个托架。转台可以安装在一个有八个孔样式的水平面上。还有一个预先钻好样式的小水平台,可以用 U 型螺栓连接到扶手上

（见图 22）。该仪器需要 24 V 直流电源和串行数据连接。仪器数据可在笔记本电脑上进行远程记录。防水电源、串行调制解调器和电缆组可用于 100 米或以上的运行，并带有各种电源插座的终端。

图 22　在 RRS 查尔斯 – 达尔文号前桅上安装 22SISTeR 辐射计。

　　图 23 展示了使用 SISTeR 辐射计获得的典型数据集，强调了对天空辐亮度的多角度测量。可用于改善海面反射所需的修正。请注意，在有云的情况下，天空的辐亮度变化很大，从不同的角度看平均偏移量不同，特别是较浅的 50° 视角，其大气路径长度更长。

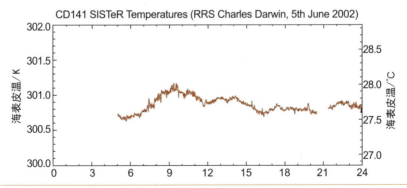

图 23　SISTeR 辐射计获得的数据实例，显示了 SST_{skin}（上图）、SST_{skin} 测量的标准偏差（中图）和用于校正海面反射天空辐射在三个不同角度测量的天空辐射温度。

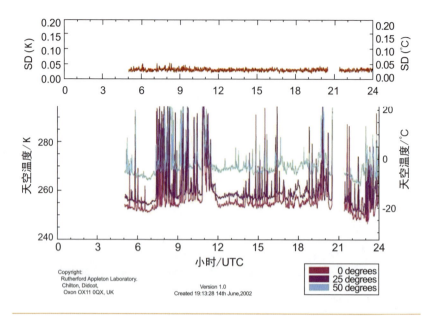

图 23（续）　SISTeR 辐射计获得的数据实例，显示了 SST_{skin}（上图）、SST_{skin} 测量的标准偏差（中图）和用于校正海面反射天空辐射在三个不同角度测量的天空辐射温度。

4.3　NASA JPL NNR

NASA/JPL NNR 是一种低成本、紧凑型、低功耗、高精度的辐射计，其使用热电堆传感器[80-82]。NASA/JPL 的 NNR 由两个主要部分组成。首先是一个可移动的热电堆（TIR 传感器）。热电堆传感器安装在一个圆柱形的外壳里，该外壳又连接到一个电机轴上。电机可以将热电堆传感器指向内部黑体的方向，也可以将其指向装置之外（图 24）。第二部分是一个带有铂金电阻温度计和一对热电加热器冷却器的黑体。

NASA/JPL NNR 的一个关键设计理念是开发一种坚固、紧凑、低功率并可在系泊浮标上自主部署的辐射计。NASA/JPL 的 NNR 已经 1999 年和 2007 年分别部署在加州／内华达州太浩湖和加州萨尔顿海的浮标／平台上。辐射计的主要特性见表 3。

所部署的辐射计几乎连续测量了这些水体的表皮温度（每 2 分钟一次），并用于标定许多卫星仪器，包括沿轨扫描辐射计 -2

（ATSR-2）、高级星上热发射和反射辐射计（ASTER）、中分辨率成像光谱仪（MODIS）和陆地卫星[80-82]。

表 3　JPL 近零位辐射计（NNR）的主要特性

NASA JPL NNR 指标	
长度	5.625 英寸（143 毫米）
宽度	4 英寸（102 毫米）
高度	5.25 英寸（133 毫米）
重量	4 磅 3 盎司（1.845 公斤）
电压 / 电流	12V，典型的 300 mA 电流，在极端条件下最大电流为 2.92 A
电流消耗	每天 25 Ah
电压范围	11.5 V 停止工作，16 V 仅有短暂的持续时间
通信	RS232, 2400 波特率 N 8 1 无流量控制
总视场	200 系列 = 44°；400, 500 = 36°

4.3.1　JPL NNR 运行

　　仪器的基本操作是首先将热电堆探测头对准所需的目标场景，以获得辐亮度测量。然后，热电堆被旋转以指向内部参考定标黑体。由于热电堆比黑体装置更小、更轻，它是移动部件的合理选择，但仍然需要一个精确的指向系统和灵活的连接。从可靠性的角度来看，最好是避免灵活的连接，但任何无线方案都会增加很大程度的复杂性。因此，在实践中，有线连接并不完美，但接近于最佳。

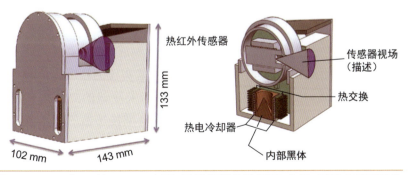

图 24　NASA/JPL 的 NNR。左图：显示视场的外视图，右图：显示内部黑体的剖面图。

4.3.2 JPL NNR 定标

热电堆的定标采用的是一种近零位的方法。内置的铂电阻温度计精确地测定内部黑体的温度。确定场景的亮温(和辐亮度)需要根据热电堆输出差异计算内部黑体和目标场景之间的温差。场景和内部黑体之间的热电堆输出差异越小,该计算反映辐亮度度差就越精确。在黑体腔内安装了一个热电加热和冷却系统,以使仪器能够最大限度地减少场景和内部黑体之间的热电堆输出差异。如果现场和内部黑体的热电堆输出相等,那么现场和内部黑体的辐亮度和亮温就相等。使用铂金电阻温度计测量的内部黑体的温度以及实验室测量的仪器部署前定标关系,就可以得到场景的亮温。在已知场景发射率情况下,这个亮温就可以用来准确地确定场景的动力学温度。

该近零方法,即传感器测量的辐亮度与场景温度相近的黑体的辐亮度相匹配,使得能够使用一个廉价的热电堆传感器。热电堆传感器通常是非线性的,传感器的输出是进出传感器表面的辐射通量之差的函数,它取决于周围环境的温度以及来自目标的通量。近零方法解决了这个问题,因为只用热电堆来匹配目标和黑体的辐射水平,从而将测量精度传递到内部黑体。

一个真正的零位仪器将要求热电堆读数相等。在一个现场仪器中,设计上的物理限制使得两个读数很难完全相等。原因是动态环境条件对内部黑体的影响将需要对黑体质量进行强大的热驱动,这反过来又会导致仪器内不可预测的热梯度。这种梯度会降低黑体PRT测量与黑体辐亮度度之间的相关性,从而带来误差。NNR采用局部线性近似热电堆传感器的真实非线性响应,从而实现类似于那些使用要求更高和更昂贵的线性传感器才能实现的精度。这种方法的主要优点是,可以使用非常简单、廉价和未冷却的热红外传感器来进行精确测量。对于现场仪器来说,热电堆传感器的简单性和坚固性是一个主要优势,但另一个重要方面是传感器不需要冷却。

这种方法有几个挑战。首先,最重要的是热电堆传感器的灵敏度相对较低。要克服这一点,需要对信号进行放大,如果没有适当的放大电子装置,可能会引入显著的噪音。所涉及的元件必须是最高质量的,并得到保护免受环境影响。对于一个现场仪器来说,由于尺寸的限制还带来额外的挑战。黑体必须是紧凑的,并且功率要求适中,黑体的温度测量必须随时间的推移保持高度准确和稳定。包括热电堆传感器在内的所有其他元件的长期漂移都可以通过近零的设计得到补偿,没有任何影响。使用现代的嵌入式处理器可以很容易实现各种过程的自动化,例如,加热 / 冷却黑体、旋转鼓。

根据美国国家标准与技术研究院(NIST)(NIST 可溯源性)标定 NRR 涉及找到黑体温度传感系统输出和内部黑体测量温度之间的关系。定标程序之所以必要,是因为这些现场仪器中使用的小型倒锥体黑体单元的发射率没有被溯源到 NIST 标准,不如一个大得多的外部 NIST 可溯源黑体准确。因此,铂金电阻温度计测量接近于真正黑体的内部黑体的动力学温度,参考了 NIST 可溯源的外部黑体。

4.4 定标的红外现场测量系统

CIRIMS 辐射计[63](图 7 和图 8)设计用于在顺路观测船上自主运行至少 6 个月,可以承受恶劣的天气条件,并获得 0.1 K 的精度目标。CIRIMS 的独特设计特点包括一个稳定仪器漂移的恒温外壳、一个两点动态定标程序、用于同时进行海洋和天空测量的分离式的向上和观测海洋的辐射计,以及使用红外透明窗环境保护的能力。已经对 CIRIMS 和 M-AERI 光谱辐射计测量的海表皮温进行了大量的比较[124]。

CIRIMS 的外壳是绝缘的,通过一个集成的热电加热器 / 冷却器单元和循环风扇在设定温度约 0.1 K 的范围内保持恒温(标准偏差为 0.1 K),这为内部辐射计和黑体提供了一个稳定、干燥的环境。外壳温度每天都被重置为比前一天的最高空气温度高 5 K。这个算法是基于最大限度地减少黑体非一发射率的校正、使用两个不同的天空和海洋观测辐射计辐射计、以及窗口校正的误差。天空辐射计包含在一个不加热的外壳中,该外壳连接到传感器外壳的一侧。天空辐射计外壳的设计使雨水和飞沫不会到达镜头。

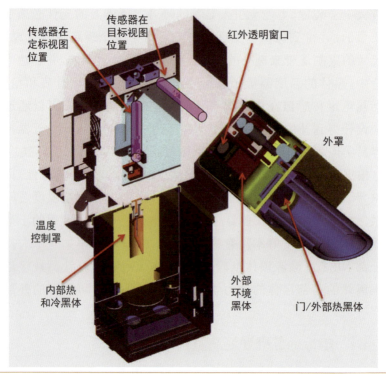

图 25　CIRIMS 辐射计的示意图,显示了内部仪器配置。详细情况将在文中讨论。

　　提供两点定标的常见方法是使用一个恒温热目标和一个环境（冷）温度目标。由于长期部署的要求和辐射计传递函数稳定性相关的不确定度,CIRIMS 设计使用了一种不同的方案,称为动态两点定标。在这种方法中,冷热定标温度跟随要测量的目标海表温度,在其上下 2 K 的范围内进行定标。这种动态间隔定标技术使线性插值成为可能,并确保在大范围的场景温度下具有一致的精度,尽管会增加复杂性和成本。这种技术通过使用浸入精密温控水浴中的单一黑体定标目标来实现。

　　使用单独的辐射计进行海面和天空测量的理由是基于海面和天空对测量的辐亮度度的贡献的相对大小。一般来说,海面的贡献比天空的贡献大近两个数量级,因为在中等入射下,发射率接近于统一,反射率为 O（0.01）。由于天空的贡献项比海洋的贡献项小得多,对天空测量的精度要求没有对海洋的要求那么严格。通过假设两个辐射计之间的最大定标差,并改变海面和天空的辐亮度,评估了使用两个不同辐射计带来的误差。实验室测试表明,两个辐射计之间的最大偏差大约为 2.5 K。

辐射计和定标黑体的保护可以说是实用设计中最具挑战性的方面。在研发 CIRIMS 的过程中,一个主要的设计目标是评估使用一个红外透明窗在部署过程中,当光学元件和黑体易受飞沫影响时,该窗可为其提供全面保护。使用窗的动机是为了确保在所有条件下的完全保护,因为在长期部署过程中可能出现恶劣的天气和海洋条件。这种方法依赖于校正受污染窗的可变影响的能力。关于使用窗口的主要问题是湿润、盐分沉积物对透射的影响,以及窗口的自发射是环境温度的函数。

CIRIMS 的设计高度重视持续监测窗影响的能力,以便考虑因污染或环境条件而产生的持续变化。CIRIMS 的窗机件设计允许通过测量窗口外部的简单平板黑体的辐亮度来确定窗的影响。首先,通过关闭光路和外部空气之间的门,将 CIRIMS 置于保护模式下,一个两点、加热的平板黑体在门的背面,可以保护它不受飞沫的影响,平板黑体在 40 到 50 K 之间循环其温度。这种设计提供了一种方法,通过测量两点温度目标来校正窗的影响,而主外壳内的光学器件和主要定标黑体仍然受到保护。该方法已应用于定标的红外天空成像热像仪的设计中[125]。

仪器测量的总体不确定度可分为由于仪器和环境因素造成的误差。表 4 列出了这两类误差的主要来源和对其大小的估算。仪器误差的主要来源是两个不同的辐射计、定标不确定度和红外透明窗校正(如果使用的话)。环境误差的来源是由于表面粗糙造成的发射率变化、船舶运动造成的局部入射角的变化以及由于天空条件变化造成的天空校正的不确定度。表 4(a)列出了这些单独误差的估算值,表 4(b)总结了它们对天空条件和窗不同组合的累积效应。定标不确定度被视为来自实验室的 RMS 误差,包含了由于传感器外壳温度、黑体温度稳定性、黑体发射率、辐射计稳定性造成的不确定度。对于均匀的(晴空或阴天)天空条件,没有窗和有窗的总体误差分别为 0.064 和 0.110 K。对于变化的天空条件,不含和含窗的总体误差分别增加到 0.081 和 0.121 K。这些结果结合表 5 总结的与 ISAR 和 M-AERI 的三方现场比较表明,CIRIMS 达到了 0.10 K 精度的设计目标。在研发 CIRIMS 过程中获得的知识可以应用于新的、更简单的设计。具体而言,ISAR 和 CIRIMS 的可比性能表明,CIRIMS 设计的独特特性可能不是获得所需精度的必要条件。

CRIMS 部署的进一步结果将在第 5.2 章中介绍。

表 4　定标的红外辐射计现场测量系统(CIRIMS)的测量不确定度。(a)仪器和环境因素和(b)总体误差与天空条件和使用窗口的关系

(a)	
来源	误差(K)
仪器	
两个辐射计	0.030
定标	0.018
窗	0.090
环境	
入射角	0.053
变化的天空	0.030

(b)		
天空条件	总体误差(K)	
	无窗	有窗
晴空 / 阴云	0.064	0.110
变化的	0.081	0.121

表 5　联合航次中 CIRIMS(TCIRIMS)、M-AERI(TMAERI)和 ISAR(TISAR)同时测量的海表皮温之间的差异比较

量	平均值 /K	标准偏差 /K	最小值 /K)	最大值 /K
TISAR – TCIRIMS	0.00	0.13	−0.64	0.52
TMAERI – TISAR	0.08	0.15	−0.84	1.01
TMAERI – TCIRIMS	0.08	0.15	−1.15	1.10

CIRIMS,定标的红外辐射计现场测量系统;MAERI,海洋大气发射辐亮度干涉仪;ISAR,红外 SST 自主辐射计。

4.5 ISAR—准业务化海洋现场辐射计

ISAR 是自定标仪器,能够以 0.1 K 精度测量 SST_{skin}[39]。ISAR 是一个完全自主的红外辐射计系统,是为卫星 SST 验证和其他科学计划开发的,可以连续部署在顺路观测船上(图 26),不需要任何服务要求或操作人员干预,时间长达 3 个月。已经制造了 10 台 ISAR 仪器,并在英国、丹麦、澳大利亚、中国和美国持续使用。

ISAR 仪器是一个紧凑的系统(570×220 mm 圆柱体),采用两个参考黑体腔来维持一个特殊的 Heitronics KT15.85D 辐射计(以下简称 KT15)的辐亮度定标,精度为 ±0.1 K。ISAR 仪器包括以下子系统:

•一个前置光学系统,用于将目标辐射导入探测器,包括一个平面镜、一个 ZnSe 窗和一个光束整形透镜;

图 26 安装在 P&O M/V Pride of Bilbao 驾驶台侧翼上的 ISAR 仪器位置。该船在 2004 年至 2010 年间运营毕尔巴鄂(西班牙)和朴茨茅斯(英国)之间的定期航线。

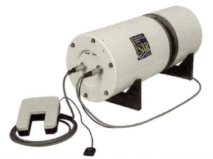

图 27 (左)ISAR 辐射计与 OSi 光学雨量计,该雨量计用于触发防雨门的关闭(显示在打开位置)。清晰可见的是银色的扫描鼓和中央切口部分,提供了从天底到天顶(即 180°)的目标位置。(右图)ISAR 辐射计的主隔板显示黑体、观测口和 ZnSe 窗口。

• 一个 KT15.85 探测器头;

• 两个黑体辐射源,在仪器光链末端保持不同温度,以保持仪器定标;

• 一个内部控制和数据采集计算机子系统;

• 一个环境保护子系统,包括由一个光学雨量计触发的自动关闭/打开的防雨门;

• 一个外部 RS485 接口,可连接其他大气和海洋传感器,为其供电并收集数据。

KT15 辐射计头集成了一个固态探测器系统,除了定标的数字亮温输出外,还提供与测量的辐亮度成比例的探测器信号的模拟输出。它采用了一个内部斩波器和参考黑体来保持内部定标的稳定性。KT15 已从正常出厂配置修改为允许亮温(和相应的辐亮度测量)介于 173 K 和 373 K 之间。该装置使用聚焦光学器件,将目标光束减少到探测器头前 96 毫米焦点处的 5 毫米直径光斑(98.3%辐亮度)。KT15 具有一个 9.6 ~ 11.5 μm 的单通道光谱波段通。

探测器通过一个保护窗、凭借一个平面镜观察目标场景,该平面镜以 45° 安装在一个保护性扫描鼓内的钢块上。扫描镜本身是一个 3 毫米厚的硬化 1/4 波金前表面镜,安装在一个结实的不锈钢心轴上,以限制热梯度和快速的温度变化,否则在观察不同的目标时可能会在扫描镜上发生。扫描鼓和镜子作为一个整体,由一个小型电机驱动旋转。在扫描鼓上切开了一个孔径口,一个直径为 10 毫米的圆孔,为 KT15 光束提供充足间距。该孔径口是唯一可以让水进入 ISAR 仪器的地方。扫描鼓和镜子可以作为一个整体旋转 360°,并允许通过圆柱形 ISAR 外壳上开出的圆周槽将视场导向仪器之外。这种设计意味着使用完全相同的光路来观测所有的目标场景(海面、天空和两个黑体)。扫描鼓 - 镜装置与一个 12 位分辨率的绝对旋转位置轴编码器相连,可编程观测在垂直平面内的任何角度。扫描镜的角度位置可以确定为 0.1° 的精度,0 并且可以通过电机—编码器软件快速改变观测角度。180° 的镜面位置的改变可以少于 3 s 内完成。

一个 2 mm 厚的可拆装的 ZnSe 平面窗,深深地镶嵌在 ISAR 仪器内,将仪器的电子器件外壳密封和外部环境隔开。窗的两面都涂有 BBAR 涂层,将透过率从大约 70% 提高到 >90%,同时提供了一个保护性的"硬"涂层。两个黑体被安置在 ISAR 仪器的主体,是一个坚固的铝块,旨在保护黑体免受快速热冲击,并尽量减少可能影响仪器定标的温度梯度。ISAR 产生的测量结果的绝对精度是由作为定标目标的黑体腔的有效性决定的。黑体热敏电阻的定标是 S.I. (NIST)可溯源的,端到端的仪器标定是使用 CASOTS-II 实验室参考辐射源来验证的,也是可溯源到 S.I. 标准,精度为 ±0.1 K,最坏情况下的不确定度为 75 mK[119]。

图 28 是黑体温度的几天内的时间序列图,显示了黑体经历的典型温度漂移,强调了定期定标的必要性。对于 ISAR,每~ 2 min 进行定标。

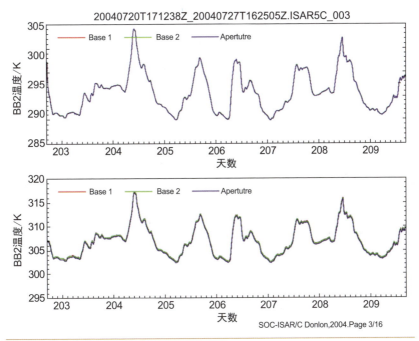

图 28 ISAR 黑体热敏电阻温度在 7 天内的时间序列示例,来自冷(上)和热(下)黑体。每张图上显示了三个热敏电阻传感器数值,并突出了辐射计在中纬度地区经历的温度日变化漂移。

部署在船上的自主红外辐射计的主要挑战是保护光学系统不受雨水、海水飞沫、高湿度的影响。至关重要的是，ISAR 内的任何光学表面（金镜、ZnSe 窗、黑体腔）都不能完全变湿。否则光学系统将没有光通量。ISAR 的设计假定，"ISAR 在船上会被淋湿"。为了应对这一设计挑战，ISAR 系统使用了一个光学雨量探测器和防雨门装置，当大气中含有灰尘或水滴（来自降水或海洋飞沫）时，该装置可将仪器完全封闭与环境隔离。

图 29 显示了 ISAR 防雨门在打开和关闭的位置。防雨门绕着仪器的主圆柱体圆周滑动，由位于防雨门内表面的齿带驱动器驱动。这个记录显示了 ISAR 系统是如何将测量时间最大化，同时安全地保护仪器不受潮湿的海洋环境影响。虽然没有一个系统能够在海上提供 100％ 的保护（如当扫描鼓的孔径打开时，船头"挖掘进去"，将大量的海水抛向空中），但经验表明，ISAR 的设计提供了一个良好的工作方案，在最大限度地保护仪器的同时将数据损失降到最低。

图 29　（a）ISAR 防雨门在打开位置的照片，扫描鼓轴套和观测孔径暴露在外，（b）防雨门在关闭位置的照片。黑色的小圆圈是两个 SmCo 磁铁中的一个，用于通过驱动霍尔效应开关来控制防雨门装置的角度位置。

图 30 显示了一个船航迹的例子，以及在英国和西班牙北部之间 10 年期间收集的 ISAR 测量的时间序列。数据中的断点是由于船舶重新装配和可用性造成的。ISAR 辐射计的研发和国际部署已经提供了超过 8 年的准业务化的 SST_{skin} 测量 skin 计划[11]。卫星和 ISAR SST_{skin} 数据之间匹配的低偏差和标准偏差证明了消除传统。

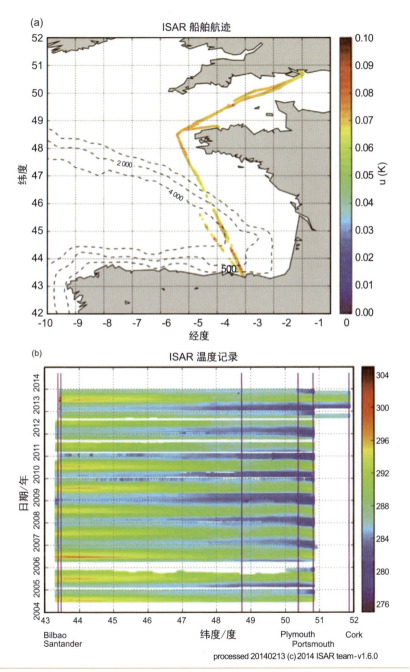

图 30 （a）船舶航迹示例和（b）比斯开湾和英吉利海峡的 ISAR 测量的 Hovmöller 时间序列图。

验证计划中卫星测量与现场次表层温度对比带来的不确定度的优势（见第 6.2 章）。自主 ISAR 辐射计能够在海上维持较长的时间，同时提供高质量的数据，而不需要频繁的操作干预，这一点已经得到证实[11]。

4.6　无人机 BESST 辐射计

用于无人机 BESST[89] 辐射计的研发是值得注意的，因为它提出了一种创新的、性价比高的方法。BESST 辐射计是一个"推扫式"成像辐射计，可在无人机向前飞行时测量红外数据的小场景。320×256 像素的热成像微测仪可配备 8～12 μm 范围的滤光片。一个 45° 度的镜子用于选择目标观测：用于自定标的两个黑体中的一个，或者两个挡板式观测口中的一个。自定标是通过交替观测海洋场景和两个温度监测的黑体参考源来实现的，从而有可能构建一个典型的两点定标曲线。BESST 的视场是 18°，覆盖了跨轨道的 200 个像素，而扫描刈幅约为高度的 1/3。探测器阵列边缘的像素（由于光学失真）不使用以优化性能，图像分辨率取决于携带 BESST 的无人机高度。在 600 米的高度上，海表面分辨率约为 1 米，扫描刈幅为 200 m，这使得 BESST 有能力分辨星上红外辐射计典型的 1 公里像素范围内的 SST。使用两个板载黑体腔进行频繁的定标。BESST 以模块化方式构建（图 31），可以快速重新配置。整个仪器的重量只有 1.36 kg。

仪器安装支架在底部，黑色挡板中的一个指向海面，另一个则向上看，用于天空校正测量。箔片（Mylar 绝缘材料）覆盖着黑体。通过向下看的挡板上的目标端口，一个锗透镜收集来自目标场景的入射辐射，将其聚焦到一个二维的未冷却的微测辐射热计上。通过使用放置在探测器阵列前面的单独的干涉滤光片，可以产生三个光谱波段。所选择的通道是以 10.8 μm、12 μm 为中心的相当窄的通道。第三个通道很宽，覆盖 8.0～12.0 μm，通过积分更多的热辐射，提供一个更灵敏的 SST 通道。滤光片的放置是为了通过旋转镜使用相同的光路来观测所有的场景。微测辐射热计使用 0.3 秒或更短的积分时间，该时间的选择取决于平台在地面的速度。具有抗反射涂层的锗窗上进入焦平面阵列，其通带为 8 ～ 12 μm，为微测辐射热计提供额外的带外阻挡。为微测辐射热计提供额外的带 外阻挡。图中显示了 BESST 辐射计在犹他州大盐湖上空飞行的一个数据实例[89]。

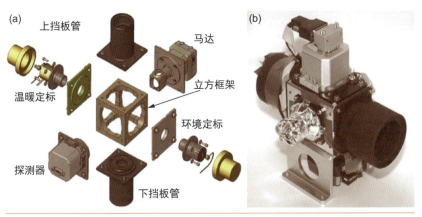

图 31 （a）BESST 辐射计的装置和模块设计。（b）BESST-1 的运行配置。安装支架在底部，其中一个黑色挡板指向海面，另一个则向上看以进行天空校正测量。箔（Mylar 绝缘材料）覆盖着黑体。

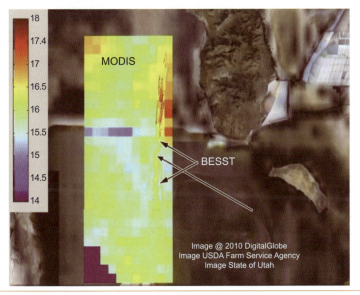

图 32 谷歌地球图像中叠加了 MODIS 图像（大像素）和犹他州大盐湖上空几乎同时的 BESST 图像条带。

4.7 光谱辐射计

4.7.1 使用光谱辐射计测定 SST_{skin}

海洋大气发射辐射干涉仪 The Marine-Atmospheric Emitted Radiance Interferometer（M-AERI；Minnett 等人，2001）是一个傅里叶变换红外光谱辐射计，在～ 3 到 18 μm 的红外波长范围内工作，测量光谱分辨率为～ 0.5 cm^{-1}。使用两个红外探测器来实现这一宽光谱范围，这些探测器通过斯特林冷却器冷却到～ 78 K，以减小噪声等效温差到低于 0.1 K 的水平。M-AERI 包括两个内部黑体腔用于精确的实时定标。一个扫描金镜，可编程为步进通过一个预先选择的角度范围，将干涉仪的视场引向每个黑体定标目标或从天底到天顶的环境，从而可以测量一系列的海洋和天空目标。

干涉仪在一个预选的时间间隔内（通常是几十秒）对测量进行积分，以获得令人满意的信噪比，一个典型的测量周期包括两个视角的大气、一个视角的海洋和定标测量，需要 5 ～ 12 min。

M-AERI 产生的红外光谱的绝对精度由作为定标目标的黑体腔的有效性决定。M-AERI 的光谱测量的绝对精度优于 0.03 K[79]。通过并排运行两台 M-AERI 和将 M-AERI 的测量与其他定标好的辐射计的测量进行比较，其反演的海表皮温的绝对不确定度小于 0.05 K[61, 123]，这足够小，可以为卫星 SST 反演验证中使用此类数据提供信心。

M-AERI 使用类似"三明治"结构的两个探测器来提供所需的光谱范围：一个锑化铟（InSb）探测器安装在一个碲镉汞（HgCdTe）探测器的前面。InSb 探测器用于光谱的所谓短波部分，从大约 1 800～3 000 cm^{-1}（λ=3.3 - 5.5 μm），HgCdTe 探测器用于长波部分，为 550～1 800 cm^{-1}（λ=5.5 - 18 μm）。来自这些探测器的原始数据流由控制计算机中的一个接口卡捕获，该接口卡提供四个文件，包括迈克尔逊干涉仪镜轭的"向前"和"向后"移动每个探测器的原始光谱（图 33）。

在船上部署 M-AERI 的正常模式包括一系列镜子角度将干涉仪的视场引向海面、天空（相对于天顶的角度与海洋测量相对于天底的角度相同）、天顶视图。在这一序列之前和之后是对两个内部黑体目标的测量，因此环境测量周期被定标测量包围。

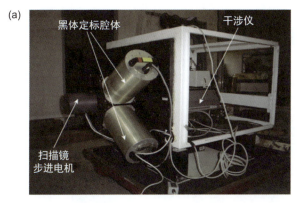

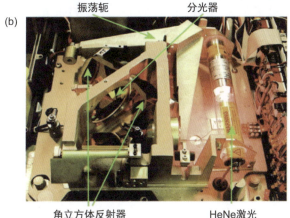

图 33　M-AERI 干涉仪（a）显示 M-EARI 黑体、扫描镜电机、干涉仪的视图（b）显示干涉仪的振荡轭、角立方体反射器、HeNe 激光（用于光学对准和波长定标）和干涉仪分光器的视图。

对原始数据进行了一系列的五个处理步骤：

（1）对长波（HgCdTe）波段进行了探测器非线性校正；

（2）每个长波和短波波段的前向和后向迈克尔逊扫描单独进行定标；

（3）每个波段的前向和后向干涉图进行平均；

（4）对每个定标的光谱进行有限的 FOV 校正；

（5）光谱被重新取样为所有 M-AEMRI 通用的"标准"波数尺度。

在这五个处理步骤之后，一个单独的应用将对处理后的数据进行审查,并编制一个摘要信息文件,包括仪器性能特性和数据质量标志。最后的处理步骤是通过定标的海洋和天空观测的组合来计算 SST。最终可供存档的数据产品是未经定

标的原始数据;几个中间产品文件,最终定标、校正和重新采样的辐亮度光谱,摘要产品文件。这些数据文件在一天中随着新的测量数据的实时处理而逐步扩展。在 00:00 UTC 时间,控制计算机关闭所有的文件,检查是否有足够的磁盘空间用于第二天的数据(如果没有,删除最旧的数据文件),进行软重启并重新启动采样过程。操作员将刚刚结束的一天的数据文件复制到存档介质中。

图 34 显示了 M-AERI 测量的 $L_{\text{scene}}(\lambda, \theta)$ 和 $L_{\text{sky}}(\lambda, \theta)$ 光谱的例子。这些都是在北极高纬度地区测量的,所以"窗口"地区的大气发射非常小,因为大气非常冷和干燥。图 35 显示了在热带太平洋获得的光谱。

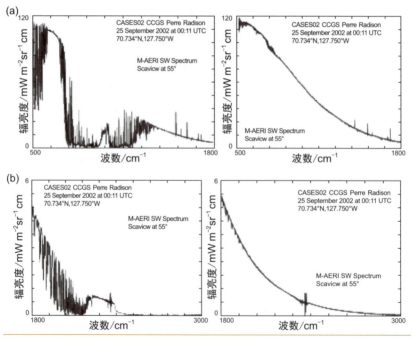

图 34　从长波探测器(a)和短波探测器(b)得到的 M-AERI 辐亮度光谱实例。注意不同的垂直刻度。左边的一对来自天顶的大气测量,右边的一对来自天底 55° 角的海洋测量。

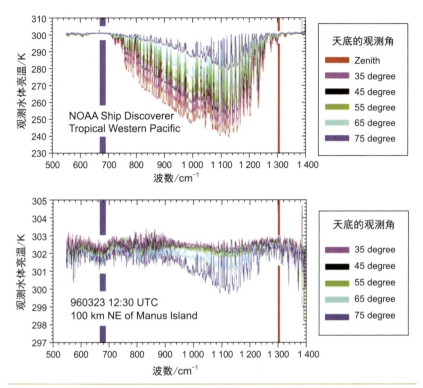

图 35　M-AERI 测量的部分光谱实例,以温度表示,那些天空温度最小的区间表示大气最透明的地方。大气光谱中的尖峰是由发射线引起的。蓝条显示用于测量空气温度的光谱区域,红条显示用于海表皮温的区域。注意这两个面板的温度刻度的变化。这些数据是 1996 年在热带西太平洋中联合传感器计划航行期间测量的 [79]。

　　为了导出 SST_{skin},对反射天空辐亮度的校正是通过在海面测量后一分钟内的测量来实现的,使用的是从 M-AERI 测量本身得出的表面发射率值 [54, 55, 126]。对 M-AERI 和海面之间的空气层发射辐射的小幅校正,来自预先计算的查找表,查找表数值根据仪器高度、气温、湿度进行排序 [77]。SST_{skin} 由 $\lambda = 7.7~\mu m$ 附近的光谱得出,这里光子大气路径长度明显短于大气窗口区域,使得反演的 SST_{skin} 对变化的云的情况相当不敏感,而云可能会在反射天空辐亮度度校正中引入误差 [77]。空气温度 T_{air} 测量的光谱区域选择在 $\lambda = 14.28 \sim 15.38~\mu m$,其中大气发射以 CO_2 为主,CO_2 是低层大气中充分混合的气体,只有很小的自然变化,主要是季节性变化,对气温反演的不确定度贡献很小[126]。

M-AERI 在计算机控制下连续运行,除了每天 00:00 UTC 开始的短暂时间。最严重的数据缺失来自为避免大雨或海上飞沫对扫描镜的污染而采取的措施。镜子必须保持清洁和干燥,以使 M-AERI 提供所需的测量。镜子上的污染物,不管是湿的还是干的,都是不规则的,会将杂散辐射散射到光束中。这些杂散辐射的来源特性不清楚,对于天空和海洋测量也不一定相同。对于黑体腔的定标测量来说,它们也不可能是相同的,因此实时定标程序不一定消除它们的影响。为了避免这种污染,一个雨量传感器安装在靠近 M-AERI 孔径的地方,当它的输出超过预定阈值时,镜子就移到一个"安全"的位置。在安全模式下,镜子被引向环境温度黑体定标腔,镜子圆柱体的背面朝向雨或飞沫。当雨量传感器的输出指示良好的采样条件已经恢复,就恢复镜子的扫描顺序。对于长时间的雨天或恶劣条件下,手动固定一个防水布覆盖整个仪器进行保护。

有时有必要清理镜子表面的干燥污渍或小盐结晶。这是通过用溶剂和蒸馏水冲洗镜子来完成的,需要操作者越过正常的镜子旋转角度顺序,将镜子定位,使金反射面露出来,进行非接触性清洗。在镜子清洗期间,仪器处于镜子安全模式,或被防水布覆盖,继续测量探测器的输出,处理和存档数据流,但数据不包含相关信息。删除在这些时期进行的测量是质量保证的一部分。其他数据受损的情况是由于来自搭载船的射频干扰,或者非常偶然地,阳光直射进入仪器。

M-AERIs 已部署在许多研究调查船上,并部署在皇家加勒比国际公司的 "Explorer of the Seas" 号邮轮上[127],用于验证 MODIS SST。图 36 显示了自 Terra 发射以来搭载 MAERIs 的调查船的航迹。三个 MAERIs 已经在大量的调查船上进行了超过 40 次的部署,涵盖了广泛的环境条件。现在有超过 10 年的 MAERI 测量记录(在海上 >3 600 天)。

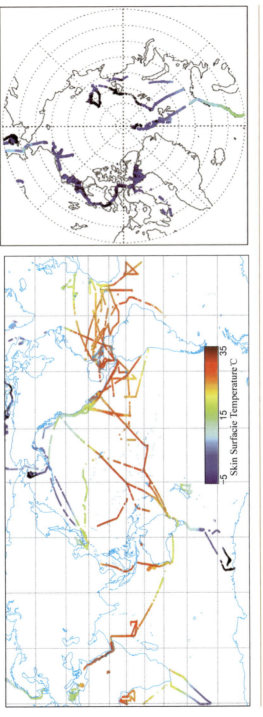

图 36 1999 年 12 月 TERRA 卫星发射以来的 M-AERI 航次船迹。颜色代表从 M-AERI 光谱得出的 SST$_{skin}$。

4.8 基于光谱辐射计的温度反演

如果测量温度计没有仔细地放置在暴露良好的位置,那么在船上直接测量空气温度 T_{air},可能会有很大的误差[128]。在晴朗的日子里,特别是在热带地区,即使温度计被遮挡住了太阳辐射,船舶上层结构的太阳加热也会使测量的 T_{air} 升高。基于太平洋大量的测量[77, 126],M-AERI 在 $\sim 14.0 \sim 16.0$ μm 波段的辐射测量能够反演船上的 T_{air} 测量值,该测量值在一个昼夜周期内不受到船舶升温效应的污染。图 37 显示了常规测量和 M-AERI 测量的海气温差之间的显著差异。上图显示了辐射测量的 T_{air}-SST_{skin} 温差,已对数据进行了筛选,消除船舶甲板和上层结构加热的空气可能被吹入辐射计视场的情况,温差通常小于 2 K,T_{air} 几乎总是比海洋冷,有一些日变化波动,特别是在晴空条件下。图 37 中图显示了常规测量的 T_{air}-SST_{skin} 温差,在常规数据中,有一个强烈的日变化信号,在下午符号发生了变化,这主要是用于测量 T_{air} 的温度计的直接辐射加热和 / 或船舶的热岛效应对测量的污染,以及未能对海洋日温跃层进行采样的较小贡献。图 37 下图显示了辐射测量和常规测量的海气温差之间的差异。在 R/V Mirai "Nauru99" 的数据集中,白天常规观测的数据分散程度要大得多;夜间的测量结果很一致。辐射测量的 T_{air} 似乎在很大程度上不受影响常规测量的昼夜污染的影响,这似乎与温度计的直接太阳加热或船舶的热岛效应有关[77, 126]。

创新地使用以 CO_2 吸收线为中心的通道,使用船载辐射计系统测量 T_{air} 是一种极其重要的发展方法,因为可以大大减少传统测量中明显的测量偏差。

4.9 热红外相机

自 20 世纪 60 年代以来就开始使用船舶、塔台、有人驾驶飞机和无人机系统(UAS)的红外(IR)热像仪来测量 SST_{skin} 的变化[129, 130],在过去的十年中,这种测量更加普遍。红外图像的时间序列可以测量 SST_{skin} 的详细微尺度水平结构,可以作为水面湍流的可视化工具。可以以 ~ 1 s 的时间步长生成图像。红外成像技术对更新过程

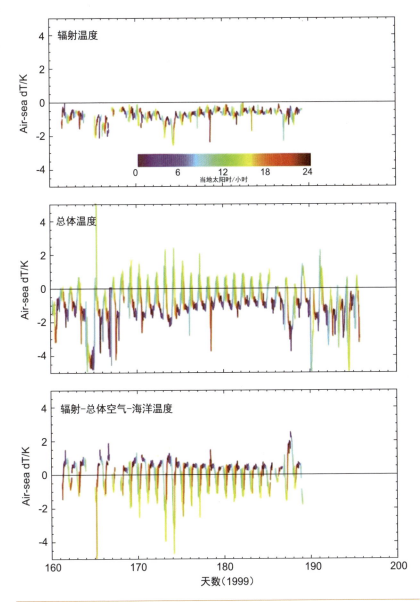

图 37　Nauru99 项目期间在 R/V Mirai 测量的辐射和常规的 T_{air}–SST_{skin} 温差时间序列。大多数测量是在西太平洋靠近赤道的地方进行的。由 M-AERI 光谱辐射计的 14.28 ～ 15.38 μm 波段导出 T_{air} 测量值。SST_{skin} 测量由同一仪器得出。颜色代表当地太阳时间森百叶箱上,其暴露度很低。

产生的热变异性进行了量化,如大规模波浪破碎[131]、微破裂[78,132]、近海面剪切和自由对流斑块[133]。同样,雨水将直接在海气界面产生湍流,并将促进(如果不是主导)热海洋边界层的破坏[134,135]。Marmorino 等人[136]在红外图像中观察到准周期性的传播变化,并将其解释为与内波有关。Zappa 和 Jessup[137]也在红外图像中观察到了空间周期性结构,并使用附近的泊系数据来论证该信号是由(非线性)内波引起的。在弱风和强辐照(有利于形成日增温层)的条件下,数据显示了在空间上周期性的 SST 波动和与海洋内波相关的次表层温度和速度波动之间的联系,表明一些涉及日增温层的机制是造成观测到的信号的原因[138]。红外成像已证明是研究表层过程,特别是近海表湍流的有用工具[139-143]。目前正在兴起基于被动热成像的新技术[143,144],以估算热通量,将海面更新事件的尺度与风速和热交换联系起来。热成像技术也被用来研究近海面湍流的特性[145-151]。这些实例研究表明了热红外相机测量在研究 SST_{skin} 变化的时间和空间特性以及监测各种上层海洋过程方面的重要性和独特性。

　　热红外相机通常使用冷却的 InSb($\sim 3 \sim 5$ μm)或 MgCdTe($8 \sim 11$ μm)焦平面阵列探测器。这种探测器的性能使其在被斯特林循环冷却器主动冷却时,可以测定小于 20 mK SST_{skin} 变化。许多商业设备都是"现成的",中红外设备具有达 1024×1024 像素的特性图像能力,而长波热红外相机通常为大多数商用系统提供 640×512 像素的图像。一个向下看的热红外相机可以部署在船上或海洋塔台上,安装在离海面 20~50 m 的高度。根据所需的视场角(随高度按比例变化),生成~1~10 cm 的图像地面分辨率,10~50 m 的图像大小。飞机部署在不同的高度,但通常在~300 W~850 m 的高度提供了~0.1~1 m 的图像分辨率和~100~1 km 的图像尺寸。图 38(a)显示了典型的热像仪设置,图 38(b)是在 R/V 浮动仪器平台(FLIP)上部署的例子,以及(c)不同风速下海面的热图像例子。此外,还在海面上放置了热标记,以研究海气界面的特性[151]。

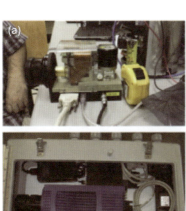

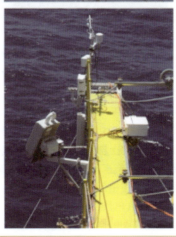

图 38 （a）（上图）热红外相机的内部装置包括带有 20° 视场角镜头的 MgCdTe 斯特林循环冷却探测器的典型引擎。（下图）热红外成像系统包括 TIR 热像仪、光纤扩展、电源的环境外壳的不同视图。注意保护的开口，以清晰地观察海面。（b）用于测量 SST$_{skin}$ 的热像仪的典型设置，部署在海洋平台的吊杆上（详见文献[152]）。R/P Flip 吊杆右舷吊杆部署。热红外相机在环境防护壳中从 R/P Flip 右侧吊杆上部署。吊杆高于平均水位约 9 米，热红外相机的入射角设置为观测吊杆末端正下方的一片水面。（c）相隔 0.665 秒观测的 SST 图像。这些图像显示了拉格朗日的热标记（较亮点），并且风速为（A）（B）0.5 ms^{-1}；（C）（D）3 ms^{-1}；（E）（F）6.5 ms^{-1} 拍摄，箭头为风向。注意主动热标记速度（TMV）模式如何随着时间的推移而消退，并且在表面速度场的作用下，出现了位移、旋转、扩张、剪切。还要注意在较高的风速下线性温度结构的发展（参考文献[151]，经许可）。

(C)

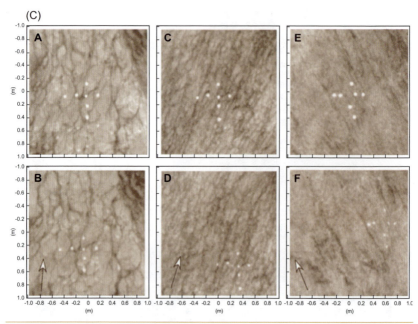

图38（续） （a）（上图）热红外相机的内部装置包括带有 20° 视场角镜头的 MgCdTe 斯特林循环冷却探测器的典型引擎。（下图）热红外成像系统包括 TIR 热像仪、光纤扩展、电源的环境外壳的不同视图。注意保护的开口，以清晰地观察海面。（b）用于测量 SST_{skin} 的热像仪的典型设置，部署在海洋平台的吊杆上（详见文献[152]）。R/P Flip 吊杆右舷吊杆部署。热红外相机在环境防护壳中从 R/P Flip 右侧吊杆上部署。吊杆高于平均水位约 9 米，热红外相机的入射角设置为观测吊杆末端正下方的一片水面。（c）相隔 0.665 秒观测的 SST 图像。这些图像显示了拉格朗日的热标记（较亮点），并且风速为（A）（B）0.5 ms^{-1}；（C）（D）3 ms^{-1}；（E）（F）6.5 ms^{-1} 拍摄，箭头为风向。注意主动热标记速度（TMV）模式如何随着时间的推移而消退，并且在表面速度场的作用下，出现了位移、旋转、扩张、剪切。还要注意在较高的风速下线性温度结构的发展（参考文献[151]，经许可）。

　　热像仪测量系统可包括第二台朝天的热红外相机，以及一个窄视场角辐射计，以补充向下的热像仪。向上看的仪器用于区分真实的和表观的海洋温度变化，并校正海面上的反射天空辐射（见第 2 节）。红外图像的表观温度变化可能在部分阴天出现，当辐射性冷的天空和辐射性暖的云都反射到成像仪的视场时。安装一个带有 GPS 系统的惯性测量单元（IMU）是很重要的，它可以提供平台运动性能的准确信息，如其速度、路线、航向、纵摇、横摇、高度的准确测量,以解释和确定图像的地理位置。

许多设备包括一个参考黑体,用于探测器阵列的定标和非均匀性校正。冷却的热红外相机对焦平面阵列探测器采用非均匀性校正(NUCs)算法,其作用是使输

出的像素响应均匀化。NUC 算法存储在热像仪上或软件中,它也执行坏像素替换(BPR)。NUC 算法依赖于外壳/内部温度,因此必须注意尽量减少温度的快速变化(例如,将热像仪从阴影下移到太阳直射下)。冷却的长波热像仪能够进行热成像,并精确地保持给定的内部温度的定标:冷却的长波热像仪可以使用 SI 可溯源的参考黑体针对不同的外壳/内部温度进行实验室定标。图 39 显示了一系列的外壳/内部温度的定标曲线。

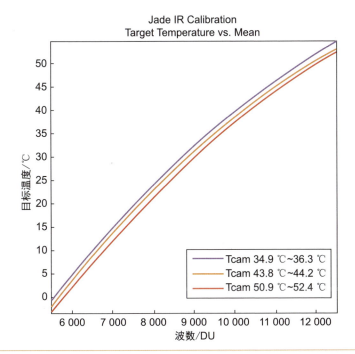

图 39 斯特林循环冷却的 MgCdTe 探测器的实验室定标曲线,图例中列出了相应的低、中、高热像仪温度范围。

在 SST CDR 的背景下,创新性地在船上使用热像仪研究海气相互作用过程[152]非常重要,因为这些过程确定了卫星辐射计系统测

量的 SST_{skin}。对与过程相关的 SST_{skin} 动力学和变化性的详细了解将提高我们对太空 SST_{skin} 测量的理解，并用于形成 SST CDR。

5. 未来方向

过去 20 年的经验和新的探测器元件（微测辐射热计、热释电）、电子器件、微型计算机技术的快速发展，以及对 FRM SST 船载 SST 辐射计要求的正确理解，意味着

可以期待朝着更小、更精确的辐射计方向发展。重要的是，这些仪器的成本必须降低，以确保更广泛地部署这些仪器用于卫星 SST 验证活动。SST 滤光片辐射计朝着使用两个机载黑体腔的自主系统方向发展，这一设计趋势的加强是明确的。ISAR 和 SISTeR 系统就是很好的例子。然而，小型化的 BESST 辐射计系统设法将这些基本设计方法小型化封装。需要进一步的工作来保护 BESST 辐射计免受船上（而不是无人机）海洋环境的影响，但 ISAR 的经验带来了可行的解决方案。

从光谱辐射计中可以得到大量的信息，M-AERI 系统清楚地表明这种技术在船上的应用已经相当成熟。新的探测器，如 InfraTec 公司的可调红外探测器，集成了微机械法布里－珀罗光谱仪（FPS）[103]，在 $8.0 \sim 11.0$ μm 波段提供了令人激动的可能性。该探测器将微型法布里－珀罗光谱仪集成在热释电探测器之上：FPS 通过可变电压可调。整个传感器封装直径为 15 mm，高 6 mm，可以比较容易地集成到传统的 ISAR 系统中，为 SST 测量提供了令人兴奋的可能性。

对于 FRM SST 辐射计而言，确保所有 SST 测量的 SI 可溯源性的要求尤为重要。虽然仪器在实验室观测外部参考辐射腔时能够提供很好的精度和准确度，但面临的挑战是充分了解和补偿测量中海面发射率和反射天空分量的变化。这可以说是迄今为止许多测量中最大的不确定度来源。

此外，显然需要解决探测器在整个目标温度动态范围内（即 ~ 150 K（天空）< 目标 < 303 K（海面））的挑战性的定标问题。

标定低"天空温度"仍然是船载辐射计的一个重大挑战。值得注意的是,天空校正只占海洋信号的百分之几,所以天空测量中较大的不确定度可以容忍。

6. 结论

用于提供海表皮温基准参考测量的船载热红外辐射计现在已经成为现实。现代辐射计已经做出了相当大的努力以确保其设计能够提供可重复的、准确的和可靠的测量,并可追溯到 S.I 温度标准。在过去的 20 年里,工程设计方法在经验教训和最佳实践的基础上不断发展,最终建立了一些现在定期部署在顺路观测船上的仪器。未来的发展包括技术的小型化和对海发射率的更好理解,以改进独立的 SST_{skin} 测量,为卫星 SST_{skin} 反演提供独立的验证,形成现代卫星 SST CDR。

致谢

作者感谢 O.Embury 对图 4(b)的讨论制作,感谢 Pyrometer Instrument Company 允许使用图 7(h),感谢 Hamamatsu 公司允许使用图 10 和图 11。感谢 R. Branch 审阅草稿。

参考文献

[1] C. Donlon, B. Berruti, A. Buongiorno, M. -H. Ferreira, P. Femenias, J. Frerick, P. Goryl, U. Klein, H. Laur, C. Mavrocordatos, J. Nieke, H. Rebhan, B. Seitz, J. Stroede, R. Sciarra, The Global Monitoring for Environment and Security(GMES)Sentinel-3 mission, Remote Sens. Environ. 120(2012)27-57. http://dx. doi. org/10. 1016/j. rse. 2011. 07. 024.

[2] C. Welsch, H. Swenson, S. A. Cota, F. DeLuccia, J. M. Haas, C. Schueler, R. M. Durham, J. E. Clement, P. E. Ardanuy, VIIRS(Visible Infrared Imager Radiometer Suite):A NextGeneration Operational Environmental Sensor for NPOESS, in:Geoscience and Remote Sensing Symposium, 2001. IGARSS' 01. IEEE 2001 International, vol. 3, 2001, pp. 1020-1022. http://dx. doi. org/10. 1109/IGARSS. 2001. 976733.

[3] K. A. Kilpatrick, G. P. Podesta, R. Evans, Overview of the NOAA/NASA advanced very high resolution radiometer Pathfifinder algorithm for sea surface temperature and associated matchup database, J. Geophys. Res. 106（C5）（2001）9179-9197. http://dx. doi. org/10. 1029/1999JC000065.

[4] P. J. Minnett, O. B. Brown, R. H. Evans, E. L. Key, E. J. Kearns, K. Kilpatrick, A. Kumar, K. A. Maillet, G. Szczodrak, Sea-Surface Temperature Measurements from the ModerateResolution Imaging Spectroradiometer （MODIS）on Aqua and Terra, in: Geoscience and Remote Sensing Symposium, IGARSS'04. Proceedings 2004 IEEE International, vol. 7, 2004, pp. 4576-4579, 20-24. http://dx. doi. org/10. 1109/IGARSS. 2004. 1370173.

[5] P. Le Borgne, H. Roquet, C. J. Merchant, Estimation of Sea Surface Temperature from the Spinning Enhanced Visible and Infrared Imager, improved using numerical weather prediction, Remote Sens. Environ. 115（2011）55-65.

[6] C. J. Merchant, L. A. Horrocks, J. R. Eyre, A. G. O'carroll, Retrievals of sea surface temperature from infrared imagery: origin and form of systematic errors, Q. J. R. Meteorol. Soc. 132（2006）1205-1223. http://dx. doi. org/10. 1256/qj. 05. 143.

[7] X. Wu, W. P. Menzel, G. S. Wade, Estimation of sea surface temperatures using GOES-8/9radiance measurements, Bull. Am. Meteorol. Soc. 80（1999）1127-1138. http://dx. doi. org/10. 1175/1520-0477（1999）080<1127: EOSSTU>2. 0. CO; 2.

[8] C. Donlon, N. Rayner, I. Robinson, D. J. S. Poulter, K. S. Casey, J. Vazquez-Cuervo, E. Armstrong, A. Bingham, O. Arino, C. Gentemann, D. May, P. LeBorgne, J. Piollé, I. Barton, H. Beggs, C. J. Merchant, S. Heinz, A. Harris, G. Wick, B. Emery, P. Minnett, R. Evans, D. Llewellyn-Jones, C. Mutlow, R. W. Reynolds, H. Kawamura, The global ocean data assimilation experiment high-resolution sea surface temperature pilot project, Bull. Am. Meteorol. Soc. 88（2007）1197-1213. http://dx. doi. org/10. 1175/BAMS-88-8-1197.

[9] J. J. Kennedy, R. O. Smith, N. A. Rayner, Using AATSR data to assess the quality of in situ sea-surface temperature observations for climate studies, Remote Sens. Environ. 116（2012）79-92. http://dx. doi. org/10. 1016/j. rse. 2010. 11. 021.

[10] E. Lee, Y. Noh, N. Hirose, A new method to produce sea surface temperature using satellite data assimilation into an atmosphereeocean mixed layer coupled

model, J. Atmos. Oceanic Technol. 30（2013）2926-2943.

[11] C. J. Donlon, M. Martin, J. D. Stark, J. Roberts-Jones, E. Fiedler, W. Wimmer, The Operational Sea Surface Temperature and Sea Ice Analysis（OSTIA）, Remote Sens. Environ. 116（2011）140-158. http://dx. doi. org/10. 1016/ j. rse. 2010. 10. 017.

[12] I. J. Barton, A. M. Zavody, D. M. O'Brien, D. R. Cutten, R. W. Saunders, D. T. LlewellynJones, Theoretical algorithms for satellite-derived sea surface temperatures, J. Geophys. Res. 94（1989）3365-3375. http://dx. doi. org/10. 1029/JD094iD03p03365.

[13] C. J. Merchant, A. R. Harris, M. J. Murray, A. M. Závody, Toward the elimination of bias in satellite retrievals of sea surface temperature: 1. Theory, modeling and interalgorithm comparison, J. Geophys. Res. 104（1999）23565-23578. http://dx. doi. org/10. 1029/1999JC900105.

[14] C. J. Merchant, P. Le Borgne, H. Roquet, G. Legendre, Extended optimal estimation techniques for sea surface temperature from the Spinning Enhanced Visible and Infra-Red Imager（SEVIRI）, Remote Sens. Environ. 131（2013）287-297. http://dx. doi. org/10. 1016/j. rse. 2012. 12. 019.

[15] O. Embury, C. J. Merchant, M. J. Filipiak, A reprocessing for climate of sea surface temperature from the along-track scanning radiometers: basis in radiative transfer, Remote Sens. Environ. 116（2012）32-46. http://dx. doi. org/10. 1016/j. rse. 2010. 10. 016.

[16] E. Maturi, A. Harris, J. Mittaz, C. Merchant, B. Potash, W. Meng, J. Sapper, NOAA's sea surface temperature products from operational geostationary satellites, Bull. Am. Meteorol. Soc. 89（2008）1877-1888. http://dx. doi. org/10. 1175/2008BAMS2528. 1.

[17] B. B. Barnes, C. Hu, A Hybrid Cloud Detection Algorithm to Improve MODIS Sea Surface Temperature Data Quality and Coverage Over the Eastern Gulf of Mexico, in: Geoscience and Remote Sensing, IEEE Transactions on, vol. 51, 2013, pp. 3273-3285. http://dx. doi. org/10. 1109/TGRS. 2012. 2223217.

[18] C. E. Bulgin, S. Eastwood, O. Embury, C. J. Merchant, C. Donlon, The sea surface temperature climate change initiative: alternative image classification algorithms for sea-ice affected oceans, Remote Sens. Environ. Available online January 27, 2014, ISSN: 0034- 4257, http://dx. doi. org/10. 1016/ j. rse. 2013. 11. 022.

[19] C. J. Merchant, A. R. Harris, E. Maturi, S. MacCallum, Probabilistic

physically based cloud screening of satellite infrared imagery for operational sea surface temperature retrieval, Q. J. R. Meteorol. Soc. 131（2005）2735-2755.

[20] G. Ohring, B. Wielicki, R. Spencer, W. Emery, R. Datla, Satellite instrument calibration for measuring global climate change: report of a workshop, Bull. Am. Meteorol. Soc. 86（2005）1303-1313.

[21] WMO, Systematic Observation Requirements for Satellite-Based Products for Climate Supplemental Details to the Satellite-Based Component of the Implementation Plan for the Global Observing System for Climate in Support of the UNFCCC e/2011 Update, GCOS-154, 2011, p. 138. Available from: http://www. wmo. int/pages/prog/gcos/Publications/gcos-154. pdf.

[22] S. Solomon, D. Qin, M. Manning, Z. Chen, M. Marquis, K. B. Averyt, M. Tignor, H. L. Miller（Eds.）, Contribution of Working Group I to the Fourth Assessment Report of the Intergovernmental Panel on Climate Change, Cambridge University Press, Cambridge, United Kingdom and New York, NY, USA, 2007.

[23] R. Hollmann, C. J. Merchant, R. Saunders, C. Downy, M. Buchwitz, A. Cazenave, E. Chuvieco, P. Defourny, G. de Leeuw, R. Forsberg, T. Holzer-Popp, F. Paul, S. Sandven, S. Sathyendranath, M. van Roozendael, W. Wagner, The ESA climate change initiative: satellite data records for essential climate variables, Bull. Am. Meteorol. Soc. 94（2013）1541-1552. http://dx. doi. org/10. 1175/BAMS-D-11-00254. 1.

[24] C. J. Merchant, D. Llewellyn-Jones, R. W. Saunders, N. A. Rayner, E. C. Kent, C. P. Old, D. Berry, A. R. Birks, T. Blackmore, G. K. Corlett, O. Embury, V. L. Jay, J. Kennedy, C. T. Mutlow, T. J. Nightingale, A. G. O'Carroll, M. J. Pritchard, J. J. Remedios, S. Tett, Deriving a sea surface temperature record suitable for climate change research from the along-track scanning radiometers, Adv. Space Res. 41（2008）1-11.

[25] J. Roberts-Jones, E. K. Fiedler, M. J. Martin, Daily, global, high-resolution SST and sea ice reanalysis for 1985-2007 using the OSTIA system, J. Clim. 25（2012）6215-6232. http://dx. doi. org/10. 1175/JCLI-D-11-00648. 1.

[26] A. G. O'Carroll, T. Blackmore, K. Fennig, R. W. Saunders, S. Millington, Towards a bias correction of the AVHRR Pathfifinder SST data from 1985 to 1998 using ATSR, Remote Sens. Environ. ISSN: 0034-4257 116（2012）118-125. http://dx. doi. org/10. 1016/j. rse. 2011. 05. 023.

[27] C. J. Merchant, O. Embury, N. A. Rayner, D. I. Berry, G. Corlett, K. Lean,

K. L. Veal, E. C. Kent, D. Llewellyn-Jones, J. J. Remedios, R. Saunders, A twenty-year independent record of sea surface temperature for climate from Along Track Scanning Radiometers, J. Geophys. Res. 117 (2013) 12013. http://dx. doi. org/10. 1029/2012JC008400.

[28] K. S. Casey, T. Brandon, P. Cornillon, R. Evans, The past, present, and future of the AVHRR Pathfinder SST program, in: V. Barale, J. F. R. Gower, L. Alberotanza (Eds.), Oceanography from Space, Springer, The Netherlands, 2010, pp. 273-287. http://dx. doi. org/10. 1007/978-90-481-8681-5_16.

[29] BIPM, Comptes rendus de la 20e reunion de la Conference generale des poids et mesures, 1995. Available online at: http://www. bipm. org/en/CGPM/db/20/S.

[30] P. J. Minnett, G. K. Corlett, A pathway to generating Climate Data Records of sea-surface temperature from satellite measurements, Deep Sea Res. Part II Top. Stud. Oceanogr. 77-80 (2012) 44-51. http://dx. doi. org/10. 1016/j. dsr2. 2012. 04. 003.

[31] C. J. Donlon, I. S. Robinson, Observations of the oceanic thermal skin in the Atlantic Ocean, J. Geophys. Res. 102 (1997) 18585-18606. http://dx. doi. org/10. 1029/97JC00468.

[32] Peter M. Saunders, The temperature at the oceaneair interface, J. Atmos. Sci. 24 (1967) 269-273. http://dx. doi. org/10. 1175/1520-0469 (1967) 024<0269: TTATOA>2. 0. CO; 2.

[33] C. L. Gentemann, C. J. Donlon, A. Stuart-Menteth, F. J. Wentz, Diurnal signals in satellite sea surface temperature measurements, Geophys. Res. Lett. 30 (2003) 1140. http://dx. doi. org/10. 1029/2002GL016291.

[34] D. Meldrum, E. Charpantier, M. Fedak, B. Lee, R. Lumpkin, P. Niller, H. Viola, Data buoy observations: the status quo and anticipated developments over the next decade, in: J. Hall, D. E. Harrison, D. Stammer (Eds.), Proceedings of OceanObs'09: Sustained Ocean Observations and Information for Society, vol. 2, Venice, Italy, September 21-25, 2009, ESA Publication WPP-306, 2010. http://dx. doi. org/10. 5270/OceanObs09. cwp. 62.

[35] W. J. Emery, D. J. Baldwin, P. Schlüssel, R. W. Reynolds, Accuracy of in situ sea surface temperatures used to calibrate infrared satellite measurements, J. Geophys. Res. 106 (2001) 2387-2405. http://dx. doi. org/10. 1029/2000JC000246.

[36] S. Marullo, R. Santoleri, D. Ciani, P. Le Borgne, S. Péré, N. Pinardi, M. Tonani, G. Nardone, Combining model and geostationary satellite data to reconstruct hourly SST field over the Mediterranean Sea, Remote Sens, Environ 146 (25 April 2014) 11–23. http://dx.doi.org/10.1016/j.rse.2013.11.001.

[37] A. T. Jessup, C. J. Zappa, M. R. Loewen, V. Hesany, Infrared remote sensing of breaking waves, Nature 385 (1997) 52–55.

[38] W. Wimmer, I. S. Robinson, C. J. Donlon, Long-term validation of AATSR SST data products using shipborne radiometry in the Bay of Biscay and English Channel, Remote Sens. Environ. 116 (2012) 17–31.

[39] C. Donlon, I. S. Robinson, M. Reynolds, W. Wimmer, G. Fisher, R. Edwards, T. J. Nightingale, An infrared sea surface temperature autonomous radiometer (ISAR) for deployment aboard volunteer observing ships (VOS), J. Atmos. Oceanic Technol. 25 (2008) 93–113.

[40] W. L. Wolfe, G. J. Zissis (Eds.), The Infrared Handbook, Infrared Information Analyses Center, Ann Arbor, Michigan, USA, 1978, p. 1722.

[41] I. S. Robinson, Measuring the Oceans from Space, Springer/Praxis, 2004, ISBN 978-3-540-42647-9, 669 pp.

[42] M. Z. Moustafa, Z. D. Moustafa, M. S. Moustafa, Resilience of a high latitude Red Sea corals to extreme temperature, Open J. Ecol. 3 (2013) 242–253.

[43] W. McKeown, W. Asher, A radiometric method to measure the concentration boundary layer thickness at an airewater interface, J. Atmos. Oceanic Technol. 14 (1997) 1494–1501.

[44] W. McKeown, F. Bretherton, H. L. Huang, W. L. Smith, H. L. Revercomb, Sounding the skin of water: sensing airewater interface temperature gradients with interferometry, J. Atmos. Oceanic Technol. 12 (1995) 1313–1327.

[45] P. Y. Deschamps, T. Phulpin, Atmospheric correction of infrared measurements of sea surface temperature using channels at 3.7, 11 and 12 mm, Boundary-Layer Meteorol. 18 (1980) 131–143.

[46] J. E. A. Selby, R. A. McClatchey, Atmospheric Transmittance from 0.25 to 28.5 um: Computer Code LOWTRAN 3, Air Force Cambridge Research Laboratories, Air Force Systems Command, United States Air Force, 1975.

[47] K. Masuda, T. Takashima, Y. Takayama, Emissivity of pure and sea waters for the model sea surface in the infrared window region, Remote Sens. Environ. 24 (1988) 313–329.

[48] J. E. Bertie, Z. Lan, Infrared intensities of liquids: the intensity of the OH stretching band of liquid water revisited and the best current values of the optical constants of H2O (1) at 25C between 15, 000 and 1 cm- 1 , Appl. Spectrosc. 50 (1996) 1047-1057.

[49] L. W. Pinkley, D. Williams, Optical properties of sea water in the infrared, J. Opt. Soc. Am. 66 (1976) 554-558.

[50] J. Hannafifin, P. Minnett, Measurements of the infrared emissivity of a wind-roughened sea surface, Appl. Opt. 44 (2005) 398-411. http://dx. doi. org/10. 1364/AO. 44. 000398.

[51] S. M. Newman, J. A. Smith, M. D. Glew, S. M. Rogers, J. P. Taylor, Temperature and salinity dependence of sea surface emissivity in the thermal infrared, Q. J. R. Meteorol. Soc. 131 (2005) 2539-2557. http://dx. doi. org/10. 1256/qj. 04. 150.

[52] D. Friedman, Infrared characteristics of ocean water, Appl. Opt. 8 (1969) 2073-2078.

[53] C. J. Donlon, T. J. Nightingale, The effect of atmospheric radiance errors in radiometric sea surface temperature measurements, Appl. Opt. 39 (2000) 2392-2397.

[54] N. R. Nalli, P. J. Minnett, P. van Delst, Emissivity and reflflection model for calculating unpolarized isotropic water surface-leaving radiance in the infrared. I: theoretical development and calculations, Appl. Opt. 47 (2008a) 3701-3721.

[55] N. R. Nalli, P. J. Minnett, E. Maddy, W. W. McMillan, M. D. Goldberg, Emissivity and reflection model for calculating unpolarized isotropic water surface-leaving radiance in the infrared. 2: validation using Fourier transform spectrometers, Appl. Opt. 47 (2008b) 4649-4671.

[56] P. Watts, M. Allen, T. Nightingale, Sea surface emission and reflection for radiometric measurements made with the along-track scanning radiometer, J. Atmos. Oceanic Technol. 13 (1996) 126-141.

[57] X. Wu, W. L. Smith, Emissivity of rough sea surface for 8-13 mm: modeling and verification, Appl. Opt. 36 (1997) 2609-2619.

[58] R. Niclòs, V. Caselles, E. Valor, C. Coll, J. M. Sánchez, A simple equation for determining sea surface emissivity in the 3e15 mm region, Int. J. Remote Sens. 30 (2009) 1603-1619.

[59] H. Li, N. Pinel, C. Bourlier, Polarized infrared reflectivity of one-dimensional

Gaussian sea surfaces with surface reflections, Appl. Opt. 52 (2013) 6100-6111.

[60] H. Li, N. Pinel, C. Bourlier, Polarized infrared reflectivity of 2D sea surfaces with two surface reflections, Remote Sens. Environ. ISSN: 0034-4257 147 (2014) 145-155. http://dx. doi. org/10. 1016/j. rse. 2014. 02. 018.

[61] I. J. Barton, P. J. Minnett, C. J. Donlon, S. J. Hook, A. T. Jessup, K. A. Maillet, T. J. Nightingale, The Miami 2001 infrared radiometer calibration and inter-comparison: 2. Ship comparisons, J. Atmos. Oceanic Technol. 21 (2004) 268-283.

[62] C. J. Donlon, S. J. Keogh, D. J. Baldwin, I. S. Robinson, T. Sheasby, I. Ridley, I. J. Barton, E. F. Bradley, T. Nightingale, W. J. Emery, Solid state radiometer measurements of sea surface skin temperature, J. Atmos. Oceanic Technol. 15 (1998) 774-776.

[63] A. T. Jessup, R. Branch, Integrated ocean skin and bulk temperature measurements using the calibrated infrared in situ measurement system (CIRIMS) and through-hull ports, J. Atmos. Oceanic Technol. 25 (2008) 579-597.

[64] E. T. Kent, T. Forrester, P. K. Taylor, A comparison of the oceanic skin effect parameterizations using ship-borne radiometer data, J. Geophys. Res. 101 (1996) 16649-16666.

[65] J. P. Thomas, R. J. Knight, H. K. Roscoe, J. Turner, C. Symon, An evaluation of a self calibrating infrared radiometer for measuring sea surface temperature, J. Atmos. Oceanic Technol. 12 (1995) 301-316.

[66] S. J. Keogh, I. S. Robinson, C. J. Donlon, T. J. Nightingale, The validation of AVHRR SST using shipborne radiometers, Int. J. Remote Sens. 20 (1999) 2871-2876.

[67] P. Schluessel, W. J. Emery, H. Grassl, T. Mammen, On the bulk-skin temperature difference and its impact on satellite remote sensing of sea surface temperature, J. Geophys. Res. 95 (1990) 13341-13356. http://dx. doi. org/10. 1029/JC095iC08p13341.

[68] Gary A. Wick, W. J. Emery, L. H. Kantha, P. Schlüssel, The behavior of the bulk e skin sea surface temperature difference under varying wind speed and heat flflux, J. Phys. Oceanogr. 26 (1996) 1969-1988.

[69] I. J. Barton, A. J. Prata, D. T. Llewellyn-Jones, The along track scanning radiometer e an analysis of coincident ship and satellite measurements,

Adv. Space Res. ISSN：0273-1177 13（1993）69-74. http：//dx. doi. org/10. 1016/0273-1177（93）90529-K.

[70] L. Guan, K. Zhang, W. Teng, Shipboard Measurements of Skin SST in the China Seas：Validation of Satellite SST Products, in：Geoscience and Remote Sensing Symposium（IGARSS）, 2011 IEEE International, 2008. http：// dx. doi. org/10. 1109/IGARSS. 2011. 6049522.

[71] A. T. Jessup, R. Fogelberg, P. Minnett, Autonomous shipboard infrared radiometer system for in-situ validation of satellite SST, Proc. SPIE 4814（2002）222-229.

[72] G. K. Corlett, I. J. Barton, C. J. Donlon, M. C. Edwards, S. A. Good, L. A. Horrocks, D. T. Llewellyn-Jones, C. J. Merchant, P. J. Minnett, T. J. Nightingale, E. J. Noyes, A. G. O'Carroll, J. J. Remedios, I. S. Robinson, R. W. Saunders, J. G. Watts, The accuracy of SST retrievals from AATSR：an initial assessment through geophysical validation against in situ radiometers, buoys and other SST data sets, Adv. Space Res. 37（2006）764-769.

[73] I. J. Barton, Interpretation of satellite-derived sea surface temperatures, Adv. Space Res. 28（2001）165-170.

[74] M. J. Suarez, W. J. Emery, G. A. Wick, The multi-channel infrared sea truth radiometric calibrator（MISTRC）, J. Atmos. Oceanic Technol. 14（1997）243-253.

[75] B. I. Moat, M. J. Yelland, R. W. Pascal, A. F. Molland, An overview of the airflow distortion at anemometer sites on ships, Int. J. Climatol. 25（2005）997-1006.

[76] E. P. McClain, W. G. Pichel, C. C. Walton, Z. Ahmad, J. Sutton, Multi-channel improvements to satellite-derived global sea surface temperatures, Adv. Space Res. ISSN：0273-1177 2（1982）43-47. http：//dx. doi. org/10. 1016/0273-1177（82）90120-X.

[77] W. L. Smith, R. O. Knutsen, H. E. Rivercomb, F. Wentz, H. B. Howell, W. P. Menzel, N. R. Nali, O. Brown, J. Brown, P. Minnett, W. McKeown, Observations of the infrared radiative properties of the oceandimplications for the measurement of sea surface temperature via satellite remote sensing, Bull. Am. Meteorol. Soc. 77（1996）41-51.

[78] C. J. Zappa, W. E. Asher, A. T. Jessup, Microscale wave breaking and airewater gas transfer, J. Geophys. Res. 106（5）（2001）9385-9391.

[79] P. J. Minnett, R. O. Knuteson, F. A. Best, B. J. Osborne, J. A. Hanafifin,

O. B. Brown, The marine-atmosphere emitted radiance interferometer (M-AERI), a high-accuracy, sea-going infrared spectroradiometer, J. Atmos. Oceanic Technol. 18 (2000) 994-1013.

[80] S. J. Hook, A. J. Prata, R. E. Alley, A. Abtahi, R. C. Richards, S. G. Schladow, S. Ó. Pálmarsson, Retrieval of lake bulk-and skin-temperatures using along track scanning radiometer (ATSR) data: a case study using Lake Tahoe CA, J. Atmos. Oceanic Technol. 20 (2003) 534-548.

[81] S. J. Hook, R. G. Vaughan, H. Tonooka, S. G. Schladow, Absolute radiometric in-flight validation of mid infrared and thermal infrared data from ASTER and MODIS on the terra spacecraft using the Lake Tahoe, CA/NV, USA, automated validation site, IEEE Trans. Geosci. Remote Sens. 45 (2007) 1798-1807.

[82] J. R. Schott, S. J. Hook, J. A. Barsi, et al. , Thermal infrared radiometric calibration of the entire Landsat 4, 5, and 7 archive (1982e2010), Remote Sens. Environ. 122 (2012) 41-49.

[83] M. Colacino, E. Rossi, F. M. Vivona, Sea-surface temperature measurements by infrared radiometer, Pure Appl. Geophys. 83 (1970) 98-110.

[84] P. Schluessel, H. -Y. Shin, W. J. Emery, H. Grassl, Comparison of satellite-derived sea surface temperatures with in situ skin measurements, J. Geophys. Res. 92 (1987) 2859-2874. http://dx. doi. org/10. 1029/JC092iC03p02859.

[85] J. W. Bennett, CSIRO Single Channel Infrared Radiometer e Model DAR011, CSIRO Atmospheric Research Internal Paper, 1998, 19 pp.

[86] R. J. Knight, RAL Sea Surface Temperature Radiometer Operating Manual, Internal Report Rutherford Appleton Laboratory, Chilton, Didcot, Oxon, United Kingdom, 1988.

[87] C. J. Donlon, T. J. Nightingale, L. Fiedler, G. Fisher, D. Baldwin, I. S. Robinson, A low cost blackbody for the calibration of sea going infrared radiometer systems, J. Atmos. Oceanic Technol. 16 (1999) 1183-1197.

[88] S. J. Keogh, The use of infra red radiometers at sea and the development of a methodology for the correction of space borne SST measurements for the oceanic thermal skin effect (Ph. D. thesis), Department of Oceanography, University of Southampton, Southampton, United Kingdom, 1998.

[89] W. J. Emery, W. Good, W. Tandy, M. Izaguirre, P. Minnett, A microbolometer airborne calibrated infrared radiometer: the ball experimental sea surface temperature (BESST) radiometer, Geoscience and Remote

Sensing, IEEE Transactions on 52（12）（2014）7775-7781. http://dx. doi. org/10. 1109/TGRS. 2014. 2318683.

[90] P. Schluessel, W. J. Emery, H. Grass land, T. Mammen, On the bulk-skin temperature deviation and its' impact on remote sensing of the sea surface, J. Geophys. Res. 95（1990）13341-13356.

[91] C. L. Hepplewhite, Remote observation of the sea surface and atmosphere: the oceanic skin effect, Int. J. Remote Sens. 10（1989）801-810.

[92] G. P. Eppeldauer, S. W. Brown, K. R. Lykke, Transfer standard filter radiometers: applications to fundamental scales, in: A. C. R. Parr, U. Dalta, J. L. Gardner（Eds. ）, Optical Radiometery, Experimental Methods in Physical Sciences, vol. 41, Elsevier, 2005, pp. 155-211.

[93] Hamamatsu, Characteristics and Uses of Infrared Detectors, Technical Information SD-12, KIRD9001E04, Hamamatsu Photonics K. K, Solid State Division, 1126-1, Ichino-cho, Higashi-ku, Hamamatsu City, 435-8558, Japan, 2011, p. 43. http://www. hamamatsu. com/resources/pdf/ssd/infrared_techinfo_e. pdf.

[94] Sonalee Chopra, A. K. Tripathi, T. C. Goel, R. G. Mendiratta, Characterization of sol-gel synthesized lead calcium titanate（PCT）thin fifilms for pyro-sensors, Mater. Sci. Eng. 100（2003）180-185.

[95] F. J. DiSalvo, Thermoelectric cooling and power generation, Science 285（1999）703-706.

[96] I. Urieli, D. M. Berchowitz, Stirling Cycle Engine Analysis, Hilger, Bristol, 1984.

[97] M. J. O'Brien, A Multi-Band Infrared Sea-Truth Radiometric Calibrator. Final Rep, Contract NAS5-32004, National Aeronautics and Space Administration, Goddard Space Flight Center, Greenbelt, MD 20770, 1993.

[98] A. W. Van Herwaarden, P. M. Sarro, Thermal sensors based on the Seebeck effect, Sens. Actuators 10（1986）321-346. http://dx. doi. org/10. 1016/0250-6874（86）80053-1.

[99] Minnett, et al. , Guidance for the Use of Radiometers in the Field for the Validation of Satellite-Derived Surface Temperatures, International Space Science Institute report XXX, Bern, Switzerland, 2014. pp XX.

[100] Infratec, InfraTec Catalog 2013 Pyroelectric and Multispectral Detectors, Infratec GmbH, Dresden, Germany, 2013.

[101] http://www. infratec-infrared. com/Data/LMM-244. pdf.

[102] M. Ebermann, N. Neumann, New MEMS Microspectrometer for Infrared Absorption Spectroscopy, Gasses and Instrumentation, September/Ocotober 2009, 18-21, 2009, available at http://www. gasesmag-digital. com/gasesmag/20090910?pg=18#pg18.

[103] N. Neumann, S. Kurth, K. Hiller, M. Ebermann, Tunable infrared detector with integrated micromachined Fabry-Perot filter, J. Micro/Nanolith. MEMS MOEMS 7 (2008). http://dx. doi. org/10. 1117/1. 2909206.

[104] R. A. Wood, Uncooled thermal imaging with monolithic silicon focal arrays, in: Infrared Technology XIX, Proc. SPIE, vol. 2020, 1993, pp. 322-329.

[105] Sofradir, White Paper: Uncooled Infrared Imaging: Higher Performance, Lower Costs, Edirion 10e12 rev. 02, Sofradir EC Resource Center, Sofradir, 373 US Hwy. 46W, Fair-field, NJ, USA, 2012, p. 11.

[106] A. Rogalski, Infrared Detectors, second ed. , CRC press, Taylor Francis, 2011, ISBN 978-1-4200-7671-4, p. 850.

[107] M. Gilo, Low-Reflectance, Durable Coatings for Infrared Lenses, SPIE Newsroom, January 21, 2013. http://dx. doi. org/10. 1117/2. 1201212. 004581.

[108] A. Gershun, The light fifield, J. Math. Psychol. 18 (1939) 51-151.

[109] W. Wimmer, Variability and uncertainty in measuring sea surface temperature (Ph. D. thesis), Department of Oceanography, University of Southampton, Southampton, United Kingdom, 2013.

[110] R. A. Wood, Uncooled thermal imaging with monolithic silicon focal planes, in: Proc. SPIE2020, Infrared Technology XIX, vol. 322, November 1, 1993. http://dx. doi. org/10. 1117/12. 160553.

[111] P. Coppo, B. Ricciarellia, F. Brandania, J. Delderfieldb, M. Ferletb, C. Mutlowb, G. Munrob, T. Nightingale, D. Smith, S. Bianchic, P. Nicolc, S. Kirschsteind, T. Hennigd, W. Engeld, J. Frerick, J. Nieke, SLSTR: a high accuracy dual scan temperature radiometer for sea and land surface monitoring from space, J. Mod. Opt. 57 (2010) 1815-1830.

[112] C. J. Donlon, An investigation of the oceanic skin temperature deviation (Ph. D. thesis), University of Southampton, Southampton, United Kingdom, 1994.

[113] H. Grassl, The dependence of the measured cool skin of the ocean on wind stress and total heat flux, Boundary-Layer Meteorol. 10 (1976) 465-474.

[114] H. Grassl, H. Hinzpeter, The Cool Skin of the Ocean, GATE Rep. , 14, 1, WMO/ICSU, Geneva, 1975, pp. 229-236.

[115] G. A. Wick, W. J. Emery, L. Kantha, P. Schluessel, The behaviour of the bulk-skin temperature difference under varying wind speed and heat flflux, J. Phys. Oceanogr. 26 (1996) 1969-1988.

[116] A. T. Jessup, Measurement of Small-Scale Variability of Infrared Sea Surface Temperature, Summary of Fall 1992 AGU Poster Session, 1992.

[117] J. A. Shaw, Degree of linear polarization in spectralradiances from water-viewing infrared radiometers, Appl. Opt. 38 (1999) 3157-3165.

[118] K. H. Berry, Emissivity of a cylindrical black-body cavity with a re-entrant cone end face, J. Phys. E Sci. Instrum. 14 (1981) 629-632.

[119] C. J. Donlon, W. Wimmer, I. Robinson, G. Fisher, M. Ferlet, T. Nightingale, B. Bras, A Second-Generation Blackbody System for the Calibration and Verification of Seagoing Infrared Radiometers, J. Atmos. Oceanic Technol. 31 (2014) 1104-1127. http://dx. doi. org/10. 1175/JTECH-D-13-00151. 1.

[120] J. B. Fowler, A third generation water bath based blackbody source, J. Res. Natl. Inst. Stand. Technol. 100 (1995) 591-599.

[121] [a] E. Theocharous, et al. , Absolute measurements of black-body emitted radiance, Metrologia 35 (1998) 549.

[b] E. Theocharous, N. P. Fox, CEOS Comparison of IR Brightness Temperature Measurements in Support of Satellite Validation. Part II: Laboratory Comparison of the Brightness Temperature of Blackbodies, National Physical Laboratory, Teddington, Middlesex, United Kingdom, 2010, 43 pp.

[122] E. Theocharous, E. Usadi, N. P. Fox, CEOS Comparison of IR Brightness Temperature Measurements in Support of Satellite Validation. Part I: Laboratory and Ocean Surface Temperature Comparison of Radiation Thermometers, National Physical Laboratory, Teddington, Middlesex, United Kingdom, 2010, 130 pp.

[123] J. P. Rice, J. J. Butler, B. C. Johnson, P. J. Minnett, K. A. Maillet, T. J. Nightingale, S. J. Hook, A. Abtahi, C. J. Donlon, I. J. Barton, The Miami2001 infrared radiometer calibration and intercomparison: 1. Laboratory characterization of blackbody targets, J. Atmos. Oceanic Technol. 21 (2004) 258-267.

[124] R. Branch, A. T. Jessup, P. J. Minnett, E. L. Key, Comparisons of shipboard infrared sea surface skin temperature measurements from the CIRIMS and the

M-AERI, J. Atmos. Oceanic Technol. 25（2008）1598-1606. http：//dx. doi. org/10. 1175/2007JTECO1480. 1171.

[125] P. W. Nugent, J. A. Shaw, N. J. Pust, S. Piazzolla, Correcting calibrated infrared sky imagery for the effect of an infrared window, J. Atmos. Oceanic Technol. 26（11）（2009）2403-2412.

[126] J. Hanafifin, P. Minnett, Measurements of the infrared emissivity of a wind-roughened sea surface, Appl. Opt. 44（2005）398-411.

[127] E. Williams, E. Prager, D. Wilson, Research combines with public outreach on a cruise ship, EOS Trans. AGU 83（50）（2002）590-596. http：//dx. doi. org/10. 1029/2002EO000404.

[128] D. I. Berry, E. C. Kent, The effect of instrument exposure on marine air temperatures: an assessment using VOSClim Data, Int. J. Climatol. 25（2005）1007-1022. http：//dx. doi. org/10. 1002/joc. 1178.

[129] E. D. McAlister, Infrared-optical techniques applied to oceanography I. Measurement of total heat flow from the sea surface, Appl. Opt. 3（5）（1964）609-612.

[130] E. D. McAlister, W. McLeish, A radiometric system for airborne measurement of the total heat flow from the sea, Appl. Opt. 9（12）（1970）2697-2705.

[131] A. T. Jessup, C. J. Zappa, H. Yeh, Defifining and quantifying microscale wave breaking with infrared imagery, J. Geophys. Res. 102（C10）（1997）23145-23154.

[132] C. J. Zappa, Microscale wave breaking and its effect on air-water gas transfer using infrared imagery（Ph. D. thesis）, University of Washington, Seattle, 1999, 225 pp.

[133] C. J. Zappa, A. T. Jessup, H. H. Yeh, Skin-layer recovery of free-surface wakes: relationship to surface renewal and dependence on heat flux and background turbulence, J. Geophys. Res. 103（C10）（1998）21711-21722.

[134] D. T. Ho, C. J. Zappa, W. R. McGillis, L. F. Bliven, B. Ward, J. W. H. Dacey, P. Schlosser, M. B. Hendricks, Influence of rain on air-sea gas exchange: lessons from a model ocean, J. Geophys. Res. 109（C08S18）（2004）. http：//dx. doi. org/10. 1029/2003JC001806.

[135] C. J. Zappa, D. T. Ho, W. R. McGillis, M. L. Banner, J. W. H. Dacey, L. F. Bliven, B. Ma, J. Nystuen, Rain-induced turbulence and air-sea gas transfer, J. Geophys. Res. 114（C07009）（2009）. http：//dx. doi. org/10. 1029/2008JC005008.

［136］ G. O. Marmorino，G. B. Smith，G. J. Lindemann，Infrared imagery of ocean internal waves，Geophys. Res. Lett. 31（11）（2004）L11309. http：//dx. doi. org/10. 1029/2004GL020152.

［137］ C. J. Zappa，A. T. Jessup，High resolution airborne infrared measurements of ocean skin temperature，Geosci. Remote Sens. Lett. 2（2）（2005）. http：// dx. doi. org/10. 1109/LGRS. 2004. 841629.

［138］ J. T. Farrar，C. J. Zappa，R. A. Weller，A. T. Jessup，Sea surface temperature signatures of oceanic internal waves in low winds，J. Geophys. Res. Oceans 112（C06014）（2007）. http：//dx. doi. org/10. 1029/2006JC003947.

［139］ R. A. Handler，G. B. Smith，R. I. Leighton，The thermal structure of an air-water interface at low wind speeds，Tellus 53A（2001）233-244.

［140］ H. Haußecker，S. Reinelt，B. Jähne，Heat as a proxy tracer for gas exchange measurements in the field：principles and technical realization，in：B. Jähne，E. C. Monahan（Eds. ），Air-Water Gas Transfer，AEON Verlag & Studio，Hanau，1995，pp. 405-413.

［141］ B. Jähne，H. Haußecker，Air-water gas exchange，Annu. Rev. FluidMech. 14（1998）321-350.

［142］ A. T. Jessup，W. E. Asher，M. Atmane，K. Phadnis，C. J. Zappa，M. R. Loewen，Evidence for complete and partial surface renewal at an air-water interface，Geophys. Res. Lett. 36（L16601）（2009）. http：//dx. doi. org/10. 1029/2009GL038986.

［143］ U. Schimpf，C. Garbe，B. Jähne，Investigation of transport processes across the sea surface microlayer by infrared imagery，J. Geophys. Res. 109（C08S13）（2004）. http：//dx. doi. org/10. 1029/2003JC001803.

［144］ C. S. Garbe，U. Schimpf，B. Jähne，A surface renewal model to analyze infrared image sequences of the ocean surface for the study of air-sea heat and gas exchange，J. Geophys. Res. 109（C08S15）（2004）. http：//dx. doi. org/10. 1029/2003JC001802.

［145］ R. A. Handler，I. Savelyev，M. Lindsey，Infrared imagery of streak formation in a breaking wave，Phys. Fluids 24（2012）1070-6631.

［146］ W. K. Melville，R. Shear，F. Veron，Laboratory measurements of the generation and evolution of Langmuir circulations，J. Fluid Mech. 364（1998）31-58.

［147］ N. V. Scott，R. A. Handler，G. B. Smith，Wavelet analysis of the surface temperature field at an air-water interface subject to moderate wind stress，Int.

J. Heat Fluid Flow 29（2008）1103-1112.

[148] F. Veron，W. K. Melville，Experiments on the stability and transition of wind-driven water surfaces，J. Fluid Mech. 446（2001）25-65.

[149] F. Veron，W. K. Melville，L. Lenain，Infrared techniques for measuring ocean surface processes，J. Atmos. Oceanogr. Technol. 25（2）（2008）307-326.

[150] F. Veron，W. K. Melville，L. Lenain，Measurements of ocean surface turbulence and wave-turbulence interactions，J. Phys. Oceanogr. 39（2009）2310-2323. http：//dx. doi. org/10. 1175/2009JPO4019. 1.

[151] F. Veron，W. K. Melville，L. Lenain，Small scale surface turbulence and its effect on air-sea heat fluxes，J. Phys. Oceanogr. 41（1）（2011）205-220.

[152] C. J. Zappa，M. L. Banner，J. R. Gemmrich，H. Schultz，R. P. Morison，D. A. LeBel，T. Dickey，An overview of sea state conditions and air-sea fluxes during RaDyO，J. Geophys. Res. Oceans 117（C00H19）（2012）. http：//dx. doi. org/10. 1029/2011JC007336.

第 4 章

理论研究

Barbara Bulgarelli, [1,*] **Menghua Wang**, [2] **Christopher J. Merchant**[3]

[1] 欧盟委员会联合研究中心,意大利 伊斯普拉;[2] 帕克分校 NOAA 卫星应用研究中心,美国 马里兰州;[3] 雷丁大学气象学系,英国 雷丁

★ 通讯作者:邮箱:barbara.bulgarelli@jrc.ec.europa.eu

依靠辐射传输模型的模拟能力是当代遥感的核心。事实上,卫星和现场数据的理论模拟是调查和解释遥感和现场测量以及评估其质量的关键手段。具体来说,理论模拟已被证明是研究影响现场测量的扰动以及量化对大气层顶(TOA)辐射信号各种贡献的根本。这提供了彻底解决卫星观测中的扰动效应的能力,允许开发和实施校正方案,以及完善现场测量规范。

以下三章讨论了建模工具对海洋在可见光、近红外(NIR)、短波红外(SWIR)和热红外(TIR)光谱区域的现场和卫星辐射测量的重要贡献。具体而言,第 4.1 章概述了辐射传输模拟在评估现场辐射测量中由周围结构(如部署船只和浮标)、仪器外壳本身或海面波浪引起的扰动效应评估。本章总结了最近的研究结果,并介绍了基于理论评价的方法,以尽量减少测量扰动。

第 4.2 章介绍并讨论了全球大洋水体和沿海及内陆水体的大气层顶(TOA)辐亮度光谱的理论估算。具体来说,详细讨论了来自大气的辐亮度贡献,即来自空气分子(瑞利散射)和气溶胶和海洋表面的贡献,以及来自海洋水体(1 类和 2 类水体)的贡献。它还提供了对传感器测量的大气层顶(TOA)辐射的模拟结果。具体来说,通过直方图数据分析,得出了从紫外线到可见光、近红外和短波红外

物理科学中的实验方法, Vol. 47. http://dx.doi.org/10.1016/B978-0-12-417011-7.00012-X

波长的典型海洋大气层顶(TOA)辐射量。模拟结果与海洋观测宽视场传感器(SeaWiFS)和可见光红外成像辐射计(VIIRS)的结果进行了比较。此外,本章介绍了通过考虑海洋表面和水体双向效应、与大气和水面相互作用的辐射贡献(所谓的路径辐射),包括气溶胶光学性质和大气漫射透过率的建模,对归一化的离水辐亮度进行建模。最后,第 4.3 章讨论了大气层顶(TOA)的热红外(TIR)模拟,用于海表温度反演、云探测(和分类),以及相关的不确定性估算。本章讨论了选择最合适的数值模式来模拟热波段的辐射传输过程的能力,正确描述活跃大气成分的热辐射特性,并选择最适合的表面发射率和反射率模型。然后讨论了模拟在图像分类、海表温度估算和不确定度建模等任务中的应用。

第 4.1 章

现场可见光辐射测量模拟

Barbara Bulgarelli, [1,*] **Davide D'Alimonte**[2]

[1] 欧盟委员会联合研究中心,意大利 伊斯普拉;[2] 阿尔加维大学海洋与环境研究中心,葡萄牙 法鲁

★ 通讯作者:邮箱:barbara.bulgarelli@jrc.ec.europa.eu

章节目录

1. 概述   433
2. 辐射传输方程(RTE)及其求解
   方法   434
   2.1 辐射传输方程(RTE)   434
   2.2 辐射传输方程(RTE)的
        确定解   436
   2.3 辐射传输方程(RTE)的
        蒙特卡洛解   436
3. 现场辐射测量扰动模拟   439
   3.1 周围结构扰动   440
        3.1.1 船舶阴影效应   441

     3.1.2 塔架阴影效应   446
     3.1.3 自阴影   450
3.2 海面波浪引起的扰动   456
     3.2.1 风生波所致聚焦光   456
     3.2.2 实验结果   457
     3.2.3 统计学模型   460
     3.2.4 蒙特卡洛(MC)案例
        研究   461
4. 总结和评论   467
参考文献   468

1. 概述

    本章关注辐射传输模拟用于最大限度地减少水体中数据对空间光学传感器定标,天基反演产品验证,以及海洋水色反演体系下生物光学模型的建立所带来的扰动。辐射传输方程(Radiative Transfer Equation,RTE)描述了辐亮度通过散射、吸收和发射介质的传输过程。海洋光学辐射传输方程(RTE)的解析解存在于限制性假

物理科学中的实验方法,Vol. 47. http://dx.doi.org/10.1016/B978-0-12-417011-7.00013-1

设下,而许多海洋水色研究需要数值方法。

数值方法可分为确定性方法和随机性方法。辐射传输方程(RTE)的确定解在计算上是有效的,不受统计不确定度的影响,但它们往往在数学上相当复杂,在物理上不直接,因此,一般不适合复杂的三维(3D)几何结构。辐射传输方程(RTE)的随机解决方案是基于蒙特卡洛(Monte Carlo, MC)光子传输算法。蒙特卡洛(MC)方案在数学上比确定性算法更简单,因为它在物理上是直接的,而主要的权衡是它的统计不确定度和计算负荷。虽然在水平平移不变的情况下,即在平行平面系统中,确定性的解决方案对解决辐射传输方程(RTE)更准确,但当涉及三维几何或时间依赖性问题时,蒙特卡洛(MC)方法的优势得到了体现。

因此,随机方法是本项工作中回顾过程进行建模的参考方法,这些过程需要对传输系统进行多维和随时间变化的描述。本章关注的情况包括由于部署结构、仪器自遮挡和海面聚焦效应引起的扰动。此后详述的具体结果是那些允许实施校正方案以消除现场辐射测量数据的偏差并支持完善现场测量规范的结果。

本章的其他部分安排如下。第 2 节概述了辐射传输方程(RTE)及其求解方法;第 3 节回顾了应用于分析水中辐射测量的扰动效应与相关结果的模拟技术;第 4 节进行总结和评论。

2. 辐射传输方程(RTE)及其求解方法

下面讨论从不同深度的水中辐射测量中导出回归参数的辐射传输方程(RTE)的解。此外,还概述了海洋光学辐射传输建模的基本原理,并特别参考了确定解和蒙特卡洛(MC)技术。

2.1 辐射传输方程(RTE)

辐射传输方程描述了辐射在吸收、发射和散射的三维介质中的传输情况。具体来说,在 r 处沿 ξ 方向传播的辐亮度 $L(r;\xi)$ 满足以下条件:

$$\underset{(a)}{(\xi \cdot \nabla)L(r;\xi)} = \underset{(b)}{-c(r)L(r;\xi)} + \underset{(c)}{\int_\Omega L(r;\xi')\beta(r;\xi' \to \xi)\mathrm{d}\Omega'} + \underset{(d)}{S(r;\xi)} \quad (1)$$

其中，r 是笛卡尔坐标的位置向量；$\xi = (\theta, \varphi)$ 是方向单位向量，θ 和 φ 分别表示天顶角和方位角；∇ 是梯度算子；$c(r)$ 是 r 处的衰减系数；β 是体积散射函数（Volume Scattering Function, VSF），定义 r 处辐射从任何方向 ζ 散射到 ξ 方向的概率；$S(r; \xi)$ 是辐射源项。为了简洁起见，省略了对波长的依赖。可以回顾一下，$c(r) = a(r) + b(r)$，其中，$a(r)$ 是吸收系数，$b(r) = \int_{4\pi} \beta(r; \xi' \to \xi) \, \mathrm{d}\Omega'$ 是散射系数。

在公式（1）中，项（a）表示沿 ξ 方向每单位距离辐亮度 L 的变化量；项（b）表示由于衰减造成的辐亮度损失量；项（c）表示由于 r 处的辐亮度散射到 ξ 方向造成的辐亮度增益；项（d）表示内部辐亮度源 S 的发射。公式（1）可以被写成

$$\frac{(\xi \cdot \nabla)L(r; \xi)}{c(r)} = -L(r; \xi) + \omega(r) \int_{4\pi} L(r; \xi) \widetilde{\beta}(r; \xi' \to \xi) \mathrm{d}\Omega' + \widetilde{S}(r; \xi) \quad （2）$$

其中，$\omega = b/c$ 是单次散射反照率，$\widetilde{\beta} = \beta/b$ 是描述散射角度分布的散射相函数，$\widetilde{S} = S/c$。

在一个平面平行传播的介质中，在没有内部光源的情况下（即 $S=0$），公式（2）简化为

$$\frac{\cos\theta}{c(z)} \cdot \frac{\mathrm{d}L(z; \xi)}{\mathrm{d}z} = -L(z; \xi) + \omega(z) \int_{4\pi} L(z; \xi') \widetilde{\beta}(z; \xi' \to \xi) \mathrm{d}\Omega' \quad （3）$$

在现场辐射测量处理中应用方程（3）解析解的一个例子是此后推导的上行辐亮度的指数衰减定律。

在无限深和光学性质均匀的水体中（即渐进稳定的情况），天底辐亮度 L_u 的辐射传输方程（RTE）满足以下条件：

$$\frac{\mathrm{d}L_u(z)}{\mathrm{d}z} = -c \cdot L_u(z) + \int_{\Omega} L(z; \xi') \beta(\xi' \to k) \mathrm{d}\Omega' \quad （4）$$

其中，k 是一个向上的单位向量。使用概率密度函数 $p(\xi)$ 来参数化辐亮度分布，$L(z; \xi) = L_u(z)p(\xi)$（即假设辐亮度的角度分布与深度无关），可以将公式（4）重新表述为：

$$\frac{\mathrm{d}L_u(z)}{\mathrm{d}z} = L_u(z)(c - \int_{\Omega} p(\xi')\beta(\xi' \to k) \mathrm{d}\Omega') \quad （5）$$

在公式（5）中，衰减系数 c 和体积散射函数（VSF）与概率密度函数的卷积之间的差异是衰减系数 K_L。因此，$K_L \leq c$，在纯吸收性介

质中保持相等。微分表达式 $dL_u(z)/dz = -K_L \cdot L_u(z)$ 由 $L_u(z) = L_u(0^-)e^{-K_L \cdot z}$（其中 $L_u(0^-)$ 表示恰在水面下的辐亮度值）来解决。

类似的指数衰减也适用于上行辐照度 E_u，和下行辐照度 E_d。用 $\Re$ 来表示 E_d、E_u 或 L_u，就在海 - 气界面之下的辐射值和衰减系数可以分别表示为 $\Re_0$ 和 $K_\Re$。用下面的公式：

$$\Re(z) = \Re_0 e^{-K_\Re \cdot z} \tag{6}$$

和

$$\ln(\Re(z)) = \ln(\Re_0) - K_\Re \cdot z \tag{7}$$

方程（7）用于确定 $\Re_0$ 和 $K_\Re$，通过对不同深度的 $\Re(z)$ 的对数转换辐射测量值进行线性回归[1, 2]。还要注意的是，在接下来的章节中，当明确提到 E_d、E_u 或 L_u 时，仍将分别采用标准符号 K_d、K_u 或 K_L。

支持对数变换的 $\Re(z)$ 值的线性趋势的假设有效性有限，例如当需要考虑水柱内的光学分层，在没有平移不变性的情况下，或如果辐亮度的概率密度分布函数不是平稳的，就不适用。

本章的核心主题是通过数值模拟来分析影响 $\Re(z)$ 值的扰动以及由此产生的 $\Re_0$ 和 $K_\Re$ 的不确定度。

2.2　辐射传输方程（RTE）的确定解

平行平面介质情况下，辐射传输方程（RTE）（公式（2））的确定数值解有非常丰富的数学求解方法[3-5]。例如，倍增技术[4, 6]，离散坐标法[4, 7, 8]，连续阶散射法[9-11]，不变嵌入技术[12-15] 以及有限元法[16, 17]。

其中一些方法专门用于模拟光在水中的传输[15, 18-21]，并用于解决现场光学辐射测量的不确定度分析[22, 23]。也就是说，不变嵌入技术被用来制作查找表（LUTs），以纠正辐射测量量对照明和测量几何的依赖性[22]，而有限元法是用来描述辐照度传感器的非理想余弦响应[23]。

2.3　辐射传输方程（RTE）的蒙特卡洛解

蒙特卡洛（MC）方法根据系统成分的随机行为来定义系统的状

态[24-26]。水中光场的蒙特卡洛(MC)辐射传输模拟是通过估算由太阳发射并在大气－海洋系统中传输的光子有多大比例可以被辐射传感器检测到而进行的。虚拟光子在其从源到探测器的路径中被跟踪,从而正确地解释了它们的响应[27-32]。通过了解光子在其"生命史"中可能经历的每个基本事件的所有相关概率,可以确定整个事件序列的概率。在实际中,一次一个光子在吸收和散射介质的三维路径上被跟踪,所有可能的相互作用都由概率密度函数和累积分布函数定义。

简要回顾一下,对概率密度函数 $p(x)$ 进行归一化:

$$\int_{-\infty}^{\infty} p(x)\mathrm{d}x = 1 \tag{8}$$

特定事件在 x 到 $(x+\mathrm{d}x)$ 范围内发生的概率由 $p(x)\mathrm{d}x$ 给出;而事件在最低可能值 $x_{\min}$ 和 x 之间发生的概率由累积分布函数 $P(x)$ 提供:

$$P(x) = \int_{x_{\min}}^{x} p(x)\mathrm{d}x \tag{9}$$

其中, $0 \le P(x) \le 1$ 。

对于每个蒙特卡洛(MC)事件,通过生成一个均匀分布在 0 和 1 之间的随机数 n 来对 x 值进行采样,然后对 x 求解 $P(x)=n$ 。

对于水体内部辐射场的模拟,使用概率函数来采样光子在与介质相互作用前的光学距离 $\tau = c \cdot r$(其中 r 是到下一个碰撞点的几何距离);相互作用事件的本质;以及光子的传播方向进行采样。

由于光距离 τ 遵循指数概率密度函数 $p(\tau)=e^{-\tau}$,每个光子在起点和散射后的自由传输的光学距离通过求解 $\int_{0}^{\tau} e^{-\tau'}\mathrm{d}\tau' = n$ 得到 τ ,从而得到 $\tau = -\ln n$ 。

通过比较采样数 n 和单次散射反照率 ω 来选择与介质的每次相互作用的性质,单次散射反照率 ω 定义了相互作用为散射事件的概率:如果 $n \le \omega$,则发生散射事件,否则光子被吸收。

每个散射事件后光子的方向最终通过散射相函数 $\tilde{\beta}$ 来定义,它在自然水体中是方位不变的,并且满足归一化条件 $2\pi\int_{0}^{\pi}\tilde{\beta}(\theta)\sin(\theta)\mathrm{d}\theta = 1$ 。这样就可以定义散射角 θ 的概率密度函数,

$p(\theta) = 2\pi\tilde{\beta}(\theta)\sin(\theta)$，所以 θ 是通过 $P(\theta) \equiv 2\pi\int_0^\theta \tilde{\beta}(\theta')\sin(\theta')\mathrm{d}\theta' = n$ 得到的。相反，方位角 φ 是从均匀分布中采样的，$p(\varphi) = 1/2\pi$，从而得到 $\varphi = 2\pi n$。

蒙特卡洛（MC）模拟程序的准确性取决于对传输系统的正确描述，包括其边界条件，以及对随机统计噪声的约束能力。事实上，蒙特卡洛（MC）计算本身就受到统计不确定度的影响，它是初始化光子数量 N_{pho} 平方根的线性函数。这可能会带来很长的处理时间，根据案例研究，可能需要高性能的计算解决方案（如在计算机集群上并行执行[33]）。

大多数蒙特卡洛（MC）方法依靠减少方差的技术来抑制光子损失，从而提高计算效率并保持相对较小的统计变异性。广泛应用的方差减少技术是将与介质的每次相互作用限制为散射事件，以便光子不会在吸收过程中丢失。这是通过在源头设置一个统计学上的光子权重 $w = 1$，并在每次光子与介质的相互作用中用 w 乘以 ω 来实现。这相当于考虑一个光子包，并在每次散射事件中从其中删除被吸收的光子。当 w 变得小于一个给定的阈值时，这个过程就自发式结束了，这样，只要光子对模型辐射量有明显的贡献，就会被追踪到。阈值可以是预设的（例如，10^{-6} 的数量级[34]），或者是满足海水固有光学性质（IOPs）和蒙特卡洛（MC）模拟精度需求的一个函数[35]。另外，也可以采用俄罗斯轮盘（Russian Roulette）技术[36, 37]。此外，还将简短地提到广泛使用的后向光线追踪技术。在目前描述的前向蒙特卡洛（MC）方法中，光子从源头开始并追踪到探测器，而在后向蒙特卡洛（MC）方法中，在时间跟踪上相反，光子从探测器被追踪到源头。在每个散射事件中，对探测到的信号贡献是准确计算的，确保高度提升计算效率。其他减少方差的技术将在下一节讨论其应用时介绍。

常用于海洋光学中辐射场数值建模的散射相位函数主要包括 Gordon 等人[29] 从 Kuellenberg[38] 在马尾藻海的测量中得出的 KA 相函数；Mobley[15] 从 Petzold 的数据集[39] 得出的平均相函数（以下简称 Petzold 相函数）；以及一些解析参数化。其中值得一提的是 Henyey 和 Greenstein（HG）[40] 提出的参数，包括其双项公式（TTHG）[41, 42]，

Kopelevich[43]，以及 Fournier 和 Forand[44-47]。所提到的相函数也被用来描述整个海水或其唯一悬浮物（即水溶胶）的散射特性。

海水的相函数可以被建模为纯水和其悬浮的水溶胶的相函数的加权和。分子和水溶胶的相函数在形状上有很大不同。第一个相函数的大小、角度分布形式和光谱依赖性众所周知，通常由爱因斯坦－斯莫洛夫斯基公式近似[15]。第二种呈现出较大的自然变异性，其典型特性是小角度的高值，这是直径大于入射辐射波长的粒子散射的特性。

海洋 VSF 的实验测量非常具有挑战性[48]，直到最近才有稀疏的现场测量（例如，参考文献[38, 39]）。这为考虑应用"典型的"水溶胶函数（经典的 Petzold 相函数描述）提供了前提，此函数假设自然水体中散射光的角度分布的任何变化只取决于悬浮物质的浓度[15, 20, 49]。连续的理论研究[21, 50-52]以及自然水体中 VSF 的实验测量（如参考文献[53, 54]）指出了这一假设的局限性，表明需要考虑水溶胶角散射特性更广泛的自然变化，尽管强调 VSF 在后向形状非常一致[53]。

Fournier-Forand 分析公式为两个参数的表达式，特别适合于建立水溶胶散射相函数的模型[21, 52, 54]，甚至可以考虑其在小散射角的渐近变化。两个自由参数可以通过调整以适应实验数据，而且与散射粒子代表其真实折射率和粒径分布的 Junge 参数的物理特性直接相关。与实验测量的比较[54]表明，Kopelevich 提出的分析函数也有很好的性能，该函数将全球水溶胶相函数表示为小颗粒和大颗粒相函数的线性组合，并对它们各自的贡献进行加权。其结果有趣的发现，使用 Kopelevich 模型，结合 555 nm 处的后向散射系数 $b_b = 2\pi \int_{\pi/2}^{\pi} \beta(\theta, \varphi)\sin(\theta)\mathrm{d}\theta$ 的单一现场测量，存在简单地重建海水 VSF 的可能性[54]。

3. 现场辐射测量扰动模拟

本节的范围是：（1）概述应用于评估周围结构和海面波浪在辐射测量中引起扰动的辐射传输模拟程序；（2）总结所取得的结果；

（3）介绍在这些理论评估基础上开发的方法，从而达到最小化测量扰动的目的。所涉及的方法主要包括完善的测量规范和数据校正方案。

仅简短提及一项理论研究，该研究通过蒙特卡洛（MC）模拟，证明当辐射计位于岛上测量海洋上空的天空辐亮度时存在陆地扰动，并且在可见光的蓝光波段下特别相关（高达 39%）[55]。到目前为止，对海洋水色遥感中陆地引起扰动的理论分析，仅限于解决卫星数据的不确定度[56-59]。然而，有证据表明，环境对太阳辐射的地面观测有影响，特别是在蓝光波段[60]，这可能表明需要进行专门的研究，调查在陆地附近进行的水面下行辐照度测量的邻近效应。

3.1　周围结构扰动

水上和水中测量都可能因测量点附近存在大型三维结构而受到干扰，如部署船只和塔架、停泊的浮标或仪器本身的外壳。光子通过散射和吸收过程与这些物体相互作用，改变它们从太阳到传感器的传输，从而改变仪器探测到的辐射场。

周围结构的尺寸远远大于入射波长；因此，几何光学原理适用于描述它们与光的相互作用：散射和吸收过程分别用反射和折射来描述，斯涅尔定律决定了反射和折射辐射的传播方向。所考虑物体的不透明性还意味着折射光线的吸收，因此最明显的效果之一是投射阴影。因此，由部署船舶和塔架以及仪器外壳引起的扰动，传统上分别被称为船舶阴影、塔架阴影和仪器自阴影影响。

在光学中，阴影一词通常指的是一个区域，其特点是全部（本影）或部分（半影）没有来自有限维度光源的直接照明。在海洋光学中，阴影的概念扩展到漫射照明场的情况，阴影定义了一个区域，其特点是由于光障碍物体遮挡辐射而导致照明普遍降低。换句话说，天空整体被视为照明源，而不仅仅是太阳。

自 20 世纪初以来，已经进行了理论研究，以量化周围结构扰动，并确定其最小化的策略。不同扰动结构的尺寸、位置和光学特性可能有很大的不同，从而阻碍了制定独特模拟方法的能力，并意味着采用特定的太阳－大气－海洋－结构－探测器系统来求解辐射传输方程(RTE)。尽管如此,一些共同的建模特性还是很容易辨别的。

(1)大气－海洋传输介质主要被建模为一个耦合的平行平面系统。

(2)在几何上以不同复杂程度表示的扰动结构主要被假设为完全吸收,这意味着在结构上没有来自辐射反射的扰动。

(3)超结构的有限尺寸打破了平行平面大气－海洋系统的平移不变性,需要求解辐射传输方程(RTE)的三维公式。应用蒙特卡洛技术是最有效地实现的方法,该技术应用其正向和反向公式,且始终与方差减少程序结合使用。

(4)扰动结构的存在引起的测量误差通常用没有结构时($\Re$)和有结构时($\hat{\Re}$)计算的辐射量之间的相对差值百分比 $\varepsilon_\Re$ 表示:

$$\varepsilon_\Re = \frac{\Re - \hat{\Re}}{\Re} * 100 \tag{10}$$

为了简单起见,省略了对深度 z 和波长 λ 的依赖。

(5)通常对 E_d、E_u 和 L_u 的水中分布进行误差估算。对离地辐亮度测量中的阴影效应,即 $L_u(\theta)$ 的评价很少,而对水面上的测量中的结构扰动,至今还没有进行理论估算。

(6)阴影扰动的地球物理依赖性通常被分析为照明条件、传输系统的固有光学性质(IOPs)和传感器结构几何的函数。

以下各节将详细介绍用于估算不同遮光结构引起的扰动效应的理论程序,所取得的主要结果,以及建议的最小化程序。按照历史的发展,首先处理部署结构引起的扰动效应,然后是仪器自阴影的描述。

3.1.1　船舶阴影效应

由于船舶的纵摇和横摇运动,测量仪器传统上只部署在船外几米处,无法避免船舶引起的扰动。

船舶阴影效应的早期观察可追溯到 20 世纪上半叶。1926 年,Poole 和 Atkins 在分析海水中的光穿透时已经提到了这一点[61]。几年后,他们建议,如果采取适当的措施使光度计远离直射阴影,那么由于船舶而产生的阴影"在阴天比在晴天更为重要，因为阳光直射产生的照明比例更大"[62]。Poole 在 1936 年提供了第一个由船舶阴影引起偏差的暂定理论估算。根据船舶的尺寸和悬挂点的外侧距离，计算出在任何给定深度下船舶所占的海面面积比例，并从中找出被船舶遮挡的漫射光的部分。据估算，船舶对漫射光的遮挡程度在最初的 5 m 深度内略有增加，达到 10% 左右，之后则有所下降。对直射光成分的遮挡影响被认为是可以忽略的[63]。

几年后，Jerlov[64] 分析了 Aas[65] 的结果，认为在晴空下，由船舶阴影造成的下行辐照度测量（在长度为 52 米的船上，在船栏的 5 米处进行）的减少小于 10%，但在阴天的时候高达 22%（在 20 米深处）。

直到 1985 年，Gordon[66] 才首次对阴影效应进行了精确的理论量化，应用了后向三维蒙特卡洛（MC）（以下简称 G-MC）。由于计算能力的严重限制，只跟踪了大约 104 个光子，同时应用了一些减少方差的技术来提高效率和减少统计不确定度。也就是防止光子离开介质的强制碰撞采样技术，改善处理高度峰值相函数的相函数截断技术[67, 68]，以及允许同时跟踪存在和不存在扰动物体的光子传输的关联采样技术[69]。

Gordon 假设一艘理想化的船只被定为一个长度为 l，宽为 s 的平坦且完全吸收的矩形（表 1），漂浮在均匀和无限深度的清澈海水上，没有云层覆盖（图 1（a））。

表 1 对于船舶阴影效应模拟 Gordon[66]、Doyle 和 Zibordi[70] 和 Piskozub[71] 所采用的地球物理参数

地球物理参数	由 Gordon[66] 和 Doyle 和 Zibordi[70] 所选择的数值	由 Piskozub[71] 所选择的数值
θ^0	高达 70°	高达 80°
φ_0	0°, 45°, 90°	0°
c/m^{-1}	0.1, 0.3, 0.5	高达 1.0
Ω	0.5, 0.7, 0.9	高达 0.9
$\widetilde{\beta}^a$	$\delta - KA$[29]	Petzold[39]

续表

地球物理参数	由 Gordon[66] 和 Doyle 和 Zibordi[70] 所选择的数值	由 Piskozub[71] 所选择的数值
$v/\mathrm{m\,s^{-1}}$	0	高达 15
$\Delta\phi_w$	–	$0°{\to}360°$
l/m	38.4	$1{\div}100$
s/m	6.55	10
d/m	$\sim 1.25 \to \sim 21.75$	$0{\to}30$
z_m/m	参考 [66]: $5{\to}50^b$; 0^c; 参考 [71]: $0{\to}50$	$1{\to}40$

a 对于整个海水。
b 用于 E_d 模拟。
c 用于 E_u 和 L_u 的模拟。

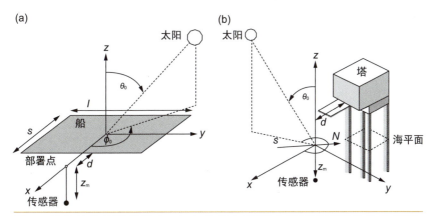

图 1 设备结构的阴影效应。(a) 参考文献 [66] 中的船舶阴影效应示意图。(b) 参考文献 [70,82] 中模拟的亚得里亚海北部 Aqua Alta Oceanographic Tower (AAOT) 的测量环境示意图 (AAOT, 北纬 45.31, 东经 12.51)。表达测量几何的量的定义见正文。

考虑了两种极端的光照条件: 一种是准直的辐照度, 代表没有大气散射的直射阳光 (准直光照); 另一种是到达表面的辐亮度各向同性角度分布表示完全阴天, 或者近似于晴朗天空的太阳辐照度的天空光分量 (漫射光照)。实际光照条件下的扰动估算可以通过对准直射光照和漫射光照的结果进行加权来获得, 即准直和漫射光照的比值。

由于采用了相关采样技术,可忽略船舶反射的假设是合理的,因为观察上行辐照度通常小于下行辐照度的 10%,而大多数船体是黑暗的(反照率小,通常小于 10%),所以典型船体反射的下行辐照度对计算的辐照度的贡献小于 1%(即最大向下辐照度的 10%)。

为了进一步减少模拟的差异,防止光子与海面和船体相互作用。其通过强迫向上移动的光子在到达海水界面之前发生碰撞,以及将船舶建模为悬浮在海面之上来实现(参考文献[66]中的模拟方法 III)。这一选择的理由是,如果允许光子与海面相互作用(参考文献[66]中的模拟方法 II)或将理想化的船舶置于水面之下(参考文献[66]中的模拟方法 I),往往会产生更高的差异,但模拟结果却没有得到任何明显的改善,在此不包括以浅水深度为特性的情况。

恰在水面以下的 L_u 和 E_u 值以及 E_d 在水中的剖面被模拟为由一个点状探测器测量的,该探测器沿水平参考线(与正 X 轴重合,见图 1(a))位于船的长边中心并垂直于船的长边,离船的阳面有几个距离 d。对 L_u 来说,假定有一个无限小的天底视场角(FOV)。

假定水 KA 散射相函数为 δ-截断形式(以下简称 δ-KA),并考虑以下不同组合进行模拟:(1)附加水的固有光学性质(IOPs)(即 c 和 ω)。(2)太阳光照条件(由太阳天顶角和方位角 θ_0 和 φ_0 决定,包括阴天);(3)距离海面的测量深度 z_m($z_m = 0^-$ 表示测量深度恰在水面以下);(4)距离周围结构一侧的距离 d(表 1)。值得注意的是,θ_0 是从局部垂直方向测量的,而 φ_0 是从 x 轴逆时针方向测量的(图 1(a))。

结果证实了 ε_{E_d} 对照明条件有显著依赖性。对于准直照明,ε_{E_d} 随着 ω 和 c 的增加而增加,当 $\Delta\varphi = |\varphi_v - \varphi_0| < 45°$ 和 $\theta_0 \geq 20°$ 时,仪器部署在船的阳面时为最小值(3% 以内)。当阴影区接近测量点时,扰动增加,当 $\Delta\varphi \to 90°$ 或 $\theta_0 \to 0°$ 时,ε_{E_d} 可能超过 10%。相反,对于漫射照明,船舶的扰动似乎基本上是几何性的,对水中固有光学性质(IOPs)的依赖可以忽略不计,而且 ε_{E_d} 可以达到不随深度改变,数值达 30%。

这些发现的解释是,对于准直照明,水中向下的辐射场在折射太阳光的方向上高度达到峰值,因此,当仪器部署在船舶的阳面时,来自其他方向的辐亮度贡献的扰动(例如,来自阴影区域的扰动)几乎没有影响。多次散射增强(通过增加 ω 或 c 获得)使得水中辐亮度的角度分布更加平滑,并且来自直射以外方向的贡献更为重要,从而增加阴影区域的影响。撞击表面的向下辐射各向同性的角度分布(如漫射照明的情况)减弱了这种影响,并且 ε_{E_d} 与被船舶遮挡的天空比例成正比[63]。

对水面下的 L_u 和 E_u 的模拟显示在任何照明条件下都会出现显著扰动(分别为～1%～13% 和～5%～20%)。E_u 的估算误差通常较大,随着 θ_0 和 $\Delta\varphi \to 90°$ 的增加而增加。它们显示出与 c 的非单调关系,具有负二阶导数,以及当 $1/a << d$ 时可忽略不计。

正如预期的那样,船舶扰动随着 d 的增加而减少,但(除了晴空条件下的 ε_{E_d} 之外)在离船舶几米的地方,它们仍然约大于 5%。

进一步的蒙特卡洛(MC)估算[70,71]提高了计算效率,输入参数的变化范围更大(表1),在很大程度上证实了这些先前的发现,同时还可以证明(1)海面粗糙度对船舶阴影扰动没有影响[71];以及(2)在模拟海面下一米处 E_d 时,需要考虑与船体和海面的相互作用,以及散射大气的影响[70]。第一个方面的问题[71]是通过假设海面波在风速 v 达到 $15\,\mathrm{m\,s^{-1}}$ 和不同风向 $\Delta\varphi_w = |\varphi_0 - \varphi_w|$ 的统计分布[72]下,同时忽略了白帽和气泡的存在,船舶对表面粗糙度的影响,以及海水在静止海平面的位移。第二个方面是无论在何种照明条件下,都通过将 E_d 模拟扩展到 $z_m = 0^-$ 来指出的,在那里观测到 ε_{E_d} 收敛到一个相同的次表层值[70]。值得注意的是,与船体的相互作用可以解释由吸收随机传输的光子引起的二阶和高阶阴影效应,而让光子与海面相互作用可以解释船舶引起的海面内部反射的减少,否则不考虑。对于晴朗的天空条件和小太阳天顶角,在地表以下的一米处考虑到这些方面尤为重要。

此外,还提到了对受船舶阴影影响的现场光学测量进行数值再现的尝试[73,74]。值得注意的是,其中一项研究[73]说明了船体反射率,并利用确定性方法求解辐射传输方程(RTE)(即有限差分法[73])来描述全角度辐射亮度分布,同时将理论数据和实验数据之间的差异归因于表示实际实验条件所选 Petzold 相函数的极限。

尽管正如以前的调查[63,66]所建议的那样,有可能对水体中下行辐照度的船舶阴影效应进行一级校正,但从未提出过对上行辐射测量的操作估算,因为这需要昂贵的模拟。因此,在离船较远的地方进行测量以尽量减少船舶的干扰,似乎是一个更可行的策略。与此相一致的是,在 SeaWiFS 数据的验证过程中,正式确定了一个严格的、保守的测量规范,以避免所有辐射测量中的船舶阴影扰动[75]。该规范建议(1)从船尾部署仪器,太阳的相对方位在船尾;(2)在晴朗的天空下,在离船的距离 d 分别等于 $0.75/K_d(\lambda)$、$3/K_u(\lambda)$ 和 $1.5/K_L(\lambda)$ 的情况下进行 E_d、E_u 或 L_u 的测量。对于大型船舶,建议增加距离。

因此,光学海洋学仪器和部署技术往往设计为在离船较远的地方进行测量。例如光学自由落体仪器[76]。也有人建议使用遥控载具来部署光学传感器[75]。

最后回顾一下,自 20 世纪 80 年代末以来,开展了一些实验活动,以评估船舶阴影对现场光学测量的影响,基本上证实了本文所述的理论估算[73,74,77-79]。

3.1.2 塔架阴影效应

与船舶和浮标相比,固定平台有很多优势。除了通常位于沿海地区、电力充足、有人值守或经常被访问,以及较低的维护成本(因为它们是为其他目的而维护的)外[80],其主要优势是稳定[81]。光学仪器可以部署在几乎没有倾斜的塔架上(例如,通过使用线缆稳定系统[82]),这样就可以准确地仔细评估阴影效应所需的太阳照明几何结构。然而,不可避免的塔台扰动效应被认为是甚至高于船舶引起的扰动,因此必须准确估算。

由于过去较少使用海上塔架进行水中辐射测量,关于其扰动效应的参考文献很少[83]。只是在 21 世纪之初,才对平台引起的扰动效应进行了广泛而准确的理论研究[70,82],其具体目的是制定和实施一个操作方案,以校正 Aqua Alta Ocean Tower(AAOT)(北纬 45.31°,东经 12.51°)在使用线缆稳定剖面环境辐射计系统(WiSPER[82])进行水中辐射测量时所引起的扰动。

首先通过专门的现场测量来确认实施校正程序以最大限度地减少塔架阴影效应的必要性,这实际上证明了 WiSPER 位置存在重大扰动(在阴天条件下大约高达 20%)。进一步利用同一组实验数据评估了利用蒙特卡洛(MC)模拟对实际杆塔扰动进行理论建模的可行性[82]。为此,利用了全三维后向 MC PHO-TRAN 代码[24]。该代码在一个三维网格上对传输系统进行建模,该网格界定了具有均匀光学特性的最大宏观体积,并将太阳源作为一个平行的单色光束均匀地照射在大气层的顶部。阴云密布的天空条件也被模拟为照射在海面上的各向同性辐射场。在这个参考框架内,点状探测器由其位置、视场(FOV)和相关的角度分布函数(ADF)描述。应用了一些减少方差的技术,即半系统取样,将后向发射或散射的光子的角度方向限制在尚未取样的角度单元,允许更均匀地选择随机方向[84];强制吸收和碰撞,迫使光子在离开介质之前经历散射事件[85];堆叠反射,允许跟踪海面折射和海面反射的光子;相函数截断[66-68];俄罗斯轮盘(Russian Roulette)技术[36];以及相关取样[69]。

为了再现实际的实验条件,大气和海洋(由一个平坦的无泡沫界面耦合)被分为几个平行平面层来解决大气气溶胶、气体分子和臭氧的垂直分布,以及实验测量的水中衰减(c)和吸收(a)的垂直剖面。气溶胶和水溶胶分别采用了 Gordon 和 Castaño 的海上气溶胶散射相函数[86]和 KA 相位函数[29]。17 m 深度的海床被假定为具有朗伯特性,反照率由现场测量推断[87]。实施了假设为完全吸收平台的详细和真实的 3D 描述(图 1(b))。辐亮度模拟是在假设水中 20° 的全角度的视场(FOV)和单位采集角度分布函数(ADF)的情况下进行的,而辐照度模拟是在假设 2π sr 的视场(FOV)和余弦采集角度分布函数(ADF)的情况下进行的。

实验和数值结果之间的相互比较显示平均百分比差异 <3%,最高值为 665 nm。在 ε_{L_u} 方面呈现出显著且良好的一致性,实验数据通常在模拟数据的置信度范围内。相反,结果表明 ε_{E_d} 有轻微的系统性理论低估,这可能是由完全吸收的塔架假设引起的(根据要求应用相关采样技术)。

为了选择一套有代表性的参数来建立一个实用的阴影校正因

子的查找表（LUT），进一步对 $\varepsilon_{\Re}$（$\Re = E_d, E_u, L_u$）的依赖性进行了广泛的敏感性分析[70]。假设典型的地球物理值[82, 88]（包括一个光谱 TTHG 气溶胶相函数，其参数来自 AAOT 的实验测量[89]）和实际的 WiSPER 观测几何（即图 1（b）中的 d=7.5 m），定义了一个标准的太阳－大气－海洋－AAOT－探测器参考系统。敏感性分析是针对太阳位置、波长、传感器位置、气溶胶光学厚度 τ_a 和水体固有光学性质（IOPs）（即水溶胶吸收和散射系数 a_{hyd} 和 b_{hyd}）的标准值的代表性变化进行的[82, 88]。在考虑到默认的 Petzold 相函数[39]、其 δ－截断版、$\delta - KA$ 相函数[29] 以及 g=0.95 的单项 HG 相函数[40] 时，也得出了一些关于 $\varepsilon_{\Re}$ 对水溶胶散射相函数 $\tilde{\beta}_{hyd}$ 敏感性的考虑。除了在研究阴影效应对深度的依赖性时，对处于水面以下的仪器进行了模拟。

$\varepsilon_{\Re}$ 的结果显示，随着 $|\varphi_0|$ 的增加，$\varepsilon_{\Re}$ 略有增加，并且对 θ_0 有单调的依赖性，有一个正的二阶导数。后者的趋势源于散射大气的存在。事实上，尽管由直射光状态引起的阴影扰动随着 θ_0 单调地减少（正如 Gordon[66] 已经预见的那样），漫射光状态（天空光）及其引起的阴影效应确实随着 θ_0 增加。对于水面之下的测量，ε_{E_d} 主要受大气特性的影响，而 ε_{E_u} 和 ε_{L_u} 也取决于水体的光学特性。因此，ε_{E_d} 的光谱依赖性表现为指数衰减，与直射光状态随波长的增加而增加一致，而 ε_{E_u} 和 ε_{L_u} 的光谱依赖性显得更有特色，因为水体的光谱复杂的光学性质的结果。此外，虽然 ε_{E_d}、ε_{E_u} 和 ε_{L_u} 都随着气溶胶光学厚度的增加而增加，但只有向上光场中的阴影效应对水体中的固有光学性质（IOPs）有明显的依赖。具体来说，它们随 a_{hyd} 的增加而减少，随 b_{hyd} 的增加而略微增加，而只有 ε_{L_u} 对 $\tilde{\beta}_{hyd}$ 表现出敏感。结果还强调了对水和大气分层的敏感性可以忽略不计。就传感器的位置而言，（1）ε_{L_u} 几乎不受深度影响，而 ε_{E_d}（ε_{E_u}）随着深度的增加而略有下降；（2）$\varepsilon_{\Re}$ 随着 X 和 Y 坐标的对数呈现出高斯状衰减。后者的依赖性证明了太阳－塔架－传感器的几何形状随 Y 的不对称变化而引起的异变。

在这些结果的基础上，对传输系统进行了简化和准直光谱重塑，以减少其自由度，并实现了表面下塔架影校正因子 $\eta_{\Re} = \Re / \hat{\Re} =$

$1/(1-\varepsilon_{\Re})$ 的查找表（LUT）[70]。

采用查找表（LUT）方法是为了说明问题的多维特性。对于每一个 λ，对以下参数的所有离散值的组合计算因子 $\eta_{\Re}$（见表 2）：太阳天顶角 θ_0 和方位角 φ_0（包括阴天条件）；总海水吸收系数 a；总海水单次散射反照率 ω；气溶胶光学厚度 τ_a，提供相应的水面上漫反射与直射辐照度的比值 $r_E = E_{dif}/E_{dir}$。后者的引入是为了以实用的方式描述一般的照明条件，因此要考虑到天空光分布的不均匀性（如云的存在）。假设在单个均匀水层的顶部有单个均匀大气层条件下进行模拟。所有其他建模特性保持不变。

表 2　由 Doyle 和 Zibordi[70] 选择的用于计算塔架阴影校正因子 $\eta_{\Re}$ 的地球物理参数

地球物理参数	选择的数值
θ_0	25°, 30°, 40°, 50°, 60°, 70°
φ_0	−135°, −90°, −45°, 0°, 45°
λ(nm)	412, 443, 490, 510, 555, 665
τ_a	0.00, 0.05, 0.10, 0.50, 1.0, 阴天条件
z_m(m)	0
d(m)	7.5
a(m⁻¹)	0.02, 0.05, 0.10, 0.30, 0.50
Ω	0.50, 0.70, 0.80, 0.85, 0.90, 0.95
$\tilde{\beta}_{hyd}$	$\delta - KA$ [29]
v(ms⁻¹)	0

用 WISPER 系统确定的任何实际表面下辐射产品的适当校正系数 $\eta_{\Re}$ 是通过将环境参数的实际值与查找表（LUT）中的索引值相匹配而找到的。

所有校正系数都显示出明显的季节性和光谱依赖性，夏季在 665 nm 处的数值最低（一般 <1.02），冬季在 443 nm 处的数值最高（～$1.02 \div 1.09$）。值得注意的是，对所提出的塔架阴影校正方案的实验评估显示了极好的结果，测量值和估算值之间的绝对差异一般

$<2\%^{[80]}$。

3.1.3 自阴影

除了部署结构引起的扰动外，上行辐亮度和辐照度的光学测量也会受到仪器外壳所产生阴影的影响。吸收系数越高，观测到的介质的可接触部分就越小，离仪器越近，那么外壳所产生的阴影影响越大，意味着在水中进行的测量（特别是在近红外，吸收系数非常大）可能会受到自阴影影响的严重扰动。相反，水面之上测量的扰动被认为是可忽略的。

20 世纪 90 年代初，Gordon 和 Ding[90] 对漂浮在深海水域表面以下的盘状仪器进行了第一次自阴影影响的理论评估。已经用于船舶阴影分析的 G-MC 代码[66] 被应用于模拟方法 III（即防止光子与仪器和海面的相互作用）。唯一的修改是障碍物的形状，现在假定它是一个半径为 R_d 的平整的圆盘，在其下端有一个无限小的视场（FOV）点状传感器。值得注意的是，遮光物体的方位对称性将三维辐射传输问题简化为与方位无关的问题。自阴影误差 $\varepsilon_\Re$（其中 $\Re = L_u \ or \ E_u$）用圆盘半径 R_d、水中总固有光学性质（IOPs）和涵盖阴天条件下太阳位置的函数关系进行描述（见表 3）。结果表明，扰动主要受 θ_0 和 $a*R_d$ 的影响。具体指，$\varepsilon_\Re$ 随着 θ_0 和 aR_d 值的减少而减少，只有在仪器尺寸小于水体吸收长度 $1/a$ 的情况下才会 $<5\%$（例如，对于小 θ_0，对于 E_u 来说 R_d 约小于 $1/60a$，对于 L_u 来说 R_d 约小于 $1/200a$）。b 对 $\varepsilon_\Re$ 的影响可忽略不计，特别是较小太阳天顶角时。

进一步利用理论结果制定了一种用于在仪器尺寸增大的情况下测量 E_u 和 L_u 时的校正方法（即 R_d 分别达到 $1/12a$ 和 $1/60a$ 的小 θ_0），将自阴影误差降低到 $< \sim 5\%$。该方法基于 $\varepsilon_\Re$、θ_0 和 aR_d 之间的参数关系，通过观测得出，对于准直照明条件，$z_0 = R_d / \tan\theta_{0w}$ 代表传感器视场（FOV）离开仪器阴影的深度（图 2（a），其中 θ_{0w} 是折射的太阳天顶角）。因此，对于 $b<<a$ 来说，$\hat{L}_u(0) = L_u(z_0)e^{-az_0}$，回顾公式（6）成为 $\hat{L}_u(0) = L_u(0)e^{-(a+K_L)R_d/\tan\theta_{0w}}$ 和最后对于 $K_L \approx \alpha \cdot a(\alpha \approx 1)$ 的时候 $\hat{L}_u(0) \sim L_u(0)e^{-kaR_d}$。

表 3 对于圆柱形仪器自阴影影响模拟 Gordon 和 Ding[90] 所选择的地球物理参数

地球物理参数	选择的数值
θ_0	10°, 30°, 70°（包括阴天条件）
R_d/m	1
c/m^{-1}	0.01→30.0
ω	0.5, 0.7, 0.9, 0.95
$\tilde{\beta}$	KA[29]

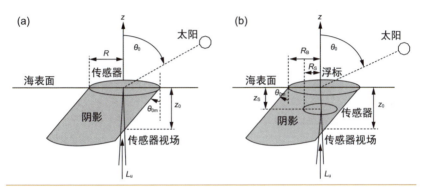

图 2 自阴影效果。（a）仪器自阴影效果示意图，来自 [90]。（b）仪器浮标系统的自阴影效果示意图，来自 [30]。有关表示测量几何图形的量的定义请参见文本。

通过在公式（10）中插入后一个表达式，并假设相同的函数趋势也适用于 E_u 和漫射光照条件，可以表示分别由太阳光的漫射和直射部分引起的自阴影误差 $\varepsilon_{\Re dif}$ 和 $\varepsilon_{\Re dir}$ 为

$$\varepsilon_{\Re dif} = 1 - \exp(-k_{\Re dif} a R_d) \tag{11}$$

$$\varepsilon_{\Re dir} = 1 - \exp(-k_{\Re dir} a R_d) \tag{12}$$

实际光照条件下的自阴影误差 $\varepsilon_{\Re}$ 简单地表示为

$$\varepsilon_{\Re} = (\varepsilon_{\Re dir} + \varepsilon_{\Re dif} \tilde{r}_E) / (1 + \tilde{r}_E) \tag{13}$$

其中，$\tilde{r}_E$ 可以被近似地认为等于漫射和直射太阳辐照度之间的比率 r_E。系数 $k_{\Re}$ 是从 G-MC- 模拟数据的最佳拟合中经验推断出来的，并在参考文献中提供了 θ_0 和传感器半径的函数（即点状传感器与有限传感器）[90]。

从 $aR_d < 0.1$ 和 $30° < \theta_0 < 70°$ 的 G-MC 表格数据中，进一步得出

了系数 $k_{\Re_{dif}}$ 和 $k_{\Re_{dir}}$ 的有用参数化[75, 91]。表 4 中给出了以下参数化的系数值：

$$k_{\Re_{dir}}(\lambda) = (1 - f_{R_d}) k_{\Re_{dir}}^p(\lambda) + f_{R_d} k_{\Re_{dir}}^e(\lambda) \tag{14}$$

其中，f_{R_d} 是传感器孔径与仪器外壳直径之比，$k_{\Re_{dir}}^p$ 和 $k_{\Re_{dir}}^e$ 分别是指点状传感器和有限传感器。需要指出的是，$k_{\Re_{dir}}^p$ 和 $k_{\Re_{dir}}^e$ 的轻微光谱依赖性来自折射的太阳天顶角 $\theta_{0w} = \sin^{-1}(\sin \theta_0 / n_w(\lambda))$，其中 n_w 是水的折射率。通过应用相应的乘法系数 $\eta_{\Re} = 1/(1 - \varepsilon_{\Re})$，可以得到水表面以下辐射测量数据的操作校正。

表 4　系数 $k_{\Re_{dif}}$、$k_{\Re_{dif}}^p$ 和 $k_{\Re_{dif}}^e$ 的计算函数

	L_u	E_u
$k_{\Re_{dif}}$	$4.61 - 0.87 f_R$	$2.70 - 0.48 f_R$
$k_{\Re_{dir}}^p$	$\dfrac{2.07 + 0.005\,6\theta_0}{\tan \theta_{0w}}$	$3.41 - 0.015\,5\theta_0$
$k_{\Re_{dir}}^e$	$\dfrac{1.59 + 0.006\,3\theta_0}{\tan \theta_{0w}}$	$2.76 + 0.012\,1\theta_0$

参考 [75 和 91]。

进一步的理论研究表明，采用相同的仪器配置（即一个半径为 R_d 的圆盘，其中心有一个点状传感器），可忽略海面波的存在，但需要考虑仪器和海底之间的距离，以便在光学浅水区进行测量[92]。

为了评估所说明的校正方案而专门设计的实验呈现了一个令人振奋的结果[91, 93]。具体来说，Zibordi 和 Ferrari[91] 发现（对于 $25° \leq \theta_0 \leq 50°$，$0.001 < aR_d \leq 0.1$ 和 $\lambda = 500$ nm，600 nm，640 nm），当假设仪器的视场（FOV）达到 18° 时，实验和理论误差之间的绝对差异通常低于 3%，而辐亮度则低于 5%。后面的研究结果表明，将为狭窄视场（FOV）开发的校正方案应用于相对较大的视场（FOV）是可行的。Aas 和 Korsbø[93] 发现（对于 $40° \leq \theta_0 \leq 60°$，$aR_d \leq 0.4$ 和 $\lambda = 445$ nm，514 nm，546 nm）测量和估算的 ε_{L_u} 之间的差异高达 7%，观测到的误差总是低于相应的 G-MC 模拟。这对理论上潜在的自阴影误差（尤其是蓝光波段）提出了警告，可能是由于忽略了天空辐射的实际各

向异性和海洋颗粒相函数的自然变化[93]。

在理论和实验结果的基础上,建议限制仪器的尺寸[81],并将所述校正模型的应用纳入 SeaWiFS 验证的海洋规范中,同时需要进一步扩展和验证[75, 94]。事实上,除了有限的实验外,校正模型只适用于"经典"的系统配置,包括一个圆柱体仪器,其下端有一个传感器,并在光学深水域工作。仪器的直径应不超过 24 cm,以保证在叶绿素浓度高达 10 mg m⁻³ 和 $\theta_0 \geq 20°$ 的情况下,$\lambda \leq 650$ nm 的测量结果校正后的误差为 5% 或更小[75, 94]。仪器的尺寸限制在更长的 λ 和更低的 θ_0 时变得更加严格[75, 94]。此外,该模型[90]的同一作者承认(并通过连续的模拟[95, 96]证明)由于假设仪器的周围结构忽略不计,从而导致低估了自阴影影响。

因此,为估算其他仪器配置和测量条件下的自阴影误差,同时考虑到实际的三维外形尺寸,进一步开展了理论评价。研究者对南安普敦水下多参数光学光谱仪原型系统(SUMOSS)[97]进行了仪器导致的扰动分析,目的是通过将辐照度计置于仪器的侧面,最大限度地减少自阴影影响[95]。水下辐照度分布系统(RADS)[98]是能够捕获辐照度场的全部角度分布[96];以及可在光学深水和光学浅水水域运行的商用浮标仪器[30, 99]。

前向蒙特卡洛(MC)算法[95]用于估算 SUMOSS 测量中的最大 ε_{E_u} 值。ε_{E_u} 作为实际光学参数、海面粗糙度和太阳天顶角的函数。该仪器由一个黑色圆柱体表示,有一个突出的侧翼。包括一个狭窄的仅由气体分子组成大气层,以允许仪器外壳部分被淹没,而海洋层被假定为无限深。考虑了准直光照和完全漫射光照,并对海水采用了 Petzold 相函数[39]。模拟结果表明,仪器的侧面配置产生的自阴影影响比经典配置低。然而,由于描述该系统需要更多的变量,用于估算自阴影误差的半经验公式将更加复杂,而利用蒙特卡洛(MC)代码在准实时情况下校正自阴影影响的可能性(如作者所宣称的)将需要对侧面方位角进行重合测量。

PHO-TRAN 后向蒙特卡洛(MC)代码[24]被用来估算 RADS 测量中 $L_u(\theta)$ 的自阴影影响,其具体目的是解释实验采集数据中的注意事项[96]。假设有一个无限深的海洋层。RADS 仪器被模拟成一个具有实际尺寸和大小的完全吸收的圆柱体,点状探测器位于其下端,要么位于对称轴的中心,要么沿太阳平面移开。结果证明,在上行方向辐亮度测量中探测到的异常暗区,特别是在反太阳方向附近,是由于自阴影影响造成的。结果还表明,更精细的自阴影仪器校正方案应考虑传感器在仪器外壳上的详细位置、它们相对于太阳位置的排列以及扰动物体的全部三维结构,并建议使用准实时蒙特卡洛(MC)模拟来校正数据。为了有效地减少自遮挡误差,进一步开发了一个更小版本的仪器,称为 NURADS[100]。

最后采用了一个后向蒙特卡洛(MC)代码(L-MC)来准确地估算由浮标固定的商业圆柱形仪器所进行的测量中的 ε_{L_u}[99]。该系统被建模为一个平行平面的海洋层,由风致粗糙海面(如 Cox 和 Munk 统计学[72]所描述的)和朗伯反射率的平坦海床所包围。考虑了准直和完全漫射光照,并假定水溶胶的解析相函数最好地再现了 Petzold 相函数[39]。仪器和浮标都被建模为黑色圆柱体,而浮标在水面以上的部分没有包括在内。一个点状的传感器被放置在仪器的下端面。

模拟的 ε_{L_u} 值介于用公式(13)假设的浮标或仪器外壳的半径计算的值之间。具体指,由于浮标的存在使得单独的仪器外壳的数值较大,但由于浮标和传感器之间的光学距离,小于单独的浮标引起的误差。此外,由于传感器和浮标之间的光学距离随 a 的增加而增加,在越来越浑浊的水体中,ε_{L_u} 值越来越接近于单独使用仪器外壳的值。L-MC 计算进一步证明,对于有浮标的仪器,ε_{L_u} 对 θ_0 的依赖性要明显得多,因为浮标只对小天顶角有很大影响(图 2(b))。结果证实,海面粗糙度的影响可以忽略不计,这是因为光子向阴影区域折射的数量相等,导致总体影响很小。结果还证明了在海底附近测量时海底的相关影响。进一步提供了 θ_0(高达 70°)、a(范围在 0.02 和 1.0 m^{-1} 之间)和 b(b/a=1, 2, 3)离散输入值的自阴影误差的查找表(LUT),以准确纠正用所考虑的浮标仪器在光学深水区域进行的测量。

Leathers 等人[30, 99]意识到为每个特定的仪器配置和测量条件开发特别的蒙特卡洛（MC）代码的困难，对公式（13）提供的 ε_{L_u} 的分析表达式进行了扩展，以包括（1）浮标仪器和（2）在光学浅水中进行的测量[30]，同时强烈建议仪器制造商在其产品中提供自阴影查找表（LUT）或软件。

参照公式（12），阴影误差 $\varepsilon_{\Re_{dir}}$ ($\Re = L_u$) 的直接分量的扩展分析表达式被建模为

$$\varepsilon_{L_u, dir} = \frac{L_{uW}}{L_u} \varepsilon_W + \frac{L_{uB}}{L_u} \varepsilon_B \quad (15)$$

其中 L_{uW} 和 L_{uB} 分别代表 L_u 中来自水体中的光散射和来自海底辐亮度反射的部分，而 ε_W 和 ε_B 分别代表浮标仪器在光学深水区域的自阴影误差和影响海底反射的唯一辐亮度。L_{uW} / L_u 的比值可以用辐射传输代码进行数值计算，或者近似为后向散射系数和海底反照率的函数（如参考文献［30］中给出）。

ε_W 的分析表达式是通过将系统建模为漂浮在海面上的半径为 R_B 的阴影盘，代表浮标，上面是半径为 R_S 的阴影盘，深度为 z_S，代表仪器外壳，在其下表面有一个无限小的视场（FOV）的小型传感器（图 2（b））：

$$\varepsilon_W = \begin{cases} 1 - \exp[-ka(R_B - z_S \tan\theta_{0w})], & \tan\theta_{0w} < (R_B - R_S)/z_S \\ 1 - \exp(-ka(R_S)), & \tan\theta_{0w} > (R_B - R_S)/z_S \end{cases} \quad (16)$$

其中 $k = 1/(\tan\theta_{0w}) + 1/(\sin\theta_{0w})$。

ε_B 的解析表达式是一个更为复杂的海底、浮标和仪器深度；仪器和浮标半径及其在海底产生阴影；以及传感器视场（FOV）函数[30]。扩散分量 $\varepsilon_{L_u, dir}$ 被简单地假定为大约等于 $\theta_{0w} = 35°$ 的 $\varepsilon_{L_u, dir}$。理论估算 ε_{L_u} 的分析表达式与 L-MC 模拟的数值结果表明，除了小的太阳天顶角（$\theta_0 < 15°$）和高度散射的水体（实验条件下阴影误差极大）的组合外，都有很好的一致性。

本节强调了理论模拟在分析和最小化周围结构扰动中的重要性。仅使用受测量条件和方法限制的现场数据无法完全解决这两个方面的问题。正是通过理论模拟、广泛的灵敏度分析和实验测量以及理论结果验证的协同使用，才能够制定有效的操作策略，最大限度地减少周围结构引起的不确定度。

3.2　海面波浪引起的扰动

风产生的波浪可以通过聚集和分散入射光线（透镜效应，图 3）来扰乱水体中辐射传感器采集的数据。这些扰动会影响通过水中辐射测量回归计算的数据产品精度（以下简称数据处理[101]），因此限制了现场测量对遥感传感器的定标和验证以及海洋水色反演方法建立的适用性。本节的范围是：（1）概述风生波的基本原理和决定海洋环境中光透射的物理过程[102-104]；（2）强调关于现场辐射测量的聚集和分散效应的实验结果[105-111]，讨论提高数据产品准确度的做法[2, 112, 113]；（3）描述聚焦光的分析和统计模型[103, 114-117]；（4）最后介绍辐射模拟结果，以便更好地理解扰动效应，支持完善测量规范和数据处理方案[34, 101, 118, 119]。

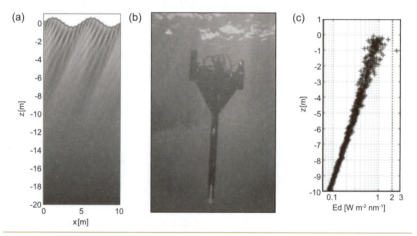

图 3　波浪形海面下的辐照度分布（图（a），MOX 代码模拟[34, 101]）。聚焦和分散模式示例，扰乱了由水中自由落体辐射测量系统采集的光场测量（图（b），由 Scott McClean, Satlantic Inc., Halifax 提供）。在现场记录的实际向下辐照度剖面数据（图（c））。

3.2.1　风生波所致聚焦光

风导致的海面状态包括小型和不规则的短波（有风的海洋），以及它们演变为长波的规则波（海浪），可以在大洋上传播数千千米。因此，风生波被区分为：（1）由表面张力引起的毛细波，频率高于

4 Hz,波长可达 10 cm;(2)重力波,频率在 0.03 Hz 和 4 Hz 之间,波长为 10 cm 至 1 500 m。风生波可以通过不同振幅的谐波 $H(\alpha,\nu)$ 的线性组合用傅里叶级数表示,是频率 ν 和传播方向 α 的函数。单一谐波分量的海面高程能量为 $W = \dfrac{1}{2}\rho g H(\alpha,\nu)^2$,其中 ρ 是海水密度,g 是重力加速度。作为 α 和 θ 的函数的 W 分布定义了波谱[120-122]。

  Snell 定律和 Fresnell 方程决定了光子在海面的传输方向和传输系数。海面上的波峰和波谷对透射光线进行聚焦和散焦,作为平面凸透镜和平面凹透镜来调节辐亮度分布。基于几何光学的分析表明:(1)光焦点的深度和强度取决于波的形状;(2)短陡波产生的焦点比浅波更接近海面;(3)时间标准化的向下辐照度 $\chi(z) = E_d(z)/\langle E_d(z)\rangle$,其中 $\langle\ \rangle$ 表示数据平均化,在焦点深度可以达到 $5 \sim 6$。这种强烈的光照强度变化不仅影响生活在真光层内生物体的各种生物过程,包括初级生产力[110],而且对通过水体内光学剖面回归得到的现场辐射数据产品的测量也有影响。

  风生波的海面高度和坡度的变化引起了从源到传感器的光子传输的变化。具体指,对于静止的海面,波浪会引起以下变化:(1)通过海面传输的光子的方向;(2)到达特定深度的光子路径长度;(3)辐射能量在海面上的透过率;(4)海面相对于入射光和投射光方向的投影[103]。然而,Stramski 和 Dera 指出,与海面曲率引起的变化相比,$2 \sim 4$ 效应对水下辐照度值的影响很小[104]。近表面(如 10 m 以下深度)的水下光波动主要是由风产生的波浪引起的,其范围在几厘米的毛细波和几米长、0.5 m 高小的重力波之间[105, 109]。

3.2.2 实验结果

  光线可以被粗糙的海面聚焦成几毫米的亮点,每分钟出现 100 次,持续几毫秒到几十毫秒[105, 123, 124]。在水柱中以透镜效应的空间和时间分辨率进行的辐照度测量表明,辐照度波动的振幅首先增加到海面以下几米,然后在水柱深处减少[124]。波动的频率也随着深度的变化而变化。具体指,基于傅里叶变换的分析表明,辐照度波动的频率分布在海面以下几米处变得更窄,这与明确的焦点的形成相一致。在更深的水体,这个峰值向低频率转移,在深水具有较大振幅和周期的波的影响增加。Walker 进行的实验测量也表明,辐照度波动功率谱的最大值比风驱动的海面波谱的最大值频率更高[125]。其他分析报告称,风生波频谱短周期部分能量的增加会增加最大辐照度波动的振幅[126]。

当 χ 超过至少 1.5 的阈值 η 时,水下辐照度的脉冲被表示为闪烁[124]。对辐照度测量的分析结果表明:(1)闪烁持续时间的分布取决于深度;(2)当 η 增加时,闪烁的持续时间比闪烁的频率减少得更快;(3)闪烁的频率作为 η 的函数以指数形式减少。实验结果还报告了辐照度值的右偏分布,其模式在海面以下的前几米内比平均值小三倍。这种峰值分布在深度增加时变得更宽,最终变成双峰分布[126]。对聚焦效应的空间和时间相关性的分析也表明,水下辐照度波动的主要频率随着与海面距离的增加而呈线性下降[108]。

在考虑聚焦效应与环境条件的关系时,Dera 和 Gordon[106] 指出,最大的辐照度波动出现在衰减较小的水体中的较大深度。最高的聚焦条件出现在太阳高度角高于 40°,漫射－直射天空辐照度比值低于 40% 时。漫射照明和透射光的水体内部衰减都会降低聚焦强度。波动的幅度随着深度的增加而减少,因为光在更大的路径长度上被散射,所以在浊水体中闪烁频率的减少比在清澈水体中要快[105, 111, 126]。在风速为 $2 \sim 5 \ \mathrm{m \ s^{-1}}$ 时,闪烁的频率和强度较高,而在更大的风速下,闪烁的持续时间往往会随着风速的增加而增加[107, 124]。辐照度的波动在可见光谱的红光部分比蓝光部分更大,因为前者的特点是太阳直射光的贡献更大[105]。由于海面波引起的水位变化可以部分影响红光波段和近红外的光分布,因为这些波长的衰减系数很大[109]。与透镜效应不同,这些波动与海面波谱中能量最大的部分直接相关[127]。此外,散射光的强弱变化也会产生向上辐照度和向上辐亮度的波动,尽管这些辐射量受透镜效应的影响比向下辐照度小得多。因此,相对于 E_d 而言,E_u 和 L_u 的波动频率较低,因为它们只是间接地受到深水中较大周期重力波产生的透镜效应的影响。

由海面透镜效应引起的对光学剖面还原结果的不确定度(公式(7))不仅取决于仪器的操作规范(如辐照度采集器的尺寸、辐照度传感器的视场（FOV）以及探测器的积分时间和采集速率），而且也是水中测量的深度分辨率的一个函数 [2, 113]。为尽量减少海面光透镜造成的扰动影响，每米所需的样本数受各种环境因素的影响，如光照条件、固有光学性质（IOPs）和海况。此外，在存在光学分层的情况下，得出次表层数值的外推层可被限制在海面以下几米。Zibordi 等人 [113] 使用现成的仪器（例如，辐照度探测器的采集器尺寸为 1 cm，辐照度传感器的视场（FOV）为 20°，积分时间为几十毫秒，采集速率为 6 Hz）在中等复杂条件下（例如，波高达 0.5 m，490 nm 的向下辐照度衰减达 0.14 m^{-1}，外推层为 0.4～3.6 m；更多细节见参考文献 [113]）表明，对于 L_u，E_u，E_d 和 K_d，将回归结果的扰动限制在 2% 以下所需的采样密度分别为 11 m^{-1}、40 m^{-1}、3 m^{-1} 和 2 m^{-1}（注意，这些数字代表最低要求）。为了提高回归数据产品的精确度，研究者设计了多次测量，形成一个独特的光学剖面，增加样本数量，将在同一地点和在几分钟的时间间隔内测量的辐射数据分组 [2, 113, 119, 128]。当考虑到通过固定深度的水中辐射计的锚系系统采集的测量结果时，由于海面光聚焦而产生的扰动效应主要影响 E_d 和 K_d 数据产品，而光学分层与 L_u 和 E_u 数据的减少特别相关 [112]。

基于分析研究和现场测量分析的结果趋于一致，确定了波浪形海面透镜效应的几个特性（例如，相对于平均辐照度而言，闪烁的倍数振幅，由于漫射照明条件或水体光子散射而导致的闪烁强度降低）。实验结果突出了其他特性，如当增加阈值强度时，辐照度闪烁的数量呈指数衰减，以及辐照度波动的主要频率随着深度的增加而线性下降。现场实验还证明了由海面透镜效应引起的对数据处理产品的不确定度是如何随着辐射剖面测量的深度分辨率而变化的。然而，仅根据现场数据无法对这些不确定度进行普遍分析，因为从现场实验中得到的信息受到测量方法、传感器规格和海上环境条件的限制。另一方面，海气界面的复杂边界条件限制了分析解决方案准确描述水下聚焦光的异质性的能力。因此，接下来讨论的统计和数值解决方案对于从理论角度加深对光聚焦效应的理解、调查不确定度估算以及为完善测量规范提供指导都是有意义的。

3.2.3 统计学模型

许多因素会引起水下光的复杂波动。例如,海面波的功率谱、光照条件和海水的固有光学性质(IOPs)因水深而有不同的相关性。这对用一个独特的模型来表示透镜效应的所有统计特性的可能性提出了挑战[114]。辐照度的闪烁只有在非常低的速率下才会明显超过平均值,在靠近海面一米处会产生重尾和右偏的辐照度分布。对数分布和对数正态函数等概率密度可以很好地表示在该上层现场测量的波动,直至辐照度分布的 90%,但无法描述最强烈闪烁的频率。当考虑到在极值分析背景下明确开发的统计模型(如 Gumbel[129] 和 Frecht[130] 分布)时,与现场数据的一致性降低。DeGroot 和 Schervish 的研究评价了水柱深处的偏度和极端峰度[131],并在大约两个光学深度趋于恒定,在这个深度,光子的多重散射产生了辐照度波动的高斯分布。表明存在一个临界深度,在此深度以上,辐照度分布因光聚焦而不对称(阳光层),在此深度以下,辐照度分布基本上是对称的(漫射层)。值得注意的是,由于不同波长的所散射光的比例不同,临界深度在光谱上也不同[114]。

Shen[115] 直接对水下聚焦的光进行建模,而不是用选定的概率分布来拟合现场测量的波动,从而获得了辐照度闪烁的统计描述。这需要计算海面折射的多条光线在同一采样时间截获水体辐射传感器的概率。假设海面由具有独立和相同分布的高斯随机斜率的小块表示,DeGroot 和 Schervish[131] 认为水下光的波动遵循非均质泊松分布(即大量的伯努利试验,成功概率很小)。由此产生的辐照度波动的高斯泊松(GaussianePoisson, GP)统计模型被进一步扩展,以包括散射效应,并考虑到次级波面的斜率变化,以克服平坦面的限制。这个方案允许确定深度,在这个深度以上,光的扩散是由海面上的短波而不是体积散射主导的。这个模型也成功地表达了上面讨论的从靠近海面的那层偏斜和高度尾部的辐照度体系到深水中的正常分布的过渡。一个额外的理论发现是解释了辐照度值表现大于方差的概率是如何随着深度的增加而渐进式减少的,其速度比指数式衰减快,但比高斯式衰减慢。然而,高斯泊松(GP)模型不能解释非常接近海面的闪烁强度的减少,因为它是为了获得一个闭合形式的解决方案而应用的近似方法。但是,高斯泊松(GP)模型是对海面聚焦光造成的辐照度波动的最先进的统计描述。

3.2.4 蒙特卡洛(MC)案例研究

基于蒙特卡洛(MC)辐射传输模拟的水下聚焦光的研究补充了现场测量和统计评估的结果。由于波浪透镜效应造成的水平辐亮度梯度与辐射传输方程(RTE)的确定解的平行平面假设相悖,因此,蒙特卡洛(MC)是研究波浪海洋内部辐亮度分布的参考数值方法。通过提供一个虚拟的环境,用比现场测量更少的约束条件来测试不同的假设,蒙特卡洛(MC)辐射传输模型代表了一种有效的方法来理解数据还原结果的其他特性,例如,由于回归区间、照明条件和海面几何形状的不同。

作为风速函数的海面坡度分布的 Cox 和 Munk 参数化[72]是蒙特卡洛(MC)研究中计算波浪形海面界面的平均透过率和反射率的一个里程碑式的组成部分[15, 132]。然而,仅靠海面波的斜率分布(例如,见文献[72])并不能定义研究风生波产生的聚焦效应所需的静止水平以上的海水位移的空间自相关度。相反,水下光波动的蒙特卡洛(MC)模拟可以通过在一个扩展的模拟域上跟踪光子来获得,其中海面最好是由有限的谐波分量(图 3(a))来定义,代表叠加的毛细波和重力波[34, 101, 118, 119]。考虑到由波谱定义的谐波成分分布,仿真结果的准确性可以通过对海气界面的建模来提高[117, 133-137]。

在真光层(大约 100 m 深度)上的光分布可能是由于相对较大的重力波。正弦波 $\zeta = A\cos(\kappa \cdot x)$ 的最小焦点深度由 $z = [n_w/(n_w-1)]/(A\kappa^2)$ 给出,其中 A 是波幅,κ 是波数,n_w 是海水的折射率[125]。长度约为 100 m、振幅为几米的表面波仍然可以在水下光场中引起显著的水平变化。在垂直波的传播方向的二维平面中的蒙特卡洛(MC)模拟,需要在 100 m 的深度和数百米的长度上,以代表这些大的重力波的透镜效应[117, 133, 136]。如果考虑到模拟现场记录的最细的辐照度波动所需的几毫米的分辨率,标准的光子追踪方案将花费大量时间来绘制代表光聚焦在这样一个扩展域的光子数量[124]。这个问题可通过采用不同的计算方案来解决。

　　第一种方法是预先计算由平坦海面的单个元素产生的不同太阳高度的光分布的蒙特卡洛（MC）模拟数据库。然后将单个贡献叠加起来，建立波浪形海面下的整体光分布模型。当考虑到理想化的均匀天空辐亮度时，这个方案最有效。在这种情况下，事实上，平坦的海面和波浪形海面的各个部分都没有被相同的漫反射辐射所束缚。值得注意的是，在黄－红光谱区间内，天空辐射的各向异性往往会在建模结果中引起相对较小的不确定度，因为相对于较短的波长，漫射－直接辐射比值较低。相反，这种方法的准确性在蓝光波段中略有下降，因为那里的漫射－直射辐照度比值较高，透射光在较深的水域中产生聚焦效应。预先计算的蒙特卡洛（MC）模拟没有考虑到海气界面的高阶光反射－透射过程，在建模结果中产生了轻小的缺陷。

　　基于预先计算辐射场叠加的蒙特卡洛（MC）的性能可以通过对单个表面段产生的光分布进行建模而得到提高，其分辨率在海面附近更细，在水体深处更粗。这与 Dera 和 Stramski 的实验结果是一致的，Dera 和 Stramski 发现了闪烁的持续时间更长，在更深的地方发生的面积更大[124]。通过用基于直接射线追踪的额外调查来补充叠加辐射场的结果，可以获得额外的性能改进，从而可以在靠近海气界面的几米范围内以高空间分辨率评价光分布。通过只考虑直射光对这个上层的波诱导辐射波动的贡献，可以进一步减少计算时间。

　　用预先计算的蒙特卡洛（MC）结果得出的下行辐照度值与深度的函数分布显示了与现场测量一致的统计数字。例如，在离海面越来越远的情况下，偏度和超额峰度趋于正态分布的典型值[114]。另一个方面是在水柱深处向较低的波动频率转变[124]。重复使用蒙特卡洛（MC）模拟的相同数据库以比较由不同风驱动的功率谱产生的光波动的可能性变得非常有效。与现场观测一致并且对减少现场辐射剖面的主要兴趣在于，大约上层 10 m 水域的光波动主要是由当地风引起的海面波导致的[138]。3～5 m/s 的低风速会产生曲率小、长度在 0.7～3 cm 的重力毛细波。蒙特卡洛（MC）模拟结果显示，

$0.5 \sim 3$ m 深度的相应焦点产生的 E_d 闪烁比平均强度高 7 倍。更强的当地风产生更陡峭的重力 - 毛细波,提高了靠近海面的辐照度波动。由于更强的重力波造成的焦点主要发生在 10 m 以下的深度,可以造成辐照度闪烁到 30 m 以下,甚至在理想的有利条件下更深[138]。

用预先计算的辐射场研究水下聚焦光的动态的另一种方法是 You[117] 提出的混合矩阵操作 - 蒙特卡洛(HMOMC)方案。这种方法将模拟域划分为不同的层。层与层之间的辐射传输过程是由矩阵运算法指定的,即对特定输入的响应[139, 140]。响应是由一个层反射或传输的辐亮度,然后它可以成为另一个层的输入。因此,组合层的辐亮度分布是通过对初始输入的一系列转换来正式定义的,这就允许在模拟域的选定点上对辐亮度和辐照度值进行建模,对应于水中辐射计的位置。在这里的研究案例中考虑了三个层:大气层、海气界面和水体。它们的反应是静态的混合矩阵操作 - 蒙特卡洛(HMOMC)成分,只计算一次。直接穿过海面的太阳光需要根据波谱来计算,以模拟透镜效应的动态[121]。假设忽略静止水面以上的水体位移,该部分的计算效率会得到提高,因为这对水下光分布的影响很小。用混合矩阵操作 - 蒙特卡洛(HMOMC)方法建立的随时间变化的辐照度场可以很好地捕捉到现场测量记录的总体统计数字[105-111],包括(1)归一化向下辐照度 $\chi(z)$ 分布的不对称性,较深水域的偏度较低,峰度过大;(2)闪烁频率随深度变化的指数衰减;(3)闪烁时间;以及(4)不同深度辐照度值的功率谱密度。

Zaneveld 进行的理论分析和基于二维正向蒙特卡洛(MC)的分析,允许研究难以通过实验量化的其他辐射特性。一个例子是对强化后向散射的研究,在这种情况下,由于相干的波束,有更多的光被向上散射[118]。这种效应可以通过首先考虑一个理想的情况来描述,即入射光是垂直于平坦海面的准直光束,而辐亮度传感器是面向天底的。在单次散射的近似情况下,离开海面后只有沿着入射光线的相同返回路径的光子才能被辐亮度传感器探测。然而,海面波的透镜效应产生了水下光线相交的焦点,进一步增加了从源到检测器的返回路径的数量,正如互易原理所述[64]。光线追踪可以验证由于短重力波波峰处的表面张力所导致的相干毛细重力波的存在[141,142]如何通过产生焦点层来促进强化的后向散射(见文献[118]中的图1)。海浪的特点还包括海面上的相干波,原则上可以引起强化的后向散射。然而,由重力波产生的焦点出现在水柱中,与海面上的小型毛细－重力相干结构产生的焦点相比,要深得多。在海浪的情况下,单次散射后能到达海面的光子,在正确的方向上被折射到辐亮度传感器上的部分,主要取决于海水的固有光学性质(IOPs),减少强化的后向散射。当增加光源和探测器之间的角度时,这种影响会进一步减少,因此它在更大程度上影响了主动传感器(如激光雷达)采集的数据。海洋水色的应用是基于被动遥感,在源和探测器之间有较大的分离角度,以减少太阳光的影响。基于二维领域的前向蒙特卡洛(MC)模拟的分析,可以估算在标准的测量几何和环境条件下,强化的后向散射对离水辐亮度的贡献远远小于5%[118]。

虚拟光学剖面可以通过二维领域的辐射场的前向蒙特卡洛(MC)模拟产生(图3(a))。这些可以被指定为捕捉自然环境中真实测量的变异性,同时考虑到剖面系统的投放速度、采集率和探测器的大小[34,101,119]。然后,虚拟光学剖面可用于研究由海面聚焦效应引起的不确定度估算,这些效应来自现场光学剖面测量的处理数据产品。Kajiyama[33,143]记录了以现场测量的空间尺度和分辨率模拟辐射传输过程如何需要大量的计算能力。考虑到具有周期性边界的海水界面,并拦截从一侧离开域的光子,使其在对面的边界重新注入,就可以提高前向蒙特卡洛(MC)模拟得出虚拟光学剖面的效率[34,101,119]。周期性边界条件还提供了一个优势,即允许考虑静态海气界面下的对角线的虚拟轮廓,而不是解决更现实但在计算上不切实际的在海面上传输的波浪下面的垂直部署的模型(见文献[34]中的图3)。基本的工作假设是水下聚焦效应的空间和时间分析(ergodicity)之间的等价性,得到了以下事实的支持:光波动的统计特性并不明显依赖于海面波成分的不同相位速度[144]。

验证卫星数据产品的主要兴趣是遥感观测平均光波动,这是由于星上传感器覆盖区的海面透镜效应,对于最新的海洋水色传感器,其覆盖区约为104 m²。水中辐射测量在现场的足迹只能达到几平方米,比空间传感器的足迹小两个数量级[119]。支撑来自原地光学剖面系统的辐射测量数据产品在定标和替代验证活动中的可靠性的假设是,尽管足迹大小不同,现场测量仍然可以代表遥感观测的有效地面真值。基于虚拟辐射测量剖面分析的结果表明,海面的光聚焦可以在海面下一米处产生向下辐照度的水平梯度,通常大于吸收和散射过程在垂直方向上引起的梯度。为了限制由于水下聚焦光造成的变化的影响,从而提高从现场测量得出的回归结果的质量,推荐的做法是采用多次投放法[34, 101, 113, 119]。考虑 E_d 受到波浪形海面下聚焦光的直接影响时,这样的操作尤为重要。还可以采用替代对数转换的辐射测量值与深度函数的标准线性拟合的回归方法,以进一步减少由于水下光强度的水平变化而产生的不确定度。一个例子是基于从波聚焦效应几乎可以忽略不计的深度开始的辐照度值的向上积分来确定 K_d(见参考文献[119]的细节)。

　　研究者使用虚拟剖面来估算数据还原产品的变异系数(CV;即一组样本的标准偏差和平均值的比率),如 $\Re_0$ 和 $K_\Re$,可以根据所考虑的辐射量追踪不同数量的光子 N_{pho} 来优化[113]。事实上,上行辐照度和上行辐亮度受海面光透镜的影响比下行辐照度小得多。因此,认识到忽略蒙特卡洛(MC)模拟的统计变异性所需的光子数量,对于研究 E_u 和 L_u 剖面的减少至关重要。解决这个问题的一个有效方法是,在波浪形的情况下,以相同的固有光学性质(IOPs)和照明条件进行互补的蒙特卡洛(MC)模拟,但以平静的海面作为边界条件。当平静海面情况下的数据还原结果的变异系数(CV)比波浪形条件下的计算结果低一个数量级时(或者当后者对于回归结果的精度要求变得可以忽略不计时),就会出现捕捉聚焦光对虚拟光学剖面的影响所需的最小光子数量。在平静海面的情况下,$\Re_0$ 和 $K_\Re$ 结果的标准偏差是光子群大小的平方根的线性函数。这样就可以通过执行一组最小的蒙特卡洛(MC)模拟来确定平静海面存在下的线性变异系数(CV)趋势,从而优化计算资源的利用[33]。蒙特卡洛(MC)模拟表明,当考虑到有 5 m 宽和 0.5 m 高的波浪时,在水体辐射测量剖面的数据产品中,量化海面透镜效应的扰动所需的光子数量,对 E_d、E_u 和 L_u 来说,分别为 106、109 和 1010。提出这些数字只是为了强调不同辐射量的最小 N_{pho} 值的变化，因为确切的光子群大小必须根据具体的个案研究来确定。当考虑到商业自由落体辐射计系统的标准投放速度和采样频率，以及中等光学复杂水域的固有光学性质（IOPs）值和典型的照明条件时，从正向蒙特卡洛（MC）模拟中得出的虚拟轮廓记录了由于光聚焦造成的 $\Re_0$ 的变异系数（CV），其中 E_{d0} 为 0.5～3.5%，E_{u0} 为 0.4% 以下，L_{u0} 为 1.2%（详见文献[34]）。这些理论估算和现场测量结果之间一致性较高[113]。

蒙特卡洛（MC）模拟可以进一步补充实验结果，为完善测量规范提供指示。例如，基于现场测量的分析报告指出，当增加光学剖面的深度分辨率时，水下光波动引起的扰动导致的不确定度估算减少[112, 113]。蒙特卡洛（MC）模拟更强调，对于每单位深度的一定数量的辐射测量记录，通过降低光学剖面系统的投放速度而不是增加数据采集频率，可以更有效地减少外推层上的波聚焦和散焦效应引起的变化。然而，在实际中，需要 0.2 米／秒的投放速度[2]，以限制额外的不确定度来源，例如，那些由于剖面仪的垂直不稳定性和部署期间的照明变化。因此，实验和数值结果都同意推荐使用多次测量方法，以尽量减少水下聚焦光的扰动效应[34, 113, 119]。

用二维前向 MC 模拟计算的虚拟光学剖面也可以是研究减少解决方案的有效手段，以从水中辐射测量中得出数据产品。标准的方法是根据外推层内对数转换的剖面数据的线性回归来计算 $\Re_0$ 和 $K_{\Re}$（公式（7）），求解一组线性方程，在最大似然框架内使样本和建模值之间的平方误差最小。数据回归受到水下闪烁的影响，基本上超过了平均辐射值。文献中提出的减少 $\Re(z)$ 水下波动引起的扰动的解决方案包括删除大部分扰动的样本[128]，将数据按常规深度间隔分档，并在连续的层中进行递增回归[75]，如上所述。也可以应用最小二乘法拟合，用厄米三次多项式推导出 $K_{\Re}$[145]。这些方案的共同点是从对数（$\Re(z)$）中检索出 $\Re_0$ 和 $K_{\Re}$。然而，由于算术平均值和几何平均值之间的不平等，对数转换后的平均值往往小于其平均值的对数[146]。避免对数转换造成偏差的另一种方法[147]是应用非线性数据还原，通过解决一个非线性优化问题，直接从 $\Re(z)$ 计算 $\Re_0$ 和

$K_{\Re}$。基于蒙特卡洛(MC)模拟的研究结果表明,在解决波浪形海面下的光学剖面数据的处理问题上,Trust Region 算法[148, 149]往往比其他优化方法(如 Levenberg–Marquardt 方案[150])更有效。通过执行非线性优化,这些方案不能确保全局解决,因此可能值得使用稍微不同的初始化重新计算回归参数以验证结果的有效性。

蒙特卡洛(MC)模拟证实,相对于那些直接从输入辐射值获得的数据,对数转换的数据往往低估了回归结果。因此,对数转换被确定为 $\Re_0$ 和 $K_{\Re}$ 的偏差来源。用未转换或对数转换的辐射值计算的 L_{u0} 值之间的差异为 $1\% \sim 2\%$,这远远低于原地测量数据产品的目标不确定度(即 5%)。相反,对于 E_{d0} 来说,差异很容易超过 5%,因为对数转换导致的偏差取决于水下光波动的振幅和垂直分布。这些发现与从现场测量的光学剖面得出的结果一致。从蒙特卡洛(MC)模拟研究线性和非线性回归结果之间的差异而得出的统计数字也突出了群集法的重要性,即通过增加每单位深度的辐射测量样本的数量来尽量减少数据产品的不确定度。额外的案例研究是针对验证水下聚焦光导致的光程方向分布变化的影响而进行的理论调查,这些变化在现场很难通过实验确定(见参考文献[101]中的图 12 和 13)。

4. 总结和评论

国际空间机构的海洋水色计划优先考虑采集高质量的现场测量数据,以支持空间辐射测量数据的验证和定标,以及建立用于支持气候变化研究更高水平的产品反演方法。然而,用于计算遥感反射率等的现场辐射测量受到不同干扰因素的影响。本章的范围是讨论影响辐射测量剖面 $\Re(z)$ 和反演 $\Re_0$ 和 $K_{\Re}$ 值的扰动,以及提出校正方案和 / 或测量规范,使扰动最小化。所涉及的案例研究包括由于大型部署结构(如船舶和海洋学塔架)、仪器自阴影和海面光聚焦而造成的光场分布变化。由于缺乏解析性的辐射传输方程(RTE)解决方法,以及在没有平行平面条件下确定性方法的局限性,对现场测量的这些扰动的分析主要是通过蒙特卡洛（MC）辐射传输模拟进行。

　　总之，本章表明数值模拟是解决影响辐射场测量的扰动的一个关键手段。大多数讨论的分析都是基于蒙特卡洛（MC）方法，这个方案的随机性意味着追踪的光子数量需要足够大，以确保影响蒙特卡洛（MC）结果的统计噪声与分析的扰动效应相比变得可以忽略不计。对自然环境中的光分布进行现实模拟的能力往往需要大量的计算时间（即比确定性算法的典型计算时间大几个数量级）。大规模的模拟，或为验证大量不同环境条件的影响而进行的调查，可从不同的技术手段中受益，以加快蒙特卡洛（MC）的收敛速度（例如，相关采样、反向光线追踪、周期性边界条件），以及从高性能计算解决方案中受益，例如在计算机集群上的并行运行。鉴于过去几十年来辐射传输模拟的有益结果，未来应继续进行基于现场采集数据的数值建模的额外调查。可预见的案例研究包括通过考虑个别仪器的规格和测量构型对水下辐射测量系统进行精细分析，以及对影响水面辐射测量数据的不确定因素进行全面分析。

参考文献

[1] S.Hooker, G.Zibordi, J.-F.Berthon, D.D'Alimonte, S.Maritorena, S.Mclean, J.Sildam, Results of the Second SeaWiFS Data Analysis Round Robin, （DARR-00）, in：Ser.SeaWiFS Technical Report SERIES, vol.15, NASA GSFC, Greenbelt, MD, USA, 2001, 206892, ch.1, pp.4-45.

[2] G.Zibordi, K.Voss, Field Radiometry and Ocean Colour Remote Sensing, Springer（2010）ch.18, 307-334.

[3] A.A.Kokhanovsky（Ed.）, Radiative Transfer Equation（RTE）：Numerical Solution Methods e Introduction, Top.Part.Disp.Sci, 2008.

[4] K.N.Liou, An introduction to atmospheric radiation, Q.J.Roy.Meteorol.Soc.129（2003）.

[5] H.C.Van De Hulst, Light Scattering by Small Particles（Structure of Matter Series.）, Dover Ed, Dover Pubn Inc., 1981.

[6] F.X.Kneizys, G.P.Anderson, E.P.Shettle, L.W.Abreu, J.H.Chetwynd Jr, W.O.Selby, J.E.A.Gallery, S.A.Clough, LOWTRAN 7：status, review, and impact for short-to-longwavelength infrared applications, in：AGARD, Atmospheric Propagation in the UV, Visible, IR, and MM-wave Region and

Related Systems Aspects, March 1990, p.11（SEE N90-21907 15-32）.

［7］ B.Mayer, A.Kylling, Technical note: the libradtran software package for radiative transfer calculations - description and examples of use, Atmos.Chem. Phys.5（7）（2005）1855-1877.

［8］ K.Stamnes, S.-C.Tsay, W.Wiscombe, K.Jayaweera, Numerically stable algorithm for discrete-ordinate-method radiative transfer in multiple scattering and emitting layered media, Appl.Opt.27（12）（1988）2502-2509.

［9］ H.R.Gordon, M.Wang, Surface-roughness considerations for atmospheric correction of ocean color sensors i: the Rayleigh-scattering component, Appl. Opt.31（21）（1992）4247-4260.

［10］ S.Y.Kotchenova, E.F.Vermote, Validation of a vector version of the 6s radiative transfer code for atmospheric correction of satellite data.Part II.homogeneous Lambertian and anisotropic surfaces, Appl.Opt.46（20）（2007）4455-4464.

［11］ H.C.Van De Hulst, Multiple Light Scattering: Tables, Formulas, and Applications, Academic Press, New York, 1980, 2.

［12］ R.Preisendorfer, P.M.E.Laboratory, Hydrologic Optics, in: Ser.Hydrologic Optics, vol.3, U.S.Dept.of Commerce, National Oceanic and Atmospheric Administration, Environmental Research Laboratories, Pacific Marine Environmental Laboratory, 1976.

［13］ R.Bellman, G.Wing, An Introduction to Invariant Imbedding, in: Ser.Classics in Applied Mathematics, Society for Industrial and Applied Mathematics, 1992.

［14］ S.Chandrasekhar, Radiative Transfer, Dover Publications, Inc., 1960.

［15］ C.D.Mobley, Light and Water.Radiative Transfer in Natural Waters, Academic Press, 1994.

［16］ B.Bulgarelli, V.B.Kisselev, L.Roberti, Radiative transfer in the atmosphere-ocean system: the finite-element method, Appl.Opt.38（9）（1999）1530-1542.

［17］ V.B.Kisselev, L.Roberti, G.Perona, Finite-element algorithm for radiative transfer in vertically inhomogeneous media: numerical scheme and applications, Appl.Opt.34（36）（1995）8460-8471.

［18］ Z.Jin, K.Stamnes, Radiative transfer in nonuniformly refracting layered media: atmosphere-ocean system, Appl.Opt.33（3）（1994）431-442.

［19］ B.Bulgarelli, J.P.Doyle, Comparison between numerical models for radiative transfer simulation in the atmosphere-ocean system, J.Quantit.Spectrosc. Radiative Transfer 86（2004）419-435.

［20］ C.D.Mobley, B.Gentili, H.R.Gordon, Z.Jin, G.W.Kattawar, A.Morel, P.Reinersman, K.Stamnes, R.H.Stavn, Comparison of numerical models for computing underwater light Fields, Appl.Opt.32（36）（1993）7484-7504.

[21] B.Bulgarelli, G.Zibordi, J.-F.Berthon, Measured and modeled radiometric quantities in coastal waters: toward a closure, Appl.Opt.42（27）（2003）5365-5381.

[22] A.Morel, D.Antoine, B.Gentili, Bidirectional reflectance of oceanic waters: accounting for Raman emission and varying particle scattering phase function, Appl.Opt.41（2002）6289-6306.

[23] G.Zibordi, B.Bulgarelli, Effects of cosine error in irradiance measurements from field ocean color radiometers, Appl.Opt.46（22）（2007）5529-5538.

[24] J.P.Doyle, H.Rief, Photon transport in three-dimensional structures treated by random walk techniques: Monte Carlo benchmark of ocean colour simulations, Math.Comput.Simulation 47（2-5）（1998）215-241.

[25] N.Metropolis, S.Ulam, The Monte Carlo method, J.Am.Stat.Assoc.44（1949）335-341.

[26] A.V.Prokhorov, Monte Carlo method in optical radiometry, Metrologia 35（1998）465-471.

[27] D.J.Bogucki, J.Piskozub, M.-E.Carr, G.D.Spiers, Monte Carlo simulation of propagation of a short light beam through turbulent oceanic flflow, Opt.Express 15（21）（2007）13988-13996.

[28] M.Gimond, Description and verification of an aquatic optics Monte Carlo model, Environ.Model.Software 19（12）（2004）1065-1076.

[29] H.R.Gordon, O.B.Brown, M.M.Jacobs, Computed relationships between the inherent and apparent optical properties of a flat homogeneous ocean, OSA 14（2）（1975）417-427.

[30] R.A.Leathers, T.V.Downes, C.O.Davis, C.D.Mobley, Monte Carlo Radiative Transfer Simulations for Ocean Optics: A Practical Guide, Naval Research Lab Washington DC Applied Optics Branch.Technical Report, September 2004.

[31] G.N.Plass, G.W.Kattawar, Polarization of the radiation reflected and transmitted by the Earth's atmosphere, Appl.Opt.9（5）（1970）1122-1130.

[32] G.N.Plass, G.W.Kattawar, Monte Carlo calculations of radiative transfer in the earth's atmosphere-ocean system: I.flflux in the atmosphere and ocean, J.Phys.Oceanogr.2（1972）139-145.

[33] T.Kajiyama, D.D'Alimonte, J.C.Cunha, Statistical performance tuning of parallel Monte Carlo ocean color simulations, in: Parallel and Distributed Computing, Applications and Technologies 2012, Beijing, China, December 2012, pp.761-766.

[34] D.D'Alimonte, G.Zibordi, T.Kajiyama, J.C.Cunha, Monte Carlo code for high spatial resolution ocean color simulations, Appl.Opt.49（26）（2010）4936-4950.

[35] T.Kajiyama, D.D'Alimonte, J.C.Cunha, Performance prediction of ocean color Monte Carlo simulations using multi-layer perceptron neural networks, in: Procedia Computer Science, 4 (2011) 2186-2195.http://dx.doi.org/10.1016/j.procs.2011.04.239.

[36] H.Iwabuchi, Efficient monte carlo methods for radiative transfer modeling, J.Atmos.Sci.63 (9) (2006) 2324-2339.

[37] S.A.Prahl, M.Keijzer, S.L.Jacques, A.J.Welch, A monte carlo model of light propagation in tissue, in: SPIE Proceedings of Dosimetry of Laser Radiation in Medicine and Biology, SPIE Press, 1989, pp.102-111.

[38] G.Kullenberg, Scattering of light by sargasso sea water, Deep Sea Res.15 (4) (1968) 423-432.

[39] T.J.Petzold, Volume Scattering Functions for Selected Ocean Waters, Scripps Institution of Oceanography.Technical Report, October 1972.

[40] L.Henyey, J.Greenstein, Diffuse radiation in the galaxy, Astrophys.J.93 (1941) 70-83.

[41] V.I.Haltrin, One-parameter two-term Henyey-Greenstein phase function for light scattering in seawater, Appl.Opt.41 (6) (2002) 1022-1028.

[42] G.W.Kattawar, A three-parameter analytic phase function for multiple scattering calculations, J.Quantit.Spectrosc.Radiative Transfer 15 (9) (1975) 839-849.

[43] O.V.Kopelevich, Small-parameter model of optical properties of sea water, in: A.Monin (Ed.), Ocean Optics, Physical Ocean Optic, vol.1, Nauka Pub., Moscow, 1983.

[44] G.R.Fournier, Backscatter corrected Fournier-Forand phase function for remote sensing and underwater imaging performance evaluation, in: I.M.Levin, G.D.Gilbert, V.I.Haltrin, C.C.Trees (Eds.), Current Research on Remote Sensing, Laser Probing, and Imagery in Natural Waters, 6615, SPIE, 2007, pp.6615-6622.

[45] G.R.Fournier, J.L.Forand, Analytic phase function for ocean water, in: Ocean Optics XII, 2558, SPIE, 1994, pp.194-201.

[46] G.R.Fournier, M.Jonasz, Computer-based underwater imaging analysis, in: G.D.Gilbert (Ed.), Airborne and In-Water Underwater Imaging, 3761.1, SPIE, 1999, pp.62-70.

[47] W.Freda, J.Piskozub, Improved method of Fournier-Forand marine phase function parameterization, Opt.Express 15 (20) (2007) 12763-12768.

[48] M.Jonasz, Volume scattering function measurement error: effect of angular resolution of the nephelometer, Appl.Opt.29 (1) (1990) 64-70.

[49] G.N.Plass, G.W.Kattawar, T.J.Humphreys, Influence of the oceanic scattering

phase function on the radiance, J.Geophys.Res.Oc.90（C2）（1985）3347-
3351.

[50] Y.C.Agrawal, The optical volume scattering function: temporal and vertical
variability in the water column off the New Jersey coast, Limnol.Oceanogr.50
（2005）1787-1794.

[51] M.Chami, E.B.Shybanov, T.Y.Churilova, G.A.Khomenko, M.E.-G.Lee,
O.V.Martynov, G.A.Berseneva, G.K.Korotaev, Optical properties of the
particles in the crimea coastal waters（black sea）, J.Geophys.Res.Oc.110
（2005）.C11020.

[52] C.D.Mobley, L.K.Sundman, E.Boss, Phase function effects on oceanic light
fifields, Appl.Opt.41（6）（2002）1035-1050.

[53] J.M.Sullivan, M.S.Twardowski, Angular shape of the oceanic particulate
volume scattering function in the backward direction, Appl.Opt.48（35）（2009）
6811-6819.

[54] J.-F.Berthon, E.Shybanov, M.E.-G.Lee, G.Zibordi, Measurements and
modeling of the volume scattering function in the coastal Northern Adriatic Sea,
Appl.Opt.46（22）（2007）5189-5203.

[55] H.Yang, H.R.Gordon, T.Zhang, Island perturbation to the sky radiance over
the ocean: simulations, Appl.Opt.34（36）（1995）8354-8362.

[56] B.Bulgarelli, V.Kiselev, G.Zibordi, Simulation and analysis of adjacency
effects in coastal waters: a case study, Appl.Opt.53（8）（2014）1523-1545.

[57] P.N.Reinersman, K.L.Carder, Monte carlo simulation of the atmospheric
point-spread function with an application to correction for the adjacency effect,
Appl.Opt.34（21）（1995）4453-4471.

[58] R.Santer, C.Schmechtig, Adjacency effects on water surfaces: primary
scattering approximation and sensitivity study, Appl.Opt.39（3）（2000）361-
375.

[59] A.Sei, Analysis of adjacency effects for two lambertian half-spaces, Int.
J.Remote Sensing 28（8）（2007）1873-1890.

[60] B.Petkov, C.Tomasi, V.Vitale, A.di Sarra, P.Bonasoni, C.Lanconelli,
E.Benedetti, D.Sferlazzo, H.Diemoz, G.Agnesod, R.Santaguida, Ground-
based observations of solar radiation at three italian sites, during the eclipse
of 29 march, 2006: Signs of the environment impact on incoming global
irradiance, Atmos.Res.96（1）（2010）131-140.

[61] H.H.Poole, W.R.G.Atkins, On the penetration of light into sea water, J.Marine
Biol.Assoc.United Kingdom（New Series）14（3）（1926）177-198.

[62] H.H.Poole, W.R.G.Atkins, Photo-electric measurements of submarine
illumination throughout the year, J.Marine Biol.Assoc.United Kingdom（New

Series）16（1929）297－324.

［63］ H.H.Poole, The photo－electric measurement of submarine illumination in off－shore waters, ICES Marine Sci.Symposia 101（1936）1－12.

［64］ N.G.Jerlov, Marine Optics, in: Ser.Oceanography, 14, Elsevier, 1976.

［65］ E.Aas, On Submarine Irradiance Measurements, in: Ser.Report（Københavns Universitet.Institut for Fysisk Oceanografifi）, 6, Københavns Universitet, Institut for Fysisk Oceanografifi, 1969.

［66］ H.R.Gordon, Ship perturbation of irradiance measurements at sea.1: monte Carlo simulations, Appl.Opt.24（23）（1985）4172－4182.

［67］ J.E.Hansen, Exact and approximate solutions for multiple scattering by cloudy and hazy planetary atmospheres, J.Atmos.Sci.26（1969）478－487.

［68］ J.F.Potter, The Delta function approximation in radiative transfer theory, J.Atmos.Sci.27（1970）943－949.

［69］ J.Spanier, E.M.Gelbard, Monte Carlo Principles and Neutron Transport Problems, in: Ser.Addison－Wesley Series in Computer Science and Information Processing, AddisonWesley, 1969.

［70］ J.P.Doyle, G.Zibordi, Optical propagation within a three－dimensional shadowed atmosphereeocean fifield: application to large deployment structures, Appl.Opt.41（21）（2002）4283－4306.

［71］ J.Piskozub, Effect of ship shadow on in－water irradiance measurements, Oceanologia 46（1）（2004）103－112.

［72］ C.Cox, W.Munk, Measurement of the roughness of the sea surface from photographs of the sun's glitter, J.Opt.Soc.Am.44（11）（1954）838－850.

［73］ W.S.Helliwell, G.N.Sullivan, B.Macdonald, K.J.Voss, Ship shadowing: model and data comparison, in: Ocean Optics X, 1302, SPIE, 1990, pp.55－71.

［74］ Y.Saruya, T.Oishi, M.Kishino, Y.Jodai, K.Kadokura, A.Tanaka, Influence of ship shadow on underwater irradiance fifields, in: S.G.Ackleson（Ed.）, Ocean Optics XIII, 2963, SPIE, 1997, pp.760－765.

［75］ J.L.Mueller, R.W.Austin, Ocean Optics Protocols SeaWiFS for Validation, Revision 1, in: Ser.SeaWiFS Technical Report SERIES, 25, NASA GSFC, Greenbelt, MD, USA, 1995, 104566, ch.6, pp.48－59.

［76］ K.J.Waters, R.C.Smith, M.R.Lewis, Avoiding ship－induced light－field perturbation in the determination of oceanic optical properties, Oceanography 3（2）（1990）18－21.

［77］ R.W.Spinrad, E.A.Widder, Ship shadow measurements obtained from a manned submersible, in: Ocean Optics XI, 1750, SPIE, 1992, pp.372－383.

［78］ K.J.Voss, J.W.Nolten, G.D.Edwards, Ship shadow effects on apparent optical properties, in: Ocean Optics VIII, 0637, SPIE, 1986, pp.186－190.

[79] C.T.Weir, D.A.Siegel, A.F.Michaels, D.W.Menzies, "In-situ evaluation of a ship's shadow, in: Ocean Optics XII, 2258, SPIE, 1994, pp.815-821.

[80] J.P.Doyle, G.Zibordi, D.vanderLinde, Validation of an In-water, Tower-Shading Correction Scheme, in: Ser.SeaWiFS Technical Report SERIES, 25, Goddard Space Flight Center, Greenbelt, MD, 2003, p.40.NASA Goddard Space Flight Center, TM-2003-206892.

[81] C.R.McClain, G.C.Feldman, S.B.Hooker, An overview of the SeaWiFS project and strategies for producing a climate research quality global ocean bio-optical time series, Deep Sea Res.Part Top.Stud.Oceanogr.51（1）（2004）5-42.

[82] G.Zibordi, J.P.Doyle, S.B.Hooker, Offshore tower shading effects on in-water optical measurements, J.Atmos.Oceanic Tech.16（11）（1999）1767-1779.

[83] E.G.Kearns, R.Riley, C.Woody, Bio-optical time series collected in coastal waters for SeaWiFS calibration and validation: large structure shadowing considerations, in: S.G.Ackleson, R.J.Frouin（Eds.）, Ocean Optics XIII, 2963, SPIE, Halifax, NS, Canada, 1994, pp.697-702.

[84] I.Lux, L.Koblinger, Monte Carlo Particle Transport Methods: Neutron and Photon Calculations, CRC Press, 1991.

[85] L.Roberti, Monte Carlo radiative transfer in the microwave and in the visible: biasing techniques, Appl.Opt.36（30）（1997）7929-7938.

[86] H.R.Gordon, D.J.Castaño, Coastal zone color scanner atmospheric correction algorithm: multiple scattering effects, Appl.Opt.26（11）（1987）2111-2122.

[87] G.Zibordi, J.-F.Berthon, J.P.Doyle, S.Grossi, D.van der Linde, C.Targa, L.Alberotanza, Coastal Atmosphere and Sea Time SERIES（CoASTS）: A Long-term Measurement Program, in: Ser.SeaWiFS Postlaunch Technical Report SERIES, 19, NASA Goddard Space Flight Center, TM-2001-206892, Greenbelt, MD, 2002, pp.1-29.

[88] J.-F.Berthon, G.Zibordi, J.P.Doyle, S.Grossi, D.van der Linde, C.Targa, Coastal Atmosphere and Sea Time Series（CoASTS）: Data Analysis, in: Ser.SeaWiFS Postlaunch Technical Report, 20, NASA Goddard Space Flight Center, TM-2002-206892, Greenbelt, MD, 2002, pp.1-25.

[89] B.Sturm, G.Zibordi, SeaWiFS atmospheric correction by an approximate model and vicarious calibration, J.Remote Sens.23（2002）489-501.

[90] H.R.Gordon, K.Ding, Self-shading of in-water optical instruments, Limnol.Oceanogr.37（1992）491-500.

[91] G.Zibordi, G.Ferrari, Instrumental self-shading in underwater optical measurements: experimental data, Appl.Opt.34（1995）767-779.

[92] J.Piskozub, Effects of surface waves and sea bottom on self-shading of in-water optical instruments, in: Ocean Optics XII, vol.2258, SPIE, 1994,

pp.300−308.

［93］ E.Aas, B.Korsbø, Self−shading effect by radiance meters on upward radiance observed in coastal waters, Limnol.Oceanogr.42（5）（1997）968−974.

［94］ G.S.Fargion, J.L.Mueller, Ocean Optics Protocols for Satellite Ocean Color Validation, Revision 2, in：Ser.SeaWiFS Postlaunch Technical Report, vol.20, NASA Goddard Space Flight Center, TM−2000−209966, Greenbelt, MD, USA, 2000, p.194.

［95］ J.Piskozub, A.R.Weeks, J.N.Schwarz, I.S.Robinson, Self−shading of upwelling irradiance for an instrument with sensors on a sidearm, Appl.Opt.39（12）（2000）1872−1878.

［96］ J.P.Doyle, K.J.Voss, Instrument self−shading effects on in−water multi−directional radiance measurements, in：Ocean Optics XV, SPIE, Monaco, 2000, pp.16−20.

［97］ A.R.Weeks, I.S.Robinson, J.N.Schwarz, K.T.Trundle, The southampton underwater multiparameter optical−fibre spectrometer system（sumoss）, Meas.Sci.Technol.10（12）（1999）1168.

［98］ K.J.Voss, Electro−optic camera system for measurement of the underwater radiance distribution, Opt.Eng.28（3）（1989）283241.

［99］ R.Leathers, T.V.Downes, C.Mobley, Self−shading correction for upwelling sea−surface radiance measurements made with buoyed instruments, Opt.Express 8（10）（2001）561−570.

［100］ K.Voss, A.Chapin, Upwelling radiance distribution camera system, nurads, Opt.Express 13（11）（2005）4250−4262.

［101］ D.D'Alimonte, E.B.Shybanov, G.Zibordi, T.Kajiyama, Regression of in−water radiometric profile data, Opt.Express 21（23）（2013）27.

［102］ J.Hilbert Schenck, On the focusing of sunlight by ocean waves, J.Opt.Soc.Am.47（7）（1957）653−657.

［103］ R.L.Snyder, J.Dera, Wave−induced light−field fluctuations in the sea, J.Opt.Soc.Am.60（8）（1970）1072−1079.

［104］ D.Stramski, J.Dera, On the mechanism for producing flflashing light under a winddisturbed water surface, Oceanologia 25（1988）5−21.

［105］ M.Darecki, D.Stramski, M.Sokólski, Measurements of high−frequency light fluctuations induced by sea surface waves with an underwater porcupine radiometer system, J.Geophys.Res.Oc.116（C7）（2011）16.

［106］ J.Dera, H.R.Gordon, Light fifield fluctuations in the photic zone, Limnol.Oceanogr.13（4）（1968）697−699.

［107］ J.Dera, S.Sagan, D.Stramski, Focusing of Sunlight by Sea−surface Waves：

New Measurement Results from the Black Sea, 1992, pp.65–72.

[108] A.Fraser, R.Walker, F.Jurgens, Spatial and temporal correlation of underwater sunlight fluctuations in the sea, Oceanic Eng.IEEE J.5（3）（1980）195–198.

[109] P.Gernez, D.Antoine, Field characterization of wave–induced underwater light field fluctuations, J.Geophys.Res.Oc.114（C6）（2009）15.

[110] H.R.Gordon, J.M.Smith, O.B.Brown, Spectra of underwater light–field fluctuations in the photic zone, Bull.Marine Sci.21（2）（1971）466–470.

[111] D.A.Siegel, T.D.Dickey, Characterization of downwelling spectral irradiance fluctuations, in: Proceedings of Ocean Optics IX, vol.925, SPIE, Freemantle, Australia, October 1988, pp.67–74.

[112] G.Zibordi, J.–F.Berthon, D.D'Alimonte, An evaluation of radiometric products from fixed–depth and continuous in–water profile data from moderately complex waters, J.Atmos.Oceanic Tech.26（2009）91–106.

[113] G.Zibordi, D.D'Alimonte, J.–F.Berthon, An evaluation of depth resolution requirements for optical profiling in coastal waters, J.Atm.Ocean.Tech.21（7）（2004）1059–1073.

[114] P.Gernez, D.Stramski, M.Darecki, Vertical changes in the probability distribution of downward irradiance within the near–surface ocean under sunny conditions, J.Geophys.Res.Oc.116（C7）（2011）19.

[115] M.Shen, Z.Xu, D.K.P.Yue, A model for the probability density function of downwelling irradiance under ocean waves, Opt.Express 19（18）（August 2011）17528–17538.

[116] V.Weber, English Coefficient of variation of underwater irradiance fluctuations, Engl.Radiophys.Quantum Electron.53（1）（2010）13–27.

[117] Y.You, D.Stramski, M.Darecki, G.W.Kattawar, Modeling of wave–induced irradiance fluctuations at near–surface depths in the ocean: a comparison with measurements, Appl.Opt.49（6）（2010）1041–1053.

[118] J.R.Zaneveld, E.Boss, P.Hwang, The influence of coherent waves on the remotely sensed reflectance, Opt.Express 9（6）（2001）260–266.

[119] J.R.V.Zaneveld, E.Boss, A.Barnard, Influence of surface waves on measured and modeled irradiance profiles, Appl.Opt.40（9）（2001）1442–1449.

[120] L.H.Holthuijsen, Waves in Oceanic and Coastal Waters, Cambridge University Press, 2007.

[121] W.J.Pierson, L.Moskowitz, A proposed spectral form for fully developed wind seas based on the similarity theory of s.a.kitaigorodskii, J.Geophys.Res.69（24）（1964）5181–5190.

[122] I.R.I.R.Young, in:R.Bhattacharyya, M.E.McCormick（Eds.）, Wind Generated Ocean Waves, Elsevier, 1999.

[123] J.Dera, S.Sagan, D.Stramski, Focusing of sunlight by sea-surface waves: new measurement results from the black sea, Oceanologia 34（1993）13-25.

[124] J.Dera, D.Stramski, Maximum effects of sunlight focusing under a wind-disturbed sea surface, Oceanologia 23（1986）15-42.

[125] R.Walker, Marine Light Field Statistics, in:Ser.A Wiley-interscience Publication, Wiley, 1994.

[126] J.Dera, J.Olszewski, Experimental study of short-period irradiance fluctuations under an undulated sea surface, Oceanologia 10（1978）27-49.

[127] M.Stramska, T.D.Dickey, Short term variability of optical properties in the oligotrophic ocean in response to surface waves and clouds, Deep Sea Res.45（1998）1393-1410.

[128] D.D'Alimonte, G.Zibordi, The JRC Data Processing System, in:Ser.SeaWiFS Technical Report SERIES, vol.15, NASA Goddard Space Flight Center, TM-2001-206892, Greenbelt, MD, May 2001, pp.52-56.

[129] E.J.Gumbel, Statistics of Extremes, Columbia Univ.Press, New York, 1958.

[130] M.Fréchet, Sur la loi de probabilité de l'écart maximum, Ann.Soc.Polon. Math.6（1927）93-116.

[131] M.H.DeGroot, M.J.Schervish, Probability and Statistics, fourth ed., Addison Wesley, Boston（MA）, USA, 2012.

[132] R.W.Preisendorfer, C.D.Mobley, Albedos and glitter patterns of a wind-roughened sea surface, J.Phys.Oceanogr.16（7）（1986）1293-1316.

[133] M.Hieronymi, A.Macke, O.Zielinski, Modeling of wave-induced irradiance variability in the upper ocean mixed layer, Ocean Sci.8（2）（2012）103-120.

[134] R.Deckert, K.J.Michael, Lensing effect on underwater levels of UV radiation, J.Geophys.Res.Oc.111（2006）8.

[135] M.Denis, W.Pierson, On the motion of ships in confused seas, Trans.Soc. Nav.Archit.61（1953）280-357.

[136] M.Hieronymi, Monte carlo code for the study of the dynamic light field at the wavy atmosphere-ocean interface, JEOS:RP 8（2013）11.

[137] P.A.Hwang, O.H.Shemdin, The dependence of sea surface slope on atmospheric stability and swell conditions, J.Geophys.Res.Oc.93（C11）（1988）13903-13912.

[138] M.Hieronymi, A.Macke, On the influence of wind and waves on underwater irradiance fluctuations, Ocean Sci.8（4）（2012）455-471.

[139] G.W.Kattawar, G.N.Plass, F.E.Catchings, Matrix operator theory of radiative transfer 2: scattering from maritime haze, Appl.Opt.12 (1973).

[140] G.N.Plass, G.W.Kattawar, J.John, A.Guinn, Radiative transfer in the Earth's atmosphere and ocean: influence of ocean waves, Appl.Opt.14 (8) (1975) 1924-1936.

[141] M.S.Longuet-Higgins, A nonlinear mechanism for the generation of sea waves, Proc.Royal Soc.Edinburgh Sect.a Math.Phys.Sci.311 (1969) 371-389.

[142] M.S.Longuet-Higgins, Capillary rollers and bores, J.Fluid Mech.Digital Arch.240 (1992) 659-679.

[143] T.Kajiyama, D.D'Alimonte, J.Cunha, G.Zibordi, High-performance ocean color Monte Carlo simulation in the Geo-info project, in: R.Wyrzykowski, J.Dongarra, K.Karczewski, J.Wasniewski (Eds.), Parallel Processing and Applied Mathematics, Ser.Lecture Notes in Computer Science, vol.6068, Springer, Wroclaw, Poland, 2010, pp.370-379.

[144] J.N.Newman, Marine hydrodynamics, MIT Press, 1977.

[145] D.A.Siegel, Results of the SeaWiFS Data Analysis Round-robin, July 1994 (DARR-94), in: Ser.SeaWiFS Technical Report SERIES, vol.26, NASA GSFC, Greenbelt, MD, USA, 1995, 104566, ch.3, pp.44-48.

[146] D.Schattschneider, Proof without words: the arithmetic mean-geometric mean inequality, Math.Mag.59 (1) (1986) 11.

[147] J.J.Beauchamp, J.S.Olson, English Corrections for bias in regression estimates after logarithmic transformation, English Ecology 54 (6) (1973) 1403-1407.

[148] G.A.F.Seber, C.J.Wild, Nonlinear Regression, in: Ser.Wiley Series in Probability and Statistics, J.Wiley & Sons, 2003.

[149] Y.Yuan, A review of trust region algorithms for optimization, in: ICIAM 99, Oxford University, 2000, pp.271-282.

[150] P.E.Gill, W.Murray, M.H.Wright, The Levenberg-Marquardt Method, Academic Press, 1981, ch.4.7.3, pp.136-137.

第 4.2 章

卫星可见光、近红外和短波红外测量模拟

Menghua Wang

NOAA 卫星应用研究中心，美国 马里兰州 学院公园
邮箱：Menghua.Wang@noaa.gov

章节目录

1. 引言	479
2. 海洋－大气系统	483
3. 模拟	485
3.1 海洋辐亮度贡献	485
3.1.1 大洋 1 类水体	485
3.1.2 沿海和内陆典型 2 类 水体	487
3.1.3 海洋双向反射率分布 函数	492
3.2 大气层顶大气路径辐亮度 度贡献	493
3.2.1 海洋－大气系统辐射 传输模拟	493
3.2.2 气溶胶模型	493
3.2.3 气溶胶光谱反射率	495
3.2.4 大气路径反射率	498
3.3 大气漫射透过率	500
3.4 模拟和卫星测量的大气层 顶辐亮度	501
3.4.1 模拟的典型大气层顶 辐亮度	501

3.4.2 模拟所得典型大气层
    顶辐亮度与卫星数据
    的比较
	508

4. 总结	509
免责声明	510
参考文献	511

1. 引言

可见光波段的卫星水色遥感产品长期以来被用于研究和了解全球和部分区域的海洋和大气过程，以及监测自然灾害。其中包括

物理科学中的实验方法，Vol. 47. http://dx.doi.org/10.1016/B978-0-12-417011-7.00014-3

海洋的全球尺度生物和生物地球化学变化[1-4]、海洋对短期天气事件的反应[5-8]、火山爆发对海洋环境变化的影响[9]、中尺度海洋过程[10, 11]、大洋水体的浮游植物藻华[12]、漂浮绿藻藻华[13, 14]、海表温度（SST）变化和海洋环流[15-17]。大洋水体和沿海水体初级生产力[4, 18-20]、黄海韩国海洋倾倒场的海洋化学性质变化[21]，填海工程的环境反应[22]，沿海环境变化和监测[14, 21, 23-27]，有害藻类藻华[28-30]以及监测内陆淡水环境变化[31-33]。

从简要的历史上看，大约在 20 世纪 60 年代末，由 George L. Clarke，Gifford C. Ewing 和 Carl J. Lorenzen 在飞机上完成了最初海洋水色的系统测量[34]。在伍兹霍尔附近的沿海水域和从马尾藻海穿过乔治滩的近海水体对海面后向散射光进行遥感光谱分析，证明了探测到上层叶绿素 a 浓度的可能性。从 152 米到 3050 米的高度测量展现了"大气光"的增加对机载传感器接收上行辐亮度的影响，因此需要进行"大气校正"[35, 36]。很快人们就意识到，与可见光光谱部分的海洋信号相比，大气路径辐亮度（大气和海洋表面信号）在很大程度上占主导地位。

同时，John E. Tyler 和 Raymond C. Smith 在不同的水体中分别进行了上行和下行光谱辐照度（$E_u(\lambda)$ 和 $E_d(\lambda)$）的现场测量[37]。此后，在 SCOR WG-15 发现者 1970 年考察期间，对相同的辐射量进行了系统测量（数据报告，1973 年，J.E. Tyler 编辑），同时计算了漫射衰减系数 $K_d(\lambda)$ 和辐照度反射比 $R(\lambda) = E_u(\lambda) / E_d(\lambda)$。这个反射比是海洋水色科学中的一个基本量，其解释是在辐射传输的框架[38]以及在水中存在的具有光学意义的物质给出的[39, 40]。

在此基础上，以 Nimbus-7（1978 年 10 月发射）上的海岸带水色扫描仪（CZCS）[41-43]作为概念验证任务，开启了卫星全球海洋水色任务，它证明了定量反演海洋近表面光学和生物光学性质的可行性。CZCS 是一种以五个光谱波段观测海洋的扫描辐射计，旨在测量大洋水体中浮游植物色素的浓度[41-43]。海洋水色卫星任务的后续工作包括 NASA 的海洋观测宽视场扫描仪（SeaWiFS）[44-46]和 Terra 与 Aqua 卫星上的中分辨率成像光谱仪（MODIS）[47, 48]，以及欧洲航天局（ESA）Envisat 上的中分辨率成像光谱仪（MERIS）[49]。不幸的是，SeaWiFS 和 MERIS 都已停止采集数据，而 MODIS 传感器也早已过了其预期寿命。还有其他的海洋水色卫星任务[50-54]，有的持续时间很短，有的更多的是实验性任务，如德国的模块化光电扫描仪（Modular Optoelectronic Scanner，MOS）[54]，日本的海洋水色水温扫描仪（OCTS）[51] 和全球成像仪（GLI），法国的地球反射率偏振和方向测定仪（POLDER）[50] 和 POLDER-2 等。人们可以在国际海洋水色协作小组（IOCCG）的网站（http://www.ioccg.org）上找到一份更完整的海洋水色卫星任务清单。

2011 年 10 月 28 日，Suomi 国家极轨卫星合作伙伴（SNPP）卫星被发射到 824 km 的太阳同步极轨轨道。SNPP 搭载了可见光红外成像辐射计（VIIRS）[55]，这是一个 22 波段的可见光／红外传感器，结合了美国航空航天局（NASA）海洋水色传感器 SeaWiFS 和 MODIS、NOAA 改进甚高分辨率辐射计（AVHRR）以及国防气象卫星计划（DMSP）业务线扫描系统（OLS）的特点。VIIRS 任务的主要目标之一是为科学界提供全球大洋水体的海洋水色产品的数据连续性，以便能够评估气候和环境的变化[45, 46]。事实上，海洋水色产品集是 VIIRS 所反演的关键产品系列之一[56]。

为从卫星传感器获取海洋性质遥感，传感器光谱波段常位于大气"窗口"，从而最大限度地提高传感器测量的辐亮度对观测目标变化的敏感性，并减少导致反演的光学和地球物理产品不确定度的大气吸收效应。图 1 提供了一个大气透射率（朝天顶看）与波长（300 ～ 2 200 nm）的函数关系示例。大气层的透射率值是使用 1976 年美国标准大气模型从 LOWTRAN-7 得出的[57, 58]。图 1 显示了在所考虑的光谱区间内，氧气（O_2）、臭氧（O_3）、水汽（H_2O）和二氧化碳（CO_2）等主要大气成分的吸收特性。MODIS 光谱波段在图 1 中也被绘制成垂直虚线，涵盖了从可见光（412 ～ 678 nm）到近红外（NIR）（748 nm 和 869 nm）以及 1 240 nm、1 640 nm 和 2 130 nm 左右的短波红外（SWIR）波段。在短波红外（SWIR）1 000 nm 波段附近还有一个窗口范围。值得注意的是，MODIS 在 1 240 nm、1 640 nm 和

2 130 nm 的短波红外（SWIR）波段是为陆地和大气应用而设计的，在短波红外（SWIR）波段的传感器信噪比（SNR）性能明显较差，对海洋水色应用造成了一些问题[59, 60]。VIIRS 也有 1 238 nm、1 610 nm 和 2 250 nm 的三个短波红外（SWIR）波段，与 MODIS 类似，传感器的信噪比也很低。对于紫外（UV）光谱区，由于臭氧（O_3）对较短波长（即 <340 nm）的吸收极强，对海洋水色遥感有用的辐亮度在 340 nm 左右（图 1）。因此，340～400 nm 的紫外波长区域可能被增加到未来的海洋水色卫星传感器中。

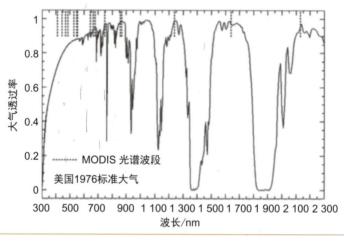

图 1　使用 1976 年美国标准大气模型从 LOWTRAN-7 得出的大气透射率与波长（300～2 300 nm）的函数关系。垂直虚线代表 MODIS 光谱波段。

　　由海洋水色卫星传感器反演海洋光学、生物和生物地球化学性质时，准确地校正／去除太阳辐射与大气－海洋表面相互作用产生的信号（辐亮度）一直是一个巨大的挑战[61]。换言之，准确计算（或模拟）传感器测量的大气层顶（TOA）辐亮度光谱是非常重要的，因为大气校正实际上是从大气层顶（TOA）辐亮度光谱中去除不需要的辐亮度成分[61]。早期，研究了从海洋卫星图像中去除大气和海洋表面效应的问题[62-64]，然后将为此目的开发的技术[65]应用到与 CZCS 传感器一起使用的美国航空航天局（NASA）数据处理系统中。该传感器遇到的问题是光谱在近红外部分没有合适的通道（图 1），在这部分区域可以合理地认为大洋水体是黑色的（即在近红外波长没有海洋辐亮度的贡献），因此，探测到的信号被认为是纯粹的大气和海洋表面来源。作为替代，使用 CZCS 的 670 nm 波段（红光波段），同时假设该波长的海洋辐亮度 $L_w(670)$ 可以忽略不计，或者通过 $L_w(670)$ 和叶绿素 a 浓度之间的经验关系进行迭代推导[66, 67]，或者当叶绿素含量足够低时通过先验知识来确定（如清洁水体）[68]。

在 CZCS 时代，大气贡献是根据单次散射近似来预测（和消除）的，也就是说，单次散射近似被用来计算大气层顶（TOA）辐射量。在这种方法中，空气分子的瑞利散射可以在没有气溶胶的情况下单独考虑和计算，而气溶胶散射贡献也可以在没有分子的情况下单独计算[43]。后来在 CZCS 任务中，这种简化的假设被放弃[69]。特别是自 1997 年 SeaWiFS 发射以来，解决了气溶胶-分子散射的耦合问题[70]，以及偏振对大气贡献大小的影响[71]，包括气溶胶偏振效应[72]。自 SeaWiFS 项目以来，已经使用了用于大气校正或计算传感器测量的大气层顶（TOA）辐射度光谱的新方案[61, 70, 73-75]。有了这些新的方案，我们已经常规地生产出高质量的海洋水色卫星产品[46]。

在本章中，我们将描述和讨论全球大洋水体和沿海及内陆水体的卫星所测辐亮度光谱。具体来说，将详细讨论来自大气的辐亮度贡献，即来自空气分子（瑞利散射）、气溶胶和海洋表面的辐亮度贡献，以及来自海洋水体（1 类和 2 类水体）的辐射度贡献。我们将为传感器测量的大气层顶（TOA）辐亮度光谱提供模拟结果，并通过直方图数据分析，得出从紫外到可见光和近红外，以及短波红外（SWIR）波段的典型海洋大气层顶（TOA）辐亮度光谱。最后，模拟的大气层顶（TOA）辐亮度值将与 SeaWiFS 和 VIIRS 测量的辐亮度值进行比较。

2. 海洋 - 大气系统

在本文中，我们定义反射率 $\rho(\lambda)$，在给定的波长 λ 和特定的太阳天顶角 θ_0 下，通过 $\rho(\lambda) = \pi L(\lambda)/\left[F_0(\lambda)\cos\theta_0\right]$ 与辐亮度率 $L(\lambda)$ 相关，其中 $F_0(\lambda)$ 是地外太阳辐照度[76]。因此，根据这个定义，辐亮

度和反射率是可以互换的。海洋性质的遥感反演大气校正的目的是去除卫星传感器测量信号中的大气和水面效应，从而得出来自海洋水体的辐亮度（反射率）。对于海洋大气系统，大气层顶（TOA）反射率 $\rho_t(\lambda)$（或辐亮度 $L_t(\lambda)$）可以线性地划分为各种不同的物理贡献[61, 70, 77]：

$$\rho_t(\lambda) = \rho_r(\lambda) + \rho_a(\lambda) + \rho_{ra}(\lambda) + t(\lambda)\rho_{wc}(\lambda) + T(\lambda)\rho_g(\lambda)$$
$$+ t(\lambda)t_0(\lambda)\rho_{wN}(\lambda), \quad or$$
$$L_t(\lambda) = L_r(\lambda) + L_a(\lambda) + L_{ra}(\lambda) + t(\lambda)L_{wc}(\lambda) + T(\lambda)L_g(\lambda)$$
$$+ t(\lambda)t_0(\lambda)\cos\theta_0 nL_w(\lambda)$$

（1）

其中，$\rho_r(\lambda)$ 和 $\rho_a(\lambda)$（或 $L_r(\lambda)$ 和 $L_a(\lambda)$）分别是没有气溶胶时空气分子的散射（瑞利散射）[71, 78, 79] 和没有空气分子时气溶胶的散射[70, 80]，$\rho_{ra}(\lambda)$（或 $L_{ra}(\lambda)$）是空气分子和气溶胶之间的多重交互反射率（辐亮度）[81, 82]，$\rho_{wc}(\lambda)$ 和 $\rho_g(\lambda)$（或 $L_{wc}(\lambda)$ 和 $L_g(\lambda)$）分别是由于海面白帽和海面阳光直射的镜面反射（太阳光）而产生的反射率（辐亮度）成分[83-85]，$\rho_{wN}(\lambda)$（或 $nL_w(\lambda)$[61]）是归一化的离水反射率（辐亮度），由穿透海面并从水中后向散射出来的光子引起。$t_0(\lambda)$ 和 $t(\lambda)$ 分别为从太阳到水面和从水面到传感器的大气漫射透过率[86]。$T(\lambda)$ 为从水面到传感器的直接透过率[84]。如图所示，公式（1）同时适用于反射率和辐亮度（注意在辐亮度方程的最后一项中多了一个 $\cos\theta_0$ 的系数）。根据反射率的定义，归一化离水反射率 $\rho_{wN}(\lambda) = \pi nL_w(\lambda)/F_0(\lambda)$，其中 $nL_w(\lambda)$ 是归一化离水辐亮度（后面有更多讨论）。应该注意的是，当目标在空间上很大时，公式（1）是有效的，也就是说，目标环境的影响可以被忽略。大气校正的目的是要从卫星高度的大气层顶（TOA）反射率（或辐亮度）$\rho_t(\lambda)$（或 $L_t(\lambda)$）的光谱测量中准确地反演出归一化离水反射率 $\rho_{wN}(\lambda)$。实际上，卫星传感器测量的大气层顶（TOA）辐亮度（公式（1））必须被准确计算出来。我们可以进一步定义大气层顶（TOA）大气路径反射率／辐亮度（包括来自大气散射和表面反射的贡献）为

$$\rho_{path}(\lambda) = \rho_r(\lambda) + \rho_a(\lambda) + \rho_{ra}(\lambda), \quad or$$
$$L_{path}(\lambda) = L_r(\lambda) + L_a(\lambda) + L_{ra}(\lambda)$$

（2）

然后公式（1）变成

$$\rho_t(\lambda) = \rho_{path}(\lambda) + t(\lambda)\rho_{wc}(\lambda) + T(\lambda)\rho_g(\lambda) + t(\lambda)t_0(\lambda)\rho_{wN}(\lambda), \quad \text{or} \quad (3)$$
$$L_t(\lambda) = L_{path}(\lambda) + t(\lambda)L_{wc}(\lambda) + T(\lambda)L_g(\lambda) + t(\lambda)t_0(\lambda)\cos\theta_0 nL_w(\lambda)$$

从现在开始，我们将在讨论中使用反射率或辐亮度，并理解这两者根据其定义可以互换（公式（1）至（3））。大气校正的主要挑战是估算和去除 $\rho_t(\lambda)$ 中的 $\rho_{path}(\lambda)$。换句话说，我们必须准确计算 $\rho_{path}(\lambda)$。在一类水体中，$\rho_{path}(\lambda)$ 在蓝光波段的大气层顶（TOA）反射率中占 90% 左右，在绿光和红光波段的反射率中占更高的比例。按照重要程度，漫射透过率的估算位列第二，其主要困难在于透过率对海面下辐亮度角度分布的依赖[86]。太阳耀斑反射率 $\rho_g(\lambda)$ 可以通过使用太阳耀斑模型避开太阳镜面图像周围的区域来呈现出所需的小范围[84, 85, 87]，而白帽反射率 $\rho_{wc}(\lambda)$ 可以通过表面风速进行估算[83, 88-91]。

3. 模拟

在本节中，我们将根据公式（3）（或公式（1））描述大气层顶（TOA）辐亮度各个分量的贡献，特别关注在各种典型情况下 $\rho_{wN}(\lambda)$ 和 $\rho_{path}(\lambda)$ 的反射率贡献，如水体类型、气溶胶、大气漫射透过率、海洋双向反射分布函数（BRDF）效应等。

3.1 海洋辐亮度贡献

下面介绍大洋一类水体和沿海典型二类水体（即沉积物主导和黄色物质主导的水体）的海洋辐亮度贡献，可用于大气层顶（TOA）反射率计算（公式（3）中的 $\rho_{wN}(\lambda)$ 或等价的 $nL_w(\lambda)$）。

3.1.1 大洋 1 类水体

典型的 1 类水体的归一化离水反射光谱 $\rho_{wN}(\lambda)$ 可以使用半分析模型得出[92]。改进的 1 类水体的大洋水体 $\rho_{wN}(\lambda)$ 模型也被开发出来[93]。这里我们简要介绍使用 Gordon 等人（1988 年）[92]对 1 类水体建模的基本方法，国际海洋水色协作小组（IOCCG）（2010 年）[61]对此进行了介绍和讨论。Gordon 等人（1988）模型中的 $\rho_{wN}(\lambda)$ 通过

公式[92] 给出:

$$\rho_{wN}(\lambda) = \pi \left[\frac{(1-\rho_f)(1-\bar{\rho}_f)}{m^2} \right] \times \left[\frac{1}{1-rR} \right] \times \frac{R}{Q} \qquad (4)$$

其中, ρ_f 是正常入射下海面的菲涅尔反射率, $\bar{\rho}_f$ 是太阳和天空光辐照度的菲涅尔反射率, m 是水的折射率, R 是恰在海面以下的辐照度反射率, r 是漫射光的水 – 空气表面反射率($r \approx 0.48$), $Q = E_u / L_u$, E_u 是恰在海面以下的上行辐照度, L_u 是同一位置向天顶传输的上行辐亮度。假设恰在海面以下的向上光场是完全漫射的,那么 Q 的标称值为 π 。R/Q 这个量可以通过[92]与水体固有光学性质(IOPs)联系起来:

$$\frac{R}{Q} \approx 0.11 \frac{b_b}{K}, \text{and } K \approx 1.16(a+b_b) \qquad (5)$$

其中,介质的吸收系数由 $a = a_w + a_c$ 给出,后向散射系数由 $b_b = (b_b)_w + (b_b)_c$ 给出,其中下标"w"和"c"分别指水和其成分。K 是恰在水面以下的下行辐照度的衰减系数,与 $(a+b_b)$ 相关[38]。

在 Gordon 等人(1988)的模型中[92], K 是按照 $K = K_w + K_{Chl} + K_{ys}$ 划分的,其中下标"w"、"Chl"和"ys",分别代表水、叶绿素和黄色物质。虽然这种划分并不准确,因为 K 不是严格意义上的成分相加,但已经证明对于大多数目的来说,这是一个有效的近似[94]。K_w 和 K_{Chl} 的光谱值分别取自 Smith 和 Baker(1981)[95] 以及 Smith 和 Baker(1978)[40]。K_{ys} 在这里被认为是零。这相当于假设在任何背景下黄色物质都被计入 K_{Chl} 中。成分(1类水体的浮游植物)的后向散射系数写为 $(b_b)_c = A(\lambda) \cdot \text{Chl}^{B(\lambda)}$,其中 Chl 是叶绿素浓度。系数 $A(\lambda)$ 和 $B(\lambda)$ 的选择方式是为了与采集的光谱辐亮度数据进行最佳拟合[96]。鉴于这些量,公式(5)中的 R/Q 被确定为 Chl 的函数。然后,假设 $Q = \pi$ (完全漫射向上光场情况下的数值),对于 $(1-rR)$ 的计算 R 是已知的,通过公式(4) $\rho_{wN}(\lambda)$ 是 Chl 的函数。

图 2(a)显示了叶绿素 a 浓度分别为 0.03 mg m^{-3}、0.1 mg m^{-3}、0.3 mg m^{-3} 和 1.0 mg m^{-3} 时,归一化的离水反射率 $\rho_{wN}(\lambda)$ 与波长的关系。这些 $\rho_{wN}(\lambda)$ 光谱代表了 1 类水体的光谱,对于模拟大气层顶

（TOA）辐亮度来说是足够准确的。

3.1.2 沿海和内陆典型 2 类水体

这里讨论了来自 2 类水体的沿海和内陆 $\rho_{wN}(\lambda)$ 贡献的一些于大气层顶（TOA）辐亮度计算的例子，分别为沉积物主导的水体和黄色物质（或有色可溶有机物（CDOM））主导的水体。两个专门针对典型沉积物主导和黄色物质主导的水体的例子来自国际海洋水色协作小组（IOCCG）（2010）。这里还有一些来自卫星和现场测量的沿海和内陆水体的例子。

国际海洋水色协作小组（IOCCG）（2010）的第一个例子[61]对应的是沉积物主导的二类水体。其来自现场辐照度测量（恰在表面以下的向上和向下辐照度，E_u 和 E_d），是在 Cap Corveiro 附近的一个站点进行的。高颗粒物含量是由于强信风产生的波浪作用造成的底层沉积物的再悬浮。散射系数 $b(\lambda)$ 在 550 nm 处即 $b(550)$ 在 3.1 和 3.9 m^{-1} 之间，叶绿素 a 浓度（Chl）为 1.1～1.9 mg m^{-3} 之间。沿着这个干旱的海岸线，在由海岸线和离岸等深线 40 或 50 m 划定的条带内发现了浑浊的乳白色水体[97]。

国际海洋水色协作小组（IOCCG）（2010）的第二个例子是典型黄色物质主导的二类水体。辐照度反射率是 1979 年 8 月 7 日在 Saanich 海湾（加拿大 BC 省温哥华岛的 Sidney）测定的。水体呈深褐色，近似黑色，$b(550)$ 约为 1.2 m^{-1}，Chl 约为 4.5 mg m^{-3}。水体中黄色物质含量高，源于森林土壤的排放。在这两种情况下，从辐照度反射率光谱中得出归一化离水反射率 $\rho_{wN}(\lambda)$ 光谱。

图 2（b）提供了 $\rho_{wN}(\lambda)$ 光谱与波长的关系，该光谱是在毛里塔尼亚海岸观测的沉积物主导的水体和在温哥华岛的一个入口处获得的黄色物质主导的水体。正如预期的那样，沉积物主导的水体的 $\rho_{wN}(\lambda)$ 在绿光和红光波段处有很强的贡献，而黄色物质主导的水体，$\rho_{wN}(\lambda)$ 在蓝色波段的贡献非常低（几乎可以忽略）（图 2（b））。二类水体中的两种水体，特别是沉积物主导的水体，$\rho_{wN}(\lambda)$ 在近红外波段有重要贡献。

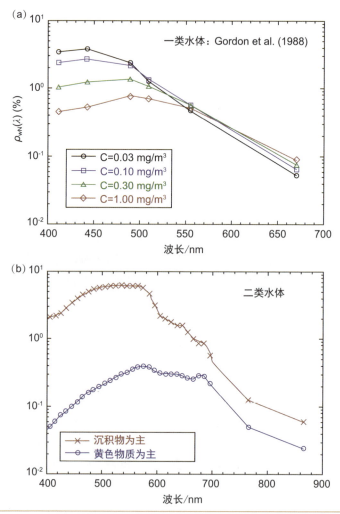

图 2　海洋归一化离水反射率 $\rho_{wN}(\lambda)$（%）作为波长的函数的示例：（a）叶绿素浓度为 0.03 mg m^{-3}，0.1 mg m^{-3}，0.3 mg m^{-3} 和 1.0 mg m^{-3} 的 1 类水体和（b）分别在毛里塔尼亚海岸附近观察到的以沉积物为主和从温哥华岛入口处获得的以黄色物质为主的 2 类水体。这些都是源自国际海洋水色协作小组（IOCCG）（2010）的参考文献 [61]。

　　图 3 和图 4 显示了来自中国东部沿海区域 [98-100] 沉积物主导的二类水体的其他一些示例（来自卫星和现场测量）。图 4 显示了卫星和现场测量的 $\rho_{wN}(\lambda)$ 光谱，对应于图 3 中 2003 年 10 月 19 日采集的 MODIS-Aqua 真彩图像中的位置 [101]。2003 年春、秋两季，在东

海和黄海区域进行了广泛的现场测量,目的是采集各种现场物理、光学和生物海洋数据。特别是使用 Analytical Spectral Devices, Inc. 的 FieldSpec Dual UV/VNIR 测量了 350 ～ 1 050 nm 的海洋离水反射率光谱数据。FieldSpec Dual UV/VNIR 光谱仪,该仪器的光谱采样间隔为 1.4 nm,覆盖整个光谱(350 ～ 1 050 nm)。现场数据的采集和处理是按照美国航空航天局(NASA)海洋光学规范[102]中的流程要求进行的。具体来说,在现场数据处理中,已经计算并去除由海洋表面反射的天空辐射贡献给仪器探测器的辐亮度。这里,我们展示了 MODIS-Aqua 得出的 $\rho_{wN}(\lambda)$ 光谱和相应的现场测量结果。图 4 提供了四个沉积物主导的中国东部沿海水域的 $\rho_{wN}(\lambda)$ 的例子(图 3)。图 4(a)-(d)显示了在图 3 所示地点(从北到南)采集的 $\rho_{wN}(\lambda)$ 数据,即图 4(a)-(d)中获得的数据对应的纬度分别为 36°N(2003 年 3 月 22 日)、33°N(2003 年 4 月 5 日)、31.5°N(2003 年 9 月 25 日)和 30.5°N(2003 年 9 月 23 日)。这些来自中国东部沿海区域沉积物主导水体的 $\rho_{wN}(\lambda)$ 光谱与图 2(b)中沉积物主导的光谱特征非常相似,例如,$\rho_{wN}(\lambda)$ 光谱在绿 - 红光谱区达到峰值。

图 3 2003 年 10 月 19 日位于(33.0°N,123.0°E)附近沿中国东部近岸区域的 MODIS-Aqua 真彩色图像。摘自 Wang 等人(2007)[101]。

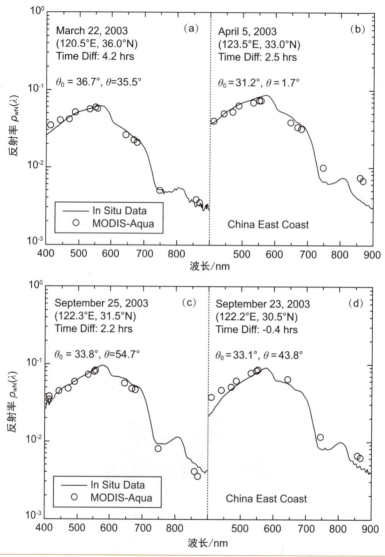

图 4　与（a）2003 年 3 月 22 日、（b）2003 年 4 月 5 日、（c）2003 年 9 月 25 日和（d）2003 年 9 月 23 日获得的实测数据相比较的 MODIS-Aqua 推导出的归一化离水反射率 $\rho_{wN}(\lambda)$ 光谱。经纬度位置（图 3 中的标记）和 MODIS 与现场测量间时间差均显示在每个子图中。摘自 Wang 等人（2007）[101]。

　　图 5 显示了 MODIS-Aqua 反演的中国内陆高浑浊湖泊太湖 $nL_w(\lambda)$ 光谱图的例子[31, 103]。具体来说，利用 2002 年至 2010 年在中国太湖的所有 MODIS-Aqua 测量数据，生成了从可见光到近红外和

短波红外波段的 $nL_w(\lambda)$ 光谱的气候态分布。图 5（a）~（f）分别提供了太湖在 443 nm、488 nm、555 nm、645 nm、859 nm 和 1 240 nm 波长的气候态 $nL_w(\lambda)$。图 5 中的气候态 $nL_w(\lambda)$ 图显示了太湖水光学特性的总体空间分布。在从蓝光到近红外的整个辐射光谱中，在大部分中央湖区发现了高 $nL_w(\lambda)$ 贡献（图 5（a）~（e））。相比之下，高的短波红外（SWIR）$nL_w(1240)$ 值主要出现在太湖的西岸（图 5（f））。显然，湖泊的近红外（NIR）和短波红外（SWIR）（1 240 nm）波段的高 $nL_w(\lambda)$ 分布是不同的[103]。近红外（NIR）$nL_w(859)$ 的分布和变化主要受水中总悬浮物的影响，而短波红外（SWIR）$nL_w(1240)$ 的季节和空间分布主要是由大量藻类（表面漂流的藻类）的分布影响[13, 14, 103]。因此，除了已经证明的近红外（NIR）$nL_w(\lambda)$ 产品的有用性外，结果显示，使用卫星测量的短波红外（SWIR）$nL_w(1240)$ 数据[3, 100, 103] 在描述和监测极度浑浊的沿海和内陆湖泊水体方面有一些重要应用。同样，对于高度浑浊的内陆太湖，$nL_w(\lambda)$ 光谱在绿光 - 红光波段达到峰值，与沉积物主导的水体特性一致。

MODIS观测的太湖水体气候态水体光学性质

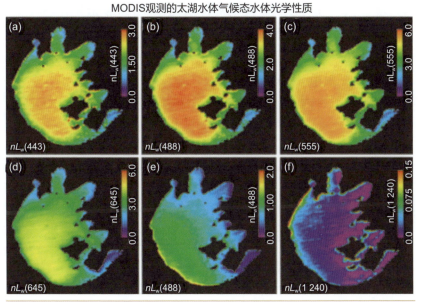

图 5　MODIS-Aqua 反演的气候态 $nL_w(\lambda)$ 光谱图，（a）~（f）波长对应为 443、488、555、655、645、859 和 1 240 nm。摘自 Wang 等人（2013）[103]。

3.1.3   海洋双向反射率分布函数

3.1.3.1   海洋表面 BRDF 效应

通过多年来的一系列研究,许多科学家对海洋离水辐亮度 ($L_w(\lambda)$)的海洋双向反射分布函数(BRDF)进行研究[68, 104-108]。这一发展的关键是归一化离水辐亮度 $nL_w(\lambda)$ 的理论概念,定义为当太阳处于天顶和地球与太阳的平均距离时,在天底看到的离水辐亮度 $L_w(\lambda)$ 不受大气的干扰。Gordon 和 Clark(1981)[68] 对归一化离水辐亮度的最初定义,考虑了平均地外太阳辐照度和入射到海面上的辐照度之间的变化,这些变化是由于太阳天顶角、大气漫射透过率以及一年中地球 – 太阳距离的变化所造成。Morel 和 Gentili(1991,1993,1996)[105-107] 和 Morel 等人(2002)[109] 扩展了该定义,以考虑到由于海面反射和折射的角度变化和水内双向反射分布函数(BRDF)的额外影响。最近,人们发现,在太阳和卫星传感器天顶角大约达到 60° 的情况下,与太阳角有关的表面双向反射分布函数(BRDF)效应只取决于海洋表面性质,不取决于大气[108],而与传感器角度有关的项可以在平静的海洋表面(即与风速无关)准确计算出来[104]。因此,表面反射和折射的角度变化对归一化离水辐亮度的影响可以很容易计算出来[104, 108]。

3.1.3.2   水中 BRDF 效应

在水体中,特别是靠近界面的地方,上行辐亮度场不是各向同性的,因此必须考虑到双向反射分布函数(BRDF)[109]。水中各向异性的辐亮度分布基本上与水中的颗粒物浓度和相应的颗粒物光学性质有关。第一个考虑因素涉及光子在返回和到达表面之前所经历的平均散射事件的数量。第二个考虑与体积散射函数形状有关,特别是其后向散射的形状(特别是,但不完全是,与后向通量的形成有关)。对于大洋 1 类水体,水体双向反射分布函数(BRDF)效应得到了很好地理解,可以合理准确地加以说明[110-113]。另一方面,在各种沿海和内陆的 2 类水体(沉积物主导或黄色物质主导的 2 类水体),情况远没有那么有利,尽管有一些初步的尝试[114],但无法推广。在这种复杂的水域中,缺乏可靠的预测,也没有通用的固有光学性质（IOPs）参数，目前仍然是走得更远的一个严重障碍，除非具体情况具体分析。

3.2　大气层顶大气路径辐亮度度贡献

3.2.1　海洋－大气系统辐射传输模拟

有多种求解辐射传输方程的方法[115]。积分微分方程仅针对各向同性和瑞利散射进行了解析求解[116]。对于所有其他散射相函数，很难找到解析解，因此开发了各种寻找解决方案的数值技术[115]，例如，连续阶散射（Successive Order of Scattering, SOS）方法，矩阵算子（add-doubling）方法，蒙特卡洛（MC）方法等。连续阶散射（SOS）代码[115]被用来生成大气层顶（TOA）大气路径辐亮度 $L_{path}(\lambda)$（或 $\rho_{path}(\lambda)$），如公式（2）。连续阶散射（SOS）代码是为了开发海洋水色卫星传感器的高级大气校正算法而开发的，例如 SeaWiFS、MODIS[70, 78, 82]。通常情况下，与前向蒙特卡洛辐射传输代码的结果相比，连续阶散射（SOS）代码可以在大约小于 0.1% 的不确定度范围内产生大气层顶（TOA）大气路径辐亮度[78, 82, 117]。在反射率方面，例如在用于国际海洋水色协作小组（IOCCG）（2010）[61] 模拟，反射率通常在大约 5×10^{-4} 以内相互一致。此外，连续阶散射（SOS）代码的准确性也得到了验证，并与其他各种方法的结果进行了比较[115, 117-121]。模拟是针对两层平行平面大气（Plane-Parallel Atmosphere, PPA）模型进行的，78% 的分子占据顶层（气溶胶与 22% 的分子混合限制在底层），覆盖在平静的菲涅尔反射海洋表面（黑色海洋）。两层平行平面大气（PPA）模型通常对太阳和传感器天顶角大约小于 80° 有效[122]，气溶胶垂直分布对大气层顶（TOA）大气路径辐亮度计算结果的影响对于非吸收性和弱吸收性气溶胶可以忽略不计[70, 77]。

3.2.2　气溶胶模型

在为 SeaWiFS、MODIS 和多角度成像光谱仪（MISR）研发先进的大气校正和气溶胶反演算法时[123-125]，Gordon 和 Wang（1994）[70] 对气溶胶成分采用了外部混合假设[126]，即假设气溶胶是由不同的、不相互影响的种类组成，每个种类都有一个特征粒径分布。在这种情况下,综合的气溶胶粒径－频率分布可以写成来自不同气溶胶种类的单个气溶胶粒径－频率分布的总和,并且单个气溶胶成分是对数正态分布[126, 127]。每个成分的气溶胶光学性质可以通过其相应的粒径分布和折射率来确定,使用球形颗粒的米氏理论[128]或使用适合于气溶胶颗粒实际形状的散射理论,(如非球形颗粒[129, 130]),从其相应的粒径分布和折射率确定每个组分。这样就可以计算出单个气溶胶成分的所有光学性质。然后,这些气溶胶光学性质可用于计算大气层顶(TOA)路径辐亮度 $L_{path}(\lambda)$(或反射率 $\rho_{path}(\lambda)$)的贡献。

用于单个气溶胶成分的实际模型是 Shettle 和 Fenn (1979)的模型[127],即他们的海洋和对流层模型[127],用于进一步生成其他适当的气溶胶模型,用于海洋水色卫星和气溶胶应用[70, 77, 80, 123, 125]。需要指出的是,由于 Shettle 和 Fenn (1979)[127] 模式中的气溶胶颗粒具有吸湿性,气溶胶粒径分布(气溶胶模式参数)取决于相对湿度(Relative Humidity, RH)。产生并用于海洋水色卫星数据处理的具体气溶胶模型有:RH 为 99% 的大洋模型(O99),RH 为 50%、70%、90% 和 99% 的海洋模型(M50、M70、M90 和 M99),RH 为 50%、70%、90% 和 99% 的沿海模型(C50、C70、C90 和 C99),以及 RH 为 50%、90% 和 99% 的对流层模型(T50、T90 和 T99)[70, 73, 77]。事实上,这 12 个气溶胶模型被用于生成气溶胶查找表,以生产各种海洋水色卫星传感器的海洋水色产品,如 SeaWiFS[80]、德国的 MOS[52]、日本的 OCS 和法国的 POLDER[53]、MODIS[31, 103, 131, 132],以及最近用于 VIIRS[56],以及韩国的地球同步水色成像仪(GOCI)[133-135]。

然而,对于测试和评估算法,通常使用与生成气溶胶查找表不同的气溶胶模型[61, 70, 73]。与之前的工作相同,这里使用了 RH 为 80% 的海洋气溶胶模型(M80)和 RH 为 80% 的对流层模型(T80)来生成大气层顶(TOA)辐亮度 $L_t(\lambda)$ 光谱。M80 和 T80 模型代表非吸收性和弱吸收性气溶胶,气溶胶单次散射反照率在 865 nm 处分别为 0.99 和 0.95。它们的气溶胶粒径分布也不同于 M80 模型中的大粒径和 T80 模型中的细气溶胶。这两个气溶胶模型与用于海洋水色数据处理的气溶胶查找表中的 12 个气溶胶模型相似,但不完全相同。

值得注意的是，美国航空航天局（NASA）海洋生物处理小组（OBPG）目前已将其他气溶胶模型用于海洋水色卫星数据处理[136]。一些评价结果表明，这两套气溶胶模型与地面测量得到的气溶胶光学性质相比，既有优点也有缺点[80, 137-141]。然而，需要强调的是，对于海洋水色卫星遥感来说，我们真正追逐的是气溶胶反射率 $\rho_A(\lambda) = \rho_a(\lambda) + \rho_{ra}(\lambda)$，而不是气溶胶光学性质，也就是说，重点是气溶胶反射率的校正，而不是气溶胶性质。事实上，气溶胶反射率 $\rho_A(\lambda)$ 与气溶胶单次散射反照率、气溶胶有效相位函数和气溶胶光学厚度（在下一节讨论）的乘积成正比。

3.2.3 气溶胶光谱反射率

我们将气溶胶单次散射参数（Single-Scattering Epsilon，SSE）$\varepsilon(\lambda, \lambda_0)$ 定义为气溶胶单次散射反射率 $\rho_{as}(\lambda)$ 在两个光谱波段之间的比值[70, 142, 143]，即

$$\varepsilon(\lambda, \lambda_0) = \frac{\rho_{as}(\lambda)}{\rho_{as}(\lambda_0)} = \frac{\omega_a(\lambda)c_{ext}(\lambda)p_a(\Theta, \lambda)}{\omega_a(\lambda_0)c_{ext}(\lambda_0)p_a(\Theta, \lambda_0)} \tag{6}$$

其中，$\omega_a(\lambda)$，$c_{ext}(\lambda)$ 和 $p_a(\Theta, \lambda)$ 分别是气溶胶单次散射反照率、气溶胶消光系数和气溶胶有效散射相位函数（在散射角 Θ 处）[70, 142]。气溶胶有效散射相函数 $p_a(\Theta, \lambda)$ 包括三个散射贡献[70, 82, 142, 143]：一是太阳向传感器方向的直接后向散射项，二是通过海洋表面反射的前向散射项。具体来说，两个前向单次散射项包括一个是大气中向海洋表面的前向单次散射，然后是海洋表面的反射，另一个是太阳光从海洋表面的第一次反射，然后是大气中的前向单次散射[82]。因此，单次散射参数（SSE）$\varepsilon(\lambda, \lambda_0)$ 只取决于气溶胶固有光学性质（IOPs）（如气溶胶模型），而不是气溶胶光学厚度。应该注意的是，气溶胶反射率 $\rho_A(\lambda)$ 与（甚至近似于）$\rho_{as}(\lambda) = \omega_a(\lambda)p_a(\Theta, \lambda)\tau_a(\lambda)$ 成正比，其中 $\tau_a(\lambda)$ 是气溶胶光学厚度。

因此，单次散射参数（SSE）可用于表征各种气溶胶模型的气溶胶反射率光谱变化特征[70, 142, 143]。图 6 给出了 12 个气溶胶模型（即 O99、M50、M70、M90、M99、C50、C70、C90、C99、T50、T90 和 T99）单次散射参数（SSE）$\varepsilon(\lambda, \lambda_0)$ 与波长（从紫外到近红外和各种短波红

外波段)的函数关系示例。图 6 (a)-(d)显示了参考波长 λ_0 分别为 865 nm、1 240 nm、1 640 nm 和 2 130 nm 时的单次散射参数(SSE) $\varepsilon(\lambda, \lambda_0)$ 分布(公式(6))。它们都是针对太阳天顶角为 60°,传感器天顶角为 20°,相对方位角为 90° 的情况。正如期望的那样,$\varepsilon(\lambda, \lambda_0)$ 值与不同参考波长 λ_0 值有着明显的变化,这表明了气溶胶光谱反射率在不同气溶胶模型中的分布。图 6 显示在 O99 模型和 T50 模型之间(对应于 $\varepsilon(\lambda, \lambda_0)$ 值最低和最高的气溶胶模型)紫外波段 $\varepsilon(340, 865)$、$\varepsilon(340, 1 240)$、$\varepsilon(340, 1 640)$ 和 $\varepsilon(340, 2 130)$ 的单次散射参数(SSE)值分别在 0.8~2.6、0.7~4.8、0.7~9.2 和 0.7~22.6 的范围。特别是 $\varepsilon(765, 865)$、$\varepsilon(1 000, 1 240)$、$\varepsilon(1 240, 1 640)$、$\varepsilon(1 240, 2 130)$ 和 $\varepsilon(1 640, 2 130)$ 的近红外和短波红外单次散射参数(SSE)值在大气校正中用于选择气溶胶模型[70, 73],其值分别为 0.96~1.21、0.93~1.50、0.95~1.94、0.98~4.76 和 1.04~2.46。显然,在单次散射参数(SSE)中,短波红外(SWIR)波段的测量灵敏度明显较高,其中两个波段之间的波长距离相差较大,如 $\varepsilon(1 240, 2 130)$。

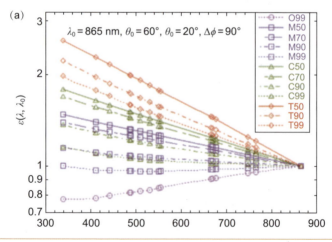

图 6 对于 12 个气溶胶模型作为波长函数的单次散射 $\varepsilon(\lambda, \lambda_0)$,参考波长分别为(a)865 nm,(b)1 240 nm,(c)1 640 nm,(d)2 130 nm。摘自 Wang (2007)[73]。

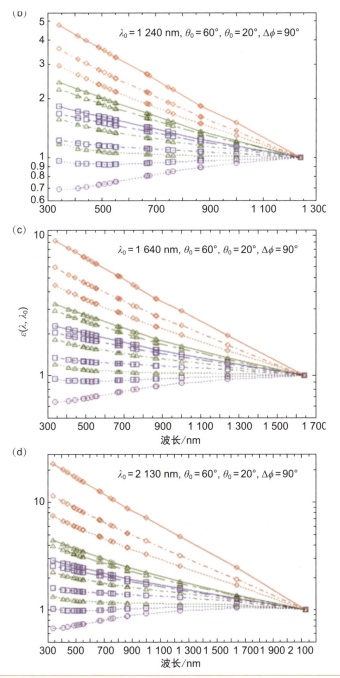

图 6（续）　对于 12 个气溶胶模型作为波长函数的单次散射 $\varepsilon(\lambda, \lambda_0)$，参考波长分别为（a）865 nm，（b）1 240 nm，（c）1 640 nm，（d）2 130 nm。摘自 Wang（2007）[73]。

从图 6 中可以很清楚地看出，气溶胶光谱反射率对 T50 模型（或通常对小气溶胶颗粒的对流层模型）的贡献最大，而对 O99 模型（或通常对低 $\rho_A(\lambda)$ 的大洋和海洋气溶胶）的气溶胶贡献最低。因此，T80 模型的气溶胶反射率比 M80 气溶胶模型对大气层顶（TOA）反射率贡献更大。

3.2.4　大气路径反射率

图 7（a）给出了 M80 和 T80 气溶胶模型在黑色海洋情况下模拟的 $340 \sim 2\,130$ nm 的大气层顶（TOA）路径反射率光谱 $\rho_{path}(\lambda)$ 示例。同样，M80 和 T80 模型分别代表非吸收性和弱吸收性气溶胶。在图 7（a）中，对于 M80 和 T80 气溶胶模型，使用标量辐射传输计算（忽略偏振效应）模拟了覆盖在平静菲涅耳反射海洋表面上的两层大气的反射率光谱 $\rho_{path}(\lambda)$，气溶胶在 865 nm 处的光学厚度 $\tau_a(865)$ 为 0.1 和 0.2。这是在太阳天顶角为 60°，传感器天顶角为 45°，相对方位角为 90° 的特定太阳－传感器几何结构下的情况。图 7（a）显示，用 T80 模型模拟的大气层顶（TOA）路径反射率相比于 M80 模型有明显的光谱变化（如图 6 所示）。事实上，对于 $\tau_a(865)$ 为 0.1 的 T80 模型，在 340 nm 和 $2\,130$ nm 波长之间的大气层顶（TOA）反射率 $\rho_{path}(\lambda)$ 的比值约为 200，而对于 M80 模型，同样的反射率比率约为 60。然而，值得注意的是，在 340 nm 波长处，由于紫外波段的瑞利反射贡献明显占主导地位，不同气溶胶光学性质（模型和气溶胶光学厚度）模拟的大气层顶（TOA）反射率 $\rho_{path}(\lambda)$ 相似（图 7（a））。

图 7（b）提供了大气层顶（TOA）气溶胶反射率与大气层顶（TOA）路径反射率 $\rho_A(\lambda) / \rho_{path}(\lambda)$ 的比值，作为从紫外（UV）到短波红外（SWIR）波长的函数，对应于图 7（a）的情况，同样有 $\rho_A(\lambda) = \rho_a(\lambda) + \rho_{ra}(\lambda)$。图 7（b）显示在紫外和短的可见光波段，传感器测量的信号实际上是由空气分子的贡献（瑞利散射）所主导的。对于 $\tau_a(865)$ 为 0.1 的 M80 模型，在黑色海洋条件下（对于大气层顶（TOA）路径反射率）气溶胶反射率 $\rho_A(\lambda)$ 的贡献约为 2。在波长分别为 340 nm、412 nm、443 nm、490 nm、555 nm、670 nm 和 865 nm 的大气层顶（TOA）路径反射率 $\rho_{path}(\lambda)$ 中，气溶胶反射率分别为 2.6%、

6％、9％、12％、18％、29％和51％，而对于 T80 模型，相应的值分别为 7.6％、17％、22％、29％、38％、51％和67％。在 $\rho_t(\lambda)$ 中包含了海洋反射率的贡献，紫外和可见光波长的 $\rho_A(\lambda)/\rho_t(\lambda)$ 值之比更小。这强调了准确计算瑞利反射率 $\rho_r(\lambda)$ 的重要性，特别是在紫外和可见光波段。

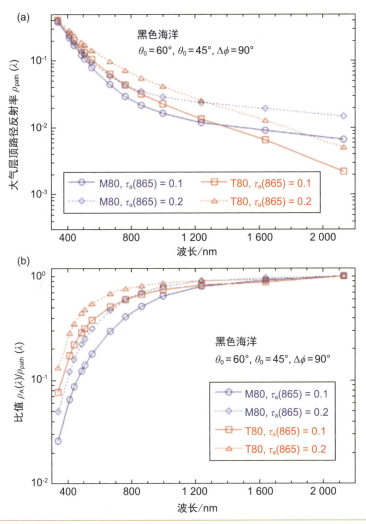

图 7 黑色海洋情况下 M80 和 T80 气溶胶模型在 865 nm 处的气溶胶光学厚度为 0.1 和 0.2 时，模拟的 340 到 2130 nm 范围内作为波长函数的（a）大气层顶（TOA）路径反射率 $\rho_{path}(\lambda)$ 和（b）大气层顶（TOA）气溶胶反射率与大气层顶（TOA）路径反射率之比。摘自 Wang（2007）[73]。

3.3　大气漫射透过率

在海洋水色遥感中,我们实际要求的是离水辐亮度 $L_W(\lambda,\theta,\varphi)$,即从海洋表面以下(到海洋表面以上)通过界面传输的离开海洋表面的辐亮度。海面以下的辐亮度为 $L_u(\theta',\varphi,\lambda)$,其中 θ' 和 θ 与折射定律相关,即 $\sin\theta = m\sin\theta'$ 。 $L_W(\lambda,\theta,\varphi)$ 和 $L_u(\theta',\varphi,\lambda)$ 的关系为

$$L_W(\lambda,\theta,\varphi) = \frac{T_f^{(w-a)}(\theta,\theta')}{m^2} L_u(\lambda,\theta',\varphi) \qquad (7)$$

其中, $T_f^{(w-a)}(\theta,\theta')$ 是空气 - 海洋界面(从水到空气,"w-a")的菲涅尔透过率。TOA 方向 ξ 的离水辐亮度 $L_W(\lambda,\xi)$ 的漫射透射率 $t(\lambda,\xi)$ 可以定义为

$$t(\lambda,\xi) = \frac{L_W^{(TOA)}(\lambda,\xi)}{L_W(\lambda,\xi)} \qquad (8)$$

其中, $L_W^{(TOA)}(\lambda,\xi)$ 和 $L_W(\lambda,\xi)$ 分别是在大气层顶(TOA)和海表离水辐亮度。基于互易性原则,Yang 和 Gordon(1997)[86] 提供了一个严格的框架来计算 $t(\lambda,\xi)$ 。他们表明, $t(\lambda,\xi)$ 不仅是大气性质的函数,还取决于 $L_W(\lambda,\xi)$ 本身的角度分布[86]。因此,如果知道 $L_W(\lambda,\xi)$ 的分布,就可以从公式(8)的定义中轻松计算出 $t(\lambda,\xi)$ 。然而, $L_W(\lambda,\xi)$ 分布通常是未知的。在实践中,一般使用简化的假设来实现这一计算。假设海面下的上行辐亮度是均匀的情况下[70],Yang 和 Gordon(1997)[86] 表明,在太阳天顶角为 θ_0 的互易过程中, $t(\lambda,\theta_0)$ 的大气漫射透过率可以计算为

$$t(\lambda,\theta_0) = \frac{E_d^-(\lambda,\theta_0)}{F_0(\lambda)\cos\theta_0 T_f^{(a-w)}(\theta_0)} \qquad (9)$$

其中, $E_d^-(\lambda,\theta_0)$ 是指当大气层顶(TOA)被太阳光(辐照度) $F_0(\lambda)$ 照射,太阳天顶角为 θ_0 时,海面下的下行辐照度, $T_f^{(a-w)}(\theta_0)$ 是空气 - 海洋界面(从空气到水,"a-w")的菲涅尔透过率。研究发现,只要传感器的天顶角小于 60°,在计算大气漫射透过率时,假设水下的离水辐亮度分布均匀,对卫星推导的 $nL_w(\lambda)$ 只带来可忽略的误差(约小于 1%)[144]。也有一些简单的近似公式可以合理准确地计算大气的漫射透过率[145, 146]。对于纯瑞利大气,大气漫射透过率 $t_R(\lambda,\theta)$ 可

以近似为

$$t_R(\lambda,\theta) = \exp[-C_R(\lambda,\theta)\tau_R(\lambda)/\cos\theta] \quad (10)$$

其中，$\tau_R(\lambda)$ 是瑞利光学厚度，$C_R(\lambda,\theta) \approx 0.5$，且可以进一步细化以提高 $t_R(\lambda,\theta)$ 的精度[146]。对于由空气分子和气溶胶组成的、以菲涅尔反射海洋表面为界限的大气，漫射透过率 $t(\lambda,\xi)$ 可以近似地表示为

$$t(\lambda,\theta) = t_R(\lambda,\theta)t_a(\lambda,\theta)$$
$$t_a(\lambda,\theta) = \exp[-a_0(\lambda)(1+\omega_a(\lambda)C_a(\lambda,\theta)/\cos\theta] \quad (11)$$

其中，$a_0(\lambda)$ 与气溶胶光学性质有关[146]，$\omega_a(\lambda)$ 是气溶胶单次散射反照率，$C_a(\lambda,\theta)$ 是最适合该模型的系数[146]。比较结果表明，近似值相当准确，大多数情况下的误差大约在 0.5％ 以内[146]。

3.4 模拟和卫星测量的大气层顶辐亮度

3.4.1 模拟的典型大气层顶辐亮度

假设太阳耀斑和白帽被忽略的情况下，使用方程（3）进行模拟以估算全球大洋水体的典型 TOA 辐亮度光谱，即

$$L_t(\lambda) = L_{path}(\lambda) + t(\lambda)t_0(\lambda)\cos\theta_0 nL_w(\lambda), \text{ or}$$
$$\rho_t(\lambda) = \rho_{path}(\lambda) + t(\lambda)t_0(\lambda)\rho_{wN}(\lambda) \quad (12)$$

其中，$L_t(\lambda)$ 和 $\rho_t(\lambda)$ 分别是大气层顶（TOA）辐亮度和相应的反射率。大气漫射透过率项 $t_0(\lambda)$ 和 $t(\lambda)$ 是使用 Yang 和 Gordon（1997）[86]公式和适当的气溶胶模型（M80 和 T80）计算的。我们忽略了 $L_{wc}(\lambda)$ 和 $L_g(\lambda)$ 的贡献，因为对于海洋水色遥感来说，$L_g(\lambda)$ 项通常会被掩掉，而 $L_{wc}(\lambda)$ 的贡献没有预期的那么显著[83, 91]。

3.4.1.1 模拟辐亮度示例

图 8 展示了不同情况下模拟的大气层顶（TOA）反射率 $\rho_t(\lambda)$ 与波长函数关系的一些示例。图 8（a）提供了三种典型水体的模拟 $\rho_t(\lambda)$ 示例，即叶绿素 a 浓度为 0.1 mg m^{-3} 的 1 类水体，沉积物主导的水体（2 类水体）和黄色物质（CDOM）主导的水体（2 类水体），对于 M80 气溶胶的光学厚度在 865nm 处 $\tau_a(865)$ 为 0.1，而图 8（b）-（d）提供了大气层顶（TOA）总反射率 $\rho_t(\lambda)$ 和瑞利反射率贡献 $\rho_t(\lambda)$，以及这三种情况下的更详细的反射率贡献区分。这些都是针对太阳

天顶角为 60°，传感器天顶角为 45°，相对方位角为 90° 的情况。图 8
（b）-（d）的右边是图中所示的反射率值比值。例如，图 8（b）中的
结果显示，对于 M80 模型，$\tau_a(865)$ 为 0.1，叶绿素 a 浓度为 0.1 mg m^{-3}，
大气层顶（TOA）大气路径反射率 $\rho_{path}(\lambda)$ 对波长为 412、443、490、
510、555 和 670 nm 的大气层顶（TOA）反射率的贡献分别为 93.6、
90.2、87.9、89.2、94.5 和 98.7%。换言之，在这些波长传感器测量的
大气层顶（TOA）反射率中，相应的 TOA 离水反射率 $t(\lambda)t_0(\lambda)\rho_{wN}(\lambda)$
贡献了大约 6.4、9.8、12.1、10.8、5.5 和 1.3%。另一方面，对于沉积
物主导的水体，图 8（c）显示，TOA 离水反射率 $t(\lambda)t_0(\lambda)\rho_{wN}(\lambda)$ 在
412，443，490，510，555，670，708，765，779 和 865 nm 波长的大气层
顶（TOA）反射率的贡献分别为 5.8、11.8、26.3、30.6、39.0、16.4、8.2、
3.7、3.0 和 2.4%，而黄色物质主导的水体，图 8（d）显示这些数值分
别急剧下降到 0.2、0.4、1.2、1.7、3.6、5.3、3.8、1.5、1.2 和 1.0%。

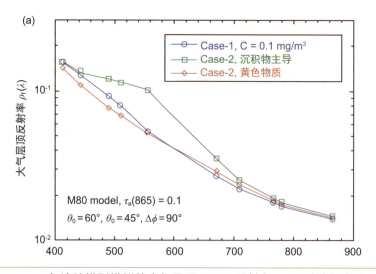

图 8　M80 气溶胶模型模拟的大气层顶（TOA）反射率 $\rho_t(\lambda)$ 随波长变化示例，
其气溶胶在 865 nm 处的光学厚度 $\tau_a(865)$ 为 0.1，（a）同时有 1 类水体和 2 类
水体的情况（即图 2 中的 $\rho_{wN}(\lambda)$ 数据），（b）1 类水体（图 2（a）中的 $\rho_{wN}(\lambda)$），
叶绿素浓度为 0.1 mg/m^3，（c）沉积物主导的 2 类水体（图 2b 中的 $\rho_{wN}(\lambda)$），以
及（d）黄色物质主导的 2 类水体（图 2b 中的 $\rho_{wN}(\lambda)$）。图（b）-（d）还显示了
$\rho_{path}(\lambda)/\rho_t(\lambda)$ 和 $\rho_r(\lambda)/\rho_t(\lambda)$ 的比值结果（右侧为比））。摘自 IOCCG（2010）[61]。

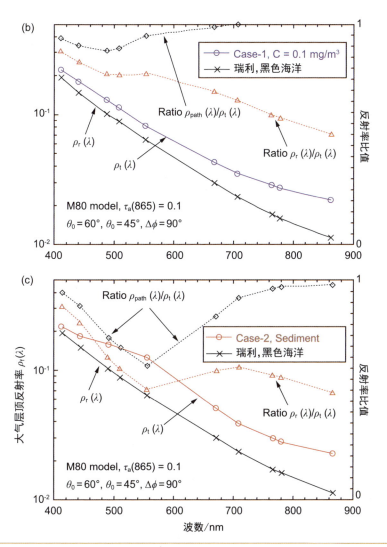

图 8（续） M80 气溶胶模型模拟的大气层顶（TOA）反射率 $\rho_t(\lambda)$ 随波长变化示例，其气溶胶在 865 nm 处的光学厚度 $\tau_a(865)$ 为 0.1，（a）同时有 1 类水体和 2 类水体的情况（即图 2 中的 $\rho_{wN}(\lambda)$ 数据），（b）1 类水体（图 2（a）中的 $\rho_{wN}(\lambda)$），叶绿素浓度为 0.1 mg/m³，（c）沉积物主导的 2 类水体（图 2b 中的 $\rho_{wN}(\lambda)$），以及（d）黄色物质主导的 2 类水体（图 2b 中的 $\rho_{wN}(\lambda)$）。图（b）－（d）还显示了 $\rho_{path}(\lambda)/\rho_t(\lambda)$ 和 $\rho_r(\lambda)/\rho_t(\lambda)$ 的比值结果（右侧为比））。摘自 IOCCG（2010）[61]。

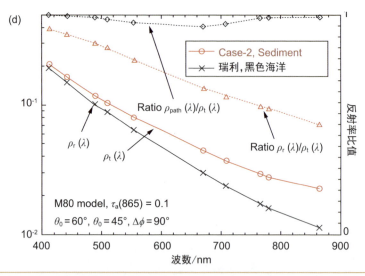

图 8（续） M80 气溶胶模型模拟的大气层顶（TOA）反射率 $\rho_t(\lambda)$ 随波长变化示例，其气溶胶在 865 nm 处的光学厚度 $\tau_a(865)$ 为 0.1，（a）同时有 1 类水体和 2 类水体的情况（即图 2 中的 $\rho_{wN}(\lambda)$ 数据），（b）1 类水体（图 2（a）中的 $\rho_{wN}(\lambda)$），叶绿素浓度为 0.1 mg/m³，（c）沉积物主导的 2 类水体（图 2b 中的 $\rho_{wN}(\lambda)$），以及（d）黄色物质主导的 2 类水体（图 2b 中的 $\rho_{wN}(\lambda)$）。图（b）－（d）还显示了 $\rho_{path}(\lambda)/\rho_t(\lambda)$ 和 $\rho_r(\lambda)/\rho_t(\lambda)$ 的比值结果（右侧为比））。摘自 IOCCG（2010）[61]。

3.4.1.2　模拟大洋典型水体辐亮度

为了得出真实的典型大气层顶（TOA）辐亮度，对 M80 和 T80 的气溶胶模型进行了模拟，设气溶胶光学厚度为 0.1，波长为 865 nm，叶绿素 a 浓度为 0.1 mg m⁻³（用于计算 $nL_w(\lambda)$），太阳天顶角为 0～70°，步长为 5°，传感器天顶角为 0～60°，间隔为 10°，相对方位角为 0～180°，光谱波长从 340 nm 的紫外到 1 000 nm、1 240 nm、1 640 nm 和 2 130 nm 的短波红外（SWIR）。图 9 显示了 340 nm、360 nm、380 nm、412 nm、443 nm、490 nm、510 nm、555 nm、670 nm、678 nm、750 nm、865 nm、1 000 nm 和 1 240 nm 波长的模拟大气层顶（TOA）$L_t(\lambda)$ 的直方图（图 9（a）－（c））。对短波红外（SWIR）1 640 nm 和 2 130 nm 的 $L_t(\lambda)$ 数据也进行了模拟，但没有在图 9 中显示。此外，图 9（d）显示了 $L_t(\lambda)$ 光谱与特定太阳－传感器几何结构下波长的函数关系，即太阳天顶角为 60°，传感器天顶角为 45°，相对方位角为

90°,气溶胶模型为 M80 和 T80,波长 865 nm 处气溶胶光学厚度为 0.1
和 0.2,显示 $L_t(\lambda)$ 随气溶胶模型(M80 与 T80)以及气溶胶光学厚度
(0.1 与 0.2)的变化。图 9 中的结果显示,气溶胶模型 T80 的 $L_A(\lambda)$
贡献比 M80 的高(因此 $L_t(\lambda)$ 也高)(正如期望的那样),在一些光谱
波段的直方图中显示双模态值,其中较大的模态值对应于 T80 气溶
胶模拟的 $L_t(\lambda)$ (如图 9(b))。因此,从紫外到短波红外波段的模拟
大气层顶(TOA)辐亮度 $L_t(\lambda)$ 光谱包括几乎所有实际的太阳 - 传感
器几何情况,以及全球大洋水体和清洁大气的典型气溶胶和叶绿素
a 浓度。来自直方图的模拟值可以被认为是典型卫星测量的大气层
顶(TOA)辐亮度光谱。

表 1 提供了从紫外到短波红外波段的典型大气层顶(TOA)
$L_t(\lambda)$ 辐亮度模拟值,这些值是由图 9(a)-(c)所示的直方图分布得
到的。表 1 还给出了这些光谱波长的太阳辐照度数据[76]。

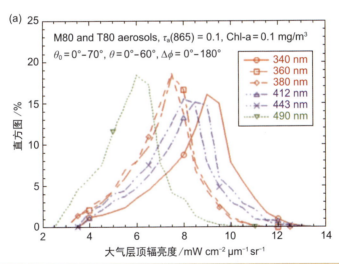

图 9 太阳天顶角为 0~70°,传感器天顶角为 0~60°,相对方位角为
0~180°,叶绿素 a 为 0.1 mg m⁻³,M80 和 T80 的气溶胶模型,865 nm 处
的气溶胶光学厚度为 0.1 的情况下,模拟大气层顶(TOA)辐亮度的直方图,
(a)340、360、380、412、443 和 490 nm,(b)510、555、670 和 678 nm,以
及(c)750、865、1 000 和 1 240 nm。图(d)显示了大气层顶(TOA)辐亮度光
谱作为特定太阳 - 传感器几何结构下波长的函数,使用 M80 和 T80 的气溶胶
模型,气溶胶光学厚度在 865 nm 处分别为 0.1 和 0.2。

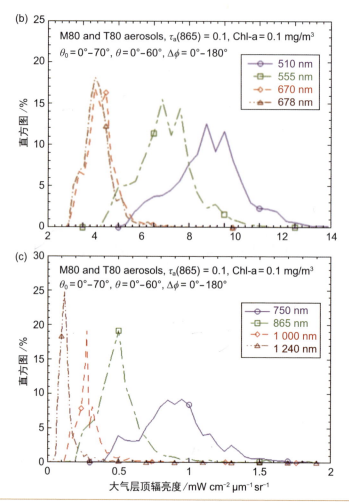

图 9（续）　太阳天顶角为 0～70°，传感器天顶角为 0～60°，相对方位角为 0～180°，叶绿素 a 为 0.1 mg m⁻³，M80 和 T80 的气溶胶模型，865 nm 处的气溶胶光学厚度为 0.1 的情况下，模拟大气层顶（TOA）辐亮度的直方图，（a）340、360、380、412、443 和 490 nm，（b）510、555、670 和 678 nm，以及（c）750、865、1 000 和 1 240 nm。图（d）显示了大气层顶（TOA）辐亮度光谱作为特定太阳－传感器几何结构下波长的函数，使用 M80 和 T80 的气溶胶模型，气溶胶光学厚度在 865 nm 处分别为 0.1 和 0.2。

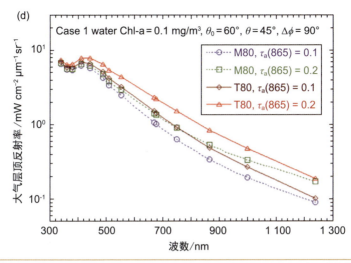

图 9（续） 太阳天顶角为 0 ～ 70°，传感器天顶角为 0 ～ 60°，相对方位角为 0 ～ 180°，叶绿素 a 为 0.1 mg m^{-3}，M80 和 T80 的气溶胶模型，865 nm 处的气溶胶光学厚度为 0.1 的情况下，模拟大气层顶（TOA）辐亮度的直方图，（a）340、360、380、412、443 和 490 nm，（b）510、555、670 和 678 nm，以及（c）750、865、1 000 和 1 240 nm。图（d）显示了大气层顶（TOA）辐亮度光谱作为特定太阳 − 传感器几何结构下波长的函数，使用 M80 和 T80 的气溶胶模型，气溶胶光学厚度在 865 nm 处分别为 0.1 和 0.2。

表 1 从模拟 $L_t(\lambda)$ 直方图分布得出的紫外到短波红外波长的典型 TOA 辐亮度

波长 λ /nm	太阳辐照度 $F_0(\lambda)$[a]	典型 TOA 辐亮度 $L_t(\lambda)$[b]
340	107.89	9.00
360	104.23	7.50
380	117.14	7.25
412	167.28	8.25
443	195.41	7.75
490	202.60	6.25
510	189.87	4.75
555	188.26	3.50
670	151.60	1.50
678	148.16	1.40
750	126.68	0.90

波长 λ/nm	太阳辐照度 $F_0(\lambda)$[a]	典型 TOA 辐亮度 $L_t(\lambda)$[b]
865	96.00	0.52
1 000	72.64	0.28
1 240	45.24	0.12
1 640	22.70	0.05
2 130	9.63	0.016

[a] 单位为 $mWcm^{-2}\,\mu m^{-1}$
[b] 单位为 $mWcm^{-2}\,\mu m^{-1}\,sr^{-1}$

3.4.2 模拟所得典型大气层顶辐亮度与卫星数据的比较

模拟所得典型大气层顶(TOA)辐亮度数据可以与卫星测量结果进行比较。图 10 显示了模拟的典型大气层顶(TOA)辐亮度 $L_t(\lambda)$ 在 340～2 130 nm 波长与 SeaWiFS(412～865 nm)和 VIIRS(410～2 250 nm)测量结果的比较。在模拟中,使用了前几节讨论的典型大气层顶(TOA)辐亮度光谱。这些数据来自直方图分布,假设在 345 nm、360 nm、380 nm、412 nm、443 nm、490 nm、510 nm、555 nm、670 nm、678 nm、750 nm、765 nm、865 nm、1 000 nm、1 240 nm、1 640 nm 和 2 130 nm 波长处没有气体吸收。SeaWiFS 和 VIIRS 数据分别于 2002 年 9 月 21 日和 2013 年 1 月 3 日从整个全球海洋上空清洁大气数据中获取。来自陆地、云层和太阳耀斑的数据被屏蔽掉,然后从 SeaWiFS 和 VIIRS 光谱波段获得平均大气层顶(TOA)辐亮度值。对于 SeaWiFS,大气层顶(TOA)辐亮度对应于 SeaWiFS 标称中心波长 412 nm、443 nm、490 nm、510 nm、555 nm、670 nm、765 nm 和 865 nm,而对于 VIIRS,大气层顶(TOA)辐亮度数据对应于 VIIRS 标称波段中心波长 410 nm、443 nm、486 nm、551 nm、671 nm、745 nm、862 nm、1 238 nm、1 610 nm 和 2 250 nm。特别指出的是,VIIRS 在短波红外波段的大气层顶(TOA)辐亮度也包括在内。因此,SeaWiFS 和 VIIRS 的典型大气层顶(TOA)辐亮度光谱是通过对全球海洋清洁大气的一天完整测量得出的,适用于海洋水色卫星遥感。图 10 的结果显示,模拟的典型大气层顶(TOA)辐亮度数据与卫星测量的数据相当一致。

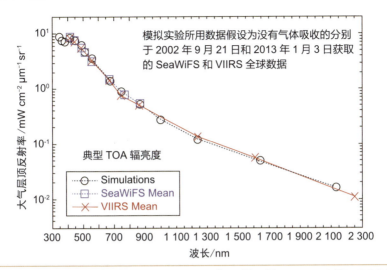

图 10 与来自 2002 年 9 月 21 日和 2013 年 1 月 3 日 SeaWIFS 和 VIIRS 卫星测量值相比较的所模拟的作为波长函数的海上典型大气层顶(TOA)辐亮度。

4. 总结

在这一章中,描述了卫星传感器测量的大洋水体、沿海和内陆水体的大气层顶(TOA)辐亮度,并对来自大气、海洋表面和海洋水体的各种影响进行了一些详细讨论。众所周知,传感器测量的大气层顶(TOA)辐亮度中超过 90% 的信号来自大气和海洋表面。对于一个典型的大洋水体和清洁大气的情况下,大气路径辐亮度在 412 nm、443 nm、490 nm、510 nm、555 nm 和 670 nm 的波长上分别贡献了约 94%、90%、88%、89%、95% 和 99%。因此,海洋辐亮度的贡献通常大约小于 10%。另一方面,对于沉积物主导的水体,来自海洋的离水辐亮度贡献可能相当大(取决于沉积物含量),特别是在绿光和红光波段的 $nL_w(\lambda)$。例如,在图 2(b)的情况下,大气层顶(TOA)的离水反射率 $t(\lambda)t_0(\lambda)\rho_{wN}(\lambda)$ 在 412 nm、443 nm、490 nm、510 nm、555 nm、670 nm、708 nm、765 nm、779 nm 和 865 nm 波长的贡献分别为 6%、12%、26%、31%、39%、16%、8%、4%、3% 和

2%。然而，对于黄色物质（或 CDOM）主导的水体（图 2（b）），显示 $t(\lambda)t_0(\lambda)\rho_{wN}(\lambda)$ 的贡献明显减少，在 412 nm 和 443 nm 波段的贡献小于 1%，在绿光到红光波长的贡献只有大约 1～5%。因此，我们可以很好地对全球大洋水体和沉积物主导的水体进行海洋水色卫星遥感，但对于黄色物质主导的水体，要获得足够准确的 $\rho_{wN}(\lambda)$（特别是在短的蓝光波段）可能相当困难。

本章描述和讨论了大气和水面对大气层顶（TOA）辐亮度的各种影响，包括气溶胶模型、大气漫射透过率和海洋 BRDF 影响。气溶胶光谱反射率分布可以用单次散射参数（SSE）$\varepsilon(\lambda,\lambda_0)$ 来推导，它只取决于气溶胶固有光学性质（IOPs）（气溶胶模型），而不取决于气溶胶光学厚度。事实上，单次散射参数（SSE）是大气校正中的一个重要参数，用于推导相应的气溶胶模型，并与气溶胶多重散射效应有关。对于海洋水色遥感来说，准确估算气溶胶反射率（辐射度）是很重要的，它与气溶胶单次散射反照率、气溶胶有效相函数和气溶胶光学厚度的乘积成正比。

从直方图数据分析中得出大洋水体 340～2 130 nm 的典型大气层顶（TOA）辐亮度，包括所有适用于 M80 和 T80 气溶胶的太阳传感器几何形状以及全球大洋水体的典型气溶胶光学厚度值。这些典型的大气层顶（TOA）辐亮度与来自 SeaWiFS 和 VIIRS 测量的辐亮度相比相当好，包括可见光、近红外和短波红外波段的辐亮度。因此，这些典型的大气层顶（TOA）辐亮度可用于进行各种应用，例如，用于传感器信噪比（SNR）的数值估算。

最后，提供了与本章讨论的各种主题有关的广泛的参考文献清单。我们鼓励有兴趣的读者阅读适当的参考文献以获得进一步的细节。

免责声明

本章所包含的观点、意见和发现均为作者的观点，不应被解释为美国国家海洋和大气管理局或美国政府的官方立场、政策或决定。

参考文献

[1] M.J.Behrenfeld, J.T.Randerson, C.R.McClain, G.C.Feldman, S.O.Los, C.J.Tucker, P.G.Falkowski, C.B.Field, R.Frouin, W.E.Esaias, D.D.Kolber, N.H.Pollack, Biospheric primary production during an ENSO transition, Science 291 (2001) 2594–2597.

[2] F.P.Chavez, P.G.Strutton, C.E.Friederich, R.A.Feely, G.C.Feldman, D.C.Foley, M.J.McPhaden, Biological and chemical response of the equatorial Paciﬁfic ocean to the 1997–98 El Nino, Science 286 (1999) 2126–2131.

[3] W.Shi, M.Wang, Characterization of global ocean turbidity from moderate resolution imaging spectroradiometer ocean color observations, J.Geophys. Res.115 (2010) C11022.http://dx.doi.org/10.1029/2010JC006160.

[4] M.J.Behrenfeld, R.T.O'Malley, D.A.Siegel, C.R.McClain, J.L.Sarmiento, G.C.Feldman, A.J.Milligan, P.G.Falkowski, R.M.Letelier, E.S.Boss, Climate–driven trends in contemporary ocean productivity, Nature 444 (2006) 752–755.

[5] W.Shi, M.Wang, Observations of a Hurricane katrina–induced phytoplankton bloom in the Gulf of Mexico, Geophy.Res.Lett.34 (2007) L11607.http://dx.doi.org/10.1029/2007GL029724.

[6] W.Shi, M.Wang, Satellite observations of flood–driven mississippi river plume in the spring of 2008, Geophy.Res.Lett.36 (2009) L07607.http://dx.doi.org/10.1029/2009GL037210.

[7] X.Liu, M.Wang, W.Shi, A study of a Hurricane katrina–induced phytoplankton bloom using satellite observations and model simulations, J.Geophys.Res.114 (2009) C03023.http://dx.doi.org/10.1029/2008JC004934.

[8] N.D.Walker, R.R.Leben, S.Balasubramanian, Hurricane–forced upwelling and chlorophyll a enhancement within cold–core cyclones in the Gulf of Mexico, Geophy.Res.Lett.32 (2005) L18610.http://dx.doi.org/10.1029/2005GL023716.

[9] W.Shi, M.Wang, Satellite observations of environmental changes from the Tonga volcano eruption in the southern tropical Pacific, Int.J.Remote Sens.32 (2011) 5785–5796.

[10] P.Cipollini, D.Cromwell, P.G.Challenor, S.Raffaglio, Rossby waves detected in global ocean colour data, Geophys.Res.Lett.28 (2001) 323–326.

[11] D.B.Chelton, P.Gaube, M.G.Schlax, J.J.Early, R.M.Samelson, The influence of nonlinear me SOS cale eddies on near–surface oceanic chlorophyll, Science 334 (2011) 328–332.

[12] S.M.Babin, J.A.Carton, T.D.Dickey, J.D.Wiggert, Satellite evidence of hurricaneinduced phytoplankton blooms in an oceanic desert, J.Geophys. Research-Oceans 109（2004）.http://dx.doi.org/10.1029/2003jc001938. Artn C03043.

[13] C.Hu, A novel ocean color index to detect floating algae in the global oceans, Remote Sens.Environ.113（2009）2118-2129.

[14] W.Shi, M.Wang, Green macroalgae blooms in the yellow sea during the spring and summer of 2008, J.Geophys.Res.114（2009）C12010.http://dx.doi. org/10.1029/2009JC005513.

[15] S.Nakamoto, S.P.Kumar, J.M.Oberhuber, K.Muneyama, R.Frouin, Chlorophyll modulation of sea surface temperature in the arabian sea in a mixed-layer isopycnal general circulation model, Geophys.Res.Lett.27（2000） 747-750.

[16] S.Nakamoto, S.P.Kumar, J.M.Oberhuber, J.Ishizaka, K.Muneyama, R.Frouin, Response of the equatorial Pacific to chlorophyll pigment in a mixed layer isopycnal ocean general circulation model, Geophys.Res.Lett.28（2001） 2021-2024.

[17] B.Subrahmanyam, K.Ueyoshi, J.M.Morrison, Sensitivity of the Indian ocean circulation to phytoplankton forcing using an ocean model, Remote Sen. Environ.112（2008）1488-1496.

[18] M.J.Behrenfeld, P.G.Falkowski, Photosynthetic rates derived from satellite-based chlorophyll concentration, Limnol.Oceanogr.42（1997）1-20.

[19] L.W.Harding Jr., M.E.Mallonee, E.S.Perry, Toward a predictive understanding of primary productivity in a temperate, partially stratified estuary, Estuarine Coastal Shelf Sci.55（2002）437-463.

[20] S.Son, M.Wang, L.W.Harding Jr., Satellite-measured net primary production in the Chesapeake Bay, Remote Sens.Environ.144（2014）109-119.

[21] S.Son, M.Wang, J.Shon, Satellite observations of optical and biological properties in the korean dump site of the Yellow sea, Remote Sens.Environ.115 （2011）562-572.

[22] S.Son, M.Wang, Environmental responses to a land reclamation project in South Korea, Eos Trans.AGU 90（2009）398-399.http://dx.doi. org/10.1029/2009-o440002.

[23] N.P.Nezlin, P.M.DiGiacomo, D.W.Diehl, B.H.Jones, S.C.Johnson, M.J.Mengel, K.M.Reifel, J.A.Warrick, M.Wang, Stormwater plume detection by MODIS imagery in the southern California coastal ocean, Estuarine Coastal

Shelf Sci.80（2008）141-152.http：//dx.doi.org/10.1016/j.ecss.2008.07.012.

[24] S.Son, M.Wang, Water properties in Chesapeake Bay from MODIS-Aqua measurements, Remote Sens.Environ.123（2012）163-174.

[25] J.A.Warrick, D.A.Fong, Dispersal scaling from the world's rivers, Geophy. Res.Lett.31（2004）L04301.http：//dx.doi.org/10.1029/2003GL019114.

[26] C.Hu, F.E.Muller-Karger, G.A.Vargo, M.B.Neely, E.Johns, Linkages between coastal runoff and the florida keys ecosystem：a study of a dark plume event, Geophy.Res.Lett.31（2004）L15307.http：//dx.doi. org/10.1029/2004GL020382.

[27] L.W.Harding Jr., E.S.Perry, Long-term increase of phytoplankton biomass in Chesapeake Bay, 1950-1994, Mar.Ecol.Prog.Ser.157（1997）39-52.

[28] D.Tang, H.Kawamura, H.Doan-Nhu, W.Takahashi, Remote sensing oceanography of a harmful algal bloom off the coast of southeastern Vietnam, J.Geophys.Res.109（2004）.http：//dx.doi.org/10.1029/2003JC002045.

[29] R.P.Stumpf, M.C.Tomlinson, J.A.Calkins, B.Kirkpatrick, K.Fisher, K.Nierenberg, R.Currier, T.T.Wynne, Skill assessment for an operational algal bloom forecast system, J.Marine Syst.76（2009）151-161.

[30] G.A.Carvalho, P.J.Minnett, V.F.Banzon, W.Baringer, C.A.Heil, Long-term evaluation of three satellite ocean color algorithms for identifying harmful algal blooms（Karenia brevis）along the west coast of Florida：a matchup assessment, Remote Sens.Environ.115（2011）1-18.

[31] M.Wang, W.Shi, J.Tang, Water property monitoring and assessment for China's inland Lake Taihu from MODIS-aqua measurements, Remote Sens. Environ.115（2011）841-854.

[32] C.Hu, Z.Lee, R.Ma, K.Yu, D.Li, S.Shang, Moderate resolution imaging spectroradiometer（MODIS）observations of cyanobacteria blooms in taihu Lake, China, J.Geophys.Res.115（2010）C04002.http：//dx.doi. org/10.1029/2009JC005511.

[33] W.Shi, M.Wang, W.Guo, "Long-term hydrological changes of the aral sea observed by satellites", J.Geophys.Res.Oceans 119（2014）3313-3326.http： //dx.doi.org/10.1002/2014JC009988.

[34] G.K.Clarke, G.C.Ewing, C.J.Lorenzen, Spectra of backscattered light from the sea obtained from aircraft as a measure of chlorophyll, Science 167（1970）1119-1121.

[35] G.L.Clarke, G.C.Ewing, Remote spectroscopy of the sea for biological production studies, in：N.G.Jerlov, E.Steemann-Nielsen（Eds.）, Optical

Aspects of Oceanography, Academic Press, London, New York, 1974, pp.389−413.

[36] R.W.Austin, The remote sensing of spectral radiance from below the ocean surface, in: N.G.Jerlov, E.S.Nielsen (Eds.), Optical Aspects of Oceanography, Academic, San Diego, Calif., 1974, pp.317−344.

[37] J.E.Tyler, R.C.Smith, Measurements of Spectral Irradiance Underwater, Gordon and Breach Science Publishers, 1970.

[38] H.R.Gordon, O.B.Brown, M.M.Jacobs, Computed relationship between the inherent and apparent optical properties of a flat homogeneous ocean, Appl. Opt.14 (1975) 417−427.

[39] A.Morel, L.Prieur, Analysis of variations in ocean color, Limnol.Oceanogr.22 (1977) 709−722.

[40] R.C.Smith, K.S.Baker, The bio−optical state of ocean waters and remote sensing, Limnol.Oceanogr.23 (1978) 247−259.

[41] H.R.Gordon, D.K.Clark, J.L.Mueller, W.A.Hovis, Phytoplankton pigments from the Nimbus−7 coastal zone color scanner: comparisons with surface measurements, Science 210 (1980) 63−66.

[42] W.A.Hovis, D.K.Clark, F.Anderson, R.W.Austin, W.H.Wilson, E.T.Baker, D.Ball, H.R.Gordon, J.L.Mueller, S.T.E.Sayed, B.Strum, R.C.Wrigley, C.S.Yentsch, Nimbus 7 coastal zone color scanner: system description and initial imagery, Science 210 (1980) 60−63.

[43] H.R.Gordon, A.Morel, Remote Assessment of Ocean Color for Interpretation of Satellite Visible Imagery: A Review, Springer−Verlag, New York, 1983.

[44] S.B.Hooker, W.E.Esaias, G.C.Feldman, W.W.Gregg, C.R.McClain, An overview of SeaWiFS and ocean color, in: S.B.Hooker, E.R.Firestone (Eds.), SeaWiFS Technical Report Series, Vol.1, NASA Goddard Space Flight Center, Greenbelt, Maryland, 1992.NASA Tech.Memo.104566.

[45] C.R.McClain, G.C.Feldman, S.B.Hooker, An overview of the SeaWiFS project and strategies for producing a climate research quality global ocean bio−optical time series, Deep−Sea Res.Part II−Topical Stud.Oceanography.51 (2004) 5−42.

[46] C.R.McClain, A decade of satellite ocean color observations, Annu.Rev.Marine Sci.1 (2009) 19−42.

[47] W.E.Esaias, M.R.Abbott, I.Barton, O.B.Brown, J.W.Campbell, K.L.Carder, D.K.Clark, R.L.Evans, F.E.Hodge, H.R.Gordon, W.P.Balch, R.Letelier, P.J.Minnet, An overview of MODIS capabilities for ocean science

observations, IEEE Trans.Geosci.Remote Sens.36（1998）1250−1265.

［48］ V.V.Salomonson, W.L.Barnes, P.W.Maymon, H.E.Montgomery, H.Ostrow, MODIS: advanced facility instrument for studies of the Earth as a system, IEEE Trans.Geosci.Rem.Sens.27（1989）145−153.

［49］ M.Rast, J.L.Bezy, S.Bruzzi, The ESA medium resolution imaging spectrometer MERIS a review of the instrument and its mission, Int.J.Remote Sens.20（1999）1681−1702.

［50］ P.Y.Deschamps, F.M.Bréon, M.Leroy, A.Podaire, A.Bricaud, J.C.Buriez, G.Sèze, The POLDER mission: instrument characteristics and scientific objectives, IEEE Trans.Geosc.Rem.Sens.32（1994）598−615.

［51］ J.Tanii, T.Machida, H.Ayada, Y.Katsuyama, J.Ishida, N.Iwasaki, Y.Tange, Y.Miyachi, R.Sato, Ocean color and temperature scanner（OCTS）for ADEOS, SPIE 1490（1991）200−206.

［52］ M.Wang, B.A.Franz, Comparing the ocean color measurements between MOS and SeaWiFS: a vicarious intercalibration approach for MOS, IEEE Trans. Geosci.Remote Sens.38（2000）184−197.

［53］ M.Wang, A.Isaacman, B.A.Franz, C.R.McClain, Ocean color optical property data derived from the Japanese ocean color and temperature scanner and the french polarization and directionality of the Earth's reflectances: a comparison study, Appl.Opt.41（2002）974−990.

［54］ G.Zimmermann, A.Neumann, The spaceborne imaging spectrometer MOS for ocean remote sensing, in: The 1st International Workshop on MOS−IRS and Ocean Color, 1997, pp.1−9.

［55］ C.F.Schueler, J.E.Clement, P.E.Ardanuy, C.Welsch, F.DeLuccia, H.Swenson, NPOESS VIIRS sensor design overview, in: Earth Observing Systems VI, Proc.SPIE, vol.4483, 2002.http://dx.doi. org/10.1117/12.453451.

［56］ M.Wang, X.Liu, L.Tan, L.Jiang, S.Son, W.Shi, K.Rausch, K.Voss, Impact of VIIRS SDR performance on ocean color products, J.Geophys.Res.Atmos.118（2013）10347−10360.http://dx.doi.org/10.1002/jgrd.50793.

［57］ F.X.Kneizys, E.P.Shettle, L.W.Abreu, J.H.Chetwynd, G.P.Anderson, W.O.Gallery, J.E.A.Selby, S.A.Clough, Users Guide to LOWTRAN−7, Air Force Geophysics Laboratory, 1988.AFGL−TR−88−0177.

［58］ NOAA, NASA, USAF, U.S.Standard Atmosphere, 1976, U.S.Government Printing Office, Washington, D.C., 1976.

［59］ M.Wang, W.Shi, Sensor noise effects of the SWIR bands on MODIS−derived ocean color products, IEEE Trans.Geosci.Remote Sens.50（2012）3280-3292.

[60] X.Xiong, J.Sun, X.Xie, W.L.Barnes, V.V.Salomonson, On-orbit calibration and performance of aqua MODIS reflective solar bands, IEEE Trans.Geosci. Remote Sens.48（2010）535-545.

[61] IOCCG, Atmospheric correction for remotely-sensed ocean-colour products, No.10, in: M.Wang（Ed.）, Reports of International Ocean-Colour Coordinating Group, IOCCG, Dartmouth, Canada, 2010.

[62] H.R.Gordon, Removal of atmospheric effects from satellite imagery of the oceans, Appl.Opt.17（1978）1631-1636.

[63] H.R.Gordon, D.K.Clark, Atmospheric effects in the remote sensing of phytoplankton pigments, Boundary-Layer Meteorol.18（1980）299-313.

[64] A.Morel, In-water and remote measurements of ocean color, Boundary-Layer Meteorol.18（1980）177-201.

[65] H.R.Gordon, A preliminary assessment of the NIMBUS-7 CZCS atmospheric correction algorithm in a horizontally inhomogenous atmosphere, in: J.F.R.Gower（Ed.）, Oceanography from Space, Plenum Press, New York and London, 1980, pp.281-294.

[66] R.C.Smith, W.H.Wilson, Ship and satellite bio-optical research in the California Bight, in: J.F.R.Gower（Ed.）, Oceanography from Space, Plenum Press, New York and London, 1981, pp.281-294.

[67] A.Bricaud, A.Morel, Atmospheric correction and interpretation of marine radiances in CZCS imagery: use of a reflectance model, Oceanol.Acta SP（1987）33-50.

[68] H.R.Gordon, D.K.Clark, Clear water radiances for atmospheric correction of coastal zone color scanner imagery, Appl.Opt.20（1981）4175-4180.

[69] H.R.Gordon, D.J.Castaño, Coastal zone color scanner atmospheric correction algorithm: multiple scattering effects, Appl.Opt.26（1987）2111-2122.

[70] H.R.Gordon, M.Wang, Retrieval of water-leaving radiance and aerosol optical thickness over the oceans with SeaWiFS: a preliminary algorithm, Appl.Opt.33（1994）443-452.

[71] H.R.Gordon, J.W.Brown, R.H.Evans, Exact Rayleigh scattering calculations for use with the Nimbus-7 coastal zone color scanner, Appl.Opt.27（1988）862-871.

[72] M.Wang, Aerosol polarization effects on atmospheric correction and aerosol retrievals in ocean color remote sensing, Appl.Opt.45（2006）8951-8963.

[73] M.Wang, Remote sensing of the ocean contributions from ultraviolet to near-

infrared using the shortwave infrared bands：simulations，Appl.Opt.46（2007）
1535−1547.

[74] D.Antoine，A.Morel，A multiple scattering algorithm for atmospheric
correction of remotely sensed ocean colour（MERIS instrument）：principle and
implementation for atmospheres carrying various aerosols including absorbing
ones，Int.J.Remote Sens.20（1999）1875−1916.

[75] H.Fukushima，A.Higurashi，Y.Mitomi，T.Nakajima，T.Noguchi，T.Tanaka，
M.Toratani，Correction of atmospheric effects on ADEOS/OCTS ocean color
data：algorithm description and evaluation of its performance，J.Oceanogr.54
（1998）417−430.

[76] G.Thuillier，M.Herse，D.Labs，T.Foujols，W.Peetermans，D.Gillotay，
P.C.Simon，H.Mandel，The solar spectral irradiance from 200 to 2400 nm
as measured by the SOLSPEC spectrometer from the ATLAS and EURECA
missions，Solar Phys.214（2003）1−22.

[77] H.R.Gordon，Atmospheric correction of ocean color imagery in the Earth
observing system era，J.Geophys.Res.102（1997）17081−17106.

[78] H.R.Gordon，M.Wang，Surface roughness considerations for atmospheric
correction of ocean color sensors.1：the rayleigh scattering component，Appl.
Opt.31（1992）4247−4260.

[79] M.Wang，A refiinement for the rayleigh radiance computation with variation of
the atmospheric pressure，Int.J.Remote Sens.26（2005）5651−5663.

[80] M.Wang，K.D.Knobelspiesse，C.R.McClain，Study of the sea−viewing wide
field−of−view sensor（SeaWiFS）aerosol optical property data over ocean
in combination with the ocean color products，J.Geophys.Res.110（2005）
D10S06.http：//dx.doi.org/10.1029/2004JD004950.

[81] P.Y.Deschamps，M.Herman，D.Tanre，Modeling of the atmospheric effects
and its application to the remote sensing of ocean color，Appl.Opt.22（1983）
3751−3758.

[82] M.Wang，Atmospheric Correction of the Second Generation Ocean Color
Sensors，University of Miami，Coral Gables，FL，1991，p.135.

[83] H.R.Gordon，M.Wang，Influence of oceanic whitecaps on atmospheric
correction of ocean−color sensor，Appl.Opt.33（1994）7754−7763.

[84] M.Wang，S.Bailey，Correction of the sun glint contamination on the SeaWiFS
ocean and atmosphere products，Appl.Opt.40（2001）4790−4798.

[85] H.Zhang，M.Wang，Evaluation of sun glint models using MODIS
measurements，J.Quant.Spectrosc.Radiat.Transfer 111（2010）492−506.

［86］ H.Yang, H.R.Gordon, Remote sensing of ocean color: assessment of water-leaving radiance bidirectional effects on atmospheric diffuse transmittance, Appl.Opt.36（1997）7887-7897.

［87］ C.Cox, W.Munk, Measurements of the roughness of the sea surface from photographs of the sun's glitter, Jour.Opt.Soc.Am.44（1954）838-850.

［88］ R.Frouin, M.Schwindling, P.Y.Deschamps, Spectral reflflectance of sea foam in the visible and near infrared: in situ measurements and remote sensing implications, J.Geophys.Res.101（1996）14361-14371.

［89］ P.Koepke, Effective reflflectance of oceanic whitecaps, Appl.Opt.23（1984）1816-1824.

［90］ E.C.Monahan, I.G.O'Muircheartaigh, Whitecaps and the passive remote sensing of the ocean surface, Int.J.Remote Sens.7（1986）627-642.

［91］ K.D.Moore, K.J.Voss, H.R.Gordon, Spectral reflflectance of whitecaps: their contribution to water-leaving radiance, J.Geophys.Res.105（2000）6493-6499.

［92］ H.R.Gordon, O.B.Brown, R.H.Evans, J.W.Brown, R.C.Smith, K.S.Baker, D.K.Clark, A semianalytic radiance model of ocean color, J.Geophys.Res.93（1988）10909-10924.

［93］ A.Morel, S.Maritorena, Bio-optical properties of oceanic waters: a reappraisal, J.Geophys.Res.106（2001）7163-7180.

［94］ H.R.Gordon, Can the Lambert-Beer law be applied to the diffuse attenuation coefficient of ocean water, Limnol.Oceanogr.34（1989）1389-1409.

［95］ R.C.Smith, K.S.Baker, Optical properties of the clearest natural waters, Appl.Opt.20（1981）177-184.

［96］ D.K.Clark, Phytoplankton algorithms for the Nimbus-7 CZCS, in: J.R.F.Gower（Ed.）, Oceanography from Space, Plenum, New York, 1981, pp.227-238.

［97］ A.Morel, Optical properties and radiant energy in the waters of the Guinea dome and the Mauritanian upwelling area in relation to primary production, in: Conseil International pour I'Exploration de la Mer; Rapports et Proces Verbaux, vol.180, 1982, pp.94-107.

［98］ W.Shi, M.Wang, Satellite observations of the seasonal sediment plume in central East China Sea, J.Marine Syst.82（2010）280-285.

［99］ W.Shi, M.Wang, Satellite views of the Bohai sea, yellow sea, and East China sea, Prog.Oceanogr.104（2012）35-45.

［100］ W.Shi, M.Wang, Ocean reflectance spectra at the red, near-infrared, and shortwave infrared from highly turbid waters: a study in the Bohai sea, Yellow sea, and East China sea, Limnol.Oceanogr.59（2014）427−444.

[101] M.Wang, J.Tang, W.Shi, MODIS−derived ocean color products along the China east coastal region, Geophy.Res.Lett.34（2007）L06611.http://dx.doi. org/10.1029/ 2006GL028599.

[102] J.M.Mueller, G.S.Fargion, Ocean Optics Protocols for Satellite Ocean Color Sensor Validation, Revision 3, Part I & II, NASA Goddard Space Flight Center, Greenbelt, 2002.Maryland NASA Tech.Memo.2002−210004.

[103] M.Wang, S.Son, Y.Zhang, W.Shi, Remote sensing of water optical property for China's inland Lake Taihu using the SWIR atmospheric correction with 1640 and 2130 nm bands, IEEE J.Sel.Top.Appl.Earth Observ.Remote Sens.6 （2013）2505−2516.

[104] H.R.Gordon, Normalized water−leaving radiance: revisiting the influence of surface roughness, Appl.Opt.44（2005）241−248.

[105] A.Morel, G.Gentili, Diffuse reflectance of oceanic waters: its dependence on sun angle as influenced by the molecular scattering contribution, Appl.Opt.30 （1991）4427−4438.

[106] A.Morel, G.Gentili, Diffuse reflectance of oceanic waters.II.Bidirectional aspects, Appl.Opt.32（1993）6864−6879.

[107] A.Morel, G.Gentili, Diffuse reflectance of oceanic waters.III.Implication of bidirectionality for the remote−sensing problem, Appl.Opt.35（1996）4850− 4862.

[108] M.Wang, Effects of ocean surface reflflectance variation with solar elevation on normalized water−leaving radiance, Appl.Opt.45（2006）4122−4128.

[109] A.Morel, D.Antoine, B.Gentili, Bidirectional reflectance of oceanic waters: accounting for raman emission and varying particle scattering phase function, Appl.Opt.41（2002）6289−6306.

[110] K.J.Voss, A.Morel, Bidirectional reflflectance function for oceanic waters with varying chlorophyll concentrations: measurements versus predictions, Limnol. Oceanogr.50（2005）698−705.

[111] K.J.Voss, A.Morel, D.Antoine, Detailed validation of the bidirectional effect in various case 1 waters for application to ocean color imagery, Biogeosciences 4（2007）781−789.

[112] A.Morel, J.L.Mueller, in: J.L.Mueller, G.S.Fargion（Eds.）, Normalized Water−Leaving Radiance and Remote Sensing Reflectance: Bidirectional Reflectance and Other Factors Vol.2, NASA Goddard Space Flight Center,

Greenbelt, 2002.Maryland NASA/TM-2002-210004/Rev3.

[113] A.Morel, B.Gentili, Radiation transport within oceanic（case 1）water, J.Geophys.Res.Oceans 109（2004）.http://dx.doi. org/10.1029/2003JC002259.

[114] H.Loisel, A.Morel, Non-isotropy of the upward radiance fifield in typical coastal（Case 2）waters, Int.J.Remote Sens.22（2001）275-295.

[115] H.C.van de Hulst, Multiple Light Scattering, Academic Press, New York, 1980.

[116] S.Chandrasekhar, Radiative Transfer, Oxford University Press, Oxford, 1950.

[117] K.Ding, H.R.Gordon, Atmospheric correction of ocean-color sensors：effects of the Earth's curvature, Appl.Opt.33（1994）7096-7106.

[118] Z.Ahmad, R.S.Fraser, An iterative radiative transfer code for ocean atmosphere systems, J.Atmos.Sci.39（1982）656-665.

[119] K.Ding, Radiative Transfer in Spherical Shell Atmospheres for Correction of Ocean Color Remote Sensing, University of Miami, Coral Gables, FL, 1993, p.90.

[120] M.Wang, M.D.King, Correction of rayleigh scattering effects in cloud optical thickness retrievals, J.Geophys.Res.102（1997）25915-25926.

[121] T.Tanaka, M.Wang, Solution of radiative transfer in anisotropic plane-parallel atmosphere, J.Quant.Spectrosc.Radiat.Transfer 83（2004）555-577.

[122] M.Wang, Light scattering from spherical-shell atmosphere：earth curvature effects measured by SeaWiFS, Eos Trans.AGU 84（2003）529.http://dx.doi. org/10.1029/2003-O480003.

[123] M.Wang, H.R.Gordon, Estimating aerosol optical properties over the oceans with the multiangle imaging spectroRadiometer：some preliminary studies, Appl.Opt.33（1994）4042-4057.

[124] M.Wang, H.R.Gordon, Radiance reflected from the ocean-atmosphere system：synthesis from individual components of the aerosol size distribution, Appl.Opt.33（1994）7088-7095.

[125] M.Wang, H.R.Gordon, Estimation of aerosol columnar size distribution and optical thickness from the angular distribution of radiance exiting the atmosphere：simulations, Appl.Opt.34（1995）6989-7001.

[126] G.A.d'Almeida, P.Koepke, E.P.Shettle, Atmospheric Aerosols：Global Climatology and Radiative Characteristics, A.Deepak Publishing, Hampton, Virginia, USA, 1991.

[127] E.P.Shettle, R.W.Fenn, Models for the Aerosols of the Lower Atmosphere

and the Effects of Humidity Variations on Their Optical Properties, U.S.Air Force Geophysics Laboratory, Hanscom Air Force Base, Mass, 1979.AFGL-TR-79-0214.

[128] H.C.van de Hulst, Light Scattering by Small Particles, Dover Publications, Inc., New York, 1981.

[129] O.Dubovik, B.N.Holben, T.Lapyonok, A.Sinyuk, M.Mishchenko, P.Yang, I.Slutsker, Non-spherical aerosol retrieval method employing light scattering by spheroids, Geophy.Res.Lett.29（2002）1451.http://dx.doi. org/10.1029/2001GL014506.

[130] O.Dubovik, A.Sinyuk, T.Lapyonok, B.N.Holben, M.Mishchenko, P.Yang, T.F.Eck, H.Volten, O.Munoz, B.Veihelmann, W.J.van der Zande, J.-F. Leon, M.Sorokin, I.Slutsker, Application of spheroid models to account for aerosol particle nonsphericity in remote sensing of desert dust, J.Geophys. Res.111（2006）D11208.http://dx.doi.org/10.1029/2005JD006619.

[131] M.Wang, W.Shi, The NIR-SWIR combined atmospheric correction approach for MODIS ocean color data processing, Opt.Express 15（2007）15722-15733.http://dx.doi.org/10.1364/oe.15.015722.

[132] M.Wang, S.Son, W.Shi, Evaluation of MODIS SWIR and NIR-SWIR atmospheric correction algorithm using SeaBASS data, Remote Sens. Environ.113（2009）635-644.

[133] M.Wang, W.Shi, L.Jiang, Atmospheric correction using near-infrared bands for satellite ocean color data processing in the turbid western Pacific region, Opt.Express 20（2012）741-753.

[134] M.Wang, J.H.Ahn, L.Jiang, W.Shi, S.Son, Y.J.Park, J.H.Ryu, Ocean color products from the Korean geostationary ocean color imager（GOCI）, Opt. Express 21（2013）3835-3849.

[135] D.Doxaran, N.Lamquin, Y.J.Park, C.Mazeran, J.H.Ryu, M.Wang, A.Poteau, Retrieval of the seawater reflflectance for suspended solids monitoring in the East China sea using MODIS, MERIS and GOCI satellite data, Remote Sens.Environ.146（2014）36-48.

[136] Z.Ahmad, B.A.Franz, C.R.McClain, E.J.Kwiatkowska, J.Werdell, E.P.Shettle, B.N.Holben, New aerosol models for the retrieval of aerosol optical thickness and normalized water-leaving radiances from the SeaWiFS and MODIS sensors over coastal regions and open oceans, Appl.Opt.49（2010）5545-5560.

[137] X.He, D.Pan, Y.Bai, Q.Zhu, F.Gong, Evaluation of the aerosol models for

SeaWiFS and MODIS by AERONET data over open oceans, Appl.Opt.50（2011）4353-4364.

[138] F.Melin, M.Clerici, G.Zibordi, B.N.Holben, A.Smirnov, Validation of SeaWiFS and MODIS aerosol products with globally distributed AERONET data, Remote Sens.Environ.114（2010）230-250.

[139] F.Melin, G.Zibordi, J.F.Berthon, Assessment of satellite ocean color products at a coastal site, Remote Sens.Environ.110（2007）192-215.

[140] G.Myhre, F.Stordal, M.Johnsrud, D.J.Diner, I.V.Geogdzhayev, J.M.Haywood, B.Holben, T.Holzer-Popp, A.Ignatov, R.Kahn, Y.J.Kaufman, N.Loeb, J.Martonchik, M.I.Mishchenko, N.R.Nalli, L.A.Remer, M.Schroedter-Homscheidt, D.Tanré, O.Torres, M.Wang, Intercomparison of satellite retrieved aerosol optical depth over ocean during the period September 1997 to December 2000, Atmos.Chem.Phys.Discuss.4（2004）8201-8244.

[141] Z.Li, X.Zhao, R.Kahn, M.Mishchenko, L.Remer, K.-H.Lee, M.Wang, I.Laszlo, T.Nakajima, H.Maring, Uncertainties in satellite remote sensing of aerosols and impact on monitoring its long-term trend: a review and perspective, Ann.Geophys.27（2009）2755-2770.

[142] M.Wang, Extrapolation of the aerosol reflflectance from the near-infrared to the visible: the single-scattering epsilon versus multiple-scattering epsilon method, Int.J.Remote Sens.25（2004）3637-3650.

[143] M.Wang, H.R.Gordon, A simple, moderately accurate, atmospheric correction algorithm for SeaWiFS, Remote Sens.Environ.50（1994）231-239.

[144] H.R.Gordon, B.A.Franz, Remote sensing of ocean color: assessment of the water-leaving radiance bidirectional effects on the atmospheric diffuse transmittance for SeaWiFS and MODIS intercomparisons, Remote Sens.Environ.112（2008）2677-2685.

[145] H.R.Gordon, D.K.Clark, J.W.Brown, O.B.Brown, R.H.Evans, W.W.Broenkow, Phytoplankton pigment concentrations in the middle atlantic bight: comparison of ship determinations and CZCS estimates, Appl.Opt.22（1983）20-36.

[146] M.Wang, Atmospheric correction of ocean color sensors: computing atmospheric diffuse transmittance, Appl.Opt.38（1999）451-455.

[147] H.R.Gordon, In-orbit calibration strategy for ocean color sensors, Rem.Sens.Environ.63（1998）265-278.

[148] R.E.Eplee Jr., W.D.Robinson, S.W.Bailey, D.K.Clark, P.J.Werdell,

M.Wang, R.A.Barnes, C.R.McClain, Calibration of SeaWiFS.II: Vicarious techniques, Appl.Opt.40（2001）6701−6718.

[149] B.A.Franz, S.W.Bailey, P.J.Werdell, C.R.McClain, Sensor−independent approach to the vicarious calibration of satellite ocean color radiometry, Appl. Opt.46（2007）5068−5082.

[150] M.Wang, H.R.Gordon, Calibration of ocean color scanners: how much error is acceptable in the near−infrared, Remote Sens.Environ.82（2002）497−504.

[151] D.A.Siegel, M.Wang, S.Maritorena, W.Robinson, Atmospheric correction of satellite ocean color imagery: the black pixel assumption, Appl.Opt.39（2000）3582−3591.

[152] M.Wang, W.Shi, Estimation of ocean contribution at the MODIS near−infrared wavelengths along the east coast of the U.S.: two case studies, Geophy. Res.Lett.32（2005）L13606.http://dx.doi.org/10.1029/2005GL022917.

[153] W.Shi, M.Wang, An assessment of the black ocean pixel assumption for MODIS SWIR bands, Remote Sens.Environ.113（2009）1587−1597.

[154] K.G.Ruddick, F.Ovidio, M.Rijkeboer, Atmospheric correction of SeaWiFS imagery for turbid coastal and inland waters, Appl.Opt.39（2000）897−912.

[155] S.J.Lavender, M.H.Pinkerton, G.F.Moore, J.Aiken, D.Blondeau−Patissier, Modification to the atmospheric correction of SeaWiFS ocean color images over turbid waters, Continental Shelf Res.25（2005）539−555.

[156] R.P.Stumpf, R.A.Arnone, R.W.Gould, P.M.Martinolich, V.Ransibrahmanakul, A partially coupled ocean−atmosphere model for retrieval of water−leaving radiance from SeaWiFS in coastal waters, NASA Tech.Memo.2003−206892, in: S.B.Hooker, E.R.Firestone（Eds.）, SeaWiFS Postlaunch Technical Report Series, Vol.22NASA Goddard Space Flight Center, Greenbelt, Maryland, 2003.

第 4.3 章

卫星热红外测量模拟和反演

Christopher J. Merchant, *Owen Embury

雷丁大学气象系，英国 雷丁

★ 通讯作者：邮箱：c.j.merchant@reading.ac.uk

章节目录

1. 引言   525
2. 热遥感辐射传输模拟   526
3. 晴空热辐射传输   529
4. 与气溶胶和云的相互作用模拟   536
5. 海面发射和反射模拟   539
6. 热图像分类（云检测）中模拟的使用   542
7. 地球物理反演中模拟的使用   545
8. 不确定度估算中模拟的使用   552
9. 结论   558
参考文献   559

1. 引言

地球热遥感的目的是通过卫星测量的红外辐亮度来推导了解地表和／或大气状态。这是可能的，因为大气层顶（TOA）辐亮度与这些状态有关，我们可以通过模拟来了解和量化。本章的目的是讨论对海洋上卫星热红外测量的模拟，以及在创建适合于气候变化应用的海表温度（SST）记录时采用模拟来估算海表温度（SST）（及其相关的不确定度）。

从遥感辐亮度数据中"反演"地球物理知识有两个方面，通常被称为"前向"和"逆向"问题。

前向问题是量化测量的辐亮度值对感兴趣的地球物理变量的依赖性。我们对这种依赖性的理解通常体现在一个前向模型中，该

物理科学中的实验方法，Vol. 47. http://dx. doi. org/10. 1016/B978-0-12-417011-7. 00015-5

模型对给定地球物理状态下的辐亮度进行数值模拟。

逆向问题是从测量的辐亮度值中推导出产生这些辐亮度值的地球物理状态。这个过程也被称为"反演",反演的结果是(或应该是)对目标变量及其不确定度的估算。

在海洋热遥感中,主要的反演量是海表温度(SST),热辐射包含了与气候相关的其他变量信息,如海冰范围或密集度以及海洋锋面的位置。本章重点介绍与海表温度(SST)估算有关的模拟和反演方法,展示模拟在每个步骤中的关键作用,云检测、海表温度(SST)反演、海表温度(SST)敏感性分析和海表温度(SST)不确定度估记都得益于基于辐射传输(Radiative Transfer,RT)物理学的模拟。在 RT 模拟的基础反演海表温度(SST)的优势在于增强了诊断和解决问题的能力,气候数据记录(Climate Data Record,CDR)需要有足够的持续时间、一致性、准确性、稳定性测量,以便在变化背景下对相对细微的长期变化提供信息。正如将展示的那样,模拟有助于设计反演、分类和不确定度估记的方法,以实现上述宏伟目标。

下文第 4.3.2 节总体讨论了模拟在海表温度热遥感中的作用,并介绍了可能遇到的各种辐射传输模型(Radiative Transfer Models,RTMs);第 4.3.3～4.3.5 节分别对大气气体的发射和吸收、与大气气溶胶的相互作用以及海面发射和反射的物理特性进行了定性概述,对辐射传输模型(RTMs)的这种基本了解水平是适当使用它们的最低要求。第 4.3.6～4.3.8 节依次讨论了模拟在图像分类(云检测)、反演和不确定度估算方面的应用。

2. 热遥感辐射传输模拟

在热波段的大气顶部辐亮度告诉我们在观测视场内的物质温度[1]。(此处忽略了观测视场内其他来源的辐射散射,这在热遥感中通常是合理的近似。)

然而温度以外的因素也会影响热辐射,例如,海况会影响海表发射率,而辐射活性气体的浓度则会影响辐亮度吸收和大气的有效发射率,本章第 4.3.3 ~ 4.3.5 节将简要回顾热辐射如何取决于这些和其他因素。在给定的波长上,对这些因素的依赖可以从基本的物理过程中得到定性的了解:热辐射的发射、吸收和散射。这些过程体现在辐射传输方程中,它是空间和波长的非线性项的积分[1]。定量探索测量的热辐射对海面和大气状态的依赖性,需要在辐射传输模型(RTMs)中对这些积分方程进行数值评估。因此,前向问题是通过使用辐射传输模型(RTMs)来解决的。

任何实际用于热遥感的辐射传输模型(RTMs)都必须对辐射传输的全部方程进行近似,通常这种近似涉及离散化和参数化,离散化、意味着将大气层表示为若干层和 / 或将红外光谱划分为若干带,参数化意味着使用近似拟合来描述,例如,水汽对某一特定波段的辐射吸收与气压关系,因此,任何辐射传输模型(RTMs)模拟都有与这种近似有关的不确定度。此外,辐射传输模型(RTMs)使用的是在无数实验室和现场测量中建立起来的关于物质和辐射相互作用的知识,这些知识主要由描述大气气体复杂吸收 / 发射特性的经验数据组成,并汇集到光谱数据库中[2,3],这种光谱信息中的未知测量误差传递到辐射传输模型(RTMs)模拟中,造成额外的不确定度[4]。最后,由于辐射传输模型(RTMs)通常需要模拟特定传感器的测量,传感器的光谱响应和定标特性不可避免地增加了进一步的不确定度。

表 1 列出了一些通用的辐射传输模型(RTMs)类型,并对其进行了评论,还给出了在热遥感中使用的例子。

在考虑哪种辐射传输模型(RTMs)最适合一个特定的应用,要考虑以下问题。

• 精确性是最重要的吗? 如果是,这可能意味着使用"逐线、逐层"方法。

• 应用时间或计算能力是否有限? 在卫星数据流近实时处理中,可用的计算能力可能需要使用一个高度参数化(快速)的前向模型。

• 辐亮度相对于状态参数的偏导数是否需要? 对于增量反演

方法（见后文），答案通常是肯定的，在这种情况下，辐射传输模型（RTMs）是否支持直接输出这些偏导数？（求偏导数的 Brute Force 扰动方法通常在计算上比较费时）。

表 1 与热波段有关的辐射传输模型类型

RTM 的类型和原理	评论	实例
逐线。从光谱谱线和连续体吸收的数据库中计算单色光学厚度，考虑所有气体的所有附近光谱谱线的贡献（逐线），然后通过大气的辐射传输方程进行积分（如果需要的话，增加表面发射和反射），得到辐射光谱。	辐射传输方程的直接数值解。原则上是最准确的，如果选择的离散度足够细可以分辨光谱谱线。输出必须与仪器的光谱响应函数进行卷积。模型通常允许完全控制观测路径。计算费时。	LBLRTM[5] RFM[6]
窄带。透过率参数是在窄带（通常是 1 cm^{-1}）中预先计算的，允许从温度和气体浓度快速计算窄带透过率。辐射传输方程对每个波段进行了积分。	通常包括表面发射率/反射率模型、太阳辐亮度、包括散射的 RT 求解器，并允许完全控制观测路径。对于纯吸收模拟，计算强度适中。如果需要完整的散射计算，则费时。	MODTRAN[7]
为特定的仪器通道在一系列大气条件下预先计算通道积分透过率系数。典型的预测因子是观测角度、温度、水汽和臭氧浓度，其他气体假设为固定的浓度。这允许非常快速地计算通道平均透射率，然后对辐射传输方程进行积分。	预先计算的系数是针对每个仪器的。对于宽带通道精确度有限。与大气和表面状态有关的偏导数通常可以通过解析获得。观测几何仅限于表面观测的卫星（没有边缘观测等）。最近的模型包括太阳辐亮度和简单的散射计算。计算要求相对较低。	RTTOV[8]
对预先计算的光谱进行 EOF/PC 分析，以确定重建全光谱所需的一小部分通道/波长的子集。	与通道积分参数化相结合，用于快速模拟高分辨率探测仪（如 AIRS、IASI）。计算要求相对较低。	RTTOV[9]

辐射传输模型（RTMs）是否模拟与应用相关的所有因素？高度参数化的辐射传输模型（RTMs）可能忽略了某些大气成分的变化性，例如，水汽是可变的，但其他气体的比例固定。在热波长中，一

个常见的近似是忽略气溶胶对辐亮度的散射。

在后面的章节中，我们将清楚地看到，在研发 SST CDR 时，可能需要混合使用各种模型。对于 SST 反演，应考虑到大气中辐射活性气体成分的变化和气溶胶散射[10]，在设计 SST 反演方法时需要使用逐线和具有散射计算的模型。逐线逐层的大气透过率模拟，除了对 RT 物理上的离散化之外，通常都是以最少的假设和近似运行的。然而，它们的计算强度可能使它们无法用于某些目的（如实时云 检测，见下文），因此，可能需要使用混合的 RTMs，包括更快速地参数化模型。在这种情况下，比较 RTMs、描述其差异、并验证这些差异在其他不确定度的背景下是可以接受的（第 4.3.8 节）将是有用的。在研发 SST 数据集时，对所使用的 RTMs 有一个总体的了解也是很有用的，以便了解其应用的局限性。

3. 晴空热辐射传输

通常需要使用辐射传输模型（RTMs）来模拟热红外辐亮度，因为辐射传输方程采用了非线性积分的形式。当然，在不了解情况下使用任何模拟软件都是不可取的：辐射传输模型（RTMs）用户需要有物理洞察力，才能自信地解释其模拟结果。本节目的是总结晴空热辐射传输的主要物理特性。许多关于遥感的文章提供了更多的细节，包括文献［1］。

考虑到单色热辐射在晴空大气中的传输（无云或大量气溶胶），在通过大气的过程中，每单位距离有一个概率即一个特定的热辐射光子将被吸收，这个概率随着波长变化很大。

由于分子的能级被限制在固定的数值内（即它们是量化的），而被吸收的光子必须具有与这些能级的差异相对应的能量，这就产生了随波长变化的强烈差异。光子的能量与波长成反比：短波辐射的能量更大。

一个分子的能量由其电子的内部分布（电子状态）、振荡（振动状态）和转动（旋转状态）决定。当一个分子吸收了一个光子，它就会发生跃迁到一个更高的能量状态。同样，如果一个分子已经处于激发状态，它可以通过发射一个适当能量的光子进入一个较低能量的状态。不同电子状态之间的跃迁一般与紫外或可见光光子的发射或吸收有关；振动跃迁的能量较小，与红外光子有关；最后，转动跃迁的能量最小，一般与微波光子对应。根据一定的规则，电子、振动和转动状态的变化可以在一个转变中一起发生，所以当一个分子改变振动能量时，它也可能改变转动能量。

因此，在最精细的光谱分辨率下，存在于空气中的辐射活性分子有许多波长的吸收，这些被称为光谱"线"，每条谱线都对应于分子能量状态中的一个特定跃迁，本质上更有可能发生的跃迁会产生更强的谱线，吸收的光子能量提供了提高分子能级态所需的能量。

红外线吸收特性通常包括一条由纯振动跃迁产生的中心线（称为 Q 分支）和两侧的两个"翼"。高能侧（称为 R 支）包括几条小而密的谱线，分子同时跃迁到一个较高能量的转动状态。低能量侧（P支）对应于导致低能量旋转状态的跃迁。

还有与水汽（以及在较窄的范围内的氮气）有关的吸收，它随着波长的变化而缓慢变化，即，与特定的谱线没有明显的联系。这被称为"连续吸收"[11-13]。

图 1（上图）显示了在红外"大气窗区"中一个非常小的波长范围内，在对流层典型大气条件下的单位距离的吸收概率（吸收率）（详见图注），有不同强度的谱线，也有线间与水汽连续吸收相关的背景吸收。吸收率随着波长的变化而迅速变化，这个范围内的个别特性窄至 0.002 微米。辐射传输模型（RTMs）必须对这些特性进行充分的解析或积分。

图 1（下图）显示了在无云、无气溶胶的大气中，与地面热辐射相关的主要波长范围内的大气光谱透过率。"透过率"是指到达大气层的垂直的地面辐射的比例，而"光谱"是指体现随波长的变化，这个图是以比上图更粗的光谱分辨率（～0.05 μm）绘制的，所以上图中展示的振转结构在下图中被平滑了。

给定波长的吸收率在晴空大气不是常数，最明显的是，它取决于

大气成分,在其他因素相同的情况下,与一个特定的分子种类相关
的吸收率基本上与分子的数量密度成正比,最重要的可变成分是水
汽,大气中的绝对湿度从几乎为零(寒冷、干燥的大气)到~20 gm⁻³
(温暖、饱和的空气)不等。其他对热红外遥感地表有影响的辐射活
性气体列在了表 2,该表包括关于这些气体浓度变化程度的信息,单
位是体积的百万分之一(ppmv)。对于一个给定的成分和温度,数量
密度与气压成正比,地球大气层中的地面气压通常在 1 000 hPa 的
5% 以内变化,这意味着垂直传播的辐射所经过的空气总质量在这
个程度上是可变的。

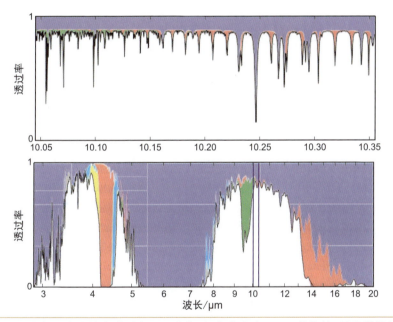

图 1　大气垂直传输光谱(例子)。蓝色:仅考虑水汽(H_2O)的传输,显示谱线特
性(尖峰)和连续吸收;粉色:考虑到 H_2O 和二氧化碳(CO_2)的传输;绿色:H_2O、
CO_2 和臭氧(O_3);青色:H_2O、CO_2、O_3 和氧化亚氮(N_2O);灰色:H_2O、CO_2、
O_3、N_2O 和甲烷(CH_4);黄色:H_2O、CO_2、O_3、N_2O CH_4 和氮(N_2)。上图是在主
要大气窗口内的高光谱分辨率下显示的单个振转跃迁,吸收物质为 H_2O、CO_2、
O_3。下图是在低光谱分辨率下显示,宽的热红外大气窗区(3.5～4.1 微米、8.2
～9 微米和 10～12.5 微米),垂直线表示上图光谱范围。来自 http://dx.doi.
org/10.6084/m9.figshare.1008793,CC-BY 许可转载。

正如 Embury 等人[10]进一步的讨论,这些辐射活性气体中许多浓度多年来会随着人类活动的变化而变化。(氯氟烃完全由人类活动引起的)。为了生成 20 年或更长时间的海表温度(SST)气候数据,对 CO_2、N_2O、CH_4、CCL_3F、CCl_2F_2 的多年变化进行模拟是合适的,硝酸(HNO_3)有明显的季节性纬度变化,也应该加以考虑。Embury 等人[10]中的参考文献给出了有关微量气体浓度和廓线的信息来源。

气压和温度改变了分子碰撞的时间间隔,这有两个相关的影响。

第一个影响是改变谱线的宽度(以波长计),这种效应称为谱线增宽。谱线增宽、线形等细节在此不需要评述;辐射传输模型(RTMs)的目的就是为我们处理这些细节。但是由于温度会影响光谱吸收率,为了计算吸收率,需要向辐射传输模型(RTMs)提供大气中温度与气压的廓线。(这是在大气成分廓线之外的)。

第二个影响是使光子的发射与吸收分离。如果一个孤立的分子吸收了一个光子并进入了一个激发状态,它随后会发射一个相同能量的光子并返回到它的非激发状态。如果分子在激发状态下发生碰撞,它的状态可能通过碰撞而改变,然后发射的任何光子将与先前吸收的光子具有不同的波长(能量)。

在对流层的气压和温度下,后一种情况更常见,因为碰撞之间的时间很短。碰撞将单个分子从辐射场中吸收的能量重新分配为气体的动能:换句话说,大气被它吸收的辐射加热了。

有时会说在大气中吸收的热辐射是"再辐射"或"再发射"的,例如,这个术语用于讨论温室效应,但也出现在一些遥感的文本中。这是一个误导性的术语,因为它意味着在大气层的特定部分,吸收和发射的辐射是相等的,其实并不存在这种相等,一般来说,给定部分大气层发射的辐射量与吸收的辐射量是不同的。

那么,是什么决定了大气中的气体所发射的辐射光谱呢?简而言之,就是气体的温度和发射率。

表2　给出了在热红外窗区各种气体的辐射影响。浓度来自参考廓线（MIPAS，2001），但 CO2 除外，采用的数值更适合于目前情况。每种成分的 BT 影响都是通过比较 RFM（表 1）的两次运行来计算的。第一次运行只有水汽作为辐射活性气体存在，所有其他气体的辐射影响都被"关闭"了，第二次运行类似，但各成分的辐射影响被"打开"，BT 影响是第二次运行与第一次运行的差，即由气体引起的大气顶部亮温的下降幅度。

	Conc/ppmv	BT lmpact/mK			Spatial BT Variation/mK		
		3.7 μm	11 μm	12 μm	3.7 μm	11 μm	12 μm
CO_2	400	71	216	238			
O_3	7.5	10	6	29	2	1	6
N_2O	0.32	437	1	<1	36	<1	<1
CH_4	1.86	261	<1	<1	16	<1	0
NH_3	1.0×10^{-4}	<1	5	1			
H_2CO	2.4×10^{-3}	1	0	0			
N_2	7.92×10^{5}	153	0	0			
C_2H_6	2.7×10^{-3}	<1	<1	6	<1	<1	6
CCl_3F	2.7×10^{-4}	0	<1	130	0	<1	6
CCl_2F_2	5.5×10^{-4}	0	231	6	0	<1	21
HCFC-22	1.4×10^{-4}	0	<1	19			
CFC-113	1.9×10^{-5}	0	4	4			
CFC-114	1.2×10^{-5}	0	2	2			
CCl_4	1.1×10^{-4}	0	0	12			
HNO_4	3.0×10^{-4}	0	<1	1	0	<1	2

　　对于所有接近热力学平衡的物质，温度效应由"普朗克函数"描述，该函数以物理学家马克斯普朗克命名，我们不会在这里详述这个函数的细节，这些细节可以在许多文本中找到（包括本卷的第3.2章）。普朗克函数如图 2 所示，它描述了理想发射物质光谱辐亮度是波长 λ 和热力学温度 T 的函数，通常写成 $B(\lambda, T)$。

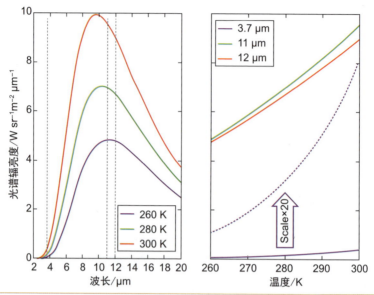

图 2 与海洋热红外遥感有关的范围内普朗克光谱辐亮度（B）与温度和波长的关系。左图：与地球表面观测有关的一些温度下，B 与波长的关系；右图：选择热红外窗区波长，B 与温度的关系。对于地球表面和低云的典型温度，单位波长间隔的普朗克函数峰值在 10 μm 左右，即在大气传输高透过率的主要窗区附近。辐亮度在 10 ～ 12 μm 范围内比 3.7 μm 大得多，因此 3.7 μm 曲线又乘了系数 20 显示，见标记的箭头，然而，后一个窗区的优点是辐亮度与温度的关系更为陡峭，有利于估算 SST。http://dx.doi.org/10.6084/m9.figshare.1011393，CC–BY 许可转载。

普朗克函数描述了给定的热力学温度下最大可能的热辐射，大气层的一个等温层发出相当于 $\varepsilon B(\lambda, T)$ 的光谱辐亮度（包括向上和向下），其中 ε 是该层在波长 λ 沿特定发射方向的发射率，范围从 0 到 1，考虑沿同一方向入射到该层的辐亮度 L 的吸收：吸收的辐亮度为 aL，a 是吸收率，基尔霍夫律确定在接近热力平衡时，a 和 ε 必须相等，有效吸收辐射的物质也会有效发出辐射，但由于 L 和 B 是独立的，这并不意味着吸收的和发射的辐射相等。

由于一层大气的发射率等于吸收率，正如在讨论吸收过程时一样，发射率对波长也有强烈的依赖性，发射率（和吸收率）也取决于气压和温度，原因在前面讨论过。

现在,考虑来自地表和两个等温层的辐射活性大气的大气层顶（TOA）辐亮度,图3显示了对大气层顶（TOA）辐亮度有贡献的项（没有散射的情况下）,按照图3中的辐射效应及其方程式的顺序,可以清楚地了解辐射传输模型（RTMs）必须执行的数值积分的性质,以模拟上面讨论的所有物理过程的净效应。为了图示说明,图中大气中只有两个辐射活性层（灰色阴影）。每个层都有不同的光谱吸收率（a_1 和 a_2）,取决于气压（p）、温度（T）和成分（w）。箭头代表不同点的辐亮度,与确定大气层顶（TOA）的出射辐亮度有关（标记点6）。通过标记点的工作依次进行：(1) 这里假设入射辐亮度为零,尽管对于太阳实体角内的几何关系,可以考虑入射的太阳辐射,这对于白天波长在 4 μm 左右的情况来说是必要的。(2) 大气上层向下出射辐亮度,根据普朗克函数,层温乘以吸收率（等于发射率）。计算的一个重要部分是在给定大气廓线信息下确定每个层的吸收率。(3) 大气下层的向下辐亮度包括入射到该层的向下辐射度的透过部

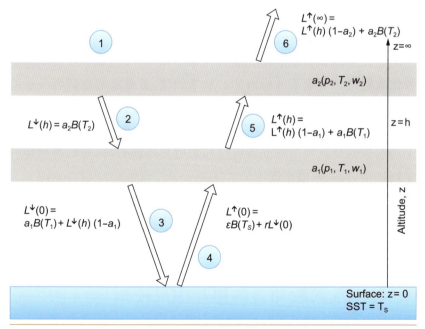

图 3　在海表温度为 T_s 的海洋上晴空大气红外辐射传输模拟图,显示了在辐射传输模型（RTM）中进行计算的原理。详见正文。

分$(1-a_1)$,加上该层的热辐射。(4)下行辐照度的一部分 r 在海面上以镜面角(像镜子一样)反射,并与由海表温度(SST)决定的海面热辐射相加。由于 $\varepsilon \sim 1$,$r \approx 1-\varepsilon$,这里向上辐亮度为 $\sim B(T_s)$,即海面辐射是主要的。(5)一部分入射到下层的向上辐射度可以透过,再加上该层本身的热辐射。注意,由于大气温度 T_l 通常小于 T_s,该层的净效应通常是减少辐亮度。(6)上层仅通过透过入射辐射的部分$(1-a_2)$和热辐射改变向上辐亮度。这样估算就完成了向下和向下的辐亮度积分,产生从空间可观测到的辐亮度。这幅图中没有体现的复杂情况有:入射太阳辐照度;大气气溶胶散射;每个辐射活性层内的压力、水汽和温度变化的影响;对于粗糙的海面和非各向同性的向下辐亮度,r 与 ε 的精确关系。

对于大气中的每一层,在这个数值积分的过程中必须确定吸收率/发射率。对于一个特定波长(单色)的辐亮度计算,是由在该波长上辐射活性气体的浓度以及在该层特定气压和温度下每一种气体的吸收强度所决定。"逐线逐层"的 RTM 由许多离散的单色辐亮度计算在传感器的光谱响应上进行积分。"快速"RTMs 可以使用与单色方程类似的方程来建立,其近似是一个单一的垂直积分可以考虑了许多波长和许多相关的大气成分,然后通过整个吸收率的参数化来解决一个光谱波段内的波长依赖性,参数化将包括有关层的气压和温度(以及对于任何可变成分浓度),也可能与廓线中其他层的特性有关,因为这些会改变入射到该层的光谱。通过仔细选择用于该层普朗克发射估算的层温度和通道平均波长,即通过使用加权平均,可以提高数值精度。

虽然图 3 刻画了晴空辐射传输的数值估算的本质,但一个特定的模型可能包括了多种复杂的数值技术或近似,包括表 1 提到的那些。

4. 与气溶胶和云的相互作用模拟

除了辐射活性气体,固体颗粒和液滴也经常出现在大气中。与气体类似,这些成分吸收和发射辐射,正因为如此,与前几节考虑的纯分子吸收相比,它们改变了给定大气层的吸收率/发射率,与气体不同的是,吸收是由光子和分子能量状态的量子力学相互作用决定的,云和气溶胶的光学特性可以由经典电磁学,即米散射理论决定。

许多气溶胶和云的光学厚度足以阻止对海表的热遥感,除了最薄的云层、沙漠尘埃和火山爆发产生的火山灰外,其他都是这种情况。当海表热辐射被云和气溶胶阻挡或大大减少时,就不可能用热辐射值来反演海表信息。虽然有可能反演云或者气溶胶信息,这与海表反演无关,除了在第 4.3.6 节讨论的图像分类步骤。

在存在光学稀薄的气溶胶(如海洋气溶胶和平流层气溶胶)的情况下,可以进行海表信息反演。海洋气溶胶包括水溶性硫酸盐、硝酸盐和海盐颗粒的混合物。平流层气溶胶是由大型火山爆发注入大气层的硫酸液滴形成的,可以保留数年[14]。

云和气溶胶颗粒的光学性质(吸收系数、散射系数和相函数)是由它们的微物理特性(粒径大小分布和折射率)决定的[15, 16]。颗粒的折射率取决于它们的化学组成,例如,盐类、矿物气溶胶或水。

通常使用米散射理论将颗粒视为球体是有效的,气溶胶颗粒大小通常为~1 nm 到~100 μm。大颗粒会相对迅速地从大气中掉落。对于热红外波长的辐射传输,最重要的气溶胶是那些直径大于~1 μm 的气溶胶(对于比热辐射波长小得多的颗粒,散射是由瑞利模型描述的,瑞利散射强度与 λ^{-4} 成反比,对于热红外波长可以忽略不计)。

此外,除了吸收和发射之外,气溶胶和云层也可以散射辐射,总的辐亮度没有改变,但方向却如图 4 所示,如果发生散射,那么辐射传输(RT)方程就变得更难解决,因为它的辐亮度可能被任何一层反射回来,也就是说,我们得到一个循环依赖关系,离开一层的辐亮度与从所有方向入射到该层的辐亮度有关,而这取决于离开该层的辐亮度。

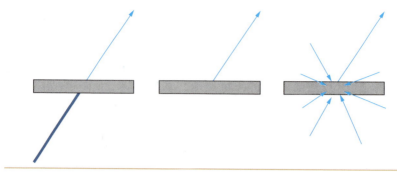

图 4　薄层大气对出射辐亮度贡献。左图：透过该层的辐亮度；中间：该层发射的辐亮度；右图：该层的散射。在"纯吸收"近似中，只需要考虑前两个贡献；这些贡献可以通过将每个层沿单一方向的贡献相加来。当包括散射时，有必要知道完整的辐亮度场，这与被考虑的层的出射辐亮度有关，因为出射辐亮度可能被其他层反射回来。

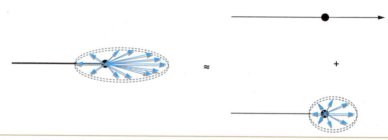

图 5　米散射具有强烈的前向峰值，这意味着大多数散射辐亮度几乎在同一方向上继续传输。这可以通过将前向峰值视为透射辐亮度和各向同性分布的其余散射来进行近似处理。

　　包含散射的辐射传输可以用数值方法进行模拟，如射线追踪或蒙特卡洛模拟。这些计算强度都高，使得它们在大多数用途上不切实际，常用的近似技术包括"逐次散射法""累加法"[17, 18]和"离散纵标法"[19]，这些近似方法在精度和计算速度之间权衡。如果由于所需模拟的数量要求较高的计算速度（如实时数据同化），则可能需要一个更简单的近似，通常是一个二流近似。

　　在二流近似中，辐亮度场仅由两个参数描述，如向上（L^+）和向下（L^-）辐亮度。基本的二流近似只有在太阳对热辐射的贡献忽略的情况下才有效，即对于夜间条件（或很好的近似），$10.5 \sim 12.5\ \mu m$

窗口。此外,如果散射相函数是高度定向的(如米散射情况),那么二流近似的精度可以通过将前向散射辐亮度作为一个在前向"散射"项加上一个假定各向同性分布来提高(图 5[20])。

Embury 等人[10]认为,为了研发基于模拟的 CDR SST 反演技术,必须考虑海洋气溶胶(海盐)和(当有关时)平流层火山气溶胶。他们使用离散纵标法进行气溶胶散射计算,使用通道积分的气体透过率廓线(使用光谱解析 RTM 预先计算),对于可以容忍较大不确定度的应用(如云检测),估二流方法估算这些气溶胶模态的影响是足够的。

5. 海面发射和反射模拟

辐射传输模型(RTMs)设置的最后一个部分是海面发射率(和反射率),它为辐射传输(RT)积分提供了下边界。平坦表面的发射率可以用菲涅尔方程计算,菲涅尔方程给出了两个不同折射率的介质平面边界的反射率,在这种情况下,是空气和海水。由于红外辐射被水迅速吸收(穿透深度为 10~20 μm),我们可以认为任何未被表面反射的辐射都被吸收了。水的折射率[21, 22]取决于其盐度[23, 24]和温度[25, 26]。

然而,海面因表面波的存在而变得粗糙,并非平坦。表面波是由风驱动的,其波长低至~1 cm,与红外辐射的波长相比,这个波长足够大,海洋表面可以被模拟为不同角度的平面集合。波浪坡度角的分布取决于风速,通常使用 Cox 和 Munk 模型[27]。在低风速和从上面观测时,使用波浪斜率的概率分布与特定斜率的菲涅尔反射相结合来计算直接反射率和发射率就足够了。当波浪增大(在更高风速下),在更大的观测角度下,有可能出现多个海面反射,如图 6 所示,图 6 上面一行显示的是直接发射和反射(零相互作用)的几何形状,占大多数情况;中间一行显示的是在较大的波浪或视角下可能发生的几何形状,其中发射或反射的射线再次被反射到视角中(一阶相互作用);底部一行显示的是波浪阴影,其中发射(或反射)的射线在与水面相交时被阻挡，无法到达观看者[28, 29]。图 7 显示了包括这些影响[31, 32]和来自 Newman 等人[26]的随温度变化的盐度的发射率，由 Filipiak[30] 计算得出。

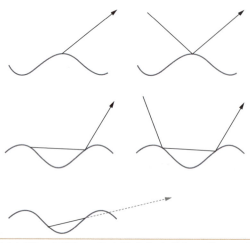

图 6 由于海洋表面并不平坦，可能会发生复杂的相互作用。左上：直接发射；右上方：直接反射；左中：海面发射，海面表反射（SESR）；右中：海面反射，海面反射（SRSR）；下：阴影。

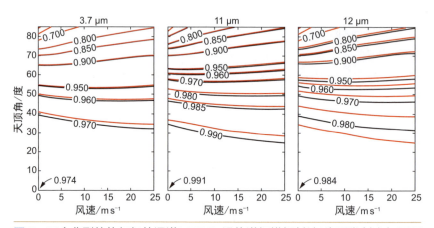

图 7 三个典型的热红红外通道（ATSR，沿轨道扫描辐射计）海面发射率与天顶角和风速的关系。黑色等值线是根据海表温度 280K 计算的，红色等值线是根据海表温度 300 K 计算的，参考自 Filipiak[30]。

粗糙表面的另一个影响是，表面镜面反射的假设是无效的。大多数辐射传输模型（RTMs），特别是快速模式，假设表面反射是镜面反射，这样，任何反射的向下辐亮度都可以假设与向上辐亮度的天顶角相同而计算。实际上，表面的粗糙度意味着来自不同天顶角的向下辐亮度被反射到相同的观测方向；由于天空的辐亮度随天顶角变化，这意味着反射的天空辐亮度可以比镜面反射的情况大[33]。

Embury 等人[10]发现，为了定义生成气候数据的海表温度（SST）反演，必须使用考虑到发射率对波长、角度、温度、盐度的主要依赖关系的发射率模型，并使用风－粗糙度对发射率和有效反射率影响的模型，考虑海面发射－海面反射、二次反射和阴影。表 3 列出了几个复杂程度不同的发射率模型。据我们所知，最近基于功率谱方法[34, 35]和／或考虑偏振[36]的发射率模型的潜在影响还没有在SST CDR 的背景下进行评估。

表 3 已发表的适用于红外光谱的发射率模型

参考文献	总结
Masuda 等人[67]	基于 Cox 和 Munk 斜率分布的直接发射率。
Wu 和 Smith[31]	添加到 Masuda 等人的一阶（SESR，SRSR）和截止角度以减少阴影效应。
Watts 等人[32]	与 Wu 和 Smith 类似，加上对特定卫星仪器的非镜面反射的调整。
Masuda[47]	在 Wu 和 Smith 以及 Watts 等人的基础上，使用概率分布函数而不是截断角。
Filipiak[30]	使用 Wu 和 Smith 以及 Watts 等人的方法，结合参考文献 [25] 和 [26] 的随温度变化的折射率。
Nalli 等人[33]	为非镜面反射增加一个总的调整。
Yoshimori 等人[34, 35]	使用波浪斜率的功率谱而不是 Cox 和 Munk 分布进行独立推导。
Bourlier[48]	忽略多次反射，研究非高斯面分布，无偏振。
Bourlier[49]	解析计算零阶、一阶和二阶反射，无偏振。
Caillault 等人[50]	基于波浪斜率功率谱的多尺度发射率。
Li 等人[36]	基于 Bourlier，加上偏振

6. 热图像分类（云检测）中模拟的使用

海洋表面的热红外遥感依赖于图像的无云区,因为除了最稀薄的云外,所有云都会阻挡或大大削弱海面发出的红外辐射。在进行地球物理反演之前,需要将图像分为可用的像素("无云、可接受的低量气溶胶、水面上")和不能用于估算海表温度(SST)的像素。分类可以包括确定不能用于海表温度(SST)的像素的性质(如重度气溶胶[37]、海冰[38]、云的类型[39]),但这不在本文的讨论范围内。后面简单起见,我们将可用和不可用的类别定为"晴空"和"有云",因为这主要是一个云检测的问题。

所有的云检测方案都依赖于检测由于云的存在引起的辐亮度对比度。造成辐亮度对比度高的原因是云的反射率(亮度)、反射光谱(白度)、温度(红外发射)、光谱发射率(黑度)和/或空间一致性(图像纹理)与海表的对比。注意,如果可见光和红外图像配准,就没有必要只使用热红外通道来检测云层(除了晚上)。

有大量关于云检测的文献[40-46],在主要的科学引文数据库中,每年大约有20篇论文专注于云检测方法。乍一看,这可能令人费解,因为图8中的云的位置似乎很明显。事实上,在海洋上空观测到的大多数云像素都是显而易见的:它们的反射率更高、更冷,或空间对比度明显高于海洋。图像分类的挑战在于相对较少的"困难情况"。尽管比起"明显的"云,这些受云影响的像素并不普遍,但如果不加以甄别,会造成海表温度(SST)偏差,其对海表温度(SST)估算的影响可能是巨大的。

云检测方法大致有三类:预定义阈值测试、动态阈值测试、概率分类。融合这些类别的混合方法也是可能的。

"阈值测试"将从卫星图像中得出的指标与阈值进行比较,并在此基础上给出一个像素是否可信的晴空,或者根据该指标,肯定是云。通常情况下,要进行一系列的测试,任何一个测试失败都会被认为足以将该像素排除在进一步的海表温度(SST)处理之外。表4以文献[40]为例,描述了使用热通道的典型测试。

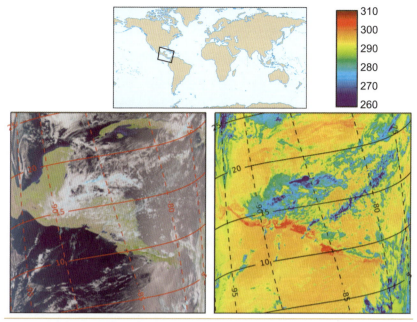

图 8　Metop AVHRR 仪器观测到的场景：经线（虚线）和纬线（实线）显示了图像是如何向刈幅边缘扭曲的。左图：使用 1.6 μm（红色）、0.8 μm（绿色）和 0.6 μm（蓝色）通道合成的假彩色 RGB 图像，这种通道选择可以合成看起来很"自然"的图像—海洋是蓝色的，云层是白色的，植被是绿色的。右图：11 μm 观测的热红外图像，云层比地表更冷，高云层显示为蓝色，低云层显示为绿色和黄色。陆地的温度可能大于海洋，并显示出更大的变化性。

表 4　海表温度（SST）传感器热通红外道的典型云检测测试

测试名称	标记为云的指标	阈值的基础	评论
粗检阈值测试	BT 12 mm< 阈值	特定地点和季节的最低的合理晴空 BT	基于"最坏情况"的模拟，例如，气候学上寒冷的 SST 和高水汽量
薄卷云测试	BT 11 mm– BT 12 mm> 阈值	给定天顶角和 BT 11 mm，晴空最大的合理差异	基于两个通道在一系列代表性情况下的模拟
雾／低层云测试	BT 11mm– BT 3.7 mm> 阈值	雾／层云的发射率在 3.7 微米比较低（< 0.9）	基于图像检查，但也可以使用模拟
中层／高层测试	BT 3.7 mm– BT 12 mm> 阈值	给定天顶角和 BT 12 mm，晴空下最大的合理差异	基于两个通道在一系列代表性情况下的模拟

对不同测试的阈值的选择可以基于对许多热图像检查后的专家判断,尽管现在更典型的做法是对一组情景中的指标进行模拟来选择阈值[39, 40]。如何定义一组情景来模拟的问题在下一节定义从 BT 推断海表温度(SST)的算法时详细讨论。任何这样的情景都是基于对特定地点和季节的海表温度(SST)和大气廓线的合理条件的气候学知识。在年际变化较大的区域,固定的云检测阈值必须允许有足够的安全边际以适应模拟中没有很好采样的情况,否则晴空很可能被错误地标记为云。总的来说,设计云检测的阈值是一个精密、经常是主观的过程,要在有效检测真正的云像素和避免误检之间取得适当的平衡。

出于这个原因,已经开发了动态的云检测方法[39, 41],这有赖于两个考虑。首先,现有的 RTMs 有足够的速度和精度来模拟特定图像条件下的热通道(即对海表和大气状态的预先估算和图像的观测几何);第二,从气象中心的数值天气预报(NWP)中,可以得到对状态的估算,这些估算比预先定义气候学信息更接近现实。使用的 NWP 可能是预报(如果云检测是准实时进行的),或者是在延迟模式下云检测使用的回顾式的"(再)分析"。从本质上讲,动态方法允许使用较窄的安全边际来设定云检测阈值,通过模拟特定图像情况下的指标预期值来了解。

使用动态模拟,如何为给定的阈值测试设定安全边际的问题仍然存在。Merchant 等人[42]提出了一种旨在系统地解决这一问题的概率方法。云检测从根本上说就是要评估图像像素代表晴空条件的概率,这种评估应该考虑到:

- 实际观测的反射率和 BTs 的值;
- 观测时间和地点的晴空条件下预期的反射率和 BTs 值;
- 有云条件下预期的反射率和 BTs 值。

模拟的作用是将我们对可信的晴空条件的先验知识(来自 NWP)与预期的反射率和 BTs 值联系起来。至关重要的是,概率方法认识到 NWP 信息和模拟过程都涉及不确定性,安全边际应基于这些不确定性大小。

从根本上说,我们要估算 $P(\text{clear} \,|\, \boldsymbol{x}, \boldsymbol{y})$,即在给定状态的先验信

息 x 和观测值 y 的情况下晴空的概率,这个我们不能直接计算:相反,模拟使我们能够估算以下概率分布:$p(x, y|\text{clear})$,这是晴空给定状态信息(NWP 信息)观测的概率。

使用 RTM 寻找 $p(x, y|\text{clear})$ 的步骤如下:

• 利用 NWP 信息模拟卫星观测的最佳先验估算;

• 模拟卫星观测资料针相对 NWP 信息影响最大的偏导数(即"BT/SST"项);

• 将这些偏导数乘以 NWP 信息的不确定度,就得到了卫星观测的先验估算的不确定度;

• 估算模拟过程中的不确定度(例如来自辐射传输近似)和传感器中的不确定度(例如辐射噪声)的影响。

这是估算所需的概率密度函数 $p(x, y|\text{clear})$ 的足够信息。在参考文献中,这个函数使用了一个多变量高斯分布[42]。给定 $p(x, y|\text{clear})$ 后,模拟和观测之间的差异就可以根据它们相对有云条件下的概率在晴空条件下产生的可能性来评估,这基本上就是利用贝叶斯理论得出 $P(\text{clear}|x, y)$。不是有许多阈值,而是设置一个单一的阈值,同时考虑所有通道间的关系和差异,这就是 $P(\text{clear}|x, y)$ 的一个概率阈值。

这个简化的讨论并没有涉及如何定义 $p(x, y|\text{cloud})$[43, 51]、在贝叶斯框架内围绕反射通道的模拟或者图像的空间一致性问题。这个简短说明的目的是强调:第一,热红外辐亮度模拟可以通过将先验地球物理信息转化为卫星观测的"空间"来改善图像分类;第二,模拟 BTs 对先验信息的敏感性很重要,这种敏感性体现在 BTs 的偏导数中。

在地球物理反演过程中,对 BTs 和导数的模拟也很有用,地球物理反演是应用在"晴空"的像素上,而且在模拟 SST 反演的不确定度方面也是如此,这在下面两节中展示。

7. 地球物理反演中模拟的使用

通过地球物理反演从晴空亮温(BT)观测数据中提取海表温

度(SST)的过程,通常被称为海表温度(SST)反演。反演海表温度 (SST)所需的观测值必须包括对 SST 有足够高的敏感度,并具有大气水汽吸收差异的波长。10～12.5 μm 之间的波长构成了热红外的主要"大气窗口"(图 1),在这个窗口中,有相当一部分海表发射的辐射到达了大气顶,在这个窗口中透射的部分是变化的,揭示出不同的水汽吸收。这是海表温度(SST)传感器使用的主要窗口,通常被分成两个通道,中心波长分别在 11 μm 和 12 μm,也可以使用 3.7 μm 和 8.7 μm 附近的通道。

"传统"反演方案是通过 BTs 的加权组合来估算海表温度 (SST),其权重是通过某种方式预先计算的。这是一种简单的、计算效率高的方法。至少需要两个 BTs[52],因为需要同时解译 SST(显式) 和大气对 BTs 的影响(隐式)。

这些权重一般被称为"SST 反演系数",反演系数通常是根据经验来确定的,使用的是现场海表温度(SST)测量和卫星观测之间的匹配数据。文献中提出并讨论了各种加权 BTs 的组合,但这些组合的结果差异往往不大[53]。关于经验方法的优点和局限性的详细讨论以及更多的参考资料,参考见 Merchant[54](特别是其中的表 3)。

反演系数经验确定的一个替代方法是以物理学为基础,这在实践中是通过辐射传输实现的[55]。实际步骤是:(1)选择一个 RTM; (2)选择/确定一套情景运行 RTM,模拟这组情景的卫星观测; (3)制定反演算法公式;以及(4)通过最小化过程得出系数。现在将依次讨论这些步骤中的每一步。

RTM 的选择。基于系数的 SST 反演方法的优点是计算性强,因为系数是预先计算的。因此,使用逐线逐层的模型来计算晴空大气中气体的透射和发射项是可行的。这样的 RTM 可以在高光谱分辨率下计算大气层顶(TOA)的光谱辐亮度。这至少在原则上为大气气体辐射传输提供了最准确的结果,气溶胶吸收和散射可能也需要考虑在内。为了获得模拟的给定传感器通道的辐亮度,大气层顶 (TOA)光谱必须与适当的光谱响应函数(SRF)进行卷积。RTM 模拟的最后一步是通过辐亮度到亮温的关系(这也是通道 SRF 所特有的),将通道积分的辐亮度表达为等效 BT。所有这些步骤都可以在一个单一的 RTM 中进行,或者最好是结合具有特殊优势的模型[10]。

模拟的事例。每个模拟都需要定义海面和大气状态的相关成分。如上所述,这通常意味着至少要确定海面(表皮)SST 以及大气湿度和温度廓线(通常为~ 1 000 hPa 到~ 1 hPa 的 60 个气压层)。典型情况下,有其他状态变量的通用值,这就足以进行精确到十分之几 K 的模拟。对于更精确的($\lesssim$ 0.1 K)模拟,可能需要考虑海面盐度、风速、海洋气溶胶的垂直分布和其他微量气体浓度廓线的变化,它们对发射率和大气传输的影响将改变结果 $\gtrsim$ 0.01K。尽管包括海面和大气变量,状态变量的集合通常被称为"廓线集"。廓线集应包括反演算法应用的全部现实情况,实现这一目标的一个基本考虑是地理和季节分布 -- 所有相关地区都应在一年中的所有季节进行采样。然而,并不要求有代表性的抽样(在距离和时间上对全球范围内的廓线进行均匀抽样),而且可能是不利的:例如,因为高纬度地区的变化性超过热带的变化性,已有发现扩大高纬度廓线比例更为有用。极端情况应该出现在廓线集中,包括受大陆气团影响的沿海情况、内陆海、来自深对流区的湿度极高的廓线、来自巴芬湾等地区的湿度极低的廓线,以及"异常"廓线如东北副热带大西洋著名的"撒哈拉空气层"情况。无线电探空仪廓线、NWP 再分析输出已经用来形成廓线集[56]。从 NWP 构建廓线集比从世界各地收集晴空无线电探空仪廓线更容易,但使用 NWP 确实提出了一个尚未充分探索的问题,来自 NWP 模型的湿度廓线代表了一个"网格箱"的平均湿度,这个网格箱可能是完全或部分充满了云。云中的相对湿度是 100%,而在晴空中则 <100%。因此,NWP 的湿度廓线并不总是代表晴空的湿度;它可能偏向于"太湿"。尽管如此,基于 NWP 的廓线集已成功用于确定 SST 反演系数[10]。

算法的形式。通过对卫星观测 BT 表达,SST 和辐亮度之间的关系被显著线性化。反演一般采取合理的线性形式,例如有以下变体:

$$\hat{x} = a + \boldsymbol{a}^{\mathrm{T}} \boldsymbol{y} = a_0 + b_0 S + \sum_i (a_i + b_i S) y_i \tag{1}$$

其中,$\hat{x}$ 是反演的 SST,a 是偏移系数,$\boldsymbol{a}$ 是反演系数的列向量,$\boldsymbol{y}$ 是

BTs 的列向量，$a^T y$ 是用矩阵代数符号来写向量的标量乘积，本质上是所示的求和。求和版本也展示了经常用到的反演系数的角度依赖性；a 的第 i 个元素等于 $a_i + b_i S$，其中 $S = \sec\theta - 1$，θ 是观测的天顶角。文献中上述表达方式的变体包括去掉某些项的情况（或等同于系数设置为零），或相互制约。常见的做法是针对不同的纬度带或其他辅助变量改变系数。有一个变体，即"非线性 SST"（NLSST；[57]）中，一些系数被设定为先验 SST 估算值（例如从气候态数据中获得）的弱函数。也有人尝试过使用 BT 差值的二次项，但对反演精度的提高有限，因为这些项不能反映大气结构的地理变化而导致纯线性反演的误差。如果致力于采用基于系数的方法，公式（1）给出的一般形式很难得到明显改善。

获取系数。系数通常是那些最小化 $\left(\hat{x} - x_p\right)^2$ 的数，其中，x_p 是用于模拟的廓线中 SST。这就是"最小二乘"解决方案。最小化是在整个廓线集进行的，或者对于带状系数，在适当的子集上进行。将数据向量定义为 $d^T = \left[x_{p1}, x_{p2}, \ldots, x_{pj}, \ldots\right]$，其中 x_{pj} 是廓线集中第 j^{th} 元素的廓线 SST。定义系数向量（在离散反演理论中称为"模型参数"）为 $m^T = \left[a_0, b_0, a_1, b_1, \ldots\right]$，定义一个观测值矩阵（数据核）为

$$\mathbf{G} = \begin{bmatrix} 1 & S_1 & y_{11} & y_{11}S_1 & \cdots & y_{i1} & y_{i1}S_1 & \cdots \\ 1 & S_2 & y_{12} & y_{12}S_2 & \cdots & y_{i2} & y_{i2}S_2 & \cdots \\ \vdots & \vdots & \vdots & \vdots & & \vdots & \vdots & \vdots \\ 1 & S_j & y_{1j} & y_{1j}S_j & \cdots & y_{ij} & y_{ij}S_j & \cdots \\ \vdots & \vdots & \vdots & \vdots & & \vdots & \vdots & \vdots \end{bmatrix}$$

那么系数的最小二乘解为

$$\mathbf{m} = [\mathbf{G}^T\mathbf{G}]^{-1}\mathbf{G}^T\mathbf{d} \tag{2}$$

利用辐射传输模拟处理 SST 反演的一个优势是可以增强诊断和解决问题的能力。一个例子是如何使 SST 反演适应于存在平流层气溶胶的情况[58]，它利用了对公式（2）的修改，即在线性约束条件下的最小二乘法。偶尔，主要的火山爆发会影响平流层，造成硫酸液滴组成的阴霾，在 20 公里的高度上持续一两年[14]。这种平流层气溶胶层对气候有影响，也影响可见光和红外波长的遥感。气溶

胶吸收红外辐射,导致 BTs 减少,减少的程度在不同的通道以及随着气溶胶的光学厚度而变化。已知持久的平流层气溶胶由硫酸液滴组成,可以对液滴的 pH 值(改变了它们的折射率)和液滴的大小分布(改变了它们与辐射的相互作用,作为波长的函数)进行一些限制。因此,平流层气溶胶的 BT 影响可以用米散射理论来模拟,图 9 显示了这种模拟的结果。

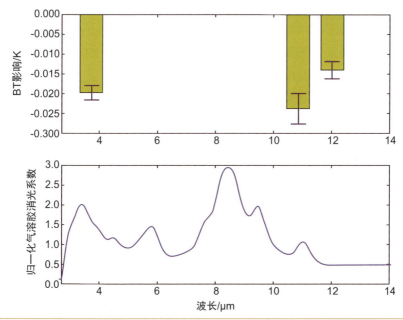

图 9 背景平流层气溶胶造成的 BT 影响(条形)和归一化气溶胶消光系数(实线)。在散射可以忽略不计的 11 μm 和 12 μm 通道中,BT 影响的比率与气溶胶消光系数成正比。然而,在 3.7 μm 通道中,散射较大,BT 影响较低。在 BT 影响上的"误差棒"表示给定的平流层气溶胶下与大气变化的其他方面相互作用的 BT 影响的标准偏差。

　　每单位气溶胶光学厚度,τ,对典型的三通道传感器的 BTs 的影响是 $\frac{\partial y}{\partial \tau}$。由于气溶胶在光学上很薄,而且相对均匀,在不同波长上的影响比例相当稳定,因此,$\frac{\partial y}{\partial \tau} = k$,是 BTs 变化中一个恒定的"平流层气溶胶模态"。很明显,平流层气溶胶扰动对反演的 SST 的影响将是 $\propto a^T k$,因此能够使反演的 SST 对平流层气溶胶具有较强的抵抗力(即对平流层气溶胶不那么敏感)的系数必须具有 $a^T k = 0$ 性质,这样一个附加的约束可以通过解决以下修改后的系数表达式来实现:

$$\begin{bmatrix} \mathbf{m} \\ \lambda \end{bmatrix} = \begin{bmatrix} \mathbf{G}^T\mathbf{G} & \mathbf{f} \\ \mathbf{f}^T & 0 \end{bmatrix}^{-1} \begin{bmatrix} \mathbf{G}^T\mathbf{d} \\ h \end{bmatrix} \tag{3}$$

其中, $f^T = [0,0,k_1,k_1,\ldots,k_i,k_i,\ldots]$ 、 λ 、 h 是辅助变量。(这是用拉格朗日乘数法求得的受线性约束的最小二乘法问题的解决方案)。在1991年菲律宾皮纳图博火山爆发后,这种方法已经证明可以降低 SST 对平流层气溶胶的敏感性[59],这说明当基于 RT 确定系数时,通过模拟来了解反演情况,可以得到有益的启示。

基于系数的 SST 反演的替代方法是针对每次观测的特定背景模拟 BTs(而不是像定义系数那样预先计算时空样本)。这就需要获取 NWP 场,并且在实际应用中需要计算速度快的模拟能力("快速前向模型")。对于每一个卫星像素,都会得到一个基于模拟的 BT 的模拟先验估算。RT 不一定需要对每个像素点的位置运行;相反,RTM 可以在 NWP 的分辨率下运行和插值,然后,这些模拟的 BTs 可以用各种方式来给出改进的 SST 估算。

如果采用模拟的 BTs,即 y_b(其中下标 b 表示用先验或"背景"信息模拟的 BTs)与 SST 反演系数,模拟的 SST 估算值得为 $\hat{x}_b = a + a^T y_b$,模拟的 y_b 假设背景 SST 作为 RT 模型的输入, x_b,对于包含 NWP 信息反演情况,差值 $\hat{x}_b - x_b$ 则是对反演误差的一部分估算。然后可以得到在原始估算值 x 的基础上改进的估算值 $\hat{x}$:

$$\hat{x}' = \hat{x} - (\hat{x}_b - x_b) = x_b + \mathbf{a}^T(\mathbf{y} - \mathbf{y}_b) \tag{4}$$

印证表明与单独使用同一组系数相比,公式(4)减少了地理偏差和差异的标准偏差[60]。成功需要模拟的和观测的 BTs 在必要时已经被调整到平均没有相对偏差。公等式(4)表明,基于模拟的偏差校正(中间表达式)相当于根据观测和模拟的 BTs 之间的差异来调整背景 SST(最右边表达式)。

这种基于模拟-观测差异调整背景 SST 的反演概念在遥感反演理论中很常见,包括大气探测[61]。反演理论给出了一致的框架,将 SST 反演作为一个求逆问题来分析，从根本上理解在给定的 BTs 中真正有多少关于 SST 的信息。可以定义不同 SST 求逆，以优化所获得的 SST。这些都采取了以下形式：

$$\hat{x} - x_b = \mathbf{G}(y - y_b) \tag{5}$$

用"增益矩阵"$\mathbf{G}$ 的不同定义。典型情况下，$\mathbf{G}$ 包括只能通过模拟获得的项，即 BTs 相对于状态变量的导数。每次模拟都要计算一个矩阵 $\mathbf{K}$，它包含 $\dfrac{\partial y_i}{\partial x_k}$ 形式的项，其中 x_k 代表状态向量的第 k 个元素（即 NWP 廓线，包括 SST 和一系列高度上的所有大气变量）。$\mathbf{K}$ 可以称为"加权函数""Jacobian""核""正切线性矩阵或伴随"，在不同的文献中都有不同的叫法。表 5 给出了应用于 SST 问题的增益矩阵的例子，用 $\mathbf{K}$ 表示。

表 5 公式（5）中的增益矩阵公式实例

求逆名称	增益矩阵公式	定义	评论
修改的总体最小二乘法	$\left(K^T K + \lambda I\right)^{-1} K^T$	λ 是一个正则化参数。I 是单位矩阵。	不需要知道误差协方差。可以改变 λ 以适应正则化的强度。
最大似然	$\left(K^T S_\varepsilon^{-1} K\right)^{-1} K^T S_\varepsilon^{-1}$	$S\varepsilon$ 是 BTs 的误差协方差。	模拟本质上是一个线性化点。根据 BT 噪声对 BTs 进行加权。
最大后验	$\left(K^T S_\varepsilon^{-1} K + S_p^{-1}\right)^{-1} K^T S_\varepsilon^{-1}$	Sp 是先验 NWP 廓线的误差协方差。	如果误差-协方差矩阵估算得很好，就能给出一个最佳答案。

无论选择何种形式的 SST 反演，都可以对该过程进行模拟，并探讨模拟 SST 估算的特性。下一节将讨论 SST 反演的不确定度方面的预期结果。另一个可以通过模拟得到的参感兴趣参数是 SST 敏感度[62]。SST 敏感度是指其他因素（如大气状态）不变，反演的 SST 对真实 SST 变化的部分响应，理想情况下，敏感度应该是 1 K K^{-1}，这样，真实的 SST 变化会导致反演的 SST 有相同的变化，一般来说，实际上不是这样（图 10）。

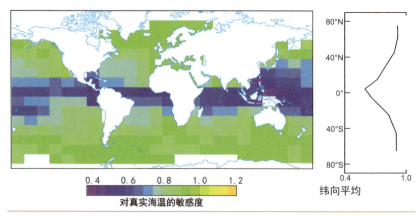

图 10　在其他因素不变的情况下，窗 SST 估算反演的变化相对真实的 SST 每单位变化（非线性 SST 反演应用于 Metop-A 上的 AVHRR），转载自 Merchant 等人[62]。

对于基于系数的反演，SST 的敏感度可以很容易地计算为

$$\frac{\partial \hat{x}}{\partial x} = \mathbf{a}^{\mathrm{T}} \frac{\partial y}{\partial x}$$

其中，BTs 相对于 SST 的偏导数是通过 RT 模拟计算出来的（是正切线性矩阵 K 的行）。当 SST 的敏感度远小于 1 K K^{-1}，可以预计海洋热梯度的强度会被低估。同样，SST 的日变化也是如此，被低敏感度的估算算法削弱了[63, 64]。

在本节中，我们提出了热辐射模拟是理解和改进卫星 SST 反演的主要工具。模拟可以用来完善反演方法的设计，探索反演方法对不同观测区的响应（如存在气溶胶），并可以直接用于反演过程。

当然，没有一个反演方案是完美的，下一节将讨论使用模拟技术来表征 SST 估算的不确定度。

8. 不确定度估算中模拟的使用

反演的 SST 中应始终提供不确定度估算。"不确定度"是指"无把握"，不确定度估算是一个量化测量值的无把握程度的数。表达不确定度的一个非常明确的方法是说明一个置信区间。例如，我们可以说，SST 反演结果给我们 95％ 的置信度，即在某一特定时间、某

地的 SST 在 22.3 ℃ ～ 23.4 ℃。我们对真实 SST 在这个范围内的的怀疑程度为 5%。

不确定度与误差不同。"误差"是指"错误",而"测量误差"是指测量值与真实值的差异程度。我们一般不知道真实值,因此一般也不知道误差。原则上我们可以想象在卫星足迹范围内对海表皮温进行现场测量,其准确度和精确度可以与真实值相差无几,但这是从未做过的。

(上述"不确定度"和"误差"这两个词的用法与日常非科学含义一致,并且符合讨论测量不确定度的国际标准[65]。然而,在科学家中,用"误差"来表示不确定度和误差的情况并不少见,有时可以发现在一个句子中同时使用两种含义)。

模拟卫星反演过程有价值的一个原因是,在模拟中我们确实知道真实值,因为是对我们定义和控制的地球物理状态进行了每次模拟。如果我们用一个特定的 SST,x_b,作为我们模拟的输入,而(模拟的)反演 SST 是 $\hat{x}$,则(模拟)测量误差为 $\hat{x}-x_b$,如下文所示,这种能力意味着可以用模拟来估算 SST 不确定度的各个方面。

与其引用一个置信区间,一个常用的不确定度信息呈现方式是给出一个最佳估算 SST 及其"标准不确定度"(σ_x)。标准不确定度定义为误差分布的标准偏差。对于高斯误差分布,95% 的置信度区间大约是从 $\hat{x}-2\sigma_x$ 到 $\hat{x}+2\sigma_x$,注意"标准"这个词常常被省略,因此用"1σ"来表征不确定度是隐性的而不是显性的,本章的其余部分都是这样。

鉴于我们一般不知道某个反演的 SST 的误差,如何找到误差分布的标准偏差?有两种方法:"误差传播"(可能涉及也可能不涉及模拟)和模拟无噪声观测的反演误差分布。

误差传播描述了基本卫星测量(数字值、辐亮度或 BT)误差如何改变反演的 SST。这种方法特别适用于估算传感器噪声对反演的 SST 的不确定度的影响。通常情况下,热成像仪在其扫描的某个点上会观测一个校准目标,(理想情况下)是一个已知的、温度均匀的黑体,通过观察这个均匀温度时探测器响应的随机波动,可以形成对传感器噪声的估算。然后,传感器噪声被转化为"噪声等效温差"(NEDT),这是以温度单位表示的噪声。换句话说,NEDT 是观测到的 BT 的随机不确定度。通常不同的通道有不同的 NEDT 值,取决于场景温度(通常在低辐亮度场景中更大),并可能随着传感器的运行条件或传感器的老化而改变。在卫星辐亮度(1级)产品中,应该常规地提供所有热通道的 NEDT。如果没有,必须使用更通用的 NEDT 估算值,如设计噪声水平或传感器在轨调试时确定的噪声特性。

考虑一组晴空的 BTs,y(即不同通道 i 的 BTs 在一个列向量中),它们是 SST 反演算法 R 的输入,使得 $\hat{x}=R(y)$。让 BTs 中由于传感器噪声引起的误差为 e(通道排序与 y 相同)。对应噪声的 SST 误差是

$$e_x = \left[\frac{\partial R}{\partial y}\right]^{\mathrm{T}} e = \sum_i \frac{\partial R}{\partial y_i} e_i \tag{6}$$

对于一个特定的反演,我们不知道 BT 误差,因此不能知道 ex。我们有对误差分布的估算,即对于一个特定的通道,一个高斯分布,其标准偏差由该通道的 NEDT 定义。让为 ith 通道 NEDT 为 σ_i,由噪声引起的反演 SST 的(标准)不确定度为

$$\sigma_x = \sqrt{\left(\frac{\partial R}{\partial y_i}\sigma_i\right)^2} \tag{7}$$

根据公式(6)可以很容易地解释这个不确定度传播的方程。每个通道的噪声对 SST 噪声的贡献等于 NEDT 乘以该通道的反演 SST 的敏感度,由于假设各通道的噪声是不相关的,根据高斯分布特性,这些贡献合并为平方之和的平方根。

在某些情况下,反演方法可能非常简单,可以解析地来估算 SST 噪声,例如,对于公式(1)的 SST 反演,我们可以得到

$$\frac{\partial R}{\partial y_i} = a_i + b_i S \tag{8}$$

SST 噪声可以根据反演系数和 NEDT 值中得到。不同的 SST 反演表达方式对噪声的放大程度不同。在所有通道 NEDT 相同的简单情况下($\sigma_i = \sigma_{NEDT}$),噪声的放大程度为

$$\frac{\sigma_x}{\sigma_{\mathrm{NEDT}}} = \sqrt{\sum_i \left(a_i + b_i S\right)^2} \qquad (9)$$

这个表达式强调了反演系数的大小直接影响到 SST 的噪声。SST 噪声通常在卫星刈幅的边缘较大,因为那里的 S 偏离零的程度最大(a_i 和 b_i 的符号通常相同)。公式(9)的另一个应用是双观测角辐射计和单观测角辐射计在使用相同通道时的噪声放大率差异,双观测角辐射计由于携带了更多从两个角度观测大气的信息,因此能够比单观测角辐射计的 SST 反演结果偏差更小(更准确),然而,当使用两个视角时,噪声放大通常更大,因为有更多的通道,系数平方和更大;因此,对于一个特定的像素,SST 可能会有更多的噪声(更不精确)。可以采用 SST 噪声抑制技术,从附近的其他像素引入额外的信息。这些技术的效果同样可以用上面说明的不确定度传播的原则来评估。

对于增量形式的反演(公式(5)),辐射噪声造成的 SST 不确定度可以写成

$$\sigma_x = \sqrt{\mathbf{G}\,\sigma\sigma^{\mathrm{T}}\mathbf{G}^{\mathrm{T}}} = \sqrt{\mathbf{G}S\varepsilon\mathbf{G}^{\mathrm{T}}} \qquad (9)$$

其中,乘积 $\sigma\sigma^{\mathrm{T}}$ 是辐射噪声的误差协方差矩阵,如果通道之间噪声是不相关的(如我们通常期望的那样),这个协方差矩阵是对角矩阵,元素为 σ_i^2。但是,如果已知 BT 误差在通道之间是相关的,那么 $\sigma\sigma^{\mathrm{T}}$ 应该用非对角的协方差矩阵 $S\varepsilon$ 来代替。

如果反演方法 $\hat{x} = R(y)$,不是可分析微分的,$\dfrac{\partial R}{\partial y_i}$ 可以通过摄动方法进行数值估算,在这种方法中,反演过程首先对观测的 BTs, y,进行处理,然后依次对每个通道用摄动值 $y_i + \delta_y$ 代替 y_i,对于每一个摄动反演,得到的 SST 与第一个结果相差 δx_i,并且,$\dfrac{\partial R}{\partial y_i} = \dfrac{\partial x_i}{\partial y_i}$,然后可以使用公式(7)。如果反演是非线性的,仔细选择摄动值很重要,这本身就可以通过模拟来探索。

BTs 的噪声并不是 SST 反演中唯一的误差来源。在反演过程中总是存在一定程度的模糊性。模糊性的来源是许多现实的海表和大气层状态可以提供基本相同的观测辐亮度,这些在辐射测量上无法区分的状态并不都有相同的 SST。无论使用何种求逆方法,即使

正确找到最可能的解,反演的 SST 也存在着不可减少的不确定度。此外,算法本身可能是次优的,返回的 SSTs 估算值包含了不可减少的模糊性以外的误差。

对测量的辐亮度和 SST 反演过程进行模拟,可用于量化算法局限性带来的反演不确定度。模拟应该包括代表反演的全部应用范围的状态。模拟的反演 SST 和模拟中真实的 SST 之间的标准偏差,$SD\left(R\left(y\left(x_p\right)\right)-x_p\right)$,就是与算法局限性有关的标准不确定度。这种不确定度随着一些容易获得的因素而系统地变化。要探讨的明显因素包括纬度、整层气柱水汽总量、卫星天顶角,以及反演过程中的任何切换(例如,白天和晚上反演的不同参数),然后,不确定度估算可以参数化或作为这种因素的函数而变化。例子见参考文献[66]和图 11。

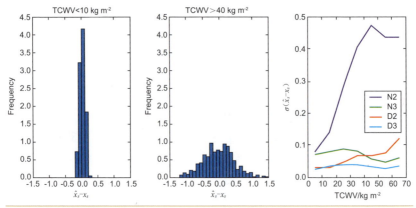

图 11　基于线性系数反演(公式(1))的算法反演误差示例 [66]。左图:使用双通道单观测角算法在干燥大气的反演 – 真实 SST 的直方图;中图:采用双通道单观测角算法在湿润大气的反演 – 真实 SST 的直方图;右图:反演 – 真实 SST 的 SD 与 TCWV 的函数关系,四种不同的算法:Nadir 2 通道(N2),Nadir 3 通道(N3),双观测角 2 通道(D2)和双观测角 3 通道(D3)。

如果对一个特定的卫星刈幅进行无噪声反演误差的模拟,就会发现误差在空间上是一致的(图 12)。鉴于其起源(解义大气对辐亮度的影响的不完善 / 模糊性),这并不令人惊讶。大气具有时空相关的"天气尺度"(102 ～ 103 km),通常比卫星像素的范围(1 ～ 10 km)

大得多。在这些相关尺度内,无噪声的反演误差可以预期是相似的,因为大气廓线是相似的。换句话说,不确定度的这一部分来自大气天气尺度上相关的误差,它们是"局部系统性的"。

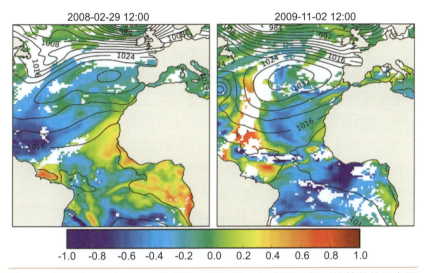

图 12　大西洋上两个不同天的模拟反演误差(K),海平面气压的等值线叠在图上。本例中的反演算法使用两个通道(11 μm 和 12 μm)。NWP 中 100% 云覆盖的区域显示为白色。

因此,这种对 SST 误差的贡献既不是完全"随机"的,也不是完全"系统"的。这可能是所有通过地球观测估算的空间扩展变量的真实情况。大多数教科书上关于误差的讨论都区分了随机性和系统性的影响,但讨论某些尺度上的时空相关误差,在气象学等学科之外不太常见。除了量化这种"局部系统性"的不确定度外,对足够多的现实情景进行模拟,原则上可以估算出不同 SST 的时空分布的相关程度,这样,就可以建立一套反演的 SST 的误差–协方差矩阵,从而可以正确估算不同时空尺度上平均的 SST 的不确定度。这种热红外模拟应用在撰写此书时尚未充分探讨。

SST 不确定度的最后一部分是与未知的系统误差有关。这包括对海温反演有贡献的每一个 BTs 的定标不确定度。定标误差可能会随着时间的推移(如传感器的老化)和仪器状态(如仪器温度在轨道上的变化)而变化。因此,尽管这些误差是完全系统性的,但在空间和时间上不一定是恒定的。

如果 SS 反演过程依赖于模拟(如"优化估算"),那么 RTM 中任何未校正的偏差都会产生类似定标系统误差的影响,由于这种反演方法是根据模拟和观测的 BTs 之间的差异来有效地调整估算的 SST,因此传感器相对于 RTM 的"定标"可以说比绝对定标更重要。

一个给定的 SST 的系统误差是不知道的,如果知道的话,就会纠正这个误差,所以如何估算系统不确定度? 在这种情况下,不确定度传播的公式与上面讨论的噪声传播的公式相同,然而,其含义不同,与辐射噪声的不确定度不同,系统效应的不确定度不会在多个像素平均的 SST 中减少。此外,可能没有 BTs 系统不确定度的全部特性:大多数传感器将在可控的实验室条件下进行详细的发射前标定,但当仪器在太空运行时,系统不确定度可能是不同的。太空的绝对定标基准还没有用于热红外地球观测,因此,发展了解 BT 系统误差和不确定度通常需要基于了解各个传感器的工作情况,进行大量调查工作。有必要建立一个"地球观测计量学"框架,以发展将仪器标定与地球物理产品的不确定度联系起来的认知和技术,在这样一个框架中,仪器及其观测的模拟无疑将是核心。

9. 结论

红外辐射传输的主要原理可以相对简单地从大气单色辐射的发射和吸收方面来理解。详细的计算需要有关于一系列具有辐射活性的气体的吸收截面作为高度有关的大气状态(温度、气压、浓度)的函数得光谱解析信息。光谱数据库提供这些信息,并在 RTMs 中使用。

RTMs 所提供的模拟能力是当代遥感的核心。SST 的热遥感也不例外,在这一波段中,现有的模拟有很好的精度。为了从辐亮度中获得地球物理信息,我们需要知道辐亮度如何依赖于地球物理状态。模拟有助于对图像分类,将辐射值反演为地球物理估算值,评估估算值对地球物理变化的敏感性,以及对这些估算值的不确定度进行量化。

SST 的 CDRs 跨越 20 年或更长时间,是基于大气窗口波长的热红外遥感的反演。这些数据集需要保持一致,但必须由一系列卫星传感器构建,这些仪器虽然相似,但并不完全相同。采用一致的前向模型对这些不同传感器的晴空 BTs 进行模拟,可以揭示出传感器之间的定标不一致性。

随着时间的推移,大气中辐射活性气体的浓度发生了变化,这对卫星观测的影响是可以模拟的,这也支持了对大气成分变化的反演方法的开发。大气成分的更剧烈的变化是大的火山爆发导致平流层中形成的气溶胶层持续 1 或 2 年,这对全球 SST 的反演产生不利影响,模拟这种气溶胶对 BT 的影响,可以设计出对这些影响相对不敏感的反演方法(至少获得 4 个或更多海表敏感的波长 / 观测角的 BT),这是一个例子,说明通过模拟获得的额外洞察对解决 SST CDR 中的一个主要问题有实际帮助。

在 CDR 中提供有用的不确定度信息是很重要的。不确定度信息需要区分不同的不确定数据。通过模拟,可以评估造成不确定度的不同因素的贡献大小,作为估算 CDR 中每个 SST 相关的不确定度信息的方法的基础。由于不同因素产生的误差的误差 - 协方差结构不同,因此需要基于模拟的洞察力,以开发不同时空尺度平均的不确定度估算模型。

云检测、SST 反演、不确定度估算、灵敏度:模拟能力在所有这些步骤中都可提供信息,以生成气候领域应用所需的高质量的 SST 记录。

参考文献

[1] R.A.Hanel, et al., Exploration of the Solar System by Infrared Remote Sensing, second ed., Cambridge University Press, Cambridge, UK, 2003.

[2] C.Hill, et al., A new relational database structure and online interface for the HITRAN database, J.Q.Spectrosc.Radiat.Transfer 130 (2013) 51−61.

[3] L.S.Rothman, I.E.Gordon, The HITRAN molecular database, in: J.D.Gillaspy, W.L.Wiese, Y.A.Podpaly (Eds.), Eighth International Conference on Atomic and Molecular Data and Their Applications, 2013, pp.223−231.

[4] P.Lu, H.Zhang, X.Jing, The effects of different HITRAN versions on calculated long-wave radiation and uncertainty evaluation, Acta Meteorol.Sin.26（3）（2012）389-398.

[5] S.A.Clough, M.W.Shephard, E.J.Mlawer, J.S.Delamere, M.J.Iacono, K.Cady-Pereira, S.Boukabara, P.D.Brown, Atmospheric radiative transfer modeling: a summary of the AER codes, J.Q.Spectrosc.Radiat.Transfer 91（2005）233-244.

[6] A.Dudhia, Reference Forward Model, 2014.Available from: http://www.atm.ox.ac.uk/RFM/.

[7] A.Berk, G.P.Anderson, P.K.Acharya, L.S.Bernstein, L.Muratov, J.Lee, M.Fox, S.M.Adler-Golden, J.H.Chetwynd, M.L.Hoke, R.B.Lockwood, J.A.Gardner, T.W.Cooley, C.C.Borel, P.E.Lewis, E.P.Shettle, MODTRAN5: 2006 update, in: Proceedings of SPIE, 2006, p.6233.

[8] R.Saunders, M.Matricardi, P.Brunel, An improved fast radiative transfer model for assimilation of satellite radiance observations, Q.J.R.Meteorol.Soc.125（1999）1407-1425.

[9] M.Matricardi, A principal component based version of the RTTOV fast radiative transfer model, Q.J.R.Meteorol.Soc.136（2010）1823-1835.

[10] O.Embury, C.J.Merchant, M.J.Filipiak, A reprocessing for climate of sea surface temperature from the along-track scanning radiometers: basis in radiative transfer, Remote Sens.Environ.116（2012）32-46.

[11] K.P.Shine, I.V.Ptashnik, G.Radel, The water vapour continuum: brief history and recent developments, Surv.Geophys.33（3-4）（2012）535-555.

[12] Y.I.Baranov, W.J.Lafferty, The water vapour self- and water-nitrogen continuum absorption in the 1000 and 2500 cm 1 atmospheric windows, Philos. Trans.R.Soc.A 370（1968）（2012）2578-2589.

[13] Y.I.Baranov, et al., Water-vapor continuum absorption in the 800-1250 cm 1 spectral region at temperatures from 311 to 363 K, J.Q.Spectrosc.Radiat. Transfer 109（12-13）（2008）2291-2302.

[14] A.Lambert, R.G.Grainger, J.J.Remedios, C.D.Rodgers, M.Corney, F.W.Taylor, Measurements of the evolution of the Mt.Pinatubo aerosol cloud by ISAMS, Geophys.Res.Lett.20（1993）1287-1290.

[15] M.Hess, P.Koepke, I.Schult, Optical properties of aerosols and clouds: the software package OPAC, Bull.Am.Meteorol.Soc.79（5）（1998）831-844.

[16] O.Dubovik, et al., Variability of absorption and optical properties of key aerosol types observed in worldwide locations, J.Atmos.Sci.59（3）（2002）590-608.

[17] G.G.Stokes, On the intensity of the light reflflected from or transmitted through a pile of plates, Proc.R.Soc.Lond.11（1862）545−556.

[18] J.E.Hansen, Multiple scattering of polarized light in planetary atmospheres.Part I.The doubling method, J.Atmos.Sci.28（1971）120−125.

[19] K.Stamnes, et al., Numerically stable algorithm for discrete−ordinate−method radiative transfer in multiple scattering and emitting layered media, Appl. Opt.27（1988）2502.

[20] J.H.Joseph, W.J.Wiscombe, J.A.Weinman, Delta−Eddington approximation for radiative flux−transfer, J.Atmos.Sci.33（12）（1976）2452−2459.

[21] J.E.Bertie, Z.Lan, Infrared intensities of liquids XX: the intensity of the OH stretching band of liquid water revisited, and the best current values of the optical constants of H2O（l）at 25 ℃ between 15,000 and 1 cm−1, Appl. Spectrosc.50（1996）1047−1057.

[22] H.D.Downing, D.Williams, Optical constants of water in the infrared, J.Geophys.Res.80（1975）1656−1661.

[23] D.Friedman, Infrared characteristics of ocean water（1.5−15 mm）, Appl.Opt.8 （1969）2073.

[24] L.W.Pinkley, D.Williams, Optical properties of sea water in the infrared, J.Opt. Soc.Am.66（1976）554.

[25] L.W.Pinkley, P.P.Sethna, D.Williams, Optical constants of water in the infrared: influence of temperature, J.Opt.Soc.Am.67（1977）494.

[26] S.M.Newman, et al., Temperature and salinity dependence of sea surface emissivity in the thermal infrared, Q.J.R.Meteorol.Soc.131（2005）2539− 2557.

[27] C.Cox, W.Munk, Measurement of the roughness of the sea surface from photographs of the Sun's Glitter, J.Opt.Soc.Am.44（1954）838.

[28] P.M.Saunders, Shadowing on the ocean and the existence of the horizon, J.Geophys.Res.72（1967）4643−4649.

[29] P.M.Saunders, Radiance of sea and sky in the infrared window 800−1200 cm 1 , J.Opt.Soc.Am.58（1968）645.

[30] M.Filipiak, et al., Refractive indices（500−3500 cm−1）and emissivity（600− 3350 cm−1）of pure water and seawater［Dataset］, University of Edinburgh, Edinburgh, UK, 2008.

[31] X.Wu, W.L.Smith, Emissivity of rough sea surface for 8−13 mm: modeling and verification, Appl.Opt.36（1997）2609.

[32] P.D.Watts, M.R.Allen, T.J.Nightingale, Wind speed effects on sea surface

emission and reflection for the along track scanning radiometer, J.Atmos. Oceanic Technol.13（1996）126−141.

[33] N.R.Nalli, P.J.Minnett, P.van Delst, Emissivity and reflection model for calculating unpolarized isotropic water surface−leaving radiance in the infrared. I: theoretical development and calculations, Appl.Opt.47（2008）3701.

[34] K.Yoshimori, K.Itoh, Y.Ichioka, Thermal radiative and reflective characteristics of a windroughened water surface, J.Opt.Soc.Am.A 11（1994）1886.

[35] K.Yoshimori, K.Itoh, Y.Ichioka, Optical characteristics of a wind−roughened water surface: a two−dimensional theory, Appl.Opt.34（1995）6236.

[36] H.Li, N.Pinel, C.Bourlier, Polarized infrared emissivity of one−dimensional Gaussian sea surfaces with surface reflections, Appl.Opt.50（2011）4611.

[37] C.J.Merchant, et al., Saharan dust in nighttime thermal imagery: detection and reduction of related biases in retrieved sea surface temperature, Remote Sens. Environ.104（1）（2006）15−30.

[38] C.E.Bulgin, S.Eastwood, O.Embury, C.J.Merchant, C.Donlon, The sea surface temperature climate change initiative: Alternative image classification algorithms for sea−ice affected oceans, Remote Sens.Environ.（2014）.http: //dx.doi.org/10.1016/j.rse.2013.11.022.

[39] M.Derrien, H.Le Gleau, MSG/SEVIRI cloud mask and type from SAFNWC, Int.J.Remote Sens.26（21）（2005）4707−4732.

[40] A.M.Závody, C.T.Mutlow, D.T.Llewellyn−Jones, Cloud clearing over the ocean in the processing of data from the along−track scanning radiometer （ATSR）, J.Atmos.Oceanic Technol.17（2000）595−615.

[41] A.Dybbroe, K.−G.Karlsson, A.Thoss, NWCSAF AVHRR cloud detection and analysis using dynamic thresholds and radiative Transfer modeling.Part I: algorithm description, J.Appl.Meteorol.44（2005）39−54.

[42] C.J.Merchant, et al., Probabilistic physically based cloud screening of satellite infrared imagery for operational sea surface temperature retrieval, Q.J.R.Meteorol.Soc.131（611）（2005）2735−2755.

[43] S.Mackie, et al., Generalized Bayesian cloud detection for satellite imagery. Part 1: technique and validation for night−time imagery over land and sea, Int. J.Remote Sens.31（10）（2010）2573−2594.

[44] L.G.Istomina, et al., The detection of cloud−free snow−covered areas using AATSR measurements, Atmos.Meas.Tech.3（4）（2010）1005−1017.

[45] A.A.Kokhanovsky, A semianalytical cloud retrieval algorithm using

backscattered radiation in 0.4−2.4 mm spectral region, J.Geophys.Res.108（D1）（2003）.

［46］ L.Murino, et al., Cloud detection of MODIS multispectral images, J.Atmos. Oceanic Technol.31（2）（2014）347−365.

［47］ K.Masuda, Infrared sea surface emissivity including multiple reflection effect for isotropic Gaussian slope distribution model, Remote Sens.Environ.103（2006）488−496.

［48］ C.Bourlier, Unpolarized infrared emissivity with shadow from anisotropic rough sea surfaces with non−Gaussian statistics, Appl.Opt.44（2005）4335.

［49］ C.Bourlier, Unpolarized emissivity with shadow and multiple reflections from random rough surfaces with the geometric optics approximation：application to Gaussian sea surfaces in the infrared band, Appl.Opt.45（2006）6241−6254.

［50］ K.Caillault, et al., Multiresolution optical characteristics of rough sea surface in the infrared, Appl.Opt.46（2007）5471.

［51］ S.Mackie, et al., Generalized Bayesian cloud detection for satellite imagery. Part 2：technique and validation for daytime imagery, Int.J.Remote Sens.31（10）（2010）2595−2621.

［52］ D.Anding, R.Kauth, Estimation of sea surface temperature from space, Remote Sens.Environ.1（1970）217−220.

［53］ I.J.Barton, Satellite−derived sea surface temperatures：current status, J.Geophys.Res.100（1995）8777−8790.

［54］ C.J.Merchant, Thermal remote sensing of sea surface temperature, in： C.Kuenzer, S.Dech（Eds.）, Thermal Infrared Remote Sensing：Sensors, Methods and Applications, Springer Netherlands, Dordrecht, 2013, pp.287− 313.

［55］ C.J.Merchant, P.Le Borgne, Retrieval of sea surface temperature from space, based on modeling of infrared radiative transfer：capabilities and limitations, J.Atmos.Oceanic Technol.21（2004）1734−1746.

［56］ C.Francois, et al., Definition of a radiosounding database for sea surface brightness temperature simulations e application to sea surface temperature retrieval algorithm determination, Remote Sens.Environ.81（2−3）（2002）309−326.

［57］ K.A.Kilpatrick, G.P.Podestá, R.Evans, Overview of the NOAA/NASA advanced very high resolution radiometer pathfifinder algorithm for sea surface temperature and associated matchup database, J.Geophys.Res.106（2001）9179.

[58] C.J.Merchant, et al., Toward the elimination of bias in satellite retrievals of sea surface temperature 1.theory, modeling and interalgorithm comparison, J.Geophys.Res.：Oceans 104（C10）（1999）23565-23578.

[59] C.J.Merchant, A.R.Harris, Toward the elimination of bias in satellite retrievals of sea surface temperature：2.Comparison with in situ measurements, J.Geophys. Res.104（1999）23579.

[60] P.Le Borgne, H.Roquet, C.J.Merchant, Estimation of sea surface temperature from the spinning enhanced visible and infrared Imager, improved using numerical weather prediction, Remote Sens.Environ.115（1）（2011）55-65.

[61] C.D.Rodgers, Inverse methods for atmospheric sounding e theory and practice, in：F.W.Taylor（Ed.）, Series on Atmospheric Oceanic and Planetary Physics, vol.2, World Scientific Publishing Co.Pte.Ltd, 2000.

[62] C.J.Merchant, et al., Retrieval characteristics of non-linear sea surface temperature from the advanced very high resolution radiometer, Geophys.Res. Lett.36（17）（2009）.

[63] C.J.Merchant, et al., Extended optimal estimation techniques for sea surface temperature from the spinning enhanced visible and infra-red imager（SEVIRI）, Remote Sens.Environ.131（2013）287-297.

[64] C.J.Merchant, et al., Extended optimal estimation techniques for sea surface temperature from the spinning enhanced visible and infra-red imager（SEVIRI）（vol 131, pg 287, 2013）, Remote Sens.Environ.137（2013）331-332.

[65] [BIPM], B.I.d.P.e.M., Evaluation of Measurement DatadGuide to the Expression of Uncertainty in Measurement., 2008.

[66] O.Embury, C.J.Merchant, A reprocessing for climate of sea surface temperature from the along-track scanning radiometers：a new retrieval scheme, Remote Sens.Environ.116（2012）47-61.

[67] K.Masuda, T.Takashima, Y.Takayama, Emissivity of pure and sea waters for the model sea surface in the infrared window regions, Remote Sens.Environ.24（2）（1988）313-329, ISSN 0034-4257, http：//dx.doi.org/10.1016/0034-4257（88）90032-6.

第5章

现场测量策略

Giuseppe Zibordi[1,*] **Craig J. Donlon**[2]

[1] 欧盟委员会联合研究中心,意大利 伊斯普拉;[2] 欧洲航天局 / 欧洲空间研究与技术中心,荷兰 诺德韦克

★ 通讯作者:邮箱:giuseppe.zibordi@jrc.ec.europa.eu

　　支持卫星任务的广泛的现场测量对于用于气候研究需求下的具有可溯源、准确和一致性的数据产品的生成是至关重要的。鉴于针对气候变化调查的未来卫星任务的科学要求,并考虑到以往任务中的经验教训,以下章节概述了基本策略、流程、设计和实施测量计划时应考虑的规范,以及现场高质量必要的光学辐射测量中基准参考测量(Fiducial Reference Measurements,FRM)。

　　回顾近几十年所采用的策略,针对气候变化研究的海洋水色观测一章重点强调了长期参考测量基准的要求:

　　•至少一个专用的系统替代定标站点,来提供高质量海洋辐射测量数据;

　　•建立多个地理位置散布的站点,以最大限度地增加检验主要卫星数据产品的匹配数量。

　　高级别海洋水色反演数据产品的真实性检验以及生物光学模型的建立和评估应通过代表世界各种气溶胶和海洋水体区域的全球和季节性分布的辐射测量和生物光学匹配数据的基准参考测量(FRM)来支撑。应通过以下方式采集和处理现场测量:

　　•遵循最佳实践和社会共识制定的测量规范;

　　•充分特性分析和定期定标的仪器,确保最佳的可溯源性、准确

物理科学中的实验方法,Vol. 47. http://dx. doi. org/10. 1016/B978-0-12-417011-7. 00016-7

性和稳定性；

　·最先进的处理代码,依赖于最新的和社会接受的数据处理方法。

海洋水色辐射测量基准参考测量(FRM)还应:

·辅以对每个潜在的不确定源来量化所对应的不确定度值;

·不同的质量控制等级的及时可获取性。

如果可用,上述要素应该得益于:

·比对以验证生成现场数据产品的每个步骤;

·加大标准化和网络化力度;

　·先进方法和仪器的开发和实现,并逐渐集成到业务化现场测量中。

热红外(TIR)现场测量一章重点讲述船载辐射计可以提供可溯源至国际温度标准 1990 的基准参考测量(FRM),这些测量对卫星量化反演的海表温度(SST)的不确定度至关重要。在卫星海表温度(SST)气候数据记录(CDR)的背景下广泛讨论了船载基准参考测量(FRM)热红外(TIR)辐射计测量生成不确定度估算的要求,也包括船载基准参考测量(FRM)热红外(TIR)辐射计定标性能的验证,重点是通过比较同步或近同步卫星和现场测量来了解真实性检验过程本身引入的不确定度。最后,通过考虑与海表温度(SST)气候数据记录(CDR)的建立和可溯源相关的许多应用要求定义了船载红外辐射计网络(FRM ship-borne TIR radiometer network,SBRN)的概念和范围。具体而言,船载红外辐射计网络(FRM TIR SBRN)关键要求是需要:

　·至少一个持续的、定期重复的船载红外辐射计网络(FRM TIR SBRN)"线"(即,船舶航线),由一些确定的纬向大气状况构成。需要强调的是,独立卫星任务的结束和开始之间可能存在空白,也需要 SRBN 线。

　·尽可能地,船载红外辐射计网络(FRM TIR SBRN)测量的位置应是连续的,并最大程度的为保证卫星与基准参考测量(FRM)匹配的近同时和同地进行优化。

船载红外辐射计网络（FRM TIR SBRN）线采样应：

• 涵盖不同纬度以解决轨道周围仪器的任何热循环，另外在轨道的白天和夜晚分别进行采样。

船载红外辐射计网络（FRM TIR SBRN）测量应：

• 使用定义的时间和空间匹配标准进行采集；

• 具有与提供卫星链接相当的绝对精度和稳定性（对于气候应用，在 100 ～ 1 000 km 的尺度上，这些应分别为 <0.05 K 和 <0.015 K/十年）；

• 根据以科学共识建立和维护的国际一致同意的规范采集；

• 得到辅助数据的支持，以确保辐射计测量的环境背景被完全量化；

• 目标是关于 WGS-84 的绝对定位精度 <100 m；

• 使用异常容错（稳定）统计进行质量控制；

• 通过完整的不确定度分析来维护和揭示 SI 可溯源性。

以下两章根据国际共识和公认的最佳实践对上述总结的每项关键要求进行了详细阐述。

第 5.1 章

支持海洋水色卫星的现场辐射测量要求和策略

Giuseppe Zibordi, [1,*] Kenneth J. Voss[2]

[1] 欧盟委员会联合研究中心,意大利 伊斯普拉;[2] 迈阿密大学物理系,美国佛罗里达州 科勒尔盖布尔斯

★ 通讯作者:邮箱:giuseppe.zibordi@jrc.ec.europa.eu

章节目录

1. 引言 570
2. 现场辐射测量的相关活动概述 571
  2.1 现场测量 571
    2.1.1 系统替代定标的长期测量 571
    2.1.2 卫星数据产品检验的长期测量 573
    2.1.3 时间有限的针对性综合测量 574
    2.1.4 长期针对性综合测量 575
  2.2 相互比对 576
    2.2.1 实验室相互比对 576
    2.2.2 现场比对 578
    2.2.3 数据处理 579
  2.3 数据存储 580
3. 未来海洋水色卫星任务的要求和策略 581

3.1 用于系统替代定标的现场测量 582
3.2 用于卫星数据产品验证的现场测量 584
3.3 用于生物光学建模的现场测量 585
3.4 规范修订和整合 585
3.5 现场辐射计的定标和特性 586
3.6 数据处理、质量控制和(再)处理 586
3.7 满足应用的精度 587
3.8 存档和分发 587
3.9 确保准确度和最佳实践的相互比对 588
3.10 标准化和网络化 589
3.11 开发与实施 589
4. 总结和展望 590
参考文献 590

物理科学中的实验方法,Vol. 47. http://dx.doi.org/10.1016/B978-0-12-417011-7.00017-9

1. 引言

来自多个任务的十年尺度时间序列地球观测（Earth Observation，EO）数据是不同空间尺度上气候变量的特有数据源。然而，利用这些地球观测（EO）数据成功探测和量化隐藏在较大自然变化中的微小趋势就需要将这些数据溯源至国际单位制（SI），以及其数据产品随时间必须保持高准确度和一致性。对于海洋水色卫星，这只能通过以下途径实现，(1) 传感器发射前充分的特性确立和定标；(2) 传感器在轨辐射稳定性（即随时间的准确度变化）追踪和响应变化调整；(3) 联合传感器响应和数据处理算法的间接定标（即系统替代定标）；(4) 通过量化统计指标（例如偏差和离散）数据产品的评估（即检验）。以上任务的执行需要持续的超过单个地球观测任务生命周期的定标和检验计划的制定和实施。

水色卫星定标和检验计划的一个重要组成部分就是针对系统替代定标、数据产品检验以及用于生产高级别卫星数据产品生物光学模型的建立和评价所需要的高质量现场数据的采集。因此，现场数据的采集和处理在发射后的地球观测策略中具有重要地位。例如，用于卫星发射后系统替代定标的现场数据必须具有相当高的质量，用于能代表大部分海洋大气条件的站点的地球观测传感器辐射测量信号的准确模拟。这些现场数据通常是通过采用最先进的方法对现场仪器进行表征、定标、数据采集、数据处理和质量控制利用专门的长期部署的浮标基系统获取。除了系统替代定标，检验和生物光学建模则需要能代表并涵盖世界各种海洋水体类型的多种观测条件下的现场数据。因此，验证数据集通常是通过部署在各种平台（即船舶、浮标和近海固定结构）上由各团队独立操作的许多仪器进行的联合测量所构成的。尽管努力采用行业规范对现场仪器进行表征和定标，以及对数据采集、处理和质量控制进行约束，但是验证数据集依然不太可能完全满足系统替代定标的可溯源性、准确度和一致性要求。

本章讨论了以服务气候变化应用为目标的支撑海洋水色卫星任务的现场光学辐射测量数据的要求。重点围绕与系统替代定标和数据产品检验相关的基本测量策略,所遵循的原则是对气候系统关键要素的充分采样、仔细定标、质量控制和数据存档将永远是有用的[1]。

2. 现场辐射测量的相关活动概述

20 世纪 90 年代初,在发射海洋观测宽视场传感器(SeaWiFS)和海洋水色水温扫描仪(OCTS)的准备阶段,为了支持接下来的海洋水色卫星数据,开展了许多实验室和现场实验。此后随着以中分辨率成像光谱仪(MODIS)、全球成像仪(GLI)、中分辨率成像光谱仪(MERIS)和可见光红外成像辐射计(VIIRS)为中心的连续任务的持续推进,这些实验得以持续并进行了扩展。除了现场测量计划和实施之外,这些实验还包括测量规范的建立和评价、现场数据存储的设计和实施,以及为提高现场数据可溯源性和准确度的数据比对。以下小节总结了其中一些重点围绕以服务气候变化应用为目标的支撑海洋水色卫星任务针对现场数据获取近几十年来所建立的策略。

2.1 现场测量

近几十年来,卫星发射后系统替代定标所使用的现场数据主要是利用浮标基系统获取。与之相对应的,地球观测数据产品的检验依赖于固定部署结构或锚系系统所获取的长时间序列数据,以及通过海洋学调查船间或采集的综合数据。本节目标主要讲述为了专门支持海洋水色卫星任务的采用不同部署平台(如锚系设备、海洋船舶或固定部署结构)所开展现场测量实验的典型示例。

2.1.1 系统替代定标的长期测量

为支持海洋水色卫星传感器系统替代定标的现场系统的典型示例是:(1) 由美国国家海洋和大气管理局(NOAA)和美国国家航空航天局(NASA)针对 SeaWiFS 和 MODIS 传感器联合研发的海洋光学浮标(MOBY);(2) LOV (Laboratoire d'Océanographie de Villefranche)实验室针对 MERIS 所研发的用于获取长期光学时间序

列 的 浮 标（Bouée pour L'acquisition de Séries Optiques à Long Terme，BOUSSOLE）。

MOBY 从 1997 年开始就部署在距夏威夷拉奈约 11 海里、水深为 1200 m 的区域[2, 3]。该位置的选择受以下条件约束：作为一个理想的系统替代定标站点，应该是海洋水体具有空间上均匀的光学性质、无云且清洁的海洋大气条件以及船舶和岸上设施的后勤保障能经济／便捷的到达。可以代表全球大部分海洋观测条件的测量站点能为大部分海洋水色卫星数据提供系统替代定标系数。具有较低复杂性的海洋大气光学性质、海洋性气溶胶以及寡营养－中等营养水平的水体使得能准确模拟地球观测传感器和数据处理算法的系统替代定标所要求的地球观测传感器的辐亮度。较低的云量对于增加现场观测与卫星数据匹配观测数量至关重要。测量站点的均匀性要求使得现场和卫星观测在不同空间分辨率下能进行比较。

MOBY 系统是由（1）为避免漂移而系在锚系浮标上的杆状浮标和（2）覆盖 349 ～ 955 nm 光谱范围内光谱分辨率优于 1 nm 的高光谱辐射计组成，该辐射计通过光纤与许多光学采集器进行耦合。这些采集器分别部署在垂直于浮标位于 1 m、5 m 和 9 m 深度的横臂上用来测量水体中下行辐照度和上行辐亮度。此外，水面之上的下行辐照度在浮标顶部 2.5 m 处被测量。系统的辐射测量稳定性通过内部光源每日监测。MOBY 测量系统会进行定期的特性确立和定标以保证高的准确度并且可溯源到美国的国家标准技术计量院（NIST）。对于上行辐亮度 L_u，其所公布的不确定度 412 ～ 666 nm 光谱范围内位于 2.4％～ 3.3％。该不确定度数值主要由包括定标光源、辐射传递、部署期间的辐射测量稳定性以及环境影响等不同贡献的统计成分所决定。

自 2003 年以来，BOUSSOLE 被部署在距离海岸约 32 海里、水深 2 440 m 的利古里亚海[5]。BOUSSOLE 采用阿基米德浮力代替重力的倒钟摆概念进行张紧锚系。为了最大限度地最小化上部结构阴影的影响和最大化垂直方向的稳定性，采用不受涌浪影响的设计[5]。使用的仪器为光谱范围覆盖 412 ～ 683 nm 具备 10 nm 带宽的七通道商业化辐射计。在 4 m 和 9 m 深度处测量水体中的上行辐亮度、上行辐照度、下行辐照度。此外,在水面以上 4 m 处测量下行辐照度。对于归一化遥感反射率 ρ_{WN},其不确定度估算为 6%,且是光谱无关的[6]。水体中的测量到表面的传递通过模型进行估算,并考虑了拉曼效应以及随深度对数变换的辐射测量导致的非线性。作为 Chla 浓度和太阳天顶角函数的这些校正在 412 nm 高达百分之几,在 670 nm 处高达百分之几十[6]。

通过用于系统替代定标的光学浮标的长达十年部署,可以得知:(1)至少需要一个站点的连续测量,以保证支持连续的卫星观测任务;(2)现场辐射计必须进行频繁的特性确立和定标,以确保数据产品的可溯源性、准确度和一致性。此外,其他的重要方面包括完善的现场测量(如剔除受浮标阴影和倾斜,或生物附着影响的数据)和数据处理(如外推到次表面数值,或最小化双向效应)的质量保障体系也是必需的。

2.1.2 卫星数据产品检验的长期测量

气溶胶自动观测网海洋水色部分(Ocean-Color component of the Aerosol Robotic Network,AERONET-OC)是支持对卫星辐射测量数据产品检验的长期测量计划的一个典型示例[7]。AERONET-OC 是由 NASA 和欧盟联合研究中心(Joint Research Center,JRC)合作构建,依赖 AERONET 的基础设施[8],利用来自全球分布测量站点所匹配的归一化离水辐亮度 L_{wn} 和气溶胶光学厚度 τ_a 的时间序列数据来支持海洋水色检验。大气和水面之上辐射测量数据是利用覆盖 412 ~ 1 020 nm 光谱范围 10 nm 带宽的 9 通道多光谱辐射计进行采集。通常在位于沿海地区的具有较高稳定性的固定平台(不受倾斜和翻转等干扰影响)上进行自动测量。该网络于 2002 年启动[9],当前,通过建立和管理当地站点的国际团队的参与,站点已经覆盖亚得里亚海、波罗的海、黑海、珊瑚海、墨西哥湾、泰国湾、北海、中大西洋湾、俄勒冈海岸外的太平洋、波斯湾和黄海。

该网络的特色是测量的标准化和通过使用相同的测量仪器和规范、采用专用方法和定期检查的光源在单独的实验室进行所有辐射计的定标、利用相同的处理代码对测量进行处理和质控的数据产品。数据以 3 个质量等级（Level 1.0，Level 1.5，Level 2）的方式进行提供。Level 1.0 是来自完整现场测量序列的数据产品，Level 1.5 是经过消除任何重大环境干扰以及云影响的经过质量控制的数据产品，Level 2.0 是经过部署后再定标以及每条归一化离水辐亮度光谱都是经过充分评价的完全质量控制的数据产品。该网络的另一特色就是通过 web 界面几乎可以实时访问和下载 Level 1.0 和 Level 1.5 的数据。Level 2.0 的数据会在一个部署周期结束后提供，为 6 ～ 12 月。在中等浓度悬浮物主导的水体中，测量得出的 L_{WN} 的不确定度在 412 ～ 555 nm 光谱区域为 4% ～ 5%，在 670 nm 处受到表面波浪的干扰影响增加到 8%[7]。这些不确定度随生物光学特性不同的海域有着明显变化[10]，主要由于绝对定标和环境影响导致（如整个观测试验序列期间的表面波动、光照条件以及水体光学性质的变化等）。

AERONET-OC 揭示出对于从全球分布的不同站点生成一致的数据中标准化和网络化策略的重要性。此外，它明确了存储对于（1）在原始数据存档伴随数据处理所需要的信息（例如定标系数），（2）在递增质量控制等级下数据产品的实时获取，以及测量规范和不确定度估算信息的重要性。其允许（1）随着数据处理方法或仪器特性确立的进步要及时系统地重新处理所有测量值，以及（2）要实时可以让科学组织使用这些存档数据产品。

2.1.3　时间有限的针对性综合测量

固定站点的长期数据采集，尽管只提供了一些辐射测量量，但却为探索用于反演高级别产品的主要地球观测数据年内和年际间的不确定度提供机会。然而，在能较好代表全球不同水体类型的区域和季节上的综合性的现场光学和生物光学量的测量，结合水体重要光学成分的空间和垂向分布影响，能为探索任何地球观测所反演的数据产品的准确度提供机会。虽然海洋学调查船受制于时间上的持久，其对于执行沿断面的综合现场测量是非常适合的平台。此外，船还能提供当前不能部署于无人平台的测量系统的操作能力，进而能进行特殊的调查。

致力于支持海洋水色卫星观测的最早的测量计划是 CZCS NIMBUS 试验小组（NIMBUS Experiment Team，NET）的科学家们在 20 世纪 70 年代末到 80 年代初所承担的计划。该计划由一系列针对浮游植物色素浓度确立[11]和卫星反演的数据产品检验[12]进行的生物光学测量和水体辐射测量的海洋学航次构成。

较近的依托生物光学航次的长期测量计划是（1）百慕大生物光学项目（Bermuda Bio-Optics Project，BBOP）[13]，其是在百慕大大西洋时间序列（Bermuda Atlantic Time Series，BATS）背景下针对长期物理、生物、和生物地球化学测量所增加的每月的光学和生物光学量测量[14,15]；（2）海洋性质的生物光学映射（Bio-Optical mapping of Marine Properties，BiOMaP），其致力于为支持区域间海洋水色卫星调查在欧洲海域所进行的综合并且一致的光学和生物光学测量数据的采集[16-18]。海洋性质的生物光学映射（BiOMaP）的一个重要特色是在所调查的区域采用相同的仪器、定标方法、测量规范、处理代码和质量控制标准。

基于船舶的光学辐射测量通常采用的是水中自由落体剖面系统，其允许数据采集能够远离船体进行，进而最小化周围结构的干扰（如船体阴影和反射）。与水面之上法或者水中固定深度的辐射测量不同，自由落体技术使得水体中垂直辐射场可以更全面的表征。具体来说，海洋性质的生物光学映射（BiOMaP）采用了自由落体多光谱测量系统，其结合水面之上的下行辐照度测量进行了水体中上行辐亮度、下行辐照度、上行辐照度连续深度的测量。在中等浓度沉积物主导的水体中，L_{wn} 测量的不确定度主要受来自绝对定标和测量环境的不确定度影响最大，在 412～555 nm 是 4%～5%，在 670 nm 处就会增加到约 6%[17]。

海洋性质的生物光学映射（BiOMaP）给出了为支持海洋水色卫星检验和区域生物光学建模[17,18]所进行综合光学和生物光学测量的来自不同站点一致的数据集的相关性。

2.1.4 长期针对性综合测量

由于锚系系统可携带大量的仪器并且可进行高时间分辨率的

数据采集,借助于锚系系统,长期的综合生物光学测量是可实现的。正因如此,对于研究物理、生物光学和生物地球化学方面的偶发或周期性过程来说,锚系系统是极佳的平台。最早的生物光学锚系系统是为研究海洋中的光衰减和光产生在美国海军研究办公室(the U.S. Office of Naval Research)的支持下在马尾藻海所建立的 Biowatt [19, 20]。然而该锚系系统虽然携带可以测量一些生物光学参数的仪器,如衰减系数、荧光和生物发光,却未配置除用来测量光学有效辐射的宽波段传感器之外的辐射计。

与海洋水色卫星应用相关的一个锚系系统示例是 1994 年第一次部署的远离百慕大在深水区的百慕大海床试验(Bermuda Test Bed) [21]。该锚系系统主要设计用来研究北大西洋寡营养盐水体中的生物地球化学和生态的时间变化,并具有通过一系列位于不同深度处的光学辐射计和生物光学仪器进行相应数据的采集能力。多光谱的水体中上行辐亮度和下行辐照度以及水面之上的下行辐照度通过 10 nm 带宽、光谱范围为 412 ～ 670 nm 的七通道传感器进行了测量。在海洋水色卫星背景下,这对于生物光学模型的建立和评估以及卫星数据产品的检验非常重要 [22]。同专门用于支持系统替代定标的浮标相似,生物附着是限制光学数据质量的主要因素,需要专门的解决方法 [23, 24]。

2.2 相互比对

方法正确实施的验证,或者实验室和现场所采用的技术和仪器的评估,均得益于相互比对。水色卫星框架内所进行的相关的相互比对包括不同定标技术、测量方法、仪器性能、以及数据处理和质量控制方法的评价。

本节概述了自 20 世纪 90 年代早期以来的在主要海洋水色卫星任务背景下所进行的相互比对活动的示例。

2.2.1 实验室相互比对

SeaWiFS 轮询试验(SeaWiFS Round Robin Experiments,SIRREXs)是光学定标标准和方法的实验室相互比对的宝贵示例。从 1992 年到 2001 年,先后进行了 8 次 SIRREXs,并达到递增的目标。前三次在圣地亚哥州立大学的水体光学和遥感中心(the Center for Hydro-Optics and Remote Sensing, CHORS)举行,重点是可见光和近红外光谱区光谱辐照度和辐亮度光源的可溯源性[25-27]。结果表明,由于光谱辐照度标准传递的改进,标准灯的辐照度值差异从 SIRREX-1 的 8% 下降到 SIRREX-2 的 2%。相比之下,辐亮度光源(积分球以及联合的灯和反射板)在 SIRREX-1 和 SIRREX-2 期间表现出大约 7% 的差异,在 SIRREX-3 期间显著降低至 2% 以下。这三次实验表明遵守最佳做法的重要性,包括光源操作、灯电流控制、灯和辐射计的机械设置、实验室杂散光的遮挡以及反射板双向因子应用。

正因如此,SIRREX-4 和 SIRREX-5 的组织和执行旨在实验室和现场方法上达成共识。这两次 SIRREXs 于 1994 年和 1996 年均在盖瑟斯堡 NIST 举行,通过以绝对定标和传感器稳定性监测为主的实验室测量以及现场测量的相互比对来实现这两次试验的目标[28, 29]。

与之前试验不同,SIRREX-6 则侧重于多个实验室的辐照度和辐照度绝对定标能力的比对[30]。在 1996 年举行的这次轮询试验中,相同的辐射计在不同地方利用其本地的设施分别进行定标。结果表明,对于辐照度和辐亮度定标,获得总体一致性的能力优于 2%。

接下来的 SIRREX-7 于 1999 年在哈利法克斯的 Satlantic 公司举行[31],主要围绕解决 400～700 nm 光谱范围影响辐亮度和辐照度传感器定标的常见因素的不确定度量化。它专门广泛地研究了与辐照度和辐亮度标准、光源、漫反射板的均匀性和双向性、机械定位和准直以及偏振相关的不确定度。实验定义了辐照度和辐亮度定标的最小、典型和最大不确定度数值。结果表明辐照度定标最小、典型和最大不确定度分别为 1.1%、2.3% 和 3.4%,辐亮度定标不确定度分别是 1.5%、2.7% 和 6.3%。尽管这些光谱上相互独立的平均数值是在特定定标实验室针对一系列给定的商业多光谱辐射计所确立的,但结果可作为针对一般通用的光学辐射计在不同实验室进行定标的不确定度参考。

SIRREX-8 于 2001 年举行,主要研究可见光和近红外光谱区域与辐照度传感器浸没因子相关的实验室内和实验室间的不确定度确立[32]。相互比对涉及三个实验室(即 CHORS、JRC 和 Satlantic 公司),通过应用相同测量方法的不同实施,独立地对来自同一商业公司的许多辐射计进行了特性确立。使用相同代码所处理的单独实验室测量结果表明浸没因子的实验室内测定精度通常优于 0.5%,实验室间差异约为 0.6%。结果还证实了需要对单个辐射计进行特性确立,因为传感器与传感器之间浸没因子的差异范围为 1%~5%,具体取决于辐照采集器的老化或制造差异。除了为辐照度传感器浸没因子确立实验室内和实验室间的不确定度外,SIRREX-8 进一步指出作为对辐射计的准确特性确立的基本要求,将统一的规范和严格的质量保证体系应用于实验室测量是非常重要的。

SIRREX 实验之后是在用于生物和交叉学科海洋研究的传感器比对和融合(the Sensor Intercomparison and Merger for Biological and Interdisciplinary Oceanic Studies, SIMBIOS)计划背景下进行的额外的辐射测量比对活动。这些实验于 2001 年和 2002 年进行[33, 34],并命名为 SIMBIOS 辐射测量相互比对试验(SIMBIOS Radiometric Intercomparison, SIMRIC),主要是为了(1)确保用于现场光学辐射计定标的设施之间具有共同的辐射度量基准;(2)进一步改进定标规范。除了评价通过 NIST 绝对定标的辐亮度传递辐射计进行定标的许多实验室所进行的辐亮度测量差异外,SIMRIC-1 和 SIMRIC-2(1)研究了用于辐亮度定标的漫反射板的方向-半球到方向-方向反射率的转换因子;(2)并强调了当定标距离不同于灯自身的绝对辐射定标所采用的距离时考虑灯柱后的灯丝准确中心位置的重要性。

整体上,SIRREX 和 SIMRIC 将计量学原则应用于海洋水色界,并促进辐射计定标和特性确立方面的专业发展,是必不可少的试验。

2.2.2 现场比对

相关文献提供了许多光学辐射计系统和测量方法的现场比对示例[35-39]。在 MERIS 检验背景下进行了针对近岸水体遥感应用的现场辐射计能力评价(Assessment of In Situ Radiometric Capabilities for

Coastal Water Remote Sensing Applications，ARC）试验[40]，由于其所比较的系统和方法的多样性以及在定量化确定度所做的努力，本部分重点对其进行简要介绍。此次比对于 2010 年在亚得里亚海北部的阿夸阿尔塔海洋学塔（Acqua Alta Oceano- graphic Tower，AAOT）进行，旨在评价独立的水面之上和水面之下两种系统和方法同步测量的可见－近红外现场数据产品。ARC 的最终目标是评价来自不同独立供应商的数据产品的一致性。评价的产品包括光谱离水辐亮度 $L_w(\lambda)$、水面之上向下辐照度 $E_d(0^+, \lambda)$ 和遥感反射率 $R_{rs}(\lambda)$。该比对试验最重要的成就就是量化了每个独立系统 / 方法的不确定度，此外还通过相互比对的统计结果评价了这些不确定度。

与参考系统相比，光谱平均的数据产品相对偏差范围为 1%～ 6%，而光谱平均的绝对偏差范围为 6%～ 9%。这些结果的获取除了采用稳定的部署平台得益于所涉及的辐射计的实验室相互定标和几乎理想的测量条件（即相对较低的太阳天顶角、晴朗的天空和低海况）。

ARC 试验表明通过不同的商业化辐射计和测量方法所获取的辐射测量数据产品很难满足 5% 的不确定度目标。事实上，试验结论也表明，当在非理想条件下（即高太阳天顶角和海况、云层干扰的光照以及不稳定的部署平台）进行测量，并且没有对不同辐射计进行实验室相互定标的情况下，很难在所采用的系统和方法获取的数据产品之间保持如文档所述的一致性。

2.2.3 数据处理

除了与仪器特性和定标以及测量系统性能和方法相关的不确定度，数据处理过程也会影响辐射测量产品的数据质量。1994 年和 2000 年所进行的 SeaWiFS 数据分析轮询试验（SeaWiFS Data Analysis Round Robins，分别简称为 DARR-94 和 DARR-00）主要针对水体光学辐射测量剖面数据的处理进行相互比对。DARR-94[42] 对应用四种处理方法所确定的基本数据产品（即 $E_d(0^-, \lambda)$、$L_u(0^-, \lambda)$ 和 $K_d(\lambda)$）进行了比较。基于海洋水体典型代表的辐射测量剖面的分析结果表明 $L_u(0^-, \lambda)$ 的变异系数约为 3%，$E_d(0^-, \lambda)$ 的变异系数略微增加至 3% ~ 4%，对于 $K_d(\lambda)$ 通常在 5% 以内。DARR-00[40] 对 DARR-94 期间未评价的三个处理方式进行评价，所有处理因素均参考相同的数据处理规范[43]。该试验分析了大量推导的数据产品，即 $E_d(0^-,\lambda)$、$L_u(0^-,\lambda)$、$E_u(0^-,\lambda)$、$K_d(\lambda)$、$R_{rs}(0^-,\lambda)$ 和 $L_{WN}(0^-,\lambda)$，独立确定的差异。通过自由落体和绞车系统在沿海和大洋水体获取的辐射测量剖面的数据分析揭示出红光光谱区域的差异更为显著，并且因处理方式不同而有所差异。例如，使用两个处理方式确定的 $L_u(0,\lambda)$ 的相互比对结果显示，蓝光-绿光谱区域的差异为 2.5%，红光光谱区域的差异为 13%。同样的分析表明，在选择相同的处理方式（例如外推间隔和异常值剔除标准）时，差异收敛至 0.5% 以内。

DARR-00 明确揭示了数据处理在生成准确的辐射测量数据产品中的重要性，并表明完全独立的处理方法将会影响通过组合来自不同来源的数据构建的参考数据集的一致性。这显示了集中处理方式或科学组织支持下共享处理算法的必要性和需求。试验还表明，应对数据整理规范的进步，应该有必要随着处理方法的进步对之前的现场数据进行全面再处理。

2.3　数据存储

NASA 开发的 SeaWiFS 生物光学存档和存储系统（SeaWiFS Bio-optical Archive and Storage System，SeaBASS）[44] 和 ESA 开发的 MERIS 匹配现场数据库（MERIS Matchup In Situ Database，MERMAID）[45] 是专门用于海洋水色卫星应用的数据存储示例。这些数据库的总体目标是支持适合系统替代定标、卫星数据产品检验和生物光学模型建立的现场数据的长期存档和分发。在这两种情况下，现场数据均是由不同的研究人员提供，并使用不同仪器、测量方法和平台所采集。

在比较这两个存储库时，SeaBASS 最初仅限于辐射测量和浮游植物色素数据，后来扩展到容纳更多的生物光学和水文学物理量，如固有的光学特性、光学重要成分的浓度、盐度和温度。提交的数据需要接受评价，包括对预期变异范围的检查以及适用时的光谱一致性检查。除了定期应用于验证来自海洋水色卫星传感器的数据产品外,为实现可靠的生物光学模型构建[46],SeaBASS 还被用于生成 NASA 生物光学海洋算法数据(NASA bio-Optical Marine Algorithm Data, NOMAD)高质量子集。这一发展显示了将辐射数据标记为其不确定度和匹配生物光学数据存在所驱动下的适用性函数的重要性。

与 SeaBASS 不同,MERMAID 是专门为 MERIS 匹配的存档、评价和分发而设计的。与 SeaBASS 类似,MERMAID 最初仅限于由质量标志补充的辐射数据产品,后来扩展到包括一些额外的生物光学物理量。

前面的例子表明了设计具有灵活结构的数据存储库的重要性,允许它们逐步扩展以适应未来应用所需的变量和信息数量的递增。

3. 未来海洋水色卫星任务的要求和策略

如前所述,针对气候变化研究,为了探测到观测周期内变化缓慢的改变,需要具有卓越的可溯源性、高精度和非常高的时间上的一致性的观测。这要求来自连续任务的持续地球观测具有唯一的参考,这些参考应该是具备明确量化的不确定度且不确定度最小的不间断时间序列的现场数据。

从之前的定标和检验计划中获得的经验是,未来的海洋水色卫星任务最终需要来自以下方面的长期现场辐射测量:

• 至少一个专用和持续的站点,为系统替代定标提供高质量的海洋辐射测量数据;

• 尽可能多的建立地理空间分布广泛的站点,为卫星数据产品检验最大限度地增加匹配数量。

高级别反演数据产品的验证以及生物光学模型的建立和评价通过来自下述区域的全球和季节上广泛分布的现场辐射测量和生物光学匹配测量来支撑:

• 区域要能代表世界上不同类型的气溶胶和海洋水体。

现场测量应通过以下方式进行采集和处理:

•遵循最佳实践并且达成科学界共识的测量规范；

•确保最佳的可溯源性、准确度和稳定性的经过充分特性确立和定期定标的仪器；

•依据最新的并且科学界接受的数据处理方案的最先进的处理代码。

现场数据产品还应是：

•包含考虑每个潜在的不确定度来源进行量化的不确定度数值；

•在不同质量控制级别上可及时获取。

当可用时，先前的努力应得益于：

•验证现场数据产品生成所需每一步的相互比对；

•在标准化和网络化上所增加的努力；

•先进的方法和仪器及其逐渐进入业务化现场测量中的开发和实施。

3.1　用于系统替代定标的现场测量

卫星数据产品的不确定度要求一般都是参考 Gordon 和 Clark[11]、Gordon 等人[12]、Gordon[47] 的工作。其揭示出为保证在寡营养水体中的叶绿素 a 浓度产品的最大不确定度性为 35%，就要求在蓝光波长处的 L_w 的不确定度不能超过 5%。该 5% 的不确定度要求被扩展到所有的海洋水色波长，被设为 SeaWiFS 主要辐射测量数据产品的目标，并在后续的卫星任务中得以保留。

因此，海洋水色卫星传感器定标的精度由卫星反演的离水辐亮度 L_w 的不确定度目标决定的。具体而言，假设 L_w 的不确定度为 5%，L_w 约为大气顶部辐射亮度 L_t 的 10%，则 L_t 中的不确定度必须低于约 0.5%（详见第 3.1 章）。当 L_w 为 L_t 的 5% 时，L_t 中的允许不确定度低于 0.3%。这些估算必然会导致以下一些一般性的考虑：(1) L_t 所需的目标不确定度只能通过系统替代定标来实现；但是(2)作为比值 L_w / L_t 的函数以及受制于系统替代定标的现场 L_w 数值的不确定度，L_t 可实现的最小不确定度随波长而变化（这给在红光光谱范围尤其是近红外光谱下现有现场测量技术和方法对满足目标不确定度需求带来挑战)。

还需要强调的是,满足目标不确定度要求以及所需额外的通常要低于目标不确定度的时间一致性,这表明在应用(和可互换性)由不同的现场数据集确立的系统替代定标系数时要谨慎。例如,由于应用了仅相差 0.3% 的系统替代定标系数而产生的卫星反演辐射测量产品,很容易在 L_w 中表现出高于 5% 的偏差。这种偏差比致力于气候变化研究的海洋水色卫星任务所需的每十年 0.5% 目标稳定性值高出数倍[50, 51],并且可能会在来自多个任务的长期数据记录中引入不必要的不一致性。这就迫使对支持系统替代定标的站点和现场测量进行仔细评价,这应通过考虑卫星数据产品的实际应用并认识到下游创建气候质量数据施加最严格的条件来选择。

因此,支持气候变化研究的未来海洋水色任务能够依靠一个主要维持的长期现场定标系统(站点和辐射测量),从而将时间上的一致性最大化,进而最大限度地减少可能导致气候数据记录(CDR)中存在虚假趋势的跨任务卫星数据产品之间可能的偏差。

联合来自多个站点的匹配能力通常被视为一种可行的解决方案,以缩短积累相对大量高质量匹配确保系统替代定标系数达到满意的精度所需的较长时间[52]。然而,即使假设现场数据的质量相同,依赖于不同站点的系统替代定标可能会受到大气校正过程的影响是不同的,导致系统替代定标系数略有不同。事实上,回想一下,系统替代定标用于补偿空间传感器的绝对辐射定标和大气校正过程中的误差,不同位置(由于卫星观测几何或海洋大气光学性质的差异)可能导致不同的大气干扰,这会通过不同的系统替代定标系数最小化。然而,性能与主要现场长期定标系统相当的二级现场长期定标系统将允许所需确保系统替代定标的容错性的一定的冗余。此外,为研究不同观测条件的影响,这些现场二级系统对于持续验证和检验目的具有策略上的重要性,并支持生成用于生态或水质应用的特定任务区域地球观测数据产品。

一个理想的系统替代定标站点应远离大陆的任何陆地污染,避免卫星观测中潜在的邻近效应,在区域上应表现出低云量、高空间均匀性和稳定性(在可能小的季节变化范围内),并且能代表大部分海洋的海洋大气光学性质准确已知(或可被建模)。现场辐射计必须完全进行特性确立(由线性度、温度依赖性、偏振灵敏度和杂散光干扰等方面构成),且进行可溯源至国家计量院的绝对定标,其目标不确定度为 2% 并具有高度的稳定性(每次部署优于 1%,理想目标是 0.5%),最后应能定期检查并经常更换。使用最先进的测量技术、数据处理方法和质量控制方案,现场辐射测量数据产品应针对蓝光－绿光光谱区域中 L_w 的目标标准不确定度为 3% ～ 4%,并希望在红光波段能达到 5%,且通道间差异低于 1%。数据速率应确保任何海洋水色卫星任务的紧密匹配,且时间差异适合站点以最大限度地减少由于太阳天顶角的变化和浮游植物垂直分布的时间变化引起的双向效应的变化。

高光谱系统因不用考虑特定的中心波长和带宽对于支持所有海洋水色卫星传感器的系统替代定标是至关重要的。站点处大气和水体特性的综合确立的额外能力将会为未来先进空间传感器的系统替代定标带来益处。

3.2 用于卫星数据产品验证的现场测量

在寡营养和中等营养的海洋水体中,海洋水色卫星辐射测量产品通常要 5% 的不确定度目标,这些产品的评价将需要更低不确定度的现场测量数据。尽管如此,通常这个被认为比较合适的数值依然是 5%,因为它假设任何系统成分对整体不确定度数值的贡献很小。

现场仪器定标不准确、数据收集不规则或受区域限制、数据缩减不良、存档不足或由于测量计划过程中引入的方法或技术变化而导致的不一致可能会降低甚至排除现场数据在验证过程中的适用性。这表明,用于气候变化应用的卫星数据产品(包括原始数据和反演数据)的验证应依赖于以综合技术和方法为中心的长期测量计划,并在任何特定任务的生命周期后进行维护。理想情况下,验证数据应在全球范围内按季节分布,并最终代表广泛的气溶胶和水体类型,包括不同营养水平以及有色可溶有机物或沉积物主导的水体。

实际上,应根据要评价的数据产品及其目标不确定度制定具体的验证策略。例如,原始数据产品的验证,如归一化的离水辐亮度 L_{WN},得益于自动系统提供的连续辐射测量能力,能满足长期测量的需求并最大限度地增加匹配次数。相比之下,反演卫星数据产品的验证需要对生物光学量(如色素浓度、吸收和后向散射系数)进行全面的现场测量,而这些测量并不总是以所需的精度和地理分布通过自动系统采集。因此,在依赖专用锚系系统和海洋船舶的计划框架内,仍应考虑在各种水体类型中进行这些生物光学测量。在这样的背景下,值得一提的是,通过定期采集全球分布的光学和生物光学数据,剖面浮标、漂流浮标和滑翔机有望扩展当前的测量能力。具体而言,使用为物理海洋学开发的 Argo 浮标技术的验证浮标可能允许对光学和生物光学量进行自动和广泛的(即空间、垂直和时间)测量[53]。因此,这些测量系统有望填补仅在有限数量的地点提供近表层水体深度内的数据的生物光学浮标和固定结构或通过船舶提供全面的垂直观测但在时间和空间上受限留下的空白。

3.3 用于生物光学建模的现场测量

生物光学建模涉及卫星产品生成算法的开发和评价,需要现场辐射测量数据和匹配的物理量,如海水固有光学性质(即散射、后向散射和吸收系数)和光学重要成分(如浮游植物色素)的浓度。与数据产品检验一样,获得具有量化不确定度的全面的并且质量控制的现场数据至关重要。

还应注意到,卫星反演产品中考虑到最小化地理位置依赖的失真(例如偏差),不同站位间现场数据的一致性对于建立区域生物光学算法至关重要。

3.4 规范修订和整合

针对跨任务的海洋水色卫星数据产品一致性,团体共享的现场测量、现场辐射计的特性确立和定标以及数据处理的规范至关重要。海洋水色卫星检验的海洋光学规范(The Ocean Optics Protocols for Satellite Ocean Color Validation)[55],其源于最初针对 SeaWiFS 检验的海洋光学规范（Ocean Optics Protocols for SeaWiFS Validation）的连续修订，确是最全面的针对现场海洋光学辐射测量规范汇编。虽然最初的规范侧重于支持海洋水色卫星活动现场辐射测量的基本要求，但连续的修订逐渐增加包括了全部相关辐射测量和生物光学测量的采集和处理。期望今后旨在支持海洋水色任务的规范仍将以这些努力为基础，但应根据最新进展情况进行适当更新。然而，任何修订或新的规范都应进行客观评价，并且其所述结果有据可依且能得到广泛的科学界共识。

3.5　现场辐射计的定标和特性

现场辐射计的定标和特性旨在确保测量的最佳可溯源性。如果仅考虑绝对辐射定标，使用多个定标源的方法可能会对不同提供者的测量不确定度的量化提出挑战。理想情况下，建议使用单一的定标实验室（接受持续验证）。然而，考虑到执行的困难，定标实验室参与定期相互比对是一种替代且可行的方法，将有助于尽量减少定标不确定度。需要考虑的另一个因素是追求相同国家计量研究院（National Metrological Institute）的可溯源性。

仪器特性必须包括系统的非线性、温度依赖性、杂散光干扰以及几何位置、光谱和水体中的响应的确立（参见第 3.1 章中的广泛讨论）。缺少或未很好对这些项进行表征会导致不可预知的测量误差。

除了对仪器的特性确立和定标应用最先进的方法外，传感器的老化是用于现场传感器辐射测量精度评价的一个因素。这需要定期再定标或定标仪器检查，理想情况下最好尽可能在其生命周期内频繁地进行定标[56]以追踪灵敏度变化或系统性能问题。

3.6　数据处理、质量控制和（再）处理

数据处理由连续的数值操作构成，其中会包括将定标系数应用于原始数据、异常值剔除、针对次表面数值确定所进行的外推，以及所采用的一些校正，如将随时间衰变的灵敏度、系统非线性、温度依赖性、双向效应和自阴影干扰等降至最低所做的校正。

质量控制确保数据在以下分析中能自信地应用，通常针对不同

的测量量。它应利用数据本身提供的辅助信息(例如,辐射测量数据中的云层覆盖或海洋状态)、固有和表观光学特性之间的闭合、模型估算、数据产品的相对光谱一致性、经质量控制后的数据集中单个光谱的代表性以及按顺序测量中数据产品的差异。

对于任何活跃的数据集,再处理是迫切的需求。因此,鉴于受益于方法的发展和系统特性确立的进步,现场数据的再处理应被认为是必须的。

正如已经指出的,集中数据处理可能是减少使用独立数据处理代码带来的不一致性的重要解决方案。它可以不管数据来源为数据集定期系统性的再处理以及一致的质量控制提供额外的优势。

3.7 满足应用的精度

用于系统替代定标、卫星数据产品检验和生物光学模型建立的现场数据应具有明确的不确定度,有可能对每个潜在干扰源以相对(即百分比)和绝对单位均进行量化[10]。

辐射测量的不确定度取决于测量系统的特点、特性和定标、测量方法、环境条件和数据处理方法。SIRREXs 期间所引入的 1% 不确定度概念[57],其表明将总体不确定度估算中的每项不确定度降低到 1% 以下的尝试,如果可能,是致力于将不确定度源最小化的专门量化研究的依据。该过程清晰地表明,准确度是有代价的。因此,影响进行每个特定应用(如生物光学模型建立、检验和系统替代定标)所需测量数量的现场数据产品对于不用的测量计划是不同的。这迫使需要确立对每个量、测量系统和具有不同测量条件的可能不同的地理区域的现场数据产品的不确定度。这一步骤允许将针对不同应用的现场数据产品作为其不确定度的函数进行索引。

3.8 存档和分发

鉴于支撑卫星数据产品的定期检验,及时获取现场数据是任何定标和验证计划的最终的一个基本需求。针对跨任务的需求,建议建立、维护和不断扩大超越任何特定任务的生命周期的存储库。存档数据应在不同的质量级别上可以获取,并针对某种目的可将其所索引为数据质量的函数。

毫无疑问，包含关于仪器、定标历史、测量方法、数据处理算法和质量控制方法等详细信息的数据的开放获取允许其进行独立的评价和应用。这应强制规定数据政策以促进数据的获取，但也应确保数据提供者的权利。

3.9 确保准确度和最佳实践的相互比对

一般来说，包括定标、测量方法、数据处理和质量控制等的相互比对可以有效地研究不确定度。事实上，它们是测量规范的正确解释和实施评估、仪器系统性能中的技术问题发现、替代方法的应用和准确度验证以及实践加强和新方法传播的手段。

针对与现场辐射测量有关的相互比对，以下几个方面虽然不能代表综合性的主题条目，但被认为是有用的。

·定标过程中的方法问题或定标设置的性能变化可能是定标误差来源。对于被验证是稳定的相同辐射计，独立确立定标系数的交叉比对，是验证定标实验室性能的可行方法。

·不同的辐射计，通常基于不同的技术，可能会产生不同的结果。这可能是由于多种特性，如视场角、采集速率或光谱波段。因此，相互比对以及对仪器性能的详细理解对于确定差异的原因至关重要。

·测量方法通常依赖于共享团体共识的规范。尽管如此，对测量规范的理解和执行仍可能面临客观限制或个人理解。因此，测量方法的相互比对是验证规范执行的方法。

·与测量方法一样，数据处理和数据产品的生成受制于规范和实施方案的应用。尽管如此，对这些规范的理解、其适用性或对特定情况的适用性可能是反演产品存在根本差异的根源。因此，依赖统一的处理代码（理想情况下是单个参考代码）的相互比对对于解决影响数据产品的潜在错误来源至关重要。

有时被忽视的基本的元素是需要进行依赖于等价物理量相互比对。每次涉及应用不同方法／系统或不同观测条件中确立物理量的相互比对，都应仔细考虑这一方面。例如，如果不考虑海面和水的双向反射率,则由于不同的观测几何结构,而不是由于方法或系统性能的根本问题,对水面之上和水体中推导的辐射测量产品的比较可能会产生偏差。

最后,相互比对结果应始终通过考虑任一重要的不确定来源包含每个参与比较物理量的确定度[7, 38]。

3.10 标准化和网络化

如前所述,影响来自不同提供者的现场测量不确定度受到各种因素的影响,例如不同现场仪器的性能、不同的采样方法的使用、多种定标源和规范的应用,以及各种数据处理方案的采用。标准化是确保测量的一致性(无论其来源如何)的一种方式。网络化和网络是标准方法制定和实施的可行解决方案[7]。

维护现场数据产品的长期一致性对于评价连续任务的卫星气候数据产品是尤其重要的。该需要强烈表明,一旦建立和巩固了网络的测量能力,就应在实施之前仔细评价其组成部分的任何变化(例如仪器或方法)。

3.11 开发与实施

技术和方法的进步对于提高现场测量的准确度至关重要。然而,新技术和方法需要统一,在常规应用之前需要被充分理解。通过经常强调新技术的应用,从而从已建立的系统转移到新系统,就是一个典型示例。重新确认对于技术和方法进步是非常重要的,使用未经验证的仪器或方法可能会影响数据产品。事实上,虽然通过偶尔部署初步应用新仪器或新方法允许在有限风险下取得进展,但必须极其谨慎地处理产生时间序列或地理位置广泛分布测量的主要流程中的技术或方法的替换,以避免影响数据集的一致性。因此,应在开发和运营计划之间建立密切的协同效应,以确保通过技术和方法的进步,逐步和及时地提高现场数据质量,但前提是这些技术和方法必须完全得到验证。最佳做法还将建议将传统的和新的系统／方法进行交叉时间的测量,以记录差异为今后的进一步研究提供信息。

4. 总结和展望

支持海洋水色卫星任务的综合定标和检验方案对于生成具有气候变化研究所需的可溯源性、准确度和一致性的数据产品至关重要。经验表明，至少需要一个长期参考站点，提供具有特殊质量的现场光学辐射测量数据，以便在连续任务中进行系统替代定标。此外，卫星数据产品的评价和生物光学算法的建立应得到来自能代表世界海洋水体且地理位置分布广泛的辐射测量的支持。

在所有情况下，数据质量都应通过应用最先进的测量规范、功能齐全且定标良好的现场辐射计以及最终经过验证的处理方法来保证。带有不确定度数值的数据，辅之以不确定度值，应存储在专用和可访问的存储库中。

现场方法、仪器和数据处理方法的相互比对是确保准确度的途径。测量和数据处理标准化是确保不管来源和区域的现场数据的高度一致性的整体策略的重要组成部分。此外，开发新的方法和仪器需要高度考虑。但是，在业务化方案中需要谨慎使用新开发的方法或仪器，以避免在时间序列或全球分布的数据中引入重大不连续性或不一致性。

最后，必须强调的是，围绕所建议策略的每个元素开展国际合作是重要的，其在得益于跨国经验和资源利用的优化两个方面至关重要。

参考文献

［1］ C.Wunsch, R.W.Schmitt, D.J.Baker, Climate change as an intergenerational problem, P.Natl.Acad.Sci.110（2013）4435-4436.

［2］ D.K.Clark, H.R.Gordon, K.J.Voss, Y.Ge, W.Broenkow, C.Trees, Validation of atmospheric correction over the oceans, J.Geophys.Res.102（D14）（1997）17209-17217.

［3］ D.K.Clark, M.E.Feinholz, M.A.Yarbrough, B.C.Johnson, S.W.Brown, Y.S.Kim, R.A.Barnes, Overview of the radiometric calibration of MOBY, in: Earth Observing Systems VI, 4483, 2002, pp.64-76.

［4］ S.W.Brown, S.J.Flora, M.E.Feinholz, M.A.Yarbrough, T.Houlihan, D.Peters,

K.Y.S.Kim, J.L.Mueller, B.C.Johnson, D.K.Clark, The marine optical buoY（MOBY）radiometric calibration and uncertainty budget for ocean color satellite sensor vicarious calibration, in: Remote Sensing, International Society for Optics and Photonics, 2007, pp.67441M−67441M.

[5] D.Antoine, P.Guevel, J.F.Deste, G.Bécu, F.Louis, A.J.Scott, P.Bardey, The "BOUSSOLE" buoy−a new transparent−to−swell taut mooring dedicated to marine optics: design, tests, and performance at sea, J.Atmos.Oceanic Technol.25（2008）968−989.

[6] D.Antoine, F.D'Ortenzio, S.B.Hooker, G.Bécu, B.Gentili, D.Tailliez, A.J.Scott, Assessment of uncertainty in the ocean reflectance determined by three satellite ocean color sensors（MERIS, SeaWiFS and MODIS−A）at an offshore site in the mediterranean sea（BOUSSOLE project）, J.Geophys.Res.113（C7）（2008）C07013.

[7] G.Zibordi, B.Holben, I.Slutsker, D.Giles, D.D'Alimonte, F.Mélin, J.−F. Berthon, D.Vandemark, H.Feng, G.Schuster, B.Fabbri, S.Kaitala, J.Seppälä, AERONET−OC: a network for the validation of ocean color primary radiometric products, J.Atmos.Oceanic Technol.26（2009）1634−1651.

[8] B.N.Holben, T.F.Eck, I.Slutsker, D.Tanré, J.P.Buis, A.Setzer, E.Vermote, J.A.Reagan, Y.I.Kaufman, T.Nakajima, F.Lavenu, I.Jankowiak, A.Smirnov, AERONETeA federated instrument network and data archive for aerosol characterization, Remote Sens.Environ.66（1998）1−16.

[9] G.Zibordi, B.H.Holben, S.B.Hooker, F.Mélin, J.−F.Berthon, I.Slutsker, D.Giles, D.Vandemark, H.Feng, K.Rutledge, G.Schuster, A.Al Mandoos, A network for standardized ocean color validation measurements, Eos Trans. Am.Geophys.Union 87（30）（2006）293−297.

[10] M.Gergely, G.Zibordi, Assessment of AERONET LWN uncertainties, Metrologia 51（2014）40−47.

[11] H.R.Gordon, D.K.Clark, Clear water radiances for atmospheric correction of coastal zone color scanner imagery, Appl.Opt.20（1981）4175−4180.

[12] H.R.Gordon, D.K.Clark, J.W.Brown, O.B.Brown, R.H.Evans, W.W.Broenkow, Phytoplankton pigment concentrations in the middle atlantic bight: comparison of ship determinations and CZCS estimates, Appl.Opt.22（1983）20−36.

[13] D.A.Siegel, T.K.Westberry, M.C.O'Brien, N.B.Nelson, A.F.Michaels, J.R.Morrison, A.Scott, E.A.Caporelli, J.C.Sorensen, S.Maritorena, S.A.Garver, E.A.Brody, J.Ubante, M.A.Hammer, Bio−optical modeling of

primary production on regional scales: the Bermuda BioOptics project, Deep-Sea Res. II 48 (2001) 1865-1896.

[14] A.F.Michaels, A.H.Knap, R.L.Dow, K.Gundersen, R.J.Johnson, J.Sorensen, A.Close, G.A.Knauer, S.E.Lohrenz, F.A.Asper, M.Tuel, R.Bidigare, Seasonal patterns of ocean biogeochemistry at the United States JGOFS Bermuda atlantic time series study site, DeepSea Res. I 41 (1994) 1013-1038.

[15] D.K.Steinberg, C.A.Carlson, N.R.Bates, R.J.Johnson, A.F.Michaels, A.H.Knap, Overview of the US JGOFS Bermuda atlantic time series study (BATS): a decade-scale look at ocean biology and biogeochemistry, Deep-Sea Res. II 48 (2001) 1405-1447.

[16] J.-F.Berthon, F.Mélin, G.Zibordi, Ocean colour remote sensing of the optically complex European seas, in: Remote Sensing of the European Seas, Springer, Netherlands, 2008, pp.35-52.

[17] G.Zibordi, J.-F.Berthon, F.Mélin, D.D'Alimonte, Cross-site consistent in situ measurements for satellite ocean color applications: the BiOMaP radiometric dataset, Remote Sens. Environ. 115 (2011) 2104-2115.

[18] D.D'Alimonte, G.Zibordi, T.Kajiyama, J.-F.Berthon, Comparison between MERIS and regional high-level products in European seas, Remote Sens. Environ. 140 (2014) 378-395.

[19] J.Marra, Eric O.Hartwig, Biowatt: a study of bioluminescence and optical variability in the sea, Eos Trans. Am. Geophys. Union 65 (1984) 732-733.

[20] T.Dickey, E.Hartwig, J.Marray, The biowatt bio-optical and physical moored program, Eos, Trans. Am. Geophys. Union 67 (1986) 650.

[21] T.Dickey, S.Zedler, X.Yu, S.C.Doney, D.Frye, H.Jannasch, D.Manov, D.Sigurdson, J.D.McNeil, L.Dobeck, T.Gilboy, C.Bravo, D.A.Siegel, N.Nelson, Physical and biogeochemical variability from hours to years at the Bermuda test bed mooring site: June 1994-March 1998, Deep-Sea Res. II 48 (2001) 2105-2140.

[22] V.S.Kuwahara, G.Chang, X.Zheng, T.D.Dickey, S.Jiang, Optical moorings-ofopportunity for validation of ocean color satellites, J.Oceanogr. 64 (2008) 691-703.

[23] F.P.Chavez, D.Wright, R.Herlien, M.Kelley, F.Shane, P.G.Strutton, A device for protecting moored spectroradiometers from biofouling, J.Atmos.Oceanic Technol. 17 (2000) 215-219.

[24] D.V.Manov, G.C.Chang, T.D.Dickey, Methods for reducing biofouling of moored optical sensors, J.Atmos.Oceanic Technol. 21 (2004) 958-968.

[25] J.L.Mueller, The fifirst SeaWiFS Intercalibration round-robin Experiment, SIRREX-1, July 1992, in: S.B.Hooker, E.R.Firestone（Eds.）, NASA Tech. Memo.104566, vol.14, NASA Goddard Space Flight Center, Greenbelt, Maryland, 1993, 60 pp.

[26] J.L.Mueller, B.C.Johnson, C.L.Cromer, J.W.Cooper, J.T.McLean, S.B.Hooker, T.L.Westphal, The second sea-WiFS intercalibration round-robin experiment, SIRREX-2, June 1993, in: S.B.Hooker, E.R.Firestone （Eds.）, NASA Tech.Memo.104566, vol.16, NASA Goddard Space Flight Center, Greenbelt, Maryland, 1994, 121 pp.

[27] J.L.Mueller, B.C.Johnson, C.L.Cromer, S.B.Hooker, J.T.McLean, S.F.Biggar, The third sea-WiFS intercalibration round-robin experiment, SIRREX-3, September 1994, in: S.B.Hooker, E.R.Firestone, J.G.Acker （Eds.）, NASA Tech.Memo.104566, vol.34, NASA Goddard Space Flight Center, Greenbelt, Maryland, 1996, 78 pp.

[28] B.C.Johnson, S.S.Bruce, E.A.Early, J.M.Houston, T.R.O'Brian, A.Thompson, S.B.Hooker, J.L.Mueller, The Fourth SeaWiFS intercalibration round-robin experiment（SIRREX-4）, May 1995, in: S.B.Hooker, E.R.Firestone（Eds.）, NASA Tech.Memo.104566, vol.37, NASA Goddard Space Flight Center, Greenbelt, Maryland, 1996, 65 pp.

[29] B.C.Johnson, H.W.Yoon, S.S.Bruce, P.-S.Shaw, A.Thompson, S.B.Hooker, R.E.Eplee Jr., R.A.Barnes, S.Maritorena, J.L.Mueller, The fififth SeaWiFS intercalibration round-robin experiment（SIRREX-5）, July 1996, in: S.B.Hooker, E.R.Firestone（Eds.）, NASA Tech.Memo.1999-206892, vol.7, NASA Goddard Space Flight Center, 1999, 75 pp.

[30] T.Riley, S.Bailey, The sixth SeaWiFS/SIMBIOS intercalibration round-robin experiment（SIRREX-6）AugusteDecember 1997, in: NASA Tech. Memo.1998-206878, NASA Goddard Space Flight Center, Greenbelt, Maryland, 1998, 26 pp.

[31] S.B.Hooker, S.McLean, J.Sherman, M.Small, G.Lazin, G.Zibordi, J.W.Brown, The seventh SeaWiFS intercalibration round-robin experiment （SIRREX-7）, March 1999, in: S.B.Hooker, E.R.Firestone（Eds.）, NASA Tech.Memo.2002-206892, vol.17, NASA Goddard Space Flight Center, Greenbelt, Maryland, 2002, 69 pp.

[32] G.Zibordi, D.D'Alimonte, D.van der Linde, J.-F.Berthon, S.B.Hooker, J.L.Mueller, G.Lazin, S.McLean, The eighth SeaWiFS intercalibration round-robin experiment（SIRREX-8）, SeptembereDecember 2001, in: S.B.Hooker,

E.R.Firestone（Eds.），NASA Tech.Memo.2002-206892，vol.21，NASA Goddard Space Flight Center，Greenbelt，Maryland，2002，39 pp.

[33] G.Meister，et al.，The fifirst SIMBIOS radiometric intercomparison （SIMRIC-1），AprileSeptember 2001，in：NASA/TM2002-210006，vol.1，NASA Goddard Space Flight Center，Greenbelt，Maryland，2002，60 pp.

[34] G.Meister，et al.，The second SIMBIOS radiometric intercomparison （SIMRIC-2），MarcheNovember 2002，in：NASA/TM-2002-210006，vol.2，NASA Goddard Space Flight Center，Greenbelt，Maryland，2003，65 pp.

[35] D.A.Toole，D.A.Siegel，D.W.Menzies，M.J.Neumann，R.C.Smith，Remote-sensing reflectance determinations in the coastal ocean environment：impact of instrumental characteristics and environmental variability，Appl.Opt.39（2000）456-469.

[36] S.B.Hooker，G.Lazin，G.Zibordi，S.McLean，An evaluation of above-and in-water methods for determining water-leaving radiances，J.Atmos.Oceanic Technol.19（2002）486-515.

[37] S.B.Hooker，G.Zibordi，J.F.Berthon，J.W.Brown，Above-water radiometry in shallow coastal waters，Appl.Opt.21（2004）4254-4268.

[38] K.J.Voss，S.McLean，M.Lewis，C.Johnson，S.Flora，M.Feinholz，M.Yarbrough，C.Trees，M.Twardowski，D.Clark，An example crossover experiment for testing new vicarious calibration techniques for satellite ocean color radiometry，J.Atmos.Oceanic Technol.27（2010）1747-1759.

[39] D.Antoine，A.Morel，E.Leymarie，A.Houyou，B.Gentili，S.Victori，J.-P.Buis，S.Meunier，M.Canini，D.Crozel，B.Fougnie，P.Henry，Underwater radiance distributions measured with miniaturized multispectral radiance cameras，J.Atmos.Oceanic Technol.30（2013）74-95.

[40] G.Zibordi，K.Ruddick，I.Ansko，G.Moore，S.Kratzer，J.Icely，A.Reinart，In situ determination of the remote sensing reflectance：an inter-comparison，Ocean Sci.8（2012）567-586.

[41] D.A.Siegel，M.C.O'Brien，J.C.Sorensen，D.A.Konnoff，E.A.Brody，J.L.Mueller，C.O.Davis，W.J.Rhea，S.B.Hooker，Results of the SeaWiFS data analysis round-robin（DARR-94），July 1994，in：S.B.Hooker，E.R.Firestone （Eds.），NASA Tech.Memo.104566，vol.26，NASA Goddard Space Flight Center，Greenbelt，Maryland，1995，58 pp.

[42] S.B.Hooker，G.Zibordi，J.-F.Berthon，D.D'Alimonte，S.Maritorena，S.McLean，J.Sildam，Results of the second SeaWiFS data analysis round robin，March 2000（DARR-00），in：S.B.Hooker，E.R.Firestone （Eds.），NASA

Tech.Memo.2001-206892, vol.15, NASA Goddard Space Flight Center, Greenbelt, Maryland, 2001, 71 pp.

[43] J.L.Mueller, R.W.Austin, Ocean optics protocols for SeaWiFS validation, rev 1, in: S.B.Hooker, E.R.Firestone（Eds.）, NASA Tech.Memo.104566, vol.25, NASA Goddard Space Flight Center, Greenbelt, Maryland, 1995, 66 pp.

[44] P.J.Werdell, S.Bailey, G.Fargion, C.Pietras, K.Knobelspiesse, G.Feldman, C.R.McClain, Unique data repository facilitates ocean color satellite validation, Eos Trans.Am.Geophys.Union 84（2003）377-387.

[45] K.Barker, C.Mazeran, C.Lerebourg, M.Bouvet, D.Antoine, M.Ondrusek, G.Zibordi, S.Lavender, MERMAID: the MEris MAtchup in-situ database, in: The 2nd MERIS /（A）ATSR Workshop, 22-26 September 2008, Frascati, Italy, European Space Agency, SP-666, November 2008.

[46] P.J.Werdell, S.W.Bailey, An improved in-situ bio-optical data set for ocean color algorithm development and satellite data product validation, Remote Sens. Environ.98（2005）122-140.

[47] H.R.Gordon, Calibration requirements and methodology for remote sensors viewing the ocean in the visible, Remote Sens.Environ.22（1987）103-126.

[48] S.B.Hooker, W.E.Esaias, G.C.Feldman, W.W.Gregg, C.R.McClain, An overview of SeaWiFS and ocean color, in: S.B.Hooker, E.R.Firestone（Eds.）, NASA Tech.Memo.1992-104566, vol.1, NASA Goddard Space Flight Center, Greenbelt, Maryland, 1992.

[49] National Academy of Sciences, Assessing Requirements for Sustained Ocean Color Research and Operations, The National Academies Press, 2011, ISBN 978-0-309-21044-7, 126 pp.

[50] G.Ohring, B.Wielicki, R.Spencer, B.Emery, R.Datla, Satellite instrument calibration for measuring global climate change: report of a workshop, B.Am. Meteorol.Soc.86（2005）1303-1313.

[51] World Meteorological Organization, Systematic Observation Requirements for Satellitebased Data Products for Climate 2011, Update Supplemental Details to the Satellitebased Component of the Implementation Plan for the Global Observing System for Climate in Support of the UNFCCC（2010 Update）, World Meteorological Organization.Report GCOS-154, 2011.

[52] B.A.Franz, S.W.Bailey, P.J.Werdell, C.R.McClain, Sensor-independent approach to the vicarious calibration of satellite ocean color radiometry, Appl. Opt.46（2007）5068-5082.

[53] H.Claustre, S.Bernard, J.-F.Berthon, J.Bishop, E.Boss, C.Coatanoan,

F.D'Ortenzio, K.Johnson, A.Lotliker, O.Ulloa, Bio-optical Sensors on Ar-go Floats, Reports and Monographs of the International Ocean-Colour Coordinating Group, N.11, IOCCG, Dartmouth, Canada, 2011.

[54] J.L.Mueller, et al., Ocean optics protocols for satellite ocean color sensor validation, revision 5, in: J.L.Mueller, G.S.Fargion, C.R.McClain (Eds.), NASA Tech.Memo.2004- 211621NASA Goddard Space Flight Center, Greenbelt, Maryland, 2004.

[55] J.L.Mueller, R.W.Austin, Ocean optics protocols for SeaWiFS validation, in: S.B.Hooker, E.R.Firestone (Eds.), NASA Tech.Memo.104566, vol.25, NASA Goddard Space Flight Center, Greenbelt, Maryland, 1992, 45 pp.

[56] S.B.Hooker, J.Aiken, Calibration evaluation and radiometric testing of field radiometers with the SeaWiFS quality monitor (SQM), J.Atmos.Oceanic Technol.15 (1998) 995-1007.

[57] C.R.McClain, G.C.Feldman, S.B.Hooker, An overview of the SeaWiFS project and strategies for producing a climate research quality global ocean biooptical time-series, Deep-Sea Res.51 (2004) 5-42.

第 5.2 章

支持卫星海表温度气候数据记录的船载基准参考热红外辐射计的实验室和现场部署策略

Craig J. Donlon, [1,*] **Peter J. Minnett**, [2] **Nigel Fox**, [3] **Werenfrid Wimmer**[4]

[1] 欧洲航天局/欧洲空间研究与技术中心,荷兰 诺德韦克;[2] 迈阿密大学罗森斯蒂尔海洋与大气科学学院气象学和物理海洋学,美国 佛罗里达州 迈阿密;[3] 国家物理实验室,英国 密德萨斯 特丁顿;[4] 南安普顿大学海洋与地球科学,英国 南安普敦 欧洲方式

★ 通讯作者:邮箱:craig.donlon@esa.int

章节目录

1. 引言	598
2. SST CDRs 的基准参考测量和不确定度估算	599
2.1 FRM TIR 船载辐射计网	602
2.2 不确定度估算的重要性	603
2.2.1 船载辐射计 SST_{skin} 测量的不确定度	604
2.2.2 与卫星和 SBRN 空间时间匹配标准有关的不确定度	610
2.2.3 SST 反演算法验证的 SBRN 要求	618
2.2.4 卫星 SST 产品验证的 SBRN 要求	622
2.2.5 卫星载荷衰减监测的 SBRN 要求	623
2.2.6 衔接不同卫星载荷的 SBRN 要求	625
3. FRM 船载辐射计实验室交叉定标实验	626
4. 船载辐射计现场交叉比对实验	631
5. 维持用于卫星 SST 验证的 FRM 船载 TIR 辐射计的 SI 可溯源性的规范	636
5.1 测量方法定义	636
5.2 实验室定标、检定方法和程序的定义	636
5.3 部署前定标检定	637
5.4 部署后定标检定	637
5.5 不确定度估算	637

物理科学中的实验方法,Vol. 47. http://dx.doi.org/10.1016/B978-0-12-417011-7.00018-0
版权所有 © 2014 James A. Yoder. 爱思唯尔出版社出版。保留所有权利。

5.6 提高定标和检定测量的可　　　　　　　　合和更新　　　　　638
　　溯源性　　　　　　　　637　　6. 总结和展望　　　　　639
5.7 文档的可获取性　　　　638　　致谢　　　　　　　　　639
5.8 数据的归档　　　　　　638　　参考文献　　　　　　　639
5.9 定标和检定流程的定期整

1. 引言

为了从大气顶部（TOA）卫星热红外（TIR）测量得到海表温度（SST），需要算法[1-11]来补偿海面和卫星辐射计之间的大气影响、海面发射率非一[12, 13]及其变化，以及卫星仪器的影响[14]。高分辨率海表温度（SST）组（GHR$_{SST}$）[15]促进了新的全球海表温度（SST）数据产品的研发，这些新产品基于不同类型的海表温度（SST）观测系统的互补特性并包含不确定度估计，不确定度大多是通过与漂流浮标阵列 SST$_{depth}$ 测量时空相匹配的卫星数据的统计分析中得出（例如，参考文献[16]）。虽然这些不确定度估计在业务化上是有用的，但一旦漂流浮标部署在海上，不易验证其测量质量。此外，目前还没有国际上一致认可的途径来建立漂流浮标海表温度（SST）测量的 SI（Systéme International d'unités, SI）可溯源性。有些研究利用卫星数据来确定船舶、系泊和漂流浮标海表温度（SST）的总体不确定度特性[17, 18]。现有的实测参考测量数据对卫星 SST 偏差的校正是否充分，取决于所使用的不确定度模型的选择。假设不确定度来源不相关可能导致充分性的错误印象和低估卫星 SST 的不确定度。与国家计量院（National Metrology Institutes, NMI）建立漂流浮标测量的 SST$_{depth}$ 的 SI 可溯源方面的工作做得很少（如果有的话）。

在过去的 10 年里，开发了一种新的卫星海表温度（SST）印证方法，即使用船载热红外辐射计来测量海表的辐射表皮温度（SST$_{skin}$）（如第 3.2 章所述）。船载辐射仪对 SST$_{skin}$ 的测量是对漂流浮标次表层 SST 测量的补充，可以说比漂流浮标更有价值，因为它们可以更直接地印证卫星红外辐射得到的海表温度（SST）：船载红外辐射计测量的 SST$_{skin}$ 与卫星红外辐射计测量的 SST$_{skin}$ 是同一个量；船载

SST_{skin} 测量消除了与近海表海洋热结构有关的不确定度,这一因素 使得次表层温度测量与卫星 SST_{skin} 测量之间的比较很复杂[15]。此 外,船载辐射计的内部定标可以在每次部署前和部署后进行验证, 完全可以追溯到 1990 国际温标(ITS-90)[19],即 SI。

但在实验室和现场部署船舶热红外(TIR)辐射计以支持卫星海 表温度(SST)气候数据记录(Climate Data Records,CDR)的策略是什 么? 本章将给出回应这一挑战有关的各个方面的概述。

2. SST CDRs 的基准参考测量和不确定度估算

基准参考测量(FRM)是一套独立的现场测量,通过在卫星任务 期间以独立印证结果和卫星测量不确定度估计的形式向用户提供 数据产品可信度,为卫星任务提供最大的科学效用/投资回报。基 准参考测量(FRM)规定的强制性特性是:

·基准参考测量(FRM)的测量具有 SI 可溯源记录,通过近业务 化条件下仪器的相互比对;

·基准参考测量(FRM)的测量与卫星海表温度(SST)反演过程 无关;

·具有、维护所有基准参考测量(FRM)仪器和获取的测量的不 确定度估算,最好直接通过 NMI 可溯源到 SI;

·定义和遵循基准参考测量(FRM)测量规范和业界管理实践 (测量、处理、归档、文档等)。

需要基准参考测量(FRM)通过独立印证活动来确定卫星测量 的在轨不确定度特性。"通过独立手段评价从系统输出的数据产品 的质量的过程"。印证是卫星任务的一个核心组成部分(并应相应 地进行规划),从卫星载荷数据开始流入时开始,直到任务结束,没 有印证,就不能有把握地适当使用地球物理反演方法和从卫星测量 得出的地球物理参数。就 SST CDR 而言,印证的概念不仅仅局限 于卫星反演的 SST 样本的定期印证,还有在特定时空尺度上获取的 时间序列的稳定性。稳定性定义为 SST 测量的系统性影响随时间恒定能力[20]。全球气候观测系统（Global Climate Observing System, GCOS）定义 SST CDR 稳定性要求是在 100-1000 km 的空间尺度上为 0.03 K/ 十年[21]。此外卫星 CDR 应包括每个测量的不确定度估计，这个也需要使用独立数据印证。

对于长期卫星海表温度（SST）记录（如参考文献[8]）来说，所有的测量值都要完全可溯源到 SI 单位，并与实测参考测量值有直接的关联[22]。船上 XBT（Expendable Bathy-Thermograph）对上层海洋剖面的测量结果不能作为基准参考测量（FRM）用来印证 SST CDR，因为不能证明其 SI 可溯源性（它们不能回收用于部署后的定标），而且定标认识不完善[23]。如果能保持定期的 SI 传感器定标溯源性，并对特定的船舶安装有详细的了解，以确定测量深度和任何与船舶结构和活动有关的潜在偏差（如船壳升温、不同的负载线、船舶废水流出），则船壳 SST 温度测量[24] 有可能达到 FRM 状态。漂流浮标[25]被广泛用于卫星印证（假设测量的数量减少了总体不确定度 $\sqrt{n}$），漂流浮标可以在更大的地理范围测量次表层的 SST_{depth}，尽管其空间和时间分布不规则，但不能说明其温度测量是否满足 SST CDR 的稳定性要求或基准参考测量（FRM）标准，因为它们不能可靠地保持 SI 可溯源性（由于没有回收浮标进行重新定标，所以不能全面评价）。深海系泊浮标包括温度传感器[26]，具有较好的时间覆盖性，但空间覆盖性较差：如果能保持定期的 SI 传感器定标溯源，则可以达到基准参考测量（FRM）状态。ARGO 剖面浮标提供的 SST_{depth} 垂直深度一般在 5 米以下（尽管一些高分辨率的 ARGO 浮标以厘米级的垂直分辨率测量到海洋表面，但其数量有限），覆盖范围适中，但由于很少回收重新定标，一般不具有 SI 溯源性[27]。

最准确的实测参考测量和不确定度量化最好的是来自现场部署的热红外（TIR）辐射计[28, 29]，它们设计不同，由不同的团队在不同的地点运行，原则上，这些仪器定标到 SI 单位，通过内部的定标参考辐射源的溯源性、使用合适的参考辐射计[30, 31] 与精确的外部参考黑体（BB）辐射目标[32-36] 进行相互比对，BB 本身 SI 可溯源[20-23, 25, 37, 38]，因此，必须正确了解和说明用于生成和 / 或印证

SST CDR 的仪器之间的任何潜在偏差[22]，这只能通过在实验室和现场对仪器及支持其的参考黑体辐射源进行正规比较来确定，这种比较可以追溯到 SI，在这种应用中最常见的是通过 ITS-90 温标[19]，尽管由于 SI 的一致性，通过辐射量（如光谱辐亮度）的联系也很可行，这种比较也提供了建立与 SI 标准完全可溯源联系的机会，并提供了正确构成 CDR 的可记录的途径[22]。为了取得成功，船载辐射计及参考黑体的相互比对需要定期进行，包括广泛的国际参与，并随着适当的改进而发展，以满足在各种运行条件下对精度日益增长的需求。至关重要的是，在比较中也要使用来自 NMI 的传递参考辐射计。因此，船载热红外（TIR）辐射计提供的 SST_{skin} 有可能溯源到 SI，其具有区域覆盖性、出色的精度和稳定性特点。这些仪器的数据没有用于 SST 反演方法（见第 3.2 章），而且已经建立了一套部署规范[33]，因此，根据 SI 可溯源性、独立性和测量规范等标准，船载热红外（TIR）辐射计构成了卫星 SST_{skin} 测量的可行的 FRM，额外的好处是测量过程可以认为等同于热红外（TIR）卫星仪器的测量。然而，如后面将讨论的，国际上业内还没有完全解决为端到端 SST_{skin} 测量建立不确定度的问题。

稳健的做法是定义和论证一个理想的基准参考测量（FRM）船载热红外（TIR）辐射计网络将包括什么，仅仅根据潜在的成本和预期的效益来确定这样一个网络的确切要求是一个挑战。图中 1 列出了一个假设的成本效益 S 形曲线，表明在决定实施船载热红外（TIR）辐射计网络后，随着时间的推移，最佳成本与效益的关系。在海上部署的辐射计的数量是通过权衡成本和所需的时空采样来确定的，要确定适当的辐射计数量并不简单，特别是考虑到可搭载这些辐射计的船舶的不规则分布。图 1 显示，随着网络的发展，成本下降，从一个研究和开发项目到一个持续的业务化方法，其财务支出主要基于维护成本，在这两个极端之间存在着一种平衡，使卫星任务能够提供具有"适合于目的"的已知质量的产品。这种平衡也受到数据的相对可及性和建立网络的国际合作程度的影响。

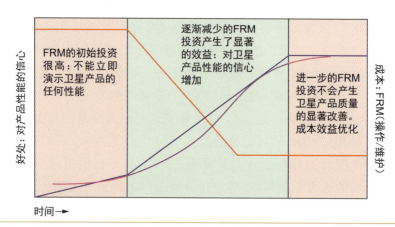

图 1 FRM 概念的简单成本 – 效益分析。红线表示投资概况和成本,蓝线表示对卫星任务的益处(以"对产品性能的信心"衡量),紫色曲线表示一个假设的最佳成本 / 效益曲线。FRM,基准参考测量。

就卫星海表温度(SST)印证要求而言,显然基准参考测量(FRM)辐射计和其他 SST 测量都可以发挥作用。然而,将印证数据分为基准参考测量(FRM)和非基准参考测量(FRM)数据是很有用的,具体如下:

• 根据 SI 标准定期检验的 FRM TIR 船载辐射计网络(FRM TIR Ship-Borne Radiometer Network,SBRN)测量应被称为一类(保持 SI 可溯源性)FRM;

• 第二类印证测量不具有 SI 可溯源性,包括漂流和系泊浮标、ARGO 浮标、船舶温盐计以及其他合适的测量,这类测量提供了比单独的 SBRN 更大的数据量,尽管在个例的基础上不确定度增加。

2.1 FRM TIR 船载辐射计网

鉴于上述讨论,很明显,如果要将卫星产品很有信心地用于 SST CDR,需要一个持续的独立的实测基准参考测量(FRM)网络作为卫星任务的基本组成部分。在此背景下,SBRN 的目标是"建立一个持续的计划,从部署在志愿船上的 FRM TIR 辐射计获取 SST$_{skin}$ 测量,并产生长期 SST$_{skin}$ 参考数据集基准参考测量(FRM),这些数据集可用于将卫星海表温度(SST)数据集与 SI 标准联系起来,作为独立印证用于气候变化监测的海表温度（SST）数据产品的基础"[39]。可以通过考虑此类网络解决的关键应用来确定对 FRM TIR SBRN 的要求：

· 利用独立的测量印证卫星 SST 反演中采用的大气补偿算法的性能和有效性；

· 在整个任务期间监测特定卫星载荷性能的退化或变化；

· 验证来自卫星 SST 任务的数据产品的性能；

· 提供一个独立的参考数据集，可用于不同卫星任务之间的衔接；

· 发展卫星 SST 算法；

· 用于海气相互作用和海面热红外（TIR）电磁波发射有关的基础研究和开发；

· 提供独立的 CDR（尽管在地理覆盖范围上受到限制）。

以下各节首先考虑不确定度估算的重要性，SBRN 数据与卫星测量匹配的标准，然后讨论每个关键应用，以及它对 FRM TIR SBRN 设计的要求。

2.2　不确定度估算的重要性

CDRs 需要有一个全面的不确定度估算[40, 41]。此外，根据定义，基准参考测量（FRM）必须可溯源到 SI 标准，因此根据定义，必须包括不确定度的估计。一个可靠的不确定度估计可以使一个数据集被放心地使用：如果没有这样的不确定度估计，就不能比较测量结果，无论是相互之间还是与参考标准比较，在实践中几乎没有任何实际意义。

所有的测量都是不完美的，并且具有不确定度，这些不确定度可以是随机性的（如探测器噪声），也可以是系统性的（如一个定标不准的电阻温度计导致了系统偏移）。随机不确定度的影响可以通过增加测量次数并将其平均来减少：例如，假设误差的来源认为是随机性质的，可以采用统计平均减少黑体测量的随机不确定度。系统不确定度只能使用适当的修正系数进行修正（如可以根据电阻温度计的实验室重新定标应用一个偏移量），然而，仍然会有一个与此校正相关的不确定度,显然,所有确定的和可评价的系统不确定度必须得到校正,随机不确定度必须减少(到一个适当的水平),以获得最可靠和准确的测量。

测量不确定度被定义为[42]"根据用于［定义被测量］的信息,表征赋予被测量(即测量模型的输出)量值分散性的非负参数"。对确认的系统影响进行修正后的测量结果仍然只是对被测量真实值的估计,因为仍有由随机影响和对系统影响的不完全修正所造成的不确定度[42]。不确定度是由许多方面引起的,一般可以归纳为以下几个主要类别。

- 仪器测量不确定度:与仪器硬件有关;
- 反演／算法不确定度:与反演量有关;
- 应用不确定度:与特定应用有关。

对于每个类别,好的做法要求得出不确定度估算,包括导致对不确定度均方根估计量化的所有方面影响,这是一项具有挑战性的工作,尽管如此,对于气候相关的应用,这是一项要求。下一节提供一个例子。

2.2.1 船载辐射计 SST$_{skin}$ 测量的不确定度

船载辐射计测量的不确定度来自对所有可能直接影响测量精度的仪器硬件相关的不确定度的完整理解。例如,A／D 转换器的数字化不确定度、光学对准问题、探测器噪声和增益及偏移特性、电缆导致的信号损失等。反演算法的不确定度来自用于得出特定量的地球物理算法的所有方面影响。与船载辐射 SST$_{skin}$ 测量有关的例子包括:海水发射率的数值及其随船摇摆倾斜造成的目标观测角的变化、辐射计观测角的了解、海面和大气辐亮度测量之间的时间差异、辐亮度与温度的关系、热敏电阻的定标或子系统的定标、定标黑体辐射源的发射率不确定度、用于提供稳定定标的定标周期数是否足够以及反演算法本身公式,反演算法是否考虑了特定部署的所有方面影响?例如,如果船载辐射计安装在海面以上高处,算法是否充分考虑了路径长度上的大气衰减和出射?应用不确定度估计包括比较 SBRN 和卫星数据的时间和空间采样的不确定度、测量的

SST 类型的差异（如 SST_{depth} 对 SST_{skin}）、测量中或卫星融合产品中海洋学变化的适当采样、对地理位置的了解等[29]。

建立不确定度估算是推动更好地了解不确定度各组成部分的基本步骤：通常仪器工程师将通过尝试推导完整的仪器不确定度估算，了解到很多关于仪器及其适用性的信息，可能带来设计上的创新和改进。但真正的驱动力是，如果每个船载 FRM 都能提供可靠和明确的不确定度，那么当与卫星测量相匹配时，这些测量可以在每个像素的基础上独特地提供 SI 可溯源的测量，而不需要大量的标称上独立的观测来减少随机不确定度（例如在漂流浮标的情况下）。用于评价和表达不确定度的正规 NMI 流程包括以下八个步骤[42]：

（1）定义被测量 SST 与其所依赖的最完整输入系列 X_i（如海水发射率、海水辐亮度、天空辐亮度等）之间的关系（如 $SST_{skin}=f(X_1, X_2, X_3, \cdots\cdots)$）。每一个量必须包括可造成 SST_{skin} 不确定度重要组成部分的所有修正和修正因子。

（2）对定义 SST_{skin} 不确定度的每个量 X_i，估计其值（x_i）。

（3）通过对系列观测的统计分析（A 类不确定度）或通过其他方式（B 类不确定度）来评价每个 x_i 估计值的标准不确定度 $u(x_i)$。

（4）评价与任何输入估计相关的协方差。

（5）使用输入量 X_i 和每个量的相应估计值从 f 计算被测量的测量结果 SST（y）。

（6）从与输入估计相关的标准不确定度和协方差确定测量结果 y 的合成标准不确定度 $u_c(SST(y))$。

（7）如果需要扩展不确定度 U，指定一个区间（即 $y-U$ 到（SST（y）$+U$）），预计包含大部分可合理归因于被测量 SST 的数值分布，则合成标准不确定度 $u_c(SST(y))$ 乘以覆盖因子 k，通常在 $2\sim3$，得到 $U=ku_c(y)$。k 通常根据所选区间要求的置信度来选择。

（8）然后估算 SST（y）的测量结果及其合成标准不确定度 u_c（SST（y））或扩展不确定度 U。估算中必须包括如何获得 SST（y）和 $u_c(SST(y))$ 或 U 的完整描述。

这个过程中的第 1 和第 2 步是有意义的不确定度分析的核心，但在实际应用中，实现起来往往非常困难。对于一些船载设备,已经尝试了不同细节的静态不确定度估算,包括辐射计包括海洋大气发射辐射干涉仪(the Marine-Atmosphere Emitted Radiance Interferometer, M-AERI)[28]、红外自主 SST 辐射计(the Infrared Autonomous SST Radiometer, ISAR)[35] 和定标红外现场测量系统(the Calibrated Infrared in Situ Measurement System, CIRIMS)[43]。然而,这种方法并没有考虑如何将不确定度估计附加到每个 SST_{skin} 测量中,静态不确定度足以满足一般测量原则,但可以在此基础上进行改进以满足 SST CDR 的严格要求。迄今为止,最全面的船载辐射计的不确定度估算和分析是由 Wimmer[29] 为 ISAR 辐射计做的,基于整个端到端仪器和数据处理系统的不确定度细目。采用这种方法是因为 ISAR 的自定标设计减少了一些仪器的不确定度,而且这种方法可以为每个 SST_{skin} 测量值估算出一个不确定度值,Wimmer[29] 对不确定度的描述如下。

测量不确定度:与被测属性的典型变化性相关的不确定度,例如观测海面和天空的亮温(brightness temperature, BT)的变化性,或海水发射率的不确定度等。

仪器不确定度:与 ISAR 仪器有关的不确定度,与被测属性无关,如探测器噪声、热敏电阻定标、电子器件数字化不确定度等。

ISAR 的测量不确定度被估计为 A 类或 B 类(B 类对不存在定标具体可靠证据的数值采取了保守的方法),并对不确定度值的确定方式进行了充分的描述。表 1 转载了文献[29]中的仪器和测量不确定度[29]。

在估计了所有导致 ISAR 仪器不确定度的单个不确定度(表 1)后,可以通过图 2 所示的 ISAR SST_{skin} 数据处理系统单个仪器和测量的不确定度传递来估计 SST_{skin} 的整体不确定度。采用线性近似法[44],将不确定度概率分布简化为标称值和标准差,通过基本的 SST_{skin} 计算传递,包括与 ISAR 处理系统各有方面有关的不确定度。在许多情况下,不可能根据统计测量(A 类不确定度)计算出每个元素的精确不确定度,因此根据现有文献和在组分级别的经验,提供最佳估计(B 类不确定度)。为了估计 A 类、B 类以及测量和仪器的不确定度，ISAR 处理处理器运行了四次：抑制 A 类、B 类或仪器不确定度中的一个，最后包括所有参数（后者产生总不确定度的估计）。为了分离测量和仪器的不确定度，探测器目标观测（海洋或天空）的不确定度和海水发射率被设定为 0.0 来产生仪器不确定度。然后，仪器不确定度和总不确定度之间的差异计算为测量不确定度。

表 1　ISAR 船载辐射计的仪器不确定度估计 [29]，许可使用

项目 (X_i)	不确定度 $(u(x))_i$	单位	不确定度类型
探测器线性稳定性	$< 0.01\%$	K/月	B
探测器噪声	w0.002	伏特	A
探测器精度	± 0.5	K	B
模拟到数字转换器（ADC）	± 1	LSB	B
ADC 精度	$\pm 0.1\%$	范围	B
ADC 零点漂移	± 6	mV/C	B
参考电压 16 位 ADC	± 15	mV	B
参考电压 12 位 ADC	± 20	mV	B
参考电阻	1	%	B
参考电阻温度系数	± 100	Ppm/C	B
黑体发射率	$\pm 0.000\ 178$	发射率	B
海面发射率	± 0.07	发射率	B
Steinharte–Hart 近似	± 0.01	K	B
辐射转移的近似	± 0.001	K	B
热敏电阻	± 0.05	K	B
热敏电阻噪声	w0.002	伏特	A

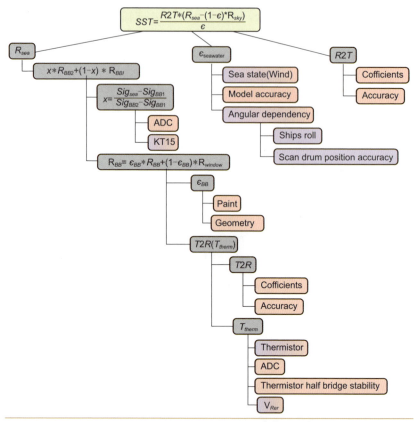

图 2　ISAR SST 处理器流程图。蓝色方框表示 A 类不确定度,红色方框表示 B 类不确定度,红色和蓝色混合方框表示该方框同时具有 A 类和 B 类不确定度 [29]。ISAR,红外自主 SST 辐射计;SST,海表温度;ADC,模数转换器。

　　图 3(a)显示了 2011 年 7 月图 3(b)所示的航线收集的 ISAR 数据计算出的总不确定度,图 3(a)左下图是 A 类和 B 类不确定度,右下角是仪器 / 测量不确定度。仪器不确定度主要贡献来自内部定标黑体热敏电阻不确定度和定标黑体的发射率 [29],图 3(a)显示,在大多数情况下,SST_{skin} 的总不确定度在 0.1 K 以下,尽管情况并非总是如此,偶尔的高不确定度(>0.1 K)主要原因是观测目标探测器信号和海水发射率是变化的,这主要发生在船舶靠近港口(图 3(b))或出现混合云和较差海况条件的区域。ISAR 反演的 SST_{skin} 测量目标设计为不确定度 <0.1 K[45],这在很大程度上得到了满足:图 3 中的例子显示了计算每个测量的不确定度的好处。

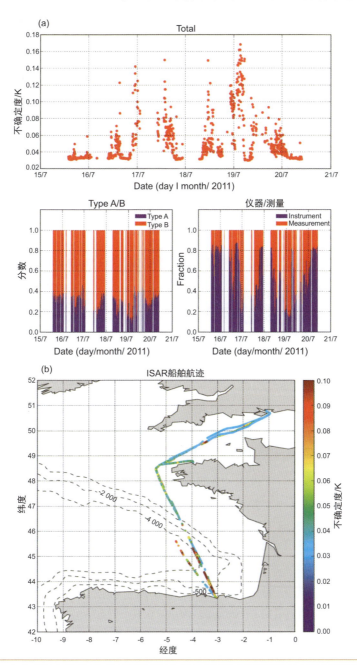

图 3 （a）2011 年 7 月 15 日至 2011 年 7 月 20 日期间沿（b）所示航线收集的数据得出的 ISAR 辐射计不确定度。上图显示了测量的不确定度。左下图是 A 类和 B 类不确定度,右下角是仪器 / 测量不确定度[29]。ISAR:红外自主 SST 辐射计;SST:海表温度。

Wimmer[29] 的方法提供了一个很好的开端,但在与所有船载辐射计测量有关的不确定度方面,还需要做更多的工作。需要解决的重要问题包括以下几个方面:所有重要项都包括在仪器和测量不确定度估算中?应该如何处理与碎云条件有关的大的不确定度,这些碎云导致测量的天空辐射与测量海水辐射时的天空辐射不同(即一个测量中存在云,但另一个却没有)[46]?如何最好地确定自然的 SST_{skin} 变化(SST_{skin} 比 $SST_{subskin}$ 或 SST_{depth} 变化更大[47])的地球物理组分?最重要的是,需要印证所有船载 TIR FRM 辐射计的不确定度估计,这是一个这是国际船载辐射测量界在未来几年要解决的明确目标。

2.2.2　与卫星和 SBRN 空间时间匹配标准有关的不确定度

原则上卫星 SST 产品印证的概念很简单:只需将卫星反演的 SST_{skin} 与真实的 SST_{skin} 进行比较,即可确定误差(如果真值没有附加误差,否则必须表达差异及其不确定度[39])。在实践中印证"科学"非常困难,因为很少有可能确定什么是真值,也很少有可能对相同的地球物理量在相同的空间和时间覆盖进行比较。考虑一个由 10.5 μm 和 11.5 μm 为中心的光谱通道反演的 1 km 天底方向的热红外(TIR)卫星 SST_{skin} 测量,这是一个代表深度为 10 μm 的 SST_{skin} 测量值,由海面 1 km² 范围内、在 100 μs 内积分辐亮度反演得到 SST 值(注意,有些仪器,如 MODIS 和 VIIRS 有更长的积分时间),因此,它可以被认为是在该特定时间、地点和空间区域的瞬时空间平均值。船载 FRM TIR 辐射计的测量是 SST_{skin} 的离散采样点(测量时间间隔),最好是在卫星测量(或过境)的确切时间和同样光谱波段内(尽管后者不是必需的)。考虑到典型的船载辐射计配置,每次测量需要 1 到 7 分钟,在船速为~ 15 节的情况下,相当于沿着~ 2 ~ 6 m 的狭窄视场角(Field of View, FoV)在 0.46 ~ 3.26 km 的长度上积分得出一个样本,这与卫星的测量有很大不同。另一个相关的不确定度来源是卫星 SST_{skin} 反演算法中使用的不同波段的探测器的重叠配准(见第 2.4 章)。此外,如果考虑到卫星在海洋上的地理定位的典型不确定度(主要由轨道和仪器的指向性认识得到:很少有陆地

标志提供地理定位参考控制点),即 0.2 ~ 0.5 空间采样距离(上述
1 km FoV 情况下即为 2 ~ 500 m,尽管有些仪器提供更好的性能[48,49]),
情况变得更糟。对于更大 FOV 的卫星辐射计,挑战更高。

印证卫星 SST CDR 所需的有效时空匹配标准是什么?如果这
些要求无法实现,就不可能收集到足够的 FRM 数据,从而在卫星印
证分析中提供任何统计意义。如果选择的匹配标准不够严格,那么
大量的匹配将使来自不同地方、不同时间的 SST 测量值配对,根据
SST_{skin} 在空间和时间上的自然变化,这可能会给印证工作带来虚假
的不确定度[39]。显然,需要有一个合理的折中方案,既实用又实惠。
Minnett[50] 在大西洋东北部对时间和空间匹配标准进行了研究,得
出结论认为,约 10 km 的空间差异和约 2 小时的时间间隔可将
0.2 K 的均方根误差引入卫星印证数据集的不确定度估算中,这是目
前红外辐射计有意义的印证的上限。Embury 等人[8] 在给定的卫星
测量空间窗口 ±1 km 之内、时间窗口 3 小时之内选择实测参考数
据,然后保留具有最小时间间隔的匹配数据,他们指出,这种严格的
空间匹配标准在实践中受到卫星和实测地理定位精度的限制。例
如漂流浮标的位置是以 0.1° 分辨率估算的,带来空间差异达
~ 7 km,为了弥补这一缺陷,假设没有 SST 梯度,在一个 5×5 像素
矩阵中提取 SST,仅从晴空像素中计算出平均 SST:这样可以减少最
多 5 倍($5=\sqrt{25}$)传感器噪声带来的随机 SST 不确定度。

根据 Donlon 等人[47] 和 Wimmer 等人[39] 工作,卫星测量 SST_{skin}
的潜在误差和有效不确定度 u_{sat} 为

$$u_{sat} = v_{sat} - v \qquad (1)$$

其中,v_{sat} 是卫星估计的 SST_{skin},v 是代表卫星观测视场的 SST_{skin} 真
实值,即在卫星过境短时间内的卫星像素区的真实平均值。实际上
并不精确知道 v,而是使用一个测量值 v_w(例如使用 FRM TIR 辐射
计),那么 FRM 测量的不确定度由 u_w 给出,其中

$$u_w = v_w - v \qquad (2)$$

传统上,卫星 SST_{skin} 产品的全球印证统计(特定时间段内 v_{sat} 和
v_w 之间的平均差异以及差异的标准偏差)是基于明确说明的匹配数
据库(MDB)的分析,该数据库由近同地和近同时的卫星 FRM 测量数

据组成,将产生一个匹配差异 $u(\Delta\mathrm{MDB})$。因此,对于特定的样本对,

$$u(\Delta\mathrm{MDB}) = \sum_{t=0}^{t+n} \upsilon_{\mathrm{sat}} - \upsilon_{w} \qquad (3)$$

这与实际的卫星测量不确定度 u_{sat} 不一样,因为它包括与 FRM 测量 u_w 有关的不确定度,它被用作真实温度 υ 的替代值。为了估计 u_{sat} 和印证卫星测量的 $\mathrm{SST_{skin}}$,有必要估计 u_w,如果可能的话,将其降到最低。对于船载 FRM 辐射计,u_w 可以分为验证过程中固有的几种不同类型的不确定度:

$$u_w = f(u_{wt}, u_{wr}, u_{wm}, u_{ws}, u_{wz}, u_{\mathrm{sgeoloc}}) \qquad (4)$$

其中,u_{wt} 是时间不匹配造成的不确定度,u_{wr} 是位置不匹配的不确定度(必须包括卫星地理定位不确定度 u_{geoloc}),u_{wm} 是固有的 FRM 仪器测量不确定度,u_{ws} 是点面采样的不确定度,u_{wz} 是采样深度的不确定度,用来描 $\mathrm{SST_{depth}}$ 与 $\mathrm{SST_{skin}}$ 之间层结或者差异的影响。

u_{wm} 必须通过细致的独立传感器定标印证,为每个仪器独立确定。对于船载 FRM TIR 红外辐射计,在每次部署前后,使用独立的 SI 可溯源参考辐亮度—即黑体腔,获得定标不确定度数据(例如,参考文献 [33-36, 51])。这将在第 3 节中详细讨论。有时,独立的定标实验需要对测量进行系统的修正,而这种修正本身具有相关的不确定度 [39]。u_{wm} 的随机不确定度是更大的问题。u_{wm} 有与特定测量活动的部署情况有关的成分,包括使用的部署几何特性(大气路径长度和沿该路径的大气出射/吸收)、与海水发射率有关的不确定度的影响、海况(船的横摇和纵摇)、辐射计观测海面时的直接船舶反射、船舶尾流对辐射计 FoV 的污染、电缆损耗和电磁干扰等影响,与这些方面有关的不确定度是最难确定的,会因仪器、部署平台、研究区域特点而变化。定义海水发射率的不确定度与部署几何特性有关,可以通过使用天底方向观测角 <40° 来减小,超过这个角度,红外波段海水发射率就会显著降低(见第 3.2 章关于这方面的详细讨论)。使用横摇/纵摇传感器是一个很好的做法,可以监测船舶运动引起 $\mathrm{SST_{skin}}$ 测定不确定度的情况。然而,最显著的测量不确定度(在最坏的情况下可达 0.5 K)是由于快速变化的云,这可能会使海面测量中

的反射天空辐射修正失效[46],在无云的情况下,此不确定度将可以忽略不计。

u_{ws} 产是由于使用一个点样本 v 代表 v 在卫星视场角 FoV 的空间平均值带来的。它的大小取决于卫星视场角内的变化程度和空间变化的幅度(由 SST 锋面、涡流、暖丝、日变化层结、局部尺度上的空间风速变化等引起)。这种沿船航线的线性平均值是不是二维空间平均值的良好近似值? 如果海洋变化性很高,所采用的采样策略是否能在不同的测量类型之间提供近似的等效值? 例如,从具有足够分辨率的长期 SST 气候学数据计算出的 5x5 FoV 区域的卫星像素评价,可以用来计算描述该区域 SST 结构的有用统计参数。图 4 显示了从 OSTIA L4 SST 分析数据得出的全球 SST 梯度图[52],很明显,在某些海域 SST 梯度非常明显(>6 K/km),而在其他海域则不明显,局地的 SST 梯度可能非常大,而在这样的全球分析中没有体现。因此,时空匹配标准原则上具有地理上的变化性:如果要避免显著的 u_{ws},在高 SST 梯度区域获得的卫星印证匹配数据必须在空间和时间上密切匹配,或者,为了避免这种复杂性并且仍然稳健的话,可以在所有地方采用适合于高变化率的严格标准。

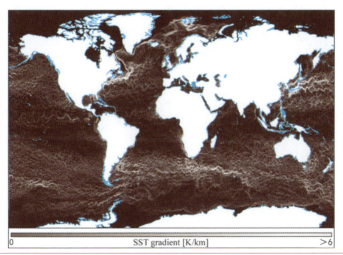

图 4 使用 OSTIA L4 SST 分析数据[52]计算的 2014 年 3 月 13 日全球 SST 梯度,使用 3x3 Sobel 滤波器。OSTIA 提供了网格化的 10 k 分析数据,基线相关长度尺度～25 km。局地的 SST 梯度可能很明显,在本图中没有体现出来。SST 海表温度。

大气结构的不均匀性也会对 u_{ws} 产生影响。这可以结合温度、湿度的大气探测、通过卫星数据本身、目视、与辐射计一起安装在船上的全天空成像仪数据所估计的云来研究。u_{ws} 也可以从其他测量中估计,例如使用高分辨率的红外 SST 观测来描述微波辐射计视场内的变化,使用低空飞机上的快速采样仪器,或从海洋模型输出估计(如果它们有足够的分辨率)。uws 是一个具有挑战性和高度变化的不确定度,当使用船载 FRM TIR 辐射计测量需要特别注意。

如果使用 SST_{depth} 测量来印证 SST_{skin}(船载 TIR 辐射计不存在这种情况,因此从概念上被设为 0),就会产生 u_{wz}。为了完整起见,我们在此讨论,因为在许多部署 FRM 印证 SST_{skin} 的船舶上,也部署了额外的 SST_{depth} 传感器。当海上存在分层现象,此类不确定度是由于错误地估算测量深度而产生的(图 5),遇到的问题包括与逐日载货量有关的船舶吃水线的变化,或者在船移动时尾随热敏电阻线在水中"停留"的深度的不完全了解。在实践中,只基于风速和太阳辐射测量将可能受日变化层结影响的数据从印证分析中去除。有可能对垂直分层和垂直位移问题进行调整,作为减少 u_{wz} 的手段。这种技术需要将其自身的不确定度估计加入 u_{wz} 不确定度估算中。

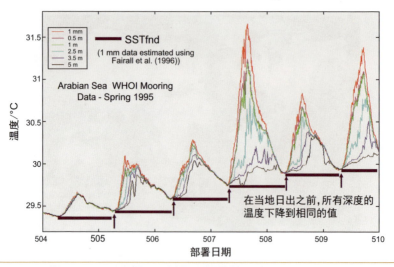

图 5　伍兹霍尔阿拉伯海系泊浮标观测的日变化层结实例([Trask, 1995] N15°30′, E61°30′),1995 年春季显示不同深度的 SST 差异,因为日变化热层结白天发展,当表层夜间冷却在傍晚时分就会消失[26]。SST,海表温度。

u_{wt} 是由现场采样和卫星过境时间不匹配 t_{diff} 引起的时间位移不确定度,可被估计为:

$$u_{wt} = t_{diff} \frac{\partial u}{\partial t} \qquad (5)$$

t_{diff} 可能是由于卫星测量和 FRM 测量之间的时间不确定度(通常较小)引起,但通常是由于卫星和 FRM 采样稀少(例如,被云遮挡,有限的 FRM 基础设施等)时,试图最大限度地增加可用的匹配数量的结果。Embury 等人[8]强调了 u_{wt} 的另一个方面,与风速度低、太阳辐射高时上层海洋中的热层结的发展有关,当[53-55](图 6)。根据漂流浮标与 AATSR 卫星匹配数据,在 ±3 h 匹配窗口内夜间 0.015 K/h 的降温趋势和白天 0.058 K/h 的升温趋势很明显。SST_{skin} 层位于热层结之上,这意味着 u_{wt} 必须考虑 SST 日变化的影响,强调了密切匹配时间的重要性。

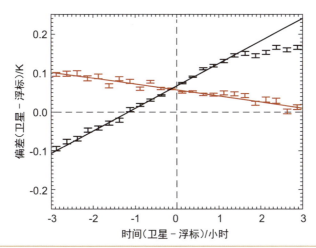

图 6 AATSR 双观测角、双通道 0.2 m SST 反演偏差随卫星浮标匹配时间差异变化,白天(灰色),夜间(黑色)实线显示数据的线性拟合(只用时间差为 ±1.5 h 的白天匹配数据)。经许可摘自文献 [8]。

u_{wr} 是当 FRM 样本与匹配的图像像素偏移距离 Δr 时引起的空间位移不确定度,可被估计为

$$u_{wr} = \Delta r \frac{\partial v}{\partial r} \qquad (6)$$

Δr 可能由于空间位置匹配的不确定度引起的,但是也可能当卫星数据稀疏(例如,被云遮挡,有限的 FRM 基础设施等)降低了空间、时间匹配标准试图最大限度地增加可用的匹配数量造成的。u_{wt} 和 u_{wr} 可以通过收集更多的测量数据来最小化,但对于红外传感器来说,由于云和气溶胶污染阻碍了有用的 SST 反演,导致匹配数据的数量很少,这仍然是一个重要的问题。考虑到船载辐射计测量位置与最近的无云卫星反演位置之间的水平温度梯度,这种不确定度的大小可以用 SST 空间自相关的估计值来量化[50]。

u_{ws}、u_{wz}、u_{wt} 和 u_{wr} 都随垂直海温和水平海温梯度变化,在远离温度面和潮汐影响的大洋中应该小得多(图 4),在中等风速条件下 (>6 m/s),由于风引起的混限制了日变化层结[56]。

图 7 显示了一些印证方案,考虑了对船载辐射计进行点取样或者沿着一个断面平均的匹配标准的选择。方案(a)和(b)考虑的是将点采样与卫星测量进行 比较的选择,方案(c)和(d)考虑的是使用沿船断面的平均值的选择。在该图中,T_{diff} 设定了卫星测量和船载辐射计测量之间的最大允许时间差异,N 设定了最大搜索半径 $\Delta r < N$,Δx 和 Δt 是传感器的采样间隔或积分时间,R 设定了 $t_{\text{diff}} = \pm R\Delta t$ 的时间窗口。使用一个搜索半径允许获得更多的样本,使 uws 的不确定度最小化,但代价是增加 u_{wt} 和 u_{wr} 的不确定度。也可以设置时间间隔限制,然后将此转化为纳特定辐射计的测量样本数。在开阔大洋条件下,远离水平温度梯度,在夜间(以尽量减少由于日变化和混合引起的海表温度结构),风速适中,这可能是最合适的验证策略。但是,为了确定 N 和 R 的合适值,MDB 必须包含一定空间区域的卫星测量结果。此外,由于 N 和 R 的大小预计会随着环境条件的变化而变化(如云、风、日变化等),MDB 还应该包括类似空间区域的其他测量和参数。就对 SBRN 的要求而言,

•FRM TIR SBRN 测量应保持并展示 SI 可溯源性,并进行全面的不确定度分析;

•FRM 和卫星数据和匹配结果使用容许异常值(稳健)的统计数据进行质量控制[57];

•FRM TIR SBRN 测量应得到额外的环境测量的支持,包括

10 m 风速、相对风向、太阳辐射、空气温度、次表层 SST、船舶横摇、
纵摇、速度和位置以及船舶装载线。（注：该清单应被视为最小的辅
助测量集，以确保辐射计测量的环境背景得到充分量化。）

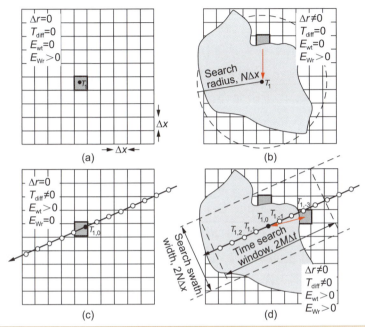

图 7 构建匹配数据库时遇到的匹配情况的例子。（a）无云时的点采样。将最
接近过境时间的 FRM 辐射计测量值与它所在的卫星像素相匹配。在夜间有中
等风应力下，SST 梯度较小下，时间和空间的不确定度最小。（b）被云层遮挡
的点采样。将与卫星测量时间最接近的 FRM 辐射计测量值与最近的无云像素
相匹配，搜索半径需要限制个像素。在这种情况下，必须克服云遮挡了最合适的
像素的问题，采用搜索半径来建立匹配对。代表的不确定度增加。（c）无云条
件下沿航线的 FRM 辐射计测量值。匹配 FRM 辐射计测量值最接近它所在的
卫星测量像素的时间。在有规律采样的移动船舶的情况下，时间不匹配的不确
定度是存在的，尽管 在这种特定情况下很小。（d）有云条件下沿航线的 FRM
辐射计测量。在这种情况下，时间和空间的不确定度是存在的，位移的不确定
度有可能很大，必须用适当的边界来约束。SST，海表温度；FRM，基准参考测
量。来自参考文献 [47]，经许可。

Donlon 等人[47] 和 Wimmer 等人[29] 讨论了船载辐射计和卫星
数据之间的匹配过程。他们采用了一种方法，用不同等级的时空匹

配严格程度来对匹配数据集进行分级,考虑到由于多云条件和船舶相对于无云像素的不完美定位而不可避免出现的时空不匹配。最终采用的定义[29]如下:

• 1级定义了船载 FRM TIR 辐射计测量和特定 FoV(kms)FoV$_{sat}$ 的卫星测量的重合,在 ±2 000 秒的时间窗口和 FoV$_{sat}$ 千米的空间搜索半径内,被认为是可行的最接近的匹配点;

• 2A级保持 ±2 000 秒内的时间匹配,但将空间匹配放宽到 ±20 km 内。这个等级允许在半径为 20 千米的范围内与船舶轨道最近的无云像素相匹配;

• 2B级定义了 ±2h 的时间匹配和 ±FoV$_{sat}$ 千米内的空间匹配。这是 ENVISAT AATSR 印证规范正规采用的标准[58],与参考文献[8]中提出的类似,但比参考文献[50]中的要大一些;

• 3级是可接受的卫星 SST 印证活动中最宽松的因证匹配标准,定义为 ±2 h 时间匹配和 ±20 km 的空间匹配;

• 4级使用 ±6h 和 ±25 km 的匹配标准,这是一些业务化部门为卫星 SST 数据大洋中印证使用的最粗的标准。

这些定义为使用各种 FRM 系统印证卫星 SST 测量提供了一个实用的时空标准框架:随着卫星 SST$_{skin}$ 反演精度的提高,可以对这些定义进行修订,使这些不确定度来源不再成为主导因素。

2.2.3　SST 反演算法验证的 SBRN 要求

卫星获取多通道 SST 估算的典型形式[1, 2]是 BTs 的线性(或近线性)组合[7],其形式为

$$\hat{s} = a_0 + a^\mathrm{T}\hat{y}_0$$

其中,$\hat{s}$ 是估计的 SST,a_0 是偏移量,a^T 是反演系数的列向量,$\hat{y}_0$ 不同光谱波段的 BT 被大气层衰减的程度不同。反演系数可以通过观测到的 BT 与漂流浮标 SST$_{depth}$ 测量值回归得出(如文献[2]),也可以通过辐射传输模型(RTM)模拟的卫星 BTs 的回归得出(如文献[8, 11, 59])。直接回归法(direct regression-based, DRB)需要使用同一位置、时间相近的卫星和漂流浮标(或其他 SST)数据的 MDB。MDB 的范围在时间和空间上受到可用的漂流浮标测量和无云像素

匹配数量的限制。这就迫使我们定期重新计算 SST 算法的反演系数，如果太空中的仪器出现退化[60]引入不稳定性和不均匀性，由于 SST CDR 的均匀性和稳定性对气候研究至关重要，这种方法并不理想。

使用高分辨率逐线 RTM（如参考文献 [4-8, 11, 59]）来模拟卫星 BT，包括预期的大气和海洋变化性（如大气微量气体浓度的变化趋势及其季节性和区域性变化、卫星观测几何、大气气溶胶的影响、海水发射率），可以为任何季节和任何年份确定算法反演系数。数值天气预报（Numerical Weather Prediction, NWP）模式的输出（例如，使用欧洲中期天气预报中心（European Center for Medium-range Weather Forecasting, ECMWF）40 年再分析数据（ERA-40）[61]）可用于确定 RTM 中大气条件[8]。与单纯的探空仪数据相比，NWP 输出提供了更有代表性的大气全部变化分布[3]。RTM 方法允许对不同的卫星仪器数据集进行更一致的卫星 SST 反演（为每个卫星仪器正确配置 RTM），从而获得更均匀的多传感器 SST CDR[8]。在这种方法中，卫星 SST 与实测参考 SST 保持独立[7, 8]，由于用于印证活动的实测数据有限，这是一个重要的考虑因素，尤其是在卫星 SST 记录的早期，因此，采用 RTM 方法获取卫星 SST 算法是 ESA CCI SST 反演的基础[62]。然而，如果正向模拟不佳、卫星仪器的假象未被充分了解、云未被探测到、平流层和对流层存在气溶胶、使用不恰当的猜测先验值以及红外波段 RTM 的非线性因素，反演的 SST 仍可能出现偏差和不确定度[8]（关于这些方面的更多细节见本章 4.3）。

无论采用哪种 SST 算法方法，都需要独立的印证据来不断验证 SST 算法系数在卫星任务期间的有效性，其目的是评价特定的 SST 反演方案的准确性。这比印证 SST 产品的范围要窄，因为 SST 产品的质量是由端到端的卫星处理系统决定的（即包括云、气溶胶和海冰检测、检查 TOA 辐亮度定标方案的有效性等）[8]。一个关键的要求是，用于印证 SST 反演算法的 FRM TIR SBRN 必须充分地对用于确定 SST 算法系数的 RTM 或 DRB MDB 范围内和范围外的大气系统进行采样，表 2 采用了近似的纬度区分（流体和动态大气中各区的边界不是刚性的）定义了一套纬向大气区域（Latitudinal

Atmospheric Regimes，LAR）。图 8 显示了全球水汽柱总量的气候分布与每个 LAR 区的大致位置的叠加：在每个纬度带内，需要有季节性优化的算法系数来适应水汽的变化性。理想的情况是，至少有一个船载辐射计在每个 LAR 中持续工作，以提供 SST 算法反演系数的印证。

表 2　纬度大气区域（LAR）要求在理想的 FRM TIR SBRN 内至少有一条辐射计线

SBRN LAR ID	SBRN LAR 命名	近似的 LAR 纬度范围	每个 LAR 总的描述
1-NPol 2-SPol	极地纬度	90-75N 90-75S	高压浅薄大气，寒冷而干（寒冷的沙漠）。南极地区几乎都是海冰
3-NHL 4-SHL	高纬度地区	75-55N 75-55S	包括次极地低力带
5-NML 6-SML	中纬度	55-38N	多变的湿润大气
7-NSTHP 8-SSTHP	副热带高纬度地区	38-25N 38-25S	副热带高压带，干燥
9-TROP	热带	25-25S	深厚湿润的温暖大气。最温暖的 SST、最潮湿的大气，容易出现砧状卷云。
10-TDC	热带，深层对流区	变化的	位于热带区域内的 ITCZ 位置。大多在北半球的东太平洋和大西洋常年存在，在印度洋不对称。
11-TMON	季风型	区域性的	亚洲（东北和西南），东亚，北美季风，印度 – 澳大利亚季风。
12- 灰尘	沙漠灰尘	变化的	例如，大西洋撒哈拉外流
13- 海岸带	海岸带和边缘海域	变化的	邻近陆地的高梯度区
14-ISEA	内陆海	地中海、黑海、大湖区	大气层的特点受是周围陆地影响，可变的

FRM，基准参考测量；TIR，热红外；SBRN，船载 TIR 辐射计网络。

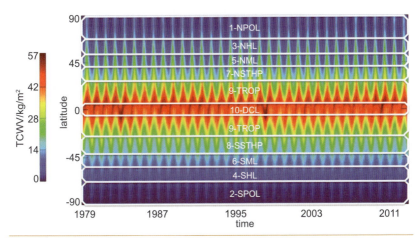

图 8 ECMWF ERA-interim 再分析数据 [63] 的水汽柱总量显示了表 2 中定义的纬度大气状态,需要至少一条 FRM TIR SBRN 线来印证卫星 SST 反演算法。SST,海面温度;FRM,基准参考测量;TIR,热红外;SBRN,船载 TIR 辐射计网络。TCWV 图来自 M. Schroeder 的许可。

用于印证卫星 SST 算法反演系数的 FRM TIR SBRN 的要求如下:

• 表 1 中每个 LAR 都应至少保持一条持续的、定期重复的 FRM TIR SBRN "线"(即船舶航线);

• FRM TIR SBRN 测量的位置应尽可能连续,并进行优化,以最大限度地实现卫星和 FRM 的近同步和同地匹配;

• FRM TIR SBRN 线应在不同的纬度取样,以解决仪器在轨道上的任何热循环问题;

• FRM TIR SBRN 线应在轨道的白天和夜间都进行采样;

• FRM TIR SBRN 测量应使用 1 级—2 级匹配标准收集;

• FRM TIR SBRN 测量的绝对精度应与提供卫星衔接所需的精度相称,因此对于气候来说,这应该是 <0.05 K;

• FRM TIR SBRN 测量的绝对稳定性应具有与提供卫星连接所需的绝对稳定性相称,因此对于气候来说,在 100～1 000 km 的范围内,这应该是 <0.015 K/ 十年;

• FRM TIR SBRN 的测量应根据经科学共识建立和维护的国际规范进行收集;

•FRM TIR SBRN 测量应得到额外环境测量的支持,包括 10 米风速、相对风向、太阳辐射、空气温度、次表层 SST、船舶横摇纵摇、速度和位置以及船舶装载线;(注:该清单应被视为最低限度的辅助测量,以确保辐射计测量的环境背景可以完全量化。)

•FRM TIR SBRN 测量的目标是相对于 WGS-84 的绝对位置精度 <100 m;

•FRM TIR SBRN 测量应使用异常值耐受性(稳健)统计进行质量控制[57];

•FRM TIR SBRN 测量应保持并展示 SI 可溯源性,并进行全面的不确定度分析。

2.2.4 卫星 SST 产品验证的 SBRN 要求

FRM TIR SBRN 测量不仅需要印证产品中提供的卫星 SST 测量值,还需要印证用于产品生成的云、海冰和气溶胶检测方案的性能和影响。当上述检测方案失败时,可能会引入大的不确定度[8]。在这种应用中,可以根据特定地区的海洋和大气特性来定义印证区域,例如,具有强大的西部边界流的区域(图 4),由于这些区域特有的强梯度,将具有动态的海洋和大气区域,而中部海洋涡旋则相对温和,海冰只出现在高纬度地区。因此,云层、海冰和气溶胶检测方案可能与具体区域有关具有不同的性能。图 9 显示了 EUMETSAT OSI-SAF(Ocean and Sea Ice Satellite Application Facilities, OSI-SAF)业务化使用全球漂流浮标阵列来印证 METOP AVHRR SST 产品的区域。纬度带与图 8 中的纬度带没有什么不同,但在这种情况下,选择了特定的区域,可以用来生成考虑每个区域特性区域印证统计数据。

为解决 SST 产品印证问题,对 FRM TIR SBRN 的要求如下:

•区域中应至少保持一条持续、定期重复的 FRM TIR SBRN "线"(即船舶航线)用可于印证云层、大气气溶胶和海冰检测方案(考虑到表 1 确定的 LAR);

•FRM TIR SBRN 测量的位置应尽可能连续,并进行优化,以最大限度地实现卫星和 FRM 的近同步和同地匹配;

•FRM TIR SBRN 线应在不同的纬度取样,以解决仪器在轨道上的任何热循环问题;

•FRM TIR SBRN 线应在轨道的白天和夜间都进行采样;

•FRM TIR SBRN 测量应使用 1 级—3 级匹配标准收集。

SBRN 测量的绝对精度应与提供与卫星连接所需的精度相称,因此:

•FRM TIR SBRN 测量的绝对精度应与提供卫星衔接所需的精度相称,因此对于气候来说,这应该是 <0.05 K;

•FRM TIR SBRN 测量的绝对稳定性应具有与提供卫星连接所需的绝对稳定性相称,因此对于气候来说,在 100 ~ 1 000 km 的范围内,这应该是 <0.015 K/ 十年;

•FRM TIR SBRN 测量应保持并展示 SI 可溯源性,并进行全面的不确定度分析;

•FRM、卫星数据、匹配结果应使用异常值耐受性(稳健)统计进行质量控制[57]。

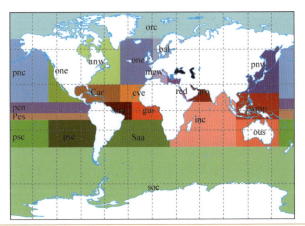

图 9 EUMETSA OSI-SAF(Ocean and Sea Ice Satellite Application Facilities,OSI-SAF)使用漂流浮标测量印证 SST 产品的地理区域。SST,海表温度。OSI-SAF,图来自 A. Marsuin,经许可。

2.2.5 卫星载荷衰减监测的 SBRN 要求

一旦卫星载荷发射成功投入使用,它可能会运行很多年,在任务期间,随着光学和电子元件暴露在太空环境中(即辐射、结构脱气、轨道热循环等),以及扫描计和其他移动部件逐渐磨损(特别是轴承),导致"抖动"和噪音,仪器的寿命预计会下降。此外,卫星和仪器子系统也会退化:低温冷却器在趋向任务结束时效率降低,导致仪器温度升高,卫星平台控制陀螺仪以及姿态和轨道控制系统的其他部分可能会失效,导致对仪器指向的了解受限。更多细节参考第2.4章。

需要独立的印证数据来识别、管理和监测这种在轨卫星载荷的异常情况以及在整个任务寿命期间卫星载荷不可避免的退化。印证是评价此类事件对SST产品质量影响的唯一手段。处理卫星在轨仪器退化的SBRN要求是如下:

• 应至少保持一条持续的、定期重复的FRM TIR SBRN "线" (即船舶航线),最好是跨越几个轨道刈幅(考虑表中1确定的LAR);

• FRM TIR SBRN测量的位置应尽可能连续,并进行优化,以最大限度地实现卫星和FRM的近同步和同地匹配;

• FRM TIR SBRN线应在不同的纬度取样,以解决仪器在轨道上的任何热循环问题;

• FRM TIR SBRN线应在轨道的白天和夜间都进行采样;

• 优化FRM TIR SBRN测量的位置,以最大限度地实现卫星和FRM的同步和同地匹配(即,应注意避免与卫星轨道进展和重复覆盖产生的混叠);

• FRM TIR SBRN测量应使用1~4级匹配标准收集;

• FRM TIR SBRN测量的绝对精度应与提供卫星衔接所需的精度相称,因此对于气候来说,这应该是<0.05 K;

• FRM TIR SBRN测量的绝对稳定性应具有与提供卫星连接所需的绝对稳定性相称,因此对于气候来说,在100~1 000 km的范围内,这应该是<0.015 K/十年;

• FRM TIR SBRN测量应保持并展示SI可溯源性,并进行全面的不确定度分析;

• FRM、卫星数据、匹配结果应使用异常值耐受性(稳健)统计进行质量控制[57]。

2.2.6　衔接不同卫星载荷的 SBRN 要求

如第 2.3 章所述，SST CDR 是由 1970 年代末开始的许多不同的极轨和静止轨道卫星载荷系列获取的数据组成。由于目前没有任何卫星仪器可以在需要的不确定度水平上可靠地建立在轨 SI 可溯源性，因此需要准确和独立的 FRM TIR SBRN 测量，以便有把握地将每个独立的卫星载荷与另一个载荷联系起来，因此 GCOS 气候监测原则（如参考文献［21］）包括一个系列中连续仪器之间的重叠要求："应确保新的和旧的卫星系统有一个适当的重叠期，足以确定卫星间的偏差并保持时间序列观测的均匀性和一致性"。

如果某个系列的仪器出现了数据中断（由于研发延迟或任务过早失败），实测 FRM 可以提供重要的、必不可少的数据集来衔接仪器之间的空白[64]。填补空白的目的是监测空白年份的 SST_{skin} 的地球物理特性，在理想情况下，填补"空白"也需要使用适当的填补空白的卫星数据集，最好是使用用于"衔接空白"的相同 FRM 进行印证。为了研究 SST CDR 的总体趋势和导致气候活动的基本过程，必须采取衔接空白和填补空白的策略。理想情况下，在卫星数据缺失之前收集的数据和在有新的替代卫星任务开始时立即收集的数据，都要与 FRM 进行比较。通过这种方式，在 FRM 及其与卫星的各衔接的不确定度限制内，数据记录以相同的、完全兼容的定标恢复[64]。

例如，独特的双观测角沿轨迹扫描辐射计（AATSR）系列（如参考文献［64］）于 2012 停止工作，其后续载荷为哨兵 -3（Sentinel-3）海陆温度辐射计（Sea and Land Surface Temperature Radiometer，SLSTR[65]），不幸的是，Sentinel-3 要到 2015 年中期才会发射。衔接空白的主要要求是确保 FRM 在 AATSR 运行结束前阶段可用于定标 AATSR 数据产品，并且在 Sentinel-3 任务开始阶段用于定标 SLSTR。AATSR 的经验表明，可以使用 FRM TIR 船载辐射计（如参考文献［66,67］）来衔接 AATSR 和 SLSTR 之间的空白[64]，尽管到目前为止，只有少数船载辐射计系统可用于这项任务[39]。

衔接卫星载荷系列的 SBRN 覆盖范围和采样要求如下。

在卫星仪器运行结束和开始间的任务空白时期，表 1 中每个

LAR 都应至少保持一条持续的、定期重复的 FRM TIR SBRN "线"（即船舶航线）。

·FRM TIR SBRN 测量的位置应尽可能连续，并进行优化，以最大限度地实现卫星和 FRM 的近同步和同地匹配。

·FRM TIR SBRN 线应在不同的纬度取样，以解决仪器在轨道上的任何热循环问题。

·FRM TIR SBRN 线应在轨道的白天和夜间都进行采样。

·FRM TIR SBRN 测量应使用 1 ～ 2 级匹配标准收集。

·FRM TIR SBRN 测量的绝对精度应与提供卫星衔接所需的精度相称，因此对于气候来说，这应该是 <0.05 K。

·FRM TIR SBRN 测量的绝对稳定性应具有与提供卫星连接所需的绝对稳定性相称，因此对于气候来说，在 100 ～ 1 000 km 的范围内，这应该是 <0.015 K/ 十年。

·FRM TIR SBRN 测量应保持并展示 SI 可溯源性，并进行全面的不确定度分析。

·FRM、卫星数据、匹配结果应使用异常值耐受性（稳健）统计进行质量控制[57]。

3. FRM 船载辐射计实验室交叉定标实验

如果船载辐射计要符合 FRM 的要求并满足 GCOS 气候监测原则的指导方针（如参考文献［21］），每个辐射计必须证明其可溯源性，因此至少要定期对照可溯源的辐射标准进行印证（如参考文献［22，33］），这最好通过使用 SI 可溯源的独立参考辐射源[32-36, 68]来实现，所有 FRM TIR SBRN 仪器在可控的实验室环境中观测参考辐射源。基于这样的相互比对测量，单个辐射计测量的不确定度估计可以以一种共同的方式得出：只有通过进行详细的定标和随后的交叉比对实验，才能有信心使用现场辐射计。

欧盟的"海洋热表皮研究协调行动"（Concerted Action for the Study of the Ocean Thermal Skin，CASOTS）项目于 1996 年 6 月在英

国南安普敦海洋中心组织了一次船载辐射计相互比对实验[32]。该活动的目的是建立船载 SST_{skin} 测量之间的"等效度"。CASOTS 项目的主要主题之一是推动船载 SST_{skin} 测量、技术、问题和解决方案方面的实践经验和信息交流。七个小组参加了实验,使用了 AATSR 飞行备用定标黑体[69] 和专门设计的 CASOTS-I 水浴黑体作为可溯源的参考辐射源。CASOTS-I 辐射黑体[32] 是一种低成本、便携式水浴黑体参考源,旨在对船载辐射计在船上部署之前、期间和之后进行实验室定标(图 10)。CASOTS-I 装置工作温度为 278 ~ 353 K,发射率为 >0.998,辐射计光斑尺寸为 40 mm 以内。水浴温度的测量精度为 50 mK。制作了四台装置并与美国国家标准与技术研究所(National Institute of Standards and Technology, NIST)的参考辐射黑体[34] 进行了验证[51],相差 ±20 mK[32, 51]。在 CASOTS 实验期间,现场测量辐射计在标准的实验条件下,观测 CASOTS-I 和 AATSR 飞行备用黑体。此外,在一个温度可控房间内使用 CASOTS-I 黑体,房间温度降低到高于冰点几度,以评价辐射计内部杂散辐射的影响。虽然 CASOTS 实验是一个起点,但它不包括 NMI,也不包括当时正在使用的所有国际上 SST_{skin} 辐射计。

图 10　CASOTS-I 参考辐射黑体[32]。图中的温度计探头被固定在黑体上,仅用于运输目的。CASOTS,海洋热表皮研究协调行动。

　地球观测卫星委员会(the Committee for Earth Observation Satellites,

CEOS)定标和印证工作组（Working Group on Calibration and Validation，WGCV）很清楚这种比较的必要性和价值，呼吁进一步开展船载辐射计的相互比对活动。在空间机构的组织赞助下，通过地球观测卫星委员会组织了后续实验。基于 CASOTS 经验，1998 年 3 月，迈阿密大学 Rosenstiel 海洋和大气科学学院（the Rosenstiel School of Marine and Atmospheric Science，RSMAS）和 CEOS 主办了国际红外印证研讨会[70]，通过 NMI 的参与，建立船载 TIR 辐射计 SI 可溯源性。该实验使用了 NIST 第三代水浴黑体的复本[34]。NIST 黑体辐射源工作温度为 278K—3 出的黑体发射率为 0.999 7，相对标准不确定度为 0.000 3，当在腔体入口处安装一个 50 mm 的限制孔径时，发射率增加到 0.999 97[34]。这一成功的实验为船载辐射计的 SI 可溯源性奠定了基础，在此基础上，第二届国际红外辐射计定标和相互比对研讨会于 2001 年 5 月举行[51]，该研讨会的目的是将不同研究人员用于印证卫星 SSTs 的多种船载辐射计召集在一起实验，以确保其测量的可比性，并确定其对卫星反演的 SST 不确定度估算的贡献。在合理控制的实验室条件下，使用超稳定、特性良好的 NIST 滤光传递辐射计，即热红外传递辐射计（the Thermal-Infrared Transfer Radiometer，TXR）[30]（图 11），来检验用于印证船载 TIR 辐射计定标的不同参考黑体性能（五个黑体参与了实验）。此外，船载 TIR 辐射计的定标也进行了印证并追溯到 SI。这次研讨会是船载辐射计界的一个转折点，因为它为检验用于 SST_{skin} 卫星印证的船载辐射计定标制定了标准和基本计量规范，确定了它们与 SI 单位的可溯源性。

图 11 （左）NIST TXR 传递辐射计（右）在迈阿密大学第二次国际船载辐射计相互定标实验中，用来观测 CASOTS-II 黑体辐射源[33]。

然后 2009 年举行了第三次船载辐射计的相互定标实验,英国国家物理实验室(the National Physical Laboratory,NPL)和美国国家技术研究所(NIST)都在其中:NPL 作为试点实验室,在欧洲的实验室比较中提供对 SI 单位可溯源性,NIST 在 RSMAS 的实验室测量中提供对 SI 单位可溯源性。2019 比较实验由两个阶段组成,以允许最大程度的参与,并使溯源链能够在 NPL 和 NIST 建立。第一阶段于 2009 年 4 月在 NPL 进行,包括使用 NPL 参考传递辐射计(AMBER)[31,71] 对参加的黑体进行实验室测量定标,而参加的辐射计则使用 NPL 的可变温度黑体[37] 进行定标。AMBER 滤光辐射计的定标通过固定点参考黑体(镓的冰点)可追溯到 NPL 主要光谱响应度标尺和 ITS-90,用这种定标(及其相关的不确定度)将每个黑体温度测量转换为光谱辐亮度[31]。第二阶段于 5 月在 RSMAS 进行,对参加的黑体的实验室测量,使用 NIST TXR 进行定标,而参加的辐射计则使用 RSMAS 和 NIST 水浴黑体进行定标。第二阶段还包括在码头测试这些辐射计,完成直接测量白天和夜间的海表温度。鼓励所有参加者为他们估算的所有测量结果制定完整的不确定度估算。为了实现最佳的可比性,向所有参加与者提供了测量的主要影响参数的清单。不确定度估算的基础包括对以下方面的评价。

• 重复性:例如,在固定的黑体温度下,在没有重新对准辐射计情况下,180 次测量的标准偏差的典型值(1/s,因为辐射计的响应时间短语 1 s)。

• 复现性:例如,在同一黑体温度下,包括重新对准的辐射计不同测量运行之间的差异的典型值。

• 辐射计的线性度:例如,黑体源 X 温度和辐射计 BTs 之间线性回归的不确定度。

• 原级定标:例如,两个带有 SI 可溯源温度计的内部定标黑体用提供对 SI 标准的原级定标。

试点实验室对参与者估算的所有测量结果及其相关的不确定度进行了分析,见参考文献[37,71]。后者的比较是为了明确遵循 CEOS WGCV 代表 GEO 制定的新的地球观测质量保证框架(Quality Assurance Framework for Earth Observatio,QA4EO)的原则和指导方针（http://qa4eo.org/docs/QA4EO_Principles_v4.0.pdf）。这个 QA4EO 框架有效地包括了 SI 可溯源最佳实践的关键原则，并为地球观测界的比较、文档流程和不确定度分析等事项提供了 NMIs 计量最佳实践的传译。

2009 年实验的一个显著结果是认识到 CASOTS-I 水浴黑体在使用几年后已经明显质量下降，基于这一结果，开发了第二代 CASOTS-II 黑体参考辐射源[33]，如图 12 所示。

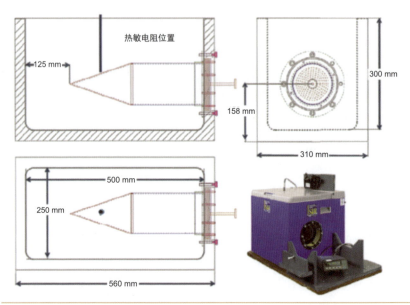

图 12　CASOTS-II 黑体系统[33]。（左图）CASOTS-II 水浴黑体的总体布局，显示了所有选择的孔径光阑板和保护罩的位置。锥体（红色）、圆筒罐（蓝色）和固定法兰（绿色）组装在水浴内部，图中显示了水槽温度计探头的标称位置。（右图）显示 ISAR 辐射计安装夹具在孔径前，带有 Hart Scientific 1504 桥接。图中显示了从水浴盖上伸出的测温探头 225，水浴泵（设备运行时在内部固定）在水浴盖的顶部。CASOTS，海洋热表皮研究协调行动；ISAR，红外自主 SST 辐射计。

这种低成本的设计被证明是非常成功的，CASOTS-II 辐射源为孔径直径 110 mm 的筒 - 锥体的几何形状，涂有 NEXTEL 3103 绒面漆，可换的孔径光阑可以减少腔体孔径，减少杂散辐射。蒙特卡洛模拟技术显示，腔体的有效发射率为 0.999 9（使用 30 mm 的孔径)。腔体浸没在一个水浴中,使用泵大力搅拌,以 0.6 K/h 的平均速度缓慢加热水浴,水浴的温度是用可溯源到 SI 的温度计测量。CASOTS-II 黑体系统的最差情况下的辐射温度可溯源到 SI 的不确定度为 58 mK[33],当在典型的实验室条件下使用 40 mm 的孔径操作时,不确度为 16 mK,与 NPL AMBER 参考辐射计的相互比较发现,在 75 mK(110 mm 孔径)或 50 mK(40 mm 孔径)内没有明显差异,这是比较的综合不确定度 [33, 71]。

对每个辐射计进行全面的不确定度分析,并与 NMI 参考黑体源(和传递源)进行比较,是一项困难和昂贵的工作。此外,实现 SI 可溯源的途径也很困难:虽然 SI 可溯源的温度计可用于水浴黑体,但它只测量水浴中一个点的温度,有对黑体腔表面和壁厚的温度梯度的有限测量(如参考文献[33,34]),但由于不可能在每一次体验中实现完整的表征,必须使用合理的假设。此外,黑体腔涂层发射率的表征测量通常是在核查用试样上进行,而不是在实际使用的腔体本身上。必须假设在正常的实际使用过程中积累的缺陷,如灰尘积累、冷凝的残留物或海盐飞沫,在要求的不确定度水平上不会影响测量。虽然这些假设通常是合理的,但有必要对黑体上的 BT 标尺进行实验验证,以便验证其不确定度[51]。

定期的船载辐射计实验室相互定标实验是可靠的 FRM 的基本组成部分,不仅需要支持单个卫星 SST 任务,还需要支持由许多不同任务产生的集合的 SST CDR。然而,基于实验室的船载辐射计与 NMI 参考标准的相互比对只能验证每个船载辐射计就测量目标 BT 能力而言的定标性能,当辐射计部署在海上的船上时,这种实验并不能验证"端对端"的 SST_{skin} 测量。这将在下一节中讨论。

4. 船载辐射计现场交叉比对实验

当船载辐射计在海上时,大气温度、湿度和太阳辐射直接升温的显著变化可能会影响辐射计的定标。数据记录系统本身可以通过未补偿的长电缆或影响模数转换的电子封装的漂移等引入额

外的定标不确定度。许多仪器使用略微不同的光谱波段来确定
SST_{skin},在不同的时间段平均测量目标,在不同的视角下观测海面,
使用不同的技术测量天空辐亮度。最关键的是,在船上部署的每个
船载辐射计都必须根据仪器光谱和安装几何特点仔细考虑最合适
的海水发射率值。原则上,这些影响可以在实验室或可控水体的准
实验室条件下进行测试,但可以说,确定不同船载辐射计之间端对
端等效程度的更有力的方法是,在船上航行时对观察海面同一区域
的辐射计进行相互比对。

　　2001年5月至6月期间,在第二次定标和交叉比对红外辐射
计(Miami 2001)期间进行了这种实验[68]。将辐射计安装在科考船
Walton Smith号上(图13),以确保它们能在"海上"条件下准确和一
致地运行。这需要大量的计划和努力,以使所有的系统能够观测到
海面的同一区域,在船上花了2天多的时间,将五个辐射计和数据
记录系统安装到船上甲板的左舷,这是所有辐射计都能看到海面同
一区域的最佳位置。

图 13　(左上)海上的 Walton Smith 号科考船。(右上)安装在船上的辐射
计。从左到右:(1) SISTeR,(2) ISAR-5C,(3) CIRIMS,(4) M-AERI,
(5) DAR011。JPL 的 NNR 辐射计安装在船头。(左下和右下)Walton Smith
号科考船上的辐射计安装的详细视图。CIRIMS,定标的红外现场测量系统。

　　Walton Smith 号科考船沿着图 14 所示的航线航行,充分利用船上的科学设施,提供航行数据、温盐仪、ADCP 和气象观测。

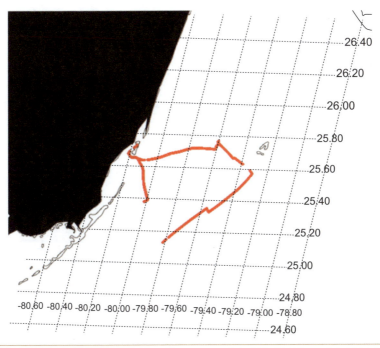

图 14　Walton Smith 号科考船在第二次迈阿密船载辐射计相互定标研讨会期间的船航线。

　　此外,还放了几次无线电探测仪,以确定整个实验过程中的大气条件特性,大气和海洋条件良好,海面平静,变化的云量和类型,只有一次短暂的降雨。起初遇到了一些问题,即船艏波污染了辐射计的视场,通过首先增大了辐射计的视角以及将船速降低到 9 节以下,限制了这种影响得。图 15 显示了实验期间获得的海上结果,所有的辐射计数据都被平均为 1 分钟的平均观测值(不包括 M-AERI 数据,由于该仪器的采样要求,它提供了 10 min 的平均观测值)。图 15 清楚地显示了 ～ 1 m 深处常规 SST 测量(黄色显示)与辐射计 SST_{skin} 测量之间的特性温度差异,正是由于这个原因,必须使用热红外(TIR)辐射计系统来准确印证红外卫星观测数据。

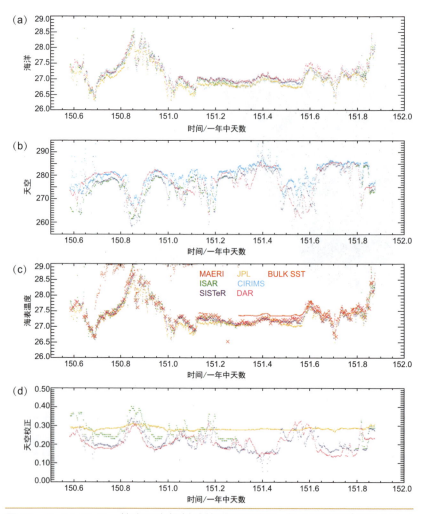

图 15　Smith Walton 航次所有辐射计的测量和结果。从上至下图中显示了(a)辐射计测量的海面亮温(BTs);(b)辐射计测量的天空亮温;(c)由海面和天空测量得出的海表皮温值;(d) 考虑天空反射辐射,加到海面亮温的天空校正。

　　与专门的海上多仪器实验相比,一个更实用、更经济的方法是安排一系列的"双边"实验,使用持续的 SBRN 线或科考船航次,并列安装一对对 FRM 辐射计。例如,在 GasEx01 航次[72],CIRIMS[43]在有和无红外透明窗的情况下交替运行,以评价为补偿窗口对 SST_{skin} 测量的影响而开发的校正性能(见第 3.2 章),有窗的测量结果与没有窗的测量结果相比,均方根值和标准差高出 0.05 K,当有

窗时，M-AERI[73] 分光辐射计得出的 SST 与 CIRIMS 得出的 SST 的
平均差值从 0.04 K 变为 0.07 K，表明 CIRIMS 测量的温度比 M-AERI
高。图 16 中的时间序列图显示了测量结果的一致程度，该图显示
了 M-AERI 和有无 CIRIMS 窗的 CIRIMS 数据，根据这些结果，在
GasEx01 之后的 CIRIMS 部署中，只有当污染的风险大到足以证明
标准偏差增加 0.05 K 时，才会使用窗口。

上述类型的海上相互比对，加上定期的实验室实验，是确定 TIR
船载辐射计仪器的质量是否足以作为印证构成 SST CDR 的卫星
SSTs 的 FRM 要求的检验过程的重要组成部分。

显然在现场条件下，系统的和定期的 SBRN 仪器的相互比对提
供了基本的证据，即这些仪器在考虑了所有的修正和部署的特殊因
素后，确实是在测量相同的 SST_{skin}。此外，这些部署策略可以用来测
试新仪器配置和设计选择，然后再用于印证为 SST CDR 提供的卫星
数据。

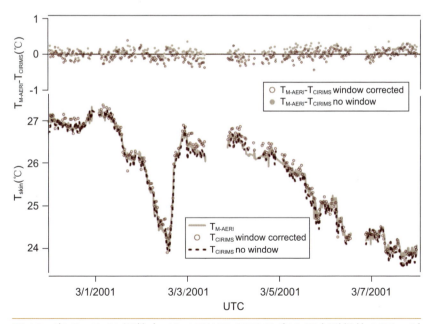

图 16 在 GasEx01 巡航中，M-AERI 和 CIRIMS 在 8 天内测得的 SST_{skin} 时
间序列显示了使用和不使用红外透明窗的结果。有窗子的 CIRIMS 测量结果一
直大于没有窗子的结果。CIRIMS，定标的红外现场测量系统；SST，海面温度。

5. 维持用于卫星 SST 验证的 FRM 船载 TIR 辐射计的 SI 可溯源性的规范

Donlon 等人[33]定义了一套九项规范,旨在指导收集船载红外辐射计数据用于卫星 SST 验证活动的团体采用"常识性"最佳做法,以提高卫星 SST 印证过程的质量并减少不确定度。每个船载辐射计的部署都是非常特别的,下面总结的规范是 FRM TIR SBRN 的最低要求。

5.1 测量方法定义

应完整记录使用船载辐射计测量 SST_{skin} 的确切方法,这应包括以下内容:

•辐射计仪器的完整技术说明(如光谱特性、采样特性、测量技术、仪器内部定标方法说明等);

•测量系统的光谱特性(即仪器带通);

•使用的海水发射率的数值;

•如何正确处理在海面上反射到辐射计视场的"天空辐射"部分(如参考文献[46]);

•辐射计安装安排和辐射计的几何配置包括准确记录所有测量角度的描述;

•为保证测量不受船影响(如船艏波、船主体的显著辐射出射、船废水排放等辐射出射)采取的步骤的描述;

•仪器内部软件(如版本、发布日期等);

•数据后处理软件(如版本、发布日期等);

•更好地理解获取的测量质量有关的任何其他方面。

5.2 实验室定标、检定方法和程序的定义

通常用于卫星印证工作的红外辐射计是使用内部定标参考辐射度源(黑体)进行定标。使用外部参考黑体进行部署前后检验的目的是评价内部定标系统的准确性,并在连接船载辐射计和 SI 参考的不间断比较链中提供一个环节。对辐射计进行实验室定标和检

定所使用的确切方法和程序应加以规定和记录[37, 71]。

5.3 部署前定标检定

按照第二号规范规定的方法和流程,用于卫星产品印证的船载辐射的定标性能应在部署前使用可追溯到 SI 标准的外部参考辐射源,在海上部署时预期的全部 SST 范围内进行验证。理想情况下,应在一系列环境温度重复验证测量,以评价杂散辐射对辐射计测量的影响。辐射计的硬件、内部配置、内部处理软件和数据后处理软件在定标和海上部署期间不得以任何物理方式进行修改(将仪器拆下并运送到定标实验室除外)。

5.4 部署后定标检定

按照规范 2 和 3 规定的方法和流程,用于卫星产品印证的船载辐射计的定标性能应在部署后进行验证。

5.5 不确定度估算

船载辐射计的定标和验证数据应与不确定度估算相联系,不确定度估算的确定应符合规定的 NMI 规范[42, 74],并考虑全面的不确定度来源(如仪器、处理、部署限制和环境条件等的贡献),即与 QA4EO(http://qa4 eo.org/docs/QA4EO_Principles_v4.0.pdf)的原则一致,应提供端到端 SST_{skin} 测量的不确定度估算。

5.6 提高定标和检定测量的可溯源性

在可能的情况下,应努力确定业界协商一致的方案和测量规范,以进行定标和验证。应建立记录良好的数据处理方案和质量保证标准,以确保用于卫星印证的现场辐射计测量的一致性和 SI 标准的可溯源性。船载辐射计用户必须定期参加相互比对的"循环"测试和与国际标准的比较,以建立其数据的 SI 可溯源性。国际辐射计和参考黑体的相互定标实验[37, 51, 68, 70, 71]在此规范下是必不可少的,对这种类型的定期活动的需求是显而易见的[22]。它们促进了仪器定标、测量方法、数据处理、培训机会和质量保证等方面先进知识的传播。为了准备发射新的卫星载荷和持续验证目前飞行的卫星载荷,CEOS 业界已经认识到需要进行第四次 FRM 红外辐射计和参考黑体相互定标实验。建议的实验包括以下部分。

·基于实验室对 FRM TIR SBRN 辐射计的定标过程和用于保持 FRM TIR 辐射计的定标并提供对 SI 可溯源性的黑体源的验证进行比较;

·开始使用成对的 FRM TIR 辐射计进行现场相互比对,以便在几年内建立一个知识数据库。

辐射计较差比较工作的益处包括以下几点:

·建立并记录 FRM TIR 辐射计和参考黑体相互比对的规范和最佳做法,以供将来使用;

·建立 FRM TIR 辐射计部署的业界最佳做法;

·评价和记录在一系列模拟的环境条件下,红外辐射测量原级定标和性能的差异;

·为参与的黑体和辐射计建立和记录正规的 SI 溯源性和不确定度估算;

·评价和记录规范和最佳做法,以确定在现场(陆地、海洋和冰区)工作条件下 FRM TIR 辐射计测量结果的差异;

·遵循 QA4EO 原则,特别是指导方针:QA4EO-QAEO-GEN-DQK-004,版本 4.0[75]。

5.7 文档的可获取性

描述船载辐射计定标和验证过程的文档应提供给用户,以促进同行审查,并确保关于船载辐射计定标和验证认识的正确传播。

5.8 数据的归档

船载辐射计的定标和验证数据应按照良好的数据管理做法归档,提供给研究小组按要求查阅记录。实验室定标和验证数据应以数据用户可自由和公开获取的格式公布。

5.9 定标和检定流程的定期整合和更新

船载辐射计的定标和检定测量流程应为对当前在同行评议文献中记录的重要评述或已经包括在以前计划的编写中和从船上和

实验室的部署中"吸取的教训"加以整合，整合后的规范应予维护和公布。

6. 总结和展望

本章介绍了用于验证卫星红外辐射计的船载热红外（TIR）辐射计的部署策略和组成部分，以支持 SST CDR。SST CDR 是由多个（TIR）卫星载荷反演的 SST 测量值组合而成的，每个仪器都有各自的特点。有许多不同的测量平台的基于现场的测量可以用来印证和检验卫星 SST CDR。只有船载（TIR）辐射计提供的测量结果可以完全追溯到 SI 原级标准，这种测量对于量化卫星反演的 SST CDR 的不确定度至关重要，是卫星任务的基本组成部分，由于这些原因，它们被认为是 FRM。在卫星 SST CDR 的背景下，讨论了生成船载 FRM TIR 辐射计的不确定度估算和估算的要求和方法，这包括使用实验室参考辐射源和 SI 传递辐射计印证船载辐射计的定标性能，为了补充实验室活动，还需要以端对端方式对船载辐射计进行海上相互比对。此外，还需要注意充分了解印证过程本身所带来的不确定度（即卫星和 FRM TIR 辐射计测量的同地和近同步的匹配）。

通过考虑与 SST CDR 的研发和可溯源性有关的一些应用的要求，确定了 FRM TIR SBRN 的范围，并对其进行了论证。提出并讨论了对这样一个网络的关键要求。目前的挑战是如何通过国际合作确保 FRM TIR SBRN，以保证有足够的 FRM 来提供可完全溯源到 SI 单位的 SST CDR。

致谢

作者感谢 Marc.Schroeder@dwd.de 为图 8 提供了基础，并感谢 G. Corlett 就这项工作的各方面进行了讨论。

参考文献

[1] D.Anding, R.Kauth, Estimation of sea surface temperature from space, Remote Sens.Environ.1（1970）217−220.

[2] E.P.McClain, W.G.Pichel, C.C.Walton, Comparative performance of AVHRR-based multichannel sea surface temperatures, J.Geophys.Res.90（1985）11587-11601.

[3] C.J.Merchant, A.R.Harris, Toward the elimination of bias in satellite retrievals of sea surface temperature 2.Comparison with in situ measurements, J.Geophys. Res.104（1999）23579-23590.http://dx.doi.org/10.1029/1999JC900106.

[4] C.J.Merchant, P.Le Borgne, Retrieval of sea surface temperature from space, based on modeling of infrared radiative transfer: capabilities and limitations, J.Atmos.Oceanic Technol.21（2004）1734-1746.http://dx.doi.org/10.1175/JTECH1667.1.

[5] C.J.Merchant, O.Embury, P.Le Borgne, B.Bellec, Saharan dust in night-time thermal imagery: detection and reduction of related biases in retrieved sea surface temperature, Remote Sens.Environ.104（2006）15-30.

[6] C.J.Merchant, L.a.Horrocks, J.R.Eyre, A.G.O'Carroll, Retrievals of sea surface temperature from infrared imagery: Origin and form of systematic errors, Q.J.R.Meteorol.Soc.132（617）（2006）1205-1223.http://dx.doi.org/10.1256/qj.05.143.

[7] C.J.Merchant, D.Llewellyn-Jones, R.W.Saunders, N.A.Rayner, E.C.Kent, C.P.Old, D.Berry, A.R.Birks, T.Blackmore, G.K.Corlett, O.Embury, V.L.Jay, J.Kennedy, C.T.Mutlow, T.J.Nightingale, A.G.O'Carroll, M.J.Pritchard, J.J.Remedios, S.Tett, Deriving a sea surface temperature record suitable for climate change research from the along-track scanning radiometers, Adv.Space Res.41（2008）1-11.ISSN: 0273-1177, http://dx.doi.org/10.1016/j.asr.2007.07.041.

[8] O.Embury, C.J.Merchant, M.J.Filipiak, A reprocessing for climate of sea surface temperature from the along-track scanning radiometers: basis in radiative transfer, Remote Sens.Environ.116（2012）32-46.

[9] J.Vazquez-Cuervo, E.M.Armstrong, A.Harris, The effect of aerosols and clouds on the retrieval of infrared sea surface temperature, J.Clim.17（2004）3921-3933.

[10] Frank J.Wentz, T.Meissner, AMSR Ocean Algorithm, Version 2, Report Number 121599A-1, Remote Sensing Systems, Santa Rosa, CA, 2000, p.66.

[11] A.M.Zàvody, C.T.Mutlow, D.T.Llewellyn-Jones, A radiative transfer model for sea surface temperature retrieval for the Along-Track Scanning Radiometer, J.Geophys.Res.100（1995）937-952.http://www.agu.org/journals/jc/v100/iC01/94JC02170/.

[12] N.R.Nalli, P.J.Minnett, P.van Delst, Emissivity and reflflection model for

calculating unpolarized isotropic water surface−leaving radiance in the infra−red.I:theoretical development and calculations, Appl.Opt.47（2008）3701−3721.

[13] N.R.Nalli, P.J.Minnett, E.Maddy, W.W.McMillan, M.D.Goldberg, Emissivity and reflection model for calculating unpolarized isotropic water surface−leaving radiance in the infrared.2:validation using Fourier transform spectrometers, Appl.Opt.47（2008）4649−4671.

[14] D.Smith, C.Mutlow, J.Delderfifield, B.Watkins, G.Mason, ATSR infrared radiometric calibration and in−orbit performance, Remote Sens.Environ.116（2012）4−16.http://dx.doi.org/10.1016/j.rse.2011.01.027.

[15] C.J.Donlon, N.Rayner, I.Robinson, D.J.S.Poulter, K.S.Casey, J.Vazquez−Cuervo, E.Armstrong, A.Bingham, O.Arino, C.Gentemann, D.May, P.LeBorgne, J.Piollé, I.Barton, H.Beggs, C.J.Merchant, S.Heinz, A.Harris, G.Wick, B.Emery, P.Minnett, R.Evans, D.Llewellyn−Jones, C.Mutlow, R.W.Reynolds, H.Kawamura, The global ocean data assimilation experiment high−resolution sea surface temperature pilot project, Bull.Am.Meteorol.Soc.88（2007）1197−1213.http://dx.doi.org/10.1175/BAMS−88−8−1197.

[16] D.Meldrum, E.Charpantier, M.Fedak, B.Lee, R.Lumpkin, P.Niller, H.Viola, Data buoy observations:the status quo and anticipated developments over the next decade, in:J.Hall, D.E.Harrison, D.Stammer（Eds.）, Proceedings of OceanObs'09:Sustained Ocean Observations and Information for Society, vol.2, ESA Publication WPP−306, Venice, Italy, 2000.http://dx.doi.org/10.5270/OceanObs09.cwp.62, 21−25 September 2009.

[17] J.J.Kennedy, A review of uncertainty in in situ measurements and data sets of sea surface temperature, Rev.Geophys.52（2014）1−32.http://dx.doi.org/10.1002/2013RG000434.

[18] A.G.O'Carroll, R.W.Saunders, J.R.Eyre, Three−way error analysis between AATSR, AMSR−E, and in situ sea surface temperature observations, J.Atmos.Oceanic Technol.25（7）（2008）1197.

[19] H.Preston−Thomas, The international temperature scale of 1990（ITS−90）, Metrologia 27（1990）3−10.

[20] C.J.Merchant, SST CCI Phase−II Uncertainty Characterisation Report:Sea Surface Temperature V1, SST_CCI−UCR−UOR−201, Available from the, European Space Agency, Frascati, Italy, 2014, p.31.

[21] WMO, Systematic Observation Requirements for Satellite−based Products for Climate Supplemental Details to the Satellite−based Component of the Implementation Plan for the Global Observing System for Climate in Support of

the UNFCCC – 2011 Update, 2011.GCOS–154, p.138, Available from：http：//www.wmo.int/pages/prog/gcos/Publications/gcos–154.pdf.

[22] P.J.Minnett, G.K.Corlett, A pathway to generating climate data records of sea-surface temperature from satellite measurements, Deep–sea Res.II（2012）. http：//dx.doi.org/10.1016/j.dsr2.2012.04.003.

[23] R.Cowley, S.Wijffels, L.Cheng, T.Boyer, S.Kizu, Biases in Expendable bathythermograph data：a new view based on Historical side–by–side comparisons, J.Atmos.Oceanic Technol.30（2013）1195–1225.http：//dx.doi.org/10.1175/JTECH–D–12–00127.1.

[24] W.J.Emery, K.Cherkauer, B.Shannon, R.W.Reynolds, Hull–mounted sea surface temperatures from ships of opportunity, J.Atmos.Oceanic Technol.14（1997）1237–1251. http：//dx.doi.org/10.1175/1520–0426（1997）014<1237：HMSSTF>2.0.CO；2.

[25] J.J.Kennedy, R.O.Smith, N.A.Rayner, Using AATSR data to assess the quality of in situ sea–surface temperature observations for climate studies, Remote Sens.Environ.116（2012）79–92.http：//dx.doi.org/10.1016/j.rse.2010.11.021.

[26] R.P.Trask, R.A.Weller, W.M Ostrom, Arabian Sea Mixed Layer Dynamics Experiment：Mooring Deployment Cruise Report R/V Thomas Thompson Cruise Number 46, 14 April– 29 April 1995, Woods Hole Oceanographic Inst. Tech.Rep.WHOI–95–14, Woods Hole, MA, 1995, p.88.

[27] E.Oka, K.Ando, Stability of temperature and conductivity sensors of ARGO profiling floats, J.Oceanogr.60（2004）253–258.

[28] F.A.Best, H.E.Revercomb, R.O.Knuteson, D.C.Tobin, R.G.Dedecker, T.P.Dirkx, M.P.Mulligan, N.N.Ciganovich, Y.Te, Traceability of absolute radiometric calibration for the atmospheric emitted radiance interferometer（AERI）, in：USU/SDL CALCON, 2003.

[29] W.Wimmer, Variability and uncertainty in measuring sea surface temperature（Ph.D.thesis）, Department of Oceanography, University of Southampton, Southampton United Kingdom, 2013.

[30] J.P.Rice, B.C.Johnson, The NIST EOS thermal–infrared transfer radiometer, Metrologia 35（1998）505–509.

[31] E.Theocharous, N.P.Fox, V.I.Sapritsky, S.N.Mekhontsev, S.P.Morozova, Absolute measurements of black–body emitted radiance, Metrologia 35（1998）549.

[32] C.J.Donlon, T.J.Nightingale, L.Fielder, G.Fisher, D.Baldwin, I.S.Robinson, A low cost blackbody for the calibration of sea going infrared radiometer

systems, J.Atmos.Oceanic Technol.16（1999）1183-1197.

[33] C.J.Donlon, W.Wimmer, I.Robinson, G.Fisher, M.Ferlet, T.Nightingale, B.Bras, A Second-Generation Blackbody System for the Calibration and Verification of Seagoing Infrared Radiometers, J.Atmos.Oceanic Technol.31 （2014）1104-1127.http://dx.doi.org/10.1175/JTECH-D-13-00151.1.

[34] J.B.Fowler, A third generation water bath based blackbody source, J.Res.Natl. Inst.Stand.Technol.100（5）（1995）591-599.

[35] J.B.Fowler, An oil-bath-based 293 K to 473 K blackbody source, J.Res.Natl. Inst.Stand.Technol.101（1996）629.

[36] J.Geist, J.B.Fowler, A Water Bath Blackbody for the 5 to 60 Degree Temperature Range:Performance Goals, Design Concept and Test Results, 1986.U.S.National Bureau of Standards and Technology Technical Note 1228, p.16.Available from the National Bureau of Standards and Technology, Gaithersburg, MD 20899.

[37] E.Theocharous, E.Usadi, N.P.Fox, CEOS Comparison of IR Brightness Temperature Measurements in Support of Satellite Validation.Part I:Laboratory and Ocean Surface Temperature Comparison of Radiation Thermometers, Report OP-3, National Physical Laboratory, Teddington, UK, 2010.

[38] G.C.Corlett, The ESA Climate Change Initiative SST_CCI Product Validation and Intercomparison Report（PVIR）, SST_CCI-PVIR-UoL-001, available from the, European Space Agency, Frascati, Italy, 2014, p.148.

[39] W.Wimmer, I.S.Robinson, C.J.Donlon, Long-term validation of AATSR SST data products using shipborne Radiometry in the Bay of Biscay and english channel, Remote Sens.Environ.116（2012）17-31.

[40] G.Ohring, B.Wielicki, R.Spencer, W.Emery, R.Datla, Satellite instrument calibration for measuring global climate change:report of a workshop, Bull. Am.Meteorol.Soc.86（2005）1303-1313.

[41] GCOS, GCOS Climate Monitoring Principles, 2003.Available from:http:// www.wmo.int/pages/prog/gcos/documents/GCOS_Climate_Monitoring_ Principles.pdf.

[42] JCGM, Evaluation of Measurement DatadGuide to the Expression of Uncertainty in Measurement JCGM 100:2008, GUM 1995 with Minor Corrections, First ed., September 2008.Available from:http://www.bipm.org/ utils/common/documents/jcgm/JCGM_100_2008_E.pdf（2008）.

[43] A.T.Jessup, R.Branch, Integrated ocean skin and bulk temperature measurements using the calibrated infrared in situ measurement system（CIRIMS） and through-hull ports, J.Atmos.Oceanic Technol.25（2008）579-597.

[44] E.O.Lebigot, Uncertainties: A Python Package for Calculations with Uncertainties; Version 1.8, 2012.Available from: https://pythonhosted.org/uncertainties/index.html.

[45] C.Donlon, I.S.Robinson, M.Reynolds, W.Wimmer, G.Fisher, R.Edwards, T.J.Nightingale, An infrared sea surface temperature autonomous radiometer (ISAR) for deployment aboard volunteer observing ships (VOS), J.Atmos. Ocean.Technol.25 (2008) 93−113.

[46] C.J.Donlon, T.J.Nightingale, The effect of atmospheric radiance errors in radiometric sea surface temperature measurements, Appl.Opt.39 (2000) 2392−2397.

[47] C.J.Donlon, W.Wimmer, I.S.Robinson, G.Fisher, D.Poulter, G.Corlett, Validation of AATSR using in situ radiometers in the english channel and Bay of Biscay, in: ESA MERIS Deployment of Ship−Borne Fiducial Reference TIR Radiometers Chapter j 5.2 601and (A) ATSR Workshop 2005, ESRIN Frascati, Italy, ESA−SP−597.ISSN: 1609−042X, 2005, ISBN 92−9092−908−1.Available online at: https://earth.esa.int/workshops/meris_aatsr2005//participants/14/paper_Donlon.pdf.

[48] R.E.Wolfe, M.Nishihama, A.J.Fleig, J.A.Kuyper, D.P.Roy, J.C.Storey, F.S.Patt, Achieving sub−pixel geolocation accuracy in support of MODIS land science, Remote Sens.Environ.83 (2002) 31−49.

[49] R.E.Wolfe, M.Nishihama, L.Guoqing, K.P.Tewari, E.Montano, MODIS and VIIRS geometric performance comparison, in: Geoscience and Remote Sensing Symposium (IGARSS), 2012 IEEE International, 2012, pp.5017−5020.

[50] P.J.Minnett, Consequences of sea surface temperature variability on the validation and applications of satellite measurements, J.Geophys.Res.96 (C10) (1991) 18475−18489.

[51] J.Rice, J.Butler, B.Johnson, P.Minnett, K.Maillet, T.J.Nightingale, S.Hook, A.Abtahi, C.J.Donlon, I.Barton, The Miami 2001 infrared radiometer calibration and intercomparison.Part I: laboratory characterization of blackbody targets, J.Atmos.Oceanic Technol.21 (2004) 258−267.

[52] C.J.Donlon, M.Martin, J.D.Stark, J.Roberts−Jones, E.Fiedler, W.Wimmer, The operational sea surface temperature and sea ice analysis (OSTIA), Remote Sens.Environ.116 (2012) .http://dx.doi.org/10.1016/j.rse.2010.10.017.

[53] A.C.Stuart−Menteth, I.S.Robinson, P.G.Challenor, A global study of diurnal warming using satellite−derived sea surface temperature, J.Geophys.Res.108 (C5) (2003) 3155. http://dx.doi.org/10.1029/2002JC001534.

[54] A.C.Stuart−Mentheth, A Global Study of Diurnal Warming (Ph.D.thesis),

University of Southampton, United Kingdom, 205 pp., (2004)

[55] C.L.Gentemann, P.J.Minnett, P.Le Borgne, C.J.Merchant, Multi-satellite measurements of large diurnal warming events, Geophys.Res.Lett.35 (2008). http://dx.doi.org/10.1029/2008GL035730.

[56] C.J.Donlon, P.Minnett, C.Gentemann, T.J.Nightingale, I.J.Barton, B.Ward, J.Murray, Towards improved validation of satellite sea surface skin temperature measurements for climate research, J.Clim.15 (4) (2002) 353-369.

[57] P.J.Huber, Robust Statistics, Wiley, New York, 1981.

[58] I.M.Parkes, M.D.Steven, D.Llewellyn-Jones, C.T.Mutlow, C.J.Donlon, J.Foot, F.Prata, I.Grant, T.Nightingale, M.C.Edwards, AATSR Validation Measurement Protocol, May 15, 1998.PO-PL-GAD-AT-005 (2), p.18.

[59] D.T.Llewellyn-Jones, P.J.Minnett, R.W.Saunders, A.M.Zavody, Satellite multichannel infrared measurements of sea surface temperature of the N.E.Atlantic ocean using AVHRR/2, Q.J.R.Meteorol.Soc.110 (1984) 613-631.

[60] K.S.Casey, T.B.Brandon, P.Cornillon, R.Evans, The Past, present and future of the AVHRR Pathfinder SST program, in: V.Barale, J.F.R.Gower, L.Alberotanza (Eds.), Oceanography from Space: Revisited, Springer, 2010.

[61] F.Chevallier, Sampled Database of 60-Level Atmospheric Profifiles from the ECMWF Analyses, NWP SAF 4, ECMWF, Reading, UK, 2002, http://www.ecmwf.int/publications/library/do/references/show?id=83287.

[62] R.Hollmann, Coauthors, The ESA climate change initiative: satellite data records for essential climate variables, Bull.Amer.Meteor.Soc.94 (2013) 1541-1552.http://dx.doi.org/10.1175/BAMS-D-11-00254.1.

[63] D.P.Dee, S.Uppala, Variational bias correction of satellite radiance data in the ERA-Interim reanalysis, Q.J.R.Meteorol.Soc.135 (2009) 1830-1841.

[64] D.Llewellyn-Jones, The lessons learned from AATSR and bridging the Gap to SLSTR, in: L.Ouwehand (Ed.), Proceedings of the Sentinel-3 OLCI/SLSTR and MERIS/ (A) ATSR Workshop, 15-19 October 2012, 2013, ISBN 978-92-9092-275-9.ESA SP-711.

[65] C.Donlon, B.Berruti, M-H Ferreira A Buongiorno, P.Femenias, J.Frerick, P.Goryl, U.Klein, H.Laur, C.Mavrocordatos, J.Nieke, H.Rebhan, B.Seitz, J.Stroede, R.Sciarra, The global monitoring for environment and Security (GMES) Sentinel-3 Mission, Remote Sens.Environ.120 (2012) 27-57.http://dx.doi.org/10.1016/j.rse.2011.07.024.

[66] I.S.Robinson, W.Wimmer, C.J.Donlon, Validation of the ENVISAT advanced along track scanning radiometer in the Bay of Biscay and english channel, Remote Sens.Environ. (2011) .http://dx.doi.org/10.1016/j.rse.2011.03.022.

[67] W.Wimmer, I.S.Robinson, C.J.Donlon, QA for satellite sea surface temperatures using the ISAR ship-borne radiometric system, in: Geoscience and Remote Sensing Symposium, 2009 IEEE International, IGARSS 2009, 1, no., pp.I-232, I-235, 12-17 July 2009, 2009.http://dx.doi.org/10.1109/IGARSS.2009.5416896.

[68] I.J.Barton, P.J.Minnett, C.J.Donlon, S.J.Hook, A.T.Jessup, K.A.Maillet, T.J.Nightingale, The Miami 2001 infrared radiometer calibration and inter-comparison: 2.Ship comparisons, J.Atmos.Oceanic Technol.21 (2004) 268-283.

[69] I.Mason, P.Sheather, J.Bowles, G.Davies, Blackbody calibration sources of high accuracy for a spaceborne infrared instrument: the along track scanning radiometer, Appl.Opt.35 (1996) 629-639.

[70] R.Kannenberg, IR instrument comparison workshop at the rosenstiel school of marine and atmospheric science (RSMAS), Earth Obs.10 (3) (1998) 51-54.

[71] E.Theocharous, N.P.Fox, CEOS Comparison of IR Brightness Temperature Measurements in Support of Satellite Validation.Part II: Laboratory Comparison of the Brightness Temperature of Blackbodies, National Physical Laboratory, Teddington, UK, 2010.Report OP-4.

[72] D.T.Ho, C.L.Sabine, D.Hebert, D.S.Ullman, R.Wanninkhof, R.C.Hamme, P.G.Strutton, B.Hales, J.B.Edson, B.R.Hargreaves, Southern ocean gas exchange experiment: setting the stage, J.Geophys.Res.116 (2011) C00F08. http://dx.doi.org/10.1029/2010JC006852.

[73] P.J.Minnett, R.O.Knuteson, F.A.Best, B.J.Osborne, J.A.Hanafifin, O.B.Brown, The Marine-atmospheric emitted radiance interferometer (M-AERI), a high-accuracy, sea-going infrared spectroradiometer, J.Atmos. Oceanic Technol.18 (2001) 994-1013.

[74] S.Bell, Measurement Good Practice Guide No.11 (Issue 2), A Beginner's Guide to Uncertainty of Measurement, Available from: .ISSN: 1368-6550, National Physical Laboratory Teddington, Middlesex, United Kingdom, 1991. TW11 0LW, 41 pp.

[75] N.Fox, M.C.Greening, A guide to comparisons e organisation, operation and analysis to establish measurement equivalence to underpin the quality assurance requirements of GEO, version-4, QA4EO-QAEO-GEN-DQK-004, Available from: http://qa4-o.org/docs/QA4EO-QAEO-GEN-DQK-004_v4.0.pdf, 2010.

第6章

面向气候应用的卫星产品评价

Frédéric Mélin, [1,*] **Gary K. Corlett**[2]

[1] 欧盟委员会联合研究中心,意大利 伊斯普拉;[2] 莱斯特大学物理和天文系,英国 莱斯特

★ 通讯作者:邮箱:frederic.melin@jrc.ec.europa.eu

气候数据记录(CDR)是被证明可用于气象研究的数据集,可认为是"具有足够长度、一致性和连续性的可用于确定气候变化和改变的测量时间序列"(见第1.1章)。将这一说明转化为客观的、可量化的标准,从而判断某一特定数据集是否可视为气候数据记录(CDR)并不简单。连续性的特点意味着,在考虑单个传感器的预期寿命(最佳情况下通常不超过5~10年)下,从卫星辐射计获得的任何海洋气候数据记录(CDR)都将基于一套(理想情况下)交叉重叠任务。然而,对于相同的被测量运行连续测量系统不足以创建一致的长期数据记录。除了数据文档、管理和长期储存等相关问题外,一致性是任何潜在的气候数据记录的重要特性之一。在统计学词汇中,它可视为逻辑和数值上的一致性。对于潜在的气候数据记录,这种一致性需要在时间上、在数据集内以及在跨数据集间进行验证。

任何长期卫星数据集的科学评估是其一致性检查的基本要求。评估的目的是通过仔细考虑参考数据集和验证过程本身的不确定度,从而验证和确定正在测量的地球物理变量及其相关的不确定度的置信度。可以对各种参考数据集进行评估,包括现场或模拟数据,以及其他卫星数据或模型输出数据。

物理科学中的实验方法, Vol. 47. http://dx.doi.org/10.1016/B978-0-12-417011-7.00019-2.

本书的这一章考虑了对可见光和热红外波段下辐射计测量的水色和温度领域的长期海洋数据记录的评估。研究表明,虽然每个领域的技术水平存在较大差异,但每个领域评估的基本原则大同小异。产生差异的主要原因有三个。首先,可供验证的参考数据差异较大——对于海温,有许多覆盖全球海洋的非辐射测量阵列来补充来自船舶的辐射测量,而对于海洋水色,大多数辐射测量数据仅限于少数局部站点和相对稀少的船基测量。其次,由于星上黑体参考源的稳定性和性能,辐射计发射前和运行中热红外波段定标比可见光波段要容易得多。最后,由于地球物理变量变化率的相对幅度与所需的大气校正幅度相比较,在热红外领域对卫星上测量的辐射进行大气衰减校正相对简单。

第 6.1 章侧重于评估主要的海洋水色产品,即海洋遥感反射率(R_{rs})光谱。其他例如固有光学性质和叶绿素 a 浓度(Chla)等产品也将被考虑在内,因为 R_{rs} 和 Chla 被全球气候观测系统列为基本气候变量。本章讨论了使用现场数据验证卫星产品的良好做法和规范,并说明了 R_{rs} 验证结果的当前状态。迄今为止,基于模型的方法主要依靠生物光学模型来反演水中的成分,已经显示出表征不确定度估算的某些组成部分的潜力。来自不同卫星任务产品的比较是构成检查一致性的主要途径之一,有助于这项工作的进行。在比较 R_{rs} 的情况下,海洋水色卫星传感器在不同波段工作时需要考虑中心波长的差异。第 6.1 章还讲述了时间序列分析如何检测仪器辐射特性和定标的问题。本章最后讨论如何通过来自不同任务的一致的海洋水色气候数据记录(CDR)提供相似的主要海洋现象表现,特别是在季节和年际信号方面。

第 6.2 章侧重于对海表温度(SST)的长期记录评估,这些记录来自一系列空间传感器测量的大气层顶长期、理想协调的亮温记录。评估海表温度(SST)产品及其不确定度的主要方法是与现场或船载红外辐射计测量的(独立的)参考数据进行比较。本章讨论了卫星视场与更局部参考测量的比较基础,并定义了验证过程的不确定度估算。建立了可用于任何长期海表温度(SST)数据集的定性和定量指标,并提出了评估长期记录稳定性的方法。讲述了验证产品不确定度的新方法以及不确定度验证的概念,其通过将已有参考数据区域进行知识传递,从而达到给没有参考数据区域的不确定度分配置信水平的目的。

最终,无论其幅度如何,气候数据记录(CDR)内部的不确定度和任务间差异必须被全面记录下来,以允许通过同化技术将其纳入气候或生态系统模型,或将其适当地用于时间序列的统计分析中。然后,气候信号可以量化并整合到其他过程中,包括决策过程。显然,创建和评估气候数据记录(CDR)无法只依靠单独一个科学领域来进行工作,而是从跨学科间的联系中受益。它应该作为地球观测领域的一项工作来进行。本书这一部分所介绍的科学评估旨在每个领域内提供一个一致的基础,在这个基础上可以开展更高层次的研究。

第 6.1 章

卫星海洋水色辐射测量和反演的地球物理产品的评价

Frédéric Mélin, [1,]* **Bryan A. Franz**[2]

[1] 欧盟委员会联合研究中心,意大利 伊斯普拉;[2]NASA 戈达德航天中心,美国 马里兰州 绿地

★ 通讯作者:邮箱:frederic.melin@jrc.ec.europa.eu

章节目录

1. 引言	651	3.1 波段偏移校正	665
2. 卫星产品检验	652	3.2 逐点比较	667
2.1 检验规范	652	3.3 时间序列分析	669
2.2 检验指标	655	3.4 气候信号分析	671
2.3 检验结果分析	657	4. 结论	674
2.4 不确定度分析和误差传递		致谢	676
的模型基方法	660	参考文献	676
3. 交叉任务数据产品的比较	663		

1. 引言

随着将海洋遥感反射率(R_{rs})和叶绿素 a 浓度(Chla)列为基本气候变量 [1] 以及认识到只有当连续的卫星任务能够共同提供一致的、具有已知不确定度的长期记录时,海洋光学遥感才能对气候研究作出贡献,对卫星海洋水色辐射测量及其反演的地球物理产品进行评价和赋予计量指标的方法的标准化已变得至关重要。在 20 年的时间里,组织已经朝着这个目标取得了显著的进步,但是为所有产品

物理科学中的实验方法,Vol. 47. http://dx.doi.org/10.1016/B978-0-12-417011-7.00020-9

和所有条件提供一个完整的不确定度估算仍然是一项艰巨的任务。在利用观测到的大气层顶辐亮度反演海洋离水辐亮度的过程中,其不确定度包括与传感器噪声传递、辐射定标和特性确立误差相关的不确定度来源,以及与模型建立和消除大气和海面影响相关的多种不确定度。本章介绍了用于评估海洋水色卫星产品质量和一致性的一些常用方法,同时回顾了现场不确定度量化的当前状态。本章重点是主要的海洋水色产品,即海洋遥感反射率 R_{rs} 光谱,但一些反演产品如 Chla 或固有光学性质(IOPs)的不确定度也会被考虑。

2. 卫星产品检验

评估卫星数据的主要方法是通过直接比较卫星产品与近同时和同地点的相同物理量的现场测量值。以现场数据作为参考,这种比较可以提供与卫星产品有关的不确定度估算。对于依赖经验算法的反演产品,现场检验数据集应独立于用于定义或调整卫星反演算法的任何测量。不幸的是,由于艰苦的环境条件、云覆盖和限制远程观测等其他因素,以及海上到达的后勤困难,采集用于检验的高质量光学辐射的现场测量数据具有挑战性,从而导致可用的现场检验数据的地理和时间采样相对有限。模拟数据集作为一种替代方法已被用于检验研究,因为它们可以被认为是无误差的,并且可以涵盖很大范围的光学条件[2]。模拟数据也可以在任何期望的波长下产生,而用现场数据检验多光谱量可能会受与待比较量波长差异的阻碍。在检验过程中必须考虑以及尽可能校正这些差异。本节侧重于通过与现场观测的比较来评估卫星产品的不确定度,包括对检验规范和指标的描述以及对检验结果的讨论。并简要回顾了误差传递技术以及使用大气校正和生物光学模型来评估置信区间的应用。

2.1 检验规范

检验规范需要进行较好的检验以确保任务和产品之间方法的一致性以及研究间的可重现性。第一步是构建检验或匹配数据集。匹配是指卫星观测与现场观测的对应数值之间有意义的联系。这需要从整个卫星数据中提取像素或网格点子集,通常是以现场数据的位置为中心并在时间间隔上小于一个小间隔 Δt 的 $N_s \times N_s$ 元素的正方形,从提取的数值中可以得到三个主要统计量:(1) $N_s \times N_s$ 数据中的有效反演数据比例 fv;(2)卫星观测平均值(或中值);(3)空间变异系数(CV_s),即 N_s 内有效卫星测量值的标准差与平均值的比值。高空间变异系数(CV_s)意味着卫星反演结果具有很大的差异性,这意味着由现场测量值表示卫星观测区域的概率降低。在间隔 $\pm \Delta t$ 中,可能采集到 N_t 个现场观测值,因此也可以计算平均值(或中值)和时间变异系数(CV_t)。在这种情况下,高时间变异系数(CV_t)表示测量位置的环境条件发生变化。最后,匹配选择规范定义了最大 Δt、最小 fv 和最大空间变异系数(CV_s)的允许值,以及最小 N_t 和最大时间变异系数(CV_t)的允许值(如果可用)。然后,可以将卫星平均值(或中值)与最接近卫星过境时间的平均现场观测或其数据进行比较。

阈值的选择应允许足够数量的配对以进行适当的统计分析,同时保持较好的真实性。这种折中方案应该考虑到预期的环境条件。例如,Bailey 和 Werdell [3] 选择了 $N_s = 5$, $\Delta t = 3$ h 和 50% 的 fv 以 15% 的空间变异系数(CV_s)用于全球检验分析,该分析依赖于来自环境条件更稳定的大洋水体中的许多点。Zibordi 等人 [4] 在位于亚得里亚海北部的 AAOT 沿岸站使用 $N_s = 3$, $\Delta t = 2$ h,100% 的 fv 和 20% 的空间变异系数(CV_s)进行检验。对于一些待检验的产品(一般为所选定波长的 R_{rs}),一般给出如下推荐值,如 N_s 为 $3 \sim 5$, Δt 为 $1 \sim 4$ h,fv 大于 50%,空间变异系数(CV_s)小于 20%。阈值的选择应与检验试验工作有关的条件相适应,对于动态沿海环境通常需要更严格的标准。评价阈值如何影响检验统计是一种较好的实践。例如,Feng 等人 [5] 展示了如何通过更严格的匹配选择标准来改进检验统计。这样的分析还可以深入了解比较的代表性程度,量化两种测量系统之间观测的空间尺度和时间的差异。对于 R_{rs} 检验,推荐在整个光谱上采取一定的选择规范,而不是在单独波段上独立进行;实际上,为不同的通道选择不同数量的数据点会妨碍在相关谱段上进行一致评估。

　　理想情况下,检验分析应该集成与现场观测有关的不确定度知识。综合检验实践通常结合各种不同系统和调查人员使用不同仪器和测量技术采集的现场数据。在这种情况下,建议评估检验结果对为该实践采集的不同数据集的依赖性。更一般地说,如果有足够的现场数据,可以通过自举法技术来量化检验统计数据对特定匹配集的敏感性[6]。

　　图 1 显示了在 AAOT 站点为 Aqua 上搭载的中分辨率成像光谱仪（MODIS）获得的反射率 R_{rs} 和气溶胶光学厚度 τ_A 方面的匹配实例。在 2002 年至 2012 年期间,发现 R_{rs} 的匹配数为 549, $N_s=3$, $\Delta t=1$ h, R_{rs} 在 $488\sim547$ nm 的 $CV_s=20\%$。 在 488 nm 处 的 τ_A,在 $N_s=2$ 和 $CV_t=20\%$ 的附加条件下,气溶胶产品的匹配结果更好。

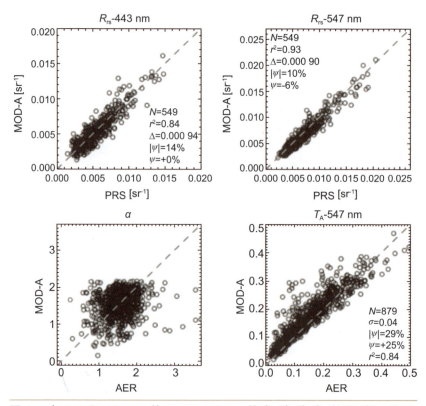

图 1　在 443 和 547 nm 的 R_{rs} 和 547 nm 的 气 溶 胶 光 学 厚 度 τ_A 以 及 Ångström 指数 α 的水面之上辐射测量和 MODIS-Aqua 产品的比较。第 2.2 节介绍了检验统计。

2.2 检验指标

有许多统计指标可以用来比较两个数据集,但检验的最小数据集将包括匹配的数量(连同潜在匹配的数量)以及两个分布之间的离散和系统差异(偏差)的估算值。这些统计量根据其所考虑的范围可以表示为先进行对数转换的绝对值或相对值,一般对于 Chla 或固有光学性质(IOPs)会采用这种方式。对于辐射测量产品,重要的是记录辐射测量单位(对于 R_{rs} 是 sr^{-1})的不确定度和相对不确定度的测量。实际上,当 R_{rs} 值较小时,相对差异往往会增加,如果现场测量值接近零时,相对差异可达百分之几十。在这种情况下,辐射测量单位的差异更有意义。

卫星产品 $(y_i)_{i=1,N}$ 和现场观测值 $(x_i)_{i=1,N}$ 之间的相对差异可以用 % 表示,并根据现场观测的平均绝对差或平均差(即偏差)计算:

$$|\psi| = 100 \cdot \frac{1}{N} \sum_{i=1}^{N} \frac{|y_i - x_i|}{x_i} \tag{1}$$

$$\psi = 100 \cdot \frac{1}{N} \sum_{i=1}^{N} \frac{y_i - x_i}{x_i} \tag{2}$$

而地球物理单位中的等价指标可以计算为

$$|\delta| = \frac{1}{N} \sum_{i=1}^{N} |y_i - x_i| \tag{3}$$

$$\delta = \frac{1}{N} \sum_{i=1}^{N} (y_i - x_i) = \overline{y} - \overline{x} \tag{4}$$

其中,上横线代表平均值。卫星和现场测量之间的均方根误差(RMS)可以写成

$$\Delta = \sqrt{\frac{1}{N} \sum_{i=1}^{N} (y_i - x_i)^2} \tag{5}$$

$$\Delta_u = \sqrt{\frac{1}{N} \sum_{i=1}^{N} (y_i - \overline{y} - x_i + \overline{x})^2} = \sqrt{\Delta^2 - \delta^2} \tag{6}$$

总的均方根差 Δ 可以分为由偏差 δ 和无偏(或居中)均方根差 Δu 量化非系统效应的一部分。在上述方程中,使用了求和运算(意味着这些量是平均数),但也可以选择其他运算,如中值或某种形式的梯度间统计。也可以包括其他指标,如决定系数,r^2,线性回归的

斜率和截距,平均比值等。对于像 R_{rs} 这样的光谱量输入到生物光学算法中,量化卫星产品对光谱形状的影响程度也是有价值的信息,这些信息可以通过 χ^2 分布进行量化,测量在一个参考波长下归一化的现场和卫星 R_{rs} 之间的拟合度[7]。

为了记录差异(包括其系统分量),建议至少计算 $|\psi|$、ψ、Δ(或 Δ_u)和 δ。作为说明,图 2 同时展现了各种传感器和两个检验点(夏威夷附近的 AAOT 和海洋光学浮标(MOBY))的 Δ_u 和 δ[8]。根据结构,Δ 是点和原点之间的距离(方程 6)[8]。与 MOBY 数据相比,MODIS 的 Δ(或 Δu)值随波长的增加而减小,几乎没有偏差,这是考虑到该站点在替代定标中所预期的效果[9]。在 AAOT 获得的检验结果也是如此,但可以观察到明显的偏差值 δ,对于 MODIS 偏差 δ 通常为负值,而对于中等分辨率成像光谱仪(MERIS)和海洋宽视场扫描仪(SeaWiFS)则为正值(MODIS 的检验结果与图 1 所示相同)。

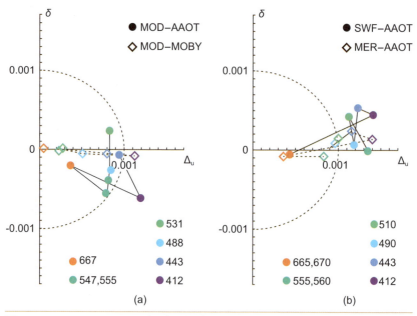

图 2　MODIS-Aqua（a）在 海 洋 光 学 浮 标(MOBY)($N=229$)与 AAOT($N=549$，531 nm 除 外 $N=176$)和(b)在 AAOT 的 SeaWiFS($N=369$)与 MERIS($N=149$)的检验结果的光谱目标图(右图)。轴的单位是 sr^{-1}。有关统计量的定义见正文。

2.3 检验结果分析

进行精确的现场海洋辐射测量来推导 R_{rs} 既困难又昂贵,这意味着与卫星数据的匹配并不充足,而且在空间和时间上分布不均匀[3]。尽管海洋的大部分区域仍然缺乏检验数据,但对于 Chla 则有更多的匹配可供选择[10]。使用遵循[3]中的标准规范针对海洋生物光学测量的全球现场数据库 SeaWiFS 生物光学存档和存储系统(SeaBASS)[11],在为期 13 年的 SeaWiFS 任务中只获得了不到 1 000 个的匹配数据(数字因波长不同而不同)。

图 3 是表示卫星和现场数据之间的 Δ 光谱检验结果图。MODIS-Aqua 的 Δ 值说明了各种数据集(图 3(a))、SeaBASS、BiOMaP(欧洲水体的代表[19])和 MOBY,以及位于亚得里亚海北部(AAOT)、波罗的海(Gustav Dalen and Helsinki Lighthouse Towers,GDLT 和 HLT)、黑海(Gloria,GLR)、切萨皮克湾入口(CERES 海洋检验实验(CERES Ocean Validation Experiment,COVE))、墨西哥湾沿岸(WAVE)、南加州沿岸(南加利福尼亚大学(USC))和波斯湾(Abu al-Bukhoosh Platform,AABP)的几个气溶胶自动观测网络 - 海洋水色(AERONET-OC)站点[20]。匹配次数从 15 次(AABP)到 549 次(AAOT)不等;代表波长数也是可变的(例如,SeaBASS 检验结果仅在 412 nm、443 nm、488 nm 和 667 nm 处展示)。一些光谱展示了 547 nm 和 555 nm 的值,后面这个波段最初不是为 MODIS 的海洋水色应用设计。在 412 nm 处,大多数 Δ 值在 0.000 8～0.001 5 sr^{-1},在 667 nm 处则在 0.000 2～0.000 4 sr^{-1}(MOBY 除外,它的 Δ 值较低)。Δ 值部分取决于实际的 R_{rs} 值,如,MOBY 的 Δ 值在绿光波段最低,而波罗的海站点的 Δ 值在光谱的蓝光部分最低,因为其 R_{rs} 通常很低。

针对采用相同的美国国家航空航天局(NASA)标准算法处理的不同任务在单个站点的检验结果,Δ 光谱有更明确的一致性(图 3(b)AAOT)。欧洲空间局(欧空局)标准 MERIS 产品的结果如图 3(c)所示,包括渤海(N=17)、地中海西北部(N=64, 412 nm 除外)[13]、南非沿海水体(N=14)[14],以及亚得里亚海北部的 AERONET-OC 站点(AAOT,N=86)、波罗的海(GDLT 和 HLT,N=39)和黑海(GLR,N=12)[15]。

为了完整起见，还展示了全球成像仪（GLI）的结果（443 nm 处 $N=435$）[16]。MERIS 的 Δ 值往往相当高，尤其是在蓝光波段。渤海的情况是相当独特的，这与 R_{rs} 最大值位于大于 550 nm 波长处高度散射的水体有关。该类型的 Δ 光谱应该用更多的匹配来验证[12]。

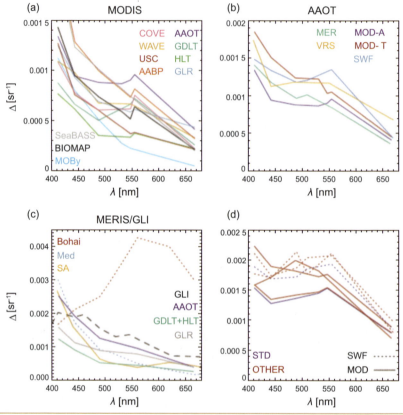

图 3　卫星和现场 R_{rs} 数据之间的均方根误差（单位为 sr⁻¹）：（a）MODIS-Aqua 与 AERONET-OC 站点（见正文）以及 SeaWiFS 生物光学存档和存储系统（SeaBASS）、BiOMaP 和海洋光学浮标（MOBY）等不同数据集的比较；（b）AAOT MODIS-Aqua（$N=549$）和 Terra（270）、MERIS（$N=149$）、SeaWiFS（$N=369$）以及 VIIRS（$N=70$）比较结果；（c）针对渤海[12]、地中海西北部[13]、南非（SA）沿海水体[14]以及 AERONET-OC 站点、AAOT（$N=86$）、GDLT 和 HLT（波罗的海）以及 GLR（黑海）[15]欧空局处理器处理的 MERIS 结果（MERIS Ground Segment，MEGS，虚线为第 7 版，实线为第 8 版）；GLI 的结果由黑色虚线表示[16]。（d）针对 SeaWiFS（虚线）[17]和 MODIS-Aqua[18]采用不同大气校正方案，包括标准的 SeaDAS（STD，蓝色）在沿海水体获得的结果。适当时会给出参考源。

最后,将大气校正方法与相同的检验数据集进行了比较[7]。图 3(d)报告了此类实验的两个例子,将 SeaDAS 的结果与其他方法进行了比较[17, 18]。对于给定的传感器,检验统计数据几乎一致,与标准方法相关的 Δ 值通常是最低的。图 3 的 Δ 曲线可用于其他统计指标。相对差异 $|\psi|$ 或 ψ 会显示出更多的变化,特别是在不同位置之间,$|\psi|$ 变化从百分之十至百分之几十。事实上,$|\psi|$ 光谱通常是 R_{rs} 光谱的倒像,在寡营养水体中,$|\psi|$ 值在红光波段很高,在波罗的海等吸收水体中 412 nm 处可能超过 100%[4]。

当然,还进行了其他 R_{rs} 检验工作,应用于特定的传感器,如海洋水色水温扫描仪(OCTS)[21]、可见光红外成像辐射仪(VIIRS)[22]或地球同步水色成像仪(GOCI)[23, 24]、特定的沿海地区(例如中国沿海水域[25]),或测试替代大气校正[26, 27]。这些研究许多都受到匹配数量有限的限制,这些匹配通常在有限地区采集,而这种区域范围提出了在更大范围内检验结果有效性的问题。需要开展更多的工作来扩展、分析和理解各种任务、大气校正方法和现场数据集或地点的检验结果,以便能够将空间稀疏分布的点检验结果扩展到全球海洋。这一问题将在本节和以下各节中进一步讨论。

理想情况下,检验分析应该超越简单地提供给定位置和/或季节的统计数据,通过调查检验结果对时间或季节、观测和光照的几何结构、大气条件或海洋性质的可能依赖性。这样做有两方面好处,因为此类研究可以深入了解卫星测量值和现场值之间差异的原因,还可以了解这些检验统计数据可能适用的其他位置和时间。但这样的分析需要大量的匹配,因此数量很少。

光学性质的区域依赖性已有很好的文献证明。例如,Szeto 等人[28]将 R_{rs} 比值与 Chla 之间的全球平均关系的偏差与不同的海洋盆地联系起来,并认为这种关系随着不同光学重要成分的相对贡献而在不同的盆地中变化[28, 29]。对于 AAOT 站点,Mélin 等人[30]使用大约 80 个 SeaWiFS 匹配,研究了 R_{rs} 的检验结果与一类水体和二类水体的水体分层、水体单次散射反照率、观测和照明角度、空气质量和气溶胶光学厚度的关系。唯一明显的相关关系是 τ_A,随着 τ_A 的增加,R_{rs} 的偏差由负向正显著增加。在同一地点,为了更新适用于

SeaWiFS 和 MODIS 的大气校正,Zibordi 等人[31]强调了在冬季和太阳天顶角较高的情况下偏差和均方根差会增加。根据自动仪器采集的现场观测数据,该分析的匹配数量要大得多。对于相同的匹配数据集,R_{rs}检验统计数据没有发现显著的多年趋势[32]。利用在AAOT 现场发现的大量匹配,D'Alimonte 等人[33]建立了一个区域模型,说明遥感卫星数据与现场数据之间的差异,这种差异主要取决于遥感卫星本身;并为波罗的海站点定义了一个区域模型[4]。这项工作表明,这些差异可以根据水的光学性质而变化。

Moore 等人[34]进一步探讨了这一假设并基于光学分类确立了Chla 不确定度。Chla 不确定度首次通过预先定义的水体光学类型(或类别)得以确立。并允许根据相应的 R_{rs} 的类别将这些统计量扩展到任何位置。假设不确定度确实是每种类型水体特有的,该方法可以用来导出 Chla 不确定度的全球分布。光学水体类型也被用来分析和讨论 R_{rs} 在近岸区域的检验结果[18]。使用 Moore 等人定义的一系列类型对在 AAOT 站点采集的匹配进行了类似的实践[35]。图 4 显示了与所考虑的水体类型相关联的 R_{rs}(类型 9 实际上是最初为代表球石藻水华而开发的八种亚类的集合),以及检验数据集中发现的光学类型的检验统计。均方根误差 Δ 从类型 3 和类型 4 增加到类型 7,而类型 6 和类型 9 的均方根误差差 Δ 接近总体平均值。在光谱的蓝光波段($|\psi|$)中,对于较清澈的水体(类型 3)的相对差异往往较低,而在信号较低的红光波段(类型 3、4 或 6)的相对差异较高。假设本文所得到的检验结果是每个光学水体类型所固有的,它们可以展示推广到其他地区的类似水体类型。这种方法的一个优点是,它的不确定度估算仍然与现场数据联系在一起。

2.4 不确定度分析和误差传递的模型基方法

模型本身可以用来支持对卫星产品的评估,是生物光学算法探索的主要途径。从海洋水色辐射测量中反演的生物光学性质通常涉及生物光学模型与反演的 R_{rs} 的光谱形状的光谱匹配,并且这种反演过程可以提供与算法设计或对辐射误差敏感性相关的不确定度的有价值的信息。与 R_{rs} 相关的不确定度通过生物光学反演传递,并由两个附加因素混合：（1）在描述固有光学性质和表观光学性质与固有光学性质（IOPs）的光谱形状描述参数关系的生物光学模型近似，和（2）生物光学模型的歧义，这意味着反演的结果不一定唯一[36, 37]。

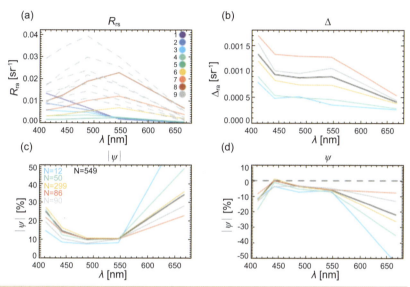

图 4　AAOT 光学水体类型的检验统计的依赖性。（a）[35] 中定义的光学水体类型的平均 R_{rs}；类型 9 包括 8 种亚类。按（b）均方根误差 Δ,（c）平均绝对相对误差 $|\psi|$,和（d）平均相对误差 ψ 的类型计算的检验结果，所有匹配的结果都以黑色来显示；每种光学类型的结果只有在成员数至少有 10 条光谱时才会显示与（a）相同的颜色代码。

　　一些研究解决了与生物光学模型参数有关的不确定度，如浮游植物的比吸收、后向散射系数的光谱形状或有色可溶有机物（CDM）和碎屑颗粒物的吸收。Lee 等人[38] 将误差传递应用于代数表达式的生物光学模型[39]，以确定作为模型参数函数所得固有光学性质（IOPs）的不确定度和参考波长下总吸收的不确定度。通过使用不同的参数进行反演，检验了与生物光学参数（例如，定义浮游植物的光谱形状以及有色可溶有机物（CDM）吸收和后向散射系数）相关的不确定度影响[40, 41]。Wang 等人[40] 研究了反演结果的离散性，将其作为衡量输出不确定度的度量。这些方法没有考虑其他不确定度来源，包括输入 R_{rs} 的不确定度。生物光学模型的非线性反演提供了有关目标函数最小化过程中输出固有光学性质（IOPs）不确定度的相关信息[42-45]。此外，可以将拟合优度不好的情况看作超出条件范围而过滤掉。从反演过程中得到的不确定度信息可以伴随着反演的固有光学性质（IOPs）分布，尽管反演置信度是更合适的术语，但有时也被称为不确定度分布。反演置信度可以解释与输入 R_{rs} 相关的方差，但它只与前向模型如何拟合输入 R_{rs} 数据有关，这取决于所选择的目标函数的最小值的形状，并且不应影响 R_{rs} 偏差或模型公式和参数的不确定度。还使用神经网络开发了质量指标分布以及反演产品[46]。

一些大气校正方法也基于目标函数的最小化[47-49]，且适用于生物光学算法计算反演置信度估算。典型的，这些方法具有一个约束所反演的 R_{rs} 分布的嵌入的生物光学模型。一项研究开发了一种不确定度分解和估算的随机方法，同时明确考虑了大气校正过程[50]。误差传递或精度分析的实践也可以为不确定度评估提供关于大气校正性能的宝贵见解[51, 52]。

目前已经提出了一种利用 Chla 算法应用于低 Chla 水体的基于模型的方法[53]。对于这些条件，假设用标准波段比值算法和三波段减法方法[54]计算的 Chla 差异来自与 R_{rs} 相关的不确定度。使用 SeaWiFS 和 MODIS 数据，R_{rs} 的不确定度估算已被表示为 Chla 的函数（见第 3.2 节介绍的图 7）。尽管这种方法不适用于大于 0.2 mg m^{-3} 的 Chla 值，并且不能具体说明偏差，但应进一步研究这种类型的技术。

如上所述，不同的方法可以告诉我们与给定反演相关的不确定度的各个方面，最好能很好地理解它们对量化总体不确定度估算的具体贡献和限制。将讨论限制在产生 Chla 或固有光学性质（IOPs）的生物光学算法上，表 1 尝试对通过各种方法获得的不确定度估算进行广泛的分类。反演产品的不确定度被认为来自输入 R_{rs} 的不确定度、解的潜在非唯一性、模型公式和参数的不确定度，以及与反演过程相关的不确定度。显然，检验涵盖了所有的这些贡献，但仍受到现场数据不确定度的影响。共同位置技术（文献[55]，见第 3.2 节）

具有这种包罗万象的特性,但它们的时间分辨率有限,并且不考虑系统影响。不确定度传递技术可以适应 R_{rs} 和模型参数的不确定度,而使用参数集合则侧重于模型参数上的不确定度和唯一性问题,而不考虑影响 R_{rs} 的偏差[40]。最后,非线性反演提供了给定 R_{rs} 的不确定度的产品置信度的诊断,但通常不考虑偏差或参数的不确定度。复杂的方法可以结合这些不同技术的优点。

表 1 影响生物光学算法产品的误差源矩阵和不确定度项的不同计算方法

	R_{rs}	唯一性	参数	反演
检验		x, t		
不确定度传递[38]	X, T		X, T	
参数集合[40]			X, T	
非线性反演[44]	X, T			X, T
共同位置[55]			X, t	

带字母的单元格表示每种方法对不确定度估算的贡献。小写字母表示在选定位置 x 和时间 t 处获得的结果,而大写字母表示在每个像素处可能获得的估算值。前两种方法可以处理系统效应(偏差)。参考文献只是作为给定方法的一般示例。

3. 交叉任务数据产品的比较

现场观测站点分布很不均匀,且对大洋水体区域的覆盖很少,尤其是光学性质方面。而卫星观测值之间的比较可以建立在更大的统计数量上,同时也可以支持对其不确定度的表征。简单来说,比较不同任务在时间重叠期间的产品是检查整体数据记录一致性的一个关键因素。

两个或多个数据产品的比较可以在几个级别上进行。首先,对于检验分析,各种度量可以量化一套通用的数据点之间的差异(例如,平均差异),这将在下面说明。在地球科学的背景下,比较每个数据记录的具体性质也很重要,比如它们的光谱分辨率、空间覆盖率、在空间或时间上的固有变化(数据集是否具有相同的方差,它们是否显示相同的梯度？）、季节周期（它们是否显示相同的生物气候学？）或年际信号。理想情况下，两个数据系列应该显示这些属性的相同行为，但它们的相对重要性取决于所设想的应用。显然，对于气候研究来说，两个数据集应该提供类似的季节到年际变化。

即使经过一致的处理，即以相同的准则指导定标策略和数据处理（相同的算法和分类方案，相同的辅助数据），对同一天的两个海洋水色数据集进行比较，也会显示出差异。这些原因来自各种因素[56]，其中包括传感器设计和光谱特性的差异及其在具体处理代码中的影响，如对偏振的敏感性、与传感器定标有关的不确定度、大气校正对不同气溶胶类型或不同观测几何结构的敏感性。此外，不同的传感器在一天中的不同时间观测地球会产生其他差异。这些变化有些可能与水体性质的变化有关，使用地球静止平台可以更容易的进行研究[24]。但在目前和大多数情况下，这些差异无法与由照明几何形状和大气含量（气溶胶、云）的变化对大气校正的影响或仅仅由噪声引起的差异进行可靠的区分。由于重投影过程或卫星穿轨像素的不同大小和形状，还存在滞留的空间不匹配。还有一个额外的差异来源是在创建时间合成数据时引入的，因为这些合成数据可能是以不同的时间采样建立的。最后，不同的产品可能会因它们的处理链不一致而有所差异，例如具有不同的定标策略或不同的算法。为了创建来自不同任务的气候数据记录，应尽可能避免这种情况。如果不同的传感器具有相同的主要特性，例如最近的全球海洋水色任务 SeaWiFS、MODIS 和 MERIS 一样具有 400～900 nm 波长范围相似的多光谱传感器，这种一致性就很容易实现。当针对处理开发新的选择的具有新的能力（紫外或短波红外通道、更高光谱分辨率、地球静止观测）的传感器，这种一致性可能会受到质疑。从海岸带水色扫描仪（CZCS）到最近的传感器，也采取了类似的技术步骤，提出了如何以一致的方式处理数据的问题[57]。

本节回顾了比较卫星数据集的各种方法。首先讨论了波段偏移的问题。事实上，在比较光谱量之前，需要对中心波长的差异进行校正。

3.1 波段偏移校正

已在运行的各种海洋水色任务具有一组不同的波段,这是直接比较它们各自的遥感反射率(R_{rs})记录的阻碍。例如,通常用作生物光学算法参考波段的绿光海洋水色波段分别位于 MODIS、SeaWiFS 和 MERIS 任务的 547 nm、555 nm 和 560 nm 处。在实践中,很难知道547 nm 的 MODIS R_{rs} 值与 555 nm 的 SeaWiFS R_{rs} 相比如何。它可以在定义明确的光学性质的框架内完成,如在大洋一类水体模型中[58],每个 Chla 值都有一定的 R_{rs} 光谱形状,从而为不同的传感器定义了一套一致的经验算法[59]。这样的框架可以扩展到更复杂的光学条件,但涵盖整个自然变化似乎并不现实。当作为多光谱测量采集的现场数据与卫星 R_{rs} 进行比较时,在检验分析中也会出现类似的问题。少数研究依赖于一般或区域性的关系来进行波段偏移校正,即 R_{rs} 值由靠近现有波长 λ_0 的目标波长 λ_t 处表示。

波段偏移校正的做法已被开发用于检验分析[4, 13, 19, 60, 61]、卫星产品之间的比较[62],以及作为融合前的预处理[63],其表达式将固有和表观光学性质联系起来,如:

$$R_{rs}(\lambda_t) = R_{rs}(\lambda_0) \frac{f(\lambda_t)}{Q(\lambda_t)} \frac{Q(\lambda_0)}{f(\lambda_0)} \frac{b_b(\lambda_t)}{a(\lambda_t)} \frac{a(\lambda_0)}{b_b(\lambda_0)} \tag{7}$$

其中,f 与表观光学性质(辐照度反射率)和固有光学性质有关,Q 是水面之下的辐照度和辐亮度之比,a 和 b_b 分别是总吸收系数和后向散射系数。方程(7)需要 Chla 的值通过在一类水体条件框架内计算的查找表来计算 f/Q[65]。

对这些方法的共同要求是了解固有光学性质和 / 或光学重要成分浓度,足以至少在较小的光谱间隔内预测 R_{rs} 的光谱形状。最近开发的一种方法是利用准分析算法(QAA)[39] 来计算浮游植物 a_{ph} 的吸收、CDMacdm 的吸收以及与 443 nm 处颗粒物相关的后向散射系数。然后使用在模型中定义的固有光学性质的光谱形状在目标波长 λ_t 处计算固有光学性质(由于 QAA 没有为该性质指定光谱形状,因此添加了 a_{ph} 参数)[66]。最后,这个生物光学模型以正向模式运行,以计算 λ_t 下的 R_{rs}。

这种波段偏移校正的结果如图 5 所示。校正已应用于一年
（2003）的每日 MODIS-Aqua R_{rs} 数据，以表示它们在 SeaWiFS 波
段。通过从 488 nm、531 nm 到 510 nm 的转换，然后取加权平均值，
在 510 nm 处计算 MODIS 值。随后两个传感器在一个给定的空间
网格（1/12 度网格）和一天中的所有共同光谱（4980 万个光谱）都被
累积起来。图 5（a）显示了 SeaWiFS R_{rs} 和 MODIS-Aqua 原始 R_{rs} 的
总体平均值，以及波段偏移后获得的 R_{rs} 值。在 490～670 nm 处，相
应波长之间的一致性有明显的改善，在 555 nm 处更明显。甚至在
510 nm 处的 MODIS 平均值也与 SeaWiFS 的平均值接近。同样值得
注意的是，使用 488～531 nm 的线性插值来计算 510 nm 的 MODIS
值会导致总体高估。图 5（b）是校正前后绿光波段 R_{rs} 比值的频率
分布，即 $R_{rs,A}(547)/R_{rs,S}(555)$ 和 $R_{rs,A}(555)/R_{rs,S}(555)$（其中 A 和
S 分别表示 MODIS-Aqua 和 SeaWiFS）。中位数比值从 1.10 下降到
0.98。波段偏移是进行任务间比较的一个重要工具，但它也造成了
自身的不确定度，应适当估算这些不确定度。

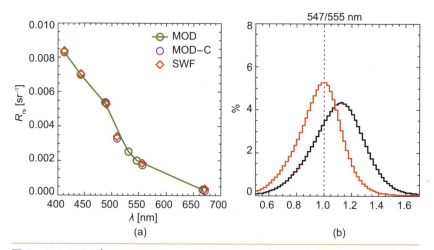

图 5 （a）2003 年 MODIS-Aqua 和 SeaWiFS 之间所有每日 R_{rs} 的平均值。
带灰色圆圈的曲线代表没有波段偏移的 MODIS 值，而黑色圆圈代表应用波段
偏移校正后计算的 MODIS 统计数据。（b）MODIS（有和无波段偏移，分别以
红色和黑色表示）和 SeaWiFS 在绿光波段的 R_{rs} 比值直方图。

3.2　逐点比较

卫星产品之间的比较可以用类似于现场数据检验的方式对每个网格点进行，包括用相同的度量。同样的，统计至少应该以相关项以及 R_{rs} 的辐射测量单位提供离散和偏差的度量。在第 2 节中，相对差异中的参考量（即分母）是现场观测值，即使现场观测值不是没有误差的。在卫星产品之间进行比较时，可首选相对差异的无偏形式（以％为单位）：

$$\left|\psi^*\right| = 200\frac{1}{N}\sum_{i=1}^{N}\frac{\left|y_i - x_i\right|}{x_i + y_i} \tag{8}$$

$$\psi^* = 200\frac{1}{N}\sum_{i=1}^{N}\frac{y_i - x_i}{x_i + y_i} \tag{9}$$

$\left|\psi^*\right|$ 和 ψ^* 是指两个产品的平均值。其优点是避免任意选择一种产品作为参考值，并且在数值上防止了分母接近于零的情况。另一方面，这种差异不能很容易地用相对于明确标识的参考距离来解释。

为了比较 SeaWiFS 和 MODIS 的产品，MODIS 的 R_{rs} 数据在 SeaWiFS 的 1/12 度网格上进行了重构，然后将所有与该网格重合的日值每日数值累积到 1/3 度的大网格中。图 6（a）显示了 2003-2007 年期间产生的匹配数量。通常可用于评估的比较数据的数量是向极地方向减少的；更重要的是，很容易看到与持续的云或尘埃覆盖有关的空间模式相关，例如，沿热带辐合区。

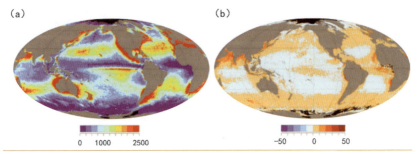

图 6　（a）1/3 度网格上 MODIS 和 SeaWiFS 之间的匹配总数（2003—2007 年）；（b）SeaWiFS 和 MODIS 的平均相对偏差 ψ^*（％）。

　　图 6（b）显示了 443 nm 处无偏平均相对偏差 ψ^*。对于大多数海洋来说相对偏差不超过 5%，但在特定的沿海或热带地区或北印度洋可以注意到存在更大的差异。除了任务间差异所显示的空间变化外，比较结果还显示时间变化，特别是与表观光学或固有光学性质的季节周期相关的变化[62, 67]。下一节将提供时间分析的示例。

　　如果给定网格点有足够的匹配数据，就可以开发更高级的统计数据。让我们考虑 N 个重合卫星数值 $(x_i)_{i=1,N}$ 和 $(y_i)_{i=1,N}$ 的两个集合，每个集合都被建模为参考状态 r 和零均值随机误差 δ 和 ε 的函数：

$$x_i = r_i + \delta_i \tag{10}$$

$$y_i = \alpha + \beta r_i + \varepsilon_i \tag{11}$$

　　在 x 和 y 之间分别具有 α 和 β 的加法和乘法偏差。假设 δ 和 ε 不相关且独立于参考状态 r，方差和协方差项的数学建立导致[55]：

$$\sigma_\delta^2 = \sigma_x^2 - \frac{1}{\beta}\sigma_{xy} \tag{12}$$

$$\sigma_\varepsilon^2 = \sigma_y^2 - \beta\sigma_{xy} \tag{13}$$

　　这是一个含有三个未知数的两个方程。它可以用一个附加的假设来求解，例如，考虑到在检验分析的基础上，两个卫星产品具有相同水平的随机误差[55]。救球该系统还可以依赖于使用三重共同位置技术的第三个独立数据记录的可用性。这种方法非常强大，因为它提供了卫星产品相同覆盖范围的部分不确定度估算。根据可用的匹配数量，它也可以应用于不同的季节，以捕捉时间上的变化。

　　假设 SeaWiFS 和 MODIS 的随机误差水平相同（σ=σδ=σε），并使用图 6（a）所示的匹配数据库，生成了 σ 的全球分布，其全球平均值如图 7 所示。为了进行比较，还给出了副热带环流水体的平均值，以及通过基于模型的方法给出的作为 Chla 函数的低 Chla 水体的不确定度估算[53]，以及通过在寡营养 MOBY 站点的卫星和现场数据比较获得的无偏均方根误差。σ 的光谱和基于模型的方法得到的结果是十分相似的，尽管后者在南太平洋水体 Chla=0.15 mg m^{-3} 的情况下更高。对于 SeaWiFS 和 MODIS 的 MOBY 检验结果 Δu 也与 σ 具有可比性，但在蓝光波段，它们更接近于南太平洋水体 Chla=0.15 mg m^{-3} 情况下的基于模式的估算值。考虑到所用方法的多样性(共同位置、基于模型、逐点检验),这些曲线之间的相对一致性是相关的,但差异的来源有待进一步研究。

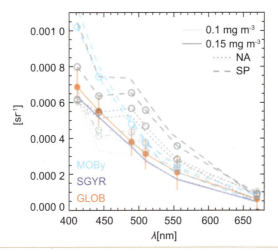

图 7　通过 SeaWiFS 和 MODIS 间共同位置获取的具有标准偏差全球平均不确定度 σ(红色),以及副热带环流平均值(蓝色)。灰色是针对 SeaWiFS 和 MODIS 作为北大西洋(NA)和南太平洋(SP)副热带环流的 Chla 的函数的[53]中所提出的不确定度项的估算。用海洋光学浮标(MOBY)数据得到的检验结果 Δu 以浅蓝色显示。带圆圈的曲线是针对 SeaWiFS 的结果。

3.3　时间序列分析

海洋水色 ECVs 开发的一个主要目标是为支持全球气候研究来评估长期趋势。这对辐射稳定性有十分严格的要求,以确保系统误差(如仪器辐射响应中未校正的衰减)不被误解为地球物理变化。R_{rs} 和反演产品的时间序列比较分析,无论是在卫星任务之间还是相对于历史参考,都可以识别仪器辐射特性和时间定标稳定性方面的问题。例如,对 MODIS-Aqua R_{rs} 时间序列相对于 SeaWiFS 在不同纬度区观测到的季节趋势的分析有助于发现 MODIS 偏振敏感性表征中的错误[68]。如果没有 SeaWiFS 时间序列进行比较,这种误差可能永远不会被发现,并且来自 MODIS 的海洋水色信号在气候关键的高纬度地区的季节周期将具有高度误导性。对于使用通用算法反演的产品,任务之间的相对一致性也为趋势探测提供了不确定度的度量。例如，Franz 等人[69]使用一致性处理的 SeaWiFS 和 MODIS 数据之间的区域月平均的平均偏差来衡量 Chla 15 年多任务时间序列的不确定度。

一个典型的时间序列分析开始于将相关的数据产品投影到一组固定的地理网格中，并在特定的时间间隔内进行平均。一个广泛使用的示例是 SeaWiFS 9.2 km 的网格化产品：一组全球分布的准等面积网格，每个网格的值代表 8 天或每月时间间隔内的本地产品平均值[70]。然后在每个时间间隔内对全球数据集或网格的子集（例如，基于地理或水体类型分类）进行空间平均，并在时间上对平均值进行趋势化。融合的首选时间间隔是在最小化损失到平均值的地球物理变化和最大化观测到的（或填充）网格的数量之间的权衡。在比较任务之间的时间序列时，首先将每个时间间隔内选定的网格减少为一组常见的填充网格也很有用。这对于识别异常的传感器定标缺陷至关重要，因为即使在融合 8 天后有些任务也显示出系统的地理差距，并且这些地理采样偏差导致任务之间差异的额外变化。

例如，图 8 显示了基于重叠任务的共同网格的 Terra 上的 MODIS 和 Aqua 上的 MODIS 的 R_{rs} 趋势。这些测量仅限于水深大于 1 000 米的网格（以避免沿海区域的复杂性和日内变化），并计算时间序列中每个月的地理子集的平均数值。该比较清晰地表明 MODIS-Terra 相对于 MODIS-Aqua 的辐射稳定性发生了衰减，这种衰减可追溯到 MODIS-Terra 仪器定标，并随后进行了校正。

对于辐射稳定的传感器，在深海反演的 R_{rs} 时间序列的主要变化是与浮游植物生产力相关的季节性周期。从 R_{rs} 趋势中减去这个平均季节性周期会产生一个异常时间序列。虽然异常趋势为研究海洋水色记录中的长期地球物理变化提供了一种机制，但它们也可以作为识别传感器辐射不稳定性的有力工具。图 9 显示了 MODIS-Aqua R_{rs}（547）相对于深海环流的平均季节周期的异常。该波长处，R_{rs} 信号对 Chla 的微小变化相对不敏感，因此，我们希望这些非常低的生产率区域的时间序列显示出很小的变化，就像 MODIS 的情况一样。然而，对于 MERIS 的 560 nm 波段，R_{rs} 异常时间序列在 2005—2006 年显示出强烈的偏差，表明 5%～ 10% 的偏差可追溯到仪器运行状态的变化。

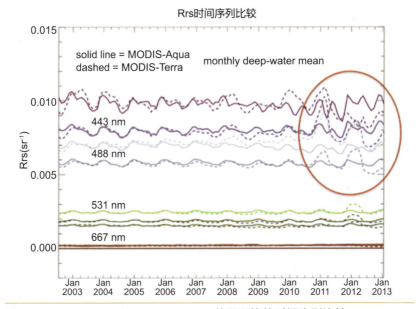

图 8 MODIS-Terra 和 MODIS-Aqua 共同网格的时间序列比较。

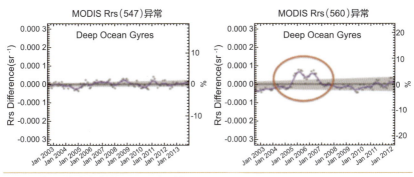

图 9 全球清洁水体的 R_{rs} 异常分析。

3.4 气候信号分析

海洋水色产品正受到全方位的空间和时间尺度的仔细检查。各种卫星数据记录应显示相同的变化分布、年周期（生物气候学）和趋势。浮游植物的全球分布已为所有卫星产品所熟知和再现，但高分辨率建模和遥感技术的出现为浮游植物和物理学如何在空间尺度上相互联系提供了新的线索，这些尺度包括行星波[71]、中尺度和亚中尺度[72-74]或内波[75]。在许多海洋区域，浮游植物的季节循环是最突出的信号，浮游植物物候学近年来得到了积极的研究[76]。Chla 分布的变化已经在其他时间尺度上进行了研究，描述了季节内信号，如 Madden-Julian 振荡[77]，热带年际变化，如厄尔尼诺[78] 或更长时间尺度的气候信号[79]。

可以比较现场观测和卫星数据的时间信号，而不需要匹配分析所要求的严格的及时性。一些研究对照现场时间序列检查了卫星产品显示的主要时间上的分布，例如比较其各自的 Chla 的年周期[80]，或查看辐射测量数据的趋势（例如在 AAOT[32]）或时间序列站的反演产品，如百慕大大西洋时间序列研究（Bermuda Atlantic Time series Study）或夏威夷海洋时间序列（the Hawaii Ocean Time series）[81]。考虑到这种分析需要大量现场数据集，到目前为止这些数据集很少。

尽管卫星数据为空间和时间分析提供了潜力，但每个卫星产品的不同特性（在空间分辨率、方差水平和结构，或噪声方面）如何影响依赖于数据同化的气候信号或模式模拟的分析在很大程度上尚未得到探讨。必须将这些差异适当地纳入海洋生态系统对气候强迫的生物地球化学反应的长期分析中。然而，一些研究分析了不同的卫星任务如何代表特定区域的卫星反演产品（Chla 或光学性质）的时间演变[67, 80, 82]。Djavidnia 等人[83] 比较了从 SeaWiFS、MODIS 和 MERIS 获得的朗赫斯特省的 Chla 时间序列平均值[84]。泰勒图在这方面很有用，它在同一幅图上说明了两个信号之间的相关性、它们的标准差和它们的无偏均方根误差。从图 10 所示的 SeaWiFS 和 MODIS 的更新结果来看，月度时间序列之间的相关系数似乎都大于 0.8，而 MODIS 时间序列的方差可能低于或高于 SeaWiFS。

SeaWiFS 的任务寿命一超过 5 年，就开始调查研究与其 Chla 时间有关的可能趋势[85, 86]。这些分析的有效性得到了确保仪器定标特性和稳定性的活动的支持[87]。即使海洋水色主要任务采取了类似的定标策略，但似乎仍有必要比较从不同任务获得的长期趋势，以检查它们是否对海洋发生的年际变化提供了相同的观测。一般来说，这不太可能是一项容易的任务，因为它需要任务之间有足够长的重叠，以便进行趋势分析。但是海洋水色团体很幸运地从此类实例中受益,并拥有 SeaWiFS、MODIS 和 MERIS 的长期记录。例如,后两个任务同时运行了十年。利用非参数的季节的 Kendall 测试对 2002 年 8 月至 2011 年 7 月期间 MODIS 和 MERIS Chla 数据进行了趋势分析[79]。图 11 说明了趋势之间的一致。使用可能性矩阵允许通过计算具有相似或不同行为的海洋的百分比(相同/相反符号的趋势斜率、显著性水平等)来量化这一协定。例如,20% 的海洋在两个时间系列中具有相同符号的统计显著趋势($p<0.05$)(11% 为正斜率,9% 为负斜率),而几乎没有区域具有相反符号的统计显著趋势(0.005%)。

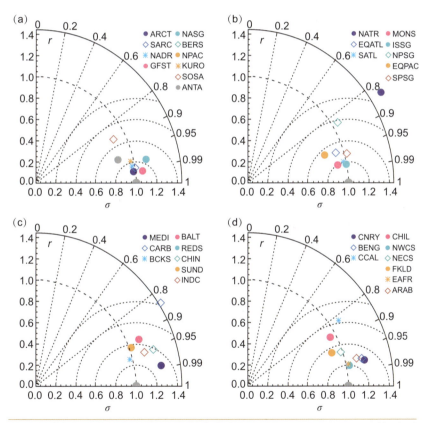

图 10 泰勒图比较了 SeaWiFS(作为参考)和 MODIS-Aqua Chla 时间序列在与(a)中纬度、(b)亚热带地区、(c)边缘海、(d)大陆架和上升流区相关的生物地理省的平均。省份缩写见参考文献 [84]。

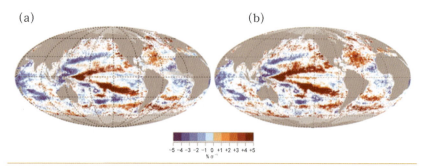

图 11　在 2002 年 8 月至 2011 年 7 月期间发现（a）MODIS-Aqua 和（b）MERIS 的 Chla 的线性趋势（以每年百分比计）。

应将检查海洋水色时间序列在空间分布、生物气候学或趋势方面的一致性的分析视为适用于气候数据记录的评估策略的组成部分。

4. 结论

在对卫星产品的评估中，一个反复出现的头等问题是：一个给定的产品比另一个产品更好，是因为使用了不同的算法还是与另一个传感器相关联？一个更大的问题是：对于气候研究来说，它应该被认为是可以接受的吗？检验统计可能会促进对一种特定产品（例如，Chla 而不是 IOPs）的一项任务，使用一个现场数据集而不是另一个现场数据集，仅针对某些波长或针对 R_{rs} 的光谱形状。另一种产品可能因其广泛的数据覆盖而更受青睐。最终，特定产品的选择与所处理的科学问题密切相关，其评估需要与期望的应用相称。与气候研究相关的严格要求需要采取一种全面的方法，包括用现场数据进行检验、不确定度分析和一致性检查，如在特定任务产品和时间序列分析之间进行比较。在这方面，大量任务重叠（至少 1 年）是这一策略的一个绝对先决条件，此外数据记录中的空白将给我们利用海洋水色记录探测气候信号的能力带来严重挑战[88]。

1983 年，Gordon 等人[89] 可以使用从船基观测中确定的三个离水辐亮度的水体光谱来评估应用于 CZCS 数据的大气校正。虽然本章说明了自那时以来在数据采集方面取得的重大进步,但高质量遥感测量相对稀少仍然是评估辐射测量卫星海洋水色产品的一个限制因素。海洋学界应投资于用于检验目的的综合测量方案,并对开发新的技术或方法进行投资。自动水面之上辐射计网络[20]的发展是近岸水体的一项重大进展。将生物光学仪器放置在浮标上[90]也是增加频率和覆盖率的一个有效途径。同时还需要进行高光谱测量,以充分适应每个卫星传感器特有的光谱特性,并为具有高光谱能力的先进星上传感器做准备。

本章还讨论了基于使用模型或相互比对技术的方法,这些方法可以有效地补充现场检验的统计数据。其主要贡献是允许将检验结果扩展到更广泛的几何和环境条件。需要一个完整的误差传递框架来对与大气层顶的辐亮度信号相关的不确定度进行彻底和准确的描述,并详细了解误差通过大气校正算法的传递、与算法假设相关的不确定度,以及所有其他辅助输入(如气象条件和大气气体贡献)对总体不确定度估算的贡献。这里仍有未提及的方法。可以设计更整体的建模环境来支持产品评估,例如排除一些条件或确定它们的概率。例如,在冬季,靠近河流出口的 Chla 浓度不太可能很高,卫星产品中存在 Chla 也是可疑的。生态系统模型可有助于评估和改进卫星产品,反之亦然。

已经提出了一个成熟度模型来评估气候数据记录(CDR)的完整性[91]。该矩阵模型考虑了数据集所有方面的六个成熟度级别。我们可以认为,在软件、文件记录、元数据、公开获取和实用性等方面,海洋水色产品可以达到 5 级或 6 级,即"全面业务化能力"的代名词。同时可以认为产品检验滞后符合 3 级或 4 级,"选定地点 / 时间的不确定度估算"或"由多个调查者在分布广泛的时间 / 地点估算的不确定度;理解差异"。第 5 级需要了解"由多名调查者在大多数环境条件下估算的一致不确定度"。该方面已经取得了进展,但需要纳入业务范围,以便在气候研究中充分了解海洋水色产品的使用。

致谢

作者要感谢所有为采集本章所用的现场数据做出贡献的调查者，特别针对 AERONET-OC 和 MOBY 站点。他们的奉献精神是值得高度重视的。

参考文献

[1] GCOS-154, "Systematic Observation Requirements for Satellite-based Products for Climate," Supplemental Details to the Satellite-based Component of the "Implementation Plan for the Global Observing System for Climate in Support of the UNFCC", 2011, 138 pp.

[2] IOCCG, Remote sensing of optical properties: fundamentals, tests of algorithms, and applications, in: Z.-P.Lee（Ed.）, Reports of the International Ocean-Colour Coordinating Group, No.5, IOCCG, Dartmouth, Canada, 2006, 126 pp.

[3] S.W.Bailey, P.J.Werdell, A multi-sensor approach for the on-orbit validation of ocean color satellite data products, Remote Sens.Environ.102（2006）12-23.

[4] G.Zibordi, J.-F.Berthon, F.Mélin, D.D'Alimonte, S.Kaitala, Validation of satellite ocean color primary products at optically complex coastal sites: northern Adriatic Sea, northern Baltic Proper, Gulf of Finland, Remote Sens.Environ.113（2009）2574-2591.

[5] H.Feng, D.Vandemark, J.W.Campbell, B.N.Holben, Evaluation of MODIS ocean colour products at a northeast United States coast site near the Martha's Vineyard Coastal Observatory, Int.J.Remote Sens.29（2009）4479-4497.

[6] R.Brewin, S.Sathyendranath, D.Mueller, C.Brockmann, P.-Y.Deschamps, E.Devred, R.Doerffer, N.Fomferra, B.Franz, M.Grant, S.Groom, A.Horseman, C.Hu, H.Krasemann, Z.-P.Lee, S.Maritorena, F.Me'lin, M.Peters, T.Platt, P.Regner, T.Smyth, F.Steinmetz, J.Swinton, P.J.Werdell, G.N.White, The Ocean Colour Climate Change Initiative.III.A round-robin comparison on in-water bio-optical algorithms, Remote Sens. Environ.（2014）, http://dx.doi.org/10.1016/j.rse.2013.09.016.

[7] D.Mueller, H.Krasemann, R.Brewin, C.Brockmann, P.-Y.Deschamps, R.Doerffer, N.Fomferra, B.A.Franz, M.Grant, S.Groom, F.Mélin, T.Platt, P.Regner, S.Sathyendranath, F.Steinmetz, The Ocean Colour Climate Change Initiative.II an assessment of atmospheric correction processors based on in-situ measurements, Remote Sens.Environ., in press.

[8] D.K.Clark, H.R.Gordon, K.J.Voss, Y.Ge, W.Broenkow, C.Trees, Validation

of atmospheric correction over the oceans, J.Geophys.Res.102（1997）17209-17217.

[9] B.A.Franz, S.W.Bailey, P.J.Werdell, C.R.McClain, Sensor-independent approach to the vicarious calibration of satellite ocean color radiometry, Appl. Opt.46（2007）5068-5082.

[10] W.W.Gregg, N.W.Casey, Global and regional evaluation of the SeaWiFS chlorophyll data set, Remote Sens.Environ.93（2004）463-479.

[11] P.J.Werdell, S.W.Bailey, G.Fargion, C.Pietras, K.Knobelspiesse, G.C.Feldman, C.R.McClain, Unique data repository facilitates ocean color satellite validation, EOS Trans.AGU 84（2003）379.

[12] T.Cui, J.Zhang, S.Groom, L.Sun, T.Smyth, S.Sathyendranath, Validation of MERIS ocean-color products in the Bohai Sea：a case study for coastal waters, Remote Sens.Environ.114（2010）2326-2336.

[13] D.Antoine, F.d'Ortenzio, S.B.Hooker, G.Bécu, B.Gentili, D.Tailliez, A.J.Scott, Assessment of uncertainty in the ocean reflectance determined by three satellite ocean color sensors（MERIS, SeaWiFS and MODIS-A）at an offshore site in the Mediterranean Sea（BOUSSOLE project）, J.Geophys. Res.113（2008）C07013.http：//dx.doi.org/10.1029/2007JC004472.

[14] M.E.Smith, S.Bernard, S.O'Donoghue, The assessment of optimal MERIS ocean color products in the shelf waters of the KwaZulu-Natal Bight, South Africa, Remote Sens.Environ.137（2013）124-138.

[15] G.Zibordi, F.Mélin, J.-F.Berthon, E.Canuti, Assessment of MERIS ocean color data products for European seas, Ocean Sci.9（2013）521-533.

[16] H.Murakami, K.Sasaoka, K.Hosoda, H.Fukushima, M.Toratani, R.Frouin, B.G.Mitchell, M.Kahru, P.-Y.Deschamps, D.Clark, S.Flora, M.Kishino, S.-I.Saitoh, I.Asanuma, A.Tanaka, H.Sasaki, K.Yokouchi, Y.Kiyomoto, H.Saito, C.Dupouy, A.Siripong, S.Matsumura, H.Ishizaka, Validation of ADEOS-II GLI ocean color products using in-situ observations, J.Oceanogr.62（2006）373-393.

[17] C.Jamet, H.Loisel, C.P.Kuchinke, K.Ruddick, G.Zibordi, H.Feng, Comparison of three SeaWiFS atmospheric correction algorithms for turbid waters using AERONET-OC measurements, Remote Sens.Environ.115（2011）1955-1965.

[18] C.Goyens, C.Jamet, T.Schroeder, Evaluation of four atmospheric correction algorithms for MODIS-Aqua images over contrasted coastal waters, Remote Sens.Environ.131（2013）63-75.

[19] G.Zibordi, J.-F.Berthon, F.Mélin, D.D'Alimonte, Cross-site consistent in-situ measurements for satellite ocean color applications: the BiOMaP radiometric dataset, Remote Sens.Environ.115 (2011) 2104-2115.

[20] G.Zibordi, B.N.Holben, S.B.Hooker, F.Mélin, J.-F.Berthon, I.Slutsker, D.Giles, D.Vandemark, H.Feng, K.Rutledge, G.Schuster, A.Al Mandoos, A network for standardized ocean color validation measurements, EOS Trans. AGU 87 (2006) 293-297.

[21] M.Shimada, H.Oaku, Y.Mitomi, H.Murakami, A.Mukaida, Y.Nakamura, J.Ishisaka, H.Kawamura, T.Tanaka, M.Kishino, H.Fukushima, Calibration and validation of the ocean color version-3 product from AEOS OCTS, J.Oceanogr.54 (1998) 401-416.

[22] S.Hlaing, T.Harmel, A.Gilerson, R.Foster, A.Weidemann, R.Arnone, M.Wang, S.Ahmed, Evaluation of the VIIRS ocean color monitoring performance in coastal regions, Remote Sens.Environ.139 (2013) 398-414.

[23] N.Lamquin, C.Mazeran, D.Doxaran, J.-H.Ryu, Y.-J.Park, Assessment of GOCI radiometric products using MERIS, MODIS and fifield measurements, Ocean Sci.J.47 (2012) 287-311.

[24] M.Wang, J.H.Ahn, L.Jiang, W.Shi, S.Son, Y.-J.Park, J.-H.Ryu, Ocean color products from the Korean Geostationary Ocean Color Imager (GOCI), Opt.Exp.21 (2013) 3835-3849.

[25] T.Cui, J.Zhang, J.Tang, S.Sathyendranath, S.Groom, Y.Ma, W.Zhao, Q.Song, Assessment of satellite ocean color products of MERIS, MODIS and SeaWiFS along the East China Coast (in the Yellow Sea and East China Sea), ISPRS J.Photogram.Remote Sens.87 (2014) 137-151.

[26] T.Schroeder, I.Behnert, M.Schaale, J.Fischer, R.Doerffer, Atmospheric correction algorithm for MERIS above case-2 waters, Int.J.Remote Sens.28 (2007) 1469-1486.

[27] M.Wang, S.-H.Son, W.Shi, Evaluation of MODIS SWIR and NIR-SWIR atmospheric correction algorithms using SeaBASS data, Remote Sens. Environ.113 (2009) 635-644.

[28] M.Szeto, P.J.Werdell, T.S.Moore, J.W.Campbell, Are the world's oceans optically different? J.Geophys.Res.116 (2011) C00H4.http://dx.doi. org/10.1029/2011JC007230.

[29] M.J.Sauer, C.S.Roesler, P.J.Werdell, A.Barnard, Under the hood of satellite empirical chlorophyll-a algorithms: revealing the dependencies of maximum band ratio algorithms on inherent optical properties, Opt.Exp.20 (2012)

20920-20933.

[30] F.Mélin, G.Zibordi, J.-F.Berthon, Assessment of satellite ocean color products at a coastal site, Remote Sens.Environ.110（2007）192-215.

[31] G.Zibordi, F.Mélin, J.-F.Berthon, Intra-annual variations of biases in remote sensing primary ocean color products at a coastal site, Remote Sens. Environ.124（2012）627-636.

[32] G.Zibordi, F.Mélin, J.-F.Berthon, Trends in the bias of primary satellite ocean color products at a coastal site, IEEE Geosci.Remote Sens.Lett.9（2012）1056-1060.

[33] D.D'Alimonte, G.Zibordi, F.Mélin, A statistical method for generating cross-mission consistent normalized water-leaving radiances, IEEE Trans.Geosci. Remote Sens 46（2008）4075-4093.

[34] T.S.Moore, J.W.Campbell, M.D.Dowell, A class-based approach to characterizing and mapping the uncertainty of the MODIS ocean chlorophyll product, Remote Sens.Environ.113（2009）2424-2430.

[35] T.S.Moore, M.D.Dowell, B.A.Franz, Detection of coccolithophore blooms in ocean color satellite imagery: a generalized approach for use with multiple sensors, Remote Sens.Environ.117（2012）249-263.

[36] M.Sydor, R.W.Gould, R.A.Arnone, V.I.Haltrin, W.Goode, Uniqueness in remote sensing of the inherent optical properties of ocean water, Appl.Opt.43（2004）2156-2162.

[37] M.Defoin-Platel, M.Chami, How ambiguous is the inverse problem of ocean color on coastal waters? J.Geophys.Res.112（2007）C03004.http://dx.doi.org/10.1029/2006JC003847.

[38] Z.-P.Lee, R.A.Arnone, C.Hu, P.J.Werdell, B.Lubac, Uncertainties of optical parameters and their propagations in an analytical ocean color inversion algorithm, Appl.Opt.49（2010）369-381.

[39] Z.-P.Lee, K.L.Carder, R.A.Arnone, Deriving inherent optical properties from water color: a multiband quasi-analytical algorithm for optically deep waters, Appl.Opt.41（2002）5755-5772.

[40] P.Wang, E.S.Boss, C.Roesler, Uncertainties of inherent optical properties obtained from semi-analytical inversions of ocean color, Appl.Opt.44（2005）4074-4085.

[41] V.Brando, A.G.Dekker, Y.J.Park, T.Schroeder, Adaptive semi-analytical inversion of ocean color radiometry in optically complex waters, Appl.Opt.51（2012）2808-2833.

[42] H.J.Van Der Woerd, R.Pasterkamp, HYDROPT:a fast and flexible method to retrieve chlorophyll-a from multispectral satellite observations of optically complex coastal waters, Remote Sens.Environ.112（2008）1795-1807.

[43] M.S.Salama, A.G.Dekker, Z.Su, C.M.Mannaerts, W.Verhoef, Deriving inherent optical properties and associated inversion-uncertainties in the Dutch Lakes, Hydrol.Earth Syst.Sci.13（2009）1113-1121.

[44] S.Maritorena, O.H.F.d'Andon, A.Mangin, D.A.Siegel, Merged satellite ocean color data products using a bio-optical model:characteristics, benefifits and issues, Remote Sens.Environ.114（2010）1791-1804.

[45] P.J.Werdell, B.A.Franz, S.W.Bailey, G.C.Feldman, E.Boss, V.E.Brando, M.D.Dowell, T.Hirata, S.J.Lavender, Z.-P.Lee, H.Loisel, S.Maritorena, F.Mélin, T.S.Moore, T.J.Smyth, D.Antoine, E.Devred, O.Fanton d'Andon, A.Mangin, A generalized ocean color inversion for retrieving marine inherent optical properties, Appl.Opt.52（2013）2019-2037.

[46] H.Schiller, R.Doerffer, Improved determination of coastal water constituent concentrations from MERIS data, IEEE Trans.Geosci.Remote Sens.43（2005）1585-1591.

[47] R.M.Chomko, H.R.Gordon, Atmospheric correction of ocean color imagery: test of the spectral optimization algorithm with the sea-viewing wide fifield-of-view sensor, Appl.Opt.40（2001）2973-2984.

[48] K.Stamnes, W.Li, B.Yan, H.Eide, A.Barnard, W.S.Pegau, J.J.Stamnes, Accurate and self-consistent ocean color algorithms:simultaneous retrieval of aerosol optical properties and chlorophyll concentrations, Appl.Opt.42（2003）939-951.

[49] C.Jamet, S.Thiria, C.Moulin, M.Crépon, Use of a neurovariational inversion for retrieving oceanic and atmospheric constituents from ocean color imagery:a feasibility study, J.Atmos.Ocean.Technol.22（2005）460-475.

[50] M.S.Salama, A.Stein, Error decomposition and estimation of inherent optical properties, Appl.Opt.48（2009）4947-4962.

[51] B.Bulgarelli, G.Zibordi, Remote sensing of ocean colour:accuracy assessment of an approximate atmospheric correction code, Int.J.Remote Sen.24（2003）491-509.

[52] B.Bulgarelli, F.Mélin, G.Zibordi, SeaWiFS-derived products in the Baltic Sea:performance analysis of a simple atmospheric correction algorithm, Oceanologia 45（2003）655-677.

[53] C.Hu, L.Feng, Z.-P.Lee, Uncertainties of SeaWiFS and MODIS remote

sensing reflectance: Implications from clear water assessments, Remote Sens. Environ.133（2013）168-182.

[54] C.Hu, Z.-P.Lee, B.A.Franz, Chlorophyll a algorithms for oligotrophic oceans: a novel approach based on three-band reflectance difference, J.Geophys. Res.117（2012）C01011.http://dx.doi.org/10.1029/2011JC007395.

[55] F.Mélin, Global distribution of the random uncertainty associated with satellite-derived Chla, IEEE Geosci.Remote Sens.7（2010）220-224.

[56] IOCCG, in: W.W.Gregg, J.Aiken, E.Kwiatkowska, S.Maritorena, F.Mélin, H.Murakami, S.Pinnock, C.Pottier（Eds.）, Ocean Color Data Merging, Reports of the International Ocean-Colour Coordinating Group, No.5, vol.65, IOCCG, Dartmouth, Canada, 2007.

[57] D.Antoine, A.Morel, H.R.Gordon, V.F.Banzon, R.H.Evans, Bridging ocean color observations of the 1980s and 2000s in search of long-term trends, J.Geophys.Res.110（2005）C06009.http://dx.doi.org/10.1029/2004JC002620.

[58] A.Morel, S.Maritorena, Bio-optical properties of oceanic waters: a reappraisal, J.Geophys.Res.106（2001）7163-7180.

[59] A.Morel, Y.Huot, B.Gentili, P.J.Werdell, S.B.Hooker, B.A.Franz, Examining the consistency of products derived from various ocean color sensors in open ocean（Case 1）waters in the perspective of a multi-sensor approach, Remote Sens.Environ.111（2007）69-88.

[60] G.Zibordi, F.Mélin, J.-F.Berthon, Comparison of SeaWiFS, MODIS and MERIS radiometric products at a coastal site, Geophys.Res.Lett.33（2006）L06617.http://dx.doi.org/10.1029/2006GL025778.

[61] F.Mélin, G.Zibordi, J.-F.Berthon, S.W.Bailey, B.A.Franz, K.J.Voss, S.Flora, M.Grant, Assessment of MERIS reflectance data as processed by SeaDAS over the European seas, Opt.Exp.19（2011）25657-25671.

[62] F.Mélin, G.Zibordi, S.Djavidnia, Merged series of normalized water leaving radiances obtained from multiple satellite missions for the Mediterranean Sea, Adv.Space Res.43（2009）423-437.

[63] F.Mélin, V.Vantrepotte, M.Clerici, D.D'Alimonte, G.Zibordi, J.-F.Berthon, E.Canuti, Multi-sensor satellite time series of optical properties and chlorophyll a concentration in the Adriatic Sea, Prog.Oceanogr 91（2011）229-244.

[64] A.Morel, B.Gentili, Diffuse reflectance of oceanic waters: its dependence on sun angle as influenced by the molecular scattering contribution, Appl.Opt.30（1991）4427-4438.

[65] A.Morel, D.Antoine, B.Gentili, Bidirectional reflectance of oceanic waters:

accounting for Raman emission and varying particle scattering phase function, Appl.Opt.41（2002）6289−6306.

[66] A.Bricaud, M.Babin, A.Morel, H.Claustre, Variability in the chlorophyll−specific absorption coefficients of natural phytoplankton: analysis and parameterization, J.Geophys.Res.100（1995）13321−13332.

[67] F.Mélin, Comparison of SeaWiFS and MODIS time series of inherent optical properties for the Adriatic Sea, Ocean Sci.7（2011）351−361.

[68] G.Meister, E.J.Kwiatkowska, B.A.Franz, F.S.Patt, G.C.Feldman, C.R.McClain, Moderate resolution imaging spectroradiometer ocean color polarization correction, Appl.Opt.44（2005）5524−5535.

[69] B.A.Franz, D.A.Siegel, M.J.Behrenfeld, P.J.Werdell, "Global ocean phytoplankton," in State of the Climate 2012, Bull.Am.Meteorol.Soc.94（2013）S75−S78.

[70] J.W.Campbell, J.M.Blaisdell, M.Darzi, in: S.B.Hooker, E.R.Firestone, J.G.Acker（Eds.）, Level−3 SeaWiFS Data Products: Spatial and Temporal Binning Algorithms, NASA Tech.Mem.104566, vol.32, NASA Goddard Space Flight Center, Greenbelt, Maryland, 1995.

[71] P.Cipollini, D.Cromwell, P.G.Challenor, S.Raffaglio, Rossby waves detected in global ocean colour data, Geophys.Res.Lett.28（2001）323−326.

[72] A.Mahadevan, J.W.Campbell, Biogeochemical patchiness at the sea surface, Geophys.Res.Lett.29（2002）1926.http://dx.doi.org/10.1029/2001GL014116.

[73] S.C.Doney, D.M.Glover, S.J.McCue, M.Fuentes, Mesoscale variability of sea−viewing wide field−of−view sensor（SeaWiFS）satellite ocean color: global patterns and spatial scales, J.Geophys.Res.108（2003）3024.http://dx.doi.org/10.1029/2001JC000843.

[74] M.Lévy, R.Ferrari, P.J.S.Franks, A.P.Martin, P.Rivière, Bringing physics to life at the submesoscale, Geophys.Res.Lett.39（2012）L14062.http://dx.doi.org/10.1029/2012GL052756.

[75] J.C.B.da Silva, A.L.New, M.A.Srokosz, T.J.Smyth, On the observability of internal tidal waves in remotely−sensed ocean color data, Geophys.Lett.29（2002）1569.http://dx.doi.org/10.1029/2001GL013888.

[76] M.R.P.Sapiano, C.W.Brown, S.Schollaert Uz, M.Vargas, Establishing a global climatology of marine phytoplankton phenological characteristics, J.Geophys.Res.117（2012）C08026.http://dx.doi.org/10.1029/2012JC007958.

[77] D.Jin, D.E.Waliser, C.Jones, R.Murtugudde, Modulation of tropical ocean surface chlorophyll by the Madden−Julian oscillation, Clim.Dyn.40（2013）

39-58.

[78] M.J.Behrenfeld, J.T.Randerson, C.R.McClain, G.C.Feldman, S.O.Los, C.J.Tucker, P.G.Falkowski, C.B.Field, R.Frouin, W.E.Esaias, D.D.Kolber, N.H.Pollack, Biospheric primary production during an ENSO transition, Science 291 (2001) 2594-2597.

[79] V.Vantrepotte, F.Mélin, Inter-annual variations in the SeaWiFS global chlorophyll a concentration (1997-2007), Deep-Sea Res.I 58 (2011) 429-441.

[80] P.J.Werdell, S.W.Bailey, B.A.Franz, L.W.Harding, G.C.Feldman, C.R.McClain, Regional and seasonal variability of chlorophyll-a in Chesapeake Bay as observed by SeaWiFS and MODIS-Aqua, Remote Sens. Environ.113 (2009) 1319-1330.

[81] V.S.Saba, M.A.M.Friedrichs, M.-E.Carr, D.Antoine, R.A.Armstrong, I.Asanuma, O.Aumont, N.R.Bates, M.J.Behrenfeld, V.Bennington, L.Bopp, J.Bruggeman, E.T.Buitenhuis, M.J.Church, A.M.Ciotti, S.C.Doney, M.D.Dowell, J.Dunne, S.Dutkiewicz, W.W.Gregg, N.Hoepffner, K.J.W.Hyde, J.Ishizaka, T.Kameda, D.M.Karl,
I.Lima, M.W.Lomas, J.Marra, G.A.McKinley, F.Mélin, J.K.Moore, A.Morel, J.O'Reilly, B.Salihoglu, M.Scardi, T.J.Smyth, S.Tang, J.Tjiputra, J.Uitz, M.Vichi, K.Waters, T.K.Westberry, A.Yool, Challenges of modeling depth-integrated marine primary productivity over multiple decades: a case study at BATS and HOT, Global Biogeochem.Cycles 24 (2010) GB3020.http://dx.doi.org/10.1029/2009GB003655.

[82] C.Zhang, C.Hu, S.Shang, F.E.Mueller-Karger, Y.Li, M.Dai, B.Huang, X.Ning, H.Hong, Bridging between SeaWiFS and MODIS for continuity of chlorophyll-a concentration assessments off Southeastern China, Remote Sens. Environ.102 (2006) 250-263.

[83] S.Djavidnia, F.Mélin, N.Hoepffner, Comparison of global ocean colour data records, Ocean Sci.6 (2010) 61-76.

[84] A.Longhurst, Ecological Geography of the Sea, Academic Press, 2006, 560 pp.

[85] C.R.McClain, S.R.Signorini, J.R.Christian, Subtropical gyre variability observed by ocean-color satellites, Deep-Sea Res.II 51 (2004) 281-301.

[86] W.W.Gregg, N.W.Casey, C.R.McClain, Recent trends in global ocean chlorophyll, Geophys.Res.Lett.32 (2005) L03606.http://dx.doi.org/10.1029/2004GL021808.

[87] R.E.Eplee, G.Meister, F.S.Patt, R.A.Barnes, S.W.Bailey, B.A.Franz, C.R.McClain, Onorbit calibration of SeaWiFS, Appl.Opt.51（2012）8702–8730.

[88] C.Beaulieu, S.A.Henson, J.L.Sarmiento, J.P.Dunne, R.R.Rykaczewski, L.Bopp, Factors challenging our ability to detect long–term trends in ocean chlorophyll, Biogeosciences 10（2013）2711–2724.

[89] H.R.Gordon, D.K.Clark, J.W.Brown, O.B.Brown, R.H.Evans, W.W.Broenkow, Phytoplankton pigment concentrations in the Middle Atlantic Bight: comparison between ship determinations and coastal zone color scanner estimates, Appl.Opt.22（1983）20–36.

[90] IOCCG, Bio–optical sensors on Argo floats, in: H.Claustre（Ed.）, Reports of the International Ocean–Colour Coordinating Group, No.11, IOCCG, Dartmouth, Canada, 2011, 89 pp.

[91] J.J.Bates, J.L.Privette, A maturity model for assessing the completeness of climate data records, EOS Trans.Am.Geophys.Union 93（2012）441.

第 6.2 章

长期卫星反演海表温度记录评价

Gary K. Corlett,[1,*] **Christopher J. Merchant**,[2] **Peter J. Minnett**,[3] **Craig J. Donlon**[4]

[1] 莱斯特大学物理和天文系,英国 莱斯特;[2] 雷丁大学气象系,英国 雷丁;
[3] 迈阿密大学罗森斯蒂尔海洋与大气科学学院气象学和物理海洋学,美国 佛罗里达州 迈阿密;[4] 欧洲航天局 / 欧洲空间研究与技术中心,荷兰 诺德 韦克

★ 通讯作者:邮箱:gkc1@leicester.ac.uk

章节目录

1. 引言 685
2. 背景 686
　2.1 大气层顶亮温评价 688
　2.2 验证不确定度估算 689
　2.3 参考数据源 695
3. 长期 SST 数据集评价 697
　3.1 示例 1:长期 SST 数据记录 评价 698
3.2 示例 2:长期分量评价 701
3.3 定量指标 704
3.4 示范 SI 可溯源性 706
3.5 稳定性 709
3.6 不确定度验证 716
4. 总结和建议 720
参考文献 721

1. 引言

　　在这一章中,我们将评价从大气层顶(TOA)测量的热红外 (TIR)辐亮度反演的卫星海表温度气候数据记录(CDR)。需要注意 的是,任何产品的评价通常都是根据一系列的要求进行的,在这里 是对卫星海表温度(SST)气候数据记录(CDR)的要求。这样的要求 通常包括精度要求(如要求海表温度(SST)平均偏差小于 0.1 K)、稳 定性要求(如要求海表温度(SST)偏差的长期漂移小于 0.03 K/ 十

物理科学中的实验方法 , Vol. 47. http://dx.doi.org/10.1016/B978-0-12-417011-7.00021-0

年)和尺度要求(如要求在小于 1 000 km 的尺度上达到精度需求)。然而,正如欧洲航天局(ESA)最近一项研究 [1] 所指出的,不同的气候数据记录(CDR)应用对精度、空间、时间分辨率以及记录长度有不同的要求。同样,对于用于气候数据记录(CDR)的海表温度(SST)没有唯一的定义,因为不同的用户对测量的深度、空间和时间尺度都有自己的要求 [1]。

海表温度(SST)气候数据记录(CDR)评价的基本方法是为卫星 SST 数据记录寻找定量指标。利用这些指标,用户可以自己评价任何特定数据记录对其特定应用的适合性。事实上,正是在应用数据记录来确定气候变异和变化时,才真正决定了是否产生了 CDR。这种方法是由高分辨率海表温度小组(GHRSST) CDR 技术顾问小组(TAG)推荐的,是 GHRSST 气候数据评价框架(CDAF)的基础 [2]。

我们可以评价两个主要的热红外候数据记录(CDR)。(1) 大气层顶(TOA)辐亮度,通常以亮温(brightness temperatures, BTs)表示;(2) 反演的海表温度(SST)。在第 2 节中,将讨论将卫星测量与实测或船载红外辐射计测量进行比较时遇到的问题;然后在第 3 节中,我们将讨论长期海表温度(SST)数据记录的评价方法;最后,在第 4 节中,总结了现有的方法,并对未来的研究工作提出了建议。

2. 背景

目前对卫星红外海表温度(SST)长期数据记录的评价目前是一个不断发展的研究领域。 这种说法似乎有点奇怪,因为对卫星海表温度(SST)的评价最早在 1967 年就报道了 [3],从那时起又有许多关于从单个卫星传感器反演海表温度(SST)的评价工作发表。然而,这里的重点是将长期海表温度(SST)数据记录作为一个整体来考虑,即跨越数十年的数据集,利用多颗卫星的数据,并且(最好)是经过一致的处理。因此,我们将重点放在长期海表温度(SST)数据记录的评价上,只有对海表温度(SST)气候数据记录(CDR)评价有所贡献时才考虑单个传感器。

最早的卫星海表温度（SST）长期记录是 Pathfinder 数据集（Casey 等人[4] 关于 Pathfinder 的综述），它采用了 AVHRR（the Advanced Very High Resolution Radiometer）系列传感器的测量结果（关于 AVHRR 细节，见第 2.3 章）。首次发表于 20 世纪 90 年代初，Pathfinder 利用与浮标数据拟合的经验回归算法提供自 NOAA（National Oceanic and Atmospheric Administration）7（1981）至 NOAA 19 AVHRRs 的一致方法以获得当前版本 5.2 的数据（至 2012 年）。Pathfinder 数据集每个数据是由单一的 AVHRRs 传感器构建的，针对参考数据的拟合主要考虑许多仪器问题，包括传感器的定标误差[6]（第 2.4 章），这意味着没有保持卫星和现场数据之间的独立性。Pathfinder 更多的发展将用在版本 6.0 数据集中，包括纬向带系数以减少回归算法的已有局限性[7]。

下一个长期海表温度（SST）记录来自 ATSR（the Along Track Scanning Radiometer）的气候再处理（ATSR Reprocessing for Climate，ARC）项目[8]，该项目利用了 ATSR 系列传感器的优势（关于 ATSR 细节见第 2.3 章），与 AVHRR 系列不同的是，ATSR 是专门为气候研究提供高质量的海表温度（SST）而设计的，而 AVHRR 系列最初是为气象应用而设计的。ARC 的数据集在很多方面与 Pathfinder 不同，气候再处理（ARC）保持了与现场测量的独立性（见第 4.2 章），对所使用的不同传感器的亮温（BTs）进行了仔细的协调，并采用了辐射传输模型（Radiative Transfer Model，RTM）进行基于物理的海表皮温（SST_{skin} 反演）[9, 10]。这样就可以在 ATSR 亮温（BTs）进行协调之前[11] 和在之后[12]，考虑到表皮效应和日变化效应，利用现场测量对数据集进行独立验证。

尽管已证明气候再处理（ARC）数据集有助于量化海表温度（SST）的年际变化和识别主要的海表温度（SST）异常[8]，但与 AVHRRs 相比（通常从扫描刈幅中央 1 500 km 范围反演 SST），ATSRs 的扫描刈幅较窄（～ 500 km）是一个限制，这促使 ESA SST 气候变化计划（ESA SST Climate Change Initiative，SST_CCI）项目组首次尝试使用 ATSRs 来减少 AVHRRs 的亮温（BTs）残差，在它们共同在轨时段(1991—2012)提供 ATSR 和 AVHRR 一起使用的最佳数据集。关于 ESA SST_CCI 数据集的更多细节可以在[13]中找到,其初步结果在其产品验证和交叉比较报告[14]和气候数据评价报告[15]中。对 ESA SST_CCI 数据集进行的分析处于 SST CDR 研究和评价的最前沿,我们将在本章中大量引用其研究结果。

2.1 大气层顶亮温评价

在对海表温度(SST)进行评价之前,最好先看看反演海表温度(SST)的亮温(BTs)记录,如 Embury 等人[11]所示,ATSR-2 和 AATSR 传感器之间的亮温(BTs)差异包括传感器间的偏差 0.1 K,超过了传感器特性所能解释的差异,其对于争取达到 SST CDR 所需要的稳定性水平(小于 0.03 K/ 十年[16])是很显著的。我们可以通过三种方式评价 BT CDR 的质量:(1)模拟;(2)与其他卫星数据集比较;(3)与经过模拟调整的地面参考测量值比较。然而,与海表温度(SST)记录一样,对长期统一协调的亮温(BTs)记录的评价并不普遍,其重要性现在才被认识。

利用地面或飞机上的参考数据对卫星获取的热红外数据进行在轨验证是一种成熟的做法,这种方法(例如[17, 18])通常涉及测量海面发射的辐亮度以及卫星传感器和海面之间的大气特性,然后将这些数据作为辐射传输模型(RTM)的输入,预测传感器所测量的辐亮度,然后预测的传感器辐亮度与卫星或飞机传感器测量的辐亮度进行比较。类似的方法,只使用卫星数据,正被全球天基交叉定标系统(the Global Space Based Intercalibration System,GSICS[19])和用于海表温度(SST)的监测海上晴空红外辐亮度系统(the Monitoring of IR Clear-sky Radiances over Oceans for SST,MICROS[20])实时采用,以便在进一步分析前减少大气层顶(TOA)亮温(BTs)的不确定度。

来自自动验证站点的长期参考数据也是可用的:NASA JPL 一直在运行两个站点,一个在太浩湖[21],另一个在萨尔顿海[22]。太浩湖站点自 1999 年运行,萨尔顿海站点自 2008 年运行,它们一起提供了用于定标和验证的大范围的水面温度。太浩湖和萨尔顿海的测量结果被用来确定几个仪器的中红外和热红外数据精度,包括 Terra

卫星上的 ASTER[21]、Terra 和 Aqua 卫星上的 MODIS[22]、Landsat 卫星上的 TM[23] 和 ETM[23] 以及 ATSR 2[221]。关于在这些站点使用的仪器的更多细节，见第 3.2 章。

Embury 和 Merchant[12] 通过比较 ATSR 系列测量的晴空亮温（BTs）和辐射传输模型（RTM）模拟的亮温（BTs），给出了对协调一致的亮温（BTs）记录的评价。Embury 和 Merchant[12] 使用辐射传输模型（RTM）模拟显示，在传感器重叠期计算的差异仅部分可由传感器不同特性解释，剩余的差异主要可能是由于传感器定标和／或模拟误差造成的。Embury 和 Merchant[12] 采用模拟与实测亮温（BTs）值的双差计算出的亮温（BTs）调整值，对 ATSR 系列的亮温（BTs）值进行了协调处理，由此反演得到的海表温度（SST）较为稳定，1995 年至 2012 年期间与全球热带系泊浮标阵列（the Global Tropical Moored Buoy Array，GTMBA）相比，稳定在 ±2 mK 以内。然而，由于在海洋的其他地区缺乏合适的参考测量，使得这项工作仅限于 GTMBA 所覆盖的区域[24]，GTMBA 在记录的后半部分通过定期定标温度传感器而具有 SI 可溯源性[25]；其他海区没有这样的基础设施。

2.2　验证不确定度估算

在理想的情况下，评价长期卫星海表温度（SST）数据记录及其相关的不确定度需要在整个数据集期间的所有时间卫星仪器和海表温度（SST）反演算法的完整表征，以及在数据集的整个期间提供具有全球代表性的可溯源参考数据点，这些数据点与卫星数据中的被测量（SST 类型）非常匹配，其精度和准确度优于卫星传感器，其已知稳定性至少与海表温度（SST）稳定性要求相当。

此外，如果传感器是跨越多年的系列卫星的一部分，接连的传感器之间应该有足够的重叠期，对两个传感器使用相同的可溯源踪参考数据点以便对传感器重叠时期进行稳健的表征[16]。正如我们在本章后面所看到的，不幸的是，因为在轨保持可溯源的能力（上述问题 1）和参考数据的质量和覆盖范围（上述问题 2）的限制，现实远非理想。由于这些限制，我们有两种基本方法来评价长期海表温度（SST）数据记录的质量：

　　"点"：使用单个像素与参考数据进行比较,通常是在现场测量的参考数据;

　　"网格"：使用与网格化产品的比较,这可能会改善匹配的覆盖范围(在时间和空间上)。另外,由于这种类型的比较使用的是"平均"数据,因此异常值对分析的影响可能较小(见下文讨论),但网格化过程中会有额外的不确定度。

　　此外,由于稍后将阐明的原因,我们还必须定义第三种方法来评价长期海表温度(SST)数据记录的质量：

　　"功能性"：采用一个位置的参考数据的评价认知转移到另一个没有对比测量的位置。

　　本章的其余部分将主要关注"点"的比较,因为这在卫星海表温度(SST)评价中使用得比较广泛,在本章 3.7 节中考虑不确定度验证时,我们将简要地讨论"功能"评价。

　　卫星不确定度估计的传统方法包括生成一个匹配数据集(Match-up Data Set, MD),该数据集是在设定的空间和时间限制内产生的卫星和参考数据集之间的匹配数据;例如,目前 GHRSST 推荐的匹配限制是 25 km 和 ±6 小时[26],尽管一些研究人员选择使用其他限制。关于产生匹配数据的空间和时间限制的评价文献较少。Minnett[27] 研究表明 10 km 和 2 小时的限制会带来高 0.2 K 的误差,但这是对大西洋的一个非常特殊的温度变化相对高的区域的研究结果。第 5.2 章基于 Wimmer 等人[28] 的工作,为船载辐射计测量定义了更严格的标准。一般来说,应使用尽可能小的空间窗口将空间限制降到最小。时间上的差异,无论定什么限制,应使用日变化模型来最小化。

　　在生成匹配数据 MD 之后再对匹配数据 MD 进行统计分析,通常从中计算出差值和标准偏差,参考数据常常当作真值,即没有误差,然而它们的误差通常不能忽略。当然,从这种比较中计算出的差值和标准差并不提供每个数据集单独的不确定度,而只是两个数据集比较的平均差值和综合不确定度。所得的统计结果可能被设定的空间和时间围内可能发生的海表温度(SST)的实际变化所支配(地球物理效应) 正如 Minnett[27] 所确定的那样,这些变化可能是显著的。O'Carroll 等人[29] 展示了另一种多传感器匹配处理方法,其目的是在假设每个数据集无偏差的情况下,通过三方分析推导出单个数据集的不确定度,然而,这种方法没有考虑到卫星和参考数据集之间的地球物理差异,而且还假设数据集之间的相关性为零。

在考虑潜在的参考数据源时,必须考虑到被评价海表温度(SST)深度。由红外辐亮度反演的卫星 SST 相当于深度为 10 μm 的温度,被称为海表皮温(SST_{skin})。当海面风速 $> \sim 6~ms^{-1}$ 时,表皮和次表皮之间温度偏差的平均值为 -0.17 K[30],因此海面风速测量也是用于卫星海表温度(SST)验证的参考数据集的重要组成部分。理想情况下,评价卫星数据质量的参考数据源应该是深度与卫星提供的海表温度(SST)深度尽可能地接近的测量值,也就是说,被测量应该一致,事实上,目前只有使用船载红外辐射计的红外传感器可以做到这一点(第 3.2 章和第 5.2 章)。由于海面是一个动态系统,而且海面的性质决定了很难从一个点的现场测量中确定整个卫星像素上海面的平均状况,因此匹配问题就变得更加复杂。

在评价 SST CDR 时,必须考虑所有这些因素。因此,我们将验证不确定度估算(即对卫星和参考数据之间比较的 A 类统计评价的标准偏差,σ_{Total} 定义为

$$\sigma_{Total} = \sqrt{\sigma_1^2 + \sigma_2^2 + \sigma_3^2 + \sigma_4^2 + \sigma_5^2} \tag{1}$$

其中,各项的定义和讨论放在后面。这种方法与 Wimmer 等人[28] 的方法类似,他们为船载辐射计和卫星海表温度(SST)之间的比较定义了一个误差模型(如第 5.2 章所述),在这里,我们对 Wimmer 等人[28] 的方法进行了调整,以涵盖所有潜在可能的参考数据源,并将贡献项表示为不确定度,而不是绝对误差。

简单考虑一下误差和不确定度之间的区别,测量的不确定度表达指南(the Guide to the Expression of Uncertainty in Measurement,$GUM^{[31]}$)定义:被测量是测量的特定量化对象。在本章中,被测物理量是 TOA BT(Level 1b 数据)或 SST(Level 2 及以上数据)。很少有仪器能直接提供被测量的测量,通常是探测一个量值,然后从其获得被测量。例如在本章中,我们重点讨论探测红外辐射的仪器,

我们正是从这些仪器测量值中估计出物体的温度。

任何确定被测量数值的程序在某种程度上都是不准确的,这是因为在某个环节引入了不确定度。测量值与被测量的真实值之间的差异被称为误差,在遥感领域,"误差"这个词经常被用来描述一个数值,用来估计重复测量时的误差变化(即可能的误差分布宽度),这导致了对所引用的误差实际含义的混淆,为了避免误解,GUM[31] 将这些定义分开并定义:

误差(测量):测量结果减去被测量的真实值,和

不确定度(测量):与测量结果相关联的参数,描述了可以合理地归因于被测量的数值的分散性。

被测量的真实值通常是未知的,但可以用统计方法(GUM 称为 A 类评价 [31])或经验方法(GUM 称为 B 类评价 [31])来估计,可以认为有一个或多个随机成分和 / 或一个或多个系统成分。导致每个误差成分的影响都会引起总体不确定度的一个成分,因此总的不确定度是由随机和系统影响混合产生的。

此外,正如第 4.3 章进一步解释的,对于卫星获取的海表温度(SST),将误差 / 不确定度整齐地划分为随机和系统成分是过于简单的,在现实中,存在着一系列的误差源,这些误差与测量值之间存在着或多或少的时空相关性,这些相关性对形成卫星测量的平均值或趋势并附加不确定度估计是很重要的。另外,在一个特定的尺度上看,某些影响可能是系统性的,而在一个更大的尺度上,它们实际上可能是随机的。

我们现在更详细地看一下公式(1)中的项,主要的组成部分如下。

• 卫星不确定度(σ_1)):这是卫星测量的不确定度,应与产品一起提供。它通常会逐个像素变化,并与影响反演的参数有关(见第 4.3 章)。

• 参考不确定度(σ_2):这是参考测量的不确定度,对于单个测量来说通常是未知的,但可以在数据集层面进行估计(见下一节)。

• 地球物理不确定度:空间—海面(σ_3):这是将一个点的测量与卫星足迹相比较而产生的不确定度。对于任何单一的匹配来说,它

是系统性的,但对于一个足够大的海洋全部变化性已经被采样的数据集来说,可以认为是伪随机的。正如 Embury 等人[11] 所建议的那样,这个项也可以通过对卫星数据的平均来减少(例如,通过 5×5 采样而不是 1×1),并且必然包括卫星和参考测量的地理位置的所有不确定度(对于漂流浮标来说,当通常情况下,位置报告只提供到经纬度的一个小数位,它可以达到 8 km[32])。

•地球物理不确定度:空间—深度(σ_4):这是比较不同深度的海表温度(SST)所产生的不确定度。同样,对于单一的匹配,它是系统性的,可以通过使用海洋上层温度的模型来减少,如 Embury 等人[11] 所示。同样,对于一个足够大的大气和海洋的全部变化性都被采样的数据集来说,它也可以被认为是伪随机。

地球物理不确定度:时间(σ_5):这是比较一天中不同时间段的海表温度(SST)所产生的不确定度(卫星和参考资料之间并不总是能够精确时间匹配)。对于单次匹配来说,这将是系统性的,而对于大数据集来说,如果用模型减少时间差异,则可能是伪随机的,如 Embury 等人[11] 所示。时间窗口的大小很重要,如果它过大,那么就会对海洋在其日变化周期中的增热和冷却进行不同的采样[11],这将导致计算的统计数据出现偏差。

另一个考虑是实际的统计分析本身。在 A 类统计分析中,将一个模型与现有的数据进行拟合。不幸的是,这种方法对异常值,即不符合正态分布的数据点的适应性很差。异常值的产生是由于任何空间和时间上的不匹配误差,以及卫星或参考数据的质量问题,特别是不完善的云检测问题会导致反演的 SST 出现较大的误差(例如[33]),因此,我们想在分析中会发现一定数量的异常值,必须(1)确保不歪曲最终的不确定度;(2)估计大小,如果可能的话,使用明确定义的标准消除异常值。

有几种方法可以评价异常值对计算出的统计数据的影响。单个传感器评价的一个公认的方法是,首先剔除所有超过 3 倍标准偏差的匹配数据,然后重新计算统计数据(3x 计算的标准偏差,Standard Deviation,SD),3 倍标准偏差滤波有些随意,不过可以有助于估计数据中异常值水平,已被广泛应用于 AATSR 验证(例如[34]),

这种方法的关键缺陷是如果数据中没有异常值,那么 3 倍标准偏差滤波将简单地去掉了好的数据,因此我们后续将不采用 3 倍标准偏差滤波。

处理异常值的另一种方法是采用 Merchant 和 Harris[35] 的方法,使用稳健统计。在稳健统计学中,通过使用中值估计器(M-est)和分布的中值绝对偏差(Median Absolute Deviation, MAD)来减少异常值的影响,后者被视为相当于正态的 SD,被称为稳健标准偏差(Rrobust Standard Deviation, SD)。最后,还有一种方法是将高斯 PDF 拟合到卫星和相应参考数据集之间差值的直方图上,这种方法与拟合 A 类不确定度估计模型最为相似。

这些方法中的每一种都可以通过对一组匹配数据进行单独计算,并将结果与通常的标准偏差进行比较来进一步研究。图 1 显示了 NOAA-19 AVHRR 和漂流浮标(蓝色)在澳大利亚周边海域的匹配差异的典型分布,图 1 的上方是来自正态统计的高斯 PDF(绿色)、稳健统计(橙色)和线性最小平方高斯 PDF 拟合(红色)。

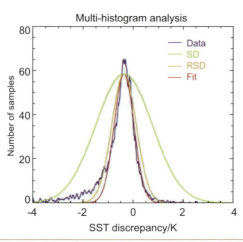

图 1　澳大利亚水域 NOAA-19 AVHRR 和漂流浮标之间的差异分布(蓝色),正态统计(绿色)、稳健统计(橙色)、和线性最小平方(红色)拟合的高斯 PDFs,极端异常值迫使绿色分布加宽。

从图 1 中可以看出,对于我们的例子分布(有明显的异常值),常规统计(绿线)明显高估了大多数数据分布的标准差,对于分布的中心部分（1 倍标准差以内），最好的表示方法是线性拟合（红线）和稳健统计（橙线）。从这个讨论中可以看出，任何统计分析都必须有一个确保所选择的统计模型适合于数据分布图。

2.3 参考数据源

有几个潜在的参考数据源可以用来评价海表温度（SST）气候数据记录（CDR）的质量。船载辐射计（见第 3.2 章）是经过定期定标和交叉定标的，可以提供在定义深度的温度（皮温）估计。遗憾的是，它们的采样是区域性的、稀疏的，这有时会导致将单个辐射计的观测值与相应的卫星像素的海表温度（SST）值（匹配）联系起来的困难。虽然可用的辐射计数量不多，与漂流浮标相比，其覆盖范围有限，但它们是气候数据记录（CDR）评价的重要参考数据来源，因为它们提供了唯一可溯源到国家计量标准的参考数据（进一步信息见第 5.2 章）。我们在这里的目的不是要对其他可用的参考源进行广泛的综述（见第 5.2 章），而是重点讨论它们对 SST CDR 评价的关键方面。

漂流浮标网络[36] 与辐射计相比，除了南大洋和其他少数地区如上升流区，其覆盖范围大为提高。该网络覆盖面很好，因为不断有部署新的设备，但遗憾的是，这些设备在部署前没有进行充分的定标，而且在部署结束后，很少回收和重新定标设备，因此，漂流浮标的总体精度是一个备受争议的话题，目前认为是 ∼ 0.2 K[29]。此外，一个明显的限制是，由于浮标受海面波浪的调制而不可避免地发生垂直运动，因此未知或者没有控制测量的深度。

将 Argo 剖面浮标[37] 的数据加入卫星海表温度（SST）验证中是一个重要的新进展，尽管 Argo 浮标测量的 SST_{depth} 不高于海面下 ∼ 3 米，但 Argo 固有的高精确度（∼ 0.05 K）意味着将 Argo SST_{depth} 与卫星 SST_{skin} 进行比较的总匹配不确定度与夜间风速 >6 ms^{-1} 时辐射计（即 SST_{skin} 与 SST_{skin} 比较）相当，大大低于辐射计和漂流浮标在白天的观测（由于表层水的动态热力层结）。目前正在测试海面上层 4 米内高频采样的新一代 Argo 浮标[38]。Argo 的主要问题与辐射计一样：采样率，因为每个浮标通常每 10 天才浮到水面一次(尽管可以使用不同的采样周期),而且最上面的温度测量必须在卫星过境的时间窗口内进行。

其他潜在的参考数据包括系泊浮标和来自船舶机舱进水口或安装于船体的传感器的常规船测数据。在热带区域的 GTMB 阵列[24] 是与其他系泊浮标分开考虑的,因为它们位于大洋中,远离沿海地区,而沿海地区往往对卫星 SST 观测带来特殊的困难,而大多数其他系泊浮标都部署在那里。表 1 列出了所有可用于 SST CDR 评价的主要参考数据集及其估计的不确定度[39-41, 29]。

表 1　用于 SST CDR 评价的参考数据及其估计的不确定度

数据类型	年	覆盖范围	SST[b]	不确定度	参考文献
船载红外辐射计	1998	在加勒比海、北大西洋、北太平洋和 Biscay 湾重复船迹;在全球海洋的其他地方也有松散部署。	SST_{skin}	0.10 K	[39]
Argo 浮标	2000	从 2004 年起,全球[a]。	SST-5 m	0.05 K	[40]
GTMBA	1979	热带太平洋阵列于 1998 年完成;热带大西洋和印度洋阵列随后安装。	SST-1 m	0.10 K	[41]
漂流浮标	1981	从 2000 年起,全球[a]。	SST-20 cm	0.20 K	[29]

[a] 数据不是真正的"全球",但涵盖了地球上的大部分海洋。
[b] SST 的深度是指示性的,往往一次测量的实际深度是未知的。

除了每个参考数据集的不确定度外,我们还必须考虑它们的时间和空间覆盖范围,这些年来,由于部署的数量和位置以及采样和报告频率的变化,它们的覆盖范围也发生了很大的变化。图 2 显示了表中所列的四个参考数据集以及志愿观测船(Voluntary Observing Ships,VOS)用于 SST CDR 评价的每月参考数据点总数随时间变化。

在图 2 中,随着时间的推移,变化是相当大的,志愿观测船(VOS)测量数量保持相当稳定,但随着时间的推移略有下降,而漂流浮标的数量自 2000 年以来显著增加,但此后又有所下降,尽管数量不多,但随着时间的推移,Argo 的高质量测量数据(见表 1)是一个重要的参考数据集。

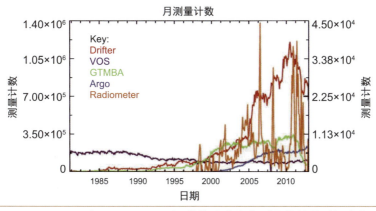

图 2　1981—2013 年用 SST CDR 评价的月度参考测量总数随时间变化。漂流浮标、志愿观测船（VOS）和 GTMBA 的数量显示在主 *Y* 轴上，Argo 和辐射计的数量显示在次 *Y* 轴上。

3. 长期 SST 数据集评价

　　与海表温度（SST）数据集气候质量方面有关的具体量化措施非常重要，因为这些量化措施需要在不同的评价信息集之间具有可比性。在本节中，我们主要研究如何评价某地的海表温度（SST）与真实情况的平均差异，即代表与系统性影响相关的不确定度。

　　然而，任何这样的评价都有三个重要的警告，验证科学家应该注意下面内容。

　　正如我们所看到的，没有全球分布的、误差可以忽略不计的参考数据来验证卫星海表温度（SST）的偏差，所以我们必须使用所有可用的验证数据。

　　对海表温度（SST）的任何平均都必须在适当的空间和时间尺度上进行，以避免所需信号的损失。

　　为了实现可比性，需要卫星和参考数据严格独立，这可能会限制可生成的比较。

　　全球气候观测系统（the Global Climate Observing System，GCOS）[16] 对卫星海表温度（SST）的要求是"精度"应达到"100 公里尺度上 0.1 K"，并指出"一些数据集在全球平均基础上可能接近 0.1 K 的精度,但在许多重要区域有 >0.5 K 的偏差",因此,全球气候观测系统(GCOS)的这一要求是关于可接受的系统性不确定度的声明,根据全球气候观测系统(GCOS),相关的空间尺度是 100 公里(大约是赤道上经纬度的 1°),目前验证数据的密度(主要是漂流浮标)支撑这个尺度的评价是不够的,特别是在 2004 年之前。Merchant 等人 [7] 认为在空间尺度 1000 公里(大约是赤道上 10°),卫星海表温度(SST)偏差可以用目前的漂流浮标阵列来评价,而真正的限制可能在两者之间,而且随地理位置是变化的。

可以使用其他验证数据集在较粗的空间尺度进行评价。例如,来自 Argo 剖面浮标的最上层海表温度(SST)测量值(通常在～4 m深度)大约从 2004 年开始提供了可接受的全球覆盖范围(见图 2)。此外,还可以利用 GTMBA[24] 以及加勒比海 [42] 和 Biscay 湾 [28] 的长期船载辐射计部署来进行较小区域范围的评价。应该注意到后面这些数据集的重要性,因为这些数据目前都没有用于卫星海表温度(SST)反演,因此是完全独立的。

3.1　示例 1:长期 SST 数据记录评价

第一个例子我们选择检查 ESA SST_CCI ATSR v1.0 数据集,其中包括三颗卫星的数据:

- ENVISAT AATSR 数据,2002—2010;
- ERS-2 ATSR 数据,1995—2003;
- ERS-1 ATSR 数据,1991—1997;

对这些数据的一个关键用户要求是提供与漂流浮标测量深度相同的海表温度(SST)值 [1],因此该项目每个产品中提供了两个海表温度(SST),即 SST_{skin} 和 $SST_{0.2\,m}$。重要的是,这两个海表温度(SST)都要进行评价,独立地使用不同的参考数据集,包括验证海表温度(SST)反演和验证用来调整 SST_{skin} 到 $SST_{0.2\,m}$ 的模型。

图 3 显示了 ESA SST_CCI ATSR V1.0 数据集与漂流浮标之间温度差异的空间分布,其中包括白天和夜间匹配数据的纬度 / 经度变化和时间 / 纬度变化,数据单元的数据空间分辨率为为 5° 经纬度格点,在赤道为 500 公里,在北纬度和南纬 60° 约为 250 公里。这

些结果匹配的空间限制为最近像元（即距离 <0.05°）、时间窗口为 ±4 h。AATSR SSTs 是从 TOA BTs 反演的 SST_{skin}，为了与漂流浮标进行比较，我们将其调整为 $SST_{0.2\,m}$（与漂流浮标的测量深度相当），此外，为了使用比第 5.2 章建议的更大的时间窗口（4 h），还对漂流浮标和卫星测量时间之间的差异进行了相应的海表温度（SST）调整，为了考虑这两个调整，需要使用结合表皮效应和日变化的模型（Fairall/Kantha-Clayson，FKC[43,44]）来计算两个差值温度，如 Embury 等人[11] 所示，由 ECMWF ERA Interim[45] 通量内插到测量的时间和地点驱动模式计算。通过这些调整，我们可以最小化公式（1）中的 σ_4 和 σ_5，使它们的量级为 <<0.1 K。

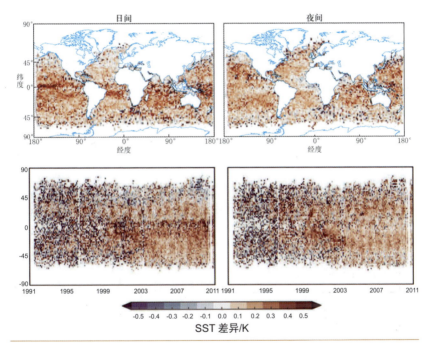

图 3 （上），ATSR 与漂流浮标相比的温度差中值随纬度 / 经度变化（左）白天和（右）夜间；（下）温度差中值随时间 / 纬度变化（左）白天和（右）夜间。如文中所述，漂流浮标的测量值已经用 FKC 模型调整为卫星测量时间对应温度值。

　　得到的温度差空间分布如图 3 所示，在 5° 空间分辨率下，整个 ATSR 任务可以实现可接受的全球覆盖（上图），而在一个月时间分辨率下,纬向变化的覆盖自 2002 都是可接受的(下图),2002 之前,在时间/纬经度图中,数据的噪声要大得多,对于 ATSR-2 时期(1995—2002)来说,这至少是由于此时可用的漂移浮标数量要少得多,导致匹配的数据减少(图 2)。ATSR-1 时期(1991—1995)的噪声是由于匹配的数量少和由于 ATSR-1 3.7 微米通道的故障造成反演噪声增加。显然这些数据足以计算出系统性的不确定度,即定义为每个 1° 空间分辨率上的单元中值的 RSD(根据 GHRSST CDAF[2] 建议)。

图 3 揭示与漂流浮标相比,在以下情况下,ESA SST_CCI ATSR V1.0 数据集普遍存在暖偏差,白天和夜间的结果有很好的一致性(确定日变化对长期记录的残差影响是很重要的)。有一些明显的证据表明,大西洋和西北印度洋的对流层矿物尘埃的残差影响(显示为冷偏差),以及白天以卷云为主的地区的暖偏差(热带地区),以及北半球高纬度地区的白天冷偏差,特别是在太平洋地区。如果单元的分辨率太粗,其中一些小尺度的特性会被掩盖,所以应该仔细考虑使用什么样的空间分辨率,这实际上可能是一个反复的过程,要考虑到参考数据的可用覆盖范围。无论如何,需要一个标准化的评价来直接比较数据集之间的结果,所以可能需要生成多种分辨率下的这样的地图。

也可以生成 ESA SST_CCI ATSR 数据集与漂流浮标比较的时间序列,以及与 Argo 数据集(当它可用时)比较的时间序列,如图 4 所示。

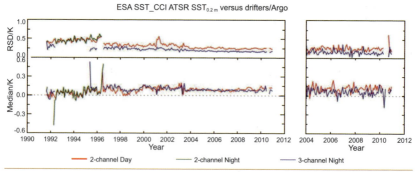

图 4 (左)SST_CCI ATSR 与漂流浮标比较的时间序列(下)温度差中值和(上)稳健标准偏差(RSD),白天(红色)和夜间(蓝色);(右)SST_CCI AVHRR 与 Argo 比较的时间序列统计结果。

图 4 时间序列有三个阶段,由 ATSR-1 和 ATSR-2 在 1995 年的交替、第二和第三阶段之间的分割出现在 2003 年底(推测是由于漂移浮标测量可用性发生了重大变化;图 2)。在全球范围内,白天和夜间的相对偏差有很好的一致性,白天和夜间的稳健标准偏差有明显的差异:这是由于双通道反演(主要是白天)与三通道反演(只有夜间)相比,反演噪声增加,以及白天和夜间的云检测的差异(由于使用了不同的光谱通道)。

3.2 示例 2:长期分量评价

第二个例子我们选择了长期海表温度(SST)数据记录的一个子集—只有 AATSR 传感器的 ESA SST_CCI ATSR V1.0 数据集。图 5 显示了 AATSR SST_{skin} 和漂移浮标 $SST_{0.2\,m}$ 温度差的中值和 RSD 与纬度、匹配时差、年份、整层气柱水汽总量、风速、太阳天顶角、离轨道中心位置、总不确定度、反演平方函数之间的关系。白天结果显示为红色,夜间结果显示为蓝色,图 5 显示了红外传感器评价所需的最小参数集结果,这些参数涵盖了影响反演海温的主要特性(详见第 4.2 章)。

图 5 中看到两个明显的特性。首先,正如 SST_{skin} 和 SST_{depth} 之间比较可以预期的,白天和晚上的结果的差异与风速作用有关。第二,我们看到了 Embury 等人[11] 报告的对匹配时间差的依赖,这是由于在日变化周期 MD 采样造成的。这些效应影响了图中其他依赖关系观察到的特性,所以不建议从中得出任何结论。当考察长期海表温度(SST)数据记录中的单个传感器时,有必要对原始卫星海表温度(SST)与各种参考数据的经过调整和非调整的比较进行考察,因为它们是一个整体,可以采用 Donlon 等人[30] 的建议,简单地使用 6 ms⁻¹ 风速滤波器,将数据分割为成低风速和高风速段。风速 >6 ms⁻¹ 的匹配将不受的温度日变化和表皮效应的变化影响,会看到相同的白天和晚上的匹配结果。图 5 中对风速的依赖性揭示在 >6 ms⁻¹ 的区域内,白天和夜间的结果有偏移,表明双通道和三通道反演之间有偏差。

　　图 6 显示了与图 5 相同的数据，但采用了结合表皮效应／日变化模型（Fairall／Kantha-Clayson；[43, 44]）来调整 AATSR SST_{skin} 和漂流浮标 $SST_{0.2\,m}$ 之间的深度和时间差异（SST_CCI 的一个关键用户要求）。图 6 看到对风速和时间差的依赖已经减少，因此我们对其他残差的解释更有信心。对于这种类型的分析必须独立考虑 SST_{skin} 和 SST_{depth} 的比较，以确保热表皮一天中的变化不被简单地平滑到反演结果中。我们在第 3.1.1 节中没有显示这一点，因为任何冷表皮效应或日变化效应（由于未考虑的 SST_{skin} 和 SST_{depth} 差异）都可能掩盖残留的反演偏差。然后，我们建议对每颗卫星重复图 3 所示的空间分析，以研究任何系统性差异的空间变化。

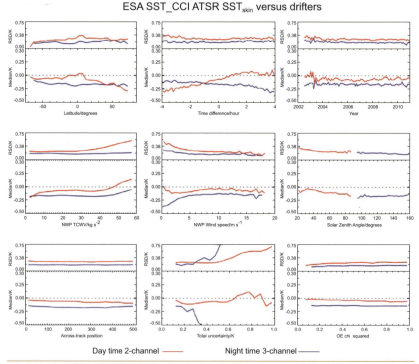

图 5　AATSR SST_{skin} 和漂移浮标 $SST_{0.2\,m}$ 温度差的中值和 RSD 与纬度、匹配时差、年份、整层气柱水汽总量、风速、太阳天顶角、离轨道中心位置、总不确定度、反演平方函数之间的关系，白天结果显示为红色，夜间结果显示为蓝色。

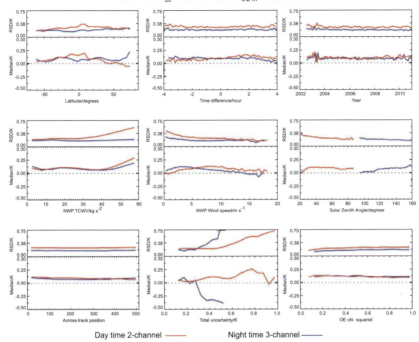

图 6 AATSR SST$_{skin}$ 和漂移浮标 SST$_{0.2\,m}$ 温度差的中值和 RSD 与纬度、匹配时差、年份、整层气柱水汽总量、风速、太阳天顶角、离轨道中心位置、总不确定度、反演平方函数之间的关系，白天结果显示为红色，夜间结果显示为蓝色，采用了综合日变化 / 表皮效应模型调整了卫星和漂流浮标观测的时间差异（卫星是当地时 10：30 am/pm）。

如第 2.2 节所讨论，任何评价都必须考虑计算出的差异的分布形状，以评价所选择的统计模型与数据的匹配程度，可以对如 GHRSST CDAF[2] 中建议的异常值的影响做出定量说明。图 7 显示了白天（左）和夜间（右）AATSR SST$_{0.2\,m}$ 与漂流浮标的 SST$_{0.2\,m}$ 差异中值直方图，图中的虚线显示了高斯 PDF 的线性最小二乘法拟合结果。数据和拟合结果的一致性非常好，说明在这个例子中，异常值的出现率非常低。

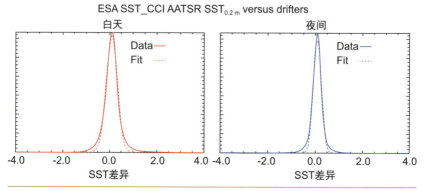

图 7　白天(左)和夜间(右)的 AATSR SST$_{0.2\,m}$ 与漂流浮标的差异中值直方图,卫星和漂移器之间的时间差异,采用了综合日变化/表皮效应模型调整了卫星和漂流浮标观测的时间差异。

3.3　定量指标

　　一旦主要的定性(视觉)分析完成(对于每个参考数据集),可以计算出几个定量指标。表 2 显示了将 ARC V1.0 AATSR 数据与各种参考数据集进行比较的验证统计例子。考虑到卫星和漂流浮标、GTMBA、Argo 之间在深度和时间上的差异,采用了一个结合日变化/表皮效应的模型进行了调整;对于辐射计,只调整了时间差异,因为它们是 SST$_{skin}$ 估计值。

　　表 2 中各种参考数据集匹配数量的变化很大,而且必须注意到,严格来说,只有漂流浮标和 Argo 的结果可以直接比较,因为这些是"全球"性的。例如,为了正确比较 GTMBA 和辐射计的结果,我们应该提取与 GTMBA 和辐射计匹配的空间和时间采样相对应的"区域性"漂流浮标和 Argo 子集(由于 Argo 的匹配数量较少,只有对漂流浮标可行)。正如漂流浮标的总体系统性差异,使用表 2 所示的卫星减去漂流浮标海表温度(SST)差的全球中值必须考虑海表温度(SST)中的地球物理差异,例如,如果卫星海表温度(SST)是没有进行表皮效应/日变化调整的 SST$_{skin}$,那么与漂流浮标比较将会有 -0.17 K 量级的表皮效应差异。另外,表中涵盖了所有风速的结果,但如上所述,应分别显示所有风速和风速 >6 ms^{-1} 的结果。

表 2 ARC AATSR SST$_{0.2m}$ 与不同参考数据集的验证统计，采用综合日变化／表皮效应的模型调整了卫星和漂流浮标、GTMBA、Argo 在深度和时间上的差异；对于辐射计，只对时间差异进行了调整。

参考资料	反演	数量	中值 /K	RSD /K
漂流浮标	白天	670,286	+0.04	0.19
	夜间	532,541	+0.02	0.17
GTMBA	白天	27,652	+0.03	0.17
	夜间	20,460	+0.02	0.13
Argo	白天	7 075	+0.08	0.17
	夜间	3 741	+0.02	0.14
辐射计	白天	7 402	+0.01	0.29
	夜间	9 720	+0.01	0.18

进一步是研究偏差中的地理差异（图 3），可以用特定空间尺度下卫星减去漂流浮标海表温度（SST）差异的标准偏差来描述。如上文所讨论的，参考数据可用性的限制极大地影响了这种做法的尺度，例如，GHRSST CDAF[2] 目前建议至少从 2005 年起采用～1 000 公里尺度（平均每 10° 经纬度的数据），至少对于 2005 年以来的卫星任务来说，应该可以在这一空间尺度上对全球大多数海洋进行评价。

然后可以估算出与漂流浮标的系统差异，首先计算每个单元的中值（μ=median（Tsatellite-Tin-situ）），然后计算所有单元中 μ 的标准偏差，作为系统差异的估量。为了确保结果在统计学上是合理的，并且考虑到漂流浮标的不确定度，GHRSST CDAF[2] 建议为每一单元计算 $\sigma_{cell} = (\sigma_{ref}) / \sqrt{n_{cell}}$，然后剔除绝 2 σ_{cell} >0.1 K 的单元，这相当于要求 n_{cell} >16，这样表示是为了说明理由：即验证数据平均值的不确定度应小于全球气候观测系统（GCOS）的目标，并具有较高的置信度（～95％）。也可以使用 Argo 测量值来确定近年（2005 年以后）来的系统差异。然而，由于匹配数据的密度会小得多，评价必须在更大的空间尺度进行。

除了系统性差异外，GHRSST CDAF[2] 还建议计算非系统性差异，即在系统性影响被量化后仍然存在的不确定度成分。为了使用与系统不确定度相的数据集估计非系统不确定度，从每个差中减去

适当的 μ：（$d = \left(x_{satellite} - x_{in-situ}\right) - \mu$），然后计算 d 的稳健标准偏差。这个过程实际上会高估非系统不确定度，因为该方法包括由现场观测的不完善和真正的地球物理变化（"点到像素"比较的差异和测量时间的差异）产生的影响，如第 3.1 节所述。如果得出的数值接近 0.2 K（对于漂流浮标）或 0.1 K（对于 Argo），则高估的程度可能很大。

3.4　示范 SI 可溯源性

显然现有的参考数据对于评价长期卫星海表温度（SST）数据记录的质量并不理想，因为它们在可用性和质量上有很大的差异。温度是七个基本国际单位（The International System of Units，SI）之一，建立 SI 可溯源性是所有评价的一个重要部分。Minnett 和 Corlett[46] 首次提出了提供 SI 可溯源性的途径，随后通过在瑞士伯尔尼的国际空间科学研究所（the International Space Science Institute，ISSI）举办的一系列研讨会进一步发展。来自国际上海表温度（SST）领域的专家组提出了一个方法，如图 8 所示的流程图，作为示范长期卫星海表温度（SST）数据记录的 SI 可溯源性的主要途径[47]。

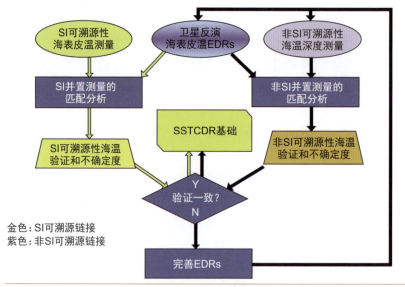

图 8　来自 ISSI 的会议报告 [47] 的流程图示范了 SST CDR 的 SI 可溯源性的途径。SI 可溯源的船载辐射计的测量包含在 "SI 同地测量的匹配分析" 中。

　　图 8 显示了这一过程的关键部分,即把卫星海表温度(SST)与 SI 可溯源的参考测量值(如船载红外辐射计)进行比对,并与非 SI 可溯源的测量值(如安装在漂流浮标上的温度计)进行比较。与船载辐射计的一组比对提供了对 SI 标准的可溯源性,理想情况下,这就是所需的全部内容。船载辐射计的数量目前无法对影响卫星海表温度(SST)反演及其不确定度的参数空间提供足够的采样,除非经过几年的采样,因此还必须使用与来自浮标的次表层测量相匹配的更大的数据集,尽管其不确定度更高,可溯源性也有限。

　　关键的决策过程取决于通过与 SI 可溯源和非 SI 可溯源测量的比较得出的不确定度估算预算是否等效,如果是,可以说从更大的非 SI 可溯源的匹配中得到的不确定度可以用于长期海表温度(SST)记录的描述。如果不是,则意味着卫星海表温度(SST)不确定度在这两组匹配中都没有很好地描述,并且卫星海表温度(SST)反演算法应该改进。考虑到两套数据的特性和产生匹配的方法,必须确定评价两套不确定度估算等效性的指标。

　　我们可以利用最近 ESA AATSR V2.1 再处理的数据,通过与漂流浮标和船载辐射计的匹配来评价 SI 和非 SI 验证。图 9 显示了 AATSR 和漂流浮标之间的差异中值(没有对深度或时间进行调整)随扫描线跨轨道位置、时间差异、年份、纬度、风速和太阳天顶角的变化。图中显示了单观测角(虚线)和双观测角反演(实线)以及白天双通道(红色)、夜间双通道(蓝色)和夜间三通道(黑色)的结果。没有对深度和时间差异进行调整。

　　在图 9 中,几乎没有对跨轨位置或年份的依赖性,但随着时间差有明显的增温 / 降温信号,另外,对纬度(水汽总量的替代量)有一些依赖性,特别是对双通道反演,在底部的三幅图中,如比较 AATSR SST_{skin} 和漂流浮标 $SST_{0.2\,m}$ 所预期的,可以看到日变化的信号。此外,夜间冷表皮效应与风速的关系和 Donlon 等人[30]的结果相当。图 9、图 10 是 AATSR 和船载辐射计比较(没有调整时间)的差异中值随同样的六个参数的变化。图中的数据是由所有可用的辐射计数据生成的,这些数据来自 2002 年至 2009 年部署的 Calibrated InfraRed In situ Measurement System(CIRIMS), Infrared Scanning

Autonomous Radiometer（ISAR），Marine-Atmospheric Emitted Radiance Interferometer（M-AERI），和 Scanning Infrared Sea Surface Temperature Radiometer（SISTeR），关于这些船载辐射计进一步信息见第3.2章。

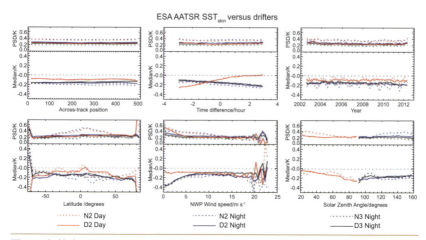

图9　在整个 AATSR 任务期间，AATSR 和漂流浮标之间的差异中值随跨轨道位置、时间差、年份、纬度、风速和太阳天顶角的变化。图中显示了单观测角（虚线）和双观测角反演（实线）以及白天双通道（红色）、夜间双通道（蓝色）和夜间三通道（黑色）的结果。没有对深度和时间差异进行调整。

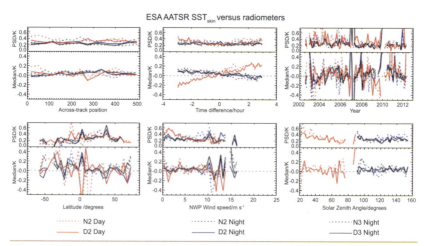

图10　在整个 AATSR 任务期间，AATSR 和船载辐射计之间的差异中值随跨轨道位置、时间差、年份、纬度、风速和太阳天顶角的变化。图中显示了单观测角（虚线）和双观测角反演（实线）以及白天双通道（红色）、夜间双通道（蓝色）和夜间三通道（黑色）的结果。没有对深度和时间差异进行调整。

图 10 中观察到第一个明显的是，AATSR 和辐射计之间的匹配数量少很多，导致图 10 中噪声比图 9 大得多。事实上，可以说六个依赖关系中只有三个得到了充分的采样。然而，除了对时间差的明显依赖外，对其他五个参数没有明显的残差依赖关系，正如对 SST_{skin} 和 SST_{skin} 之间的比较所期望的。我们使用较宽的时间窗口，±3 小时来产生匹配数据，因此正确地评价卫星和船载辐射计测量之间的时间差的影响，应使用日变化模型使这种影响最小化。（这里显示的例子还没有做）。

图 10 中的纬度依赖图很有意思，它在北半球两个长期船载辐射计部署区域的噪声最小，即加勒比海的 Explorer of the Seas 船上的 M-AERI 和英吉利海峡 / 比斯开湾的 Pride of Bilbao 船上的 ISAR 部署。显然，在这些重复采样的区域将获得最好的辐射计匹配数据，实际上上述部署为这些区域提供了最好的参考数据来源。然而，这意味着在一个 SST CDR 中，在任何数据空白和仪器重叠的情况下，都必须保持这种部署，否则这些辐射计的匹配将不一致。任何特定区域的测量，最好是使用相同设计的船载辐射计，以减少技术上的差异。

在考虑参考数据需求时，显然应该对完整的测量空间进行充足地"采样"，这里的关键因素是测量空间到底是什么。测量空间应包括关键参数的依赖性，如图 5、6、9、10 中的参数，而且应像图 3 中的例子那样涵盖整个全球海洋。此外，应该能够定期（最好是每月）对测量空间进行采样，以确定任何季节性偏差。由于可用的参考数据随时间变化很大，这很有挑战性。

3.5　稳定性

计算基于卫星的海表温度（SST）数据记录的长期稳定性是评价数据的一个必要步骤。对于海表温度（SST），我们把稳定性定义为系统性影响的平均误差随时间的一致性程度。全球气候观测系统（GCOS）要求稳定性为"100 公里尺度 <0.03 K/ 十年"[16]。为了评价稳定性，我们需要一个已知（最好是）比被评价的数据更稳定的长期参考数据集。

到目前为止,只发表了一份能够在全球气候观测系统(GCOS)要求水平上提供信息的稳定性评价。Merchant 等人[8] 评价了 20 年间 ARC 长期记录相对于与 GTMBA[24] 的稳定性。Merchant 等人[8] 得出的结论是在 1994 年至 2010 年,ARC 和 GTMBA 的区域性匹配海表温度(SST)是稳定,稳定度在 0.005 K/ 年(置信度高于 95％)。由于 ARC 和 GTMBA 是两个独立的数据集,可以合理地假设,由 Merchant 等人[8] 确定的 0.005 K/ 年的稳定度是对单个数据集稳定度的一个上限,至少在 1994 年至 2010 年该特定的区域内是如此的。因此我们对 GTMBA 的稳定性有很高的信心,可以用来评价这段时间 GTMBA 所采样的区域的其他海表温度(SST)数据。我们将 GTMBA 浮标的高稳定性归功于他们的定期维护,特别关键的是他们在部署前和部署后针对 SI 的定标[25]。然而,正如 Merchant 等人所指出的[8],稳定性只能在赤道纬度区域直接用 GTMBA 来评价。就不确定度而言,其他地区还没有足够的表征不确定度的现场数据用来确定趋势,尽管这是一个持续改进和研究的领域。

稳定性评价的其他选择包括漂流浮标网络,但不知道它是否稳定到全球气候观测系统(GCOS)水平(至少没有已发表的评价结果),它的空间分布在时间上也不稳定。因此,漂流浮标不能在全球气候观测系统(GCOS)稳定性要求的水平上有把握地使用,尽管仍然可以计算卫星 - 浮标差异的时间序列(如图 4 所示),以看一下热带纬度以外的卫星记录中可能存在的不稳定性。

Argo 剖面浮标网络的传感器被认为具有很高的精度和稳定性[40],但由于涵盖时间太短,无法对十年稳定性进行严格的评价,而且还受到稀疏采样和区域分布的影响(因为浮标经常受海洋动力结构影响)。该网络最早可以说是完整的(即能够提供全球匹配是 2004 年),利用 Argo 网络进行稳定性评价所需的技术需要进一步研究,因为(1)它的寿命相对较短,(2)它 在每个地点的时间覆盖率较低(所以数据不能去季节性)。事实上,Argo 可能会提供第一个全球海表温度(SST)稳定性评价,因此,如何利用 Argo 数据进行稳定性评价是一个迫切需要解决的问题。

船载辐射计（1998 年以后）在重复船迹区域进行稳定性评价的效用还没有确定，是另一个正在进行的研究领域。第 5.2 章阐述了这种网络的标准和要求。辐射计可能比其他稳定性评价的参考数据集具有独特的优势，因为它可以提供每次测量的不确定度（见第 5.2 章），从而避免了使用大量数据来减少点测量和卫星足迹之间比较的一些不确定度。

在已有的长期卫星海表温度（SST）数据集时间段内，GTMBA 系泊浮标在规定的地理区域内提供了一致的海表温度（SST），并随着时间的推移增加了测量的数量，数量增加是由于（1）报告频率的变化（如从每小时到每分钟）和（2）进一步的部署（如在原有 Tropical Atmosphere Ocean，TAO 阵列基础上增加了 Prediction and Research Moored Array in the Atlantic，PIRATA，and Research Moored Array for African-Asian-Australian Monsoon Analysis and Prediction，RAMA 阵列）。在 Merchant 等人 [8] 中，稳定性评价中使用的每个 GTMBA 位置至少覆盖 120 个月，在 1991 年至 2009 年 ARC 和浮标之间有 5 个或更多的匹配点，此外，只使用通过严格质量控制程序的 GTMBA 位置。

图 11 显示了白天和夜间 ARC $SST_{1.0\,m}$ 数据减去同地 GTMBA 数据的月平均时间序列（摘自 Merchant 等 [8]），为了与与 GTMBA 测量的海表温度（SST）"相当"，反演的卫星 SST_{skin} 数据被调整 $SST_{1.0\,m}$，趋势的 95％ 置信区间为 −0.002 6 至 0.001 5 K/ 年（白天）和 −0.001 8 至 0.001 9 K/ 年（夜间）。这些结果表明，ARC 的海表温度（SST）（以及 GTMBA 的 SST）符合全球气候观测系统（GCOS）[16] 所定义的热带地区 1995 年后的目标稳定性。

Merchant 等人 [8] 使用的 GTMBA 数据是从 International Comprehensive Ocean-Atmosphere Data Set（ICOADS）V2.5 数据集 [48] 中提取的，其中包含主要通过 GTS 系统获得的 GTMBA 数据。分析高度依赖于 GTMBA 的长期连续性，特别是在具有最长可用数据记录的站点，使用延迟模式 GTMBA 数据的分析也是可能的，与 Merchant 等人 [8] 相比，期望使用更大范围的站点，因为提高的报告频率将减少单个地点的不确定度。

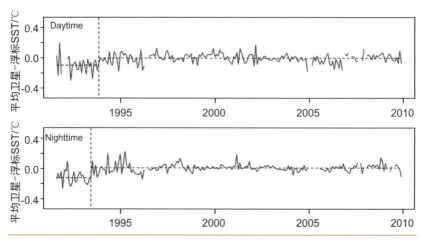

图 11　ARC 和 GTMBA 月平均 SST 差异的时间序列。(摘自 Merchant 等人[8])。更多的细节和解释见正文。

　　使用 GTMBA 进行稳定性评价是目前分析长期卫星 SST 记录研究的一个重要部分。因此,GHRSST CDAF[2] 将这种分析作为一项核心研究。GHRSST CDAF 中定义的稳定性评价方法相对于 Merchant 等人[8] 的方法是简化的,并在 ESA SST_CCI 项目[15] 中进行了试验。CDAF 的理念是使用一种简化但科学上可靠的方法,可以很容易地应用于多个数据集以提供可比较的指标。

　　三个可用的 ESA SST_CCI 数据集(AVHRR、ATSR、分析数据)已经分别与从离线 GTMBA 数据中提取的时间段(1991—2010)进行了匹配。AVHRR 数据集使用来自 NOAA-12、-14、-15、-16、-17、-18 和 MetOp A 卫星。高时空分辨率的 GTMBA 数据的采样分辨率 5、10 或 60 分钟,如果有多个分辨率,则总是使用最高的可用时间分辨率。GTMBA 数据与最近的 SST_CCI 像元中心相匹配,最大时间差为 30 分钟作为阈值(通过使用离线 GTMBA 数据获得)。

　　在最初的匹配过程中,计算了每个 GTMBA 位置的每月 ESA SST_CCI 减去 GTMBA 差异的中值。然后计算每个月的和位置的 ESA SST_CCI 减去 GTMBA 差值的中值的多年平均值,然后对每个月的数据进行去季节性处理,即从每个月的时间序列中减去相应月份的多年平均值。对于 AVHRR 和 ATSR 的数据集,白天和夜间使用分别的多年平均数,按照 Merchant 等人[8] 的方法,对数据进行去季节性处理，以尽量减少残余时间序列中任何潜在的年度周期的混杂，目前只保留了 1991 年至 2010 年间有 15 年浮标数据的地点，所有地点的月平均差值被确定为每 ESA SST_CCI 数据集（AVHRR 和 ATSR 的白天、晚上数据）的单一 ESA SST_CCI 减 GTMBA SST 时间序列，计算每个时间序列的月平均差异的最小二乘法线性拟合，并确定 95％ 的置信区间。

图 12 显示了 SST_CCI 稳定性评价的结果，从 1995 年开始有一个明显的阶跃变化，这很可能是由于 ATSR-1 和 ATSR-2 之间的转换。由于 ATSR 被用来校正 AVHRRs 的辐亮度，这一特性在所有时间序列中都很明显，因此，拟合斜率的 95％ 置信区间是针对两个不同时期计算的，1991 年至 1995 年 5 月涵盖 ATSR-1 时期，1995 年 6 月至 2010 年涵盖 ATSR-2/AATSR 时期。表中 3 列出了 ESA SST_CCI 减去 GTMBA 差异时间序列的最小二乘法线性拟合的 95％ 置信区间。

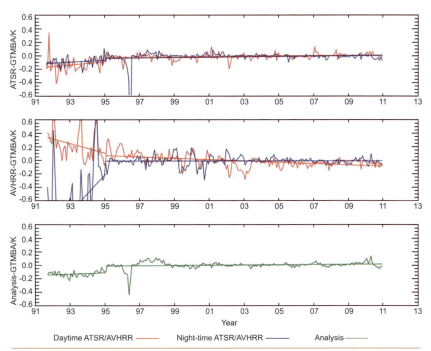

图 12 SST_CCI 产品与 GTMBA 之间的去季节性综合月平均差（*K*）的时间序列。L2P AVHRR 和 L3U ATSR 数据集提供了单独的白天和夜间时间序列。此外，还绘制了 1991 年至 1995 年 5 月、1995 年 6 月 5 月至 2010 年期间的最小二乘法线性拟合结果（进一步讨论见正文）。

对于 ATSR 产品，1995 年至 2010 年期间与 GTMBA 测量的夜间差异趋势与 Merchant 等人[8] 计算的结果相当。然而，白天的稳定性置信区间不包括零，相对于[8] 而言，稳定性稍差；尽管如此，真正的稳定性仍可能在全球气候观测系统（GCOS）的要求范围内[16]。对于 ATSR-1 时期（1991—1994），与 Merchant 等人[8] 报告的数据相比，ATSR 产品计算的白天和夜间趋势都提高了稳定性（根据最可能的相对趋势），尽管可能存在一个超出全球气候观测系统（GCOS）目标的正向趋势假象。

表3　1991 年至 1995 年 5 月和 1995 年 6 月至 2010 年 ESA SST_CCI 减去 GTMBA 月平均差时间序列的最小二乘法线性拟合的 95% 置信区间

ESA SST_CCI 1991—1995 的 95% 置信区间（mK/ 年）。			
	白天	夜间	全部
AVHRR	−137.9 < 趋势 < −2.4	105.9< 趋势 <462.3	
ATSR	−13.6 < 趋势 < 60.1	−7.4 < 趋势 < 36.8	
分析数据			−1.8 < 趋势 < 22.1
ESA SST_CCI 为 1995—2010 的 95% 置信区间（mk/ 年）			
	白天	夜间	全部
AVHRR	−12.3 < 趋势 < −7.4	−2.0 < 趋势 < 2.0	
ATSR	0.7< 趋势 < 3.2	−1.4 < 趋势 < 6.4	
分析数据			0.1< 趋势 < 3.2

关于 AVHRR 产品，文献中没有关于前期数据集的可比性分析。我们注意到，与 ATSR 产品一样，白天的稳定性比夜间的差，这可能反映了所有红外传感器和反演方法都存在的双通道 SST 反演误差相对于三通道的误差放大很多。图 12 中的 AVHRR 时间序列，从 2003/4 开始，年际稳定性有了一步的提高，其原因尚不清楚，因为这并没有与时间序列中传感器之间的转换时间对应。由于与 ATSR 定标相联系，分析产品在 1995—2010 年期间的稳定性可能符合全球气候观测系统（GCOS）的要求（置信区间大多在 −3 到 +3 mK/ 年的区

间内）。

与 Merchant 等人[8]的应用不同,GHRSST CDAF[2]中没有规定阶梯检测技术,因为这些技术需要大量的资源和专业知识来实现。不使用阶梯检测技术的后果是,阶梯变化（如图 13 中明显的 ATSR-1 和 ATSR-2 之间的变化）必须通过视觉／主观来识别,相应地,存在阶梯被遗漏和阶梯被错误地输入的可能性。非常需要开发阶梯检测方法,最好是适用于整个 CDR 领域,以确定地球物理变量之间的相关性。

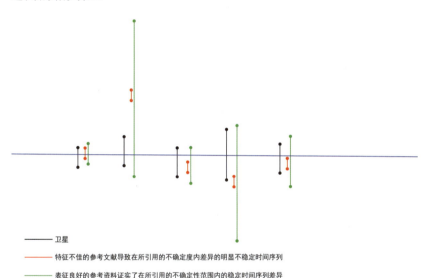

图 13 卫星和参考数据之间匹配集的三个时间序列的示意图,显示为不确定度（可合理归因于被测量的量值分散性）。卫星数据显示为黑色,参考数据的两个不同实例显示为红色,为表征较差的参考数据集,其中每个测量都使用一个平均不确定度,绿色为表征良好的参考数据集,其中每个测量都有自己的不确定度。

迄今为止提出的稳定性评价的方法依赖于（1）估计参考数据集的稳定性和（2）使用大数规则来减少随机效应引起的不确定度。如果我们有一个参考数据集,每个测量的不确定度是已知的,那么我们就不必使用大数规则进行评价,而是可以使用单个测量及其不确定度,并评价其等效程度,如图 13 所示的示意图。图 13 显示了三个假设的数据集（1）黑色的是卫星数据,（2）红色的是一个特性较差的参考数据集,其中每个测量都使用整个数据集的平均不确定度,

（3）绿色的是一个特性良好的参考数据集，其中每个测量都有自己的不确定度。对于这个理想化例子，可以看到，在黑点和红点之间进行的任何稳定性评价，会得出卫星时间序列具有非常低的稳定性的结论，而在黑点和绿点之间进行的稳定性评价，得出当考虑测量的不确定度时，卫星时间序列具有非常好的稳定性的结论。

到目前为止，没有一个可用的参考数据集可以提供单独的测量不确定度。然而，我们正在努力量化船载辐射计的不确定度，如第5.2. 章所总结的那样。

3.6   不确定度验证

鉴于现有参考数据（在空间、时间、精度方面）的巨大差异，为卫星 SST CDR 提供不确定度的唯一实用方法是使用不确定度模型生成不确定度，而该模型本身需要验证。因此，评价 SST CDR 的一个关键步骤是评价 SST 及其标称的不确定度。验证不确定度的主要方法是检查卫星－参考 SST 差异的分布与不确定度的关系。Lean 和 Saunders[49] 在评价 ARC 数据集时已经试用了这种方法。

在理想的情况下，卫星 SST 和参考 SST 之间的标准差将等于卫星的不确定度。

$$\sigma_{sat-ref} = \sigma_{sat} \qquad (2)$$

然而，如 2.3 节讨论，参考数据有其本身的不确定度，因此，卫星 SST 和参考 SST 之间的标准差实际上是卫星 SST 的不确定度和参考 SST 的不确定度的组合。

$$\sigma_{sat-ref} = \sqrt{\sigma_{sat}^2 + \sigma_{ref}^2} \qquad (3)$$

正如我们在 2.2 节中所讨论的，还有其他与之相关的项需要考虑：

• 空间采样的差异（一个点参考测量对一个卫星像素）；
• 测量深度的差异；
• 测量时间的差异。

这种方法自然会考虑到与区域／过程的均匀性有关的环境影响所带来的不确定度。例如，在一个以低风速的强 SST 锋面为主的区域进行验证，由于空间取样造成的不确定度对任何一个单一的匹配都是系统性的,然而,当在多个地点对变化性进行采样时(除非总是在锋面的一侧采样),随着匹配数量的增加,不确定度将减小 $1/\sqrt{N}$,因此,这种影响被认为是一组验证数据的伪随机项,而不是系统项。同样,在一个强太阳辐射和低风速区域,由于深度不同而产生的不确定度对任何一个匹配都是系统的。因此,通过使用深度 / 时间调整、大量的匹配(以减少伪随机项),以及通过同类比较(SST_{skin} 与 SST_{skin} 或 SST_{depth} 与 SST_{depth}),可以将后面这些项平均减少到 <<0.1 K。

　　图 14 是一个理想化的不确定度验证图,假设对高斯误差、标准差为 0.2 K 的数据进行验证,Y 轴垂直线跨度为 −1 到 +1 倍的差异标准差 SD,卫星估计的 SST 不确定度分为 0.1 K 间隔,对于小的卫星 SST 不确定度,差异的 SD 是由现场的不确定度所支配的,对于大的卫星 SST 不确定度,差异的 SD 接近于卫星的不确定度,虚线是在卫星 SST 不确定度被完全估计出来的情况下的结果,从虚线的偏离表示不确定度估计的偏差。

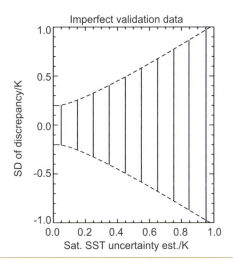

图 14　理想化的不确定度验证图,假设对高斯误差、标准差为 0.2 K 的数据进行验证,Y 轴为 −1 到 +1 倍的差异标准差 SD,卫估计的星 SST 不确定度分为 0.1 K 间隔,对于小的卫星 SST 不确定度,差异的 SD 是由现场的不确定度所主导的 . 对于大的卫星 SST 不确定度,差异的 SD 接近于卫星的不确定度,虚线是在卫星 SST 不确定度被完全估计出来的情况下的结果,从虚线的偏离表示不确定度估计的偏差。

从图 14 中可以很容易地看到,在低卫星不确定度下,差异的 SD 被参考数据的不确定度所支配,随着卫星不确定度的增加,卫星不确定度在统计中占主导地位,因为参考数据不确定度对总不确定度的贡献越来越小。事实上,参考数据的不确定度在低卫星不确定度下可以支配统计数据,这意味着一旦达到这个极限,可能就不能用来验证不确定度模型了。另外,很明显,随着不确定度的正交增加,假定为小的地球物理项在较低的卫星不确定度中会更加重要,而"地球物理极限"将存在,即使是不确定度 <<0.1 K 的参考数据。

为了用一个实际的例子来证明这种方法,我们在图 15 中显示了 ESA SST_CCI 分析数据集的不确定度验证结果。产品中不确定度的范围是~ 0.05 到 1.5 K,在整个不确定度范围内,理论值和测量的 RSD 值之间的一致性很好。在 1.2 K 以上的不确定度中出现了一些分散,但是标准误差的扩散增加表明在这些水平上匹配的数量较少。尽管在 0.05 K 的低不确定度下有轻微的非线性,在 0.6 K 及以上的不确定度下有小的冷偏差,但标准误差是相当一致的。

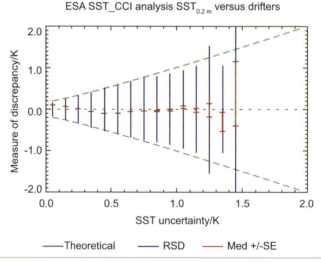

图 15　ESA SST_CC 分析产品的不确定度与分析和漂流浮标之间的差异的 RSD 图。绿线表示假设漂流浮标的平均测量不确定度为 0.2 K,理论上的不确定度分散,蓝线表示在每个不确定度水平测量的分散,红线表示每个不确定度水平的标准误差,也提供了匹配数量的指征。

由于参考数据随时间的变化,提供和验证基于物理的不确定度模型得出的产品不确定度被认为是评价任何长期 SST 记录的必要条件;可以说,它对任何长期地球物理测量记录都是必要的。然而,即使在没有参考数据的情况下,我们仍然需要找到一种方法来提供对被测量及其相关不确定度的信心,这就是"功能"验证背后的想法,它利用从与参考数据的比较中获得的知识,在没有参考数据的地区提供一个评价。

在 ESA SST_CCI 项目[14]中,尝试提供验证图以表明在哪些地方对产品的不确定度进的独立验证可以使人们相信它们具有正确的数量级。验证图是通过计算 ESA SST_CCI 数据集和漂流浮标之间的计算和理论 RSD 之间的百分比差异产生的,在每 15 度经纬度的全部不确定度范围内进行了比较(考虑到漂流浮标数据的不确定度)。然后将每个纬度 / 经度单元的中值百分比差异分级给出验证指示:

- 非常高——不确定度被确认为在其数值的 20% 以内;
- 高——不确定度被确认为在其数值的 20%～40% 以内;
- 中等——不确定度被确认为在其数值的 40%～60% 以内;
- 低——不确定度被确认为在其数值的 60%～80% 以内;
- 非常低——不确定度被确认为在其数值的 80%～100% 之内。

还包括一个"不可验证"的类别,即不能使用参考数据集独立验证产品的不确定度。重要的是要认识到,这并不意味着在这些情况下不应该使用产品的不确定度,只是不能独立地确认它们。

图 16 显示了 ESA SST_CCI 分析数据集的不确定度验证图例,覆盖率非常好,很少有未验证的区域。平均来说,与参考数据集相比,不确定度的质量很高,一般来说,中等质量和低质量的区域出现在漂流浮标低数量区域。

ESA SST_CCI 项目对不确定度验证的初步尝试有其局限性,因为海冰的分布没有被考虑进去,所以极区的验证结果会比实际情况要低。另外,这些图没有区分以下情况(1)由于来匹配数量少造成的验证程度低,(2)由于测量的不确定度被高估或低估造成的验证程度低。

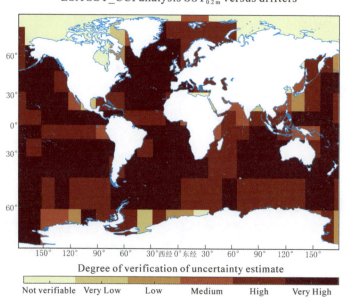

ESA SST_CCI analysis $SST_{0.2m}$ versus drifters

Degree of verification of uncertainty estimate

Not verifiable Very Low Low Medium High Very High

图 16 利用漂流浮标 SST_{depth} 评价的 OSTIA SST_{depth} 不确定度的验证图,该图显示了 SST CCI 产品的不确定度在多大程度上可以通过独立参考数据进行验证,它不应该被认为是 SST CCI 产品数据质量的指示,其目的是帮助用户解译他们自己在分析中应用产品不确定度的结果。

然而,这些地图可以为用户提供对产品不确定度质量的独特评价,用户可以在验证程度低区域对产品的不确定度进行分级。然后,可以在虚拟地点(即没有参考数据),使用与水汽总量、太阳天顶角或气溶胶光学厚度等有类似依赖性的匹配数据来增加实施"功能"验证的方法。有理由认为不确定度模型在这些地点之间是相关的,因此不确定度的数量级是正确的,尽管无法独立验证。

4. 总结和建议

在本章中展示了海洋热红外 SST CDR 在许多方面都是一个挑战,有多种解决方案,在空间、时间和质量以及应用方面都有所不同。对海洋热红外 CDR 的评价是一个正在积极研究的领域,建议制定量化指标,让用户决定哪些数据适合他们。我们对进行 CDR

评价时遇到的问题进行了回顾,并介绍了目前评价本身的方。仔细考虑主要被测量及其相关的不确定度是至关重要的,通过对相邻传感器之间的重叠段进行细致的分析来协调卫星记录是必须的。由于可用参考数据的质量和覆盖范围的显著差异,建议使用经过验证的不确定度模型的方法。评价方法应"遵循物理学"(例如,应进行同类比较),并应确定一个涵盖所有已知影响的验证不确定度估算。确定 CDR 的稳定性是一个基本要求,建议重点研究开发适用于一系列 CDR 的实用阶梯检测方法。需要新的方法来建立 SI 可溯源性,特别是对于非辐射类参考数据,并且需要更好地了解各种参考数据的不确定度。

参考文献

[1] S.Good, N.Rayner, SST CCI User Requirements Document, 2010.Project Document SST_CCI-URD-UKMO-001 Issue 2, Available from:www.esa-sst-cci.org.

[2] C.J.Merchant, J.Mittaz, G.K.Corlett, Group for High Resolution Sea Surface Temperature(GHRSST)Climate Data Assessment Framework(CDAF), 2014. Project Document CDR-TAG_CDAF Version 1.0.4, Available from:www. ghrsst.org.

[3] L.J.Allison, J.Kennedy, An Evaluation of Sea Surface Temperature as Measured by the Nimbus I High Resolution Infrared Radiometer, NASA Technical Note No.D-4078, National Aeronautics and Space Administration, Washington, D.C, 1967.

[4] K.S.Casey, T.B.Brandon, P.Cornillon, R.Evans, The past, present, and future of the AVHRR pathfinder SST program, in:V.Barale, J.Gower, L.Alberotanza (Eds.), Oceanography from Space, Springer, Netherlands, Dordrecht, 2010, pp.273-287.ISBN 978-90-481-8681-5.

[5] K.A.Kilpatrick, G.P.Podestá, R.Evans, Overview of the NOAA/NASA advanced very high resolution radiometer pathfifinder algorithm for sea surface temperature and associated matchup database, J.Geophys.Res.106(2001) 9179-9197.

[6] J.P.D.Mittaz, A.R.Harris, J.T.Sullivan, A physical method for the calibration of the AVHRR/3 thermal IR channels 1:the prelaunch calibration data, J.Atmos.

Oceanic Technol.26（2009）996−1019.

［7］ C.J.Merchant, A.R.Harris, H.Roquet, P.Le Borgne, Retrieval characteristics of non−linear sea surface temperature from the advanced very high resolution radiometer, Geophys.Res.Lett.36（2009）L17604.

［8］ C.J.Merchant, O.Embury, N.A.Rayner, D.I.Berry, G.K.Corlett, K.Lean, K.L.Veal, E.C.Kent, D.T.Llewellyn−Jones, J.J.Remedios, R.Saunders, A 20 year independent record of sea surface temperature for climate from along−track scanning radiometers, J.Geophys.Res.117（2012）C12013.

［9］ O.Embury, C.J.Merchant, M.J.Filipiak, A reprocessing for climate of sea surface temperature from the along−track scanning radiometers: basis in radiative transfer, Remote Sens.Environ.116（2012）32−46.

［10］ O.Embury, C.J.Merchant, A reprocessing for climate of sea surface temperature from the along−track scanning radiometers: a new retrieval scheme, Remote Sens.Environ.116（2012）47−61.

［11］ O.Embury, C.J.Merchant, G.K.Corlett, A reprocessing for climate of sea surface temperature from the along−track scanning radiometers: initial validation, accounting for skin and diurnal variability effects, Remote Sens. Environ.116（2012）62−78.

［12］ O.Embury, C.J.Merchant, A reprocessing for climate of sea surface temperature from the along−track scanning radiometers: harmonisation of satellite datasets into a single record, Remote Sens.Environ.（2014）.Submitted for publication.

［13］ C.J.Merchant, O.Embury, J.Roberts−Jones, E.Fiedler, C.E.Bulgin, G.K.Corlett, S.Good, A.McLaren, N.Rayner, S.Morak−Bozzio, C.Donlon, Sea surface temperature datasets for climate applications from phase 1 of the European Space Agency Climate Change Initiative（SST CCI）, Geosci.Data J.（2014）.http://dx.doi.org/10.1002/gdj3.20

［14］ G.Corlett, C.Atkinson, N.Rayner, S.Good, E.Fiedler, A.McLaren, J.Hoeyer, C.Bulgin, SST CCI Product Validation and Intercomparison Report, 2014. Project Document SST_CCI−PVIR−UoL−001 Issue 1, Available from: www. esa−sst−cci.org.

［15］ N.Rayner, J.Kennedy, C.Atkinson, T.Graham, E.Fiedler, A.McLaren, G.Corlett, SST CCI Climate Assessment Report, 2014.Project Document SST_ CCI−CAR−UKMO−001 Issue 1, Available from: www.esa−sst−cci.org.

［16］ GCOS−154, Systematic Observation Requirements for Satellite−Based Products for Climate, supplemental details to the satellite−based component of the Implementation plan for the Global Observing System for Climate in Support of the UNFCC, 2011, 138 pp.

[17] J.R.Schott, W.J.Volchok, Thematic mapper thermal infrared calibration, Photogramm.Eng.Rem.S.51（1985）1351−1357.

[18] S.J.Hook, K.Okada, In−flflight wavelength correction of thermal infrared multispectral scanner（TIMS）data acquired from the ER−2, IEEE T.Geosci. Remote 34（1996）179−188.

[19] M.Goldberg, G.Ohring, J.Butler, C.Cao, R.Datla, D.Doelling, V.Gärtner, T.Hewison, B.Iacovazzi, D.Kim, T.Kurino, J.Lafeuille, P.Minnis, D.Renaut, J.Schmetz, D.Tobin, L.Wang, F.Weng, X.Wu, F.Yu, P.Zhang, T.Zhu, The global space−based inter−calibration system, B.Am.Meteorol.Soc.92（4）（2011）.

[20] X.Liang, A.Ignatov, Monitoring of IR clear−sky radiances over oceans for SST （MICROS）, J.Atmos.Ocean.Tech.28（10）（2011）.

[21] S.J.Hook, A.J.Prata, R.E.Alley, A.Abtahi, R.C.Richards, S.G.Schladow, S.Ó.Pálmarsson, Retrieval of lake bulk−and skin−temperatures using along track scanning radiometer（ATSR）data：a case study using Lake Tahoe, CA, J.Atmos.Ocean.Tech.20（2003）534−548.

[22] S.J.Hook, R.G.Vaughan, H.Tonooka, S.G.Schladow, Absolute radiometric in−flight validation of mid infrared and thermal infrared data from ASTER and MODIS on the terra spacecraft using the Lake Tahoe, CA/NV, USA, automated validation site, IEEE T.Geosci.Remote 45（2007）1798−1807.

[23] S.J.Hook, G.Chander, J.A.Barsi, R.E.Alley, A.Abtahi, F.D.Palluconi, B.L.Markham, R.C.Richards, S.G.Schladow, D.L.Helder, In−flight validation and recovery of water surface temperature with landsat 5 thermal infrared data using an automated high altitude lake validation site at Lake Tahoe CA/NV, USA, IEEE T.Geosci.Remote 42（2004）2767−2776.

[24] M.J.McPhaden, K.Ando, B.Bourlès, H.P.Freitag, R.Lumpkin, Y.Masumoto, V.S.N.Murty, P.Nobre, M.Ravichandran, J.Vialard, D.Vousden, W.Yu, The global tropical moored buoy array, in：Proceedings of OceanObs 9, 2010.

[25] H.P.Freitag, T.A.Sawatzky, K.B.Ronnholm, M.J.McPhaden, Calibration Procedures and Instrumental Accuracy Estimates of Next Generation Atlas Water Temperature and Pressure Measurements, 2005.NOAA Technical Memorandum OAR PMEL−128.

[26] GHRSST Science Team, The Recommended GHRSST Data Specifification

（GDS）2.0 Document Revision 5, 2012. Available from: http://www.ghrsst. org.

[27] P.J.Minnett, Consequences of sea surface temperature variability on the validation and applications of satellite measurements, J.Geophys.Res.96（1991）18, 475−18, 489.

[28] W.Wimmer, I.S.Robinson, C.J.Donlon, Long−term validation of AATSR SST data products using shipborne radiometry in the Bay of Biscay and English channel, Remote Sens.Environ.116（2012）17−31.

[29] A.G.O'Carroll, J.R.Eyre, R.W.Saunders, Three−way error analysis between AATSR, AMSR−E, and in situ sea surface temperature observations, J.Atmos.Ocean.Tech.25（2008）1197−1207. http://dx.doi. org/10.1175/2007JTECHO542.1.

[30] C.J.Donlon, P.J.Minnett, C.Gentemann, T.J.Nightingale, I.J.Barton, B.Ward, M.J.Murray, Toward improved validation of satellite sea surface skin temperature measurements for climate research, J.Climate 15（2002）353−369.

[31] Bureau International des Poids et Mesures, Guide to the Expression of Uncertainty in Measurement（GUM）, JCGM 100:2008, 2008. Available online at: http://www.bipm.org/en/publications/guides/gum.html.

[32] W.J.Emery, D.J.Baldwin, P.Schlüssel, R.W.Reynolds, Accuracy of in situ sea surface temperatures used to calibrate infrared satellite measurements, J.Geophys.Res.106（2001）2387−2405.

[33] C.J.Merchant, A.R.Harris, E.Maturi, S.Maccallum, Probabilistic physically based cloud screening of satellite infrared imagery for operational sea surface temperature retrieval, Q.J.R.Meteorol.Soc.131（2005）2735−2755.

[34] A.G.O'Carroll, J.G.Watts, L.A.Horrocks, R.W.Saunders, N.A.Rayner, Validation of the AATSR meteo product sea−surface temperature, J.Atmos. Ocean.Technol.23（2005）711−726.

[35] C.J.Merchant, A.R.Harris, Toward the elimination of bias in satellite retrievals of sea surface temperature: 2.Comparison with in situ measurements, J.Geophys. Res.: Oceans 104（C10）（1999）23579−23590.

[36] R.Lumpkin, M.Pazos, Measuring surface currents with surface velocity program drifters: the instrument, its data, and some recent results, in A.Griffa, A.D.Kirwan, A.J.Mariano, T.Ozgokmen, T.Rossby（Eds.）, Lagrangian Analysis and Prediction of Coastal and Ocean Dynamics（LAPCOS）, 2007, p.500.

[37] D.Roemmich, G.C.Johnson, S.Riser, R.Davis, J.Gilson, W.B.Owens, S.L.Garzoli, C.Schmid, M.Ignaszewski, The argo program: observing the global ocean with profiling floats, Oceanography 22 (2009) 34−43.

[38] J.E.Anderson, S.Riser, Near−surface variability of temperature and salinity in the near tropical ocean: observations from profiling floats, Journal of Geophysical Research, 2014.Submitted for publication.

[39] I.J.Barton, P.J.Minnett, K.A.Maillet, C.J.Donlon, S.J.Hook, A.T.Jessup, T.J.Nightingale, The Miami2001 infrared radiometer calibration and intercomparison.Part II: shipboard results, J.Atmos.Ocean.Technol.21 (2004) 268−283.

[40] E.Oka, K.Ando, Stability of temperature and conductivity sensors of argo profiling floats, J.Oceanogr.60 (2) (2004) 253−258.

[41] J.J.Kennedy, R.O.Smith, N.A.Rayner, Using AATSR data to assess the quality of in situ sea−surface temperature observations for climate studies, Remote Sens.Environ.116 (2012) 79−92.

[42] E.J.Noyes, P.J.Minnett, J.J.Remedios, G.K.Corlett, S.A.Good, D.T.Llewellyn−Jones, The accuracy of the AATSR sea surface temperatures in the caribbean, Remote Sens.Environ.101 (2006) 38−51.

[43] C.Fairall, E.Bradley, J.Godfrey, G.Wick, J.Edson, G.Young, Cool−skin and warm−layer effects on sea surface temperature, J.Geophys.Res.101 (C1) (1996) 1295−1308.

[44] L.H.Kantha, C.A.Clayson, An improved mixed layer model for geophysical applications, J.Geophys.Res.99 (C12) (1994) 25235−25266.

[45] A.Simmons, S.Uppala, D.Dee, S.Kobayashi, ERA−Interim: new ECMWF reanalysis products from 1989 onwards, ECMWF Newslett.110 (2006) 26−35.

[46] P.J.Minnett, G.K.Corlett, A pathway to generating climate data records of sea−surface temperature from satellite measurements, Deep−sea Res.Part II 77−80 (2012) 44−51.

[47] P.J.Minnett, G.K.Corlett, International Teams in Space Science, Generation of Climate Data Records of Sea−surface Temperature from Current and Future Satellite Radiometers, 2012.Report of the Second Workshop, available from, http://www.issibern.ch/teams/satradio/.

[48] S.D.Woodruff, S.J.Worley, S.J.Lubker, Z.Ji, J.E.Freeman, D.I.Berry, P.Brohan, E.C.Kent, R.W.Reynolds, S.R.Smith, C.Wilkinson, ICOADS release 2.5: extensions and enhancements to the surface marine meteorological

archive, Int.J.Climatol.31（2011）951-967.

［49］ K.Lean, R.W.Saunders, Validation of the ATSR reprocessing for climate （ARC） dataset using data from drifting buoys and a three-way error analysis, J.Climate 26（2013）13.